科学出版社"十四五"普通高等教育研究生规划教材

蔬菜品质学

主　　编　郭得平

副 主 编　高丽红　于锡宏　汪李平　史庆华

编　　委（按姓氏笔画排序）

于锡宏（东北农业大学）　　　　　马　斯（中国农业大学）

史庆华（山东农业大学）　　　　　朱祝军（浙江农林大学）

李玉红（西北农林科技大学）　　　李娟起（河南农业大学）

杨　静（华中农业大学）　　　　　杨　静（浙江农林大学）

杨文杰（华中农业大学）　　　　　汪李平（华中农业大学）

张文娜（中国农业大学）　　　　　张敬泽（浙江大学）

张锐敏（山东农业大学）　　　　　高丽红（中国农业大学）

郭得平（浙江大学）　　　　　　　程　瑶（东北农业大学）

谢　越（中国农业大学）　　　　　詹丽娟（河南农业大学）

潘玉朋（西北农林科技大学）

审　　稿　李式军（南京农业大学）

北　京

内 容 简 介

　　蔬菜既有一般农产品的普通营养成分（如维生素、矿物质、糖类、蛋白质等），也有其特殊品质成分（如色素、大蒜素、辣椒素、硫代葡萄糖苷等）。本教材共分十六章，系统介绍了蔬菜品质成分的形成规律及营养功能，涵盖概论、水分与品质、颜色和色素类化合物、维生素、矿物质、糖类、有机酸、蛋白质及氨基酸、淀粉与其他多糖类、膳食纤维、特色品质成分、硫代葡萄糖苷、多酚类、黄酮类、食用菌品质、采后处理与品质等内容。本教材为新形态教材，扫描书中二维码可查看彩图、文档等拓展资源，并配套教学课件供授课教师参考。

　　本教材可作为高等学校园艺专业研究生教材，也可作为相关专业研究生、科学研究及技术推广人员、教学人员及营养健康咨询工作者的参考书。

图书在版编目（CIP）数据

蔬菜品质学 / 郭得平主编. —北京：科学出版社，2024.5
科学出版社"十四五"普通高等教育研究生规划教材
ISBN 978-7-03-074550-7

Ⅰ.①蔬… Ⅱ.①郭… Ⅲ.①蔬菜园艺-质量管理-研究生-教材
Ⅳ.①S63

中国版本图书馆 CIP 数据核字（2022）第 253873 号

责任编辑：张静秋　马程迪 / 责任校对：周思梦
责任印制：肖　兴 / 封面设计：无极书装

科学出版社 出版
北京东黄城根北街16号
邮政编码：100717
http://www.sciencep.com

涿州市殷润文化传播有限公司印刷
科学出版社发行　各地新华书店经销
＊

2024年5月第 一 版　开本：787×1092　1/16
2024年5月第一次印刷　印张：21
字数：564 000
定价：98.00 元
（如有印装质量问题，我社负责调换）

前言
Preface

　　蔬菜是人们日常生活中不可缺少的食品，也是膳食结构的重要组成部分，在维持人体健康和预防疾病方面发挥重要作用。随着生活水平和对品质生活需求的提高，人们对蔬菜品质也有了更高要求。尽管如此，很多人对蔬菜品质的构成、化学组成、品质形成机制及影响因素等方面仍缺乏详细、全面的了解和认识。鉴于目前国内缺少有关蔬菜营养品质化学成分知识的教材，我们编写了本教材。本教材全面系统地介绍了蔬菜品质的类型、化学成分的合成与影响因素及营养成分功能等内容。

　　蔬菜品质是指蔬菜满足食用需求的特性，包括感官品质、营养品质及保健和食疗品质等。"蔬菜品质学"是一门涉及生物化学、生理学、营养学等多学科的课程。在编写过程中，各位编委结合自己的研究工作，尽可能全面地收集该领域的基本资料，力求体现国内外最新研究成果，形成具有中国特色的蔬菜品质学教材。编写过程立足园艺学人才培养的需求，按照坚持教材的基础课程性质、保证教材的深厚知识基础、提供系统完整的蔬菜品质学知识体系、反映蔬菜品质学的发展趋势、推动我国园艺学科研究生课程教学质量提升等基本要求进行编写。

　　本教材在内容和结构体系编排上基本按照各种营养成分的重要性进行排序，体现蔬菜提供的人体所需营养物质的贡献。通过学习本教材，学生可以从不同层次和不同方面获得全面的蔬菜品质学知识，理解蔬菜品质形成的生理机制，培养科学地学习蔬菜品质学知识和探究蔬菜品质形成规律的思维方式。

　　本教材共分十六章。第一章由郭得平编写，第二章由谢越、高丽红编写，第三章由张锐敏、史庆华编写，第四章由杨静（华中农业大学）、汪李平编写，第五章由马斯、高丽红编写，第六章由于锡宏、程瑶编写，第七章由李娟起编写，第八章由李玉红、潘玉朋编写，第九章由杨文杰、汪李平编写，第十章由程瑶、于锡宏编写，第十一章由郭得平编写，第十二章由杨静（浙江农林大学）、朱祝军编写，第十三章由郭得平编写，第十四章由张文娜、高丽红编写，第十五章由张敬泽、郭得平编写，第十六章由詹丽娟编写。本教材由郭得平进行统稿，南京农业大学李式军教授审阅全稿。

　　本教材的编写得到各参编单位的全力支持，以及科学出版社张静秋编辑的大力协作。在编写过程中，浙江大学张申申博士给予了诸多帮助。由于编者水平有限，加之编写时间仓促，本教材难免有疏漏之处，恳请各位读者批评指正。

编　者

2024 年 5 月

《蔬菜品质学》教学课件申请单

　　凡使用本书作为所授课程配套教材的高校主讲教师，填写以下表格后扫描或拍照发送至联系人邮箱，可获赠教学课件一份。

姓名：	职称：	职务：
手机：	邮箱：	学校及院系：
本门课程名称：		本门课程选课人数：
开课时间： □春季　　□秋季　　□春秋两季		选课学生专业：
您对本书的评价及修改建议：		

联系人：张静秋 编辑　　　电话：010-64004576　　　邮箱：zhangjingqiu@mail.sciencep.com

目 录
Contents

第一章

概　论

蔬菜是人们日常生活中不可缺少的食品，对人体生长发育和健康有重要作用。随着生活水平提高和保健意识增强，人们越来越关注蔬菜的品质，把注意力从食用基本蔬菜转移到食用高品质蔬菜上。生产和消费优质蔬菜是育种家、科技工作者、生产者和消费者日益重视的问题。

蔬菜是人们膳食结构的重要组成部分，也是平衡膳食不可缺少的成分。很多国家居民对蔬菜和新鲜水果的消费约占食物构成的1/3。蔬菜可为人体提供多种必需的维生素、矿物质、糖类、蛋白质等。据统计，人体所需维生素C的90%、维生素A的60%均来源于蔬菜。此外，蔬菜中还有多种对人体健康有益的成分，如类胡萝卜素、多酚、大蒜素、葫芦素、硫代葡萄糖苷等。根据世界卫生组织（WHO）和联合国粮食及农业组织（FAO）的推荐，为预防慢性疾病，如心脏病、癌症、糖尿病、肥胖症等的发生，除了避免长期摄入高脂肪和胆固醇食品外，每天至少要食用400 g蔬菜和水果（占合理饮食结构的30%）。中国营养学会发布的《中国居民膳食指南（2022）》建议成人每日消费300 g以上蔬菜（深色蔬菜占50%）及200～350 g水果。尽管不同的人群有不同的营养要求，但基本准则是一致的。营养与健康密切相关，而均衡膳食是解决营养需求的关键。调整饮食，维持均衡营养，是人类机体健康的基础。大多数蔬菜为碱性食品，能中和肉及其他食物中产生的酸性物质，维持人体酸碱平衡。蔬菜中含有人体需要的各种营养素，对维护和促进人体健康、提高机体免疫力至关重要。目前，蔬菜在世界范围内的生产和消费仍在逐年增加。

◆ 第一节　品 质 内 涵

品质是指商品的质量。质量的内容十分丰富，人们对质量概念的认识经历了一个发展和深化的过程，且随着社会经济和科学技术的发展仍在不断充实完善。早期，美国著名的质量管理专家朱兰（Juran）提出质量就是产品或服务的适用性，也就是质量不能只看其是否符合标准的规定，还要看是否满足顾客的需要及满足的程度。该定义全面、深刻地揭示了产品质量的实质。这一质量定义有两个方面的含义，即使用要求和满足程度。人们使用产品，对产品质量提出一定的要求，而这些要求往往受到使用时间、使用地点、使用对象、社会环境和市场竞争等因素的影响。因此，质量不是一个固定不变的概念，它是动态的、变化的、发展的和相对的，它随着时间、地点、使用对象的不同而异，随着社会的发展、技术的进步而不断更新和丰富。产品满足用户要求的程度，体现在产品性能、经济特性、服务特性、环境特性和心理特性等方面。

ISO 8402给出"质量"定义，认为质量是反映实体满足明确或隐含需要的能力的特性总和。

ISO 9000 对质量的定义：一组固有特性满足要求的程度。这个定义可以理解为：产品、服务或过程的一组固有特性满足顾客和其他相关方明示的、通常隐含的或必须履行的需求或期望的能力大小。其中"固有"是指某事物本来就有的、而不是赋予的特性，赋予的特性（如产品的价格、产品的所有者）不是质量特性。"特性"是指可区分的特征，包括性能、寿命、适应性、可信性、安全性、环保性、经济性、美学性。特性可以是固有的或赋予的，也可以是定性的或定量的。"要求"指明示的、通常隐含的或必须履行的需求或期望。"要求"既包括生产单位的技术标准和规范，以及国家的法律、法规、规章和强制性标准，也包括顾客和相关方实际存在的需求或期望，因此，这里的"要求"实质上就是产品或服务的"适用性"。其中顾客要求又是最重要的，因此，判定产品质量是否合格的主体不是生产单位，而是顾客或被顾客认可的独立的质量检测机构。因为质量是产品特征和特性的总和，所以"要求"应加以表征，必须转化成有指标的特征和特性，这些特征和特性通常是可以衡量的，全部符合特征和特性要求的产品，就是满足用户需要的产品，也就是产品的符合性。质量通过满足顾客和相关方的需求和期望实现其价值。质量满足要求的程度是固有特性的客观表现或反映，如尺寸、颜色、重量等，而不是人们的主观评价。但人们对质量也会提出主观评价或主观要求，如产品的优良程度、技术水平的高低、适用性的程度等。人们对质量进行主观评价或提出主观要求时，通常使用"合格""不合格""等级""满意""不满意""便宜""美观"等术语表示。"合格"是指"满足要求"，"不合格"是指"未满足要求"。为了让消费者更好地了解产品的性质和质量，从而更好地选择，对产品质量可采用"等级"区分。"等级"是对"功能用途相同但质量要求不同的产品、过程或体系所做的分类或分级"。品质评判的标准还会依据个人喜好和消费习惯而变化。因此，质量是一个综合的概念，它并不要求技术特性越高越好，而是追求诸如性能、成本、数量、交货期、服务等因素的最佳组合，即所谓的最适当。

所以质量的本质特征可以概括为：质量的载体（产品、体系或过程）具有广泛性，质量满足需要或要求的目的具有确定性，需要或要求的主体（顾客、社会和相关方）具有社会性，需要或要求的内涵具有广泛性、多元性。因为需要或要求的发展变化是没有止境的，所以满足需要或要求的质量也具有运动发展的永恒性，质量特性不仅具有总和性、综合性，而且具有度量性和相对性。

◆ 第二节　蔬 菜 品 质

一、品质特性

蔬菜是一种日常食品，也是一种特性产品，除了具备普通产品的质量特性外，还具备一些有特点的质量特性。产品质量的最主要特性是适用性，对食品来说，其实用价值在于其具有食用性。食品科学与技术学会（IFST，1998）对食品质量的定义为：质量是指食品的优良程度，能满足使用目的并拥有营养价值特性的程度。《食品工业基本术语》（GB/T 15091—94）中，食品质量的定义为：食品满足规定或潜在要求的特征和特性总和，反映食品品质的优劣。食品的特征和特性包括感官特征、营养特征、安全特征等。蔬菜产品是一类广泛食用的（鲜食或加工）农产品。在日常生活中，人们基于一些因素来选择食品，这些因素的总体表现可被认为是"品质"（质量）。通常，蔬菜品质表示其在食用方面能满足消费者需要的优劣程度。

蔬菜品质由感官、营养、卫生、商品、技术等特性构成，或者说品质是所有重要的、可接受的特征的综合体，直接决定着产品的可接受性。可接受性可能是高度主观的，不同人有不同的标准。蔬菜的品质和价格有时并不相关，但生产者知道通常优异品质可以获得高价或大量销售。价值是成本和品质的综合产物，因此高质量的产品可以有更高的价值。不同级别的蔬菜产品的营养价值基本相同，但其价格依据其他品质属性的不同而有极大的差异。我们认为蔬菜的质量特性可体现在以下方面。

食用特性：是一切食品的共有特性，是蔬菜可供消费者食用的性能。

感官特性：覆盖了我们感官的可察觉的特性。包括色、香、味、形，是指蔬菜的色泽（颜色、光泽）、风味（气味、滋味）、质地（硬度和手感、口感）、含水量和组织状态（形状、大小、伤痕）。对蔬菜产品而言，最重要的是风味和质地。

营养特性：是指蔬菜产品的化学成分及矿物质含量。蔬菜中所含的营养成分的种类和性质决定了蔬菜的营养价值，是蔬菜能够为人体提供所需营养物质的性能。它不能被消费者直接察觉到，也很难在购买时评估。营养品质不仅影响鲜食，还对加工蔬菜有重要影响。其中的一些物质还参与调节人体代谢，具有保健作用。

卫生特性：是指蔬菜在生产、储运、销售及食用等过程中，可以保障人体健康及安全的性能。蔬菜产品应无毒、无害、无污染，蔬菜中的重金属、微生物等有害物质不能超过安全标准，以免对消费者的健康产生不利影响。

市场特性：指符合市场所要求的所有指标。外观指标如整齐度等是市场交易考虑的标准。市场特性是外在容易观察的属性，如形状、大小、颜色。这些特性不一定总是影响感官特性，但对消费者的选择来说很重要，被界定为"质量标准"（如外观、包装），利于市场交易。

技术特性：就是蔬菜产品是否适合加工的特性，它与加工企业的配合度有关，并影响加工产品的质量。该特性对提高加工效率（从手工转为机械加工）非常重要。传统加工是技术去适应产品特性，而工业化加工更倾向于产品特性来适应技术需要。

时间特性：蔬菜品质有一定的时间性。

蔬菜的品质性状很多，不同产品器官类型的蔬菜所涉及的品质性状的侧重点也不同。蔬菜品质是其质量的综合特征。品质也是蔬菜生产的主要目标之一。蔬菜的质量特性决定了蔬菜产品质量不仅是经济问题，还关系到消费者的生命安全。人们生活水平提高后，对膳食的品质要求越来越高，因此，保证蔬菜的质量显得至关重要。蔬菜品质的评价是一项复杂的工作。即使对同一蔬菜作物的同一品质性状，不同人、不同国家、地区和单位评价的标准也不尽相同。例如，对番茄质地的评价，有些人喜欢较硬的，有些人则喜欢粉质的。我们选择蔬菜时，会动用所有的感官（如看、摸、闻、尝、听）来评价产品。通过感官测定蔬菜的品质主要包括色、香、味、形四个方面。

二、品质构成

（一）收获品质

对种植者而言，收获率是蔬菜品质的重要指标，也是其品质性状之一。

（二）感官品质

感官品质是消费者对蔬菜的第一感觉、直接感受，如蔬菜的颜色，果实的色泽、大小、形状等。主要性状如下：①颜色，如颜色的均匀度和一致性；②大小，如重量、体积、面积；

③形状，如长度/直径值、形状一致性；④损伤，如内部和外部是否有损伤、生理性和病虫危害等引起的伤害；⑤含水量，如是否萎蔫等。

蔬菜感官品质的优劣与市场竞争力、市场销售量有重要关系。

（三）食味品质

食味品质是蔬菜在食用过程中人的味觉、嗅觉和触觉等的综合反应，是消费者直接感受到的品质性状，主要体现在风味和质地两方面。

1. 风味　　风味由甜、酸、苦、涩、香等特性来体现。对果菜类（如番茄、甜瓜）而言，风味主要由糖和有机酸含量决定。风味也是直接感受（通过嗅觉）某一特定产品典型香味成分（挥发性化合物）的综合表现，难以量化。不同产品的风味由单一或多种化合物决定（如黄瓜和洋葱）。有些化合物会产生令人不愉快的味道或气味，对品质不利，如黄瓜的苦味。

2. 质地　　质地是鉴别蔬菜的初级特征，是蔬菜物理性质（大小、形状、力学、结构等）的感觉表现（触觉、视觉、听觉）。质地是由一些机械属性构成的复合特性，这些机械属性可分为初级（硬度、黏聚性、黏性、黏附性、弹性）和次级（碎裂性、咀嚼性、胶黏性）属性。机械属性取决于细胞成分（如酶、淀粉、植酸盐）、膨压、细胞壁性质和相邻细胞结合的强度。质地对蔬菜品质有重要影响，特别是咀嚼性和吞咽性。质地对适时采收、保持足够的耐贮性、评判处理方式及机械抗性都有非常大的影响，也影响蔬菜的加工（干制、速冻等）品质。

蔬菜质地体现在粒度（光滑、细腻、粉状、颗粒）、硬度、紧实度、脆性、多汁性、韧性（纤维量）、油性、蜡质等特性上的差异。

（四）营养品质

蔬菜中含有人体生长发育所必需的化合物，它们的种类和含量决定了蔬菜的营养价值。植物中已发现存在超过25 000种营养物质，这些营养物质中有些是植物生长发育的必需物质，如多糖、矿物质等，有些是对人体有益的次生代谢物，如维生素、色素等。矿物质、维生素、糖类、蛋白质、脂肪等，是人体大量元素和能量的来源，而花青素、类胡萝卜素、黄酮类物质、多酚类物质、木质素等对维持人体正常机体功能十分有益。

（五）卫生品质

作为一种食品，蔬菜首先应当是安全的。为了避免损害消费者的健康，蔬菜不能含有对人体有害的物理、化学和生物污染。常见的污染有病原微生物、大气污染物残留、植物合成的有毒物质、农田使用的化学物质（农药等）。蔬菜中化学物质残留和硝酸盐含量需要符合有关标准的要求。

（六）保健及食疗品质

除了正常的营养价值，蔬菜中还含有一些特殊的"生物活性物质"，对人体具有保健功能。例如，蔬菜中的色素物质、酚类物质等具有抗氧化功能。芸薹属蔬菜中的硫苷类物质、葱蒜类蔬菜中的大蒜素类物质、瓜类果实中的苦味物质——葫芦素等具有提高人体免疫力的功效。

总之，蔬菜品质是一个多因素概念，既要考虑产品的有形和无形方面的特性，又要考虑其内在和外在特性，而且品质还随时间和空间而变化。内在特性与化学营养成分、健康（与矿物质、维生素、抗氧化剂等成分有关）、卫生安全及感官特性有关。通常，消费者会对这些特性用"新鲜"这个可察觉但不能确切定义的词描述。

三、影响品质的因素

（一）种类和品种

尽管蔬菜中含有的化合物受遗传、发育时期、环境因素（光照、温度、大气中的CO_2浓度）和农艺措施（灌溉、施肥等）的影响，但种类和品种仍对蔬菜品质起决定性作用。不同种类蔬菜的营养品质差异非常大，对特定种类的蔬菜而言，品种之间也有差异。在过去，蔬菜作物的育种目标通常为高产、抗病和耐贮藏。近年来，育种目标则侧重于优质品种的选育。通过发掘遗传和环境互作的基因位点，可有效地培育超优品质的蔬菜品种，如利用传统和现代生物技术手段培育番茄红素含量高的番茄品种，通过提高芸薹属种类（西蓝花、花椰菜、芜菁）的糖含量培育低芥子油含量的品种。

（二）环境条件及栽培措施

环境条件无疑是影响蔬菜品质的重要因素。环境条件影响蔬菜的同化过程和营养状态。光照和温度是对品质影响最大的环境因素，二者互作可以影响植物的生理生化过程，但对同化过程的影响又有所不同，如强光照利于光合产物积累及化合物合成，但高温加速其代谢，并可以影响蔬菜中的糖、有机酸及抗氧化物质的合成。强光照和高温（＞30℃）也会抑制番茄中番茄红素的合成，并刺激番茄红素和β-胡萝卜素的氧化。光质能够调节植物化合物如蛋白质、糖、维生素C、类胡萝卜素、酚类化合物及花青素等的合成和积累。此外，高温对蔬菜中某些化合物合成的影响也会直接改变其感官品质，如引起糖、酚类及挥发性化合物代谢的变化。同样，长期暴露于高浓度CO_2（550μmol/mol）中会导致马铃薯畸形率增高，而蛋白质、K^+和Ca^{2+}浓度显著降低，风味和营养价值下降。

与传统蔬菜相比，有机蔬菜的维生素C和矿物质含量较高，硝酸盐含量较低，这可能与生物（杂草、病原菌和病害）和非生物（低矿质营养）胁迫有关。

灌溉和施肥对蔬菜品质也有相当大的影响。外界水分对调节植物组织的含水量有直接作用，影响蔬菜的感官品质。一般而言，缺水对营养器官产品的品质不利，水分过多也会损害生殖器官产品的品质，含水量高对耐贮性和口感不利。高浓度肥料的使用对改善品质是有利的，但也可能导致叶片中积累较多的硝酸盐。

矿质元素也是影响蔬菜产量和品质的重要因素，其影响取决于不同元素在代谢过程中参与合成和转运的化合物。

（三）收获期和采后处理

蔬菜是易腐产品，其品质会随时间的推移而不可避免地变劣。货架期对于其价值有决定性作用。实际上，在配送和上市阶段，产品质量的下降或多或少地取决于贮藏和运输条件。鲜菜产业一般分为两个主要阶段：生产到收获及包装到配送。任何一个阶段都会影响蔬菜品质的基本方面，即产品的内在和外在特性。蔬菜货架期及品质变劣程度部分取决于收获前条件及存放方式，部分取决于收获后到投放市场的采后处理。蔬菜品质是一个不断演化的概念，密切依赖于消费者选择和产品自身，也受生产技术（快速生产和加工革新）的影响。

收获期涉及成熟阶段、环境条件和收获方法。对大多数蔬菜产品而言，通常收获期的品质最佳，之后品质慢慢下降，只有恰当的保存策略才能延缓品质变劣。因此，贮藏条件和加工技术对蔬菜采后品质很重要。

蔬菜成熟过程中会发生许多生化变化,如细胞壁组分变化、淀粉和单糖的转换、色素的变化、芳香成分的形成等。收获期影响这些生理生化过程。收获期产品的成熟度直接关系到采后品质。对无呼吸高峰的蔬菜产品(叶菜、根菜、西瓜等),收获时的成熟度与园艺特性和商品属性要一致,因其采后感官品质不会有大的改善;而对有呼吸高峰的产品(番茄、甜瓜等),其通常在达到完全商品成熟和最佳食用品质前采收,以便延长采后贮藏期和确保物理特性(硬度等)利于处理和运输。实际上,收获期的成熟度在不同作物和不同品种上是不同的,在生产上需要灵活掌握。此外,收获和运输过程中的机械损伤也会影响蔬菜品质。产品器官受到损伤后会产生伤疤,机械损伤利于酶促反应进行,产生褐变。产品器官损伤后会促进成熟激素——乙烯的产生,加速成熟和衰老,缩短货架期。

采后处理(贮藏和加工)不能改变蔬菜产品的遗传品质,但影响产品成熟、衰老和质量损耗的速率。温度和贮藏期间的气体组成可显著影响植物组织的呼吸速率,进一步影响成熟和衰老过程。一般随着温度的下降,呼吸速率下降。温度过低也会引起伤害,导致品质下降和货架期缩短。贮藏期间的空气相对湿度可以阻止霉菌生长和防止新鲜产品失水,利于保持品质。采后技术不能主动改善蔬菜品质,但能通过调节成熟过程被动地改善品质,对于有呼吸高峰的产品而言更是如此。

四、品质与安全

食品安全和品质紧密相关,对食品而言,安全是首先要保证的。食品安全一直是公众关心的问题,也是食品质量的基本要求。蔬菜作为食品,评价其品质时首先要考虑其安全性,其次是感官和营养。"民以食为天,食以安为先",随着人们生活水平的提高,对农产品的质量要求也越来越严格。《中华人民共和国农产品质量安全法》对农产品质量安全的定义为:农产品质量符合保障人的健康、安全的要求。由于农药过量使用、化学保存、微生物污染及处理不当等问题,食品安全越来越受到人们的关注。食品安全对于社会稳定和经济发展非常重要,据 WHO 统计,每年有 40 余万人因食用不安全的食品而死亡。保证食品安全意味着防止有害成分进入食物,安全食品不含有或含有符合标准规定的天然存在的有害成分(物理、化学或生物有害物质)。食品中的添加剂是否超量,是否危害人的身体健康,食品中是否含有某些有毒有害的物质等都是事关食品安全的重要因素。

食品安全就是保证食品不对消费者健康产生危害。蔬菜产品安全即蔬菜的卫生品质。卫生品质是指蔬菜中含有对人体健康不利或有害成分的量,直接关系到蔬菜产品的安全。有害成分含量越高,蔬菜卫生品质越差,安全性越低。相比于大小、颜色、含糖量等质量指标,安全性有时很难用肉眼和味觉来检测。一个外观漂亮的蔬菜产品可能是高质量的,但被不易察觉的病原菌污染后可能就不安全了。通常而言,消费者决定是否购买某一蔬菜产品是基于对其感官品质、内在品质和安全性的综合评判。不满足质量和安全标准要求的蔬菜产品会影响消费者再次购买,导致产品经济损失和市场竞争力下降。

蔬菜中的有害成分可以来自化学、物理或微生物因素。化学污染可能是由环境污染或农业措施不当造成的,包括重金属、农药、除草剂、药物或个人化学用品,以及水消毒的副产品;物理因素如放射性物质等;微生物污染主要是由于病原菌的存在,如细菌(沙门菌、大肠杆菌等)、霉菌及其毒素。此外,某些蔬菜也含有天然有毒物质,如木薯中的氰苷、马铃薯中的茄碱(龙葵苷)等。蔬菜中含有的硝酸盐、亚硝酸盐、N-亚硝基化合物也不利于人体健康。

蔬菜作为一种食品,其生产通常处于自然条件下,受污染的机会很多,其污染的方式、来源及途径也是多方面的。蔬菜生产链包括许多环节，生产、流通、贮藏加工、销售、烹饪等各阶段都会影响蔬菜的品质。在田间生产阶段，蔬菜作物易受到生物和非生物胁迫，它们均影响蔬菜的品质。运输、贮藏条件及生物因素也会影响蔬菜品质。蔬菜加工的技术和方法也是影响蔬菜品质的重要因素。因此检验产品质量的可靠性是消费者和管理部门非常关注的问题。为了获得优质的蔬菜产品，需要采取综合性、系统性质量监管措施，如良好农业规范（good agricultural practice，GAP）、有害生物综合治理（integrated pest management，IPM）、良好操作规范（good manufacturing practice，GMP）、良好卫生规范（good hygienic practice，GHP）及危害分析与关键控制点（hazard analysis and critical control point，HACCP）等，确保蔬菜生产的各个环节安全有效，减少蔬菜产品化学和物理污染、保证蔬菜产品的安全。随着国际贸易全球化及消费者对高品质和安全农产品需求的增长，很多国家提高了食品安全和质量标准。在我国，蔬菜作为一种食品，其生产、加工、销售等活动应当遵守《中华人民共和国食品安全法》，蔬菜质量应符合《食品安全国家标准 食品中农药最大残留限量》（GB 2763—2021）和《食品安全国家标准 食品中污染物限量》（GB 2762—2022）等相关标准的规定。为了从源头上保证蔬菜产品的安全，质量认证手段和产品溯源系统应当逐渐完善。

| 第二章 |

水分与品质

植物生理代谢活动和生长发育离不开水。水分是影响农作物（蔬菜）产量、品质形成的重要因素之一，尤其对营养成分含量和感官品质有直接影响。

◆ 第一节　水分在蔬菜品质形成中的作用

水分是蔬菜的重要成分之一，新鲜蔬菜水分含量大部分在 80%～95%（表 2-1）。蔬菜细胞内充足的水分有助于维持细胞内压和正常的细胞形态，增加蔬菜组织韧性，维持蔬菜光泽度和外观形态，保障蔬菜品质。蔬菜水分含量还会影响矿质元素、糖类、脂类、蛋白质、次生代谢物等物质的积累，决定蔬菜的营养品质。蔬菜组织的水分以游离水和束缚水的形态存在：游离水主要存在于液泡和细胞间隙中，占蔬菜组织水分比例最大，易在贮藏及加工过程中失去；束缚水是细胞中胶体微粒结合的水，不易失去。此外，蔬菜水分在采后生理活动中也具有重要的作用，采后失水会影响蔬菜的生理活动，降低蔬菜的口感、脆度、风味和外观品质，如表面萎蔫、皱缩、变软，失去光泽。

表 2-1　主要蔬菜的含水量

蔬菜	含水量/%
生菜（*Lactuca sativa* var. *ramosa*）	96
芹菜（*Apium graveolens*）	95
小白菜（*Brassica chinensis*）	95
黄瓜（*Cucumis sativus*）	95
樱桃萝卜（*Raphanus sativus* var. *radculuspers*）	95
西葫芦（*Cucurbita pepo*）	95
番茄（*Lycopersicon esculentum*）	95
萝卜（*Raphanus sativus*）	94
莴笋（*Lactuca sativa* var. *angustana*）	94
辣椒（*Capsicum annuum*）	94
芦笋（*Asparagus officinalis*）	93
秋葵（*Abelmoschus esculentus*）	93
甘蓝（*Brassica oleracea* var. *capitata*）	93
花椰菜（*Brassica oleracea* var. *botrytis*）	92
茄子（*Solanum melongena*）	92
芫荽（*Coriandrum sativum*）	92
菠菜（*Spinacia oleracea*）	91
西蓝花（*Brassica oleracea* var. *italica*）	89
洋葱（*Allium cepa*）	89
山药（*Dioscorea polystachya*）	83
荸荠（*Eleocharis dulcis*）	75
慈姑（*Sagittaria sagittifolia*）	66

一、水分与矿质营养

矿质营养含量是蔬菜品质的重要指标之一。蔬菜主要从土壤或基质中吸收矿质元素，矿质元素的吸收和转运与水分既相互联系又相互独立：矿质元素以离子形式存在于土壤溶液中或胶粒上，与根细胞产生的氢离子和碳酸氢根离子进行交换后吸附在根表面，通过质外体或共质体运输进入根部木质部导管或管胞，在蒸腾拉力和根压作用下随木质部汁液向上运至地上部分；水分通过根部细胞膜上的水通道蛋白完成吸收与运输，不需要消耗能量，与矿质元素的吸收比例不同。

（一）水分与土壤矿质元素迁移

蔬菜吸收土壤水分导致土壤中形成水势梯度，矿质元素顺水势梯度以质流方式向蔬菜植株根部移动，使近根部区域矿质元素浓度高于远根部区域。质流受蒸腾速率和土壤水势影响。蔬菜吸收矿质元素导致根表矿质元素浓度下降，并低于土体矿质元素浓度，矿质元素在土体和根表之间以扩散的形式移至根表。土壤水分含量影响扩散作用对根表养分供应能力。

不同矿质元素向根表的移动机理存在差异。磷和钾主要通过扩散作用到达根表。钙和镁主要通过质流到达根表。硝酸盐通过扩散和质流向根表移动：土壤中硝酸盐浓度较高时，质流起主要作用；硝酸盐浓度较低时，扩散占主要地位。土壤水分亏缺时，扩散作用减弱，蔬菜对磷、钾吸收降低，但由于蔬菜根区水势依然低于非根际，质流方式依然存在，因此水分对蔬菜的钙、镁吸收影响较小。

（二）水分影响矿质元素吸收及在植物体内的运输

水分参与蔬菜矿质元素吸收和运输，因此，土壤水分和蒸腾作用会影响蔬菜的矿质元素含量。过高的土壤含水量会造成蔬菜根部缺氧，抑制根系呼吸，降低主动运输，影响蔬菜对矿质元素的吸收。

矿质元素以质外体途径和共质体途径从根表进入根内。矿质元素顺电化学势梯度穿过根外皮层组织，自由扩散进入质外体空间。矿质元素和水分在内皮层细胞内被凯氏带阻碍，继而通过共质体途径进入维管束组织：矿质元素通过跨膜运输进入原生质，通过胞间连丝或跨膜运输进入木质部薄壁细胞，随后进入导管。少部分矿质元素被用于根部的生长发育和代谢，大部分矿质元素进入木质部导管后随蒸腾流被运输到地上部分。蒸腾流主要依靠蒸腾拉力和根压提供动力，其中蒸腾拉力是矿质元素向上运输的主要动力，蒸腾流是矿质元素纵向长距离运输的主要途径；部分矿质元素会横向运输至韧皮部（图2-1）。不利于蒸腾作用的外界条件（高空气湿度和低土壤含水量等）均不利于矿质元素向上运输。

矿质元素在蔬菜体内以离子或化合物的形式向上运输：钾、钙、镁、铁、硫等元素主要以离子形式运输，氮和磷以离子形式和化合物形式运输。

（三）水分胁迫与矿质元素

水分亏缺会导致蔬菜气孔关闭，降低蔬菜对矿质元素的吸收，使蔬菜呈现缺素症状。严重的水分胁迫会抑制蔬菜的同化作用和光合产物向根系分配，减少根系的吸收面积，从而降低蔬菜的矿质元素含量。然而，适度水分亏缺可促进蔬菜对某些矿质元素（钠、氯等）的吸收。

在养分贫乏的土壤中，短期水分胁迫会降低土壤养分矿化速率，降低土壤中植物可利用矿质元素（如氮、磷）含量，导致植物对矿质元素的吸收减少，使矿质元素成为蔬菜生长的限制因子（图2-2A）。水分胁迫抑制矿质元素的质流与离子扩散，尤其是以扩散作用吸收的矿质元素，限制根系与地上部分之间的矿质元素运输和对矿质元素的吸收，从而降低蔬菜矿质元素含量，导致植物可利用矿质元素在土壤中积累。尽管植物可利用矿质元素增加，但水分有效性制约了植物对养分的吸收（图2-2B）。蔬菜为适应长期水分胁迫，会通过调控气孔导度和碳同化作用，降低光合作用和蒸腾作用，向根系分配更多的光合同化产物，以增加根系对水和矿质元素的吸收，平衡植物生长和植物养分吸收（图2-2C）。

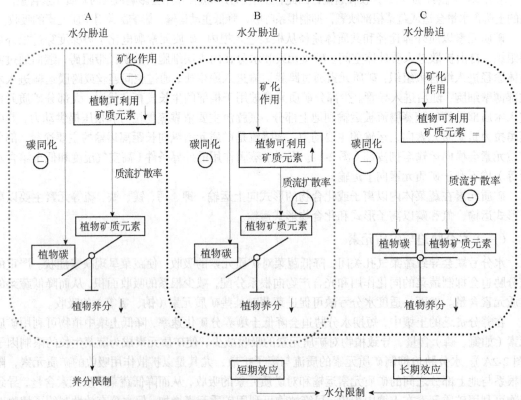

图 2-1 矿质元素在蔬菜体内的运输示意图

彩图

图 2-2 土壤植物可利用矿质元素与植物矿质元素含量对水分胁迫的响应（He and Dijkstra，2014）

↑表示土壤养分库大小或浓度增加；↓表示土壤养分库大小或浓度减少；＝表示土壤养分库大小或浓度没有改变；—表示对碳和养分流动的负面影响，圈的大小表示影响程度的大小；灰色虚线框表示水分胁迫下植物的营养限制机制；黑色虚线框表示水分胁迫下植物的水分限制机制

　　矿质元素能够调节蔬菜的抗水分胁迫能力。钾能促进糖代谢，增加细胞的渗透浓度，保持气孔保卫细胞紧张度，有利于气孔开张。有机磷化合物可促进原生质合成和原生质胶体的水合度，增加蔬菜的抗旱能力。钙能稳定生物膜结构，增加原生质黏度和弹性，维持干旱条件下原生质膜的透性。硼可以提高蔬菜保水能力和糖分含量，促进蔬菜体内有机物运输和蔗糖向果实转移，弥补干旱条件下水分运输停滞导致的有机物运输降低。水分适度亏缺可促进蔬菜对钠离子、氯离子等的吸收，维持细胞内的渗透势，提高蔬菜抗旱性，维持蔬菜生长发育。

二、水分与糖类的合成及代谢

　　糖类是蔬菜光合作用的重要产物之一，其中葡萄糖、蔗糖、果糖等可溶性糖是衡量蔬菜品质的常用指标。水作为光合作用的重要原料，在糖类合成与代谢中扮演着重要角色。此外，水分胁迫引起的渗透胁迫会调控蔬菜的糖代谢，从而调控细胞渗透压，维持渗透压平衡。

（一）水分与可溶性糖代谢

　　水是光合作用合成糖类物质的原料，也是影响光合速率、糖代谢等生理过程的重要因子。作为光合反应原料的水仅占蒸腾失水的1%以下，很少供应不足。蔬菜组织水分含量影响气孔开度，调控 CO_2 吸收、光系统和叶绿体片层结构、细胞伸长生长和蛋白质合成，最终影响光合作用速率和可溶性糖合成。

　　水分胁迫会上调糖代谢过程中可溶性糖分解代谢相关酶（如淀粉分解酶）的合成，促进淀粉等多糖物质分解，提高可溶性糖含量。水分胁迫引起的可溶性糖积累会激活一系列信号转导途径，调控蔬菜体内的糖分库源关系。在双糖信号转导中，蔗糖及海藻糖-6-磷酸作为信号分子，调节水分胁迫下的糖转运蛋白合成。在己糖信号转导中，蔗糖在转化酶作用下转化为单糖（葡萄糖和果糖），一部分葡萄糖在己糖激酶（HXK）催化下磷酸化，由 HXK 感测葡萄糖信号；未磷酸化的葡萄糖通过不依赖 HXK 的途径被感测；果糖则可能通过1,6-二磷酸酶和果糖激酶被感测。糖积累促使 G 蛋白的 α 亚基水解 GTP，诱导胞外糖感受器——G 蛋白信号调控蛋白1（RGS1）磷酸化，RGS1 通过内吞作用传递糖信号。在蔗糖非酵解型蛋白激酶1（SnRK1）介导的糖信号转导中，非生物胁迫促进脱落酸（ABA）积累，抑制蛋白磷酸酶2C（PP2C）。PP2C 抑制和低糖可激活 SnRK 磷酸化下游底物介导应激反应。在雷帕霉素靶蛋白（TOR）介导的糖信号转导中，糖积累诱导 TOR 激酶活性，提高油菜素唑抗性因子1稳定性、棉子糖家族寡糖（RFO）含量、根系生长及活性氧（ROS）内稳态，调节核糖体 S6 激酶1（S6K1）活性，阻断环境压力下的细胞周期进程。水分胁迫通过这些信号转导途径提高液泡内糖转入蛋白的表达，调控碳同化作用和光合产物（糖）的地上地下分配（图2-3）。

　　水分还会通过呼吸作用调控蔬菜可溶性糖含量。蔬菜的呼吸速率通常随水分胁迫程度增加而降低，导致 ATP 供给量降低，有机大分子，如淀粉、蛋白质的分解大于合成，促进渗透物质积累。一些蔬菜在轻度水分胁迫下可提高呼吸速率，增加呼吸作用产物（可溶性糖、有机酸等），以调节渗透压，维持细胞膜的稳定。然而，土壤含水量过高又会降低土壤通气性，限制根系呼吸，降低根系活力，导致根系发育不良，水分和矿质元素的吸收减少，光合作用效率降低。

　　此外，可溶性糖积累也与蔬菜抗旱性密切相关。可溶性糖积累不仅可以降低水势，促进水分运输和根系水分吸收，还可以在水分胁迫期间保护细胞：在脱水过程中，糖分子所带羟基替水分子的羟基，保持细胞膜和蛋白质的亲水性，维持细胞膜的稳定性并防止蛋白质变性。可溶性糖（尤其是蔗糖）在种子、果实和耐旱营养组织中积累，可以促进玻璃化（介于固体和液体之间的一种状态），增加细胞溶质黏度，减少分子运动，阻碍活性化合物在细胞内扩散，维持大分子结构和功能的完整性。

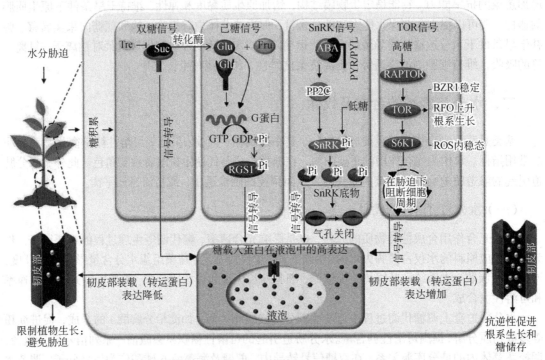

图 2-3　水分胁迫下植物糖介导的信号转导（Kaur et al.，2021）

Tre. 海藻糖；Suc. 蔗糖；Glu. 葡萄糖；Fru. 果糖；GTP. 鸟苷三磷酸；GDP. 鸟苷二磷酸；RGS1. G 蛋白信号调控蛋白 1；SnRK. 蔗糖非酵解型蛋白激酶；PP2C. 蛋白磷酸酶 2C；ABA. 脱落酸；PYR/PYL. 脱落酸受体；TOR. 雷帕霉素靶蛋白；RAPTOR. TOR 调控相关蛋白；BZR1. 油菜素唑抗性因子 1；S6K1. 核糖体 S6 激酶 1；RFO. 棉子糖家族寡糖；ROS. 活性氧

（二）水分与多糖代谢

水分亏缺会促进多糖分解，降低多糖含量。例如，水分胁迫促使淀粉酶的合成，促进淀粉向可溶性糖转化。水分胁迫调控纤维素和木质素生物合成相关酶的表达及木质素沉积，影响细胞壁成分及厚度，增加细胞膨压，维持细胞正常生长。随着水分胁迫时间或程度的增加，蔬菜体内纤维素积累，细胞壁硬化程度增加。因此，水分胁迫可能会降低蔬菜口感，如缺水引起菠菜、芹菜叶组织老化，纤维增多；萝卜肉质粗、糠心。此外，细胞壁硬化会抑制细胞扩大、伸长和叶面积增加，限制蔬菜蒸腾速率和水分吸收。

蔬菜适应水分胁迫有利于蔬菜生存，保障其完成整个生命周期。例如，水分胁迫促进木质素致密排列，增加根部导管最大承受压力，有利于运输水分和增强其抗倒伏性。

（三）水分胁迫对糖含量的影响

蔬菜在水分胁迫下气孔开度减小，光合速率降低，糖类（如淀粉）合成减少；蔬菜体内多糖的水解加强，小分子的可溶性糖含量增加。例如，胡萝卜根中蔗糖水平随水分胁迫程度增加而降低，而葡萄糖和果糖含量升高。水分胁迫下，甜菜叶片的糖类代谢途径会转向有利于蔗糖生成的途径。

三、水分与脂类、蛋白质和次生代谢物的合成及代谢

（一）脂类

蔬菜含有多种脂质，主要为由脂肪酸与甘油酯化形成的甘油酯。脂类的合成需要多个细胞器参与：由叶绿体合成脂肪酸，一部分脂肪酸直接与甘油结合为半乳糖脂，成为叶绿体膜的主要成分；另一部分脂肪酸转移到细胞质的内质网中与甘油结合，生成磷脂，作为细胞膜的主要成分；脂肪酸在表皮细胞的内质网中转化为角质和蜡，形成蔬菜表面的保护结构——角质层。

水分胁迫会损害膜及膜系统，改变膜透性。膜脂分子的双层排列靠膜内束缚水维持，当细胞失水到一定程度时，膜内磷脂分子排列开始紊乱，亲脂端相互吸引形成孔隙（图 2-4）。膜蛋白被破坏，丧失膜选择透性，细胞内无机离子、氨基酸和可溶性糖等小分子向外渗漏。内质网膜系统在水分胁迫下遭到破坏，

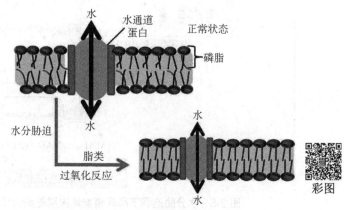

图 2-4　水分胁迫初期膜流动性变化
（Rawat et al.，2021）

形成叠状体，膜上脂类物质析出。干旱条件下，蔬菜的总脂质、磷脂和半乳糖脂含量大幅降低，细胞膜和叶绿体膜结构遭到破坏。

（二）蛋白质

除豆科蔬菜外，蔬菜蛋白质含量均相对较低。水分胁迫一方面会降低蛋白质合成酶活性，减少 ATP 生成量，降低蛋白质合成；另一方面会加强蛋白质泛素化降解。

抗旱性较强的蔬菜品种在水分胁迫下能保持水解酶类（如 RNA 酶、蛋白酶、脂酶等）的稳定状态，减少生物大分子的分解，保持原生质体的完整性，避免质膜遭到破坏，使细胞内的代谢活动及酶活性不受影响或维持在一定水平。

脯氨酸在细胞渗透势调节和蛋白质性质稳定方面具有重要的作用，因此其含量是衡量植物抗旱能力的重要指标。水分胁迫激活蔬菜体内脯氨酸生物合成，抑制其分解代谢，促进脯氨酸积累。脯氨酸的合成包括谷氨酸途径和鸟氨酸途径，其中谷氨酸途径是水分胁迫下合成脯氨酸的主要途径：水分胁迫通过脱落酸依赖性和非依赖性信号，诱导生成 Δ1-吡咯啉-5-羧酸盐合成酶（P5CS），通过消耗还原型辅酶Ⅱ（还原型烟酰胺腺嘌呤二核苷酸磷酸）（NADPH），催化谷氨酸生成吡咯啉-5-羧酸（P5C）；P5C 在吡咯啉-5-羧酸还原酶（P5CR）的作用下，消耗还原型辅酶Ⅰ或辅酶Ⅱ[NAD（P）H]，生成脯氨酸。在脯氨酸的分解代谢过程中，水分胁迫抑制 *ProDH1* 基因的表达，进而抑制脯氨酸脱氢酶（ProDH）的合成和脯氨酸分解成 P5C（图 2-5）。在整个脯氨酸合成代谢过程中，P5CS 和 ProDH 的正、反向调节是植物控制在胁迫与非胁迫状态下脯氨酸水平的关键机制。两者合成相关基因 *P5CS1* 和 *ProDH1* 都受表观遗传控制，其表达受启动子组蛋白甲基化或乙酰化的影响。

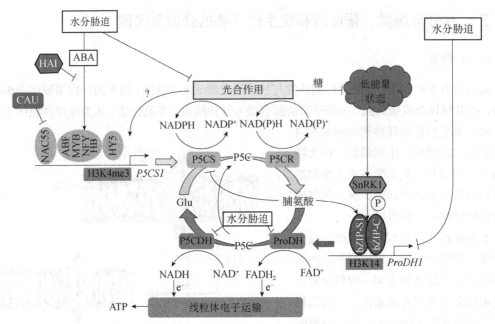

图 2-5　水分胁迫调节高等植物体内脯氨酸合成与降解途径（Alvarez et al.，2021）

CAU. 钙低积累；HAI. 高脱落酸诱导；NAC55. NAC55 转录因子；ABF. ABRE 结合因子转录因子；MYB. MYB 转录因子；NFY. 核转录因子 Y；HB. 同源框转录因子；HY5. 下胚轴伸长转录因子 5；H3K4me3. 组蛋白第三亚基第四号赖氨酸的三甲基化；P5CDH. P5C 脱氢酶；bZIP. 碱性亮氨酸拉链；NADH. 还原型辅酶 I（还原型烟酰胺腺嘌呤二核苷酸）；NAD+. 氧化型辅酶 I（烟酰胺腺嘌呤二核苷酸）；NAD（P）+. 氧化型辅酶 I 或辅酶 II；FADH$_2$. 还原型黄素腺嘌呤二核苷酸；FAD+. 氧化型黄素腺嘌呤二核苷酸；H3K14. 促进组蛋白 H3K14. 箭头线表示促进作用；"T"字线表示抑制作用

水通道蛋白参与水的质外体运输途径、共质体运输途径和跨细胞运输途径，可以提高膜（如质膜或液泡膜）的水通透性，利于渗透压调节，其在膜上的丰度和活性与水分运输能力直接相关。水通道蛋白可以分为 4 类：质膜内在蛋白（PIP）、液泡膜内在蛋白（TIP）、与大豆同源的 NOD26 内在蛋白（NIP）和小碱性内在蛋白（SIP）。水通道蛋白表达具有组织特异性，其受发育阶段和环境因素调节，也受水分胁迫诱导。随着水分胁迫的增加，根系中的水通道蛋白基因上调表达，以加强根系对水分的吸收能力，随后下调表达；叶片中水通道蛋白基因持续下调表达，以降低水通道活性，保持气孔关闭，减少蒸腾作用造成的水分流失。

水分胁迫还可以诱导一些蛋白质的合成和积累，如胚胎发育晚期丰富蛋白（LEA）。LEA 是植物体内响应逆境胁迫的一类重要蛋白，具有保护生物大分子、维持细胞结构、缓解干旱等环境胁迫的作用。LEA 大多亲水性高，具有捕获水分子进入细胞的功能。在水分胁迫下，LEA 能部分替代水分子，保持细胞液的溶解状态，避免细胞结构（如膜）的塌陷；LEA 可与水分子结合，减少组织失水；LEA 还参与细胞的渗透调节和自由基活性的清除等。

（三）次生代谢物

不同于糖类、脂类、核酸和蛋白质等初生代谢物，蔬菜的次生代谢物主要参与逆境胁迫防御和调节逆境适应性。干旱胁迫可以诱导渗透调节物质积累（如甜菜碱和花青素），调节渗透压，提高蔬菜抗旱性。次生代谢物还可以缓解水分胁迫带来的其他负面影响，如类胡萝卜素可缓解水分亏缺下的氧化胁迫。水分胁迫会降低十字花科蔬菜的烷基硫代葡萄糖苷浓度及对蚜虫的抗性。

◆ 第二节　水分管理与蔬菜品质

一、蔬菜水分需求及与品质的关系

蔬菜整个生长期的需水量由蔬菜生长发育阶段的需水规律和外界环境决定。满足蔬菜不同生长阶段的水分需求是保证蔬菜产量和品质的关键。一般而言，幼苗期的蔬菜地上部分蒸腾作用较小，需水量小；随着蔬菜生长，叶面积不断增加，蒸腾作用逐渐增强，需水量不断增加。除自身的遗传特性以外，温度、太阳辐射、风速等环境条件也会影响蔬菜的蒸腾量。因此，蔬菜在不同生长季节的需水量也有所差异。例如，在日光温室栽培中，冬春茬番茄和秋冬茬番茄在一个生长季的需水量分别为 409.06 mm 和 243.80 mm。现有节水技术（如喷灌、滴灌、覆膜等）可有效降低地表蒸发量，降低蔬菜整个生长期的需水量。

蔬菜的需水规律受自身形态、品种、生长阶段影响。不同蔬菜类型[叶菜类蔬菜（叶菜）、果类蔬菜（果菜）、根茎类蔬菜（根菜）等]全生长期的蒸腾量不同，需水量存在差异。蔬菜的不同生长阶段需水量也存在差异（表 2-2）。

表 2-2　主要蔬菜不同生长阶段日需水量　（单位：mm/d）

蔬菜	苗期需水量	生长中期需水量	生长后期需水量
西蓝花	4.05	2.16（莲座期）	1.43（结球期）
芹菜	1.13	1.92（叶丛生长初期）	2.21（叶丛生长后期）
番茄	2.04	5.05（开花结果期）	5.70（结果盛期）
黄瓜	1.94	4.12（开花结果期）	5.09（结果盛期）
茄子	2.50	4.87（开花结果期）	2.75（成熟期）
洋葱	2.02	3.64（鳞茎膨大期）	2.46（成熟期）
大蒜	1.94	3.20（蒜薹伸长期）	2.95（鳞芽膨大盛期）
萝卜	3.10	1.00（叶生长期）	2.40（根生长期）

叶菜类蔬菜是指以叶片或叶柄作为食用器官的蔬菜，多为一年生草本作物，采收时多处于蔬菜的营养生长阶段，常见的叶菜有白菜、甘蓝、叶用芥菜、菠菜、韭菜、生菜、芹菜等。多数叶菜类叶片肥嫩，含水量达 95% 以上。充足的水分供应可以保证叶菜正常生长，质地脆嫩，苦味降低。水分亏缺抑制蔬菜生长，蔬菜体内纤维素、木质素含量升高，质地粗老，苦味物质增加，易发生生理性病害。苗期和结球前期缺水会促使结球类叶菜的营养生长向生殖生长转移，促进抽薹，降低商品品质，而过量的水分可能造成结球类蔬菜叶球开裂，影响品质。

果类蔬菜是指以嫩果或成熟果实作为食用器官的蔬菜。常见的果菜有茄果类、瓜类和豆类。果菜的栽培周期长且需要多次采收。盛果期是果菜需水量最大的时期，适宜的水分供给保证果实正常膨大和矿质元素吸收。水分敏感期的土壤水分含量过低会使果实变硬、变小，单果重降低；过度灌溉可能会引起果菜营养生长与生殖生长失衡，可溶性固形物含量降低，果实风味下降。果实成熟期内的土壤水分过多或剧烈变化会引起裂果，降低商品性。

根茎类蔬菜是指以肥大的肉质根、茎为食用器官的蔬菜。根茎类蔬菜的营养生长过程可以分为茎、叶生长和肉质根、茎的膨大。多数根茎类蔬菜不耐涝，因此适合在排水良好、地下水位低的砂壤土中种植。土壤含水量过低会导致萝卜肉质根、茎发育不良，肉质粗老，产生辛辣味和苦味；水分过多则引起叶部徒长，影响肉质根生长量，还容易开裂。

二、水分管理对品质的影响

（一）灌溉制度

除温度、光照条件外，水分也是蔬菜生产中的关键因子。降水和灌溉是蔬菜生产中水分供应的主要途径。降水量过多会导致土壤中可溶性矿质元素（如硝酸盐）随水向下移动，造成养分不足，制约蔬菜生长发育；强降水还会增加土壤含水量和空气湿度，影响蔬菜产量与品质。露地生产过程中降水不足及设施生产需要灌溉来满足蔬菜对水分的需求。因此，灌溉是蔬菜生产中必不可少的环节，适宜的灌溉制度是蔬菜优质高产的关键。

1. 灌溉量　合理灌溉可以保障果实大小和单果重，防止蔬菜商品质量下降。充足的水分可促进根部对矿质元素的吸收，保证蔬菜的正常生长发育和品质形成。水分亏缺会导致蔬菜生长发育不良，产量降低，质地和风味劣变。过度灌溉可能会引起根系缺氧和呼吸降低，影响蔬菜的水分和养分吸收，也会导致蔬菜过度吸水而降低蔬菜中营养物质的浓度和风味。此外，过度灌溉还会引起水分下渗，矿质元素淋洗，降低土壤中植物可利用的矿质元素含量。

水分需求因蔬菜作物和生长阶段不同而异。生长前期缺水可能会推迟蔬菜的成熟期，降低产量。生长后期水分短缺即使不影响蔬菜质量，也会降低蔬菜产量。水分胁迫对蔬菜的生长发育及产量、品质影响最大的时期被称为蔬菜的需水关键时期。叶菜（如甘蓝）在叶球形成期对干旱胁迫最敏感，这一时期缺水会导致叶球生长减缓、畸形。果菜（如黄瓜、南瓜、西葫芦、辣椒和番茄）在开花期及果实膨大期对水分胁迫最为敏感：开花期水分亏缺会影响花发育和授粉，甚至造成落花、落果和畸形果；果实膨大期水分亏缺会影响果实膨大，导致果实无法长到正常大小。根茎类蔬菜（如胡萝卜和洋葱）营养储存器官膨大阶段对水分最敏感，此时缺水会造成其商品器官生长受抑制，促进辣味、苦味形成。

2. 灌溉频率　灌溉频率是灌溉制度中的一项重要指标。土壤含水量大幅波动会影响蔬菜生长及品质形成。生产实践中，蔬菜萎蔫后再灌溉可能会对生长发育造成严重伤害。

少量、多次的灌溉模式有利于提高蔬菜水分利用率，维持蔬菜生长发育。叶菜的叶片生长与水分供应密切相关，叶球形成期浇水过多或浇水不规律会导致甘蓝和莴苣包心松散，间隔灌溉可以提高叶菜品质，如间隔 4 d 灌溉可以提高小白菜对土壤中氮的吸收及维生素 C 含量。番茄果实膨大阶段剧烈的土壤水分含量波动或者水分过多会导致果实开裂。胡萝卜整个生长季需要均匀、充足的水分供应。不均匀的水分供给可能会引起土壤过硬、胡萝卜主根下扎困难，导致畸形或开裂。因此，稳定的水分供应是果类、根茎类蔬菜质量和商品性的重要保障。

3. 灌溉方式　与定量灌溉相比，交替灌溉可以减少总耗水量，提高水分利用率，促进根系吸收水分与养分，提高营养品质。渗灌的番茄植株茎粗、叶面积、叶绿素含量、单果重、单株产量、果实的含糖量和糖酸比均显著高于滴灌的植株；滴灌的番茄果实则可溶性固形物含量、番茄红素高于渗灌的果实。

单次、大量灌溉会引起灌溉用水流失，造成水土流失和矿质元素淋洗，导致环境污染。滴灌技术是有效的节水技术之一，液滴大小和灌水速度是滴灌技术的关键参数。由于土壤质地决定了其保水能力，因此灌溉速率需要根据土壤类型而定：砂土的施用量不应超过 30 mm/h，壤土不应超过 20 mm/h，黏土不应超过 10 mm/h（Brouwer et al.，1988）。

亏缺灌溉（deficit irrigation）是一项节水灌溉技术，即对蔬菜人为施加一定的水分胁迫，调控光合产物向蔬菜可食用部位分配，提高经济产量和品质。现有亏缺灌溉技术，如调亏灌溉（regulated deficit irrigation）和根系分区交替灌溉（alternate partial root-zone irrigation），能有效提高水分利用效率，在干旱地区农业生产中发挥着重要作用。调亏灌溉根据蔬菜的遗传和生态特性，在蔬菜生长的某一阶段，如水分不敏感时期，人为施加一定程度的有益亏水度以影响作物的生理和生化过程，控制营养器官生长，调节光合产物在营养器官和生殖器官之间的分配比例，从而节水增产，改善蔬菜品质。根系分区交替灌溉，即一部分根系受到水分胁迫，另一部分根系充分灌溉，改变根区土壤剖面水分分布，以刺激根系吸水，调节气孔开度，减少叶片"奢侈"蒸腾，从而达到节水、丰产、优质、高效的目的。不同蔬菜抗水分胁迫的能力存在差异，因而亏缺灌溉对蔬菜产量和品质的影响也存在差异。例如，亏缺灌溉对茄子和洋葱产量影响较小，但会严重降低莴苣的产量。亏缺灌溉给予蔬菜一个适度的水分胁迫，促进蔬菜可溶性糖的积累、抗氧化活性物质和次生代谢物（维生素 C、花青素等）的合成，从而提高蔬菜的营养品质。

（二）空气湿度

空气湿度是蔬菜生产中的重要环境因素之一，也是设施蔬菜生产中最难控制的环境因素之一。一般而言，设施大棚或温室内的空气绝对湿度和相对湿度都高于露地。设施大棚或温室空气中的水分主要来自土壤蒸发和作物蒸腾，空气相对湿度主要由温度、土壤湿度决定。通常情况下，空气相对湿度随棚内或室内温度的降低而升高，随温度的升高而降低。空气相对湿度夜间大于白天，低温季节大于高温季节，阴天大于晴天，灌溉后大于灌溉前。在实践生产中，设施大棚或温室内的土壤湿度可通过灌溉、地面覆盖等措施进行控制，空气相对湿度可通过喷水、通风、调节气温等方式控制。

一定温度下，空气相对湿度越高，蒸气压越大，叶内外蒸气压差越小，水分不易经气孔扩散，导致蒸腾减弱，植株体温过高，伤害蔬菜组织。若较长时间处于饱和空气湿度下，蔬菜生长将受到抑制。相对湿度还会影响花药开裂、花粉散落和萌发的时间，影响蔬菜的授粉、受精。相对湿度过高导致蒸腾速率降低会影响矿质元素和激素的向上运输和分布，还会增加气孔开度和病原体（如灰霉病菌等）的传播，增加蔬菜被病原菌侵染的风险。相对湿度过低则会破坏蔬菜体内水分平衡，阻碍蔬菜生长。此外，空气湿度还会影响蔬菜品质（Ho and White，2005）。

三、灌溉水质对品质的影响

根系吸收水分的同时也会随水吸收其他物质。灌溉水质受盐分、污染物含量、致病菌丰度等的影响，其所含物质会对蔬菜产生胁迫或毒害作用，进而影响蔬菜产量和品质。

（一）咸水灌溉

咸水灌溉是指用矿化度大于 2 g/L 的水灌溉。在维持或保障蔬菜生长发育的前提下，咸水灌溉是水资源短缺地区（如干旱、半干旱地区）的一项抗旱临时灌溉措施。在盐渍化土壤中，干旱时期的土壤含水量降低，土壤溶液浓度升高，导致蔬菜根系失水。因为咸水灌溉所用灌溉水盐浓度低于土壤溶液浓度，所以咸水灌溉可稀释土壤溶液浓度，缓解土壤盐分过高造成的根系失水和养分吸收障碍。然而，随着土壤表面水分蒸发，土壤内聚集的盐分被带到表层土壤，会对蔬菜产生盐胁迫，影响蔬菜产量和品质。

咸水灌溉方式会影响土壤水分和盐分分布，从而影响作物生长、产量和水分利用效率。灌溉方式有地表灌溉（畦灌和沟灌等）、滴灌和喷灌。畦灌时，水流被引入畦田，盐分在整个畦面积累。沟灌时，沟底的盐随灌溉水向下淋洗，非灌溉期，盐分随蒸发作用在垄顶累积，盐分含量高于沟底。滴灌可改变盐分分布，保持根际较高的基质势。高频滴灌可淋洗盐分，缓解根区土壤高盐分浓度。喷灌和滴灌方式可控制咸水灌溉用水带入的盐分量：频繁、少量的灌溉模式可缓解土壤盐分积累，减少盐害，比地表灌溉更有优势。

适当提高灌溉水含盐量可降低蔬菜耗水量，但也会降低产量。例如，番茄在平均电导率（EC）超过 2 dS/m 时，每增加 1.5 dS/m，产量就减少 10%。然而，合理的咸水灌溉会对蔬菜产生适当的胁迫，诱导植物代谢活动变化和生物活性物质的积累，从而提高蔬菜品质。例如，适度的咸水灌溉可使辣椒在红熟期增加亲水抗氧化活性和亲脂抗氧化活性，苋菜积累酚类和黄酮类化合物等次生代谢物，苦苣菜产生氧脂素等次生代谢物以抵御胁迫进而改善营养品质，番茄提高可溶性固形物、总糖含量，改善风味。

（二）污水灌溉

污水灌溉是指利用未达到灌溉水质标准的污水进行灌溉。污水主要包括城镇生活污水和工业排放污水，其污染物主要包括重金属、酚类化合物、氰化物、苯系物、致病微生物及寄生虫等。污水对蔬菜的影响主要表现为：①直接危害，即污水中的酸碱物质或废油、沥青及其他悬浮物，灼伤或腐蚀蔬菜组织，引起蔬菜生长不良、品质变劣，降低蔬菜的可食用性；②间接污染，即污水中的水溶性有毒、有害物质被蔬菜根系吸收，影响蔬菜的正常生理代谢活动和生长发育，降低蔬菜产量，并且有毒物质大量积累会导致蔬菜品质低劣。

灌溉水中的重金属会影响蔬菜的正常生长，造成蔬菜体内重金属元素富集，人体食用被污染的蔬菜可能会导致重金属元素摄入过量。不同的蔬菜、蔬菜的不同器官对重金属的富集和转化分配能力存在差异。例如，重金属元素在果菜的果实和种子中的富集量低于根系和茎叶。

酚是石油化工、炼焦、煤气、冶金、陶瓷化工、玻璃和塑料等工业废水中的主要有害物质，是一种可以使细胞变性的有毒物质（原浆毒），使细胞原生质中的蛋白质凝固，对蔬菜有毒杀作用。灌溉水中酚类含量过高会抑制蔬菜的光合作用和酶活性，阻碍生长素合成，影响水分吸收，严重危害蔬菜产量和品质。

氰化物主要来自炼焦、电镀、选矿、冶炼、化工等一些工矿企业排出的含氰工业污水，游离氰形成剧毒的氢氰酸后会对蔬菜产生毒害。用含氰的污水灌溉会导致土壤耕层和蔬菜可食用部位含氰量升高。

灌溉水中的苯及苯系物主要来源于企业排放的废水。被苯污染的蔬菜品质低劣，常有异味、涩味。随着灌溉水中苯浓度升高，蔬菜的含苯量也升高。

未经腐熟的粪便水、食品工业、医院和生活污水会携带病原微生物及寄生虫，用这些污水灌溉会增加蔬菜携带致病生物的风险。携带致病生物的蔬菜在采后及烹饪过程中处理不当会使病原微生物进入人体。常见的病原微生物有沙门菌、志贺痢疾杆菌及肝炎病毒、肠病毒等，寄生虫有寄生性蛔虫卵、绦虫卵等。病原微生物一般附着于蔬菜表面，但少量致病微生物，如病毒类会侵入蔬菜组织。病原微生物对根茎类蔬菜的污染比果菜严重。

（三）无土栽培营养液对蔬菜品质的影响

蔬菜产量和品质直接受无土栽培中营养液配比与浓度影响。不同蔬菜在不同生长阶段和季节所需养分不同，对营养液中 pH、电导率响应也存在差异。因此，根据蔬菜养分需求调整营养液浓度对保障蔬菜产量、改善蔬菜品质有重要意义。

营养液浓度需随生长季调整，夏季营养液浓度一般比冬季略低。例如，夏季种植日本三叶芹时可通过提高营养液电导率抑制根腐病菌的繁殖。适当调整营养液浓度还可以改善蔬菜品质。例如，收获前提高营养液浓度可增加网纹甜瓜果实的糖度；高浓度营养液管理可提高番茄果实糖度。然而，根区电导率过高将对蔬菜根系产生渗透胁迫，不利于蔬菜生长发育。

◆ 第三节　水分对蔬菜采后品质的影响

水分影响蔬菜生长及收获时的品质。蔬菜水分充足，细胞膨压大，器官坚挺饱满，外观具有光泽和弹性，品质优良。蔬菜采收后会经历贮、运、销等过程，生理代谢活动持续进行，蔬菜品质随采后时间延长而变化。蔬菜采后品质下降的主要原因可分为生理代谢变化、机械损伤、化学伤害和病害腐烂。采后蔬菜的生理代谢和采后病害与水分密切相关。因此，采后蔬菜的水分管理是维持蔬菜产品外观、质量，延长货架期的关键。

一、水分与采后生理代谢

（一）蒸腾失水

采后蔬菜失去了水分供应，但蒸腾作用持续：水分先从细胞内部到细胞间隙，再到表皮组织，通过梗端（果菜）、表皮、气孔、皮孔或者伤口等部位的表面蒸散进入周围空气。蔬菜失水由本身的特性决定，水分从蔬菜组织进入周围环境的能力由外界环境决定。蔬菜自身失水用蒸腾系数（transpiration coefficient）衡量，由蔬菜组织结构、种类、品种、成熟度和生理生化特性决定。不同蔬菜的蒸腾系数存在差异（表 2-3），因而蒸腾失水速率和程度存在差异。

表 2-3　一些蔬菜的蒸腾系数（Thompson et al.，2008）

蔬菜	蒸腾系数（K）
抱子甘蓝	6150
白菜	223
胡萝卜	1207
芹菜	1760
韭葱	790
生菜	7400
洋葱	60
欧防风	1939
马铃薯	44
番茄	140

蔬菜组织结构对失水的影响包括以下几点。①比表面积：即单位重量或体积的蔬菜的表面积（m²/g），比表面积越大，蒸腾越强。②表面结构：如气孔、皮孔和表面保护结构。蔬菜表面水分蒸腾途径有气孔、皮孔等自然孔道，以及表皮及角质层。气孔、皮孔的蒸腾速率大于表皮层。单位面积上气孔数量越多，气孔开度越大，蒸腾越强。没有气孔分布的器官（如萝卜、胡萝卜等的贮藏根和果皮）以皮孔为水分蒸腾出口。蔬菜表皮及角质层是减少水分蒸腾的屏障。蔬菜表皮及角质层发达（厚）、结构完整，或有蜡质、果粉等保护结构有利于降低蔬菜水分蒸腾量。其中，疏水、致密的蜡质层是关键的防蒸腾结构。蔬菜幼嫩器官表皮发育不充分，保护组织不完整，容易失水；蔬菜成熟器官的表面保护组织完善，蒸腾量降低。然而，过度成熟的蔬菜（果菜）会出现角质层开裂等表面组织结构变化，比正常成熟的蔬菜更容易失水。③细胞持水力：细胞内的原生质亲水胶体和固形物可维持细胞渗透压，降低水分向细胞壁和细胞间隙渗透，利于保持水分。细胞间隙越大，水分移动阻力越小，失水速度越快。④伤口：蔬菜伤口处会发生蒸腾失水，因此在蔬菜采收时应尽量避免机械损伤。

不同类型的蔬菜蒸腾失水存在差异。叶菜蒸腾失水速率大于果菜；小个体果菜蒸腾速率小于大个体果菜。叶菜的叶片气孔多，以气孔蒸腾为主（成熟叶片占蒸腾量的90%以上，幼嫩叶片占40%～70%），比表面积大，组织结构疏松、表皮保护组织差，细胞含水量高而可溶性固形物少，因此叶菜在贮运过程中最易脱水萎蔫；果菜表面气孔数少，以表皮蒸腾为主，比表面积小于叶菜，此外一些果实表面具有较厚的角质层和蜡质层，因此果菜失水低于叶菜；根茎类蔬菜缺少气孔，主要通过表皮蒸腾失水，或通过皮孔散失少量水分，比表面积小于叶菜，所以根茎类蔬菜的蒸腾速率较低，较耐储。此外，洋葱等根茎类蔬菜还可以形成干燥的纸质鳞茎保护内部肉质茎。

新陈代谢也是蔬菜失水的重要影响因素之一。蔬菜通过呼吸作用将糖和氧气转化为二氧化碳、水和热量，呼吸过程产生的热量导致蔬菜体内温度升高，蔬菜内部的水蒸气压增加，蒸腾作用加剧。因此，呼吸强度高、代谢旺盛的组织失水较快。蔬菜幼嫩器官比成熟器官的生长代谢旺盛，更容易失水；叶菜比果菜的呼吸速率高，代谢旺盛，更容易失水。

影响采后蔬菜失水的外在因素包括以下几点。①温度：采后蔬菜的蒸腾速度随温度的增加呈指数增加。温度还会影响采后蔬菜的呼吸强度和代谢活动，从而影响采后蔬菜的失水程度。②相对湿度：采后蔬菜的失水速度随相对湿度的降低而增加。空气湿度与蔬菜含水量越接近，蔬菜失水程度越低。叶菜和胡萝卜的最佳贮藏相对湿度应大于95%。③空气流速：蔬菜表面被一层静止的空气包围，即边界层，边界层内，蔬菜的蒸气压与空气压处于平衡状态，表面空气流速增加会使边界层变薄，打破平衡，促进蔬菜表面蒸腾失水。水分从蔬菜组织进入周围环境的驱动力可以用饱和水气压差（vapor pressure deficit）来衡量。饱和水气压差越大，蔬菜失水越严重。饱和水气压差受贮运过程中外界因素的影响：饱和水气压差随温度升高而升高，随相对湿度的升高而降低。因此，贮运期间环境管理不当会导致蔬菜重量损失、萎蔫和枯萎。

在不考虑失水过程中细微变化的情况下，蔬菜的失水速率可通过蒸腾系数和饱和压差简单计算，即

$$失水速率（\%/d）＝蒸腾系数×饱和压差$$

（二）失重和失鲜

水分是蔬菜重量的主体构成，也是维持蔬菜口感、质地的重要因素。蒸腾失水是蔬菜失重的主要原因，导致经济损失。失水使蔬菜疲软，光泽暗淡，失水严重时表皮起皱、干缩，引起产品感官品质劣变，降低蔬菜新鲜度。同时，蔬菜体内正常代谢也受失水影响，失水使营养、风味下降。蔬菜失重达到3%～5%时，新鲜程度明显降低，光泽消失，叶片黄化，失去商品价值。

（三）失水导致代谢失调

严重失水不仅导致蔬菜失重，还会引起蔬菜代谢失调。蔬菜严重失水时，组织内原生质脱水，糖类相关水解酶活性增加，加速糖类水解，加速营养物质消耗，降低蔬菜的耐贮性和抗病性。呼吸底物还为微生物提供养分，加速腐烂。失水严重还会破坏原生质胶体结构，引起蔬菜代谢变化，促使有毒物质产生。同时，失水导致细胞液浓缩，有毒物质和离子浓度增高，引起细胞中毒。例如，大白菜晾晒过度导致铵根离子和氢离子浓度升高，浓度达到对细胞有害的程度后导致细胞中毒。然而，对甘薯而言，脱水导致淀粉水解为单糖，反而增加甜味，提升品质。

（四）失水促进蔬菜成熟衰老

蔬菜体内水势降低导致不溶性果胶含量降低，可溶性果胶含量升高，果菜硬度降低。蔬菜过度失水会导致脱落酸含量增加，刺激乙烯合成，使酶活性改变，致使蔬菜软化、衰老和脱落。采后失水还会促进多聚半乳糖醛酸酶合成，引起细胞衰变，细胞液渗出，导致胡萝卜和黄瓜等细胞

壁结构破坏和可溶性糖含量增加。此外，蔬菜水分降低还可能意味着蔬菜呼吸跃变的开始。

（五）失水引起激素变化

蔬菜失水会破坏激素平衡：内源性赤霉素和细胞分裂素水平显著下降，脱落酸和乙烯水平显著上升。叶菜失水会促进脱落酸大量积累，加速衰老，引起叶片脱离；乙烯是呼吸跃变型蔬菜成熟的主要内源激素，失水刺激乙烯大量合成，加速果实衰老和软化。

（六）适度失水的益处

采后适度失水可以降低蔬菜的坚实度和脆性，减少贮藏过程中的机械损伤，延长贮藏期。例如，轻微晾晒大白菜、菠菜及一些果菜可以使组织轻度变软，减少码垛时的机械损伤。适度失水可抑制某些蔬菜的新陈代谢（如呼吸强度），在温度较高时效果更为明显。例如，采收后晾晒洋葱、大蒜可使其外皮干燥，抑制呼吸，减少养分消耗，延长贮藏期。对于一些后熟的蔬菜，后熟前期适度失水可以诱导乙烯的合成，促进果实的成熟。

二、水分与采后病害

蔬菜在贮藏、运输和销售期间发生的病害统称为采后病害。采后病害可分为采后生理失调和采后病理病害。采后生理失调是由非生物因素（如恶劣环境条件或营养失调）引起的非侵染性病害，与蔬菜的遗传特性、栽培技术、生长环境及采后贮藏条件有关。采后病理病害是由微生物（真菌、细菌和病毒）侵染而引起的病害，可以发生在采收前，即潜伏性感染，也可以发生在采收期间或采收后。

由于病原体倾向于侵染受损组织，因此很难辨别蔬菜采后生理失调和病理病害。采前水分、蔬菜自身的水分状态及贮藏过程中的空气湿度是采后病害发生发展的重要决定因素。

（一）采前水分管理与采后病害

采前水分管理会影响蔬菜的采后生理活动。生长过程中严重的水分亏缺会导致蔬菜缺素（钙、硼等），导致采后生理失调，如钙、硼比例失调导致芜菁黑心，缺硼导致花椰菜花球出现斑点、产生苦味，氮、钙比例失调导致上海青易腐。过度灌溉会导致蔬菜快速生长，引起果菜、根茎类蔬菜可食用部位开裂，根茎类蔬菜空心等，在采后过程中发展为细胞坏死。采收前或采收期的强降雨会降低蔬菜品质和耐贮性，增加贮藏中生理病害和侵染性病害的发病率。洋葱、大蒜等鳞茎类蔬菜成熟前后的强降雨会增加土壤湿度，使外层膜脂质化鳞片易腐烂，增加病害侵染。

（二）贮藏期水分管理与采后病害

贮藏过程中过低的温度可能会导致蔬菜冻害，即冰点以下低温对蔬菜造成的伤害。蔬菜含水量直接影响冰点，大多数蔬菜的冰点在$-1.5 \sim -0.7℃$，如芹菜冰点为$-0.5℃$，番茄果实冰点为$-1℃$，胡萝卜冰点为$-1.4℃$。含水量高的蔬菜冰点较高，可溶性固形物含量高的蔬菜冰点较低。当温度低于冰点时，组织内水分会形成冰晶造成细胞机械损伤。冻害一般症状表现为水渍状、起泡、变色、枯萎等，蔬菜解冻后更易被病原菌侵染。

蔬菜的高含水量有利于真菌孢子的萌发及生长发育，促进侵染，加速蔬菜腐烂。高含水量使蔬菜组织脆嫩，但增加了采收及采后过程中的机械损伤风险，在蔬菜表面形成伤口，利于病原菌（尤其腐殖营养型的病原菌）侵染。此外，含水量过高的蔬菜在贮藏过程中失水较多，会增加表面凝露的风险，利于微生物的萌发和生长。采后失水导致细胞膨压下降，引起蔬菜组织内生理代谢活动变化和代谢失调，降低蔬菜的抗病性，增加病原菌对蔬菜的侵染。失水刺激的乙烯合成会增加蔬菜的真菌性病害易感性。采收失水会改变蔬菜细胞壁合成代谢相关途径，导致果胶含量变化和纤维素、半纤维素的降解，有利于病原菌穿透细胞壁。蔬菜萎蔫程度越大，越容易遭受病原菌侵染，抗病性越低。

（三）空气湿度与采后病害

空气湿度是贮运过程中的一个重要环境因子，影响蔬菜采后生理失调（冷害）和病理病害的发生。冷害是指冰点以上低温对蔬菜的伤害。蔬菜冷害有很多症状，包括表皮凹陷斑。较低的贮藏湿度会加速蔬菜水分蒸发，加速凹陷斑出现。提高贮藏湿度有利于控制凹陷斑的加深和扩大。

接近饱和的超高湿度可以维持蔬菜的硬度和新鲜度，抑制病原菌的侵入。例如，空气湿度接近饱和时，真菌（尤其是灰霉菌和核盘菌）的果胶溶解酶活性弱，从而抑制病原菌侵染蔬菜。多数叶菜（如甘蓝、大白菜、花椰菜、芹菜）贮藏在相对湿度98%～100%的条件下可以保持较低的腐烂率。多数真菌不能在相对湿度低于90%的环境下生长，因此适宜的相对湿度可以阻碍真菌孢子的萌发。然而，蔬菜愈伤组织在高湿度下形成缓慢，自然孔口开张度大，表面保护组织柔软，也会降低蔬菜抗病原菌侵染的能力。空气中的最大水气量与温度相关，空气的温度越低，其能容纳的最大水气量越高。当温度降到结露温度以下的时候，空气中的水汽会在物体表面（蔬菜、包装等）凝结水滴，增加病原菌侵入的风险。

三、贮藏期空气湿度对品质的影响

相对湿度是蔬菜贮藏寿命和采后品质的关键影响因素。相对湿度过低会造成蔬菜，特别是叶菜失重、萎蔫、边缘变干变脆。例如，低湿度会引起花椰菜外叶黄化和枯萎、萝卜的糠心等。相对湿度较低会加剧羽衣甘蓝的维生素C损失；适宜的相对湿度不仅缓解维生素C的损失，也会减缓糖类、蛋白质、胡萝卜素（维生素A）的降解。当相对湿度饱和或接近饱和（相对湿度98%～100%）时，蔬菜失重、失绿程度较低。因此，高湿是较理想的贮藏条件。

控制贮藏湿度比贮藏温度困难。目前，我国蔬菜贮运主要采用三种加湿保湿方式：①在容器内或贮藏室地面人工洒水；②使用聚乙烯薄膜袋作包装材料，增加包装内湿度；③在贮藏室装备超声波雾化加湿系统。这些方法有利有弊：人工加湿方式综合成本低，但难以确保湿度的精准控制；聚乙烯薄膜袋透气性差，极易在蔬菜表面结露；超声波雾化加湿在温度骤降时易在蔬菜表面结露。

四、含水量对加工蔬菜品质的影响

蔬菜加工方式有干制、腌制、冻品加工。这些加工方式处理下的蔬菜质量均受蔬菜原材料含水量的影响。

（一）干制过程中的水分变化

蔬菜干制过程需要去除蔬菜中的游离水和部分胶体结合水，主要通过水分外扩散和内扩散作用。水分外扩散是指水分从蔬菜表面蒸发，其扩散速度取决于蔬菜的表面积、空气流速、温度和空气相对湿度。蔬菜表面积大、周围空气流速快、温度高、空气相对湿度低都会加速水分外扩散。例如，西蓝花干燥速率随着温度增加而升高，干燥速率达到最大后逐渐降低。一定温度下，西蓝花切分程度越小降速越快，水分蒸发越快（王宏达等，2022）。当水分总量蒸发至50%～60%时，蔬菜表面水分含量低于蔬菜内部，内部与表面形成水蒸气分压差，水分开始从内部向表面转移，称为水分内扩散。此时，湿度梯度是水分扩散的主要动力。水分从含水量高的部位向含水量低的部位移动，湿度梯度越大，水分内扩散速度越快。

内扩散过程中，蔬菜内部游离水首先从内部向表面运输，之后胶体结合水开始移动，使干制过程前期速度高于后期速度。干制过程中升温会导致蔬菜表面温度高于内部，但水分倾向于从高温部位移向低温部位。因此，采取升温、降温、再升温的方式可以使蔬菜内部温度在变温过程中高于表面温度，使水分顺温度梯度沿热流方向由内向外移动而蒸发。

为保障干制过程中水分快速蒸发，协调和平衡水分内扩散与外扩散作用至关重要。当水分内扩散速度大于外扩散速度时，蔬菜表面水分汽化速度是控制蔬菜干燥速度的主要因素，这种情况称为外扩散控制。通常干制比表面积大、含水量高的叶菜属于外扩散控制。当水分内扩散速度小于外扩散速度时，内部水分扩散起控制作用，这种情况称为内扩散控制。内扩散控制常见于可溶性固形物含量高、比表面积小的果菜。蔬菜内部与表面含水量在干制完成时应达到平衡，且蔬菜温度与环境温度相同。如果水分外扩散远远超过内扩散，蔬菜表面会过度干燥形成硬壳，隔断水分外扩散与内扩散的联系，阻碍内部水分蒸发，降低干燥速度。这种情况会导致蔬菜内部水分含量高，蒸气压力大，组织较软，容易压破、开裂，从而降低干制蔬菜的外观品质。

（二）腌制过程中的水分变化

酱菜、泡菜、东北酸菜等都属于腌制菜。在腌制过程中，随着腌制时间的延长，蔬菜水分含量呈先下降后回升的趋势。腌制过程中，蔬菜细胞液和原生质层形成半透膜，与食盐溶液构成渗透系统。由于食盐溶液的渗透压大于蔬菜细胞液的渗透压，细胞向外渗透失水，细胞含水量降低，细胞液浓度升高。蔬菜细胞在腌制后期失活，原生质膜变成全透性膜，细胞含水量升高，细胞恢复膨压。当细胞内外溶液浓度基本一致时，即达到渗透扩散相对平衡，泡菜产品初步达到食用标准。蔬菜原料含水量过高，应增加盐使用量以抑制细菌，但不利于控制成本和亚硝酸盐含量。因此，可对含水量高的蔬菜进行脱水处理后再腌制。

（三）冷冻贮藏过程中的水分变化

蔬菜冷冻贮藏是指新鲜蔬菜经过预处理后，冻结并包装冻藏。目前，蔬菜主要以空气为介质，在低温环境下以液氮等为冷冻剂进行喷淋冻结。速冻贮藏是指将预处理后的蔬菜原料用快速冷冻的方法，将其温度迅速降低到冻结点以下（$-35 \sim -25$℃），使蔬菜中大部分水分形成冰晶体，然后转移到$-22 \sim -18$℃的低温下贮藏。由于蔬菜体内含有各种无机盐和有机物，因此蔬菜的冻结点（即冰点）在0℃以下。冻结过程中最先冻结的是能自由移动的游离水，随后是冻结点更低的胶体结合水。当温度到达或低于冰点时，蔬菜中的水分（溶剂）比无机盐和有机化合物等（溶质）更早析出晶体，导致未结冰的溶液浓度升高，黏度升高，冰点不断下降。因此，即使温度远低于初始冻结点，仍存在少量未冻结的自由水。

速冻是较好的蔬菜贮藏方式，但会引起蔬菜营养和风味的变化。蔬菜体内结合水主要与原生质、胶体、蛋白质、淀粉等结合。结合水在冻结过程中先与其他化合物分离后再结冰。原生质胶体和蛋白质等分子失去结合水，分子受压凝聚，组织结构破坏，或无机盐浓缩引起蛋白质变性，导致这些物质在冻结过程中失去水亲和力，解冻后也无法与水重新结合。冻结蔬菜解冻后，内部冰晶融化成水，一部分不能被细胞组织重新吸收的水分会随伤口流失，流失液中含有各种营养、风味物质，从而降低蔬菜的营养成分。因此，流失液多少是评定速冻产品质量的重要指标。流失液多少与蔬菜含水量相关，含水量多的叶菜类的流失液比豆类、薯类多；原料切分越细，流失液量越多；慢冻比速冻的流失液量多。冻结前用盐或糖对蔬菜进行脱水处理可降低流失液量。

第三章

颜色和色素类化合物

色素是构成蔬菜品质的重要成分，不仅赋予植株和果实不同的色彩，而且具有生物学活性。叶绿素、类胡萝卜素及花青素是广泛分布在自然界中的三大天然色素物质。叶绿素存在于所有绿叶蔬菜、瓜类[黄瓜、丝瓜（*Luffa cylindrica*）等]及豆类等蔬菜中；类胡萝卜素主要存在于茄果类及瓜类[南瓜（*Cucurbita moschata*）、西瓜（*Citrullus lanatus*）、甜瓜（*Cucumis melo*）等]等蔬菜中；花青素存在于茄子、紫苏（*Perilla frutescens*）、甘蓝等蔬菜中。色素物质种类繁多、性质复杂，合成途径受多种因素影响。对人体健康而言，色素物质具有重要的营养和保健价值。

◆ 第一节 叶 绿 素

植物呈现绿色主要是因为植物组织中含有叶绿素。叶绿素是自然界最重要、最常见的色素分子，在植物的光能吸收、传输和转导中起核心作用，对植物光合作用和植株生长发育起决定作用。

一、种类和性质

叶绿素有 100 多种，根据其在不同光合生物中的分布，可分为两大类：含氧光合生物中的叶绿素（chlorophyll，Chl）和无氧光合细菌中的细菌叶绿素（bacteriochlorophyll，BChl）。Chla、Chlb、Chlc（Chlc$_1$、Chlc$_2$、Chlc$_3$）、Chld 和 Chlf 主要存在于含氧光合生物（如高等植物和藻类）中，而无氧光合细菌（如绿硫细菌、紫色细菌、丝状缺氧光养菌、酸杆菌和日光杆菌等）主要含有 BChla、BChlb、BChlc、BChld、BChle、BChlf 和 BChlg。除 Chl 和 BChl 外，植物中还含有少量脱镁叶绿素、原叶绿素等。不同类型叶绿素在结构上存在差异（表 3-1）。

表 3-1　不同类型叶绿素在结构上的差异（刘程等，2020）

成员	R^2	R^3	R^7	R^8	C7-C8	R^{12}	R$^{13\text{-}2}$	C17-C18	C17^1-C17^2	R^{20}	R$^{17\text{-}3}$
Chla	CH$_3$	CH=CH$_2$	CH$_3$	C$_2$H$_5$	=	CH$_3$	COOCH$_3$	—	—	H	叶绿醇
Chlb	CH$_3$	CH=CH$_2$	CHO	C$_2$H$_5$	=	CH$_3$	COOCH$_3$	—	—	H	叶绿醇
Chlc$_1$	CH$_3$	CH=CH$_2$	CH$_3$	C$_2$H$_5$	=	CH$_3$	COOCH$_3$	=	=	H	H
Chlc$_2$	CH$_3$	CH=CH$_2$	CH$_3$	CH=CH$_2$	=	CH$_3$	COOCH$_3$	=	=	H	H
Chlc$_3$	CH$_3$	CH=CH$_2$	COOCH$_3$	CH=CH$_2$	=	CH$_3$	COOCH$_3$	=	=	H	H
Chld	CH$_3$	CHO	CH$_3$	C$_2$H$_5$	=	CH$_3$	COOCH$_3$	—	—	H	叶绿醇
Chlf	CH$_3$	CH=CH$_2$	CH$_3$	C$_2$H$_5$	=	CH$_3$	COOCH$_3$	—	—	H	叶绿醇

续表

成员	R^2	R^3	R^7	R^8	C7-C8	R^{12}	R^{13-2}	C17-C18	$C17^1$-$C17^2$	R^{20}	R^{17-3}
BChla	CH_3	$COCH_3$	CH_3	C_2H_5	—	CH_3	$COOCH_3$	—	—	H	叶绿醇
BChlb	CH_3	$COCH_3$	CH_3	$=CHCH_3$	—	CH_3	$COOCH_3$	—	—	H	叶绿醇
BChlc	CH_3	$CHOH$—CH_3	CH_3	多种	=	多种	H	—	—	CH_3	法尼醇
BChld	CH_3	$CHOH$—CH_3	CH_3	多种	=	多种	H	—	—	H	法尼醇
BChle	CH_3	$CHOH$—CH_3	CHO	多种	=	多种	H	—	—	CH_3	法尼醇
BChlf	CH_3	$CHOH$—CH_3	CHO	多种	=	多种	H	—	—	H	法尼醇
BChlg	CH_3	$CH=CH_2$	CH_3	$=CHCH_3$	—	CH_3	$COOCH_3$	—	—	H	法尼醇

注：R 表示侧链，—表示单键，=表示双键；BChlc、BChld、BChle、BChlf 的 R^8 可以是乙基、丙基、异丁基或新戊基，R^{12} 可以是甲基或乙基；除叶绿醇、法尼醇外，某些 BChl 还有其他类型的酯化醇

（一）叶绿素 a 和叶绿素 b

叶绿素 a 和叶绿素 b 的分子结构由一个卟啉环"头"和一个叶绿醇"尾"组成（图 3-1）。卟啉环是由 4 个吡咯环和 4 个甲烯基（—CH=）组成的一个大环，镁原子位于卟啉环的中心。卟啉呈极性，具有亲水性，可以与蛋白质结合。叶绿醇是由 4 个异戊二烯单位组成的双萜，它们与吡咯环 D 侧链上的丙酸以酯键结合，因此叶绿醇具亲脂性。叶绿素 a 和叶绿素 b 在结构上的唯一区别是叶绿素 a 的吡咯环 B 的 C-7 位置上的一个甲基（—CH_3）被甲酰基（—CHO）所取代。

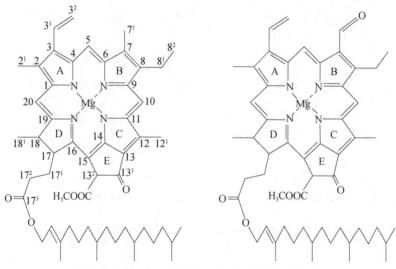

图 3-1　叶绿素 a（左）和叶绿素 b（右）的结构

（二）叶绿素 c

叶绿素 c 有 3 种常见形式，即叶绿素 c_1、c_2、c_3，其家族成员的一个重要特征是没有叶绿醇"尾"的卟啉。叶绿素 c 的吡咯环 D 侧链上的 $C-17^1$ 和 $C-17^2$ 之间有一个碳碳双键（C=C），而其他叶绿素的相同位置是碳碳单键（C—C）。另外，叶绿素 c 的 C-17 和 C-18 之间存在双键，而其他叶绿素在此位置是单键（图 3-2）。与叶绿素 c_1 相比，叶绿素 c_2、c_3 的吡咯环 B 侧链上的 $C-8^1$ 和

C-8² 之间是一个 C=C，而非 C—C；叶绿素 c_2 与叶绿素 c_3 之间的区别在于叶绿素 c_2 的 C-7 连接的是—CH_3，叶绿素 c_3 C-7 连接的是甲氧羰基（—$COOCH_3$）。

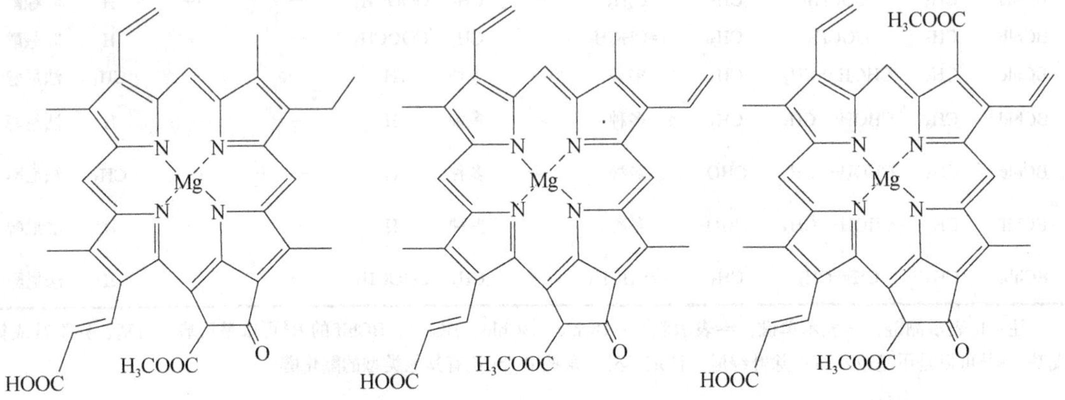

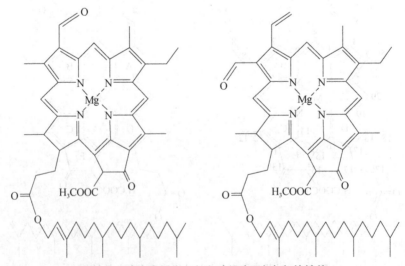

Chlc₁ 　　　 Chlc₂ 　　　 Chlc₃

图 3-2　叶绿素 c（c_1、c_2、c_3）的结构

（三）叶绿素 d 和叶绿素 f

叶绿素 d 和叶绿素 f 的结构与叶绿素 a 相似。叶绿素 a 的吡咯环 A 的 C-3 上的乙烯基（—CH=CH_2）被—CHO 取代后变为叶绿素 d，吡咯环 A 的 C-2 上的—CH_3 被—CHO 取代后变为叶绿素 f（图 3-3）。因此，叶绿素 a、d、f 的结构差异在于吡咯环 A 上的侧链。此外，叶绿素 f 和叶绿素 b 是异构体，只是—CH_3 和—CHO 的位置不同。

图 3-3　叶绿素 d（左）和叶绿素 f（右）的结构

（四）脱镁叶绿素

叶绿素卟啉环结构中的 Mg^{2+} 被 H^+ 取代，则形成脱镁叶绿素（图 3-4）。在受重金属胁迫的植物中，Mg^{2+} 也可以被 Cu^{2+}、Fe^{2+}、Zn^{2+}、Cd^{2+}、Hg^{2+} 和 Ni^{2+} 取代。在酸性环境中，H^+ 易进入叶绿体，置换 Mg^{2+} 形成脱镁叶绿素，叶片呈褐色；当用 Cu^{2+} 取代 H^+，形成铜代叶绿素后，颜色又变为绿色，此种色素稳定，在光下不褪色，也不为酸所破坏。人们常根据这一原理用乙酸铜处理的方法来保存绿色植物标本。

（五）细菌叶绿素

根据还原吡咯环的数量，细菌叶绿素可分为两种类型，其中细菌叶绿素 a、b 和 g 具有两个还原吡咯环（B、D），其"头"属于四氢卟啉；而细菌叶绿素 c、d、e 和 f 具有一个还原吡咯环（D），其"头"属于二氢卟酚。每种细菌叶绿素卟啉环上的侧链也不同，如细菌叶绿素 a 的 C-8 侧链上是乙基（—CH₂CH₃），而细菌叶绿素 b 相同位置则是亚乙基（＝CH—CH₃）。细菌叶绿素 c 和 d、e、f 的结构基本相同，细菌叶绿素 c 和 d 在卟啉环的 C-7 侧链上有一个—CH₃，而细菌叶绿素 e 和 f 在相同位置上是—CHO；细菌叶绿素 c 和 e 在卟啉环的 C-20 处有一个—CH₃，而细菌叶绿素 d 和 f 则没有。细菌叶绿素 g 的卟啉环与细菌叶绿素 a、b 相似，但其"尾"与细菌叶绿素 c、d、e、f 相同。细菌叶绿素 c、d、e、f 和 g 的主要酯化醇"尾"是 15 个碳原子，比细菌叶绿素 a、b 的叶绿醇"尾"少 5 个碳原子（图 3-5）。不同类型细菌叶绿素在结构上的差异见表 3-1。

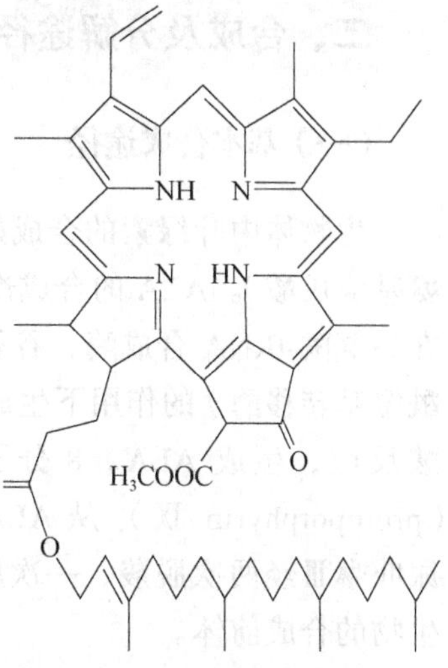

图 3-4 脱镁叶绿素 a 的结构

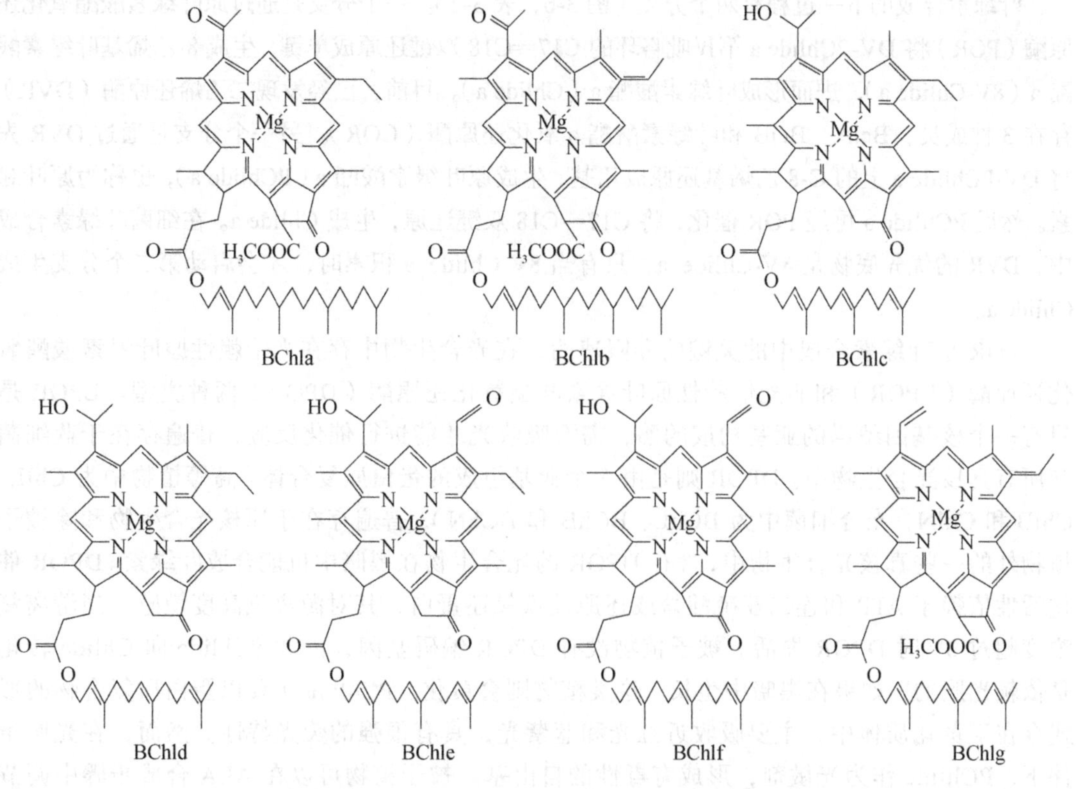

图 3-5 细菌叶绿素 a、b、c、d、e、f 和 g 的结构（Qiu et al., 2019）

二、合成及分解途径

（一）基本合成途径

生物体中叶绿素的合成始于 δ-氨基乙酰丙酸（δ-aminolevulinic acid，ALA，也称为 δ-氨基酮戊酸）。ALA 的合成途径有以下两种。①C_5 途径：以谷氨酸或 α-酮戊二酸为原料，在谷氨酰-tRNA 合成酶、谷氨酰-tRNA 还原酶和 δ-氨基乙酰丙酸合酶（或称谷氨酸-1-半甲酰氨基转移酶）的作用下生成 ALA。②C_4+C_1 途径：由 ALA 合酶催化琥珀酰辅酶 A 和甘氨酸反应，生成 ALA。8 分子 ALA 由 6 种酶催化合成叶绿素的前体物质——原卟啉Ⅸ（protoporphyrin Ⅸ）。从 ALA 至生成尿卟啉Ⅲ，标志着卟啉环的框架结构基本形成。然后，尿卟啉Ⅲ经两次脱羧、一次脱氢后形成原卟啉Ⅸ。原卟啉Ⅸ是所有叶绿素、血红素及其衍生物的合成前体。

由原卟啉Ⅸ合成叶绿素的第一步反应是与 Mg^{2+} 螯合，由 Mg-螯合酶（Mg-chelatase，由 BCHH、BCHD、BCHI 或 CHLH、CHLD、CHLI 三亚基构成的多亚基酶）催化，将 Mg^{2+} 插入原卟啉Ⅸ中，形成 Mg-原卟啉Ⅸ（Mg-protoporphyrin Ⅸ），该反应需要活化和螯合两个依赖 ATP 的步骤。然后，Mg-原卟啉Ⅸ经一系列反应形成异戊酮环（Ⅴ环），就形成了所有叶绿素的直接合成前体物——3,8-二乙烯基原叶绿素酸酯 a（DV-PChlide a）（图 3-6，表 3-2）。

叶绿素合成的下一过程有两个分支（图 3-6，表 3-2）。一个分支是通过原叶绿素酸酯氧化还原酶（POR）将 DV-PChlide a 第Ⅳ吡咯环的 C17＝C18 双键还原成单键，生成 8-乙烯基叶绿素酸酯 a（8V-Chlide a），进而形成叶绿素酸酯 a（Chlide a）。目前，已经发现二乙烯还原酶（DVR）存在 3 种成员：BciA、BciB 和叶绿素酸酯 a 氧化还原酶（COR）。另一个分支是通过 DVR 先将 DV-PChlide a 上的 C-8 乙烯基还原成乙基，生成原叶绿素酸酯 a（PChlide a），也称为原叶绿素。然后 PChlide a 再经 POR 催化，将 C17＝C18 双键还原，生成 Chlide a。在细菌叶绿素合成中，DVR 的优先底物是 8V-Chlide a，只有当 8V-Chlide a 积累时，才会启动第二个分支生成 Chlide a。

POR 是叶绿素合成中的关键酶和限速酶，在光合生物中存在光依赖性原叶绿素酸酯氧化还原酶（LPOR）和非光依赖性原叶绿素酸酯氧化还原酶（DPOR）两种类型。LPOR 是只有一个核基因编码的亚基构成的酶，需要吸收光才能进行催化反应，普遍存在于蓝细菌和所有真核光合生物中。DPOR 则是由 3 个亚基组成的蛋白质复合体（高等植物中为 ChlL、ChlB 和 ChlN，光合细菌中为 BChL、BChB 和 BChN），普遍存在于原核光合生物和除被子植物外的一些真核光合生物中，含有 DPOR 的光合生物在黑暗中也能合成叶绿素。DPOR 催化活性依赖于 ATP 和连二亚硫酸盐或还原性铁氧还蛋白，其对游离氧高度敏感，当游离氧浓度超过 3% 时 DPOR 失活。被子植物没有 DPOR 编码基因，因此 PChlide 向 Chlide 转化是依赖光照的，如果在黑暗中生长，这类植物则会黄化。PChlide 主要以蛋白质复合物的形式存在于黄化质体中，主要吸收近红光和蓝紫光，具有很强的荧光特性。然而，在光照条件下，PChlide 作为光敏剂，形成有毒性的自由基。被子植物可以在 ALA 合成步骤中调节 PChlide 的含量。

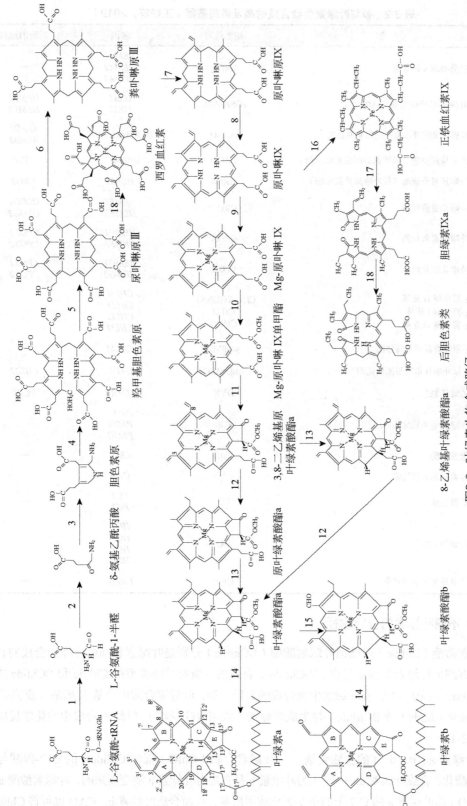

图3-6 叶绿素生物合成路径

数字表示参与反应的酶，见表3-2中对应的编号

表 3-2 参与叶绿素生物合成的酶及编码基因（王峰等，2019）

编号	酶	酶的缩写	基因	基因的别名
1	谷氨酰-tRNA 还原酶	GluTR	HEMA1 HEMA2 HEMA3	—
2	谷氨酸-1-半甲酰氨基转移酶	GSA-AM	GSA1 GSA2	HEML1 HEML2
3	δ-氨基酮戊酸脱水酶（胆色素原合酶）	ALAD	HEMB1 HEMB2	ALAD1 ALAD2
4	胆色素原脱氨酶（羟甲基后胆色素原合酶）	PBGD	HEMC	PBGD
5	尿卟啉原Ⅲ合成酶（尿卟啉原Ⅲ共合酶）	UROS	HEMD	UROS
6	尿卟啉原Ⅲ脱羧酶	UROD	HEME1 HEME2	UROD1 UROD2
7	粪卟啉原Ⅲ氧化酶	CPOX	HEMF1 HEMF2	CPOX1 CPOX2
8	原卟啉原氧化酶	PPOX	HEMG1 HEMG2	PPOX1 PPOX2
9	Mg-螯合酶 H 亚基 Mg-螯合酶 I 亚基 Mg-螯合酶 D 亚基	CHL（GUN5） CHLI CHLD	CHLH CHLI1 CHLI2 CHLD	—
10	Mg-原卟啉Ⅸ甲基转移酶	MgPMT	CHLM	—
11	Mg-原卟啉Ⅸ单甲基酯环化酶	MgPMEC	CRD1	CHL27
12	二乙烯还原酶	DVR	DVR	PCB2
13	原叶绿素酸酯氧化还原酶	POR	PROA PROB PROC	—
14	叶绿素合酶	ChlG	ChlG	—
15	叶绿素酸酯 a 加氧酶	CAO	CAO	—
16	亚铁螯合酶	FC	FC1 FC2	—
17	血红素加氧酶	HO	HO1 HO2 HO3 HO4	—
18	尿卟啉原Ⅲ甲基转移酶	UPM	UPM1	—

（二）不同叶绿素的合成途径

叶绿素酸酯（Chlide）和细菌叶绿素酸酯（BChlide）分别是叶绿素和细菌叶绿素合成的直接前体。只有细菌叶绿素 b 和 g 是由 8V-Chlide a 合成的，所有其他类型的 Chlide 和 BChlide 的前体均是 Chlide a（图 3-7）。在叶绿素生物合成的最后一步，叶绿素合酶用植基-焦磷酸（或法尼基-焦磷酸）酯化 Chlide（或 BChlide）并生成叶绿素（或细菌叶绿素）。叶绿素合成中的化学反应见二维码表 3-1。

二维码
表 3-1

1. 叶绿素 a、b、d、f 的生物合成　叶绿素合酶（ChlG）催化 Chlide a 的 C17-丙酸与植基-焦磷酸酯化，合成叶绿素 a。一般认为叶绿素 b 是直接由叶绿素 a 演变而来的，叶绿素酸酯 a 加氧酶（CAO）将叶绿素 a 的 C-7 上的甲基氧化成甲酰基，从而合成叶绿素 b。CAO 也可将 Chlide a 上的 C-7 甲基氧化成甲酰基，先合成 Chlide b，然后 Chlide b 在 ChlG 的催化作用下与植基-焦磷酸酯化，生成叶绿素 b（图 3-7）。

叶绿素 f 可看作 2-甲酰基叶绿素 a，其合成是光依赖性的，说明叶绿素 f 合酶（ChlF）是氧化叶绿素 a（或 Chlide a）生成叶绿素 f（或 Chlide f）的光氧化还原酶。叶绿素 f 上的 C2-甲酰基中的氧原子来自分子氧而不是水分子。同样，Chlide f 最后再与植基-焦磷酸酯化生成叶绿素 f。此外，叶绿素 a 也是叶绿素 d 的生物合成前体（图 3-7）。

2. 叶绿素 c 的生物合成 叶绿素 c 的结构特点是没有"酯化醇尾"，其结构与 DV-PChlide a 和 PChlide a 类似。因此，常把后两者也归为叶绿素 c，它们可能分别是叶绿素 c_1 和叶绿素 c_2 的生物合成前体。叶绿素 c_3 也可称为 7-甲氧羰基-叶绿素 c_2，其 C7-甲氧羰基（—$COOCH_3$）的合成可能是叶绿素 c_2 的 C7-甲基先氧化成甲酰基，然后再形成甲氧羰基（图 3-7）。

（三）分解代谢

叶绿素分子正常状态下存在于类囊体膜上，并且能够与捕光复合物（LHC）Ⅱ结合，在植物的绿色器官（如叶片、果实等）衰老时，叶绿素-LHCⅡ复合体发生分离，叶绿素开始分解。叶绿素分解过程发生在叶绿体中，涵盖了叶绿素循环、脱镁、脱植基、卟啉环氧化开环反应及后期分解产物的生成等，叶绿素分解最终的产物非荧光叶绿素分解代谢物（NCC）将被运输到液泡中。

1. 叶绿素循环 叶绿素 a 和 b 通过 7-羟甲基叶绿素 a 相互转化的途径称为叶绿素循环（图 3-8）。叶绿素循环主要包括三种酶：叶绿素酸酯 a 加氧酶、叶绿素 b 还原酶（CBR）和 7-羟甲基叶绿素 a 还原酶（HCAR）。

CAO 通过催化两次连续的氧合反应，将叶绿素 a 转化为叶绿素 b。此外，CAO 还是唯一负责叶绿素 b 合成的酶。

CBR 催化叶绿素 b 转化为 7-羟甲基叶绿素 a。植物中有两种类型的 CBR：一种是带跨膜结构域的非黄色色素 1（NYC1），另一种是不带跨膜结构域的类非黄色色素 1（NOL）。CBR 既能催化自由叶绿素 b，也能催化与捕光复合物（LHC）结合的叶绿素 b，后者是主要底物。当纯化的 LHC 三聚体与 NOL 一起孵育时，几乎所有的叶绿素 b 分子都转化为 7-羟甲基叶绿素 a。

HCAR 催化叶绿素 b 转化为叶绿素 a 的第二个反应。HCAR 通过质子耦合电子转移机制催化羟甲基转化为甲基的复杂反应，与核糖核苷酸还原酶的活性相似。除了羟甲基的还原，HCAR 还表现出 NADH 脱氢酶活性。HCAR 能以 7-羟甲基叶绿素 a 和 7-羟甲基脱植基叶绿素 a 作为底物，但不能在体外催化 7-羟甲基脱镁叶绿酸盐 a 或 7-羟甲基脱镁叶绿素 a。因此，在叶片衰老过程中，7-羟甲基叶绿素 a 向叶绿素 a 的转化被认为先于脱镁反应。

目前已知的所有叶绿素分解代谢物都来自叶绿素 a。因此，叶绿素 b 必须转化为叶绿素 a 才能进行下一步的分解。这个过程是叶绿素循环的一部分，由 NYC1 和 HCAR 催化。

2. 叶绿素分解途径 叶绿素 b 中 C-7 上的甲酰基通过两步反应生成甲基转变为叶绿素 a：第一步反应由 NYC1 和 NOL 催化，第二步反应由 HCAR 催化。叶绿素 a 经过两个连续的反应，即脱植基反应和脱镁反应，产生脱镁叶绿素 a（图 3-9）。

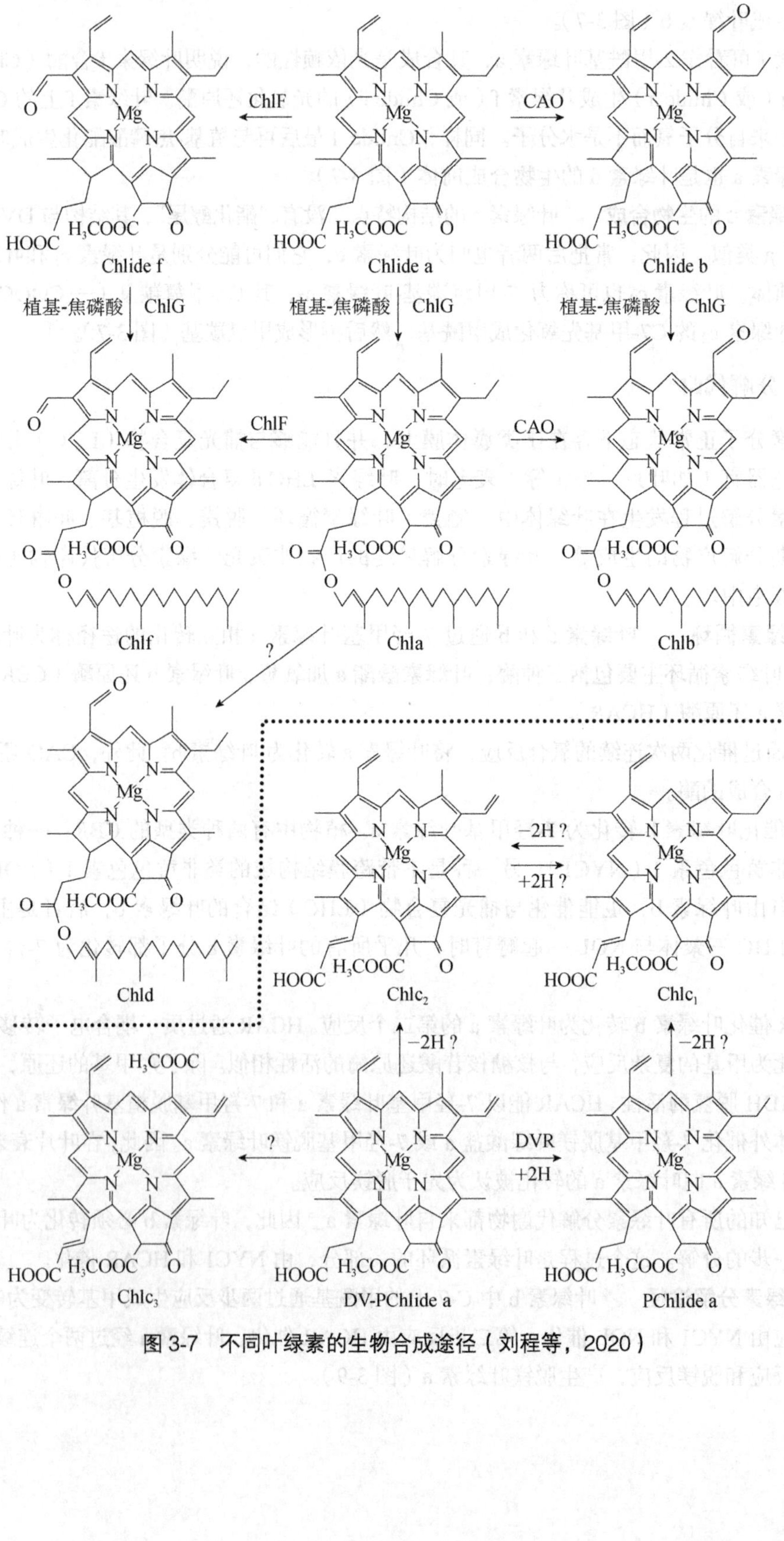

图 3-7 不同叶绿素的生物合成途径（刘程等，2020）

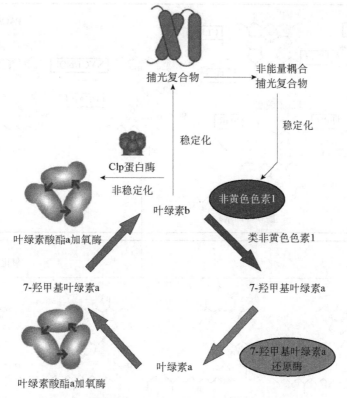

图 3-8　叶绿素循环（Tanaka and Tanaka，2019）

滞绿蛋白（SGR）和脱镁叶绿素酶（PPH）的结合可能是植物中主要和广泛的叶绿素代谢途径。脱镁叶绿素酸盐 a 在脱镁叶绿酸 a 单加氧酶（PAO）的催化下进行卟啉环的氧化开环，形成一组新的叶绿素化合物——phyllobilin（叶胆素）。红色叶绿素分解代谢物（RCC）是第一个生成的 phyllobilin，RCC 还原酶（RCCR）可特异性地使其迅速转化为初级荧光叶绿素分解代谢物（pFCC）。pFCC 被 Tic55（位于叶绿体内膜的转运体 55）羟基化成为 FCCs，但无论是否羟基化，它们都可以通过活性转运蛋白从叶绿体运送到细胞质。然后，FCC 去甲基化形成二氧胆碱-FCC（DFCC）。这些不同的结构最终通过 ATP 结合盒输送至液泡储存。液泡的酸性环境使 FCC 异构化为非荧光叶绿素分解代谢物（NCC），即最终的叶绿素分解代谢物。这个过程被称为 PAO/叶胆素途径（PAO/phyllobilin pathway）（图 3-9），是目前广为接受的叶绿素分解途径。

叶绿素酶（CHL）是广泛研究的叶绿素分解酶之一。叶绿素酶是位于叶绿体膜上的一种疏水膜蛋白，不具有跨膜结构。CHL 可以催化水解脂溶性叶绿素，产生水溶性叶绿素 a 和叶绿醇。

PPH 是具有 α/β 水解酶特性和叶绿体信号肽的蛋白，位于叶绿体中。PPH 在体外只能特异催化脱镁叶绿素 a/b。

NYE1（Non-Yellow 1）/SGR1（Stay-Green 1）是叶绿素分解过程中催化镁解旋的酶。*NYE1* 基因编码一个新的叶绿体蛋白，受各种衰老信号诱导，影响叶绿素分解过程的上游步骤及叶绿素蛋白复合体的稳定性。此外，SGR 能够独立于 PAO 并在 PAO 上游参与叶绿素分解途径。NYE1/SGR1 蛋白可与 LHCⅡ互作，且形成的复合物在光系统Ⅱ中也可与其他叶绿素分解酶（CCE）包括 NYC1、NYC1-LIKE、PPH、PAO 和 RCCR 等产生直接或者间接的作用，形成SGR-CCE-LHCⅡ复合体，且影响光系统Ⅱ的稳定（图 3-9）。

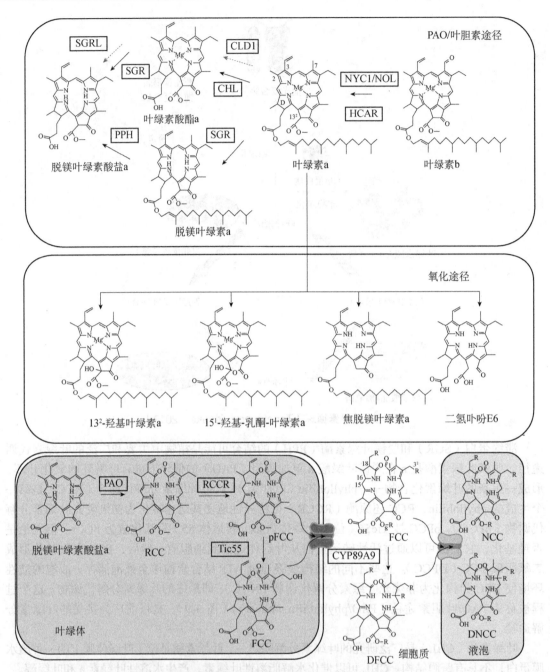

图 3-9　叶绿素的分解代谢途径（Zepka et al.，2019）

上图示 PAO/叶胆素途径在衰老/成熟过程中的第一步反应，虚线箭头表示叶绿素转变的合理路径。CHL. 叶绿素酶；SGRL.
SGR-LIKE（类滞绿蛋白）；CLD1. 叶绿素脱氢酶 1。

中图示叶绿素 a 的氧化途径。

下图示 PAO/叶胆素途径在衰老/成熟过程中的第二步反应。DNCC. 二噁啉-NCC；CYP89A9. 细胞色素 P450 单加氧酶

叶绿体中含量最高。PAO 催化 RCC 的形成，RCCR 将 RCC 还原成报导荧光叶绿素降解物 pFCC。Tic55、NYC1/NOL 等也参与 PAO/叶胆素途径。其中 SGR 是最重要的调节基因，PAO/叶胆素途径中涉及到的其他酶类基因如

三、叶绿素合成的影响因素

（一）遗传因素

叶绿素含量在不同种类作物之间的差异显著（表 3-3）。同一种作物的不同品种之间的叶绿素含量也存在差异。在深绿色蔬菜作物中，颜色越绿，叶绿素含量越高，如羽衣甘蓝和菠菜叶片中含有较高浓度的叶绿素，是其他蔬菜包括甘蓝、西蓝花及豆类作物的 9~110 倍。叶绿素含量越高，表明这种蔬菜合成营养成分的能力越强，其营养价值也越高。叶绿素的含量和很多营养元素的含量呈正相关，如叶酸、维生素 K_1、镁元素、维生素 B_2、维生素 C、叶黄素、胡萝卜素、类黄酮等。例如，羽衣甘蓝和菠菜中不仅叶绿素含量高，类胡萝卜素含量也高（表 3-3）。

表 3-3　不同蔬菜中的叶绿素含量（Hayes and Ferruzzi，2020）　（单位：μg/g）

蔬菜	总叶绿素	叶绿素 a	叶绿素 b	总类胡萝卜素
甘蓝	17	12	5	9
球芽甘蓝	60	46	14	49
西蓝花	79	59	20	42
菠菜	1266	967	299	364
羽衣甘蓝	1868	1387	481	776
绿豆	36	22	14	7
豌豆	133	89	44	34

（二）环境因素

1. 光　　光不仅是光合作用的动力，而且对光合器官形成和调节也有十分重要的作用。叶绿素的合成过程受光的显著影响，主要表现在光照强度、光质、光周期及昼夜节律等方面。

（1）光照强度　　光照强度对植物的叶绿素合成起到关键调控作用。大多数植物黑暗条件下无法合成叶绿素。光照不足会严重影响光合同化力，从而限制光合碳同化，光照过强又往往引起植物的光抑制，二者都可影响叶绿素合成。植物叶片长期遮光，其叶绿素含量明显下降。黑暗和长期遮光会限制植物的光合碳同化力和光合作用关键酶的活力，造成叶绿素合成减少。当植物从黑暗转到光下时，黄化苗逐渐转绿，在该过程中，谷氨酰-tRNA 还原酶（GluTR）及谷氨酸-1-半甲酰氨基转移酶（GSA-AM）的基因被激活诱导，促进 ALA 的合成；δ-氨基酮戊酸脱水酶（ALAD）和尿卟啉原Ⅲ脱羧酶（UROD）基因表达量明显增加；同时编码 Mg-螯合酶的 *CHLH*、*CHLI1*、*CHLI2* 和 *CHLD* 均可被光诱导。

然而，过强的光照会对植物产生光抑制作用，破坏叶绿素。强光下，早期光诱导蛋白（early light-induced protein，ELIP）迅速增加，抑制 GluTR 与 Mg-螯合酶亚基 CHLH 和 CHLI 的表达，减少自由态叶绿素的生物合成，进而减缓光氧化胁迫。同时，强光抑制线粒体的抗氰呼吸而导致质体 NADPH 与 $NADP^+$ 的比值增加，促进铁氧还蛋白-$NADP^+$还原酶（FNR）与叶绿体内膜的转运体 62（Tic 62）发生蛋白质互作，从而阻碍叶绿体蛋白向膜内的运输，致使叶绿素合酶和叶绿醇合成所需的香叶酰还原酶（GGR）向膜内的运输受阻，严重影响叶片中叶绿素的生物合成。

（2）光质 不同光质对叶绿素合成的影响不同。红光有利于提高白菜（*Brassica rapa*）、叶用莴苣（*Lactuca sativa*）、大蒜（*Allium sativum*）等蔬菜叶片中叶绿素含量，但降低叶绿素 a/叶绿素 b 值；蓝光处理可降低叶绿素含量，提高叶绿素 a/叶绿素 b 值；水培莴苣叶片在蓝光条件下的叶绿素含量高于红光条件。此外，相比于单色光处理，红蓝光处理下白菜的叶绿素生物合成前体含量较高。

光受体感知不同的光质，参与叶绿素生物合成的调控过程。远红光和红光的受体光敏色素 A（phyA）和光敏色素 B（phyB）均参与叶绿素的生物合成。白光下，phyA 和 phyB 不仅通过正调控 POR 促进叶绿素形成，还通过促进叶绿素 a/b 结合蛋白（CAB）的积累诱导叶绿素的合成；红光下，phyB 正调控叶绿素的生物合成。隐花素（CRY）和向光素（PHOT）是感知蓝光的两类受体。CRY 和 PHOT1 介导蓝光诱导叶绿素合酶基因 *Chl2* 的表达，进而促进叶绿素合成；而 CRY1、CRY2 和 phyA 介导蓝光对叶绿素结合蛋白 D2 合成基因 *psbD* 的转录激活，进而维持光系统 Ⅱ 的正常运行；PHOT 诱导捕光复合物胁迫相关蛋白 LHCSR3 的积累，启动光系统热耗散机制，缓解强光对植物叶绿素的破坏。

强烈的紫外光 C 段（UVC）照射会抑制叶绿素的生物合成，但低强度的紫外光可促进叶绿素合成。光受体在光调控叶绿素合成过程中起着重要作用，但光受体不只感受单一波长的光质，因此单一光质下可能有多个光受体同时参与叶绿素的生物合成。

（3）光周期及昼夜节律 光周期在叶绿素合成中也发挥着重要作用。一般而言，适当延长光照时间可以促进叶片中叶绿素的积累。然而，有些植物随着光照时间的延长，叶绿素含量呈先增加后降低的趋势，原因是随着光周期的延长，叶绿体内光合产物逐渐增加，当超过一定水平后，通过负反馈作用阻止叶绿素的进一步合成。

昼夜节律是指植物生命活动以 24 h 左右为周期的变动。ALA 作为四吡咯生物合成的第 1 个产物，是植物四吡咯代谢调控的关键步骤，能够有效地控制叶绿素的生物合成，它的合成具有明显的昼夜节律性。昼夜节律不仅可以调控 Mg-螯合酶基因的表达，还可以通过调控叶绿体中游离 ATP 和镁离子的相对浓度来影响 Mg-螯合酶的活性。例如，将菠菜从黑暗转到光下，其叶绿体基质中游离的镁离子浓度急剧上升，使 Mg-螯合酶的构象发生变化，增强了 Mg-螯合酶与其底物和 ATP 的结合能力，进而提高了 Mg-螯合酶的活性，促进菠菜叶片中叶绿素的生物合成。此外，昼夜节律会通过生物钟核心振荡器蛋白 CCA1 和 LHY1 调控 *CAB2* 基因的表达，进而影响叶绿素的积累。

2. 温度 叶绿素的合成和分解过程是一系列酶促反应，温度会极大地影响相关酶的活性，进而影响叶绿素的积累。叶绿素形成的最低温度为 2℃，最适温度是 20~30℃，最高温度为 40℃。由于不同植物的生长发育对温度的要求不同，其叶绿素合成的温度范围也有所差异。

高温和低温胁迫均会导致叶绿素含量降低。高温会抑制叶绿素合成相关酶的活性，破坏细胞膜、叶绿体膜和类囊体膜的结构，大量活性氧的积累会加剧叶绿素的降解，且降解幅度随温度的增加及时间的延长而加剧。

低温下叶绿素含量下降，且温度越低下降幅度越大。秋天叶片变黄和早春寒潮过后秧苗变白等现象也与低温抑制叶绿素的积累有关。低温胁迫下叶绿素含量降低的原因主要有：①低温抑制叶绿素的合成，低温抑制叶绿素合成相关酶的活性，同时影响根系对 N、Mg 等元素的吸收，导致叶绿素的生物合成受阻；②低温引起叶绿素的降解，低温可能改变叶绿体的超微结构，打破了叶绿素酶与其底物在空间位置上的隔离，进而促进了叶绿素的分解；③低温影响了某些同工酶的活性，打破了叶绿素合成与降解的动态平衡；④低温诱导叶片中一些新蛋白质的形成，这些蛋白质保持了脱镁螯合酶的活性，促进了叶绿素的分解，低温增强叶绿素酶的活性，加速叶绿素的降解。

3. 矿质元素　　氮和镁是叶绿素的组成成分，铁、锰、铜、锌等则是叶绿素合成过程中酶促反应的辅因子。因此，缺乏这些元素会影响叶绿素的合成，导致植物出现缺绿症，其中尤以氮的影响最大。适量的氮能提高植物组织中叶绿素 a、b 含量及总叶绿素含量，以及叶绿素 a/叶绿素 b 值。在适宜范围内，植物幼苗叶绿素 a、b 及总叶绿素含量随供氮量的增加而增加。镁是绿色植物所不可缺少的矿质元素，其作为叶绿素 a 和 b 卟啉环中具有螯合效应的中心原子，在叶绿素合成过程中起着重要作用。Mg^{2+}的浓度直接影响 Mg-螯合酶的活性，缺镁不能合成叶绿素。铁是原叶绿素酸酯形成所必需的矿质元素，缺铁时 Mg-原卟啉IX 及 Mg-原卟啉IX 甲酯积累，不能形成原叶绿素酸酯及叶绿素。锰、铜、锌是叶绿素生物合成过程中某些酶的活化剂，具有催化功能，在叶绿素形成中起辅助作用。

◆ 第二节　类胡萝卜素

类胡萝卜素是自然界中广泛分布的一类次生代谢物和色素物质，其结构和功能多种多样，在植物的生长发育中发挥着重要的作用。迄今为止，人类在微生物、动物、植物等中发现的天然类胡萝卜素已经超过 800 种。类胡萝卜素能将吸收的光能传递给叶绿素 a，是光合作用不可缺少的光合色素。植物的类胡萝卜素存在于各种黄色质体或有色质体内，如秋季的黄叶、黄色花卉、黄色和红色的果实及黄色块根。β-胡萝卜素是哺乳动物合成维生素 A 的前体，称为维生素 A 原。叶黄素是一种重要的抗氧化剂，为类胡萝卜素家族的一员，在自然界中与玉米黄素共同存在。类胡萝卜素种类及含量的差异，导致植物花瓣、果实和叶片等器官色泽的多样性。此外，类胡萝卜素可裂解产生紫罗兰酮等重要香气物质，有效吸引昆虫或其他动物为其传粉，提高生殖成功率。

一、结构和种类

（一）结构

类胡萝卜素是一种含有 40 个碳的类异戊烯聚合物，即四萜化合物。类胡萝卜素是含有 8 个异戊二烯单位的多烯类化合物，由两个二萜以共轭双键系统为基本骨架，"头对头"缩合而成（图3-10）。在分子的两端，类胡萝卜素有线性基团或环状基团，如环己胺和环戊烷。这些末端基团所添加的含氧功能基团与加氢水平的变化相组合，形成了类胡萝卜素结构的主体。

类胡萝卜素的颜色因其结构中扩展的共轭双键系统不同而变化，高度不饱和的共轭双键系统产生一系列复杂的紫外可见光谱，导致橙-黄颜色的形成，同时其分子结构中饱和、环化、氧化及基本碳架上的加成和取代程度的差异又会影响其光谱特征。类胡萝卜素的共轭结构和功能基团（种类和数目）不仅使其具有不同的颜色，而且决定它们的生物功能。

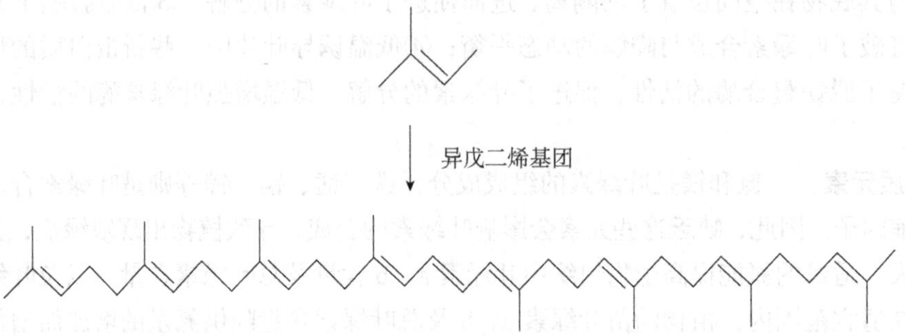

图 3-10　类胡萝卜素的典型化学结构

由于长的多烯链上的电子对形成的共轭体系，碳碳双键、碳碳单键的存在，使类胡萝卜素分子具有很多立体异构特性。不同构型的类胡萝卜素的长碳链骨架上的每个双键都存在两种构型：顺式或反式。天然类胡萝卜素多以反式结构存在。

（二）种类

不同种类的类胡萝卜素都是在 40 个碳原子的基本结构骨架基础上衍生而来的。类胡萝卜素可分成 4 个亚族：胡萝卜素（如 α-胡萝卜素、β-胡萝卜素、γ-胡萝卜素和番茄红素）、胡萝卜素醇（如叶黄素、玉米黄素、虾青素）、胡萝卜素醇的酯类（如 β-阿朴-胡萝卜酸酯）、胡萝卜酸（如藏红素、胭脂树橙）。所有的类胡萝卜素都可由番茄红素通过氧化、氢化、脱氢、环化，以及碳架重排、降解衍生而来。常见的类胡萝卜素分子结构式如图 3-11 所示。

根据化学结构的不同可以将类胡萝卜素分为两类：一类是胡萝卜素（只含碳氢两种元素，不含氧元素，如番茄红素、α-胡萝卜素、β-胡萝卜素等），另一类是叶黄素类（有羟基、酮基、羧基、甲氧基等含氧官能团，为氧化性的类胡萝卜素，如玉米黄质、虾青素等）。其中胡萝卜素为主要的维生素 A 源物质，主要有 α、β、γ 三种形式，最为重要的为 β-胡萝卜素。胡萝卜素为橘黄色结晶，化学性质比较稳定；而叶黄素的稳定性差，易受氧、光、热、金属离子、pH 等因素的影响，可以醇、醛、酮、酸的形式存在。

依据碳骨架末端化学基团的类型，也可将类胡萝卜素划分为两大类别：一类为含有环状结构的闭环式类胡萝卜素，如 α-胡萝卜素、β-胡萝卜素、叶黄素、玉米黄素、花药黄质、紫黄质等；另一类为不含有环状结构的开环式类胡萝卜素，如八氢番茄红素、番茄红素等。

类胡萝卜素按照是否为维生素 A 原还可分为维生素 A 原类胡萝卜素（如 β-胡萝卜素、番茄红素、α-胡萝卜素）和非维生素 A 原类胡萝卜素（如 β-隐黄质、叶黄素和玉米黄质）。

胡萝卜素的化学结构中央是相同的多烯链，根据存在于其两端的芷香酮环或基团的种类可分为 α-胡萝卜素、β-胡萝卜素、γ-胡萝卜素、δ-胡萝卜素、ε-胡萝卜素、番茄红素等许多异构体。β-胡萝卜素在胡萝卜素中分布最广、含量最多，在绿叶和胡萝卜的根中与叶绿素共同存在。α-胡萝卜素在绿叶和胡萝卜的根中与 β-胡萝卜素共同存在，含量一般较少。γ-胡萝卜素在生物体内的分布则有限。

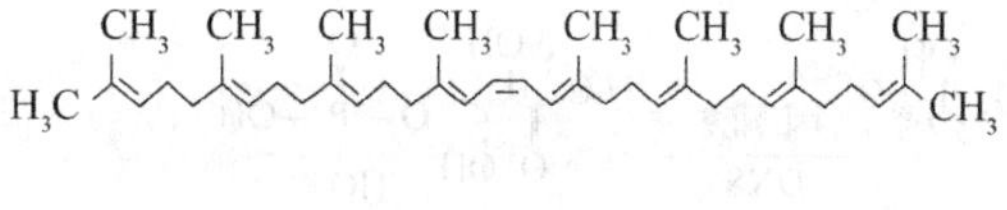

八氢番茄红素

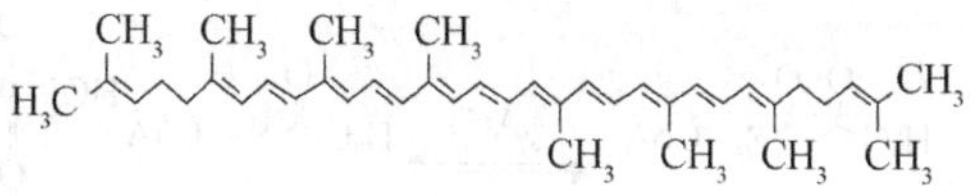

番茄红素

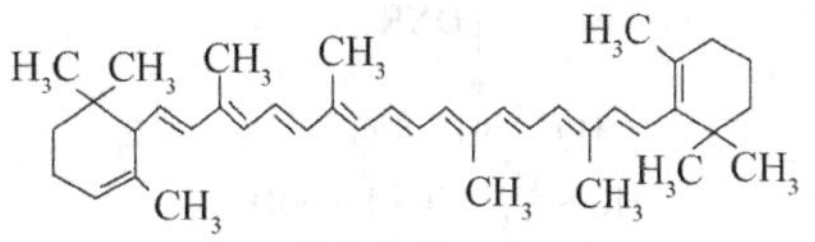

α-胡萝卜素

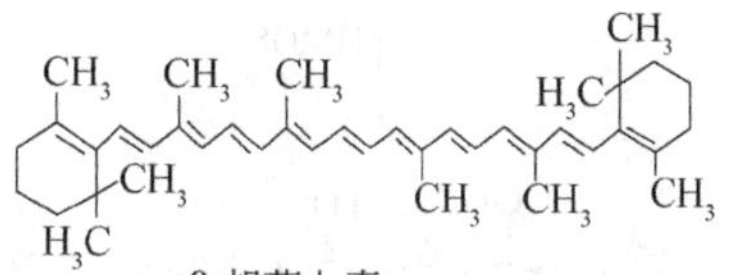

β-胡萝卜素

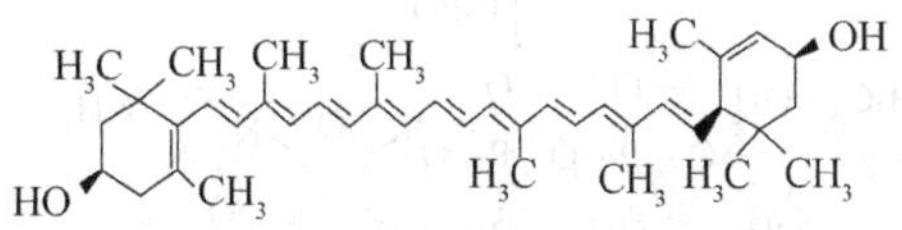

叶黄素

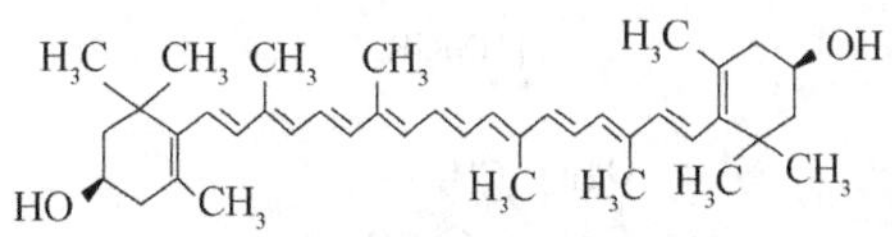

玉米黄素

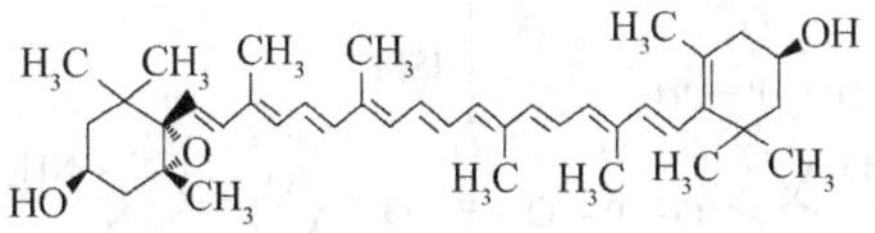

环氧玉米黄素

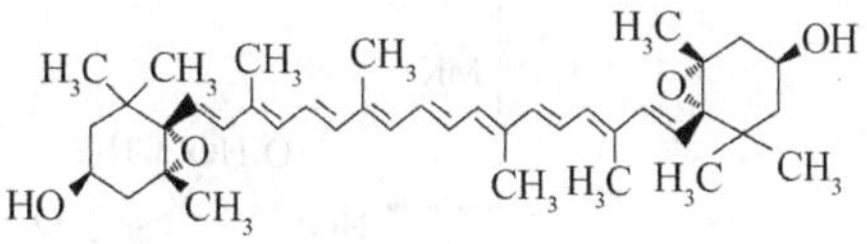

堇菜黄素

图 3-11　常见类胡萝卜素的结构式

二、合成途径

类胡萝卜素在生物体内主要是通过类异戊二烯途径或萜类化合物途径进行合成的，此途径属于一个十分庞大的次生代谢途径，除合成类胡萝卜素外，还可以合成叶绿素、植物激素[细胞分裂素、赤霉素（GA）及脱落酸（ABA）]等物质。在自然界中，生物合成的大部分类胡萝卜素是C_{40}化合物，但是也有一些非光合细菌体内可以合成C_{30}、C_{45}和C_{50}类胡萝卜素。

类胡萝卜素合成的前体物质是异戊烯焦磷酸（IPP）和二甲基丙烯基二磷酸（DMAPP）。首先，在IPP异构酶作用下，IPP生成DMAPP，然后DMAPP再与单个IPP缩合，依次生成GPP（牻牛儿基焦磷酸）、FPP（法尼基焦磷酸）、GGPP（牻牛儿基牻牛儿基焦磷酸）。2个GGPP在PSY（八氢番茄红素合酶）作用下形成第一个无色的类胡萝卜素——八氢番茄红素。八氢番茄红素经过连续的脱氢反应，共轭双键延长，直至形成番茄红素。番茄红素在不同环化酶的作用下分别生成α-胡萝卜素、β-胡萝卜素，在α-胡萝卜素、β-胡萝卜素的C-4（C4′）位置引入酮基和（或）C-3（C3′）位置引入羟基及在β-环上引入C（5,6）-环氧基后，则可以形成结构更为复杂的叶黄素。

GGPP的生物合成是类胡萝卜素合成过程中的重要步骤（图3-12）。以乙酰辅酶A和甘油醛-3-磷酸（GA-3-P）为起点，在多种酶的催化作用下，分别进行一系列化学反应生成IPP与DMAPP，然后合成GGPP。其中IPP的合成主要来自两个途径：2-C-甲基-D-赤藓糖醇-4-磷酸酯（MEP）途径和甲羟戊酸（MVA）途径。MEP途径主要是在植物细胞器质体中和真菌中发生，起始物质是甘油醛-3-磷酸和丙酮酸；MVA途径主要是在植物细胞液中和细菌中发生，起始物质是乙酰辅酶A。而在蔬菜植物中类胡萝卜素的合成和积累主要发生在质体中，通过MEP途径合成。

牻牛儿基牻牛儿基焦磷酸合酶（GGPS）属于异戊烯基转移酶家族的转移酶，是IPP向GGPP转化的限速酶。

从GGPP可生成第一个类胡萝卜素物质——八氢番茄红素，再经脱氢、环化、羟基化、环氧化等转变为其他类胡萝卜素（图3-13）。

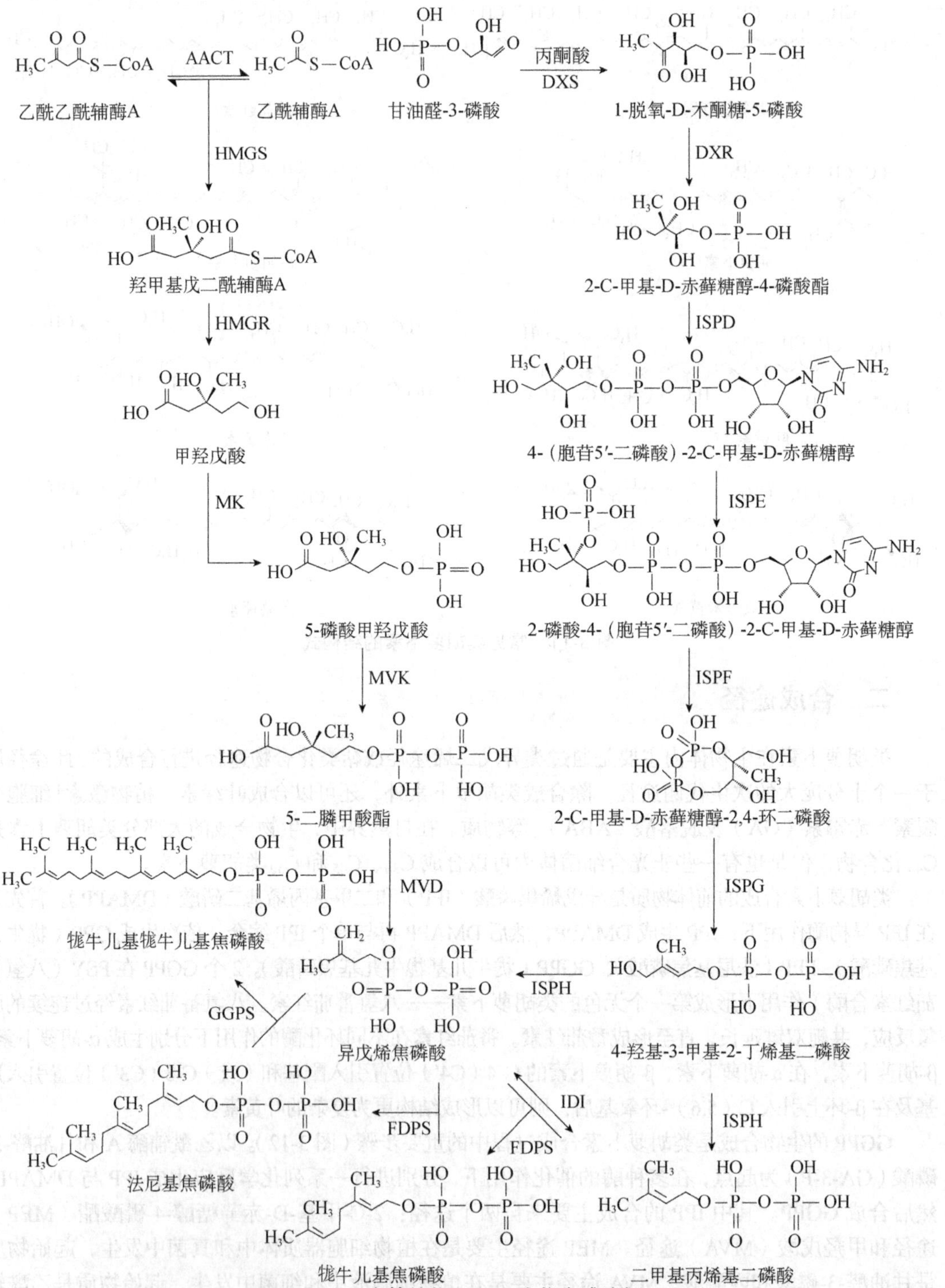

图 3-12　高等植物 GGPP 生物合成途径

AACT. 乙酰辅酶 AC 乙酰转移酶; HMGS. 羟甲基戊二酰辅酶 A 合酶; HMGR. 羟甲基戊二酰辅酶 A 还原酶; MK. 甲羟戊酸激酶; MVK. 磷酸甲羟戊酸激酶; MVD. 二磷酸甲戊二酸酯脱羧酶; IDI. 异戊烯基二磷酸 δ-异构酶; FDPS. 法尼基焦磷酸合酶; GGPS. 牻牛儿基焦磷酸合酶; DXS. 1-脱氧-D-木酮糖-5-磷酸合酶; DXR. 1-脱氧-D-木酮糖-5-磷酸还原异构酶; ISPD. 2-C-甲基-D-赤藓糖醇-4-磷酸胞苷酰转移酶; ISPE. 4-二磷脂酰-2-C-甲基-D-赤藓糖醇激酶; ISPF. 2-C-甲基-D-赤藓糖醇-2,4-环二磷酸合酶; ISPG. 4-羟基-3-甲基-2-丁烯基二磷酸合酶; ISPH. 4-羟基-3-甲基-2-丁烯基二磷酸还原酶

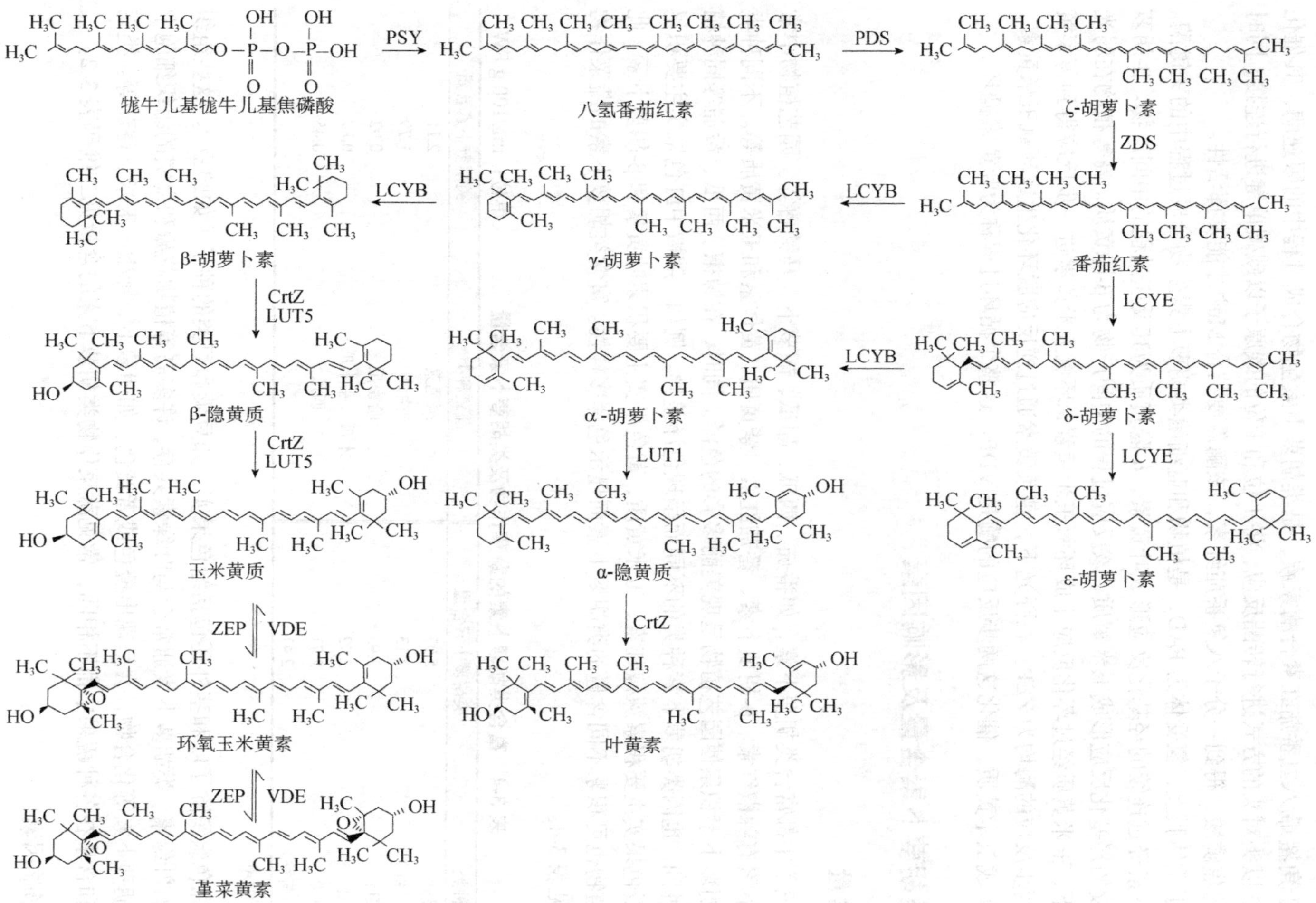

图 3-13　高等植物胡萝卜素和叶黄素生物合成途径（王紫璇等，2021）

PSY. 八氢番茄红素合成酶；PDS. 八氢番茄红素脱氢酶；ZDS. ζ-胡萝卜素脱氢酶；LCYE（ε-LCY）. 番茄红素 ε-环化酶；LCYB（β-LCY）. 番茄红素 β-环化酶；LUT1. 类胡萝卜素 ε-羟化酶；CrtZ. β-胡萝卜素羟化酶；LUT5. β-环羟化酶；ZEP. 玉米黄素环氧化酶；VDE. 紫黄质脱环氧化酶

PSY 属于角鲨烯/八氢番茄红素合酶家族，是类胡萝卜素生物合成过程中的限速酶，其催化两分子 GGPP 以头对头的方式进行转酯反应，将 1 位和 1′位的碳原子以碳碳单键进行连接，同时脱去两分子的焦磷酸，得到一分子八氢番茄红素，该酶需要结合 Mn^{2+} 才能发挥活性。

PDS 位于质体膜上，氢受体为 FAD，是植物和蓝细菌类胡萝卜素生物合成过程中的关键酶。

α-胡萝卜素经过连续的羟基化反应形成叶黄素，α-隐黄质为其反应过程的中间产物。β-胡萝卜素经过连续的羟基化反应形成玉米黄质，该反应过程的中间产物为 β-隐黄质。高等植物在弱光或黑暗环境下，玉米黄质经过环化反应生成环氧玉米黄素，环氧玉米黄素进一步反应得到堇菜黄素，参与这两步反应的酶均为 ZEP。在强光下，堇菜黄素通过逆反应脱环化生成环氧玉米黄素，以及进一步生成玉米黄质，催化这两步反应的酶是 VDE。这整个循环过程称为叶黄素循环。

三、类胡萝卜素含量及影响因素

（一）含量

大多数蔬菜中都富含类胡萝卜素，如番茄、西瓜、甜瓜、胡萝卜、马铃薯等。园艺植物中常见的类胡萝卜素有辣椒红素、β-胡萝卜素、番茄红素、紫黄质、黄体素和玉米黄质等。不同种类和含量的类胡萝卜素积累使园艺植物呈现美丽多彩的色泽。同时，在辣椒、西瓜、番茄等同种植物的不同品种间，也因类胡萝卜素种类的不同而呈现色泽差异。例如，辣椒中红色果实主要积累辣椒红素，橙色果实主要积累辣椒红素、玉米黄质，黄色果实主要积累叶黄素和 β-胡萝卜素。此外，同一种植物也可积累不同含量的类胡萝卜素而显示色泽多样性。富含类胡萝卜素的蔬菜作物及其含量详见表 3-4。

表 3-4　富含类胡萝卜素的蔬菜作物及类胡萝卜素含量　　　　（单位：mg/100 g FW）

蔬菜种类	类胡萝卜素含量	蔬菜种类	类胡萝卜素含量
红薯叶	5.97	绿苋菜	2.11
胡萝卜（红）	4.13	生菜	1.79
芹菜叶	2.93	哈密瓜	0.92
菠菜	2.92	木瓜（番木瓜）	0.87
豌豆尖	2.71	西瓜	0.45
茴香（小茴香）	2.41		

注：FW 为鲜重

植物的绿色组织除了叶和茎外还包括绿色果实，如豆荚和豆类的种子（如豌豆）。这些组织的叶绿体含有叶绿素。类胡萝卜素通常会与叶绿素共存，许多高等植物花瓣和果实的组织细胞中由于存在类胡萝卜素等化合物，会呈现出橙色或者黄色，如胡萝卜、辣椒、玉米、番茄等。类胡萝卜素种类和含量在各种蔬果中都不相同，常见蔬菜作物类胡萝卜素的含量见二维码表 3-2。

二维码
表3-2

（二）影响因素

1. 环境因子　　类胡萝卜素的合成与代谢受到光照、温度、水分、二氧化碳及各类化学物质等外部环境因素的影响，这些环境因子在不同程度上影响着类胡萝卜素的积累。

（1）光照　　光照对类胡萝卜素积累的影响主要体现在光质、光照强度及光照长度三个方面。在光质方面，红光使番茄果实番茄红素含量显著增加、提高温州蜜柑中类胡萝卜素的含量（尤其是 β-胡萝卜素的含量）；蓝光（470 nm）显著增加西蓝花 β-胡萝卜素含量，但对橘皮中的类胡萝卜素含量没有显著影响。不同光质补光处理显著促进薄皮甜瓜 β-胡萝卜素的积累，以红蓝 4∶1 和红蓝6∶1处理效果最佳。

强光[260μmol/（m²·s）]条件可促进完熟期番茄果实中类胡萝卜素积累。适当增加光照强度可以有效提高柑橘果实类胡萝卜素的含量，但遮光使柑橘果皮中叶绿素含量迅速下降，类胡萝卜素积累速度减慢。胡萝卜的根生长于地下无光环境中时，白色体转化为有色体并积累大量类胡萝卜素，而将其暴露于光照时变为深绿色。

光照时间对类胡萝卜素的含量也有影响。短日照可提高龙眼愈伤组织中类黄酮的含量，全光照下类胡萝卜素的含量和产量达到最高；薯芽菜类胡萝卜素含量在12 h/d的光照条件下最高。

（2）温度　　果实类胡萝卜素的积累水平对温度的反应因作物种类而异。对大多数蔬菜作物而言，低温抑制类胡萝卜素的合成，而高温则促进其含量增加。高温可使番茄果实提早转色，但同时也导致果实即使至完熟期其类胡萝卜素含量也一直维持在转色期水平，并严重影响果实中番茄红素的积累，而低温则会造成果实无法转色。温度在12℃以下和32℃以上时，番茄红素的生物合成分别受到强烈抑制和完全阻断。21℃条件下储存的西瓜pH、色度、类胡萝卜素含量与鲜采收西瓜相比均显著增加，且番茄红素和 β-胡萝卜素含量也提高，而13℃条件下储存的西瓜类胡萝卜素仅有少量变化。贮藏温度为2℃和13℃时，葡萄柚中番茄红素的含量增加，但2℃时番茄红素的增加量低于13℃，且在2℃下储存时，β-胡萝卜素含量几乎保持不变。相对较高的温度有利于甜瓜果实β-胡萝卜素的积累，加速果实发育。

（3）水分　　类胡萝卜素在植物处于干旱等逆境时可发挥重要的保护功能。番茄植株在缺水灌溉后，其果实果皮部番茄红素含量明显升高。在葡萄果实中，水分亏缺激活了苯丙烷类、类胡萝卜素和类异戊二烯代谢途径的部分环节，增加了花药黄质、黄酮醇和芳香族挥发物的浓度。干旱胁迫条件下，玉米根组织中类胡萝卜素含量升高。

（4）二氧化碳　　　CO_2加富已成为人们控制设施环境、促进作物生长、提高作物产量和改善作物品质的一种重要手段。在番茄种植过程中，提高CO_2浓度有助于提高番茄成熟过程中各个时期的番茄红素、β-胡萝卜素及总类胡萝卜素含量。

（5）化学物质　　施肥可以为植物提供生长发育所需的必需营养元素，适当施加氮肥可以显著提高蔬菜中类胡萝卜素等物质的含量。在水培番茄中，营养液磷、钾元素比例的增加可将番茄中番茄红素的含量提高20%～30%。缺硼处理使番茄果实中番茄红素含量减少，而高硼处理则能增加番茄果实中番茄红素的含量。有机肥的合理使用可以提高柚果实中的类胡萝卜素含量，在适宜的钾肥和有机肥施用量下，高磷肥、中等氮肥可明显促进类胡萝卜素的积累。

番茄红素环化酶抑制剂（CPTA和MPTA）具有类似于除草剂的作用，可以抑制番茄红素β-环化酶的活性，从而促进番茄红素的上游物质向番茄红素转化并积累。CPTA甚至可使一般尚不该变色的番茄果实累积番茄红素而变红。柑橘'宫川'储存过程中，用不同浓度（质量体积分数0.1%、0.5%、1.0%）的不同糖类（葡萄糖、甘露醇、果糖、蔗糖）溶液进行涂膜处理均促进叶绿素降解，并有利于类胡萝卜素的形成。此外，2,6-二苯甲基吡啶可以抑制水芹中PDS的活性，从而使水芹幼苗中有色胡萝卜素含量降低。

轻微的盐胁迫可以提高樱桃番茄中类胡萝卜素的含量，这可能是由于胁迫增加了脱落酸的含量进而影响了乙烯的合成，最终促进了类胡萝卜素合成。

（6）激素调控　　植物激素在果实发育的各个阶段都发挥一定作用，植物内源激素也是调节类胡萝卜素合成与代谢的关键非生物因子。

类胡萝卜素与赤霉素（GA）的生物合成存在着密切的联系。赤霉素与类胡萝卜素、叶绿素有共同前体GGPP，当类胡萝卜素合成量增加时，能使进入GA和叶绿素合成途径的GGPP减少

50%左右。对绿熟期番茄果实进行外源 GA_3 处理可以抑制果实类胡萝卜素和番茄红素的合成，抑制果实变红。

类胡萝卜素是合成植物激素脱落酸（ABA）的前体物质，在 ABA 受体（PYR/PYL/RCAR）介导下，ABA 可以调节番茄成熟过程中类胡萝卜素的含量和组成。外源喷施 ABA 能使木薯块根中类胡萝卜素相关基因表达增强，提高 β-胡萝卜素的含量。对绿熟期番茄注射 ABA 可以促进果实中类胡萝卜素和番茄红素积累，使番茄果实变红，而同时注射 ABA 和乙烯受体抑制剂 1-MCP（1-甲基环丙烯），则抑制果实成熟，因此 ABA 可能通过增加乙烯的释放促进果实成熟。

除 GA 和 ABA 外，乙烯在类胡萝卜素合成中也起着重要作用。乙烯能够促进蔬菜作物果实成熟并影响成熟相关基因的转录和翻译。乙烯在番茄红素的合成中发挥重要作用，番茄果实中番茄红素的合成主要依赖于乙烯的含量。乙烯利增加果实中番茄红素的含量主要是通过促进 PSY 基因的表达实现的。果实成熟过程中，乙烯对 PSY 基因的转录水平有正调控作用，同时 LYC-B 基因转录受到抑制，从而抑制红色的番茄红素转化为橙色的 β-胡萝卜素。

生长素能够影响光合维管植物和绿藻中的类胡萝卜素含量。生长素响应因子（ARF）家族的一些成员与果实成熟调控网络有着密切关系。番茄中 SlARF2A 和 SlARF2B 可能是一对共同基因组，二者在番茄果实内充当生长素依赖性基因转录的阻遏物。当对该基因组进行共同沉默时，SlARF2AB-RNAi 果实表现出低水平的 SlPSY1 转录水平和高水平的 SlLCYB 和 SlCYCB 转录，促进 β-胡萝卜素而非番茄红素的积累，抑制番茄果实类胡萝卜素的积累，从而导致 SlARF2AB-RNAi 果实表现出橙黄色。

外源施加茉莉酸甲酯（MJ）能促进番茄中番茄红素和 β-胡萝卜素的积累。茉莉酸甲酯主要通过调节乙烯合成相关酶活性来影响乙烯的合成，从而影响番茄红素的积累。外源 MJ 可以促进 ACC 氧化酶（ACO）的活性进而使绿熟期果实中乙烯含量提高，促进果实的成熟，番茄红素含量则有所上升。

菜籽固醇内酯（BR）可以促进番茄类胡萝卜素的积累。在番茄中过表达菜籽固醇内酯信号基因 BRI1，番茄果实中类胡萝卜素、可溶性固形物和抗坏血酸含量随之增加。转录因子 BZR1 是 BR 信号转导途径的关键组成成分，在番茄中过量表达来自拟南芥 bzr1-1D 突变体的 BR 信号转导基因 BZR1-1D，发现与番茄红素合成相关的基因 DXS、GGPS、PSY1、PDS 均表达上调，番茄红素含量较高。

2. 遗传因素　　植物中的类胡萝卜素由一系列结构基因所编码的酶催化合成，该过程由众多转录因子直接或间接调控。除了转录因子介导调控类胡萝卜素合成的转录水平调控外，转录后、翻译后和表观遗传调控等也参与类胡萝卜素的代谢过程。

（1）结构基因　　PSY、PDS、ZDS、LCYB、LCYE、CRTISO、CCD 和 NCED 等基因是调控类胡萝卜素生物合成的关键基因。而类胡萝卜素含量的差异是由类胡萝卜素生物合成过程中基因表达的差异造成的。在番茄果实成熟过程中，编码八氢番茄红素合酶（PSY）、八氢番茄红素脱氢酶（PDS）、ζ-胡萝卜素脱氢酶（ZDS）和胡萝卜素异构酶（CRTISO）的相关基因表达上调，以最终促成番茄红素的形成。

番茄果实中主要积累 β-胡萝卜素和番茄红素，果实发育过程中类胡萝卜素相关基因 PSY 和 PDS 的表达量逐渐上升。在番茄中过表达 PSY 基因，果实中类胡萝卜素总量增加 2～4 倍。PSY1 基因功能缺失，致使番茄果实变为黄色。将西瓜中的 PSY-C 基因导入甜瓜后，果皮中积累的 β-胡萝卜素是普通植株的 32 倍。随着草莓、柑橘果实成熟度的增加，PSY 基因表达量逐渐增加。

PDS 催化八氢番茄红素生成 ζ-胡萝卜素，果实成熟期间表达量上调，利于番茄红素的形成。ZDS 是催化 ζ-胡萝卜素转化成番茄红素的重要酶。PDS 和 ZDS 的表达水平与番茄红素的积累呈正相关。

　　番茄红素的环化是植物体内类胡萝卜素生物合成途径的一个重要分支点，可以通过调节相关环化酶基因来使类胡萝卜素的代谢偏向某一通路或支路。植物体中存在两种环化酶，即番茄红素 β-环化酶（LCYB）和番茄红素 ε-环化酶（LCYE）。LCYB 是催化番茄红素生成 β-胡萝卜素的一类重要酶。抑制番茄 LCYB 基因的表达，果实中番茄红素含量显著提升。番茄红素 ε-环化酶的作用是催化番茄红素生成 δ-胡萝卜素。编码番茄红素 β-环化酶和番茄红素 ε-环化酶的 Beta 和 Delta 基因突变可使番茄果实呈橙色，Beta 和 old gold 互为等位基因，Beta 突变体为功能获得性突变，LYCB 基因转录水平升高，果实中的 β-胡萝卜素积累；old gold 突变体为移码突变，导致缺少 LYCB，无法合成 β-胡萝卜素而使果实中全反式番茄红素积累较多，果实呈深红色。

　　类胡萝卜素异构酶（CRTISO）将番茄红素从顺式构象异构为全反式构象，从而作为番茄果实中主要的番茄红素存在形式。异构酶基因 CRTISO 突变会使果实呈现橘黄色，该突变体中四顺式番茄红素下游的类胡萝卜素组分含量显著降低。

　　CCD 作为动植物常见的裂解双氧合酶，能够将类胡萝卜素裂解产生 β-紫罗兰酮等挥发性萜类化合物，参与叶、花、果实颜色和香味的形成。草莓中随着 FaCCD1 基因表达的增加，叶黄素含量减少。

　　（2）转录因子　　在转录调控方面，类胡萝卜素合成代谢通路的关键基因受到不同转录因子的调控从而使其转录水平产生差异，导致植物类胡萝卜素积累的差异。在植物体内类胡萝卜素合成的途径受到多种转录因子的调控。目前报道的影响和调控类胡萝卜素合成的转录因子主要包括 MADS-box 家族、MYB 家族、AP2/ERF 家族、NAC 家族、ZIP 家族、SBP-box 和 NF-Y 等。其中 MYB 家族和 NAC 家族中的一些转录因子通过调节或结合类胡萝卜素的相关合成基因来直接调控蔬菜作物中类胡萝卜素的积累，而 MADS-box 家族、AP2/ERF 家族中的一些转录因子则是通过调节作物的成熟来间接影响类胡萝卜素的合成。

　　MADS-box 家族转录因子是目前已报道的影响番茄类胡萝卜素合成途径的转录因子家族中数量最多的。转录因子 MADS-RIN 可以结合 PSY1 启动子从而调控 PSY1 基因的表达。番茄中 TAGL1 可以通过调节番茄红素的含量来调控类胡萝卜素的积累，利用 RNAi 沉默 TAGL1，果实中 β-胡萝卜素含量上升，番茄红素含量下降；当过表达该基因时番茄红素含量则显著增加。番茄中 SlMBP15 与 SlMBP8 对类胡萝卜素的作用完全相反：SlMBP8 负调控果实中类胡萝卜素的合成，对 SlMBP8 进行沉默时，果实中 PSY1、PDS、ZDS 表达量均有大幅度增加，且总类胡萝卜素含量增多；而沉默 SlMBP15 后，E4、E8、LOXA、LOXB、ERF1 和 rin 表达下降，PSY1、PDS、ZDS 基因转录水平显著降低，果皮中类胡萝卜素积累显著减少。

　　MYB 家族是植物类胡萝卜素生物合成途径中起着重要调节作用的转录因子家族，该家族中大多数成员起正调控作用。GAMYB 是一种受 GA₃ 调控的 MYB 类转录因子，木薯转录因子 GAMYB 与其类胡萝卜素合成相关，在 GA₃ 信号条件下，GA₃ 信号分子与 GID 受体蛋白结合从而导致植物生长的抑制因子 DELLA 蛋白通过泛素-蛋白酶体途径被降解，MeGAMYB 与 DELLA 蛋白相互作用促进了类胡萝卜素生物合成途径相关基因的表达，从而促进了类胡萝卜素的生物合成。在 MYB72-RNAi 的果实中，由于 SlMYB72 的不均匀沉默和叶绿素、类胡萝卜素及类黄酮生物合成基因的不均匀表达，果实颜色不均匀，绿色果实上出现深绿色斑点，红色果实上出现黄色斑点。GARP 亚家族的转录因子 GLK1（golden2-like1）、GLK2 均对番茄果实中类胡萝卜素的积累起促进作用。超表达基因 GLK1 和 GLK2 后，番茄果实中类胡萝卜素生物合成基因的表达量与野生型相比没有差异，但类胡萝卜素积累水平提高了 25%～40%；果皮组织中的 β-胡萝卜素和叶黄素含量也显著增加。

AP2/ERF 家族在种子、花、果实发育、乙烯响应、抗病等过程中发挥重要作用。SlAP2a 属于 AP2 亚族并被证实是一个成熟负调控因子。通过转基因沉默 SlAP2a 的表达，发现促进果实中 PG2A 基因的转录，使类胡萝卜素含量增加，最终加快果实软化且提早成熟。而 ERF 是乙烯信号转导的下游元件，AP2/ERF 家族负反馈调节乙烯的生物合成，影响 γ-胡萝卜素和 β-胡萝卜素的含量，从而控制类胡萝卜素的合成。CsERF061 激活 PSY1、PDS、CRTISO、LCYb1、BCH、ZEP、NCED3、CCD1 和 CCD4 这 9 个关键类胡萝卜素途径基因的启动子，多靶点调节类胡萝卜素代谢过程。

NAC 家族是植物中特有的一类转录因子，在参与乙烯生物合成的同时也能够影响类胡萝卜素代谢相关基因的转录，在番茄中该家族调控类胡萝卜素合成的转录因子主要有 SlNAC1、SlNAC4 和 SlNOR。SlNAC1 参与乙烯的生物合成，同时 SlNAC1 可以与 SlPSY1 相互作用，通过促进基因 PSY1 的表达，使叶黄素和 β-胡萝卜素合成相关基因表达上调，下调 LCYB 基因和乙烯生物合成相关基因的表达，从而限制番茄红素生成，使果实呈现黄/橙色。成熟的番茄果实中，番茄红素和 β-胡萝卜素的相对比例由基因 PSY1 的上调和基因 LCYB 的下调介导，这两种作用同时受到乙烯的调节。敲除基因 SlNAC4 后，影响了番茄中乙烯的合成和信号转导，类胡萝卜素向 β-胡萝卜素通路的合成受到调节。葡萄 NAC 家族的转录因子 DRL1 在烟草中过表达后 NtZEP1 和类胡萝卜素裂解基因的表达显著减少，ABA 含量下降，从而延缓了叶片衰老。此外，在有些园艺植物中也发现 CpNAC1 转录因子可以特异结合类胡萝卜素代谢通路结构基因的启动子，从而激活靶基因表达来调控类胡萝卜素的合成。

HY5 属于 bZIP 转录因子家族，HY5 编码的蛋白质为光敏色素下游的核心光信号调节因子，在光信号通路中具有十分重要的作用，同时发现 HY5 转录因子也参与了类胡萝卜素合成过程。HY5 在拟南芥中可以转录调控花青素合成基因 CHS、类胡萝卜素合成基因 PSY 以促进植物色素的合成。拟南芥 hy5 突变体在暗处理后置于光照下 6 h，类胡萝卜素含量与 PSY 基因表达均低于野生型；HY5 可以结合 PSY 启动子上的 G-box，对其进行转录调控促进类胡萝卜素合成，这种促进作用在较低温度（17℃）下更为明显。HY5 过表达植株果实成熟各时期番茄红素、β-胡萝卜素、叶黄素显著高于野生型及 hy5 突变体，番茄红素合成基因的表达也显著提高。此外，HY5 能结合番茄红素合成基因 PSY1、PDS 启动子上的 ACE 元件促进相关基因表达，增加番茄红素的合成与积累。

碱性螺旋-环-螺旋（bHLH）转录因子家族在真核生物中广泛存在，通过特定的氨基酸残基与靶基因相互作用，调节相关基因的表达。SlPRE2 是一种 PRE-like 的 bHLH 转录因子，当其在番茄中过表达时，叶绿素及类胡萝卜素合成基因 SlPSY1、SlPDS、SlZDS 的表达量显著下降。光敏色素作用因子（PIF）能特异性结合基因 PSY 的启动子，使叶绿素的生物合成和叶绿体发育相协调，负向诱导合成类胡萝卜素。此外，参与类胡萝卜素合成的转录因子还有 HD-ZIP 亚家族、SBP-box 家族、NF-Y 家族，它们对类胡萝卜素的积累起正或负反馈作用。

（3）表观遗传　　在表观调控方面，类胡萝卜素合成代谢通路的关键基因序列没有变化，但是受到诸如 DNA 甲基化或乙酰化、组蛋白修饰、非编码 RNA 调控及染色质重塑等因素的影响，从而引发基因功能的改变，进而导致植物类胡萝卜素代谢积累的变化。在番茄 cnr 突变体果实中，启动子区域发生高水平甲基化后导致 LeSPL（SBP-box 家族成员）的表达降低，SlPSY1 转录水平随之下调，类胡萝卜素合成受到抑制，果实缺乏番茄红素而呈绿色。组蛋白修饰是表观遗传调控的另一重要形式，组蛋白甲基转移酶（SDG8）是调控类胡萝卜素合成的重要组蛋白修饰因子，其可通过改变 CRTISO 翻译起始位点染色质的甲基化状态，从而影响该基因的表达水平。

（4）转录后调控　　选择性剪接是转录后调控的一种重要形式，植物体可通过选择性剪接调

控关键限速酶基因 *PSY* 的表达量及蛋白质活性，从而影响类胡萝卜素的生物合成和积累。研究发现，番茄 *yft2* 突变体的 *SlPSY1* 由于发生反式剪接，该基因的表达量显著下调，类胡萝卜素的积累量随之明显下降。另外，miR156b 与类胡萝卜素的积累密切相关，组成型表达 miR156b 后拟南芥中的叶黄素、β-胡萝卜素含量明显提高。

◆ 第三节　花　青　素

花青素（anthocyanidin）又称为花色素，是一种水溶性天然食用色素，属于类黄酮化合物。作为植物重要的次生代谢物，花青素在植物的花、叶、果实和种子等器官中均有积累，赋予植物从橘红色到蓝紫色等不同的色彩，帮助植物吸引昆虫和飞鸟等媒介，进而传播花粉和散播种子。花青素种类繁多，在水果、蔬菜及花卉中广泛存在。例如，含花青素类物质较高的蔬菜作物有甘蓝、茄子、紫苏、豇豆（*Vigna unguiculata*）、萝卜、芋头（*Colocasia esculenta*）、洋葱等。

一、结构和种类

（一）化学结构

花青素与糖基以糖苷键连接形成花色苷，因此花青素又被称为糖苷配基。花青素具有 C6-C3-C6 碳骨架，即两个芳香环和一个含氧杂环，基本结构式为 2-苯基苯并吡喃，与黄酮的 2-苯基色原酮相似，因此也被统称为黄酮类化合物。花青素含有共轭双键，能吸收可见光并呈现一定的颜色。花青素 C6-C3-C6 是发色基团，在 B 环的 C-4′，A 环的 C-5、C-7 及 C 环的 C-3 的取代羟基，构成了花青素的助色基团（图 3-14）。其中，B 环取代基化学基团主要是—H、—OH、—OCH$_3$，其取代基的种类和数量决定了花青素的种类与颜色。

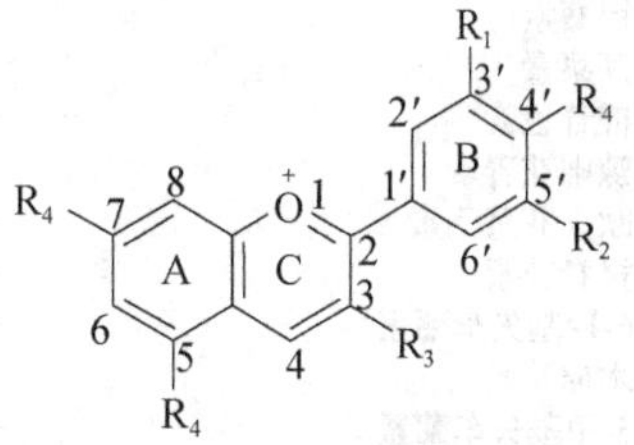

图 3-14　植物中花青素的通式
主要的花色取代基：R_1 和 R_2 是—H、—OH 或者—OCH$_3$；R_3 是一个糖基或—H；R_4 是一个—OH 或糖基

（二）种类及性质

根据花青素碳骨架取代基（羟基和甲氧基）位置和数量的不同，自然界已知的天然存在的花青素可分为 20 多种，其中常见的主要有 6 种：天竺葵素（pelargonidin）、矢车菊素（cyanidin）、飞燕草素（delphinidin）、芍药素（peonidin）、矮牵牛素（petunidin）和锦葵素（malvidin）（图 3-15）。这些取代结构的种类、位置和数量，不仅可以作为区别花青素的主要依据，还可以决定花青素的色泽。例如，羟基化程度增加可以使其变得更蓝；B 环甲氧基程度增加导致其红色色调增强；糖基化一般会使其产生蓝移效应（hypsochromic effect），且 A 环结合的糖基越多，蓝移效应越明显，蓝色色调越深。另外，花青素色泽会随酸碱性的不同有所差异，酸碱性从强酸性至中性乃至碱性，花青素会从红色变化至紫色乃至蓝色。植物中已知的 17 种花青素及其取代基如表 3-5 所示。

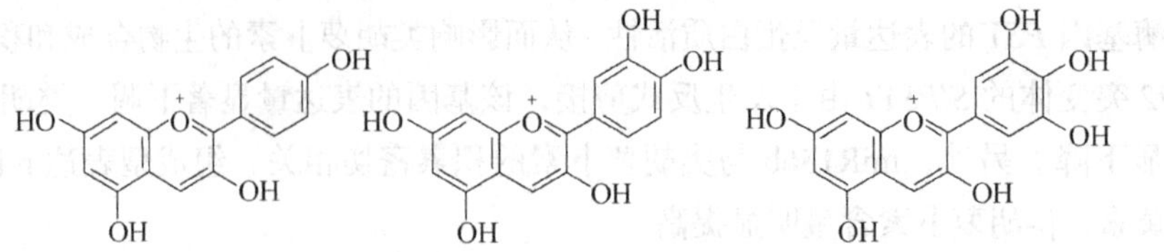

天竺葵素　　矢车菊素　　飞燕草素

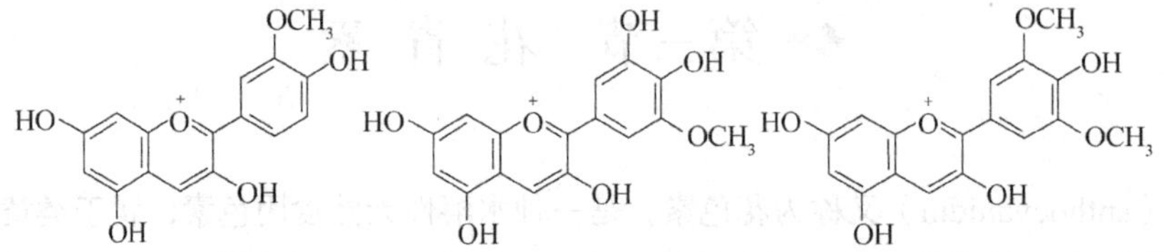

芍药素　　矮牵牛素　　锦葵素

图 3-15　常见花青素的化学结构

表 3-5　植物中已知的 17 种花青素及其取代基（Kong et al.，2003）

名称	取代基							颜色
	3	5	6	7	3′	4′	5′	
天竺葵素	—OH	—OH	—H	—OH	—H	—OH	—H	橙
矢车菊素	—OH	—OH	—H	—OH	—OH	—OH	—H	橙-红
飞燕草素	—OH	—OH	—H	—OH	—OH	—OH	—OH	蓝-红
芍药素	—OH	—OH	—H	—OH	—OCH_3	—OH	—H	橙-红
矮牵牛素	—OH	—OH	—H	—OH	—OCH_3	—OH	—OH	蓝-红
锦葵素	—OH	—OH	—H	—OH	—OCH_3	—OH	—OCH_3	蓝-红
芹菜素	—H	—OH	—H	—OH	—H	—OH	—H	橙
橙苷色素	—OH	—OH	—OH	—OH	—H	—OH	—H	橙
辣椒花青素	—OH	—OCH_3	—H	—OH	—OCH_3	—OH	—OCH_3	蓝-红
欧天芥菜色素	—OH	—OCH_3	—H	—OH	—OCH_3	—OH	—OH	蓝-红
报春花素	—OH	—OH	—H	—OCH_3	—OCH_3	—OH	—OCH_3	蓝-红
6-羟基矢车菊素	—OH	—OH	—OH	—OH	—OH	—OH	—H	红
木犀草素	—H	—OH	—H	—OH	—OH	—OH	—H	橙
5-甲基矢车菊素	—OH	—OCH_3	—H	—OH	—OH	—OH	—H	橙-红
美丽天人菊色素	—OH	—OCH_3	—H	—OH	—OH	—OH	—OH	蓝-红
松香色素	—OH	—OH	—H	—OCH_3	—OCH_3	—OH	—H	红
3-脱氧飞燕草素	—H	—OH	—H	—OH	—OH	—OH	—OH	红

注：表头中的数字指图 3-14 所示的取代基所在位置

自然条件下，游离态的花青素很不稳定，其多以花色苷（糖苷结合物）形式存在。形成花色苷的糖基通常包括葡萄糖、半乳糖、阿拉伯糖、木糖、鼠李糖等单糖，芸香糖（rutinose）、槐糖（sophorose）、接骨木二糖（sambubiose）等二糖，2^G-木糖苷芸香糖（2^G-xylosiderutinose）、葡萄糖苷芸香糖（glucosiderutinose）等三糖。根据糖基结合的位点和数量，划分成不同的花色苷。另外，由于花色苷分子中的羟基数目、羟基的甲基化程度，连接到花色苷分子上糖的种类、数量和位置，连接到糖分子上的脂肪酸或芳香酸的种类和数目，以及花色苷分子与其他物质的作用等各有不同，自然界中存在多种多样的花色苷。

二、合成途径

花青素合成的前体是苯丙氨酸，经过一系列酶促反应，再经过不同的糖基、甲基、酰基等转移酶的修饰后形成不同种类的花青素，并被转运储存于液泡中。

花青素的合成始于苯丙氨酸。在苯丙氨酸氨裂合酶（phenylalanine ammonia-lyase，PAL）的作用下脱氨形成肉桂酸（cinnamic acid），肉桂酸经肉桂酸 4-羟化酶（cinnamic acid 4-hydroxylase，C4H）和细胞色素 P450 还原酶（cytochrome P450 reductase，CPR）共同作用

生成对香豆酸（*p*-coumaric acid），进而在对香豆酸辅酶 A 连接酶（4-coumaric acid CoA ligase，4CL）催化下生成对香豆酰辅酶 A（*p*-coumaroyl-CoA）（图 3-16）。

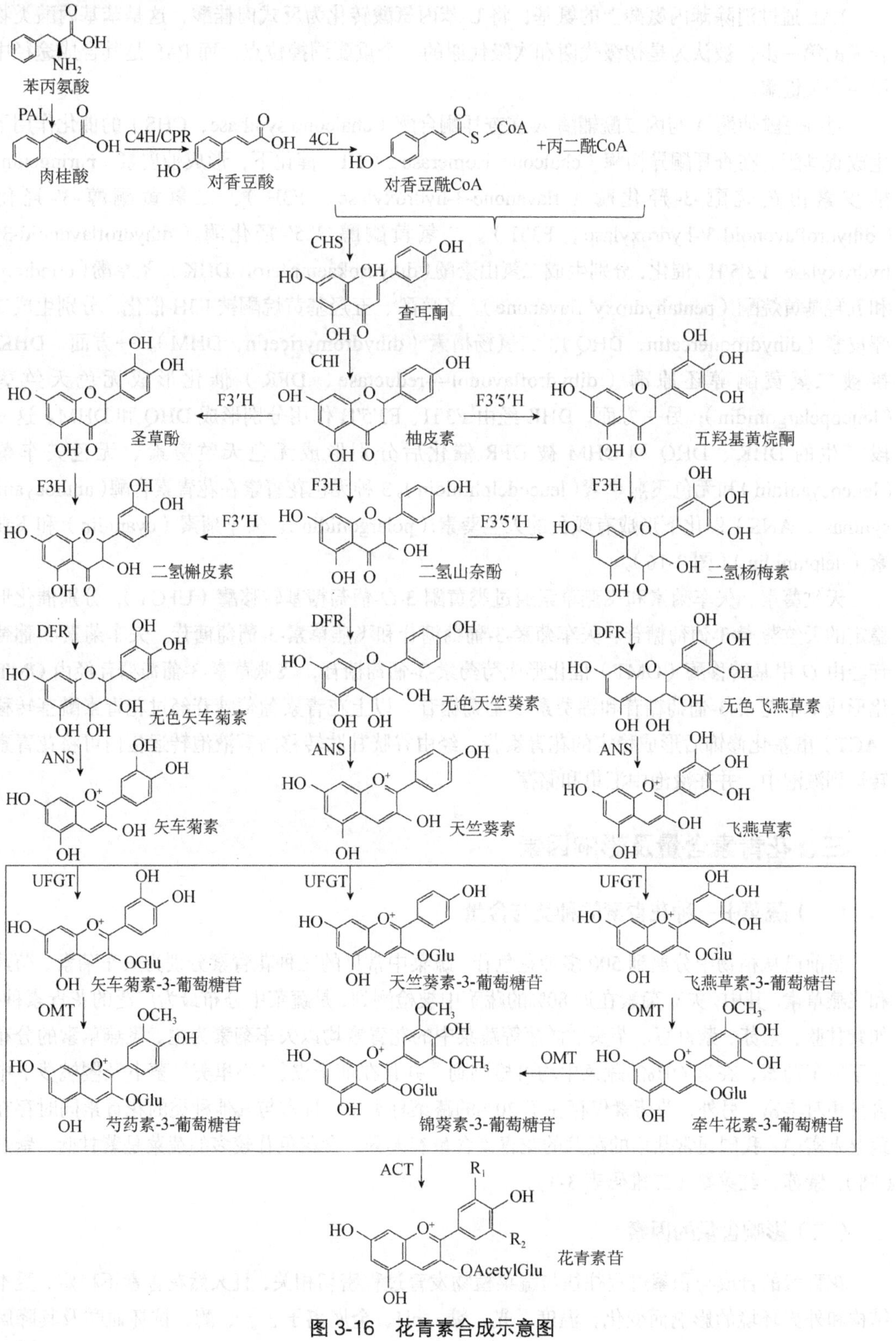

图 3-16 花青素合成示意图

乙酸在乙酰辅酶 A 连接酶（acetyl-CoA ligase，ACL）和乙酰辅酶 A 羧化酶（acetyl-CoA carboxylase，ACC）的作用下生成丙二酰辅酶 A（malonyl-CoA）。

PAL 通过消除苯丙氨酸上的氨基，将 L-苯丙氨酸转化为反式肉桂酸，这是苯基丙酸类物质合成的第一步，被认为是初级代谢和次级代谢的一个重要调控位点，而 PAL 是其合成途径中的第一个关键酶。

对香豆酰辅酶 A 与丙二酰辅酶 A 在查耳酮合酶（chalcone synthase，CHS）的催化作用下，生成查耳酮。在查耳酮异构酶（chalcone isomerase，CHI）催化下，形成柚皮素（naringenin）。柚皮素由黄烷酮-3-羟化酶（flavanone-3-hydroxylase，F3H）、二氢黄酮醇-3′-羟化酶（dihydroflavonoid-3′-hydroxylase，F3′H）、二氢黄酮醇-3′,5′-羟化酶（dihydroflavonoid-3′,5′-hydroxylase，F3′5′H）催化，分别生成二氢山柰酚（dihydrokaempferol，DHK）、圣草酚（eriodictyol）和五羟基黄烷酮（pentahydroxy flavanone）。圣草酚、五羟基黄烷酮被 F3H 催化，分别生成二氢槲皮素（dihydroquercetin，DHQ）、二氢杨梅素（dihydromyricetin，DHM）。一方面，DHK 直接被二氢黄酮醇还原酶（dihydroflavonol-4-reductase，DFR）催化形成无色天竺葵素（leucopelargonidin）；另一方面，DHK 经由 F3′H、F3′5′H 作用分别形成 DHQ 和 DHM。这一阶段产生的 DHK、DHQ 和 DHM 被 DFR 催化后分别形成无色天竺葵素、无色矢车菊素（leucocyanidin）和无色飞燕草素（leucodelphinidin）。3 种无色花青素在花青素合酶（anthocyanidin synthase，ANS）催化下形成有颜色的天竺葵素（pelargonidin）、矢车菊素（cyanidin）和飞燕草素（delphinidin）（图 3-16）。

天竺葵素、矢车菊素和飞燕草素通过类黄酮-3-O-葡萄糖基转移酶（UFGT），分别催化形成稳定的天竺葵素-3-葡萄糖苷、矢车菊素-3-葡萄糖苷和飞燕草素-3-葡萄糖苷。矢车菊素-3-葡萄糖苷经由 O-甲基转移酶（OMT）催化形成芍药素-3-葡萄糖苷，飞燕草素-3-葡萄糖苷经由 OMT 催化形成牵牛花素-3-葡萄糖苷和锦葵素-3-葡萄糖苷。以上花青素葡萄糖苷经过花青素酰基转移酶（ACT）酰基化修饰后形成稳定的花青素苷，经由谷胱甘肽转移酶等液泡转运蛋白可将花青素苷转运到液泡中，并在液泡中汇集和储存。

三、花青素含量及影响因素

（一）蔬菜中三种花青素的种类与含量

目前已从植物中分离到 500 多种花色苷。蔬菜中常见的三种花青素分别为矢车菊素、芍药素和飞燕草素。其中，矢车菊素在近 80% 的蔬菜被检测到，是蔬菜中分布最为广泛的花青素种类，如紫甘蓝、紫苏、紫豇豆、芋头、洋葱等蔬菜中的花青素均以矢车菊素为主。飞燕草素的分布仅次于矢车菊素，在近 60% 的蔬菜中均可检测到，并且在茄子皮、'心里美'萝卜及樱桃萝卜中的含量相对丰富。另外，芍药素仅存在于 20% 的蔬菜种类中，且常与其他种类的花青素同时存在于蔬菜果实中。我国通常栽培的蔬菜的花青素含量有差异，含花色苷较多的蔬菜是紫甘蓝、紫茄子（圆）、紫苏、红菜薹（二维码表 3-3）。

二维码
表3-3

（二）影响含量的因素

花青素的合成与积累过程往往与蔬菜植物发育过程密切相关，且天然花青素不稳定，受本身结构和外界环境的影响而变化，温度、光、糖、pH、金属离子、氧、酶、抗坏血酸及其降解产物等外在因素都会对其产生影响。总的来说，影响花青素的因素主要分为内在因素和外在因素两个方面。

1. 内在因素 花青素的化学结构影响其稳定性。花青素的结构不同，其稳定性差异较大。花青素被公认为是最强的天然抗氧化剂之一，因其具有缺电子的结构特征，极易受到活性氧负离子和自由电子的攻击，使得花青素具有较大的不稳定性且易发生降解作用。从化学结构来看（图3-14），花青素的母核单元缺少一个电子，其稳定性主要受到结构中 B 环取代基的影响，羟基或甲基等供电子基团的存在会降低其稳定性，特别是在中性条件下最不稳定，反之则稳定性较好。

就糖基化而言，花色苷的稳定性受其糖基类型、数量及结合位点的影响。不同的糖基对花色苷稳定性的影响按照葡萄糖、半乳糖、阿拉伯糖的顺序依次降低。总的来看，花色苷的糖基化程度越高，其稳定性越强。一般情况下，花青素糖苷基的羟基化会使花青素的稳定性降低，而糖苷基的甲基化、糖基化、酰基化都会增加花青素的稳定性。因此，富含牵牛素和锦葵素类糖苷配基时花青素颜色会相对较为稳定，而富含天竺葵素、矢车菊素时，其颜色稳定性较差。

2. 外在因素

（1）温度 温度是影响植物组织中花青素积累的一个主要环境因子。低温会诱导花青素合成基因 *PAL*、*CHS*、*CHI* 和 *DFR* 的表达，花青素含量升高；而高温则抑制上述基因的表达，花青素含量降低。

一般来说，果实总糖含量变化和总花青素含量变化呈正相关，而温度可以通过调节糖类的积累来影响花青素的合成。昼夜温差增大，提高糖类含量，为花青素合成提供前体物质，有助于花青素的合成。花青素的受热降解为一级动力学反应，随着温度的升高或时间的延长，花青素的降解速度加快，即适宜的温度可以促进花青素的合成，而过高的温度则促进花青素的降解。25℃是花青素最稳定的温度，当温度逐渐升高到 60℃时，花青素就会以查耳酮结构存在，稳定性变差，颜色变为无色。

（2）光 光对植物花青素合成也有重要影响。在植物绿色组织或细胞中，光通过光受体及光合电子传递调节植物花青素的合成与积累，并且光信号对植物花青素合成的调控是多通路协作的复杂过程。光对花青素的影响主要有两个方面：一方面光照能够促进花青素的生物合成，另一方面光照能加速花青素本身发生降解。长时间光照会诱导花青素碳骨架 C-2 位断开，形成 C-4 羟基的降解产物，之后被氧化成查耳酮，查耳酮进一步被氧化为苯甲酸及 2,4,6-三羟基苯甲醛等水解产物，导致花色苷降解，颜色消退。花青素的光降解也符合一级动力学反应，在有光和避光条件下花青素的降解有显著差异。

花青素合成途径中的结构基因几乎都可以受光调控。在结构基因的启动子序列中，常含有响应光信号的顺式作用元件，光信号调控转录因子与启动子结合的强弱，在一定程度上影响结构基因的表达。强光可以促进花青素生物合成途径中这些基因的表达，进而促进植物花青素的形成与积累，而黑暗或弱光则可以抑制或下调相关基因的表达，从而抑制花青素的合成。叶片是接受光信号的器官，其感受到光信号以后，再将信号传递到花冠组织中，激活花青素的合成通路，从而使花器官呈色，然而在自然条件下的光信号传递模式尚不清晰。此外，矮牵牛花冠中花青素的积累和 *CHS* 基因的表达依赖于光量子通量，使用高能量的光量子通量长时间照射可以使基因表达量和色素积累量达到最高水平。

在植物花青素合成和积累的过程中，光质对花青素的合成也起着关键的作用。对于大多数植物，紫外光（UV）是花朵成色、花青素积累的重要因子。研究表明，紫外光 C 段（UVC）可以促进紫甘蓝花青素酰基转移酶基因 *BoSCPL* 及 R2R3-MYB 家族转录因子 MYB114 和 PAP1 的表达，进而促进花青素合成。紫外光 B 段（UVB）可以诱导莴苣叶片中 CHS 的表达，以及甘蓝 DFR

和 F3H 的表达。生长在不同光照条件下的蔬菜的花色、叶色和果色常常不同，如蓝色花大多集中分布于高山地区，而在平原地带，蓝紫色的花却较罕见，这可能与高山地区紫外光强度较大有关。另外，红蓝光源或红蓝绿光源下的红叶生菜叶片中的花青素含量高于在红光和远红光光源下的植株。

（3）糖类物质　　糖类物质是花青素合成的原料，不仅可以通过糖代谢途径影响花青素的合成，更重要的是通过信号机制调节花青素合成相关酶基因的表达，进而影响植物花青素合成。

花青素与糖通过糖基化作用形成稳定的花青素苷。蔗糖既可以通过蔗糖特异信号途径，也可以和其代谢糖通过其他途径共同调节花青素合成相关基因（ CHS 、 $FLS-1$ 、 DFR 、 $LDOX$ 、 $BANYULS$ ）的转录，促进花青素的生物合成。研究表明，花青素合成相关结构基因及调控基因（如 PAL 、 $C4H$ 、 CHS 、 CHI 、 $F3H$ 、 $F3'H$ 、 FLS 、 DFR 、 $LDOX$ 、 $UF3GT$ 、 $MYB75$ 和 $PAP1$ ）的表达都受到糖等信号分子的调控。例如， GA_3 和蔗糖是 CHS 基因转录所必需的物质。

糖除了通过营养物质及信号分子来促进花青素的合成和积累以外，还可通过对细胞产生渗透胁迫诱导植物合成花青素。细胞培养发现，一定浓度的葡萄糖、蔗糖和甘露醇的渗透胁迫均可以促进花青素的积累，但不同的糖类物质对不同蔬菜花青素的呈色影响不同，其中，蔗糖是刺激花青素苷呈色的最主要的糖类物质，蔗糖可以使萝卜下胚轴积累大量的花青素，果糖和葡萄糖处理次之，甘露糖和 3-O-甲基-D-葡萄糖几乎不能促进花青素苷的生成。在葡萄中，由于甘露糖、2-脱氧葡萄糖和葡萄糖类似物会被己糖激酶磷酸化，因此均能够显著诱导花青素苷的积累。

（4）pH　　花青素作为一种水溶性色素，其颜色可随细胞液的酸碱度而改变，细胞液呈酸性则偏红，细胞液呈碱性则偏蓝。花青素分子与外界发生相互作用时，H^+ 或 OH^- 引发色素结构的变化（质子化或酚氧离子），导致花青素微观的变动，改变了其分子结构中 π 电子分布状态，其对光的吸收的反射发生变动，从而引发了花青素呈现出不同的颜色。

花色苷在水溶液中存在 4 种互变形式，即红色的黄烊盐正离子（AH）、蓝色的醌型碱（A）、无色的假碱（B）及无色的查耳酮（C），它们之间存在三种平衡转换：

$$AH（有色）\rightleftharpoons A（有色）+H（酸式平衡）$$

$$AH（有色）+H_2O \rightleftharpoons B+H（水化平衡）$$

$$B \rightleftharpoons C（链-环平衡）$$

这些平衡转换极易受到 pH 的影响（图 3-17）。在强酸介质中（pH＜2），花青素主要以单一的相对稳定的黄烊盐正离子存在，呈现稳定的红色；当 pH 在 2～4 时，花青素失去 C 环氧上的阳离子变成蓝色醌型碱，醌型碱与黄烊盐正离子间在酸性溶液中发生可逆转化，颜色不稳定；当 pH 升高为 5～6 时，花青素主要以假碱和查耳酮两种形式存在，且二者也可发生可逆转化，呈色作用减弱，颜色变淡。当 pH 在 4～6 时花青素的 4 种不同结构形式共存，它们通过黄烊盐正离子在醌基和甲醇基之间建立平衡，而 pH＞7 时，主要以蓝色的醌型碱形式存在而呈较深的蓝色，并且强碱介质中，花青素不稳定极易降解。

（5）金属离子　　花青素呈现的不同颜色与金属离子和花青素黄烊盐正离子形成的螯合物的作用密切相关。大多数金属离子具有保护花青素稳定性及辅助其成色的作用。另外，金属离子可以单独或与辅助色素一起同花青素形成络合物，既可以延长花青素的半衰期、影响花青素呈色，又能够缓解高温对花青素合成的影响。金属离子的浓度及辅助成色对象不一样，其护色的效果也不一样。例如，Ca^{2+}、Cu^{2+}、Al^{3+} 等具有增色作用但其对花色苷的稳定性并没有显著的影响，而高浓度的 Zn^{2+}、Mn^{2+} 不仅具有增色作用，还能够增加花青素的稳定性。但并不是所有金属离子都会提高花青素的稳性，如 Fe^{2+}、Fe^{3+}、Pb^{2+} 等对牵牛花青素具有破坏作用，使花青素的稳定性下降，Fe^{3+}、Sn^{2+} 可使花青素溶液颜色加深。

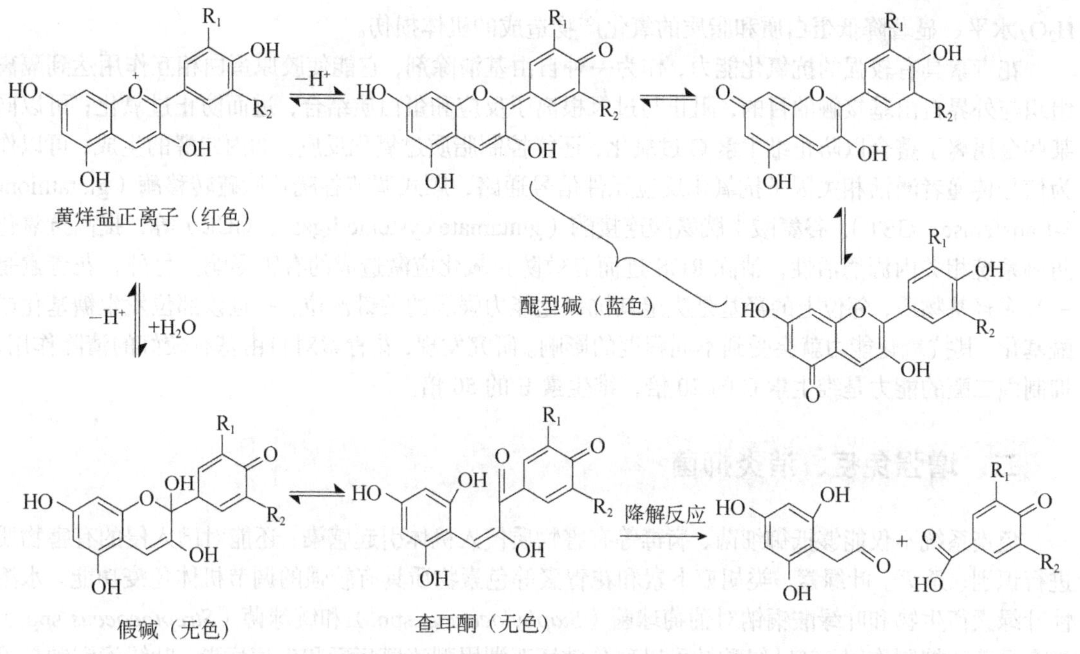

图 3-17 不同 pH 下花青素化学结构的转变及降解反应（徐青等，2020）

黄烊盐正离子（红色）

醌型碱（蓝色）

假碱（无色）

查耳酮（无色）

降解反应

第四节 营养功能和保健价值

叶绿素、类胡萝卜素及花青素等天然色素物质对人体营养和保健的作用越来越引起重视。叶绿素及其衍生物/代谢物能够广泛调节人体的生理反应。类胡萝卜素对于人类健康起着非常重要的作用，主要体现在维生素 A 原、预防癌变、调节免疫、抗氧化及影响动物繁殖等方面。花青素具有抗氧化、增强免疫、消炎抑菌等方面的功效。

一、抗氧化

叶绿素的抗氧化功效源自其卟啉化学结构，其中含铜的叶绿素衍生物比天然叶绿素和含镁叶绿素具有更强的抗氧化能力。在不同种类的叶绿素中，脱镁叶绿酸 b 具有较强的清除 1,1-二苯基-2-三硝基苯肼（DPPH）的能力，可以抑制食用植物油的自氧化，延长植物油保质期。

类胡萝卜素的抗氧化作用与其共轭双键结构密切相关，共轭双键数量越多，类胡萝卜素捕捉和猝灭自由基与单线态氧的能力越强。其中，β-胡萝卜素是一种断链型的抗氧化剂，消除自由基、延缓衰老的功效显著，与其他类胡萝卜素、维生素 E 或维生素 C 共同作用的抗氧化效率远远高于单一使用的效率。另外，β-胡萝卜素和番茄红素能够显著降低 ROS 的产生和硝基酪氨酸的形成，提高 NO 生物利用率，维持氧化还原平衡，对心血管疾病起到一定的预防作用。叶黄素主要通过降低炎症因子的表达和增加超氧化物歧化酶（SOD）来发挥其抗氧化作用，进而保护人体肝、骨骼、脑等器官。番茄红素通过在蛋白质和核酸水平上调节氧化还原相关激酶（蛋白激酶、蛋白酪氨酸磷酸酶、MAP 激酶），从而猝灭体内超氧化物阴离子（$\cdot O_2^-$），降低 ROS 水平，实现增强人体免疫力、预防与治疗前列腺疾病和心血管疾病等的功效。此外，虾青素可以通过下调 $\cdot O_2^-$ 和

H_2O_2 水平，显著降低蛋白质和脂质的氧化产物造成的机体损伤。

花青素具有较强的抗氧化能力，作为一种自由基清除剂，它能使胶原蛋白相互作用达到隔离组织与外界自由基接触的目的，阻止与过氧根离子反应和蛋白质结合，进而防止过氧化；可以同某些金属离子螯合以防止维生素 C 过氧化，还能控制脂质过氧化反应，如丙二醛的生成；可以作为信号传递者激活相关因子抗氧化反应元件信号通路，顺式调节谷胱甘肽硫转移酶（glutathione S-transferase，GST）、谷氨酸半胱氨酸连接酶（glutamate cysteine ligase，GCL）等，提高抗氧化防御系统相关内源酶活性，清除 ROS 进而有效防止氧化应激造成的有害影响。另外，花青素是一类多羟基物质，邻位上的羟基是决定其抗氧化能力强弱的关键部位，一旦该部位发生糖基化或酰基化，其抗氧化能力就会受到不同程度的影响。研究发现，花青素对自由基有较好的清除作用，抑制丙二醛的能力是维生素 C 的 20 倍，维生素 E 的 50 倍。

二、增强免疫、消炎抑菌

免疫系统不仅能够抵御细菌、病毒等有害物质侵入机体引起感染，还能对已入侵的有害物质进行识别、杀灭。叶绿素、类胡萝卜素和花青素等色素物质具有较强的调节机体免疫功能。水溶性叶绿素衍生物和叶绿酸铜钠对葡萄球菌（Staphylococcus spp.）和链球菌（Streptococcus spp.）具有显著的抑制作用。镁叶绿酸钠可以部分破坏亚洲甲型流感病毒和牛痘病毒。叶绿素铜钠盐可以显著缓解病毒引起的淋巴细胞减少，平衡血液中白细胞和红细胞的比例，降低病毒的危害。另外，对于痔病术后患者，叶绿素衍生物可抑制患者炎症，提高组织血管内皮生长因子、碱性成纤维生长因子、Ⅲ型胶原蛋白 mRNA 表达水平，减轻炎性水肿及创面分泌物，促进肉芽组织形成，缓解患者疼痛，促进患者创伤面愈合。

类胡萝卜素通过不同途径分别从蛋白质和核酸水平影响免疫应答，提高机体体液免疫、细胞免疫和非特异性免疫反应，增强动物的抵抗力。β-胡萝卜素通过不同机制影响人体健康：使血浆溶菌酶活性增加、刺激淋巴细胞的增殖；影响人体细胞的氧化还原水平调节巨噬细胞相关的免疫应答；有效增加辅助性 T 细胞和 T 淋巴细胞的数量，增强自然杀伤细胞的活性；具有解毒作用，可以防止因老化和衰老引起的多种退化性疾病，同时在预防心血管疾病、白内障等病症中也起到重要作用。虾青素能够提高外周血单个核细胞中免疫球蛋白 IgM、IgA 和 IgG 的水平，增强机体免疫力；能够降低 DNA 的损伤、增强自然杀伤细胞毒性、提高 T 细胞/B 细胞亚群比例，促进淋巴组织增生，增强免疫应答过程。此外，斑蝥黄和叶黄素等类胡萝卜素物质也具有刺激动物体内免疫应答反应、抑制肿瘤生长的作用。

花青素具有抗炎抗感染的作用，可以帮助机体下调炎症因子的表达，减少炎症物质渗出及中性粒细胞剧增，实现抗炎效果；可以抑制肠道中大肠杆菌的附着，对幽门螺杆菌也具有较好的抑制作用，使结肠炎患者体重减轻、躯体收缩等情况得到好转，结肠损伤、黏膜充血等症状得到缓解；还能帮助人体清除口腔内的有害细菌。目前，关于花青素抗炎作用机制有两种解释：一种是通过过氧化物酶体增殖物激活受体 γ（PPARγ）减弱 THP-1（人单核细胞白血病）细胞在炎症反应过程中的副作用来实现；另一种是通过激活核因子 κB（NF-κB）和丝裂原活化蛋白激酶（MAPK）的表达从而表现出极强的抗炎作用。

另外，花青素对除肺炎克雷伯菌（Klebsiella pneumoniae）之外几乎所有的革兰氏阴性菌[大肠杆菌（Escherichia coli）、铜绿假单胞菌（Pseudomonas aeruginosa）、肠炎沙门菌（Salmonella enteritidis）、宋内志贺菌（Shigella sonnei）、普通变形杆菌（Proteus vulgaris）]和革兰氏阳性菌[产气荚膜梭菌（Clostridium perfringens）、枯草杆菌（Bacillus subtilis）、金黄色葡萄球菌

（*Staphylococcus aureus*）、单核细胞增生李斯特菌（*Listeria monocytogenes*）]有一定程度的抑制作用；对食源性细菌[金黄色葡萄球菌（*Staphylococcus aureus*）、蜡样芽孢杆菌（*Bacillus cereus*）、单核细胞增生李斯特菌（*Listeria monocytogenes*）、大肠杆菌（*Escherichia coli*）、鼠伤寒沙门菌（*Salmonella typhimurium*）、阴沟肠杆菌（*Enterobacter cloacae*）]和食源性真菌[烟曲霉（*Aspergillus fumigatus*）、埃及曲霉（*Aspergillus egyptiacus*）、杂色曲霉（*Aspergillus versicolor*）、绳状青霉（*Penicillium funiculosum*）、灰黄青霉（*Penicillium griseofulvum*）、木霉（*Trichoderma* spp.）]也表现良好的抑制特性。花青素可能通过多个机制抑菌：破坏细胞壁的结构和完整性，细胞膜去极化，影响细胞膜的通透性，造成细胞穿孔，崩解而死亡；抑制细菌 DNA、RNA 和蛋白质的生物合成，减少细菌代谢速率，导致细菌死亡；抑制病原菌碱性磷酸酶和 SOD 活性；减弱细菌对三羧酸循环的影响，抑制细菌胞外蛋白酶活性（花青素对细菌胞外蛋白酶的抑制作用源于多酚对基质金属蛋白酶活性的抑制），减轻细菌的致病作用。

三、保护器官

叶黄素在保护脑功能方面有显著作用。人类大脑中叶黄素的含量占类胡萝卜素总量的 66%～77%，由于无法自身合成，动物体内的叶黄素都是直接或间接从水果和蔬菜中获得的。研究表明，大脑内叶黄素浓度与婴儿大脑发育和老年人的认知功能存在正相关关系。

花青素保护器官发育的功效较为突出。心血管疾病是威胁人类健康的主要杀手之一，而低密度脂蛋白的氧化和血小板的聚集是引发动脉粥样硬化的主因。花青素可以抑制低密度脂蛋白氧化、血小板聚集和黏附，通过阻止平滑肌细胞增生和内移吞噬脂质减少泡沫细胞的形成，实现预防动脉粥样硬化的效果；还可通过抑制内皮细胞增殖降低粥样硬化发生的概率。

花青素还可保护眼睛：花青素能加快微血管循环，减轻眼睛受自由基的攻击，让各类视网膜细胞逃脱氧化应激的"毒害"，具有保护视力和缓解视疲劳的作用；可以启动视网膜酶，帮助机体激活和提高视紫红质的再生能力，使夜间作业人员能够尽快适应黑暗环境；可减缓眼轴变长和屈光度向近视漂移，使巩膜胶原排列相对紧密、整齐，表现出对近视的抑制、对屈光不正的改善作用；可抑制视网膜色素上皮细胞的衰老和凋亡，下调血管内皮生长因子的水平，提高视网膜细胞总蛋白含量，增加细胞外核层厚度，对视网膜光损伤及化学损伤有保护作用；可以通过抗氧化的方式保护晶状体，从而对于白内障有抑制作用；能降低患者眼内压，抑制青光眼的恶化。花青素与维生素 A 共同使用后，眼部症状（眼胀、视物模糊、眼干涩等）和明视持久度有明显改善，可减轻眼痛、畏光等症状。

另外，花青素对肝损伤具有较好的修复功效。花青素保护肝的作用机制主要与花青素清除机体内过多的活性氧，并调节抗氧化酶中的血红素加氧酶活性有关。

四、抗贫血及调节糖、脂代谢

叶绿素在抗贫血方面效果显著。作为天然的造血原料，叶绿素可以增加人体正常红细胞、缓解贫血症状；它还能增加机体血液含氧量，加速体内细胞新陈代谢速度，加快体内净化过程，抑制有害细菌的繁殖，使体内细胞活化，促进血液循环。研究表明，铁叶绿酸钠能明显减轻乙酰苯肼所致的小鼠溶血性贫血。叶绿素铜钠盐对慢性再生障碍性贫血有一定疗效。叶绿素铁钠处理后大鼠血液中血红蛋白含量、红细胞数和红细胞压积显著增加。另外，铬叶绿酸钠对降低血糖和血脂有一定的作用。

花青素具有调节糖和脂代谢的作用，可以通过抑制肝糖异生作用降低高血糖；通过抑制 α-淀粉酶降低淀粉的消化率，抑制 α-葡萄糖苷酶来调节餐后高血糖；通过增加糖原合酶激酶 3β（glycogen synthase kinase-3β，GSK-3β）的磷酸化和糖原合酶 2（glycogen synthase，GYS2）的表达促进糖原合成。花青素具有调节脂代谢的作用。高脂饮食导致 ROS 激增，上调回肠中 p65 蛋白、胞外信号调节激酶 1/2（extracellular signal-regulated kinase 1/2，ERK1/2）磷酸化水平、回肠肌球蛋白轻链磷酸化水平。一方面，花青素通过激活腺苷酸活化蛋白激酶（AMP-activated protein kinase，AMPK）信号通路，抑制 NADPH 氧化酶 1/4（NADPH oxidases1/4，NOX1/4）和诱导型一氧化氮合酶 2（inducible nitric oxide synthase 2，iNOS2）表达增加，减轻高脂饮食引起的肥胖、血脂异常和胰岛素抵抗，减轻肝脂质沉积和炎症。另一方面，花青素类物质可以激活 Akt 和 ERK-MAPK 信号通路，提高棕色脂肪组织（brown adipose tissue，BAT）活性，并提高线粒体拷贝数量及相关蛋白 PGC-1α、线粒体转录因子 A（mitochondrial transcription factor A）和核因子相关因子 2（nuclear factor-erythroid 2-related factor 2，Nrf2），上调脂肪酸氧化相关基因蛋白解偶联蛋白 1（UCP1）、过氧化物酶体增殖物激活受体 γ-辅激活因子 1α（PGC1α）和 PRDM16（PR domain containing 16）的表达水平，提高产热，促进糖、脂代谢。

五、其他功能

除上述主要功能外，色素类化合物还具有其他一些功能。

叶绿素及其衍生物在除臭和治疗烧伤方面均具有良好效果。叶绿素对腋臭、脚臭及消化不良引起的口臭都有良好的除臭作用，目前叶绿素广泛用于口香糖中。锌叶绿酸 a 具有促进烧伤创面渗出液少、结痂快的效果。

维生素 A 作为脂溶性维生素，是人体维持正常代谢和机能不可缺少的营养成分，具有保护视力、调节免疫、促进生长发育等作用。类胡萝卜素是人体内维生素 A 的主要来源。目前已发现 50 多种类胡萝卜素均具有维生素 A 原活性，其中 β-胡萝卜素是食物中分布最广、含量最丰富、维生素 A 原活性最强的类胡萝卜素之一。具有维生素 A 原活性的类胡萝卜素既可以用来治疗维生素 A 缺乏症，又不会使人体因服用剂量过大造成维生素 A 中毒，为维生素 A 最安全的来源。另外，维生素 A 不能直接进入卵泡和黄体，即使血液中维生素 A 的水平很高，卵泡中依然缺乏维生素 A，而 β-胡萝卜素能直接进入卵泡和黄体细胞中，因此在动物饲料中添加一定量的类胡萝卜素，能够有效提高动物的生产性能、机体免疫力、繁殖效率等。此外，β-胡萝卜素还与雌激素和黄体素的合成有关，同时能够改善受胎率，使子宫功能达到最佳水平。

花青素延缓衰老的作用体现在以下方面：调整代谢、延长运动时间和水平；维持细胞活力、恢复细胞形态、减轻细胞周期阻滞；部分逆转淀粉样 β 斑块相关基因的突变和神经纤维缠结；抑制氧化应激，从细胞水平上修复神经细胞损伤，恢复相关记忆蛋白的表达。花青素还可使老年人在非病理性记忆衰退和轻度认知障碍中的认知能力得到改善。另外，蔬菜色素类物质，如叶绿素、β-胡萝卜素、叶黄素、虾青素等在预防肿瘤、缓解癌前病变中具有一定疗效。

第四章

维 生 素

新鲜蔬菜水果能为人体提供大量的维生素（vitamin）。维生素是人和动物维持正常生理功能必需的一类小分子有机化合物。维生素既不是构成各种组织的主要原料，也不是体内的能量来源，但它却在机体的能量代谢和物质代谢过程中起着重要作用。人体对维生素的需要量较少（每日需要量仅以 mg 或 μg 计），但绝大多数维生素人体不能合成，仅有少部分（如烟酸和维生素 D）可由机体合成。维生素 K 和生物素可由肠道微生物合成一部分，但合成的量不能满足机体需要，必须从食物中摄取。维生素通常是由植物合成的，一般以其本体的形式或者能被机体吸收利用的前体形式存在。

维生素种类多样，结构、性质和生理功能各不相同。维生素有三个命名系统：①按照发现顺序以英文字母命名，如维生素 A、维生素 B、维生素 C 等；②按照化学结构命名，如视黄醇、硫胺素、尼克酸等；③按照生理功能命名，如抗脚气病维生素、抗干眼病维生素、抗坏血酸等。

维生素的生理作用与其溶解度有很大关系。根据溶解性的不同，通常可将维生素分为脂溶性维生素和水溶性维生素两大类。脂溶性维生素主要包括维生素 A（视黄醇）、维生素 D（钙化醇）、维生素 E（生育酚）和维生素 K（抗凝血因子）。脂溶性维生素仅含碳、氢、氧，不溶于水，而溶于脂肪及有机溶剂中，在食物中常与脂类共存，在肠道随脂肪经淋巴系统吸收，从胆汁少量排出。它们易储存于体内（主要在肝或脂肪组织），不易排出体外（除了维生素 K）。若摄入过多，易在体内蓄积而产生毒性作用，如长期摄入大量维生素 A 和维生素 D（超出人体需要的 3 倍），易出现中毒症状；若摄入过少，则可缓慢地出现缺乏症状。水溶性维生素主要包括 B 族维生素和维生素 C。水溶性维生素大多数以辅酶或辅基的形式参与机体的物质代谢，在体内仅有少量储存，易经汗液和尿液排出（其中维生素 B_{12} 除外，其相较维生素 K 更易于储存于体内）。如摄入过少，可较快地出现缺乏症状。

此外，还有一类不是维生素，但具有类似维生素生物活性的物质，有时把它们列入复合维生素 B 这一类中，通常称为"类维生素物质"，包括胆碱、生物类黄酮（维生素 P）、肉毒碱（维生素 Bt）、辅酶 Q（泛醌）、肌酸、维生素 B_{17}（苦杏仁苷）、硫辛酸、对氨基苯甲酸（PABA）、维生素 B_{15}（潘氨酸）等。

维生素的缺乏会导致人类和动物的各种疾病。例如，维生素 A 缺乏会增加传染病的发病率和死亡率，叶酸（维生素 B_9）缺乏可能导致糙皮病、出生缺陷（胎儿畸形）等。维生素缺乏也会导致各种不同疾病，如脚气病（维生素 B_1）、糙皮病（维生素 B_3）、贫血（维生素 B_6）、坏血病（维生素 C）、佝偻病（维生素 D）和不育（维生素 E）等。植物源维生素是动物和人类获取维生素的最重要途径，增加植物中维生素产量已成为世界范围内作物育种的一个重要目标。生物强化已被证明可以通过传统育种或基因工程大大提高作物的营养质量，如科学家通过转移结构基因，解决了水稻胚乳中 β-胡萝卜素和叶酸完全缺失或低水平存在的问题。

◆ 第一节　结构、性质与生物合成

一、维生素 A

（一）结构及性质

维生素 A 又称为抗干眼病维生素，是指具有 β-白芷酮环的多烯基结构，并有视黄醇（retinol）生物活性的一大类物质，包括已形成的维生素 A（preformed vitamin A）、维生素 A 原（provitamin A）及其代谢产物。

视黄醇和其代谢产物及合成的类似物称为类视黄醇（retinoid）或类维生素 A。动物体内具有视黄醇生物活性的类维生素 A 称为已形成的维生素 A，包括视黄醇、视黄醛（retinal 或 retinaldehyde）、视黄酸（retinoic acid）（图 4-1）和视黄基酯复合物（retinyl ester）。天然存在的维生素 A 除维生素 A_1（视黄醇）外，还有维生素 A_2（3,4-二脱氢视黄醇）。前者主要存在于海水鱼的肝中，生物活性较高；后者主要存在于淡水鱼的肝中，生物活性较低。视黄醇由 β-白芷酮环的头部和脂肪酸的尾部组成，尾部有顺式（cis）和反式（trans）的变化，这种变构影响视黄醇的功能。视黄醛是视黄醇氧化后的衍生物，最初从视网膜中分离取得，由 β-胡萝卜素发生氧化断裂生成。维生素 A 是变成这种形式与视蛋白结合。视黄醛经还原可得到视黄醇，经氧化可得到视黄酸。视黄酸在动物体内少量存在，具有一定的生物活性。食物中的视黄醇大都以视黄基酯的形式存在。视黄基酯复合物并不具有维生素 A 的生物活性，但在肠道中水解产生视黄醇。

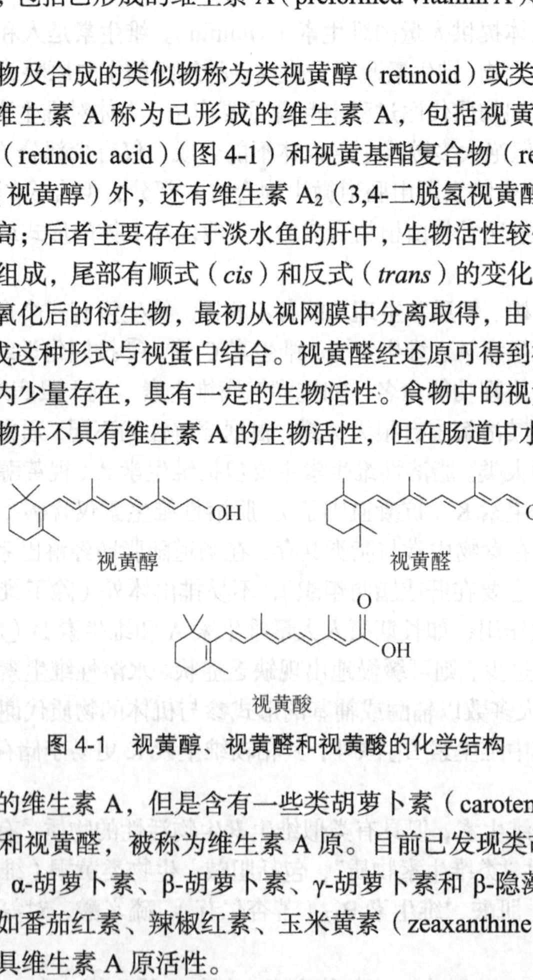

视黄醇　　视黄醛

视黄酸

图 4-1　视黄醇、视黄醛和视黄酸的化学结构

植物中不含已形成的维生素 A，但是含有一些类胡萝卜素（carotenoid），它们可以在小肠和肝细胞内转变为视黄醇和视黄醛，被称为维生素 A 原。目前已发现类胡萝卜素 600 余种，仅约 1/10 是维生素 A 原，如 α-胡萝卜素、β-胡萝卜素、γ-胡萝卜素和 β-隐藻黄素（β-cryptoxanthin）等。许多类胡萝卜素，如番茄红素、辣椒红素、玉米黄素（zeaxanthine）和叶黄素等，不能转变成视黄醇和视黄醛，不具维生素 A 原活性。

植物中最重要的维生素 A 原是 β-胡萝卜素（图 4-2）。与其他类胡萝卜素相比，它更容易转化为视黄醇。在小肠黏膜细胞内 β-胡萝卜素-15,15′-双加氧酶（β-carotene-15,15′-dioxygenase, βCDIOX）的作用下，β-胡萝卜素转化为视黄醛，然后与细胞视黄醛结合蛋白 II 结合，在视黄醛还原酶（retinal reductase）的作用下，结合的视黄醛转变为视黄醇。β-胡萝卜素的分子含有两个白芷酮环和一个 C 不饱和链，1 分子 β-胡萝卜素可以生成 2 分子视黄醇，α-胡萝卜素和 γ-胡萝卜素右端白芷酮环的结构略有差异，为开环结构，因此只能形成 1 分子视黄醇。

维生素 A 原类胡萝卜素的良好来源包括胡萝卜、菠菜等红色、橙色、深绿色的水果和蔬菜。

通常色素越深，胡萝卜素的含量就越高。维生素 A 是一种对热、酸、碱都比较稳定的维生素，但是容易被空气中的氧气氧化破坏。脂肪酸败时，所含的维生素 A 和胡萝卜素将被严重破坏。当食物中有抗坏血酸、维生素 E 等抗氧化剂存在时可以保护脂肪及脂溶性维生素免受破坏。

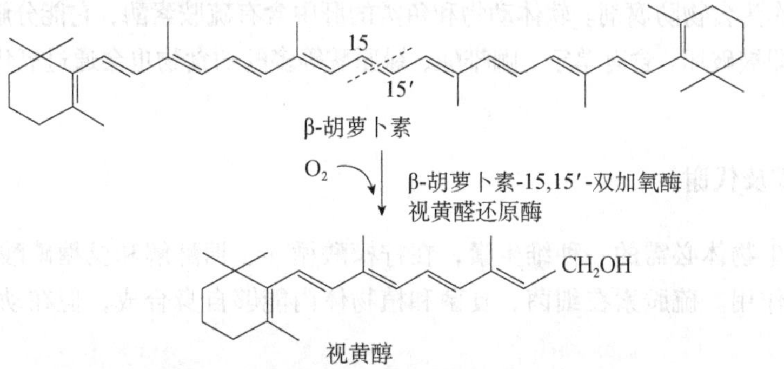

图 4-2　人体和动物内维生素 A 的合成途径

（二）维生素 A 原——类胡萝卜素的合成及代谢

类胡萝卜素是一类重要的天然色素的总称，广泛分布且被大量合成于高等植物的光合、非光合组织（包括叶、花、果及根）及微生物（包括藻类、某些光合和非光合细菌）中。许多动物（尤其是水生动物）的体内也含有丰富的类胡萝卜素，但是动物自身不能生物合成类胡萝卜素。

在生物体内，类胡萝卜素是环状或链状的、含有 8 个异戊间二烯单位、四萜类头尾连接而成的多异戊间二烯化合物。除了极少数细菌类胡萝卜素具有 30、45 和 50 个碳原子外，通常为呈黄色、橙红色和红色的 C_{40} 萜类化合物。

类胡萝卜素主要分为两大类：含氧类胡萝卜素，如玉米黄质（zeaxanthin）、紫黄质（violaxanthin）、新黄质（neoxanthin）和叶黄素（lutein）等，被称为叶黄素类（xanthophyll）；不含氧的类胡萝卜素，如 α-胡萝卜素、β-胡萝卜素和番茄红素，被称为胡萝卜素。类胡萝卜素属于不饱和烃，其含有一系列的甲基支链和共轭双键，共轭双键越多，颜色越接近于红色。

类胡萝卜素作为自然界存在的第二大类色素，在不同器官的不同发育时期扮演不同的作用。高等植物中的类胡萝卜素主要在质体中合成（见第三章）。

二、维生素 B₁

（一）结构及性质

维生素 B_1 又称为硫胺素（thiamine），是由被取代的嘧啶和噻唑环通过亚甲基相连而成，在植物体内存在 3 种形式：游离硫胺素（TTP）、硫胺素单磷酸（TMP）和硫胺素焦磷酸（TPP）（图 4-3）。在生理条件下，硫胺素在噻唑 N-3 上具有正电荷；在酸性条件下，在嘧啶 N-1 和噻唑 N-3 上为正电荷；在碱性条件下，噻唑环开放形成硫醇。

游离硫胺素　　　　　　硫胺素单磷酸　　　　　　硫胺素焦磷酸

图 4-3　硫胺素在植物体内存在的 3 种形式

硫胺素易溶于水，稳定性取决于温度、pH、离子强度、缓冲体系等。温度高，硫胺素易遭到破坏。硫胺素在酸性介质中比较稳定，碱条件下极不稳定。此外，紫外光也可以使硫胺素降解而失活，铜离子可加快其破坏。在中性或酸性介质中，亚硫酸盐能加快硫胺素的分解破坏，故不宜用亚硫酸盐作为食物防腐剂。软体动物和鱼类的肝中含有硫胺素酶，它能分解破坏硫胺素，但此酶一经加热即被破坏。含有单宁、咖啡酸、绿原酸等多酚的食物也会通过氧化还原反应使硫胺素失活。

（二）合成及代谢

硫胺素是生物体必需的一种维生素，在柠檬酸循环、糖酵解和戊糖磷酸途径等代谢过程中起到辅酶的作用。硫胺素在细菌、真菌和植物体内能够自身合成，但在动物和人类体内不能合成。

硫胺素的生物合成途径并没有完全清楚，在植物中的合成途径可能如图 4-4 所示。硫胺素生物合成的两个前体为 4-氨基-2-甲基-5-羟甲基嘧啶焦磷酸（HMP-PP）和 4-甲基-5-β-羟乙基噻唑磷酸（HET-P），二者先缩合，然后磷酸化形成硫胺素焦磷酸。

嘧啶部分的生物合成是由 5-氨基咪唑核糖核苷酸（AIR）为底物，在磷酸甲基嘧啶合酶（THIC）催化下合成 4-氨基-2-甲基-5-羟甲基嘧啶单磷酸（HMP-P）。HMP-P 在硫胺素磷酸合酶 1（TH1）催化下形成 4-氨基-2-甲基-5-羟甲基嘧啶焦磷酸（HMP-PP）。噻唑部分可能由甘氨酸（glycine）、L-半胱氨酸（L-cysteine）和未证实的底物（可能为 NAD^+）在噻唑合酶（THI4）催化下形成 HET-P。HMP-PP 和 HET-P 由 TH1 催化连接在一起形成 TMP，然后在 TMP 磷酸酶作用下 TMP 去磷酸化形成游离硫胺素，而后转运至细胞质中。细胞质中的硫胺素焦磷酸激酶将游离硫胺素磷酸化成 TPP。

维生素 B_1 生物合成基因主要在绿色组织中表达。维生素 B_1 从叶片转移到根部可能是通过氨基酸通透酶 3（amino acid permease 3，AAP3）转运蛋白完成的。

THIC、TH1、THI4 和 TPK 是硫胺素合成中的关键酶，对植物体内硫胺素的合成具有重要的调控作用。这些酶的突变体植株不能够正常生长发育，常常在幼苗期死亡。

三、维生素 B_2

（一）结构及性质

维生素 B_2 又称核黄素（riboflavin），是一种水溶性族维生素，由 6,7-二甲基异咯嗪和核糖醇基组成。因其结构中含有核糖且呈黄色，故名核黄素。维生素 B_2 主要以黄素单核苷酸（flavin mononucleotide，FMN）和黄素腺嘌呤二核苷酸（flavin adenine dinucleotide，FAD）两种辅酶形式与特定蛋白质结合形成黄素蛋白（图 4-5）。核黄素复合物首先与蛋白质分离，FAD 在焦磷酸酶作用下转变成 FMN，FMN 再在磷酸酶作用下转变成游离的核黄素。只有游离的核黄素才能被吸收。机体各组织均存在少量的核黄素，肝、肾和心含量最高，人体需要每日从食物中补充。

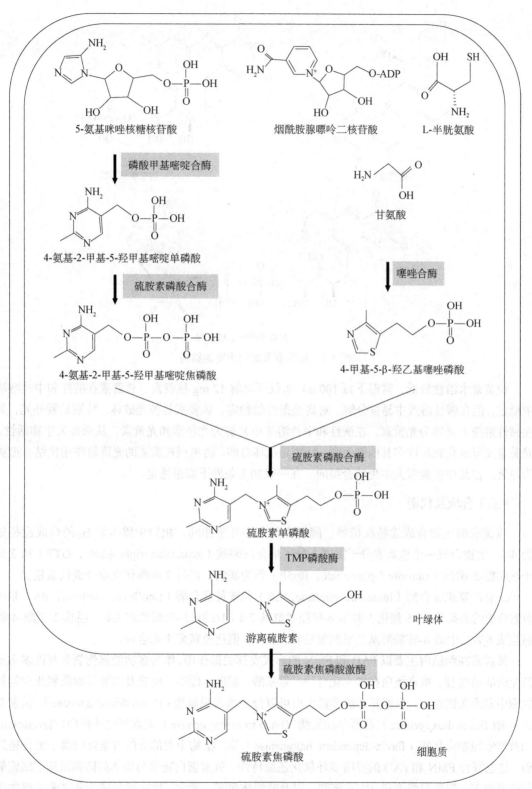

图 4-4 植物硫胺素生物合成途径

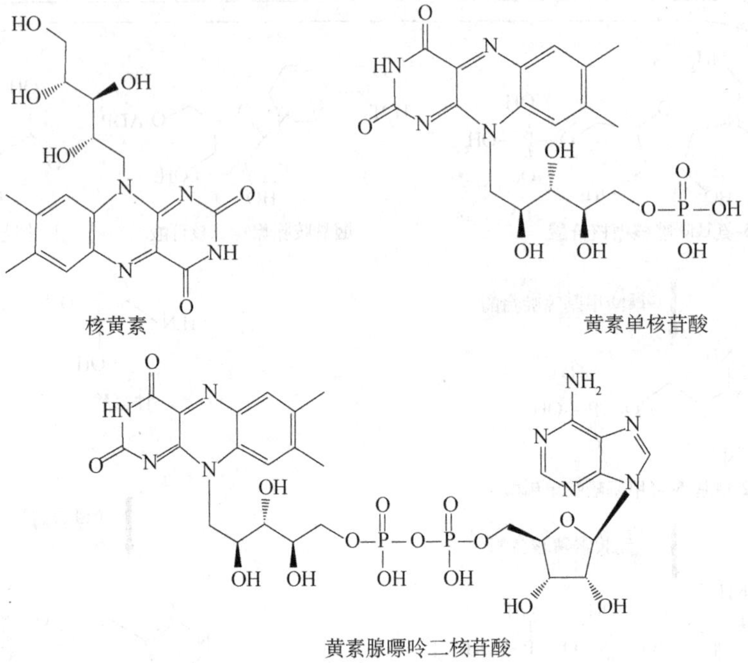

核黄素   黄素单核苷酸

黄素腺嘌呤二核苷酸

图 4-5   核黄素及其衍生物的结构

核黄素水溶性较低，常温下每 100 mL 水仅可溶解 12 mg 核黄素。核黄素在酸性和中性溶液中稳定，但在碱性溶液中易被分解。对高温条件较稳定。核黄素易被光破坏，特别是紫外光，其在碱性溶液中光解为光黄素，在酸性和中性溶液中光解为光色素和光黄素，从而丧失生物活性。光黄素又可氧化破坏许多其他维生素，特别是抗坏血酸。游离型核黄素的光降解作用比结合型更为显著。食品中核黄素大多为结合型的，在一般加工条件下都很稳定。

（二）合成及代谢

核黄素的生物合成途径在植物、酵母和细菌中几乎相同。植物中维生素 B_2 的合成途径见图 4-6。生物合成一个核黄素分子需要 1 分子鸟苷三磷酸（guanosine triphosphate，GTP）和 2 分子核酮糖-5-磷酸（ribulose 5-phosphate，Ru5P）作为底物，经过 7 步酶促反应合成核黄素。

二氧四氢蝶啶合酶（lumazine synthase，LS）和核黄素合酶（riboflavin synthase，RS）是核黄素合成的关键酶，LS 催化 5-氨基-6-核糖醇氨基-2,4（1H,3H）-嘧啶酮和 3,4-二羟基-2-丁酮-4-磷酸生成 6,7-二甲基-8-核糖醇基二氧四氢嘧啶，而 RS 催化核黄素生物合成。

核黄素在细胞内主要以 FAD 和 FMN 的形式发挥关键作用，作为多功能催化剂参与许多重要的生命活动过程。黄素蛋白在碳水化合物、氨基酸、脂肪、嘌呤、嘧啶及固醇等物质氧化和能量代谢中发挥关键作用。根据其功能黄素蛋白可以分为黄素脱氢酶（flavin dehydrogenase）、黄素双加氧酶（flavin dioxygenase）、黄素单加氧酶（flavin monooxygenase）、黄素氧化还蛋白（flavodoxin）和黄素依赖型卤化酶（flavin-dependent halogenase）等。植物中大部分的黄素蛋白属于氧化还原酶，这也符合 FMN 和 FAD 的异咯嗪环氧化还原特性。黄素蛋白还参与植物的防御反应、细胞氧化还原稳态、组蛋白修饰和 tRNA 修饰，以及叶绿体色素、激素、维生素类辅酶和许多天然次生代谢物的合成等。

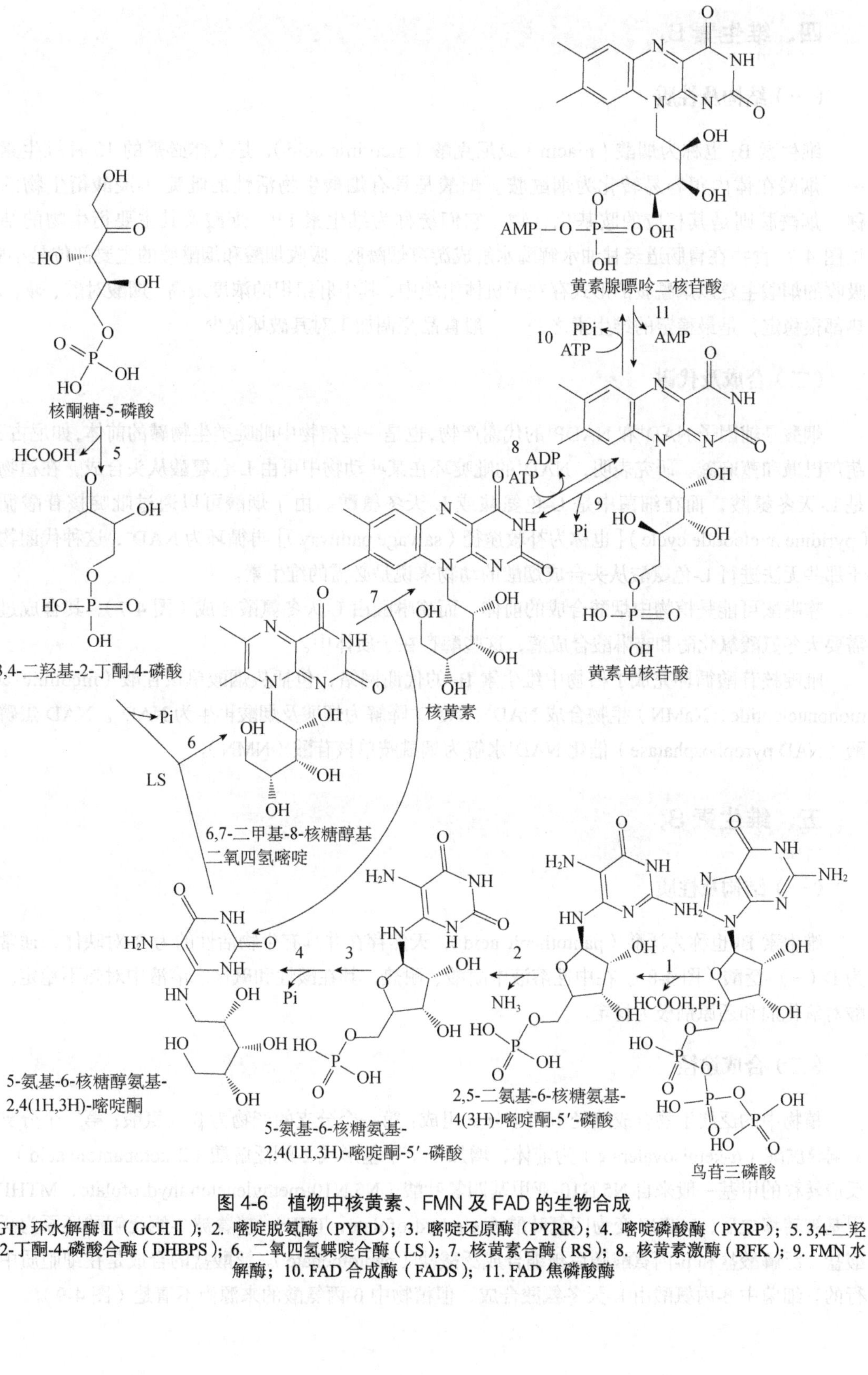

图 4-6　植物中核黄素、FMN 及 FAD 的生物合成

1. GTP 环水解酶Ⅱ（GCHⅡ）；2. 嘧啶脱氨酶（PYRD）；3. 嘧啶还原酶（PYRR）；4. 嘧啶磷酸酶（PYRP）；5. 3,4-二羟基-2-丁酮-4-磷酸合酶（DHBPS）；6. 二氧四氢蝶啶合酶（LS）；7. 核黄素合酶（RS）；8. 核黄素激酶（RFK）；9. FMN 水解酶；10. FAD 合成酶（FADS）；11. FAD 焦磷酸酶

四、维生素 B₃

（一）结构及性质

维生素 B_3 也称为烟酸（niacin）或尼克酸（nicotinic acid），是人体必需的 13 种维生素之一。烟酸在体内很容易转化为烟酰胺。烟酸是具有烟酸生物活性的吡啶-3-羧酸衍生物的总称，烟酰胺则是其相应的胺基化合物，它们统称为维生素 PP。烟酸及其主要衍生物的结构见图 4-7。食物在胃肠道经甘油水解酶水解成游离烟酰胺。吸收烟酸和烟酰胺的主要部位是小肠。吸收的烟酸主要以烟酰胺的形式存在于机体组织中，其中肝组织的浓度最高。烟酸对酸、碱、光、热都很稳定，是最稳定的维生素之一，一般食品烹调加工对其破坏很少。

（二）合成及代谢

烟酸是辅因子 NAD^+ 和 $NADP^+$ 的代谢产物，也是一些植物中吡啶类生物碱的前体，如尼古丁、葫芦巴碱和蓖麻碱。研究表明，NAD^+ 的吡啶环在某些动物中可由 L-色氨酸从头合成，在植物中是 L-天冬氨酸，而在细菌中是 L-色氨酸或 L-天冬氨酸。由于烟酸可以通过吡啶核苷酸循环（pyridine nucleotide cycle）［也称为补救途径（salvage pathway）］再循环为 NAD^+，这种代谢物对于那些无法进行 L-色氨酸从头合成烟酸的动物来说是必需的维生素。

喹啉酸可能是植物中烟酸合成的前体，而喹啉酸由 L-天冬氨酸合成（图 4-7）。其合成过程需要天冬氨酸氧化酶和喹啉酸合成酶，这些酶存在于质体中。

吡啶核苷酸循环完成了植物中维生素 B_3 的代谢网络，包括从烟酸单核苷酸（nicotinic acid mononucleotide，NaMN）生物合成 NAD^+、NAD^+ 降解为烟酸及烟酸再生为 NAD^+。NAD 焦磷酸酶（NAD pyrophosphatase）催化 NAD^+ 水解为烟酰胺单核苷酸（NMN）。

五、维生素 B₅

（一）结构及性质

维生素 B_5 也称为泛酸（pantothenic acid），天然存在并具有生物活性的为 R-对映体，通常称为 D（+）-泛酸（图 4-8）。在中性溶液中耐酸、耐热，其在酸性和碱性水溶液中对热不稳定。泛酸对氧化剂和还原剂极为稳定。

（二）合成途径

植物中的泛酸生物合成路径由两个分支组成：第一个分支的产物为 β-丙氨酸；第二个分支以 α-酮异戊酸（α-ketoisovalerate）为前体，增加一个甲基形成 2-酮泛解酸（2-ketopantoic acid），该反应转移的甲基一般来自 N5,N10-亚甲基四氢叶酸（N5,N10-methylenetetrahydrofolate，MTHF）。甲基被转移之后，MTHF 变为四氢叶酸（tetrahydrofolate，THF）。接着被 2-酮泛解酸还原为泛解酸盐。泛解酸盐和 β-丙氨酸随后被缩合成泛酸盐（pantothenate）。泛酸盐的合成是在细胞质中进行的。细菌中 β-丙氨酸由 L-天冬氨酸合成，但植物中 β-丙氨酸的来源尚不清楚（图 4-9）。

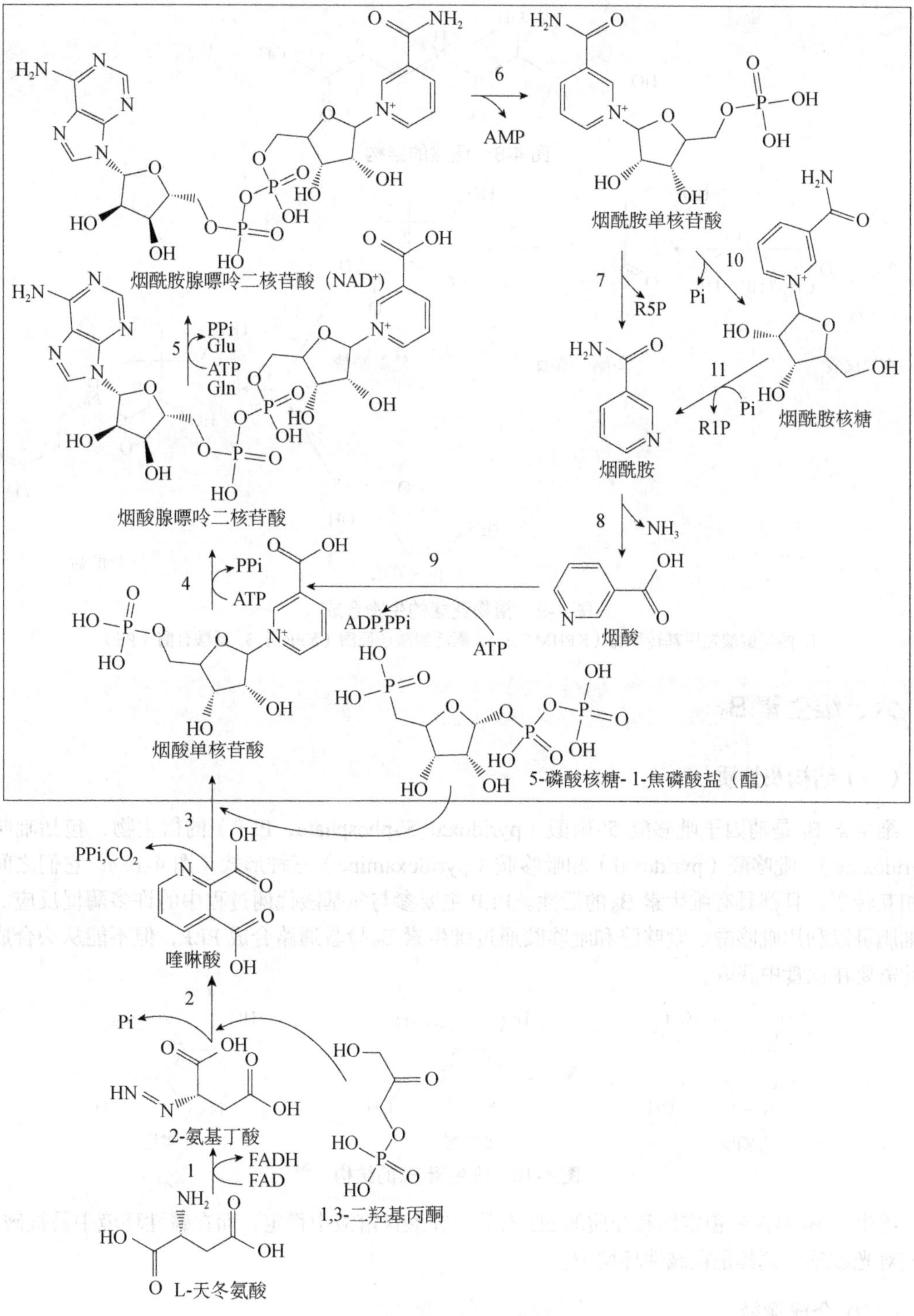

图 4-7 植物中烟酸的生物合成

1. 天冬氨酸氧化酶（DDO）；2. 喹啉酸合成酶（QS）；3. 喹啉酸磷酸核糖基转移酶（QPRT）；4. 烟酸单核苷酸腺苷酰转移酶（NAMNAT）；5. NAD 合成酶；6. NAD 焦磷酸酶；7. NMN 核苷酶；8. 烟酰胺脱酰胺酶；9. 烟酸磷酸核糖基转移酶（NAPRT）；10. 5′-核苷酸酶；11. 烟酰胺核糖核苷酶

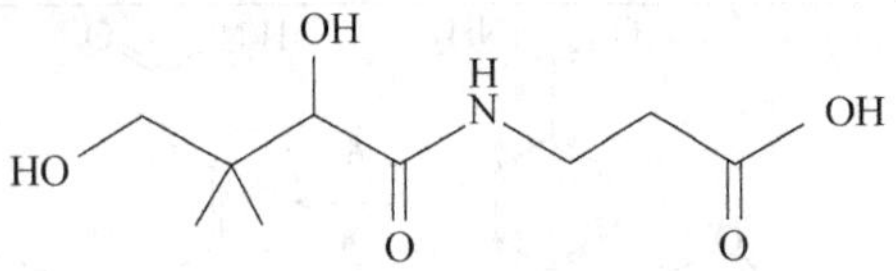

图 4-8　泛酸的结构

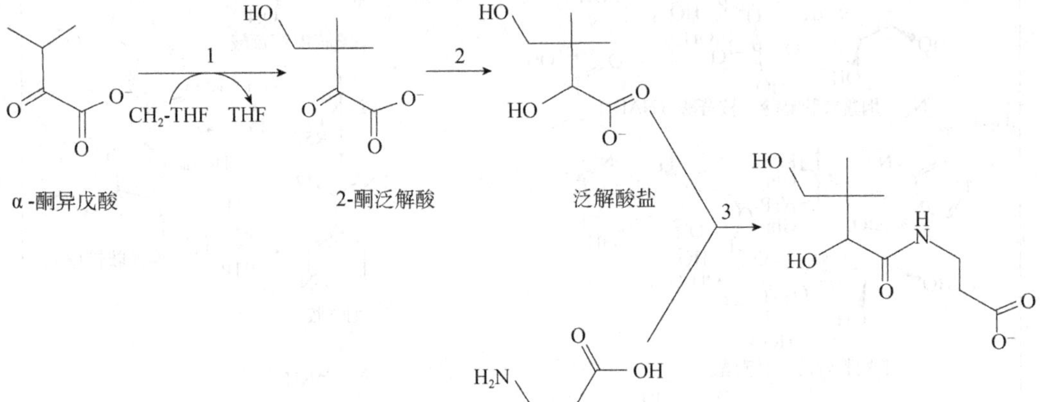

图 4-9　植物泛酸的生物合成

1. 酮泛解酸羟甲基转移酶（KPHMT）；2. 酮泛解酸还原酶（KPR）；3. 泛酸合酶（PS）

六、维生素 B$_6$

（一）结构及性质

维生素 B$_6$ 是辅因子吡哆醛-5′-磷酸（pyridoxal 5′-phosphate，PLP）的衍生物，包括吡哆醇（pyridoxine）、吡哆醛（pyridoxal）和吡哆胺（pyridoxamine）三种形式（图 4-10），它们之间可以相互转变，且都具有维生素 B$_6$ 的活性。PLP 主要参与氨基酸代谢过程中的许多酶促反应。人体细胞可以利用吡哆醇、吡哆醛和吡哆胺通过维生素 B$_6$ 抢救通路合成 PLP，但不能从头合成，因此需要在饮食中获取。

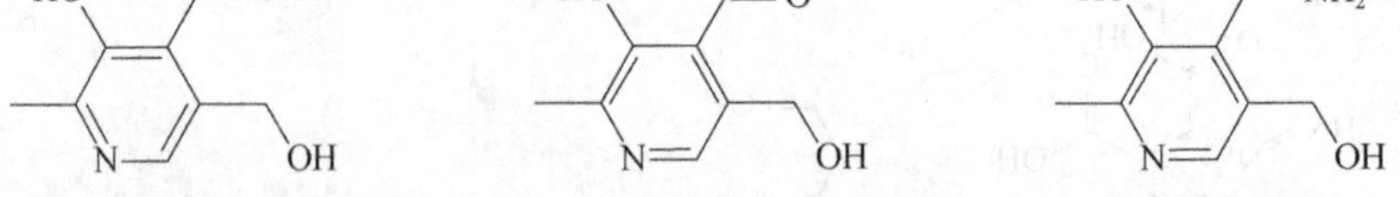

吡哆醇　　　　　　　　吡哆醛　　　　　　　　吡哆胺

图 4-10　维生素 B$_6$ 的结构

维生素 B$_6$ 对热的稳定性和介质的 pH 有关。在酸性溶液中稳定，而在碱性环境中易被破坏，它们对光敏感，尤其是在碱性环境中。

（二）合成途径

目前已知有两条从头生物合成 PLP 的途径，即脱氧木酮糖-5-磷酸（DXP）依赖途径和 DXP 非依赖途径。

DXP 依赖的合成途径主要存在于大肠杆菌和少量真核生物中，PLP 的合成前体是赤藓糖-4-磷酸和 1-脱氧-D-木酮糖-5-磷酸。DXP 非依赖途径主要存在于大部分真菌及植物等真核生物中。

在植物中，植物利用谷氨酰胺、核糖-5′-磷酸或核酮糖-5′-磷酸、磷酸二羟丙酮或甘油醛-3′-

磷酸合成 PLP（图 4-11）。PLP 可在磷酸酶的作用下形成吡哆醛，吡哆醛与吡哆醇和吡哆胺及相应的磷酸盐形式相互转化。

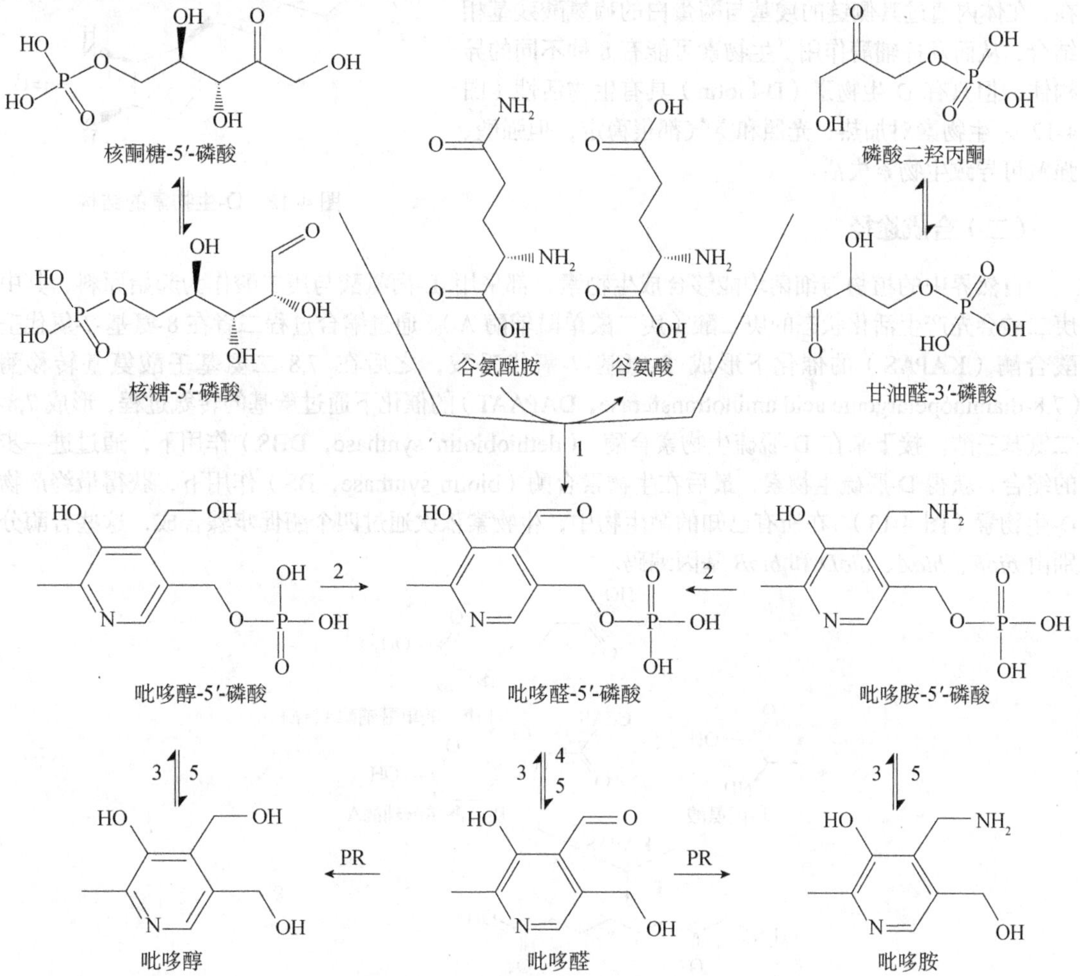

图 4-11 植物中维生素 B_6 的合成途径

1. 吡哆醛-5'-磷酸合酶（PLPS）；2. 磷酸吡哆胺（吡哆醇）氧化酶；3. 磷酸酶；4. 吡哆醛激酶；5. 吡哆醛（吡哆醇、吡哆胺）激酶

编码 PLP 合酶复合物的基因 *PDX1* 和 *PDX2* 近年才发现。*PDX1* 基因的 *AtPDX1.1* 和 *AtPDX1.3* 编码功能蛋白，而 *AtPDX1.2* 编码无活性的蛋白质；AtPDX1.1-3 和 AtPDX2 定位于细胞质，PDX1.3 也可能定位于细胞膜。研究发现，若编码 PDX1.1 或 PDX1.3 的基因发生无效突变会导致植物生长和发育受损，而这两种无效突变共同存在时是致命的，编码 PDX2 的基因发生无效突变也是致命的。催化吡哆醛磷酸化为 PLP 的吡哆醛激酶（pyridoxal kinase，PK）是植物中第一个被鉴定到的补救途径的酶。

七、维生素 B₇

（一）结构及性质

维生素 B₇ 又称为生物素（biotin）、辅酶 R。生物素的化学结构中包括一个羧基侧链（含 5

个碳原子）和两个五元杂环，是一种双环化合物。天然存在的生物素大都是通过与其他分子相结合的形式存在，在体内通过其侧链的羧基与酶蛋白的赖氨酸残基相结合，从而发挥辅酶作用。生物素可能有 8 种不同的异构体，但只有 D-生物素（D-biotin）具有生物活性（图4-12）。生物素对加热、光照和空气都很稳定，但强酸、强碱可导致生物素失活。

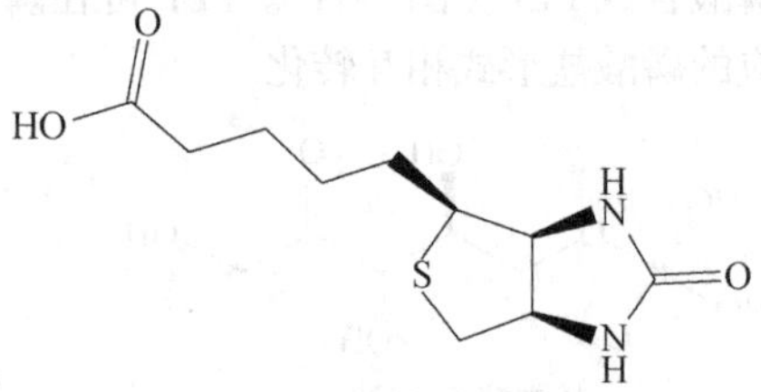

图 4-12　D-生物素的结构

（二）合成途径

自然界中的植物与细菌均能够合成生物素，都采用 L-丙氨酸与庚二酸作为起始原料，其中庚二酸会先产生活化状态的庚二酸（庚二酸单酰辅酶 A）。通过缩合过程二者在 8-氨基-7-氧代壬酸合酶（KAPAS）的催化下形成 8-氨基-7-氧代壬酸，之后在 7,8-二氨基壬酸氨基转移酶（7,8-diaminopelargonic acid aminotransferase，DAPAAT）的催化下通过羰基的转氨过程，形成 7,8-二氨基壬酸。接下来在 D-脱硫生物素合酶 （dethiobiotin synthase，DBS）作用下，通过进一步的缩合，获得 D-脱硫生物素，最后在生物素合酶（biotin synthase，BS）作用下，获得最终产物D-生物素（图 4-13）。在所有已知的微生物中，生物素依次通过四个酶促步骤合成，这些合酶分别由 *bioF*、*bioA*、*bioD* 和 *bioB* 基因编码。

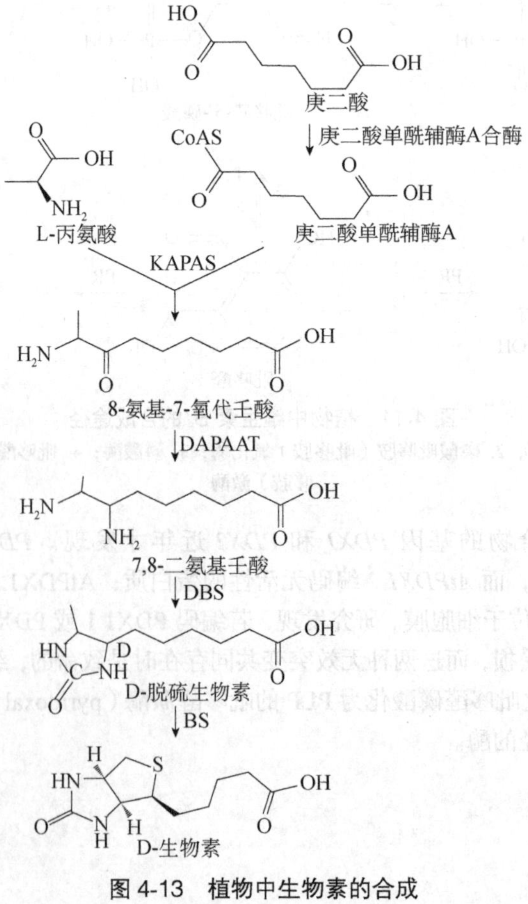

图 4-13　植物中生物素的合成

拟南芥中的生物素合酶是植物中的一个被深入研究的生物素生物合成途径相关基因，根据与细菌的同源序列的相似性在拟南芥中鉴定了该基因，该酶可能定位于线粒体。D-脱硫生物素合酶也可能位于线粒体。从 D-脱硫生物素到 D-生物素的体外生物合成实验表明该步骤可能还需要线粒体中某些因子参与，如铁氧还蛋白、铁氧还蛋白还原酶（adrenodoxin reductase）和半胱氨酸脱硫酶（cysteine desulfurase）等。拟南芥中的 KAPA 合酶基因已经克隆，其产物位于细胞质中。拟南芥中也存在细菌 DAPA 氨基转移酶基因的同源序列，其预测的产物也可能位于细胞质中。

八、维生素 B_9

（一）结构及性质

维生素 B_9 也称为叶酸（folic acid），是含有蝶酰谷氨酸结构的一类化合物的统称，由蝶呤（pterin）、对氨基苯甲酸（p-aminobenzoic acid，p-ABA）和谷氨酸残基三部分组成（图 4-14），包括四氢叶酸（THF）及其衍生物。

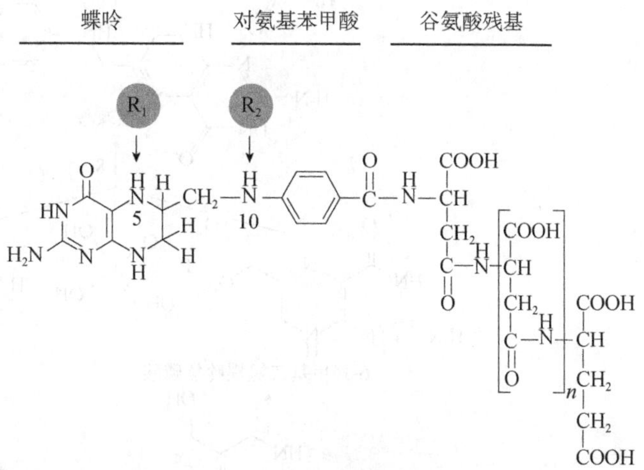

叶酸是一种水溶性维生素。食物中的叶酸多以蝶酰多谷氨酸的形式存在，在人体中由肠黏膜上的 γ-谷氨酸羧基肽酶水解成单谷氨酸叶酸后被小肠吸收。还原型叶酸吸收率高。叶酸中谷氨酸分子越多，则吸收率越低。此外，膳食中的抗坏血酸和葡萄

图 4-14　叶酸的结构

糖可促进叶酸的吸收。人体内叶酸的总量为 5～6 mg，主要以 5-甲基四氢叶酸的形式存在，其中约一半储存于肝。叶酸在体内的代谢产物主要通过胆汁和尿排出体外。叶酸微溶于水，其钠盐溶解度较大。叶酸在酸性溶液中对热不稳定，在中性和碱性溶液中十分稳定，但容易被光解破坏。食物中的叶酸经加工烹调后损失率可高达 50%～90%。

（二）合成途径

植物中叶酸在线粒体、叶绿体和细胞质中合成，分为蝶呤分支（pteridine）和 p-ABA 分支。植物在细胞质中通过蝶呤分支合成 6-羟甲基二氢蝶呤（6-hydroxymethyl-7,8-dihydropterin，HMDHP），在叶绿体中通过 p-ABA 分支合成 p-ABA，最终 HMDHP 和 p-ABA 进入线粒体，合成四氢叶酸（图 4-15）。

在蝶呤分支中，从 GTP 转化为二氢新蝶呤三磷酸起始，该反应由 GTP 环化水解酶 I（GTP cyclohydrolase I，GCH I）催化，也是蝶呤合成的限速反应。GCH I 是蝶呤分支的第一个也是最重要的酶。

植物中，蝶呤分支合成的 HMDHP 及 p-ABA 分支合成的 p-ABA 进入线粒体，经过五步反应最终合成四氢叶酸及其衍生物。此后，在叶酰聚谷氨酸合成酶（folylpolyglutamate synthetase，FDGS）的作用下，THF 进一步谷氨酸化生成多谷氨酰四氢叶酸（THF-Glu_n），该反应在细胞质、线粒体和质体中都可以进行。FPGS 是叶酸稳态的重要调节点。多聚谷氨酸可通过增加叶酸的阴离子来增强细胞对叶酸的保留。在液泡中 THF-Glu_n 可以在 γ-谷氨酰水解酶（gamma-glutamyl hydrolase，GGH）的作用下发生水解形成 THF。

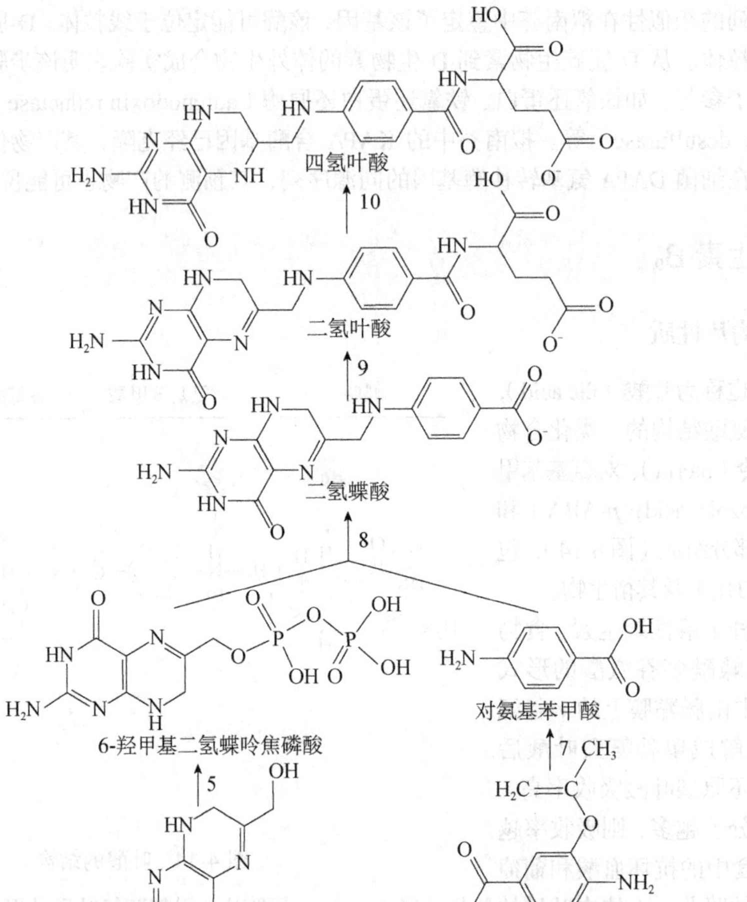

图 4-15　植物中四氢叶酸的生物合成

1. GTP 环化水解酶 I（GCH I）; 2. 7,8-二氢蝶呤三磷酸焦磷酸水解酶（PPase）; 3. 磷酸酶; 4. 二氢新蝶呤醛缩酶（DHNA）; 5. 6-羟甲基二氢蝶呤焦磷酸激酶（HPPK）; 6. 氨基脱氧分支酸合酶（ADCS）; 7. 氨基脱氧分支酸裂合酶（ADCL）; 8. 二氢蝶酸合酶（DHPS）; 9. 二氢叶酸合成酶（DHFS）; 10. 二氢叶酸还原酶（DHFR）

九、维生素 B_{12}

维生素 B_{12} 又称钴胺素，是化学结构最复杂的一种维生素，其分子主体是以钴为中性元素的咕啉环。维生素 B_{12} 是目前所知唯一含有金属的维生素，在体内转变为辅酶形式而具有生物活性（图 4-16）。

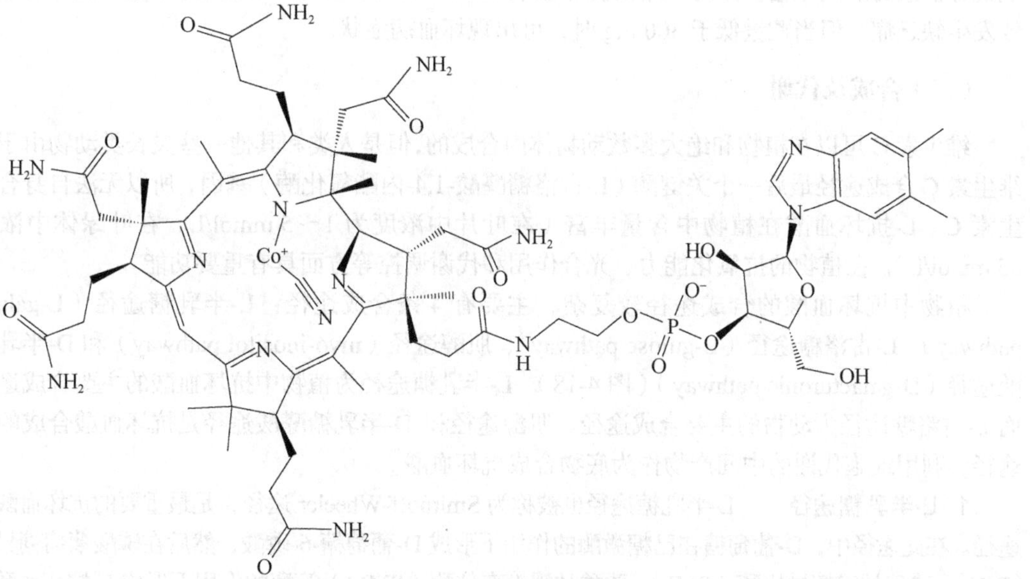

图 4-16　维生素 B_{12} 的结构

维生素 B_{12} 在 pH 4.5～5.0 的弱酸环境下最稳定，但在 pH<2 或 pH>9 时则易分解。食物中维生素 B_{12} 烹调时被破坏不多。氧化剂和还原剂对维生素 B_{12} 有破坏作用，遇强光或者紫外光也易于被破坏。

十、维生素 C

（一）结构及性质

维生素 C 又称抗坏血酸（ascorbic acid，AsA），是含有 α-酮基内酯的 6 个碳原子的酸性多羟基化合物，天然存在的抗坏血酸是 L 型，为还原型抗坏血酸。还原型抗坏血酸很容易氧化为 L-脱氢抗坏血酸（L-dehydroascorbic acid，L-DHA）。还原型和脱氢型这两种形式都具有生理功能，可以相互转化（图 4-17）。L-脱氢抗坏血酸活性为抗坏血酸的 80%。

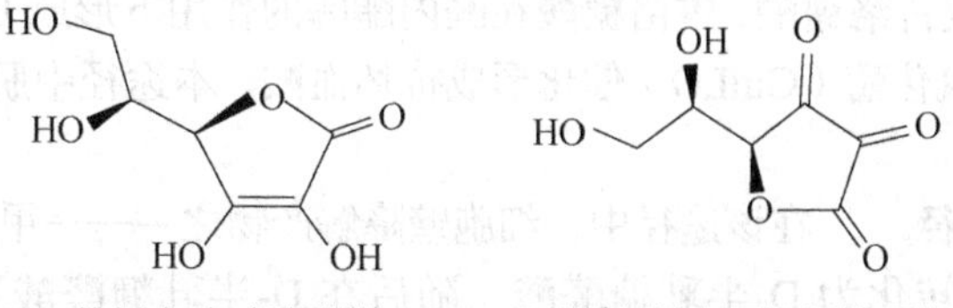

L-抗坏血酸（还原型）　　　　　L-脱氢抗坏血酸（脱氢型）

图 4-17　维生素 C 的结构

维生素 C 容易失去电子，C-2 和 C-3 位两个相邻的烯醇式羟基极易解离、释放出 H⁺，具有强还原性。维生素 C 虽然不含羧基，但具有有机酸的性质。维生素 C 有酸味，易溶于水，不溶于脂溶剂。维生素 C 在酸性条件下稳定，在有氧、加热、碱性环境、光照，以及有痕量的铜、铁等金属离子或者氧化酶等共存时，极易被氧化破坏。

维生素 C 主要在回肠被吸收，在血浆中主要以还原型抗坏血酸的形式运输，只有约 5%以脱氢抗坏血酸的形式运输。体内可潴留抗坏血酸 1500～4000 mg，因而几周内不摄入抗坏血酸也不致发生缺乏症，但当贮量低于 300 mg 时，可出现坏血病症状。

（二）合成及代谢

维生素 C 可以在植物和绝大多数动物体内合成的，但是人类和其他一些灵长类动物由于缺乏维生素 C 合成途径最后一个关键酶（L-古洛糖醛酸-1,4-内酯氧化酶）基因，所以无法自身合成维生素 C。L-抗坏血酸在植物中含量丰富（在叶片中浓度为 1～5 mmol/L，在叶绿体中浓度为 25 mmol/L），在植物的抗氧化能力、光合作用和代谢调控等方面具有重要功能。

植物中抗坏血酸的合成途径较复杂，主要有 4 条合成途径：L-半乳糖途径（L-galactose pathway）、L-古洛糖途径（L-gulose pathway）、肌醇途径（myo-inositol pathway）和 D-半乳糖醛酸途径（D-galacturonic pathway）（图 4-18）。L-半乳糖途径为植物中抗坏血酸的主要合成途径，而 L-古洛糖途径为动物的主要合成途径。肌醇途径和 D-半乳糖醛酸途径是抗坏血酸合成的旁路途径，利用细胞代谢的中间产物作为底物合成抗坏血酸。

1. L-半乳糖途径　　L-半乳糖途径也被称为 Smirnoff-Wheeler 途径，是最重要的抗坏血酸合成途径。在此途径中，D-葡萄糖在己糖激酶的作用下形成 D-葡萄糖-6-磷酸，然后在磷酸葡萄糖异构酶（PGI）、磷酸甘露糖异构酶（PMI）、磷酸甘露糖变位酶（PMM）等酶的作用下形成 L-抗坏血酸。

在 L-半乳糖途径中，GDP-D-甘露糖焦磷酸化酶（GMP）是第一个限速酶，其催化形成的 GDP-D-甘露糖也是合成细胞壁多糖和蛋白质糖基化的底物。GDP-D-甘露糖-3′,5′-异构酶（GDP-D-mannose-3′,5′-opimerase，GME）是第一步作用在糖核苷水平上的酶，它催化了 2 个不同的差向异构反应，产物分别为 GDP-L-半乳糖和 GDP-L-古洛糖。GDP-L-半乳糖磷酸化酶（GGP）是 L-半乳糖途径的关键酶，其将 GDP-L-半乳糖催化形成 L-半乳糖-1-磷酸。L-半乳糖-1,4-内酯脱氢酶（L-galactono-1,4-lactone dehy drogenase，GLDH）是抗坏血酸合成最后一个关键酶，将 L-半乳糖-1,4-内酯催化形成 L-抗坏血酸。几乎所有参与抗坏血酸生物合成的酶都位于细胞质，但 GLDH 位于线粒体内膜中，说明抗坏血酸最终是在线粒体中合成的。

2. L-古洛糖途径　　在植物中，GDP-D-甘露糖-3′,5′-异构酶（GME）除了催化 GDP-D-甘露糖生成 GDP-L-半乳糖外，还可以生成 GDP-L-古洛糖。

在 L-古洛糖途径中，GDP-L-古洛糖在核苷酸焦磷酸化酶或糖-1-磷酸鸟苷转移酶、糖磷酸化酶及糖脱氢酶等的作用下，最终形成 L-抗坏血酸。

3. 肌醇途径　　肌醇通过肌醇加氧酶（MIOX）转化为 D-葡糖醛酸，之后 D-葡糖醛酸在糖醛酸还原酶的作用下形成古洛糖酸，古洛糖酸在醛内酯酶的作用下形成 L-古洛糖-1,4-内酯，最后被 L-古洛糖酸-1,4-内酯氧化酶（GulLO）催化形成抗坏血酸。本途径中肌醇加氧酶是植物抗坏血酸形成的一种关键酶。

4. D-半乳糖醛酸途径　　在该途径中，细胞壁降解产物之一——甲基-D-半乳糖醛酸在甲酯酶（果胶酶）的作用下转化为 D-半乳糖醛酸，随后在 D-半乳糖醛酸还原酶（D-galacturonate reductase，GalUR）的催化下生成 L-半乳糖（L-galactose），再经醛内酯酶（aldono-lactonase，Alase）催化形成 L-半乳糖-1,4-内酯，最后形成 L-抗坏血酸。D-半乳糖醛酸还原酶是该途径的关键酶。

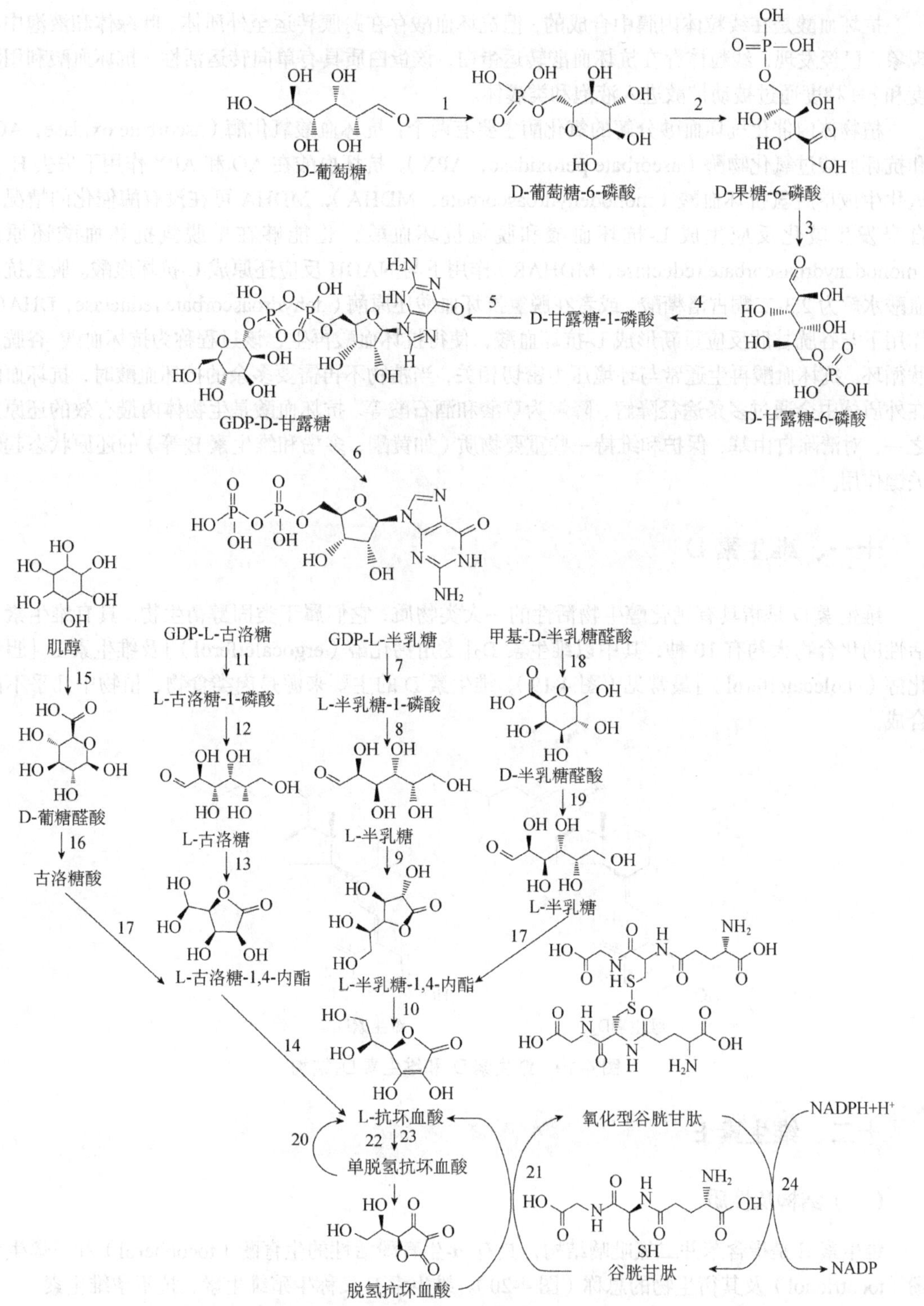

图 4-18 高等植物中抗坏血酸合成和代谢途径

1. 己糖激酶；2. 磷酸葡萄糖异构酶；3. 磷酸甘露糖异构酶；4. 磷酸甘露糖变位酶；5. GDP-D-甘露糖焦磷酸化酶；
6. GDP-D-甘露糖-3',5'-异构酶；7. GDP-L-半乳糖磷酸化酶；8. L-半乳糖-1-磷酸酯酶；9. L-半乳糖脱氢酶；10. L-半乳糖-1,4-
内酯脱氢酶；11. 核苷酸焦磷酸化酶或糖-1-磷酸鸟苷转移酶；12. 糖磷酸化酶；13. 糖脱氢酶；14. L-古洛糖-1,4-内酯氧
化酶；15. 肌醇加氧酶；16. 糖醛酸还原酶；17. 醛内酯酶；18. 甲酯酶；19. D-半乳糖醛酸还原酶；20. 单脱氢抗坏血酸
还原酶；21. 脱氢抗坏血酸还原酶；22. 抗坏血酸过氧化物酶；23. 抗坏血酸氧化酶；24. 谷胱甘肽还原酶

抗坏血酸是在线粒体内膜中合成的，但抗坏血酸存在跨膜转运至外质体、叶绿体和液泡中的现象。已经发现，线粒体存在抗坏血酸转运蛋白，该蛋白质具有单向转运活性。抗坏血酸利用浓度和 pH 梯度通过被动扩散进入液泡和类囊体。

植物体内催化抗坏血酸分解的氧化酶主要有两个：抗坏血酸氧化酶（ascorbate oxidase，AO）和抗坏血酸过氧化物酶（ascorbate peroxidase，APX）。抗坏血酸在 AO 和 APX 作用下失去 H^+ 被氧化生成单脱氢抗坏血酸（monodehydroascorbate，MDHA），MDHA 可在没有酶催化的情况下自身发生歧化反应生成 L-抗坏血酸和脱氢抗坏血酸，也能够在单脱氢抗坏血酸还原酶（monodehydroascorbate reductase，MDHAR）作用下与 NADH 反应还原成 L-抗坏血酸。脱氢抗坏血酸水解为 2,3-二酮古洛糖酸，或者在脱氢抗坏血酸还原酶（dehydroascorbate reductase，DHAR）作用下与谷胱甘肽反应重新形成 L-抗坏血酸，使得抗坏血酸再生，该过程称为抗坏血酸-谷胱甘肽循环。抗坏血酸再生通常与环境压力密切相关，当植物不再需要多余的抗坏血酸时，抗坏血酸在外质体中会通过多条途径降解，降解为草酸和酒石酸等。抗坏血酸是生物体内最有效的还原剂之一，对清除自由基、保护和维持一些重要物质（如黄酮、多酚和维生素 E 等）的还原状态起着关键作用。

十一、维生素 D

维生素 D 是指具有钙化醇生物活性的一大类物质，它们属于类固醇衍生物。具有维生素 D 活性的化合物大约有 10 种，其中以维生素 D_2[麦角钙化醇（ergocalciferol）]及维生素 D_3[胆钙化醇（cholecalciferol）]最常见（图 4-19）。维生素 D 的主要来源是肉类食物，植物中几乎不能合成。

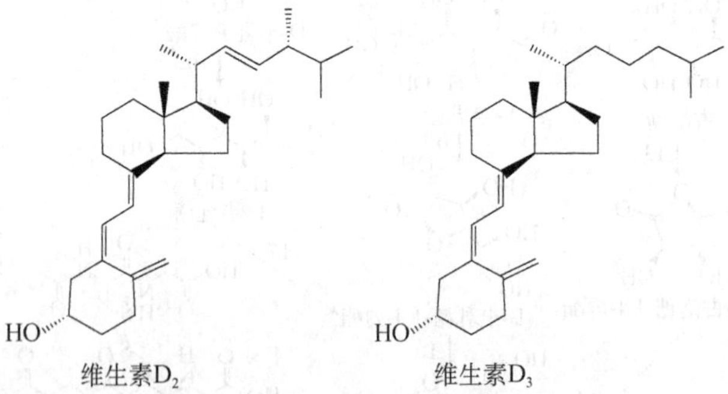

维生素D_2 维生素D_3

图 4-19　维生素 D_2 和维生素 D_3 结构

十二、维生素 E

（一）结构及性质

维生素 E 是指含苯并二氢吡喃结构，具有 α-生育酚活性的生育酚（tocopherol）和三烯生育酚（tocotrienol）及其衍生物的总称（图 4-20）。维生素 E 又称生殖维生素、抗不孕维生素。

维生素 E 由一个芳香族环和一个聚异戊二烯链组成。生育酚有一个饱和的 16 碳侧链，在其 R_1、R_2 处以不同基团取代，有 α-、β-、γ-和 δ-生育酚四种衍生物；三烯生育酚碳链上的 3′、7′ 和 11′位有 3 个不饱和双键，具有 α-、β-、γ-和 δ-三烯生育酚四种衍生物。在这 8 种衍生物中，以 α-生育酚的活性最高，分布最广，常作为维生素 E 的代表。三烯生育酚在某些情况下具有比 α-生育酚更优良的功能，如抗氧化和降低胆固醇等。

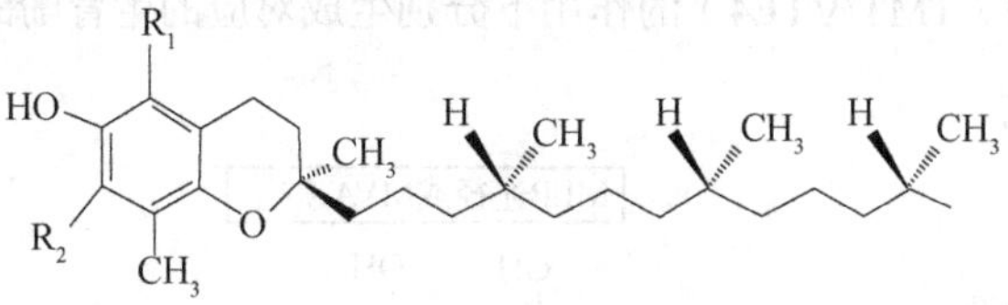

生育酚

	R_1	R_2
α-生育酚	CH_3	CH_3
β-生育酚	CH_3	H
γ-生育酚	H	CH_3
δ-生育酚	H	H

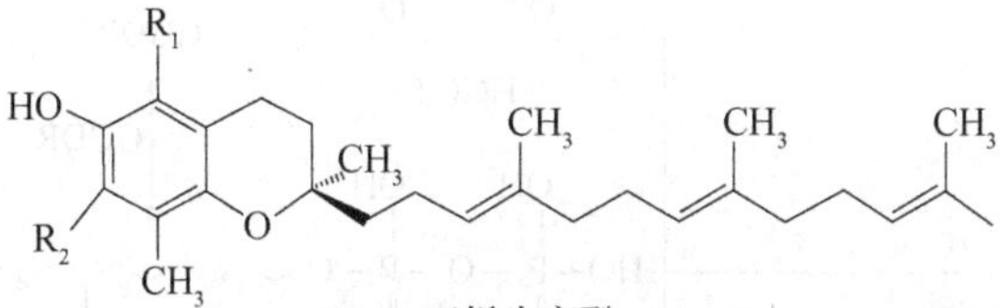

三烯生育酚

	R_1	R_2
α-三烯生育酚	CH_3	CH_3
β-三烯生育酚	CH_3	H
γ-三烯生育酚	H	CH_3
δ-三烯生育酚	H	H

图 4-20　生育酚和三烯生育酚的结构

生育酚存在于几乎所有的光合植物中，而三烯生育酚仅存在于某些特定的植物类群。即使在同一植物中，二者也具有不同的功能，如生育酚、三烯生育酚等构型的物质在 PSⅠ和 PSⅡ中分别当作电子传递载体和抗氧化脂质。

维生素 E 是一种脂溶性维生素。在室温下，生育酚和三烯生育酚均为油状液体，呈橙黄色或淡黄色。凡可引起类脂部分分离、脱除的加工或油脂酸败都可能引起维生素 E 的损失。维生素 E 在酸性和中性溶液中或在无氧条件下比较稳定，但是在氧、碱、紫外光及 Fe^{2+}、Cu^{2+} 存在的情况下极容易被氧化破坏。在无氧条件下对热稳定，即使加热至 200℃也不破坏，但高温油炸时维生素 E 活性大量丧失。

食物中生育酚以游离的形式存在，而三烯生育酚以酯化的形式存在，必须经过胰脂酶和肠黏膜酯酶水解才可被吸收。维生素 E 的吸收主要在小肠上部进行。维生素 E 在人体内分布广泛且不均匀。大约 90%的 α-生育酚储存在肝、肌肉和脂肪组织中，少量储存在肺、心、肾上腺和大脑。

（二）合成及代谢

维生素 E 生物合成途径见图 4-21。生育酚和三烯生育酚具有相似的生物合成途径，均在质体中发生。

莽草酸途径中合成的酪氨酸首先经过脱氨基生成对羟基苯丙酮酸（*p*-hydroxyphenylpyruvic acid，*p*-HPP），随后 *p*-HPP 在对羟基苯丙酮酸双加氧酶（hydroxyphenylpyruvate dioxygenase，HPPD）的氧化作用下生成尿黑酸（homogentisic，HGA）。HGA 是三烯生育酚和生育酚合成的共同前体物质。牻牛儿基牻牛儿基焦磷酸（geranylgeranyl-pyrophosphate，GGPP）在牻牛儿基牻牛儿基二磷酸还原酶（geranylgeranyl diphosphatereductase，GGDR）的催化下生成植基焦磷酸（phytyl diphosphate，PDP 或 phytyl-DP）。

PDP 与 HGA 可在尿黑酸植基转移酶（homogentisate phytyl transferase，HPT/VTE2）的催化下发生缩合反应，生成生育酚合成的共同中间体——2-甲基-6-植基-1,4-苯醌（2-methyl-6-phytyl-1,4-benzoquinol，MPBQ）。MPBQ 在甲基转移酶（MT/VTE3）的催化下生成 2,3-二甲基-6-植基-1,4-苯醌（2,3-dimethyl-6-phytyl-1,4-benzoquinol，DMPBQ）。MPBQ 在生育酚环化酶

（TC/VTE1）的催化下生成 δ-生育酚。DMPBQ 可在 TC/VTE1 的催化下生成 γ-生育酚。δ-生育酚、γ-生育酚可在生育酚甲基转移酶（TMT/VTE4）的作用下分别生成对应的生育酚的 β-和 α-异构体。

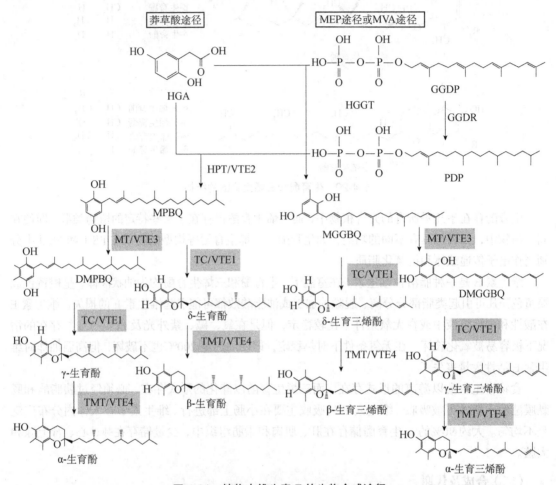

图 4-21　植物中维生素 E 的生物合成途径

GGDP 和 HGA 在尿黑酸牻牛儿基牻牛儿基转移酶（homogentisate geranylgeranyl-transferase, HGGT）的催化下发生缩合反应，生成三烯生育酚合成的共同中间体——2-甲基-6-牻牛儿基牻牛儿基苯醌（2-methyl-6-geranylgeranyl-benzoquinol，MGGBQ）。此后，在各个对应酶系的催化下生成 α-、β-、γ-和 δ-三烯生育酚。

十三、维生素 K

（一）结构及性质

维生素 K 又叫作凝血维生素，是具有叶绿醌（phylloquinone）生物活性的一类物质，有维生素 K_1、K_2、K_3、K_4 等几种形式（图 4-22），其中维生素 K_1（叶绿醌）、维生素 K_2（四烯甲萘醌）是天然存在的脂溶性维生素，而维生素 K_3、维生素 K_4 是人工合成的水溶性维生素。叶绿醌是光合生物的光系统 I 中重要的电子载体。

维生素 K_1 和维生素 K_2 广泛存在于自然界，为具有 2-甲基-1,4-萘醌和 C-3 位点上一条聚异戊二烯侧链结构的小分子系列衍生物，二者具有不同的侧链形式。绿色植物可合成维生素 K_1，而维生素 K_2 由微生物合成，也可由人体肠道细菌合成。所有维生素 K 的化学性质都较稳定，能耐酸、耐热，正常烹调中只有很少损失，但对光敏感，也易被碱和紫外光分解。

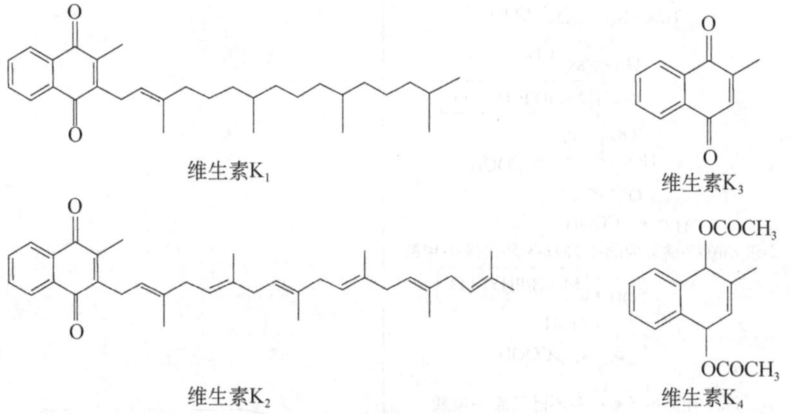

图 4-22　维生素 K 的结构

（二）合成及代谢

植物可以从头合成叶绿醌，人类依赖于从绿叶蔬菜中摄取的维生素 K_1 作为合成其维生素 K_2 的前体。

维生素 K_1 的合成从分支酸开始。分支酸首先异构化形成异分支酸，然后顺次生成 2-琥珀酰-5-烯醇丙酮-6-羟基-3-环己烯-1-甲酸（SEPHCHC）、2-琥珀酰-6-羟基-2,4-环己二烯-1-羧酸（SHCHC）、邻琥珀酰苯甲酸（OSB），再经过环化形成 1,4-二羟基-2-萘甲酰辅酶 A（DHNA-CoA）。DHNA-CoA 随后被水解生成 1,4-二羟基-2-萘甲酸（DHNA），之后 DHNA 连上异戊烯侧链生成 3-植基-1,4-萘醌，之后被加入甲基最终生成维生素 K_1（图 4-23）。

维生素 K_1 的生物合成途径在细菌中的研究较多。在蓝藻中，参与维生素 K_1 生物合成的酶主要为 MenF、MenD、MenC、MenE、MenB、MenH、MenA 和 MenG 这 8 个酶，分别编码异分支酸合酶（isochorismate synthase，ICS）、SEPHCHC 合酶（SEHCHC synthase）、SHCHC 合酶（SHCHC synthase）、OSB 合酶（OSB synthase）、OSB-CoA 连接酶（OSB-CoA ligase）、DHNA-CoA 合酶（DHNA-CoA synthase）、DHNA 植基转移酶（DHNA phytyl transferase）及去甲基萘醌甲基转移酶（demethylphylloquinone methyltransferase），此外可能还包括 DHNA-CoA 硫酯酶（DHNA-CoA thioesterase）THT4。

对植物合成维生素 K_1 途径的研究近年才有报道（图 4-23）。维生素 K_1 生物合成的关键酶之一——PHYLLO 为多功能酶，靶向于叶绿体，该酶具有 SEPHCHC 合酶、SHCHC 合酶和 OSB 合酶的活性。编码该蛋白质的基因是由真细菌中的 *menF*（5′端）、*menD*、*menC* 和 *menH* 这 4 个 *men* 基因的同源模块融合而成。MenE 蛋白为 OSB-CoA 连接酶（OSB-CoA ligase），是叶绿醌生物合成的关键酶，其将 OSB 的琥珀酰侧链激活，形成 OSB-CoA。该蛋白质的同源蛋白为 AAE14，同时存在于叶绿体和过氧化物酶体。拟南芥萘甲酸合酶为蓝藻 MenB 的同源蛋白，位于过氧化物酶体，该酶是维生素 K_1 合成的另一个关键酶，催化 OSB-CoA 向 DHNA-CoA 转化。DHNA-CoA 硫酯酶催化 DHNA-CoA 水解产生 DHNA，该酶可能同时存在于叶绿体和过氧化物酶体中。

总的来说，植物中维生素 K_1 的生物合成途径还不完全清楚。

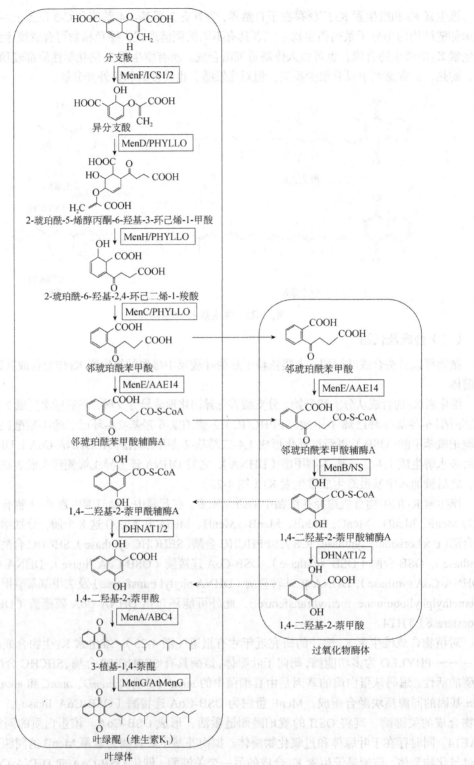

图 4-23　高等植物维生素 K_1 的可能合成途径

实线箭头表示代谢物在细胞内各器官间的运输方向，虚线箭头表示推测的代谢物在细胞内各器官间的运输方向。
MenF/ICS. 异分支酸合酶；PHYLLO. 具有 SEPHCHC 合酶、SHCHC 合酶和 OSB 合酶活性的多功能酶；MenE/AAE14. 酰
基活化酶；MenB/NS. 萘甲酸合酶；DHNAT. DHNA-CoA 硫酯酶；MenA/ABC4. 1,4-二羟基-2-萘甲酸植基转移酶；
MenG/AtMenG. 去甲基萘醌甲基转移酶

◆ 第二节　含量及影响因素

一、园艺产品中维生素的含量

不同种类的维生素在植物中的分布有差异（表 4-1）。维生素 A 的主要生物合成前体 β-胡萝卜素存在于所有光合生物中，但其他形式的维生素 A 原（α-胡萝卜素和 β-隐黄质）在植物界中并不均匀分布，β-胡萝卜素主要在叶片中积累，而 α-胡萝卜素和 β-隐黄质的含量较低，主要存在于南瓜等的果实中。胡萝卜比叶类蔬菜含有更高浓度的 α-胡萝卜素和 β-胡萝卜素。深绿色、红色、黄色的部位相对浅色部位具有更高的 β-胡萝卜素含量。

表 4-1　维生素在植物器官中的分布（Asensi-Fabado and Munné-Bosch，2010）

维生素	化合物	叶片	花	果	种子	根	块茎	鳞茎
维生素 A 原	α-胡萝卜素	+	−	++	+	+	−	−
	β-胡萝卜素	++	+	+	+	+	+	+
	β-隐黄素	+	+	++	+	+		
维生素 B_1	硫胺素	+	+	+	++	+		
维生素 B_2	核黄素	+	+	+	++	+		
维生素 B_3	烟酸	+	+	+	++	+		
维生素 B_5	泛酸	++	+	+	+	+		
维生素 B_6	吡哆醛	+	+	+	++	+		
维生素 B_7	生物素	+	+	+	++	+		
维生素 B_9	叶酸	++	+	+	+	+		
维生素 C	抗坏血酸	++	+	++	+	+	+	+
维生素 E	生育酚	+	+	+	++	+		
	三烯生育酚	−	+	+	++	+		
维生素 K_1	叶绿醌	++	+	+	+	+	+	+

注：+表示含有该种维生素；++表示相对于其他器官存在大量的维生素；−表示该器官中该维生素缺乏或尚未发现

叶片和果实是抗坏血酸的良好来源，如刺梨果实含有高达 2585 mg/100 g 的抗坏血酸，甘蓝叶片中抗坏血酸浓度可达 40 mg/g，干燥的种子和休眠的芽很少或没有抗坏血酸，但有一些脱氢抗坏血酸。同一个器官不同部位的含量也有差异，猕猴桃果实中抗坏血酸含量从果皮到种子呈递减趋势，果皮中的维生素 C 含量比果肉和种子的高，在石榴、桃、番茄、梨和苹果等中也有类似情况。

B 族维生素主要积累在种子中，一些种子的麸皮含有大量的维生素 B_1 和 B_3，如米糠（水稻）含有 2.75 mg/100 g 维生素 B_1 和 34 mg/100 g 维生素 B_3，麦麸还含有 29.6 mg/100 g 维生素 B_3。B 族维生素在植物组织中的最高浓度通常低于 10μg/g，生物素浓度更低，是植物中含量最低的维生素 B，其浓度单位为 ng/g。植物组织中维生素 E 的含量和组成差异很大。与种子相比，尤其是与含油量较高的油籽相比，光合组织通常含有较低水平的维生素 E，油籽的维生素 E 含量是普通种子的 10～20 倍。大多数绿色蔬菜含有高浓度的叶绿醌（维生素 K_1），但其在种子中的浓度较低。

蔬菜产品种类繁多，食用部位多样，不同维生素含量分布差异较大。不同蔬菜产品中不同维生素的含量也不同，部分蔬菜产品中维生素的含量见二维码表 4-1。

二维码
表 4-1

二、影响维生素含量的因素

（一）遗传

遗传是影响维生素含量的最重要因素。不同物种的维生素的积累能力有差异，如刺梨维生素C含量可达 2585 mg/100 g，而大多数常见园艺作物的含量低于 100 mg/100 g。即使是同一物种，其不同品种间的维生素含量也有差异。

（二）环境条件

温度在抗坏血酸-谷胱甘肽循环中发挥作用。高温或低温胁迫可显著改变樱桃、甜玉米等植物中维生素 B_1、维生素 B_6、维生素 C、维生素 B_9 等维生素生物合成基因的表达。长期低温贮藏增加维生素 B_1、维生素 B_6、维生素 B_9 和维生素 E 积累，但降低类胡萝卜素和维生素 C 的含量。据报道，在一定温度范围内，黑麦种子中叶酸含量随发芽温度升高而增加。

光照可诱导维生素的积累。植物光合作用产生的葡萄糖可用于合成抗坏血酸。光还可激活抗坏血酸合成基因的表达，促进抗坏血酸产生。同样，光也诱导硫胺素、维生素 B_6、维生素 B_7、叶酸和生育酚的产生。光照对胡萝卜根部类胡萝卜素的分布有显著影响。蓝光促进绿藻中叶绿素 a 和叶绿素 b、α-胡萝卜素和 β-胡萝卜素、叶黄素、紫黄质、玉米黄质和生育酚的含量增加。

逆境条件可促进某些维生素的合成，如持续的盐或干旱可促进维生素 B_1、维生素 B_6 和维生素 C 的生物合成。一些维生素代谢基因可响应盐胁迫，包括下调 *SOS4*（在维生素 B_6 通路中编码吡哆醛激酶），上调 *PDX-II*（维生素 B_6 通路），上调长链非编码 RNA（维生素 B_6 生物合成途径），以及上调 *VTC1-3*（在维生素 C 生物合成中编码 GMPase）。此外，干旱胁迫可显著促进小麦维生素 C 代谢基因的表达。紫外光辐射、高辐照度、渗透胁迫和干旱均可导致 PLP 水平显著增加。植物中的维生素 E 水平对非生物胁迫也有强烈响应。

营养供给也影响维生素的合成。氮缺乏会降低大麦和黄瓜维生素 C，以及莴苣中叶绿素和 β-胡萝卜素含量，但低氮对叶酸水平没有显著影响。在缺铁条件下维生素 C 含量下降。

三、不同种类维生素合成与代谢的相互联系

植物代谢过程中，维生素之间存在相互作用，一种特定维生素的从头生物合成需要另一种维生素的直接参与。例如，磷酸吡哆醛（PLP）（维生素 B_6）是许多酶促反应中的必需辅因子，其中包括生物素生物合成的重要步骤；叶酸的生物合成过程也需要 PLP 作为辅因子参与一些反应，而叶酸对于维生素 B_1 生物合酶 THIC 中的铁/硫簇的组装是必不可少的。泛酸盐生物合成的第一个关键步骤也需要 5,10-亚甲基四氢叶酸。*S*-腺苷基甲硫氨酸在维生素 E 和维生素 B_1 的生物合成中提供甲基供体，而叶酸具有补充细胞内 *S*-腺苷基甲硫氨酸库的功能。硫胺素以硫胺素焦磷酸的形式作为 1-脱氧-d-木酮糖-5-磷酸合酶的必需辅因子，该酶是 2-甲基-3-赤藓糖醇-4-磷酸（MEP）途径中的第一个酶，这一途径为多种维生素的合成（如类胡萝卜素和维生素 E）提供前体。因此，植物维生素的生物合成常常依赖于细胞中其他维生素的水平，一种维生素可能对多种维生素的积累产生影响。

一种维生素可直接或间接地通过氧化还原反应参与另一种维生素的挽救，如生育酚（维生素 E）通过抗坏血酸-谷胱甘肽介导的途径从生育酚氧自由基中挽救还原。生育酚缺乏会导致抗坏血酸和谷胱甘肽增加，而生育酚水平升高导致抗坏血酸和谷胱甘肽降低。NADPH 和 FAD 是 MDHAR 介导的从单脱氢抗坏血酸中挽救抗坏血酸所必需的，而 FAD 直接由植物线粒体中的核

黄素（维生素 B_2）合成。

　　一些维生素可能具有保护其他易降解维生素稳定的作用，这种"保护"策略通常体现在维生素的抗氧化特性。例如，在高粱中额外引入维生素 E 生物合成基因，加上类胡萝卜素生物强化策略，提高维生素 A 原的积累和储存稳定性。在热处理过程中使用外源性抗坏血酸可以减少叶酸的降解，保护叶酸的稳定。

　　不同维生素的生物合成途径可能竞争相同的前体，这可能阻碍维生素生物强化过程，但针对这一问题，可通过生物工程手段来增强前体的合成。例如，GTP 参与抗坏血酸、叶酸和核黄素的生物合成，可以通过生物工程途径提高 GTP 前体供应，此过程中要十分谨慎，因为它们可能影响植物激素和宏量营养素（如氨基酸）的产生。

◆ 第三节　对人体健康的作用

　　维生素种类多，其中一些维生素比较容易缺乏，如维生素 A 缺乏症已经是 WHO 确认的公众营养缺乏性疾病之一，在发展中国家有 1.25 亿～1.30 亿儿童受其威胁。叶酸缺乏也是人类的一种普遍现象。大米是一种叶酸含量普遍较低的食物，在中国约 20% 的人口被认为缺乏叶酸。维生素缺乏的主要原因是由于摄入不足，包括食物供应严重不足、食物种类选择不当、保存及加工不当等；也可能是人体吸收利用不良导致；或者是特殊人群（如妊娠期和哺乳期妇女、重体力劳动者）等的需要量增加而营养补给没有跟上导致。在日常膳食中，补给充足的维生素对人体健康非常重要。

一、维生素 A

　　在人体中，维生素 A 参与维持正常视觉的感光物质——视紫红质的合成，可促进眼睛各组织结构的正常分化，维持呼吸道、消化道、泌尿道等上皮细胞结构的完整性，有利于促进生长发育，维持正常免疫功能。人体缺乏维生素 A 时暗适应能力下降，严重时可导致夜盲症；也可引起眼结膜干燥、变厚，失去透明度，导致干眼病，严重时可失明。除了引起眼部症状之外，维生素 A 缺乏还会引起上皮干燥、增生及角质化等，可在皮肤外出现，也可在消化道、呼吸道等的黏膜上出现，导致食欲降低、抵抗力下降。儿童缺乏会导致免疫功能低下、生长发育迟缓、骨骼发育不良等。

　　维生素 A 过量摄入可引起急性中毒和慢性中毒。大量摄入类胡萝卜素可出现胡萝卜素血症，皮肤出现类似黄疸改变。

　　《中国居民膳食营养素参考摄入量（2013 版）》中的膳食维生素 A 的推荐摄入量（RNI）标准为：成人（18 岁以上）男性 800 μg/d，女性 700 μg/d。成人可耐受最高摄入量为 3000 μg/d。补充维生素 A 的最好来源是动物性食品，包括动物肝、鱼肝油、奶油、禽蛋等。例如，猪肝中维生素 A 的含量可达 4972 μg RE（RE 表示视黄醇当量）。此外，植物性食品可以提供作为维生素 A 原的类胡萝卜素，一般在深绿色或红黄色的蔬菜和水果中较丰富，如胡萝卜、冬寒菜、菠菜、芒果、蜜橘、沙棘等。

　　膳食或食物中全部具有视黄醇活性的物质常用视黄醇当量（RE）来表示，包括已经形成的维生素 A 和维生素 A 原的总量（μg）。

　　膳食或食物中的总视黄醇当量（μg RE）＝视黄醇（μg）＋β-类胡萝卜素（μg）×0.167＋其他维生素 A 原（μg）×0.084。

　　1 μg 视黄醇＝0.0035 μmol 视黄醇＝1 μg RE。

1 μg β-类胡萝卜素＝0.167 μg RE。

1 μg 其他维生素 A 原＝0.084 μg RE。

1 IU 维生素 A＝0.3 μg 视黄醇＝0.344 μg 乙酸维生素 A 酯＝0.55 μg 棕榈酸维生素 A 酯。

二、维生素 B_1

维生素 B_1 是碳水化合物代谢中氧化脱羧酶的辅酶，为糖类代谢所必需。当维生素 B_1 严重缺乏时，ATP 生成障碍，丙酮酸和乳酸在组织中堆积，对机体造成广泛损伤。维生素 B_1 对核酸及脂肪酸的合成不利，因为硫胺素焦磷酸可以作为转酮醇酶的辅酶参与转酮醇作用。硫胺素缺乏还可影响某些神经递质的合成和代谢，如乙酰胆碱合成减少和利用降低。维生素 B_1 缺乏的早期症状为体弱、疲倦、烦躁、健忘和消化不良等，严重时患脚气病。

维生素 B_1 的摄入量应与机体能量摄入量成正比。对于一些能量需要量比较高的人群，如妊娠期或者哺乳期妇女，高温下作业、精神高度紧张，或者患发热、甲状腺功能亢进等代谢率增高人群需要增加维生素 B_1 的摄入量。硫胺素过量中毒很少见，当剂量超过推荐摄入量的 100 倍以上时，可能出现头痛、惊厥、心律失常等症状。据《中国居民膳食营养素参考摄入量（2013 版）》，膳食维生素 B_1 的推荐摄入量（RNI）为成年男性 1.4 mg/d，成年女性 1.2 mg/d，乳母 1.5 mg/d，儿童依年龄而异。

维生素 B_1 广泛存在于天然食物中，含量丰富的食物有葵花籽、花生、瘦猪肉、大豆、蚕豆，其次为谷类、动物肝、蛋类、鱼类，蔬菜和水果中含量不高。日常膳食中的硫胺素主要来自谷类食物，但多存在于表皮和胚芽中，米面碾磨过于精细、过分淘米或者烹调中加碱均可造成其大量损失。小麦中维生素 B_1 的含量约为 0.4 mg/100 g，而小麦胚粉中的含量约为 3.5 mg/100 g。

三、维生素 B_2

维生素 B_2 通过呼吸链参与机体氧化还原反应与能量代谢。重要的含黄素蛋白的酶有 L-氨基酸氧化酶及 D-氨基酸氧化酶、细胞色素 c 还原酶、谷胱甘肽还原酶、丙酮酸脱氢酶、琥珀酸脱氢酶、脂肪酰辅酶 A 脱氢酶、黄嘌呤氧化酶、单胺氧化酶等。这些酶在氨基酸、脂肪、碳水化合物的代谢中起重要的作用，维护皮肤和黏膜的完整性。若体内核黄素不足，则物质和能量代谢发生紊乱，表现出多种缺乏症状。维生素 B_2 中的 FAD 和 FMN 作为辅酶参与烟酸和维生素 B_6 的代谢。维生素 B_2 还参与体内的抗氧化防御系统。维生素 B_2 缺乏常表现出口腔、眼部和皮肤症状。口腔部症状常表现为口角湿白及裂开、湿白斑、溃疡、疼痛等口角炎症状，下唇红肿、干燥、皲裂等唇炎症状，舌肿胀、疼痛、红斑、舌乳头萎缩等舌炎症状。眼部症状表现为睑缘炎、视物模糊、流泪、暗适应能力下降等。皮肤症状表现为脂溢性皮炎。维生素 B_2 缺乏与人类的心血管疾病、贫血及各种神经和发育障碍有关。

摄入不足和酗酒，是核黄素缺乏的最主要原因。核黄素大剂量摄入并不能过多增加其吸收，多余的核黄素将排出体外，几乎不会引起中毒。据《中国居民膳食营养素参考摄入量（2013 版）》，膳食维生素 B_2 的推荐摄入量（RNI）为成年男性 1.4 mg/d，成年女性 1.2 mg/d。维生素 B_2 广泛存在于天然食物中，不同食物中含量差异较大。动物性食品比植物性食品含量高，动物的肝、肾、心、蛋黄、乳类尤为丰富，一般蔬菜和谷类中的含量较少。

四、烟酸

烟酸在体内以 NAD 和 NADP 的形式作为辅基参与脱氢酶的组成，在一系列生物氧化反应中作为氢的受体和电子的供体，具有重要的生理功能，包括：参与葡萄糖酵解、丙酮酸代谢、戊糖合成及高能磷酸键的形成；参与蛋白质核糖基化过程，与 DNA 复制、修复和细胞分化有关；在维生素 B_6、泛酸和生物素存在下，参与脂肪酸、胆固醇及类固醇激素等的生物合成。此外，烟酸还是葡萄糖耐量因子（GTF）的重要组分，能够促进胰岛素反应。烟酸还能降低血清胆固醇，有利于改善心血管功能。烟酸缺乏会引起癞皮病，典型症状为皮炎、腹泻和痴呆。初期表现为体重减轻、失眠、头疼、记忆力减退，进而出现皮肤、消化系统、神经系统的症状。烟酸缺乏常与硫胺素、核黄素缺乏同时存在。烟酸过量引起中毒的报道极少，但临床采用大剂量烟酸治疗高脂血症会出现副反应，表现为皮肤潮红、眼部不适、恶心呕吐、黄疸、转氨酶升高等肝功能异常及葡萄糖耐量的变化。

烟酸除了直接从食物中摄取外，还可以在人体内由色氨酸转化而来，平均每 60 mg 色氨酸可以转化为 1 mg 烟酸，因此膳食中烟酸的参考摄入量采用烟酸当量（NE）为单位。烟酸 NE（mg）=烟酸（mg）+1/60 色氨酸（mg）。烟酸摄入量以膳食烟酸当量（DFE）表示。

据《中国居民膳食营养素参考摄入量（2013 版）》，膳食烟酸的推荐摄入量（RNI）为成人 400 μg DFE/d，孕妇需补充 600 μg DFE/d，乳母为 500 μg DFE/d。烟酸广泛存在于天然动植物食物中，良好的食物来源为肝、肾、瘦肉、豆类、坚果等，蔬菜和水果中含有少量烟酸。

五、泛酸

泛酸在体内作为辅酶 A 和酰基载体蛋白的组成成分，不仅与碳水化合物、脂类和蛋白质代谢有密切关系，还参与抗体、乙酰胆碱的合成。由于泛酸食物来源广泛，并且肠内细菌也能合成，故很少出现缺乏。在严重营养不良的情况下可能出现泛酸缺乏症状，如头痛、乏力、失眠、肠紊乱及免疫能力降低等。泛酸广泛存在于各种动植物食品中，主要来源于动物肝、肉类、蘑菇、鸡蛋、花椰菜、西蓝花等。

六、维生素 B_6

维生素 B_6 在肝中被磷酸化，并发挥其生理功能。例如，其可作为辅酶参与转氨基、脱氨基、脱羧、侧链裂解、转硫和消旋等反应，在氨基酸的合成与分解代谢中起重要作用；参与糖和脂代谢，是糖原磷酸化反应中磷酸化酶的辅助因子，催化肌肉中与肝中的糖原转化，参与亚油酸合成花生四烯酸及胆固醇的生物合成与转运；参与一碳单位代谢，影响核酸和 DNA 的合成，继而影响自体的免疫功能。维生素 B_6 涉及神经系统多个酶促反应，使神经递质的水平增高，维护神经系统的正常功能。

人体内的维生素 B_6 含量为 40～150 mg，75%～80%存在于肌肉组织之中。单纯性维生素 B_6 缺乏较为少见，一般常伴有其他 B 族维生素的缺乏。人体内缺乏维生素 B_6 可致眼、鼻与口腔周围的皮肤患脂溢性皮炎，并可扩展至其他部位，个别的可能会导致神经精神症状，如易怒、抑郁等。从食物中获取过量的维生素 B_6 没有毒害作用，而长期大剂量补充会引起神经毒性和光敏感反应等毒副作用。

维生素 B_6 广泛存在于各类食物中，其良好的食物来源为肉类、肝、鱼类、豆类、坚果等，在谷类、水果和蔬菜中含有维生素 B_6，但含量不高。

七、生物素

生物素是一部分在碳水化合物和脂肪酸代谢中催化羧化、脱羧和转羧化反应的酶的辅因子，参与碳水化合物、脂类和蛋白质的代谢，因此，在人体物质代谢和能量代谢中具有重要作用。生物素广泛存在于天然动植物食品中，而且人体肠道细菌还可以合成生物素，因此，单纯性的生物素缺乏很少见。在特殊情况下会引起生物素缺乏，如先天性生物素代谢缺陷、服用某些药物或怀孕期间的妇女等。动物肝、肾、蛋类、蘑菇、坚果等是生物素的良好来源。

八、叶酸

叶酸在体内的生物活性形式是四氢叶酸，是一碳单位转移酶系的辅酶，在体内许多重要的生物合成过程中作为一碳单位的载体，如腺嘌呤核苷酸和胸腺嘧啶核苷酸合成、甘氨酸与丝氨酸相互转化、同型半胱氨酸向甲硫氨酸转化及组氨酸向谷氨酸转化等。因此，叶酸不仅对 DNA、RNA 和蛋白质的合成有重要影响，还可以通过甲硫氨酸代谢影响磷脂、肌酸及神经介质的合成。叶酸缺乏会引起红细胞中 DNA 合成受阻，导致巨幼红细胞贫血症，此类贫血以婴儿和妊娠期妇女较多见。孕妇早期缺叶酸是引起胎儿神经管畸形的主要原因，叶酸缺乏引起神经管未能闭合，会导致以脊柱裂及无脑畸形为主的神经管畸形。叶酸缺乏会使同型氨酸半胱氨酸向胱氨酸转化出现障碍，形成高同型半胱氨酸血症，对血管内皮细胞有毒害作用。此外，叶酸缺乏还可以激活血小板的粘连及聚集，是动脉粥样硬化及心血管疾病的重要致病因素之一。叶酸缺乏在一般人群还表现为衰弱、精神萎靡、健忘、失眠、胃肠道功能性紊乱和舌炎等。儿童缺乏可致生长发育不良。

大剂量服用叶酸会产生毒副作用，如干扰抗惊厥药物的使用，影响锌的吸收，使胎儿发育迟缓。摄入过量叶酸可干扰维生素 B_{12} 缺乏的诊断，可使叶酸合并维生素 B_{12} 缺乏的巨幼红细胞贫血患者产生严重的不可逆转的神经损伤。

叶酸摄入量以膳食叶酸当量（DFE）表示，由于膳食中叶酸的生物利用率为 50%，而叶酸补充剂与膳食混合时的生物利用率为 85%，因此，叶酸膳食叶酸当量的计算公式为：DFE（μg）＝膳食叶酸（μg）＋1.7×叶酸补充剂（μg）。

据《中国居民膳食营养素参考摄入量（2013 版）》，膳食叶酸的推荐摄入量（RNI）为成人 400 μg DFE/d，孕妇需补充 600 μg DFE/d，乳母为 500 μg DFE/d。叶酸广泛存在于天然动植物食物中，动物肝、小麦胚芽中含量丰富，其他肉类、鸡蛋、豆类、绿叶蔬菜、水果和坚果中也含有。

九、维生素 B_{12}

维生素 B_{12} 可参与体内的一碳单位的代谢，可以将 5-甲基四氢叶酸的甲基移去形成有活性的四氢叶酸，增加叶酸的利用率，有利于叶酸参与嘌呤和嘧啶的合成，影响核酸和蛋白质的合成，从而促进红细胞的发育和成熟。维生素 B_{12} 还参与神经组织中髓磷脂的合成，对维持神经系统的正常功能有重要作用。维生素 B_{12} 缺乏可诱发巨幼红细胞贫血，也可引起神经系统的损害，年幼患者会出现精神抑郁、智力减退等。

维生素 B_{12} 的主要来源为肉类，内脏中含量较多，鱼、贝类、蛋类其次，乳类含量较少，植物性食物一般不含有维生素 B_{12}。人类结肠中的一些微生物也可以合成维生素 B_{12}，但是往往很难吸收。

十、维生素 C

维生素 C 的生理作用主要为增强人体免疫功能、促进胶原蛋白合成、促进神经递质的合成、促进脂肪酸的代谢等，具有较好的抗氧化作用。有助于预防和治疗缺铁性贫血，促进胆固醇向胆酸转化，降低血液中胆固醇含量，从而防治心血管疾病。长期缺乏维生素C可引起坏血病，主要表现是毛细血管脆性增强，牙龈肿胀、出血、萎缩，常有鼻衄、月经过多及便血，还可导致机体抵抗力下降、骨钙化不正常及伤口愈合缓慢等。

长期大剂量服用维生素C对机体不利，每日摄入维生素C 2～8 g时，可出现恶心、腹部痉挛、腹泻、铁吸收过度、红细胞破坏及泌尿道结石等副作用，并可能造成对大剂量维生素C的依赖性。

《中国居民膳食营养素参考摄入量（2013版）》中的膳食维生素C的推荐摄入量（RNI）为成人100 mg/d，可耐受最高摄入量为2000 mg/g。人体中维生素C的总含量是1500～4000 mg，这可以在90 d内饮食不再补充维生素C的情况下防止坏血病的发生。维生素C的主要来源是新鲜的蔬菜和水果，如辣椒、苦瓜、花椰菜、猕猴桃、鲜枣、刺梨等。

十一、维生素 D

维生素D对人体的营养功能主要是促进骨骼钙化、防止佝偻病的发生，主要原因是可以帮助肠道吸收足够的钙，使其沉积在骨基质中；维生素D还可以促进磷元素的吸收和代谢。维生素D缺乏会导致肠道对钙、磷的吸收减少，以及肾小管对钙、磷的重吸收减少，影响骨钙化。婴幼儿如缺乏维生素D，可引起佝偻病。而对于成年人，尤其是孕产妇、更年期妇女、老年人，可以使已经成熟的骨骼脱钙而发生骨质软化症和骨质疏松症。当缺乏维生素D、钙吸收不足或其他原因导致血清钙水平降低时可引起手足痉挛症，表现为肌肉痉挛、小腿抽筋、惊厥等。人体内维生素D缺乏多见于饮食中脂肪含量少的人和严格的简单素食主义者、早产儿和老年人，或者见阳光少、长期饮酒过量的人群。

《中国居民膳食营养素参考摄入量（2013版）》中的膳食维生素D的推荐摄入量（RNI）为成人（18～65岁）10 μg/d。维生素D既来源于膳食，又可由皮肤合成。健康的成人都能通过阳光对皮肤内维生素D前体的作用而获得充足的维生素D。维生素D主要存在于动物性食品中，其中以海水鱼肝最为丰富，畜禽肝、蛋、奶也含有少量的维生素D_3，而谷物、蔬菜、水果等植物性食物几乎不含维生素D。

十二、维生素 E

人体中的维生素E具有以下生理功能。①抗氧化作用。②预防细胞衰老，减少细胞中脂褐质的形成。③对心血管具有保护作用。维生素E可使心肌组织的脂质过氧化程度降低，抑制体内胆固醇合成酶的活性，降低血浆胆固醇水平；抑制磷脂酶A_2的活性，减少血小板血栓素A_2的形成，从而抑制血小板的聚集，降低心肌梗死和脑卒中风险。④提高机体免疫力。⑤促进动物精子的形成和活动，增强卵巢的功能，使卵泡黄体细胞增加。维生素E吸收障碍可以引起胚胎死亡，缺乏时可导致不育。⑥抑制肿瘤细胞的生长和增殖，可能与细胞分化、生长密切相关的蛋白激酶的活性受到抑制有关。维生素E缺乏在人类较为少见，但可见于早产儿、低体重儿、脂肪吸收障碍患者等。摄入过多的多饱和脂肪酸也可导致维生素E缺乏。缺乏维生素E的婴儿会出现易激惹及水肿，如铁摄入量增加时更使症状恶化，并出现溶血性贫血、皮肤红肿及脱皮，肌肉细胞裂解，尿中肌酸排出量增多。较大的儿童除出现溶血性贫血外，还可迅速出现神经系统症状，并影响认知和运动能力的发育。成年人则主要表现为神经系统功能的异常。

在脂溶性维生素中，维生素E的毒性相对较小。长期摄入大量的维生素E，如每天摄入600 mg以上有可能出现视觉模糊、头痛、极度疲乏、恶心、腹泻等重度症状。维生素E的代谢产物氢醌与维生素 K 的结构相似，过量摄入可引起维生素 K 的吸收和利用障碍。

维生素 E 的活性可以用 α-生育酚当量（α-tocopherol equivalence，α-TE）表示。当考虑生物利用率时，计算膳食中 α-生育酚当量使用以下公式：α-TE（mg）＝1×α-生育酚（mg）＋0.5×β-生育酚（mg）＋0.1×γ-生育酚（mg）＋0.3×α-三烯生育酚（mg）。维生素 E 的生物活性单位也可以用国际单位（IU）来表示，与 α-生育酚当量的转换关系为 1 IU 维生素 E＝0.67 mg α-生育酚，或 1 mg α-TE＝1.49 IU 维生素 E。

《中国居民膳食营养素参考摄入量（2013 版）》中的膳食维生素 E 的适宜摄入量（AI）标准为成人（18 岁以上）14 mg α-TE/d，可耐受最高摄入量为 700 mg α-TE/d。补充维生素 E 的最好来源是麦胚油、玉米油、花生油、芝麻油等植物油，而橄榄油和椰子油中较少；坚果、麦胚、种子类、豆类和其他谷类都是维生素 E 较好的来源；蛋类、肉类、鱼类和水果及蔬菜中含量较少。

十三、维生素 K

维生素 K 具有促进凝血的特性，因而又称为凝血维生素。维生素 K 的生理功能有防止新生婴儿出血疾病、预防内出血及痔疮、促进血液正常凝固、减少生理期大量出血等。维生素 K 与骨骼的新陈代谢有关。缺乏维生素 K 时会造成凝血障碍。维生素 K 缺乏引起的出血性疾病和凝血功能异常在成人中不常见，但对于患有慢性胃肠疾病、经常控制饮食和长期服用抗生素的人也可造成维生素的缺乏。婴幼儿人群中维生素 K 的缺乏比较普遍，因此在婴幼儿奶粉中通常会强化维生素 K。

《中国居民膳食营养素参考摄入量（2013 版）》中的膳食维生素 K 的适宜摄入量（AI）为成人（18～65 岁）80 μg/d。人类维生素的来源有两方面：①由肠道细菌合成，占 50%～60%，主要为维生素 K_2；②从食物中来，占 40%～50%，主要为维生素 K_1。绿叶蔬菜维生素 K_1 含量较高，其次是奶及肉类，水果及谷类含量较低。牛肝、鱼肝油、蛋黄、乳酪、紫花苜蓿、菠菜、海藻、甘蓝菜、莴苣、花椰菜、豌豆、芫荽、大豆油等均含有丰富的维生素 K_1。绿叶蔬菜和植物油中的叶绿醌是膳食维生素 K_1 的主要贡献者。

十四、维生素摄入与健康

人体维生素缺乏是一个渐进过程，根据程度不同分为临床缺乏和亚临床缺乏。当缺乏达到一定程度时，可导致生理功能的异常及组织病理变化，出现明显的临床症状和体征，称为维生素临床缺乏。维生素的轻微缺乏常不出现临床症状，一般只出现一些非特异的症状，如食欲差、视力减低、容易疲乏、对疾病的抵抗力下降、劳动效率低等，即我们一般常说的亚健康状态，称为亚临床维生素缺乏，也称维生素边缘缺乏。亚临床缺乏症状不明显、易被忽视，目前是人类营养缺乏的主要问题。

保持维生素与其他营养素之间及各种维生素之间的平衡对人体健康非常重要。维生素 B_1、维生素 B_2 及烟酸与能量代谢有密切的关系，随着能量需要量的增加，机体对上述维生素的需要量也增加。维生素 E 的抗氧化作用依赖于谷胱甘肽过氧化物酶的协同作用，而谷胱甘肽过氧化物酶活性的发挥需要微量元素硒的存在。维生素 E 能促进维生素 A 在肝内的储存，可能是因为维生素 E 在肠道内可保护维生素 A 免受氧化。维生素 E 的抗氧化作用还依赖于维生素 C 的协同作用。

摄入维生素不只是为了防治维生素缺乏病，还可以预防慢性退行性疾病的发生，如维生素 E、维生素 C、维生素 A 及 β-胡萝卜素等被发现具有抗氧化作用而被称为抗氧化维生素。这些维生素与动脉粥样硬化等慢性病的发生发展有密切关系。

第五章

矿 物 质

古人云"三日可无肉，日菜不可无"。蔬菜是人们生活中不可或缺的食物，可为人体正常生理活动提供所需的多种营养物质，其中就包括矿物质。人体所需的 49 种营养物质中有 22 种以上为矿质元素，它们是构成人体组织、维持生理功能、生化代谢所必需的。除碳（C）、氢（H）、氧（O）、氮（N）主要以有机化合物形式存在外，其余常以无机盐存在，称为矿物质。矿物质作为人体七大营养素之一，是构成人体组织和维持正常生理功能所必需的各种元素的总称，不仅在人体中发挥至关重要的生理功能，还对植物本身的生长发育同样具有举足轻重的作用。矿物质在人体内无法合成，必须从食物中获取，目前，由铁、锌等必需微量元素摄入不足导致的"隐性饥饿"已经成为世界范围内普遍存在的营养问题，可见矿物质对于维持居民健康状况非常重要。

◆ 第一节　蔬菜中的矿质元素

目前发现人体必需的矿物质有 20 余种，占人体重量的 4%～5%。矿质元素是人体中大多数活性酶的重要组分，构成了人体内重要的载体和电子传递系统，是人体内有机物合成和代谢过程的必要参与者。人体所需的矿质元素主要分为大量矿质元素和微量矿质元素两大类。蔬菜富含矿物质，对人体调节膳食酸碱平衡、保证人体健康具有十分重要的作用。不同种类和品种蔬菜，以及在不同环境条件下生长的蔬菜中矿质元素含量差异很大，各类蔬菜中大量矿质元素的含量见二维码表 5-1，各类蔬菜中微量矿质元素的含量见二维码表 5-2。

二维码
表 5-1

二维码
表 5-2

一、人体所需的大量矿质元素

大量矿质元素，又称为宏量矿质元素或常量矿质元素，每日膳食需要量在 100 mg 以上。这些元素占人体总灰分的 60%～80%，包括钾（K）、磷（P）、钙（Ca）、钠（Na）、镁（Mg）和氯（Cl）6 种元素。

钾在蔬菜体内的含量仅次于氮元素，其含量一般可占干重的 0.3%～5.0%。大部分蔬菜的磷含量都比较高。蔬菜中的磷 85% 为有机磷，主要以核酸、磷脂和植素等形态存在，而无机磷占 15%，主要以钙、镁、钾的磷酸盐形式存在。很多蔬菜的含钙量比大田作物要高出很多，如苋菜、茴香等蔬菜的含钙量一般比水稻高出 10 倍以上，达到了 1500～1800 mg/kg FW。钠在蔬菜中的含量相对较低，在 2.28～94.00 mg/100 g。钠是人体必需的大量矿质元素。镁在蔬菜植株中的含量为干重的 0.05%～0.70%。不同种类蔬菜含镁量差异较大。对于同一种蔬菜来说，一般种子中含镁量较高，茎叶次之，根系较少。氯是一种比较特殊的矿质营养元素，尽管它是蔬菜生长发育所需的微量元素，但是它在蔬菜体内的含量却相对较高（2000~20 000 mg/kg），属于人体所需的大量矿质元素。蔬菜中的含硫量一般为干重的 0.1%~0.5%。硫在蔬菜开花前主要集中分布在叶片中，植株成熟后叶片中的硫逐渐减少并向其他器官转移。

富钾富磷型蔬菜主要有百合、慈姑、苜蓿、蚕豆、毛豆等，其钾元素的含量为 3910~7070 mg/kg，磷的含量为 610~2000 mg/kg，分别是其他蔬菜钾和磷的平均含量的 2.6 倍和 3.2 倍。但是，茎用莴苣、冬瓜、佛手瓜和葫芦中钾的含量较低，为 212~870 mg/kg，茄子、番茄及灯笼椒中磷的含量最低，仅有 20 mg/kg。

富钙蔬菜主要有乌塌菜、油菜薹、落葵、绿苋菜、紫苋菜、雪里蕻、茼蒿、芹菜（茎）、观达菜、香椿、茴香、毛豆等，其钙含量为 700~2300 mg/kg，是其他蔬菜钙平均含量的 3.5 倍；相反，茭白、荸荠、马铃薯、竹笋及芸豆中含钙量很低，只有 20~88 mg/kg。

富钠蔬菜主要有乌塌菜、茼蒿、芹菜（茎）及茴香，其钠含量为 1155~1863 mg/kg，远高于其他蔬菜的钠含量；钠含量最低的蔬菜是葫芦和南瓜，仅有 6 mg/kg 和 8 mg/kg。

富镁蔬菜主要有绿苋菜，为 1190 mg/kg，另外毛豆、落葵、苜蓿、菠菜、芹菜（叶）中镁含量也较高，为 580~700 mg/kg；莴苣中镁含量最低，仅有 19 mg/kg。

二、人体所需的微量矿质元素

人体中某些化学元素存在数量极少，甚至仅有痕量，但是具有一定的生理功能，且必须通过膳食摄取，这些元素被称为必需微量元素。必需微量元素在人体中的重要生理作用主要有：参与人体 50%~70% 的酶组成，构成人体重要的载体和电子传递系统；参与关键物质如激素和维生素的合成，对人体的代谢调控起重要作用。

人体中的必需微量元素主要来源于食物和水，缺乏和过量都会对人体产生有害影响，甚至可能成为某些疾病的重要原因。1990 年，联合国粮食及农业组织（FAO）、国际原子能机构（IAEA）和世界卫生组织（WHO）根据生物学功能把微量元素分为三类：人体必需微量元素，包括铁（Fe）、锌（Zn）、铜（Cu）、钴（Co）、钼（Mo）、硒（Se）、铬（Cr）和碘（I）；人体可能的必需元素，包括锰（Mn）、硅（Si）、硼（B）、矾（V）和镍（Ni）；具有潜在毒性，但低剂量可能对人体有重要功能的元素，包括氟（F）、铅（Pb）、镉（Cd）、汞（Hg）、砷（As）、铝（Al）和锡（Sn）。

不同蔬菜体内的含铁量差异较大。富铁蔬菜主要有乌塌菜、雪里蕻、落葵、苋菜、香椿、蚕豆及毛豆，而瓜类蔬菜，如佛手瓜、冬瓜、丝瓜等含铁量较低，番茄含铁量最低。苋菜含铁 54 mg/kg，蚕豆和毛豆含铁 35 mg/kg，大白菜、黄瓜和茄子含铁 5 mg/kg。

蔬菜的含铜量相对较低，按照干物质量计算，绝大多数蔬菜的含铜量在 0.2~6.0 mg/kg，且多集中分布在幼嫩叶片、种子胚等生长活跃的组织中。芋头、芹菜、蚕豆、毛豆及油豆角含铜元素较多。

蔬菜的含锌量在 0.5~23.0 mg/kg，其含量主要因蔬菜种类和品种不同而有差异，植株各部位的含锌量也不相同，一般分布在茎尖和幼嫩的叶片中。富锌蔬菜主要有苜蓿、香椿、南瓜、蚕豆及毛豆等，而冬瓜、佛手瓜、萝卜及番茄的含锌量相对较低。

蔬菜中的含硒量因种类而有很大差别，大多数蔬菜的含硒量都较低，豆科蔬菜的含硒量相对较高。白菜薹、芹菜、落葵等蔬菜含有较高的硒元素。甘蓝含硒量约为 0.15 mg/kg，胡萝卜含硒量约为 0.064 mg/kg，番茄果实含硒量约为 0.036 mg/kg，而蘑菇的含硒量较高，可以达到普通蔬菜的 1000 倍。另外，蔬菜中的含硒量也会因器官、部位及生育期不同而有很大差别，通常籽粒中含硒量最高，叶片次之，茎再次之，根中含量最少。大蒜是天然的含硒蔬菜，新鲜的蒜头含硒量可达 3.09 μg/g。

蔬菜植株体内的含碘量一般比较低，且含量多少主要取决于栽培土壤的含碘量。蔬菜自身的生长发育并不需要碘元素的参与。

此外，姜、藕及毛豆锰元素含较高。

三、主要蔬菜中的矿物质含量

（一）根、茎类蔬菜

1. 萝卜 萝卜中含有的人体必需大量矿质元素主要有磷、钾、镁、钙、钠。不同品种及同一品种的不同部位含有的必需大量矿质元素差异较大，钠含量最低的是水萝卜，最高的是青萝卜的萝卜缨。另外，萝卜缨中的钙含量显著高于肉质根。此外，萝卜也含有人体必需微量矿质元素，包括铜、锌、铁、硼和锰，其中铁、锌和锰的含量较高。'心里美'萝卜的铁含量显著高于白萝卜和红萝卜，红萝卜的锌含量最高。

2. 薯芋类蔬菜 薯芋类蔬菜主要包括马铃薯、山药、芋头等。该类蔬菜淀粉含量较高。薯芋类蔬菜不同种类、不同品种及不同栽培地区条件下产品器官的矿质元素含量差异较大，芋芳中的钙、磷和镁含量最高，马铃薯中的钙和钠含量最低，山药中的磷含量最低，甘薯中钾和镁含量显著低于其他三种薯芋类蔬菜（表 5-1）。

表 5-1 薯芋类蔬菜中的矿质元素含量（杨月欣等，2009）

矿质元素		马铃薯	芋头	山药	甘薯（红心）	甘薯（白心）
大量矿质元素	钙	8.00	34.00	16.00	23.00	24.00
	磷	40.00	55.00	34.00	39.00	46.00
	钾	342.00	378.00	213.00	130.00	174.00
	钠	2.70	33.10	18.60	28.50	58.20
	镁	23.00	23.00	20.00	12.00	17.00
微量矿质元素	铁	0.80	1.00	0.30	0.50	0.80
	锌	0.37	0.49	0.27	0.15	0.22
	硒	0.78	1.45	0.55	0.48	0.63
	铜	0.12	0.37	0.24	0.18	0.16
	锰	0.14	0.30	0.12	0.11	0.21

注：除硒外，其他矿质元素含量的单位为 mg/100 g FW，硒含量单位为 μg/100 g FW

除了大量矿质元素，薯芋类蔬菜还含有铁、锌、硒、铜及锰等微量矿质元素（表 5-1），芋头中 5 种微量矿质元素含量均较高，而红心甘薯中的锌含量明显低于其他薯芋类蔬菜。

3. 洋葱 洋葱中含有铝、铁、钙、镁、钡、铍、锌、铬、铜、镧、锰、钼、镍、磷、锶、钛和钒等 17 种以上的矿质元素，其中钙、镁、磷 3 种元素为人体必需的大量矿质元素，铁、铜、锌、锰、锶、镍、铬 7 种元素属于人体必需的微量矿质元素。

（二）果菜类蔬菜

果菜类蔬菜以幼嫩果实或成熟果实为产品器官，可分为瓠果类、浆果类和荚果类三种类型，这些蔬菜含有不同种类及浓度的矿质元素。

1. 瓠果类蔬菜 主要是葫芦科中食用成熟或幼嫩果实等的瓠果类蔬菜，包括黄瓜

（*Cucumis sativus*）、南瓜（*Cucurbita moschata*）、苦瓜（*Momordica charantia*）、甜瓜（*Cucumis melo*）、冬瓜（*Benincasa hispida*）、葫芦（*Lagenaria siceraria*）、丝瓜（*Luffa cylindrica*）等。

黄瓜含有钙、镁、钾、钠等大量矿质元素，以及铁、锰、锌、铜、磷、硒等微量矿质元素。不同黄瓜品种间，矿质元素含量差异较大。

南瓜中钙、镁、锌、钾等含量较高。南瓜属不同种的矿质元素含量不同（表5-2）。对大量矿质元素而言，中国南瓜钾含量较高，笋瓜（*Cucurbita maxima*）和中国南瓜磷含量均高于西葫芦，而西葫芦（*Cucurbita pepo*）中钾元素含量最高。对微量矿质元素而言，笋瓜中的铁元素含量最高，中国南瓜中的硒、锌和锰含量最高。

表 5-2　南瓜属不同种的矿质元素含量（杨月欣，2009）　（单位：mg/100 g FW）

矿质元素		中国南瓜	笋瓜	西葫芦
大量矿质元素	钙	16.00	14.00	15.00
	磷	24.00	27.00	17.00
	钾	145.00	96.00	92.00
	钠	0.80	ND	5.00
	镁	8.00	7.00	9.00
微量矿质元素	铁	0.40	0.60	0.30
	锌	0.14	0.09	0.12
	硒	0.46	ND	0.28
	铜	0.03	0.03	0.03
	锰	0.08	0.05	0.04

注：ND 表示未检出

南瓜不同部位的矿质元素也有差异：果仁中的大量矿质元素（钾、钙、镁和钠）和4种微量矿质元素（锌、铁、铜和锰）含量均高于果肉，铬和钴的含量在果仁和果肉中的差异不大。

苦瓜果实中含有钠、钾、镁、钙、磷5种大量矿质元素，铁、铜、锌、锰、钼、镍6种微量矿质元素。此外，苦瓜果实还含有硒、钴、铬、锶等人体必需或非必需的微量矿质元素。不同苦瓜品种间的钙、磷、铁、镁含量有差异。

2. 浆果类蔬菜　　指以浆果作为食用器官的蔬菜，主要包括番茄（*Lycopersicon esculentum*）、辣椒（*Capsicum annuum*）和茄子（*Solanum melongena*）。这类蔬菜含有丰富的维生素、糖类、矿质元素、有机酸等。

番茄果实中含有多种矿物质，包括钙、磷、钾、镁、铁、锌、铜、锰、硼和碘等，是重要的保健食品之一。番茄果实中的钠元素相对于其他元素含量更高，红色樱桃番茄中的矿质元素含量高于其他品种（表5-3）。

表 5-3　不同品种番茄中矿质元素含量（黄丽华，2005）　（单位：mg/100 g FW）

矿质元素	红色樱桃番茄	黄色樱桃番茄	橙色樱桃番茄	红色大果番茄
钠	14.92	14.00	14.36	13.60
钙	8.10	7.36	7.56	6.50
镁	7.80	7.50	7.75	5.58
锰	2.80	1.70	1.60	1.50
铁	3.10	2.70	1.50	1.20
铜	1.47	0.86	0.94	0.81
锌	1.70	1.70	2.00	1.60

辣椒根据其辛辣程度可分为甜椒和辣椒。同一种类辣椒中各种矿质元素含量无大差异。不同地区、不同类型及不同品种的辣椒果实中矿质元素含量差异较大。

　　茄子果实中含有丰富的钙、磷、镁、钾、钠等大量矿质元素和铁、锌、铜、锰、硒、氟等微量矿质元素。不同品种茄子中的矿质元素含量有明显差异，且野生茄子种质资源中的矿质元素含量明显高于栽培茄子品种。

　　3. 荚果类蔬菜　　荚果类蔬菜主要是豆类蔬菜，包括菜豆、豇豆、蚕豆、豌豆、扁豆、菜用大豆等。不同种类的豆类蔬菜中矿质元素含量有明显差异，其中毛豆中的大量矿质元素，如钾、钙、磷和镁含量，明显高于其他豆类蔬菜；豌豆中的钾、磷含量仅次于毛豆；菜豆和刀豆中的钠含量显著高于其他豆类蔬菜。对于微量元素而言，毛豆中的锌、铜、硒、锰含量都显著高于其他豆类蔬菜，刀豆的铁元素含量较高（表 5-4）。

表 5-4　不同豆类蔬菜矿质元素含量　　　　　（单位：mg/100 g FW）

矿质元素	菜豆	豌豆	豇豆	毛豆	扁豆	刀豆
钙	42.00	21.00	27.00	135.00	38.00	49.00
磷	51.00	127.00	63.00	188.00	54.00	57.00
钾	123.00	332.00	112.00	478.00	178.00	209.00
钠	8.60	1.20	2.20	3.90	3.80	8.50
镁	27.00	43.00	31.00	70.00	34.00	29.00
铁	1.50	1.70	0.50	3.50	1.90	4.60
锌	0.23	1.29	0.54	1.73	0.72	0.84
硒	0.43	1.74	0.74	2.48	0.94	0.88
铜	0.11	0.22	0.14	0.54	0.12	0.09
锰	0.18	0.65	0.37	1.20	0.34	0.45

（三）花菜类蔬菜

　　花菜类蔬菜主要包括花椰菜（*Brasica oleracea* var. *botrytis*）、西蓝花（*Brasica oleracea* var. *italica*）、黄花菜（*Hemerocallis citrina*）等。花椰菜和西蓝花均含有多种矿质元素，主要包括钾、钠、钙、镁、磷等大量矿质元素和铁、铜、锌、硒、锰等微量矿质元素，但花椰菜和西蓝花中的矿质营养元素含量有较大差异。同一种类但不同品种的矿质元素含量也有差异。

（四）叶菜类蔬菜

　　叶菜类是以叶片、叶球、叶丛、变态叶为产品器官的一类蔬菜。白菜类蔬菜是常见的叶菜类蔬菜之一，有大白菜、普通白菜、乌塌菜和菜薹。不同种类白菜类蔬菜之间叶片大量矿质元素含量有一定差异：'瓢儿白'中钾含量最高，菜薹次之；大白菜（'青白口'）钙和钾含量最低；乌塌菜钙和钠含量最高；菜薹中钠含量最低。不同类型白菜中矿质元素含量见二维码表 5-3。

二维码
表 5-3

　　对于微量矿质元素来说，乌塌菜中的铁含量最高；菜薹中的锌、硒、铜和锰含量较高，其中硒含量是其他白菜类蔬菜的数倍。

◆ 第二节　矿质元素的吸收及影响因素

　　植物体内的矿质元素主要是由根系从土壤溶液中吸收，因此，蔬菜组织中的矿质元素含量很大程度上取决于其吸收能力及环境条件对吸收的影响。影响蔬菜矿质营养吸收的环境因素主要包括光照、温度、水分、土壤养分等。

一、矿质元素吸收的机制

植物从环境中不断吸收、同化、利用各种矿质元素是植物生长发育所需的基本过程。植物自土壤中吸收水分的同时，也从土壤中吸收各种矿质元素，以维持正常的生命活动。矿质元素大部分都是以离子形式被植物吸收利用，因此离子跨膜运输机制是矿质元素运输的基础。

（一）植物细胞跨膜离子运输机制

根据离子跨膜运输是否需要能量消耗及发生跨膜运输的离子运动方向与该离子电化学势梯度方向的关系，可将离子跨膜运输分为被动运输和主动运输。

被动运输中离子在跨膜运输过程中不消耗能量，且离子运动的方向是顺跨膜电化学势梯度进行的（图 5-1）。离子可以通过离子通道的跨膜运输就是被动运输过程，当某种离子的通道处于开放状态，且跨膜存在能使该种离子发生运动的驱动力（电化学势梯度）时，离子就通过其通道发生运动，这种运输也被称为简单扩散。

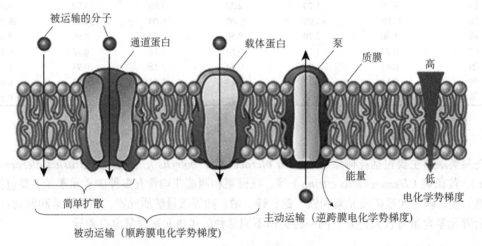

彩图

图 5-1 离子跨膜运输示意图

主动运输是离子在跨膜运输过程中需要消耗能量，必须与消耗水解 ATP 的能量相偶联，而且被运输的离子运动的方向是逆跨膜电化学势梯度方向进行的（图 5-1）。离子通过离子泵进行的跨膜运输即主动运输过程，如质膜或液泡膜上的 H^+-ATP 酶运送质子进行跨膜运输的过程是一个典型的主动运输过程。植物细胞膜上由 H^+-ATP 酶所执行的主动运输过程又称为初级主动运输（primary active transport），而由 H^+-ATP 酶活动所建立的跨膜质子电化学势梯度所驱动的其他无机离子或小分子有机物质的跨膜运输过程称为次级主动运输（secondary active transport）。

离子在进行跨膜运输的过程中除了简单扩散方式以外，其他运输方式需要依赖镶嵌在生物膜中的大量功能蛋白质介导的跨膜运输，这类功能蛋白质统称为离子转运蛋白（ion transporter）。根据结构及运输离子发生跨膜运输的方式差异，一般将离子转运蛋白分为离子通道（ion channel）蛋白、离子载体（ion carrier）蛋白和离子泵（ion pump）三类（图 5-1）。

离子通道是由多肽链中的若干疏水性区段在膜的脂质双层结构中形成的跨膜孔道结构。根据离子通道对离子的选择性、运输离子的方向性及离子通道开放与关闭的调控机制可分为多种类型，如我们已知的钾离子通道、氯离子通道、钙离子通道等。离子载体也是有若干疏水的跨膜结构区域，但在结构上与离子通道不同，离子载体蛋白的跨膜区域并不形成明显的孔道结构，另外，离子载体与离子通道跨膜运输离子的方式也不同，离子载体需要先与离子结合，通过载体蛋白构象变化将离子进行跨膜运输，离子通道则是直接通过孔道结构对离子进行跨膜运输。离子泵在结构上与离子载体类似，但是离子泵跨膜运输离子的能量直接来源于水解 ATP，并且被运输的离子是逆跨膜电化学势梯度进行的（图 5-1）。

（二）植物中的磷、钾、钙、镁、铁跨膜运输系统

植物根系吸收矿质元素大致经过三个过程：首先是土壤溶液中多数以离子形式存在的矿质元素被吸附在根组织表面；然后经质外体或共质体途径进入根组织维管束的木质部导管；最后随木质部汁液在蒸腾拉力和根压的共同作用下向上运输至植物的地上部分。因此，矿质元素只有溶于水才有可能被植物吸收，盐分子必须在水溶液中解离为离子后才能被植物吸收。矿质元素被植物吸收的过程中某些环节可经质外体进行扩散，但最终必须跨膜进入活细胞的原生质才能保证植物的生长发育，其跨膜进入活细胞时可以通过不同的跨膜运输机制进行，包括简单扩散及离子通道、载体和离子泵运输。

植物对不同矿质元素的吸收有选择性的特点。选择性吸收是指植物对同一溶液中不同离子吸收的比例不同，如一价阳离子的 K^+ 和 Na^+，非盐生植物可能对 K^+ 的吸收高于对 Na^+ 的吸收，而盐生植物可能对 Na^+ 的吸收高于对 K^+ 的吸收。另外，植物细胞中为了保持正负电荷数的平衡，在植物吸收某种离子的同时会伴随带同种电荷及相同电荷数的离子的外运，或者伴随带相反电荷及相同电荷数的离子的吸收。因此，植物细胞离子跨膜运输系统对于植物对矿质营养元素的吸收非常重要，而且运输机制复杂（图 5-1）。

1. 磷元素跨膜运输系统　土壤溶液或其他植物生长环境中非结合态的无机磷以 $H_2PO_4^-$、HPO_4^{2-}、PO_4^{3-} 等形式存在，但 $H_2PO_4^-$（Pi）是植物细胞吸收的主要形式。植物吸收 Pi 是一个耗能过程，Pi 进行跨膜运输的能量来源于质膜上的 H^+-ATP 酶产生的跨膜离子电化学势梯度。在质子电化学势梯度的驱动下 Pi 与质子进行跨膜共运输，植物细胞通过膜上的磷转运蛋白（phosphate transporter，PHT/PT）进行 Pi 的运输。根据对磷可吸收浓度的差异，PHT 分为高亲和力和低亲和力两种类型。高亲和力 PHT 在土壤 Pi 浓度低于 10 μmol/L 时就可转运 Pi，而低亲和力 PHT 需土壤 Pi 浓度高于 10 μmol/L 时才可以运输 Pi（图 5-2）。

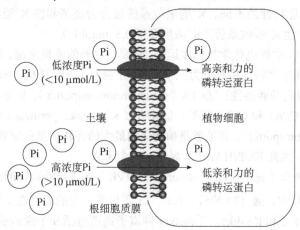

图 5-2　土壤中的磷酸盐向植物细胞运输过程示意图（改自 Yadav et al., 2021）

土壤中大部分磷不能被植物直接吸收利用，植物对磷元素的吸收是主动的耗能吸收过程。当土壤磷元素浓度低于 10 μmol/L 时，高亲和力的磷转运蛋白发挥功能，而在较高磷元素浓度下（高于 10 μmol/L），低亲和力的磷转运蛋白可发挥功能

PHT 是一类 Pi/H$^+$共转运体，包含 12 个跨膜区的膜整合蛋白，其中每 6 个跨膜区域构成一个亚单位。拟南芥中有 22 个 PHT 分别属于 5 个不同的亚族，其中 PHT1 主要介导植物从土壤中吸收转运 Pi，而其他 4 个亚家族的 PHT 主要位于液泡膜、叶绿体膜、高尔基体及内质网等细胞质膜参与植物细胞内 Pi 的转运以维持细胞内 Pi 平衡。除 PHT 类型以外，还有一类包含有 SPX 结构域的磷转运蛋白，按照其碳端序列差异可分为 4 个亚家族：SPX 亚家族、SPX-MFS 亚家族、SPX-EXS 亚家族和 SPX-RING 亚家族，PHO（phosphate efflux transporter）属于 SPX-EXS 亚家族成员，主要负责磷从根部到地上部的长距离运输。

植物对磷元素的吸收有多种调控机制。植物的 WRKY42 或其他的转录因子可以调控 PHT 的表达，如 AtPHT1、OsPHO1;2 和 OsSPX-MFS1/2。WRKY6/42 结合在 AtPHO1 的启动子上并抑制其表达；水稻中的 PHT1 可以被内质网中的酪蛋白激酶（CK2α3/β3）磷酸化，从而抑制 PHT1 与 PHF1 的互作，导致 PHT1 不能移动至细胞膜；在高尔基体上的 PHT1 和 PHO1 可以被 PHO2 介导的泛素化途径降解，被降解后进入液泡。另外，AtPHT1 也可以自身参与泛素化途径从细胞膜进入液泡，其中 Alix-ESCRT-III 复合体可以促进其进入液泡，并促进多胞体（multivesicular body，MVB）产生，促进更多 Pi 向液泡中运输。

miR399 也可以作为一种长距离运输的信号物质来调控植物的磷稳态：当植物处于低磷条件时，地上部 miR399 产生被促进，miR399 运输至根系并降解根系 PHO2，从而提高 PHT1 的表达，增加根系对磷的吸收。另外 miR399 会受到 IPS1/AT4 的调控来维持细胞的磷稳态。

SPX 家族的磷转运蛋白在磷通过维管束长距离运输至地上部过程中起重要作用。位于高尔基体的 PHO1 主要在植物中柱鞘和木质部薄壁细胞表达，其表达也会受到多种机制调节：低磷条件下会抑制 WRKY6/42 转录因子在 PHO1 的启动子区结合，从而增强 PHO1 的表达量，促进磷从根部长距离运输至地上部，大量储存在液泡。位于液泡膜上的磷转运蛋白如 SPX-MFS 亚家族蛋白 VPT1/PHT5;1 主要介导液泡磷的富集。而 PHT2、PHT3 和 PHT4 家族磷转运蛋白负责除液泡之外的其他细胞器如叶绿体和线粒体积累较高浓度的磷（图 5-3）。

2. 钾元素跨膜运输系统　　钾在土壤中多以 KCl、K$_2$SO$_4$ 等盐类形式存在，在土壤溶液或水中解离成 K$^+$ 而被植物根系吸收。植物细胞吸收 K$^+$ 是通过其细胞膜上的钾离子通道或载体进行的。根据对 K$^+$ 吸收浓度特性的不同，K$^+$ 的吸收系统被分为高亲和性 K$^+$ 吸收系统（K$^+$ 浓度低于 0.5 mmol/L）和低亲和性 K$^+$ 吸收系统（K$^+$ 浓度高于 0.5 mmol/L）。

高亲和性 K$^+$ 吸收是 K$^+$ 逆电化学势梯度运输，需要有额外的能量来源，是一个主动运输过程。根据钾转运蛋白结构和序列特征将其分为三个家族，分别为：①HKT（high-affinity K$^+$ transporter），该家族蛋白对 Na$^+$ 有很高的通透性；②CPA（cation proton antiporter），该家族是一类阳离子/质子反向转运体，可分为 CPA1 和 CPA2 两类；③KUP（K$^+$ uptake permease）/HAK（high affinity transporter）/KT（K$^+$ transporter），该家族是植物体内最大的钾转运蛋白家族。由于各个物种对钾转运蛋白的命名不同，因此 KUP/HAK/KT 属于同一个家族。

植物还可以依赖钾离子通道（tandem-pore K$^+$，TPK）通过被动运输的过程吸收 K$^+$。TPK 对 K$^+$ 的通透性并不是绝对的，通常对 NH$_4^+$、Na$^+$、Li$^+$ 等也有一定的通透性。植物中的 TPK 主要有三种类型：Shaker、TPK 和 Kir-like。①Shaker 钾离子通道包括 9 个家族成员，分别是 AKT1、AKT2、AKT5、AKT6、KAT1、KAT2、AtKC1、SKOR 和 GORK。AKT1 主要在根部细胞质膜上内向转运钾离子，即使在钾离子浓度极低的情况下也可以促进钾的吸收。AKT2 对钾离子的通透性较弱。②拟南芥中的 TPK 钾离子通道含有 5 个家族成员，即 TPK1～TPK5，其中 TPK1、TPK2、TPK3、TPK5 位于液泡膜，TPK4 位于细胞质膜。③Kir-like 家族包括 2 个家族成员，即

KCO1 和 KCO3，都位于液泡膜。KCO3 可参与细胞的渗透调节，KCO1 介导的钾离子外流会受到 Ca²⁺浓度的影响。

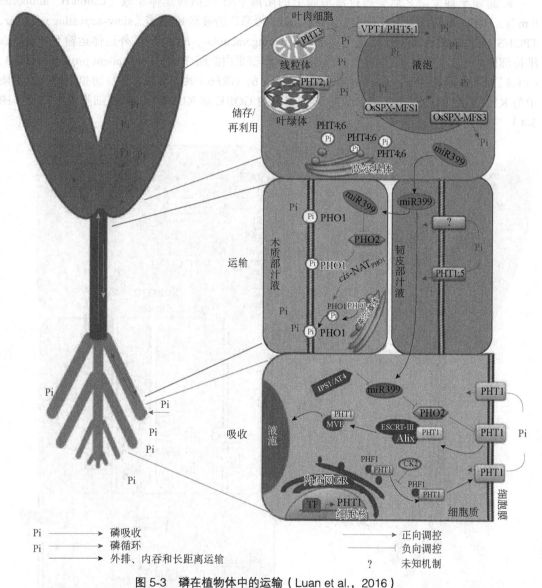

图 5-3 磷在植物体中的运输（Luan et al.，2016）

植物通过细胞膜上的 HAK5 或 AKT1 将土壤中的 K⁺吸收至细胞内。HAK5 和 AKT1 的活性可以被丝氨酸/苏氨酸蛋白激酶（CIPK23）与类钙调磷酸酶 B（calcineurin B-like，CBL）互作形成的 CBL-CIPK 复合体共同调控。AKT1 活性还可通过被 PP2C 磷酸酶（PP2C-type phosphatase）AIP1 去磷酸化来调控，而 HAK 的转录水平也受到各种转录因子调控，如 RAP2.11 促进其转录，而 ARF2 可抑制其表达。根系吸收 K⁺后，通过木质部长距离运输至地上部。K⁺外运通道（stellar K⁺ outward rectifier，SKOR）负责释放根部细胞中的 K⁺到木质部，它受到 ABA 的抑制。另外非选择性外向整流离子流（NORC）和阳离子-氯化物共转运体（CCC）也可以装载 K⁺至木质部。

　　除木质部运输 K[+] 之外，K[+] 也可以通过韧皮部从地上部向根部运输。AKT2 可以介导 K[+] 进行双向运输，但其活性受 PP2C 的抑制及 CBL-CIPK 复合体的调控。

　　K[+] 运输至地上部之后会通过液泡膜上的阳离子/H[+] 反向转运体家族（cation/H[+] antiporter family，NHX）运输至液泡中储存，通过 TPK1、慢激活的液泡 K[+] 通道（slow-activating vacuolar，TPC1/SV）和快激活的液泡 K[+] 通道（fast-activating vacuolar，FV）等 K[+] 外运体运输至细胞质以维持细胞质中 K[+] 平衡。其中 TPK1 受到 Ca[2+] 依赖型蛋白激酶 3（Ca[2+] dependent protein kinase 3，CPK3）和生长调控因子 6（growth regulate factor 6，GRF6）共同调控，在盐胁迫下维持细胞质中的 K[+] 浓度。另外，位于保卫细胞的 K[+] 通道蛋白 GORK 和 KUP6 可以调控细胞中 K[+] 外运（图 5-4）。

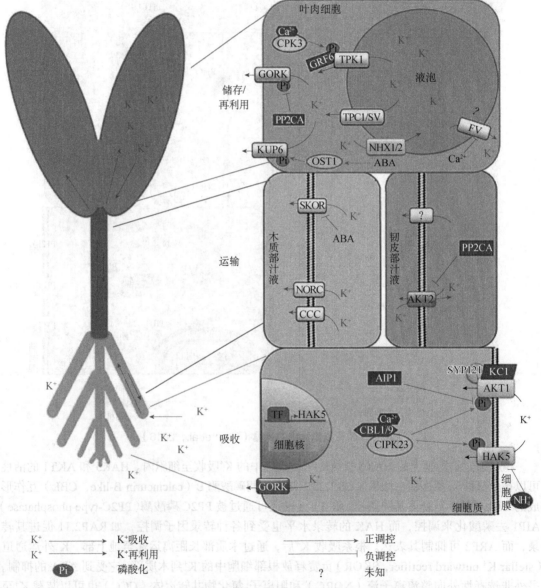

图 5-4　钾离子在植物内的运输（Luan et al.，2016）

3. 钙元素跨膜运输系统 植物主要通过根系吸收土壤中的钙离子。在凯氏带未形成的根尖和正在发育的侧根中，钙离子主要通过质外体运输，而在凯氏带已形成或内皮层木质化的组织中，钙离子的运输主要通过共质体进行。Ca^{2+}进入植物体以后有些仍以离子状态存在，有些可形成难溶的有机盐类，还有一些与有机物（如植酸、蛋白质、果胶酸等）结合。植物组织中的钙元素主要集中在细胞壁，而胞内的钙元素主要分布在液泡、线粒体、内质网和叶绿体等"钙库"中。钙元素作为细胞壁和细胞膜的主要成分，通过维持细胞壁和细胞膜结构和功能对植物的生长发育起到重要作用，同时钙元素在植物细胞内还是重要的信号物质，参与调节植物体内多种生理代谢变化。

细胞质内的 Ca^{2+} 浓度主要依赖质膜和液泡膜上的钙离子通道和钙离子泵来完成。根据运输机制不同，钙离子的运输主要分为两类。

（1）Ca^{2+}通道 主要负责将 Ca^{2+} 从细胞外运输至细胞质，属于内向运输系统。植物中存在多种钙离子通道蛋白，分为依赖电压的去极化 Ca^{2+} 通道（DACC）、超极化 Ca^{2+} 通道（HACC）和不依赖电压的 Ca^{2+} 通道（VICC）。

（2）钙离子泵 包括 P 型 Ca^{2+}-ATP 酶和 Ca^{2+}/H^+ 反向转运体（Ca^{2+}/H^+ antiporter，CAX）（图 5-5），主要负责将细胞质中的 Ca^{2+} 运输至细胞外或细胞内的"钙库"。由于向胞外和不同细胞器运输钙离子方式不同，Ca^{2+}-ATP 酶又可以分为两类：P_{2A}-type-Ca^{2+}-ATP 酶（ECA）和 P_{2B}-type-Ca^{2+}-ATP 酶（ACA），其中 ECA1 和 ACA2 位于内质网上，可以将细胞质中的钙离子运输至内质网中，而位于细胞膜上的 ACA8～ACA10 负责将细胞质中的钙离子运输至质外体，液泡膜上的 ACA4/11 和高尔基体上的 ECA3 分别将细胞质中的钙离子运输至液泡和高尔基体中。Ca^{2+}/H^+ 反向转运体负责将细胞质中的 Ca^{2+} 向液泡运输以维持细胞质较低的 Ca^{2+} 浓度（图 5-6）。

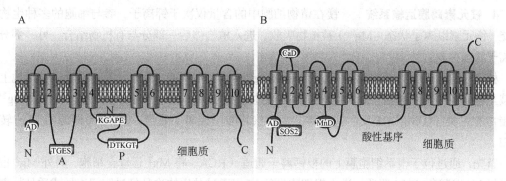

图 5-5 Ca^{2+}-ATP 酶和 Ca^{2+}/H^+ 反向转运体的结构模型（Demidchik et al., 2018）

A. Ca^{2+}-ATP 酶的拓扑结构。ACA 有一个自抑制结构域（AD），另外跨膜区 1～6 形成 T-domain（transport domain，运输区），跨膜区 7～10 形成 S-domain（support domain，结合区），其中有三个结构域定位于细胞质，包括 A（actuator domain，激活区）、N（nucleotide-binding domain，核结合区）和 P（phosphorylation domain，磷酸化区）A 域具有一个高度保守的 TGES 基序，该基序编码一种内在蛋白磷酸酶，参与 P 域的脱磷酸化过程，从而调控 P 域活性。N 域具有一个高度保守的 KGAPE 基序，可通过其腺苷部分与 ATP 酶相互作用，通过磷酸化 DKTGT 基序中的天冬氨酸残基来催化 ATPase 活性。B. Ca^{2+}/H^+ 反向转运体（CAX）的典型结构。CAX 的 N 端有一个自抑制结构域和数个决定 CAX 选择性的特定阳离子结合域。CaD. 钙特异结合域；MnD. 锰特异结合域

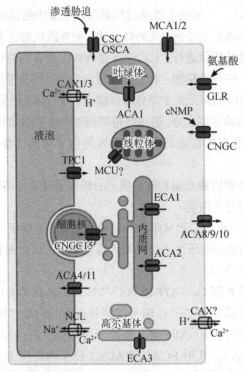

图 5-6　植物细胞钙离子的运输系统（Tang and Luan，2017）

CAX. Ca^{2+}/H^+反向转运体；CNGC. 环核苷酸门控通道；CSC. 逆境门控的阳离子-Ca^{2+}通道；
GLR. 谷氨酸受体；MCA. *mid1*-补偿活性蛋白；MCU. 线粒体 Ca^{2+}单向转运体；NCL. Ca^{2+}/Na^+反向转运体；
OSCA. 高渗透压诱导的 Ca^{2+}通道；TPC1. 双孔通道 1

彩图

4. 镁元素跨膜运输系统　　镁在植物细胞中的含量仅次于钾离子，参与细胞的多种生物学功能。镁元素以离子状态（Mg^{2+}）被植物吸收，进入植物体后一部分与有机物结合，另一部分仍以离子状态存在。

植物根系从土壤中吸收 Mg^{2+}后，首先将 Mg^{2+}装载至木质部，通过木质部导管运输至地上部卸载至植物各个组织细胞。Mg^{2+}运输主要是通过跨膜的 Mg^{2+}转运蛋白实现。已鉴定到的 Mg^{2+}转运蛋白有三类：①Mg^{2+}/H^+反向转运体；②环核苷酸门控离子通道；③CorA 同源的 Mg^{2+}转运蛋白。

首先，通过位于根系细胞膜上的根钙离子通道（RCA）将 Mg^{2+}运输至细胞，另外 Mg^{2+}也可以通过 Mg^{2+}通道 MRS2 吸收。进入根细胞中的 Mg^{2+}通过共质体途径经过胞间连丝或质外体空间的 Mg^{2+}通过 MRS 通道进入皮层细胞，由 Mg^{2+}通道 MRS2-10 将 Mg^{2+}储存至液泡中，而 Mg^{2+}/H^+反向转运体 MHX1 则负责将 Mg^{2+}从液泡向外运输以维持植物细胞的 Mg^{2+}平衡及根茎的 Mg^{2+}分配。Mg^{2+}通过木质部运输至地上部之后，由位于叶肉细胞液泡膜上的离子通道 MRS 和 TPC、转运体 MHX 进行储存或外运来协调地上部的 Mg^{2+}浓度。除此以外，Mg^{2+}还可以被运输至植物库器官发挥功能，如 MRS2-2 和 MRS2-6 在花粉发育和雄性不育中起到重要作用，MRS2-3 和 MHX1 可以共同调控 Mg^{2+}含量（图 5-7）。

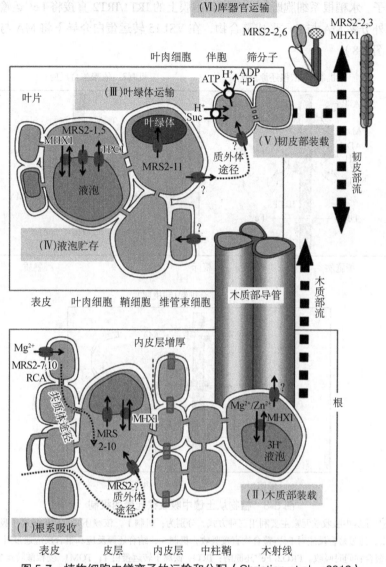

彩图

图 5-7 植物细胞中镁离子的运输和分配（Christian et al.，2013）

镁离子从土壤溶液中被吸收至根细胞，通过木质部运输至地上部，然后通过韧皮部再循环至库器官。
镁离子转运体 MRS2 和镁离子泵 MHX1 对镁离子在根细胞的吸收、木质部装载、叶绿体的运输、
液泡储存、韧皮部装载及库器官运输中起到重要作用。MRS2 可位于细胞膜、线粒体、
叶绿体和各类细胞的液泡膜

5. 铁元素的运输系统　　土壤中的铁主要以 Fe^{2+} 和 Fe^{3+} 两种形态被吸收。根据植物类型不同，形成了两种主要的铁元素吸收机制，分别为：①非禾本科植物，根部细胞向土壤释放 H^+，酸化土壤使铁离子呈游离状态，利用还原酶将 Fe^{3+} 还原为 Fe^{2+}，或者 Fe^{3+}-螯合物通过依赖 NADH 的 Fe^{3+} 还原酶 FRO2（ferric reductase oxidase 2）还原成 Fe^{2+}，Fe^{2+} 进而通过 IRT1（iron regulated transporter 1）被运输至细胞内。②禾本科植物主要以螯合物形式吸收铁元素。根部可以通过 TOM1（transporter of mugineic acid 1）向外分泌麦根酸类（mugineic acid，MA），MA 与 Fe^{3+} 螯合形成复合物（Fe^{3+}-MA），通过 YSL（yellow stripe like）蛋白家族转运至根系细胞内。③结合机制 1 和 2

共同吸收铁离子。水稻根系细胞既可以利用细胞膜上的 IRT1/IRT2 直接将 Fe^{2+} 运输至细胞内，也可以通过向胞外分泌 MA 与 Fe^{3+} 形成螯合物，在 YSL15 转运蛋白介导下将 MA 与 Fe^{3+} 螯合物运输至细胞内（图 5-8）。

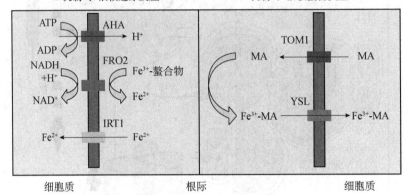

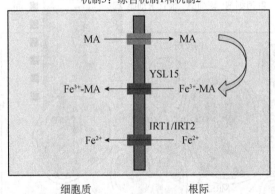

图 5-8　植物从土壤中吸收铁元素的机制

植物从土壤中吸收铁元素主要利用三种方式，分别为：机制 1，依赖还原反应的铁离子吸收；
机制 2，通过螯合反应对 Fe^{3+}-螯合物直接吸收；机制 3，结合还原反应和螯合反应通过对 Fe^{2+} 和
Fe^{3+}-螯合物同时吸收。FRO2. Fe^{3+} 还原酶；IRT1. 铁离子转运蛋白 1；TOM1. 麦根酸转运蛋白；
MA. 麦根酸类物质；Fe^{3+}-MA. 铁离子-麦根酸螯合物；YSL. 黄色条纹蛋白家族（主要存在于植物中的
重金属吸收、转运蛋白）

铁元素进入植物细胞后与一些螯合剂结合，通过多种转运蛋白将铁离子转移至地上部不同的组织器官。位于植物细胞膜上的 Fe^{3+} 还原酶将 Fe^{3+} 还原成 Fe^{2+} 后，通过 ZIP/Nramp 转运蛋白家族将 Fe^{2+} 转至细胞内，再由液泡膜上的液泡铁离子转运体 VIT1 转运至液泡内储存。为了维持胞内铁离子的平衡，液泡膜上的 Nramp3/4 还可以将 Fe^{2+} 外运至细胞质。此外，铁元素以 Fe^{3+}-螯合物形式进入植物细胞后，可通过 Fe^{3+} 还原酶 FRO7 和叶绿体通透酶 PIC 的共同作用被运输至叶绿体内参与光合电子链的传递、叶绿素的合成等生理过程。线粒体中的铁元素通过组装形成 Fe-S 簇，由线粒体膜上的 STA1 转运蛋白介导外运参与光合作用等生理过程（图 5-9）。

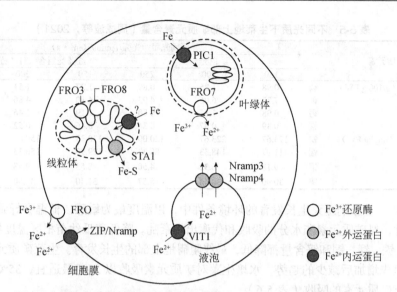

图 5-9 植物细胞内铁离子的转运和储存（Jeong and Guerinot，2009）

细胞膜上的 Fe^{3+} 还原酶和铁离子转运蛋白 ZIP 和 Nramp 负责铁离子的吸收；细胞器中的铁离子转运体 PIC1/FRO7、STA1/FRO8/FRO3 和 VIT1/Nramp/Nramp4 分别在叶绿体、线粒体和液泡中运输铁离子。虚线表示叶绿体和线粒体外膜具有孔状结构

二、影响矿质元素吸收的因素

（一）蔬菜种类及品种

不同蔬菜种类在生长过程中矿质元素含量存在较大差异，这是由其遗传特性决定的。鳞茎、球茎类蔬菜磷、钾等矿质元素含量较高，嫩茎类和叶薹类蔬菜钙元素含量较高，而瓜类蔬菜和茄果类蔬菜的大量矿质元素含量相对较低。此外，同一种蔬菜的不同品种矿质元素含量也有差异，如黄瓜、苦瓜和番茄等。

（二）环境条件

环境因子，如光照、温度、水分、土壤、气体、生物因子等可以从不同方面影响蔬菜中矿质元素含量，适宜的环境条件有利于促进矿质元素的吸收和积累。

1. **光照** 一般情况下，随着光照强度的增加，作物的光合作用增强，对矿质营养的吸收及需求量也增加，反之，随着光照强度的降低，作物光合作用减弱，对矿质营养的吸收和积累也减少。弱光胁迫可以抑制番茄对镁和钾元素的吸收和积累，而对氮、磷和钙元素的积累影响较小。生菜中的钙和铁元素积累量随光强增加而升高，铜和锌元素的积累量不受光强影响，镁元素的含量和积累量均随光强增加而先升高后降低（查凌雁等，2019）。

光周期对矿质元素含量也有影响。番茄栽培过程进行补光，可以提高番茄果实中的矿质元素含量。相比常规日照条件，连续光照（30 d）会显著降低生菜钙、镁、铁、锰、铜和锌元素含量（查凌雁等，2019）。

光质对蔬菜矿质营养吸收累积也有明显影响。红蓝光水培生菜中大量矿质元素（钾、磷、钙和镁）的含量显著高于白光水培的生菜；微量元素锌、钼和铜元素的含量在红蓝光处理的生菜中均高于白光条件下的生菜，但铁在白光下水培的生菜中含量更高（表 5-5）。不同光谱成分及组合对生菜矿质元素吸收特性的影响明显，生菜在红蓝光组合对钾、磷、钙、镁和硼元素的吸收量及积累量均最大，单独红光可显著促进生菜对铁和铜元素的吸收。

表 5-5　不同光质下生菜地上部矿质元素含量（周成波等，2021）

矿质元素		不同光质的光强/[μmol/（m²·s）]					
		白光			红蓝光组合（红：蓝＝4：1）		
		150	200	250	150	200	250
大量矿质元素/（g/100 g FW）	磷	0.98	1.25	0.89	1.27	1.51	1.37
	钾	7.37	6.06	4.93	4.10	4.86	4.03
	钙	0.98	1.15	0.80	1.19	1.46	1.22
	镁	0.39	0.47	0.34	0.46	0.52	0.48
微量矿质元素/（mg/kg FW）	铁	173.67	223.67	120.00	130.33	159.67	165.67
	锰	111.97	148.33	88.33	129.90	156.33	152.00
	铜	9.18	6.32	4.50	8.53	9.78	8.14
	锌	30.90	30.40	18.57	31.40	38.00	33.40

2. 温度　　在影响蔬菜生长发育的环境条件中，以温度最为敏感。低温会导致蔬菜作物根系的功能异常，对矿质元素和水分的吸收和代谢出现紊乱。降低黄瓜幼苗根区温度导致叶片氮、磷、镁、钙、铁、锰、铜和锌含量都降低，最终阻碍地上部的生长发育。生菜矿质元素含量随根区温度升高呈先增加后减少的趋势，水培生菜对矿质元素吸收以 25℃ 最适宜，35℃ 根区温度严重阻碍生菜对矿质元素的吸收（表 5-6）。

表 5-6　不同根区温度对生菜叶片矿质元素的影响（李润儒等，2015）

矿质元素		根区温度/℃				
		15	20	25	30	35
大量矿质元素/（mg/g DW）	氮	50.12	50.38	55.73	50.15	35.65
	磷	12.19	13.63	14.13	8.15	4.23
	钾	104.81	105.91	116.68	76.54	40.32
	钙	11.99	12.34	11.82	8.53	7.91
	镁	5.03	5.38	5.45	3.25	2.67
微量矿质元素/（μg/g DW）	锌	97.74	99.82	109.93	38.91	16.75
	铁	267.89	334.75	352.22	105.89	84.63
	硼	27.49	30.92	37.50	30.46	26.92
	铜	15.32	16.81	21.52	7.34	5.74
	锰	81.28	100.22	106.20	87.07	35.24

注：DW 为干重

3. 水分　　水是植物对物质吸收运输的良好溶剂，植物必须在适宜的水分情况下才可以保证根系正常吸收矿质元素。研究表明，不同灌水下限及氮素形态对西蓝花品质影响很大，以硝态氮为主要氮源时，灌水量的减少会显著降低西蓝花中钾、钙和镁元素含量；铵态氮占比达到 50% 时，西蓝花中的钾、钙、镁、铁和锌元素含量在最大田间持水量达到 60% 时达到最大量（表 5-7）。随着灌水量的减少，生菜中地上部和地下部的氮、钾和镁元素含量显著下降。

表 5-7　不同灌水下限及氮素形态配比对西蓝花矿质元素含量的影响（车旭升等，2020）

处理		大量矿质元素/（g/kg FW）			微量矿质元素/（mg/kg FW）		
		钾	钙	镁	铁	锌	铜
N1	W1	39.73	1.74	3.11	95.23	56.83	0.12
	W2	38.61	1.60	3.00	101.85	58.31	0.12
	W3	37.25	1.41	2.73	76.09	57.55	0.11
N2	W1	38.15	1.69	3.05	70.20	57.94	0.10
	W2	28.39	1.50	2.86	90.91	61.44	0.09
	W3	27.43	1.45	2.35	97.68	57.68	0.09
N3	W1	27.79	1.34	2.44	86.49	55.36	0.08
	W2	34.36	1.75	3.22	103.60	63.24	0.07
	W3	48.80	1.59	1.83	45.94	30.01	0.06

注：N1～N3 分别为不同的氮素形态比例，$NO_3^- $-N：$NO_4^+$-N 分别为 10：0、7：3 和 5：5；W1～W3 分别为最大田间持水量的 80%、60% 和 40%

4. 土壤 蔬菜生长过程中必需的营养元素，除了碳、氢、氧来自空气和水外，其他均来自土壤。因此，土壤的营养条件直接影响蔬菜的生长发育及蔬菜中的矿质元素含量。

（1）土壤物理特性 土壤物理特性（土壤质地、土壤孔隙和土壤水分等）影响蔬菜对矿质营养的吸收。土壤质地主要通过土壤通气性、保水性、供肥保肥性、导热性和耕性等因素影响矿质营养吸收。土壤孔隙不仅承担着为蔬菜作物供应水分和空气的作用，还对蔬菜矿质营养吸收具有重要作用。土壤水分是影响蔬菜矿质营养的主要因素之一。

（2）土壤化学特性 对蔬菜吸收养分和生长发育具有重要影响的土壤化学特性主要有土壤黏粒、土壤有机质和土壤酸碱度。土壤黏粒是土壤负电荷的主要来源。土壤有机质的影响主要表现在对养分的吸收性能、缓冲性能，以及提供氮、磷、钾、硫等方面。土壤酸碱度对营养元素的有效性影响很大，从而影响蔬菜对矿质元素的吸收。随着 pH 下降，微量元素铁、硼、锌、铜、锰的溶解度和有效性迅速提高，而 pH≥7 时有效性下降；大量矿质元素中除磷元素以外，其他元素对 pH 反应较迟钝。磷元素的适宜 pH 范围较窄，仅在 6.5 左右有效性较高。另外，土壤的酸碱度不但影响土壤养分的有效性，也对蔬菜生长产生直接影响。大多数蔬菜作物适宜生长的 pH 为 6.0～7.5。

（3）土壤养分 土壤养分是植物矿质元素的直接来源。尽管土壤含有一定量的营养物质，但是还不能满足植物正常生长发育及高产优质生产的要求，因此需要根据土壤肥力状况、植物营养特点与生长发育需求及肥料自身特点进行科学施肥。肥料（有机肥料、化学肥料）作为蔬菜养分主要供给源，直接参与协调蔬菜矿质元素的含量，因此对蔬菜作物进行合理、科学施肥，可保证蔬菜的矿质营养达到最优水平。田间施加钼肥可以显著提高小白菜菜心的铜、钼和镁元素含量，降低其硝酸盐含量。在栽培过程中施用镁、铁、锌、硼等中/微量营养可以显著提高冬瓜果肉中钾、磷、钙和镁元素的含量。在氨态氮和硝态氮比例为 1∶1 时，紫苏叶片中钾和磷元素含量最高，钙和镁元素含量随硝态氮比例的增加显著上升，锌、铁和钼元素含量随硝态氮比例的增加呈先降低后升高的趋势（隋利等，2018）。

◆ 第三节 对人体健康的作用

一、大量矿质元素的生理功能

大量矿质元素在人体内的生理功能主要有：构成人体组织的主要成分，如骨骼和牙齿等硬组织；在细胞外液中与蛋白质一起调节细胞膜透性、控制水分、维持正常渗透压和酸碱平衡，维持神经肌肉兴奋性；构成酶的成分或激活酶活性，参与物质代谢。各种大量矿质元素在人体新陈代谢过程中，每天都有一定量随不同途径排出体外，因此必须通过膳食补充。

（一）钾

钾对保持人体细胞和血液之间的电化学平衡起到很重要的作用。钾还参与细胞内许多酶的功能，缺钾会导致心神不宁等症状。

（二）磷

人体中 85%～90%磷元素都是以不溶性的磷酸钙晶体形式存在，正是这种晶体使得骨骼和牙齿很坚硬。其余的磷分布于人体的所有活细胞中。磷在人体中的功能主要表现在以下方面。①调节能量。碳水化合物、脂肪和蛋白质分解产生的能量在释放过程中必须依赖磷酸盐不断转化形式来实现，如人体需要能量时，三磷酸腺苷转化成二磷酸腺苷，同时释放能量。②协助营养素的吸收和输送。如脂肪不溶于水，但与磷酸盐结合成磷脂后可以溶于水，因此脂肪以磷脂的形式随血液输送。当糖原从肝和肌肉中释放出来作为能源使用时，它是以磷酸化葡萄糖形式进行的。③磷是人体必需化合物的组分。维生素、蛋白质及核酸等都需要磷元素参与，是人体必不可少的元素。④磷可以促进骨头和牙齿钙化。钙化过程包括磷酸盐在骨基质上的定位，钙化不好不一定是缺钙，也可能是缺磷造成的。⑤磷酸盐可以作为缓冲剂调节人体体液的酸碱平衡。

人体在吸收磷时都必须以游离的磷酸盐形式进行，并且其吸收量会随着镁、铁及其他元素的吸收量增加而减少，磷会与这些元素结合形成不溶性的复合物而被排出体外。人体缺磷时易导致疲劳、食欲下降和骨头失去矿物质。

（三）钙

钙是人体必需的矿质营养元素，也是一种生理调节物质。在人体内，99%的钙分布于骨骼和牙齿中，其余则以游离型和结合型两种方式存在于软组织、细胞外液及血液中，对维持人体的正常代谢具有重要作用。钙对血液凝固、正常神经和膜结构完整及多种酶的结合都有作用，若人体不能吸收足够数量的钙，易发生骨质疏松，造成骨骼软化、高血钙、手足痉挛等。

（四）镁

镁对于人体的营养也起到重要作用。成年人体内的镁含量在 $21\sim28\ g$，其中 60%集中在骨骼中，占骨头总灰分的 0.5%～0.7%，剩下的约 40%的镁元素平均分布在肌肉和软组织中。在人体内，镁是数百种生理反应的重要催化剂，如镁可以促进三磷酸腺苷的产生及促使三磷酸腺苷转化成二磷酸腺苷释放能量；镁作为氨基酸活化的必需物质，对蛋白质的合成起到重要作用；镁也是传导神经脉冲的必需物质之一，起到松弛的作用。人体缺镁时会产生肌肉收缩和松弛、心血管系统和肾脏系统受影响等症状。

（五）钠

钠在人体中可维持生理液体的平衡，包括血压、肾功能、神经和肌肉功能等。钠的推荐每日摄入量为 2400 mg。尽管钠的缺乏是罕见的，但钠元素缺乏通常会发生在腹泻、呕吐或过度出汗情况下，钠不足可能导致恶心、头晕、注意力差和肌肉无力等症状。而过量摄入钠则可能是由于吸收增加或肾功能异常的继发性疾病，会引起高血压和神经系统并发症。另外，长期过量摄入钠也可能导致钙元素的二次损失。

（六）氯

人体摄取氯主要是从食盐中获得。氯占人体质量的 0.15%左右，分布在全身各组织中，其中脑脊髓液和胃肠道分泌物中最多。氯元素是盐酸的成分，所以是保持胃液正常酸度所必需的。氯和硫、磷一样都是酸性元素，有助于保持体液的酸碱平衡，它们能帮助血液将大量的 CO_2 输送到肺里，再排出体外。

（七）硫

硫元素占人体质量的 0.25%，主要集中在细胞质中。硫在人体的头发、皮肤和指甲的含量最高。同时，硫还是维生素，如硫胺素、泛酸、硫辛酸和生物素的组分，这些维生素起到辅酶的作用，可以激活多种酶。另外，硫元素还可以合成胶原、构成黏多糖等。

二、微量矿质元素的生理功能

（一）铁

铁在人体内主要集中分布在血液中，并且所有的人体活细胞都含有铁元素。铁对于人体的营养功能主要表现在：①将 O_2 和 CO_2 从一个组织运送到另一个组织，这个过程主要依赖血液和肌肉中的含铁蛋白（血红蛋白和肌红蛋白）来完成，因此铁元素是运送 O_2 和 CO_2 载体的必需成分。②铁可以促使胡萝卜素（维生素 A 的前体）转化成维生素 A，合成嘌呤（核酸的有机组成成分）、清除血脂、合成胶原、产生抗体等。

尽管铁被人体吸收后会保存得很好，但是人体没有分泌铁元素的机制，而且每天都会有损失，如人体表皮细胞脱落、头发及指甲的脱落都会造成铁元素的流失，因此人体必须每天从食物（主要是蔬菜）中补充适量的铁。人体缺铁造成的最直接的后果是贫血病，但是铁摄入过剩，也会发生类似铁中毒的现象，这样会显著增加其他疾病的感染率。

（二）铜

铜是人体必需的营养元素。一般人体中含有 75～150 mg 的铜，主要集中在脑、心和肾中。研究表明，人年老后，体内的含铜量会减少 80%～90%。人体缺铜会造成骨骼缺陷、神经系统的退化、皮肤色素减少、生殖力丧失和贫血症。

（三）锌

锌是人体中许多酶（如产生胃酸的酶、醇代谢酶、核酸代谢酶等）的重要组分。当严重缺锌时（只达到摄入推荐量的 25%～50%），会引起食欲低下、味觉灵敏度降低等症状。若摄入量更低，还可能造成侏儒症和男性青春期推迟及智力下降。食用南瓜可补充人体对锌元素的需要，对于儿童生长发育迟缓、体格矮小、食欲缺乏、副性腺萎缩、皮肤变性和肝、脾肿大等可能会有一定的缓解作用，可增强人体对疾病的抵抗能力。

（四）其他人体必需的微量矿质元素

蔬菜植物中还含有其他微量矿质元素，如钼、钴、硒、铬和碘。

在人体中，钼是两种重要酶——黄嘌呤氧化酶和醛氧化酶的重要组分，钼还可以与氟化物协同作用，防止牙斑形成。但是，体内钼含量过高会引起腹泻、停止生长和贫血等中毒症状。

钴也是人体中含有的必需营养元素。钴是维生素 B_{12} 的重要组分，维生素 B_{12} 是防止人体恶性贫血所必需的，另外钴也是人体中几种酶的重要组分。

蔬菜中的铬含量相对较低，但是它是人体必需的微量矿质元素。铬作为葡萄糖耐量因子的活性中心，可刺激葡萄糖的摄入，协助维持糖耐量。铬是胰岛细胞维持功能所必需的微量元素，它可以增加体内胰岛素的释放，促进糖尿病患者正常分泌胰岛素。缺铬会影响胰岛素的生物活性，降低组织对外源性和内源性胰岛素的敏感性，影响葡萄糖耐量，并伴有血管病变、脂肪与胆固醇含量增高，导致动脉硬化。

碘元素对人体的营养功能非常重要，碘元素是甲状腺素的重要组分，在促进机体的生长及代谢速度中起到重要作用。人体缺碘最容易出现的病症是甲状腺肿，但缺碘并不是造成单纯性甲状腺肿的唯一原因。

| 第六章 |

糖 类

糖类化合物也称碳水化合物，是由 C、H、O 三种元素构成的多羟基醛类或多羟基酮类，是生物体重要的能源和有机碳架来源，存在于所有生物中。蔬菜是人们日常生活中主要的食物之一，也是人体摄取糖类的重要途径。蔬菜中含有多种糖类物质，其含量可占植物体的 80% 以上。含糖较丰富的蔬菜作物有西瓜、甜瓜、南瓜、玉米（*Zea mays*）、甜菜（*Beta vulgaris*）等。

◆ 第一节 种 类

糖类物质根据聚合度可分为单糖（monosaccharide）、寡糖（oligosaccharide）、多糖（polysaccharide）和复合糖（complex carbohydrate）。

一、单糖

单糖是糖分子的最小单位，是二糖和多糖分子的基本构成成分。通常情况下，单糖分子结构中只包含一个酮基或者醛基。单糖的种类多样，根据分子中碳原子数目的不同，可分为丙糖、丁糖、戊糖、己糖等，自然界中的单糖主要以戊糖和己糖的形式存在；按照分子结构的立体构型不同，可将单糖分为 D 型和 L 型；按照取代基类型的不同，可将单糖分为醛糖和酮糖，常见的葡萄糖即己醛糖。

除了人们熟知的葡萄糖外，常见的单糖还包括果糖、半乳糖、核糖和脱氧核糖等（表 6-1）。

表 6-1　主要单糖的分类与结构

名称	英文缩写	结构式	存在部位
1. 丙糖（三碳糖）			
甘油醛	Gly		代谢产物
二羟丙酮	Dih		甜菜、甘蔗
2. 丁糖（四碳糖）			
D-赤藓糖	Ery		藻类植物

续表

名称	英文缩写	结构式	存在部位
3. 戊糖（五碳糖）			
核糖	Rib	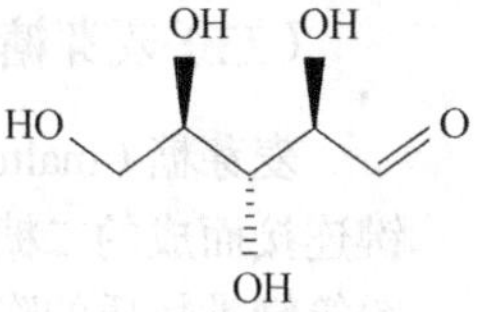	RNA 成分
D-2-脱氧核糖	Deo	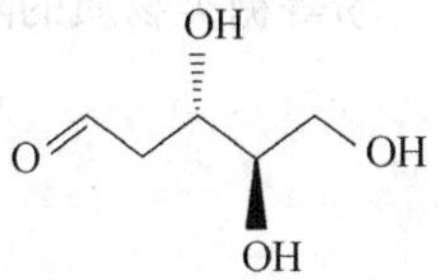	DNA 成分
L-阿拉伯糖	Ara	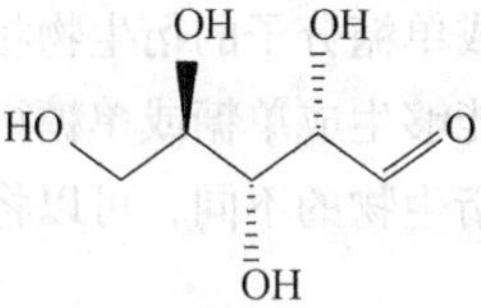	细胞壁成分、甜菜
D-木糖	Xyl	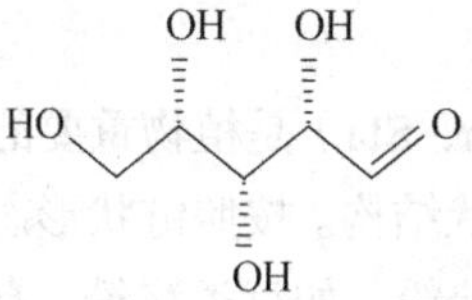	细胞壁半纤维素成分
4. 己糖（六碳糖）			
葡萄糖	Glu	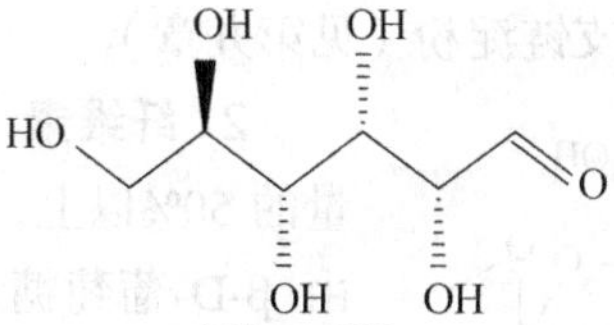	各种组织、纤维素、淀粉
D-甘露醇	Man	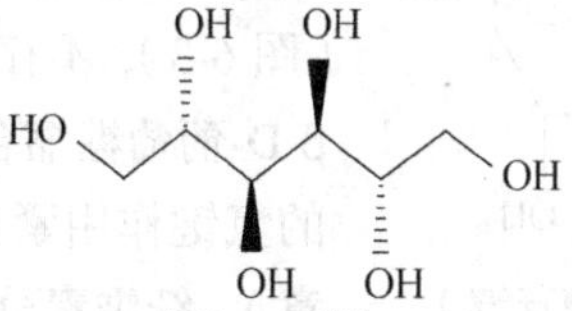	细胞壁半纤维素
果糖	Fru	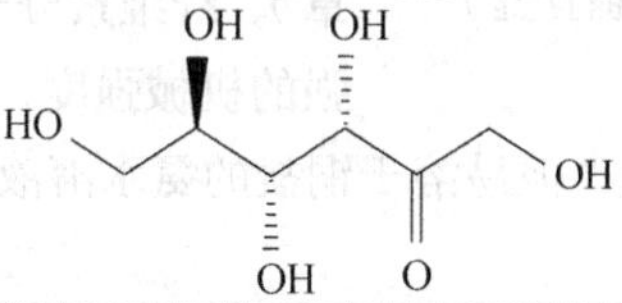	果实

二、双糖

双糖又称二糖，是两个单糖分子通过糖苷键连接形成的。在自然界中，只有蔗糖、麦芽糖和乳糖是以游离态存在的，其他双糖多以结合态存在。

（一）蔗糖

蔗糖（sucrose，Suc）是植物光合作用的主要产物之一，也是植物自身储存、运输和积累有机物的主要形式之一。蔗糖由一分子葡萄糖与一分子果糖缩合脱水而成（图 6-1）。

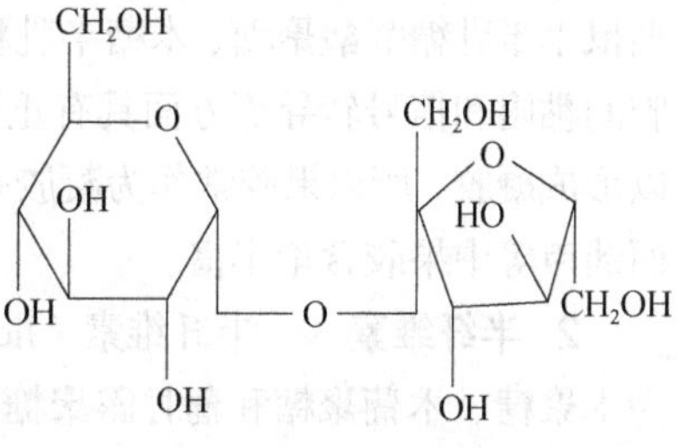

图 6-1 蔗糖的化学结构式

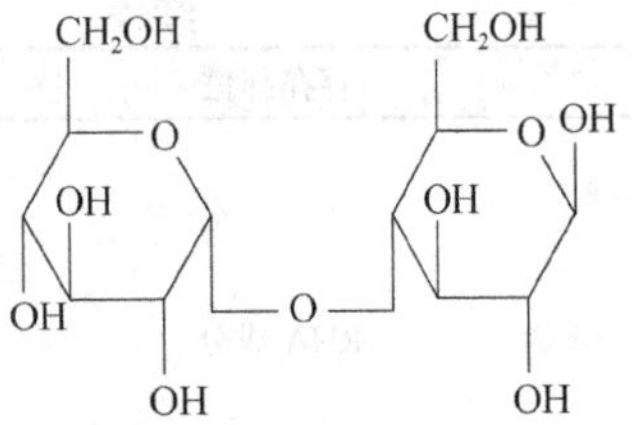

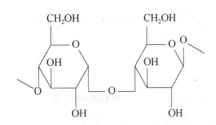

图6-2　麦芽糖的化学结构式

很多蔬菜中都含有蔗糖，其中甜菜的蔗糖含量远高于其他蔬菜。

（二）麦芽糖

麦芽糖（maltose，Mal）是由两个葡萄糖单位经由 α-1,4-糖苷键连接而成的二糖（图6-2）。麦芽糖又称为麦芽二糖，常作为淀粉等糖类物质的降解产物存在于植物体内。

三、多糖

多糖是由多个单糖分子或单糖分子的衍生物相互缩合而成。多糖通常为长链结构，分子量很大。多糖可被水解，水解后能够生成单糖或单糖衍生物。多糖难溶于水，正常状态下没有甜味。根据组成多糖的单糖或单糖衍生物的不同，可以将多糖分为同多糖和杂多糖。

（一）同多糖

1. 淀粉　淀粉（starch，Sta）是植物重要的多糖，主要作为贮存糖类存在。淀粉是由若干个麦芽糖单位构成的一种链状结构。按照链状形态的不同，可以将淀粉分为直链淀粉和支链淀粉两种。有些淀粉全部为直链淀粉，如豆类淀粉；有些淀粉全部为支链淀粉，如糯米淀粉；有些淀粉既包含直链淀粉又包含支链淀粉（见第九章）。

图6-3　纤维素一级结构（糖苷键）

2. 纤维素　纤维素（cellulose，Cel）占植物界碳含量的 50% 以上，是自然界中最丰富的有机物质。纤维素是由 β-D-葡萄糖通过 β-1,4-糖苷键连接形成的线性同多糖（图6-3），不存在支链。一个纤维素分子由 3000～10 000 个 β-D-葡萄糖缩合形成。纤维素分子中的糖链间会由于分子间的氢键作用紧密堆积，最终形成完整的片层结构（见第十章）。纤维素分子是植物细胞壁的组成成分，纤维素具有很强的机械强度，具有支持和保护生物体的作用。纤维素不易溶于水、酸性和碱性溶液，但易溶于铜盐的氨水溶液。

（二）杂多糖

1. 果胶　果胶（pectin）是一类结构复杂的植物多糖，是高等植物细胞壁的重要组成部分。根据其单糖组成及分子结构的差异，可分为同型半乳糖醛酸聚糖、Ⅰ型鼠李半乳糖醛酸聚糖、Ⅱ型鼠李半乳糖醛酸聚糖、木糖半乳糖醛酸聚糖等类型。果胶类成分在维持细胞壁结构完整性及细胞间黏附和信号转导等方面具有重要作用。因果胶溶液属于亲水性胶体，在适当的溶液环境下可以形成凝胶，所以果胶常作为凝胶剂用于食品工业。蔬菜作物如胡萝卜、青豌豆、青豆、圆白菜、西葫芦等中果胶含量丰富。

2. 半纤维素　半纤维素（hemicellulose，Hem）是多种碱溶性植物细胞壁多糖的总称，分为木聚糖、木葡聚糖和葡甘露聚糖等（见第十章），这些多糖都是在去除果胶物质后，又经碱性溶液提取所得，其中木聚糖是含量最丰富的一类半纤维素。

第二节 合成与代谢

一、合成途径

（一）单糖合成

在自然界中，植物中的单糖主要来源于光合作用。光合作用可分为两个阶段，分别为光反应阶段和暗反应阶段（图6-4）。

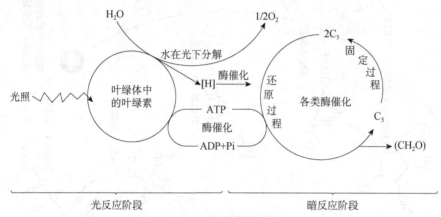

图6-4 光合作用过程

光反应（light reaction）是由光引起的光化学反应。光反应阶段发生的部位在叶绿体的类囊体膜上。光反应完成水的光解等过程，将光能转变为化学能。

暗反应阶段是利用光反应所生成的 ATP 和 NADPH 作为能量来源，将二氧化碳转化为糖类物质。暗反应阶段不依赖光的参与。

高等植物的碳素同化途径主要有 3 条：C_3 途径、C_4 途径及景天酸代谢（crassulacean acid metabolism，CAM）途径。

（1）C_3 途径 碳以 CO_2 的形式进入并以糖的形式离开卡尔文循环（图6-5）。在这个循环中，CO_2 固定的最初产物是一种三碳化合物（甘油酸-3-磷酸，PGA）。按照这条途径固定同化 CO_2 的植物，称为 C_3 植物。该途径 CO_2 的受体是一种戊糖（核酮糖-1,5-双磷酸，RuBP），所以也称该途径为还原磷酸戊糖途径（reductive pentose phosphate pathway，RPPP）。核酮糖-1,5-双磷酸羧化酶是植物光合作用过程中固定 CO_2 的关键酶。

（2）C_4 途径 CO_2 在磷酸烯醇丙酮酸（PEP）羧化酶的催化下连接到磷酸烯醇丙酮酸上，形成草酰乙酸（oxaloacetic acid，DAA），故称为四碳二羧酸途径。按照这条途径同化 CO_2 的植物，称为 C_4 植物。这类植物大多起源于热带或亚热带，主要集中于禾本科、莎草科、菊科、苋科、藜科、大戟科、马齿苋科等，其中禾本科占 50% 左右，如玉米等植物。

（3）景天酸代谢途径 是生长在热带与亚热带干旱及半干旱地区的一些肉质植物（最早发现在景天科植物）光合固定 CO_2 的附加途径。这类植物夜间气孔打开，吸收 CO_2，在 PEP 羧化酶作用下，与 PEP 结合，形成草酰乙酸（OAA），进一步还原成苹果酸贮存到液泡内；白天时则会关闭气孔，在细胞质内让苹果酸在苹果酸脱氢酶的作用下完成脱羧，释放出 CO_2，后进入 C_3 途径。

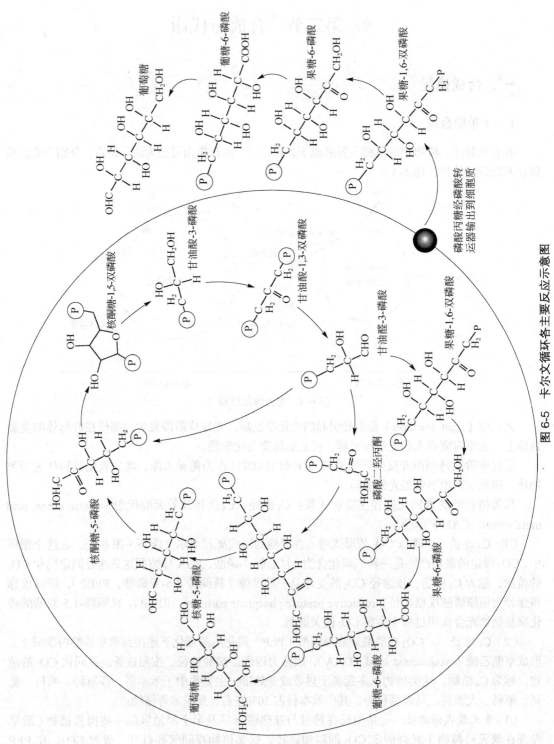

图 6-5 卡尔文循环各主要反应示意图

（二）双糖和多糖合成

1. 单糖的活化 植物在利用单糖合成双糖或多糖时，会先使单糖和高能化合物结合获得能量。糖核苷酸是单糖用于合成时的主要活化形式，如葡萄糖经活化后形成尿苷二磷酸葡糖（uridine diphosphate glucose，UDPG）参与多糖的合成（图6-6）。

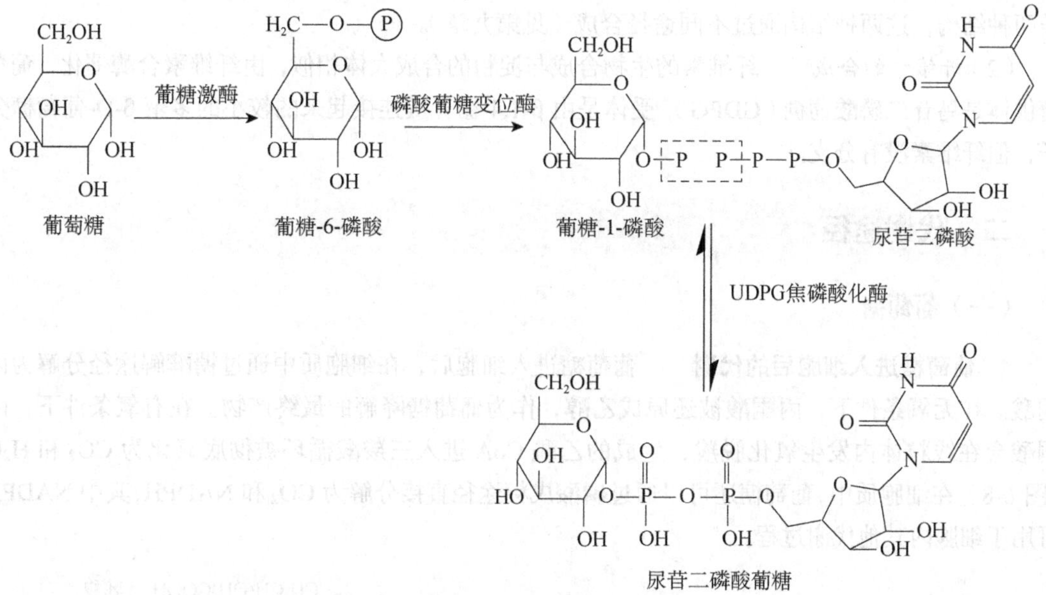

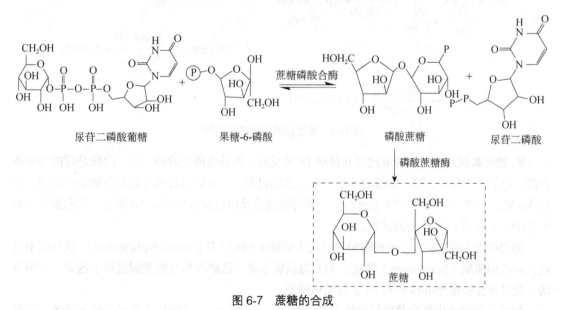

图6-6 单糖的活化

2. 双糖的合成 蔗糖是蔬菜中主要的双糖，它是蔬菜在贮藏、积累和运输糖类过程中主要的形式，其合成场所是在细胞质中（图6-7）。

图6-7 蔗糖的合成

3. 多糖的合成

（1）淀粉的合成　　根据淀粉的生物学功能，蔬菜中的淀粉被分为两类：暂态淀粉和贮藏淀粉。白天叶片光合作用合成的淀粉通常被定义为暂态淀粉（过渡性淀粉），因为它在晚上被降解以在没有光合作用情况下维持新陈代谢、能量产生和生物合成。非光合组织，如种子、茎、根或块茎中的淀粉，一般贮藏时间较长，称为贮藏淀粉。在蔬菜中这两种类型的淀粉都包含直链和支链两种结构，这两种结构通过不同途径合成（见第九章）。

（2）纤维素的合成　　纤维素的生物合成与淀粉的合成大体相似，由纤维素合酶催化，葡萄糖供体是鸟苷二磷酸葡糖（GDPG），受体是由 β-1,4-糖苷键连接起来的较小的多聚 β-D-葡萄糖分子，但纤维素没有分支。

二、代谢途径

（一）葡萄糖

1. 葡萄糖进入细胞后的代谢　　葡萄糖进入细胞后，在细胞质中通过糖酵解途径分解为丙酮酸。在无氧条件下，丙酮酸被还原成乙醇，作为葡萄糖降解的最终产物。在有氧条件下，丙酮酸会在线粒体内发生氧化脱羧，生成的乙酰 CoA 进入三羧酸循环被彻底氧化为 CO_2 和 H_2O（图 6-8）。在细胞质中，葡萄糖还可以通过磷酸戊糖途径直接分解为 CO_2 和 NADPH，其中 NADPH 可用于细胞内其他代谢过程。

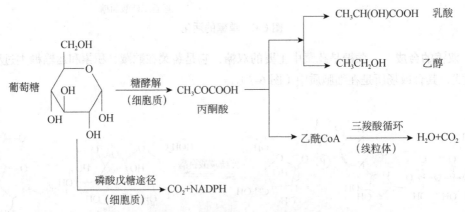

图 6-8　葡萄糖的主要降解途径

2. 糖酵解反应　　糖酵解过程共包括 10 步反应，可分为两个阶段：第一阶段是耗能的准备阶段，包括 5 步反应。第二阶段的 5 步反应是放能过程，三碳糖通过氧化还原及磷酸化反应，生成丙酮酸，共产生 4 分子 ATP（图 6-9）。糖酵解的总反应过程至少需要 10 种酶，它们都位于细胞质中，多数需要 Mg^{2+} 为激活剂。

葡萄糖进入细胞后，首先被磷酸化转化为葡糖-6-磷酸（D-glucose-6-phosphate），该反应不可逆，由己糖激酶（hexokinase）催化，ATP 提供磷酸基，己糖激酶是糖酵解过程中的第一个调节酶，受其催化物葡糖-6-磷酸和 ADP 的别构抑制。

葡糖-6-磷酸在磷酸葡萄糖异构酶（phosphoglucose isomerase）催化下生成果糖-6-磷酸，是可逆反应。葡糖-6-磷酸为醛式己糖，而果糖-6-磷酸（D-fructose-6-phosphate）为酮式己糖，反应中通过形成与酶结合的烯醇式中间物来实现醛-酮互变过程。

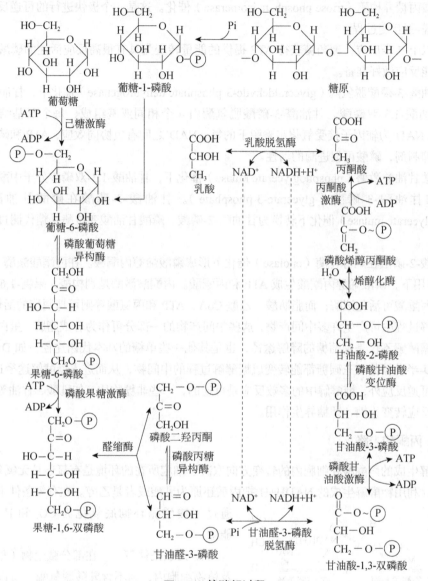

图 6-9　糖酵解过程

果糖-6-磷酸的磷酸化由磷酸果糖激酶催化,产物为果糖-1,6-双磷酸。该反应在生理条件下(细胞内)不可逆。磷酸果糖激酶是一个四聚体形式的变构酶,己糖激酶是糖酵解途径的限速酶之一。因其催化效率较低,所以它是整个途径中最为关键的调节酶。磷酸果糖激酶受许多效应物的调节:ATP、柠檬酸、磷酸肌酸、脂肪酸、甘油酸-2,3-双磷酸是它的负调节物;果糖-1,6-双磷酸、AMP、ADP、磷酸、cAMP 等是正调节物。该酶会因所处环境中 ATP 浓度的升高而受到抑制,当 ATP 浓度升高时,磷酸果糖激酶与果糖-6-磷酸的结合曲线从“S”形变为双曲线形;柠檬酸就是通过增强对 ATP 的抑制来间接抑制磷酸果糖激酶的活性,从而限制反应过程。

果糖-1,6-双磷酸的裂解由醛缩酶(aldolase)催化,将六碳糖裂解为两个三碳糖,即甘油醛-3-磷酸和磷酸二羟丙酮。裂解形成的两个磷酸丙糖,只有甘油醛-3-磷酸能继续进入糖酵解途径的后续反应，磷酸二羟丙酮需转变为甘油醛-3-磷酸才能继续酵解。磷酸二羟丙酮与甘油醛-3-磷酸互变可由磷酸丙糖异构酶（triose phosphate isomerase）催化。这是一个极快进行的可逆反应，是酶催化下的醛-酮互变过程。

通过以上 5 步反应，葡萄糖获得 ATP 提供的能量转变为具有很高反应活性的磷酸丙糖，为下面的放能反应做好准备。

在甘油醛-3-磷酸脱氢酶（glyceraldehyde-3-phosphate dehydrogenase）催化下，甘油醛-3-磷酸氧化为甘油酸-1,3-双磷酸。甘油醛-3-磷酸脱氢酶由 4 个相同亚基组成，每个亚基结合 1 分子 NAD+，以 NAD+ 为辅因子接受氧化步骤脱下的氢。NAD+ 之间有负协同效应，ATP 和磷酸肌酸是非竞争性抑制剂，磷酸可促进酶的活性。

在磷酸甘油酸激酶（phosphoglycerate kinase）催化下，甘油酸-1,3-双磷酸分子中酰基磷酸形成 ATP 和甘油酸-3-磷酸（glycerate-3-phosphate）。甘油酸-3-磷酸在磷酸甘油酸变位酶（phosphoglycerate mutase）催化下转换为甘油酸-2-磷酸。磷酸甘油酸变位酶是糖代谢过程中的关键酶。

甘油酸-2-磷酸在烯醇化酶（enolase）催化下形成磷酸烯醇丙酮酸。在丙酮酸激酶（pyruvate kinase）作用下，磷酸烯醇丙酮酸生成 ATP 和丙酮酸。丙酮酸激酶是别构酶，果糖-1,6-双磷酸、磷酸烯醇丙酮酸可活化该酶；而脂肪酸、乙酰 CoA、ATP 和丙氨酸等则可抑制酶的活性。

糖酵解过程中可产生许多中间产物，这些中间产物的一部分可作为合成脂肪、蛋白质等物质的碳架。糖酵解不仅是葡萄糖的降解途径，也是其他一些单糖的基本代谢途径，如 D-果糖、D-甘露糖、D-半乳糖甚至三碳糖都能转变成糖酵解过程的中间物，从而进入糖酵解途径进行代谢。除 3 个不可逆反应外，糖酵解中的多数反应是可逆的，一些非糖物质，如乳酸、甘油等，可利用这些可逆反应转变为糖，即糖异生作用。

（二）丙酮酸去路

糖酵解生成的丙酮酸在细胞内的转变方向取决于细胞所在的环境是有氧还是无氧条件。在无氧条件下，利用糖酵解生成的 NADH+H+ 把丙酸还原为乳酸或者是乙醇。在有氧条件下，丙酮酸通过三羧酸循环彻底氧化为 CO_2 和 H_2O 并释放能量。

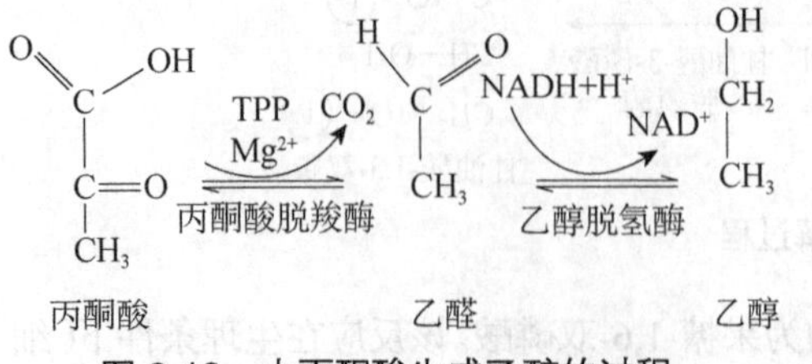

图 6-10　由丙酮酸生成乙醇的过程

1. 无氧条件下　　在部分微生物（如酵母菌）及植物细胞内，因不含乳酸脱氢酶，所以在无氧条件下，丙酮酸先由丙酮酸脱羧酶（pyruvate decarboxylase）催化脱去羧基生成乙醛，乙醛再由乙醇脱氢酶催化，被 NADH+H+ 还原成乙醇（图 6-10）。

2. 有氧条件下　　在有氧条件下，丙酮酸首先被转运到线位体内，氧化脱羧生成乙酰 CoA，乙酰 CoA 通过三羧酸循环彻底氧化成 H_2O 和 CO_2。这一过程中产生的 NADH+H+（包括糖酵生成的 NADH+H+）可经线粒体中的呼吸链氧化，通过氧化磷酸化作用生成 ATP。

丙酮酸的氧化脱羧过程由丙酮酸脱氢酶系（pyruvate dehydrogenase system）催化。丙酮酸脱氢酶系是由 3 种酶组合在一起的复合酶。3 种酶分别为丙酮酸脱氢酶（pyruvate dehydrogenase）、二氢硫辛酰转乙酰基酶（dihydrolipoyl transacetylase）和二氢硫辛酰胺脱氢酶（dihydrolipoamide dehydrogenase）。

（三）三羧酸循环

三羧酸循环（tricarboxylic acid cycle）是需氧生物体内普遍存在的代谢途径。原核生物中分布于细胞质，真核生物中分布在线粒体。因为在这个循环中几个主要的中间代谢物是含有三个羧基的有机酸，如柠檬酸（C_6），所以叫作三羧酸循环，又称为柠檬酸循环（citric acid cycle）或者是 TCA 循环（见第七章）。三羧酸循环是三大营养素（糖类、脂类、氨基酸）的最终代谢通路，又是糖类、脂类、氨基酸代谢联系的枢纽。

以三羧酸循环及氧化磷酸化为主的葡萄糖有氧氧化途径，是需氧生物体利用糖获得 ATP 的最有效方式，也是细胞获得能量的主要方式。三羧酸循环是糖、脂肪、蛋白质彻底氧化分解的共同通路，它们降解产生的单糖、脂肪酸、氨基酸等在细胞内进行生物氧化时会转变为乙酰 CoA、α-酮戊二酸或草酰乙酸等 TCA 中间物质。除此以外，三羧酸循环的中间产物可作为其他物质合成的原料，实现了三大物质之间的相互转换。三羧酸循环过程释放的 CO_2 进入地球大气后，可协调大气中 O_2/CO_2 比值，为光合作用提供原料，并维持一定程度的温室效应。

（四）磷酸戊糖途径

磷酸戊糖途径（pentose phosphate pathway）是葡萄糖氧化分解的一种方式。由于此途径是由葡糖-6-磷酸（G-6-P）开始，故也称为己糖磷酸旁路。此途径在细胞质中进行，可分为两个阶段：第一阶段是氧化脱羧阶段，在此阶段，葡糖-6-磷酸会发生脱氢反应生成葡糖酸内酯-6-磷酸，然后产物会水解生成葡糖酸-6-磷酸，最后发生氧化脱羧生成核酮糖-5-磷酸。葡糖-6-磷酸脱氢酶受 NADPH 反馈抑制，是磷酸戊糖途径的限速酶。第二阶段是非氧化分子的 δ 重排阶段，木酮糖-5-磷酸会通过一系列转酮基及转醛基反应，最终生成甘油醛-3-磷酸及果糖-6-磷酸，其中果糖-6-磷酸还可以再次通过糖酵解途径继续代谢分解（图 6-11）。

（五）双糖和多糖

1. **蔗糖**　蔗糖是非还原性双糖，可在蔗糖酶的催化下水解成为一分子葡萄糖和一分子果糖。除此以外，蔗糖还可以在蔗糖合酶的作用下，将葡萄糖转变为尿苷二磷酸葡糖，作为糖基供体，用于后续淀粉合成。

2. **麦芽糖**　麦芽糖是淀粉降解的中间产物，由麦芽糖酶催化水解为 2 分子葡萄糖。

3. **淀粉**　淀粉是植物体内主要的储存多糖，种子萌发时，储存的淀粉将被分解，供胚芽生长所需。生物体内分解淀粉的酶有以下几种：α 淀粉酶、β 淀粉酶、淀粉磷酸化酶、脱支酶。在这些酶和麦芽糖酶的共同作用下，淀粉将被完全水解为葡萄糖。

4. **纤维素**　纤维素的分解是由纤维素酶催化进行的，而纤维素酶是由多种水解酶组成的一个复杂酶系。其中包括三种类型的酶：内切纤维素酶（C_1 酶）、外切纤维素酶（C_x 酶）和 β 葡糖苷酶（图 6-12）。

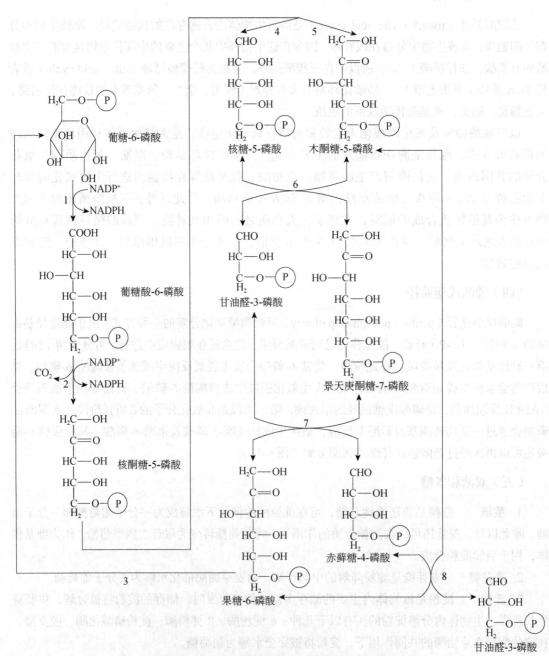

图 6-11 磷酸戊糖途径（王小菁，2019）
1. 葡糖-6-磷酸脱氢酶；2. 葡糖酸-6-磷酸脱氢酶；3. 磷酸己糖异构酶；
4. 磷酸己戊糖异构酶；5. 磷酸戊糖差向异构酶；6、8. 转酮酶；7. 转醛酶

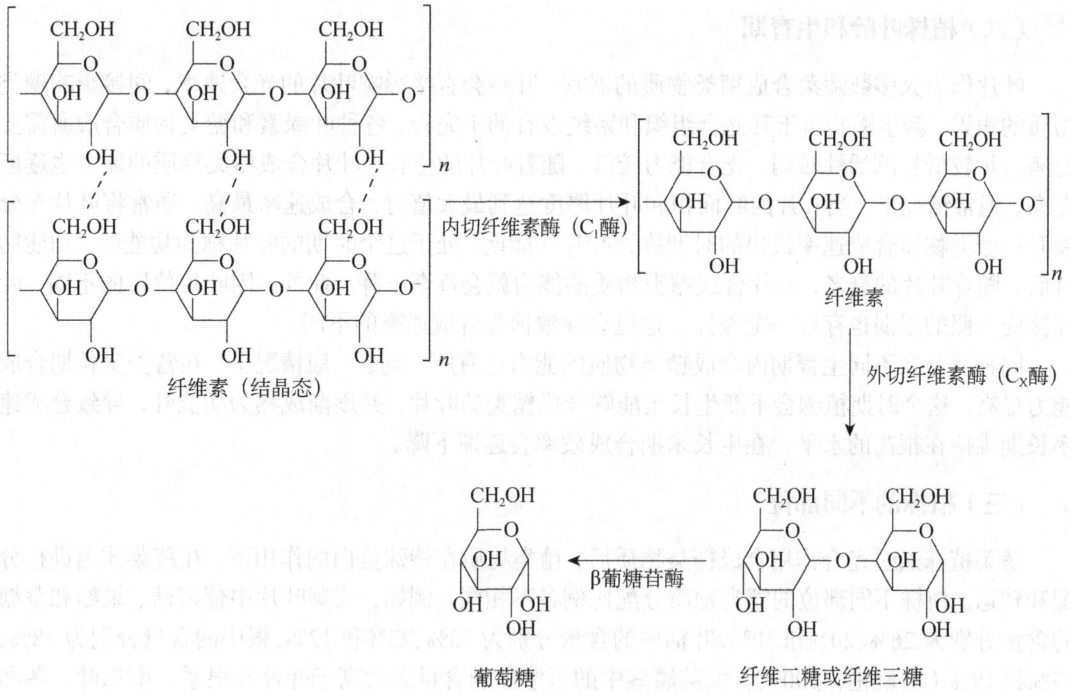

图 6-12 纤维素的分解

◆ 第三节 影响糖类含量的因素

一、植物因素

（一）蔬菜种类

不同种类和品种的蔬菜，由于在光合效率上的差异，其糖类物质的累积、分配和贮藏都有所不同。不同种类的蔬菜获得糖类物质的途径不同，一般来说 C_4 植物类型的蔬菜相比 C_3 植物类型的蔬菜具有更高的糖类物质合成效率，糖类物质的累积通常也会更多。C_4 植物类型的蔬菜有菊科的莴苣、莴笋、茼蒿、菊芋，大戟科的铁苋菜，藜科的菠菜、甜菜等。其余大部分蔬菜都属于 C_3 植物类型。不同种类蔬菜的含糖量如表 6-2 所示，甜菜含糖量是所有蔬菜中最高的，为 17% 左右。相同种类的蔬菜也会因品种不同导致糖类物质含量存在差异。例如，黑皮胡萝卜的总糖和还原性糖含量高于黄皮胡萝卜。绿肉萝卜品种的糖类物质含量要显著高于红肉品种。

表 6-2 不同种类蔬菜的含糖量

蔬菜	含糖量/% FW	蔬菜	含糖量/% FW
萝卜	≈6	扁豆	≈4
白菜	≈3	黄瓜	≈2
胡萝卜	≈7	西葫芦	≈2
芫荽	≈7	韭菜	≈4
番茄	≈2	大葱	≈6
茄子	≈3	菠菜	≈2
豇豆	≈4	甜菜	≈17

（二）植株叶龄和生育期

叶片作为大多数蔬菜合成糖类物质的器官，叶龄会直接影响叶片的光合速率，间接影响糖类物质的积累。新生嫩叶由于其光合组织和系统发育的不完善、各种叶绿素和糖类物质合成所需要的酶含量较低且酶活性较弱，光合能力较低。随着叶片的生长，叶片合成糖类物质的能力也逐渐提高，通常情况下，当叶片的叶面积和叶片厚度达到最大值时，合成速率最高。通常将叶片充分展开后糖类物质合成速率最快的时期称为叶片功能期，处于这个时期的叶片称为功能叶。功能期过后，随着叶片的衰老，叶片合成糖类物质的能力就会逐渐下降。此外，因叶片位置的不同，叶片接受光照的强弱也存在一定差异，这也会导致糖类合成速率的不同。

同种蔬菜在不同生育期内合成糖类物质的能力也有所不同，一般情况下，在营养生长期合成能力最高，这个时期植物会不断生长出能够合成糖类的叶片，并逐渐成熟为功能叶，导致合成速率长期维持在很高的水平，在生长末期合成效率会逐渐下降。

（三）植株的不同部位

蔬菜植株通过光合作用合成糖类物质后，糖类物质在特殊蛋白的作用下，在蔬菜体内进行分配和转运。植株不同部位的糖类物质分配比例各不相同。例如，甜菜叶片中葡萄糖、果糖和蔗糖的含量分别为26%、20%和10%，叶柄中的含量分别为28%、23%和12%，根中的含量分别为18%、17%和19%（石晓艳，2009）。大蒜鳞茎中的可溶性糖含量大大高于叶片和根系。南瓜叶、茎和果实的可溶性糖含量相差很多，分别为5 g/kg、15 g/kg 和32 g/kg（郑玲等，2018）。

对于同一种蔬菜，不同部位的糖类物质分配比例也不是一成不变的，在生育期的不同阶段，由于代谢库对糖类物质的需求不同，糖类物质的分配比例呈现动态变化。

（四）植株的源库关系

通常，植物中进行光合作用或者能够合成有机物质的组织、器官或部位被称为"源"，一般是成熟的叶片；相对地将植物中消耗或者贮存有机物的组织、器官或部位称为"库"，如根、茎、叶、果实等。"源"所形成的同化物（在韧皮部运输的主要形式是糖类，占其所运输干物质的90%以上）一般会转运到各个"库"中，但并不会平均分配，而是有所侧重。"源"会优先供给到生长中心的"库"，蔬菜在不同的生育阶段会有不同的生长中心，一般来说，在生育前期，幼嫩的器官即生长中心；进入生殖期后，"源"的分配重心则会转移到生殖器官。除此以外，源库关系对同化物的分配还取决于"源"的供应能力（输出同化物多少的能力）和"库"的竞争能力（对同化物的吸引能力），"库"的竞争能力是影响同化物分配的主要因素。

在蔬菜栽培过程中，人们常常通过摘心、打蔓等修剪手段，以及肥水控制、使用生长调节剂等途径来提高蔬菜品质，而这些途径主要通过调控源库关系来实现。

1. 营养调节　马铃薯生育时期地上和地下两个营养中心养分竞争激烈。氮、磷、钾适当的配比和含量，是源、库协调发展的物质基础，也是维持各器官糖类物质含量的必要保障之一。马铃薯若在开花初期和盛花期氮、磷、钾养分供应不足会严重影响其花蕾的发育，一旦花蕾发育受到影响，地下部块茎的糖类物质的积累也会间接受到影响。此外，马铃薯植株特别是匍匐茎内脱落酸与赤霉素之比也受氮营养水平的调节。供氮量制约着匍匐茎的顶端分化和薯块形成，大量供氮会明显抑制结薯。总之，通过调节元素的比例可调整蔬菜器官的生长，进而控制营养物质的分配，在保证正常生命活动的前提下，使其最大限度地流向产品器官。

2. 机械手段　机械手段是利用物理方法调整植株的一种调节手段，是蔬菜田间管理的一项综合技术，是调节源库关系的有效手段。主要的依据是植株器官的相关性，如地下部分和地上部分，主枝和侧枝，叶片和果实，第一穗果和第二穗果，甚至同一果穗中各个果实之间都是相互联系的。因此，利用搭架、整枝、摘心、疏果、打叶、压蔓等措施，可以实现营养生长与生殖生长平衡，源与库的协调，提高群体叶系的生产力，调节光合产物分配和流向，使之尽可能多地积累到产品器官中。

机械手段根据生理效应的不同分为以下三类措施。

1）增加植物糖类物质的合成效率。可以通过合理密植、压蔓、立体栽培等方式改变枝（蔓）叶的空间分布，改善叶片的受光态势，增加有效光合面积，从而提高叶片的生产力。在一定范围内，番茄叶面积指数与果实产量表现为正相关关系，但是如果茎叶生长过旺，叶面积指数超过一定范围时，群体的净同化率则随叶面积指数的增加而降低。

2）减少糖类物质的不必要消耗。通过整枝、疏果等技术改变营养物质的流向，使光合产物流向产品器官，避免其流向瘦弱的叶片和枝条或是商品价值低的畸形果，从而提高产量和质量。

3）通过摘心、疏花等技术加速库形成。摘心可使茎不再伸长，叶片数不再增多，功能叶制造的养分集中运向库。净同化率与果/叶比值的大小密切相关，若果/叶比值小，则源大库小，叶片中留存的同化产物较多，则会使净同化率下降，并容易导致叶片老化。

对于子蔓、孙蔓结瓜的甜瓜等蔬菜作物，主蔓摘心后，可促使子蔓发生，子蔓摘心又可促使孙蔓发生，使之早生雌花，结瓜期明显提前，有利于早熟高产。疏花则可摘除源无力负担的或者因季节限制来不及成熟的花或幼果，使养分集中，加快果实的生长和成熟。

3. 生化手段 使用人工合成的激素，如用 2,4-D、p-CPA（对氯苯氧乙酸）等在开花期处理茄果类蔬菜花朵，由于子房得到足够的激素，形成了又一个新的生长中心，增强了幼果（库）的活性，使大量光合产物运向果实，促进果实迅速膨大。

二、外部因素

（一）温度

温度会从多个方面影响糖类物质的合成。温度可以直接影响光合作用碳同化过程中的一系列酶促反应，也可以通过影响植物的呼吸速率及气孔开闭来间接影响糖类物质合成的效率。

环境温度过高或者过低都会影响蔬菜糖类物质的合成。温度过低会损伤叶绿体超微结构，气孔运动失调，阻碍 CO_2 扩散，使酶促反应速率降低，抑制糖类物质的合成。高温则会破坏叶绿体的结构，使酶钝化和失活；促进蒸腾作用，从而导致缺水，进一步导致气孔关闭。高温是植物体糖类物质合成的最敏感条件之一。温度低于 30℃时番茄糖类合成速率随温度升高而增加，但是当温度高于 30℃时，其糖类合成速率则随温度上升而逐渐下降。

此外，温度对糖类合成的影响有两种因光照强度不同而异的情况：在强光照条件下，酶促反应限制光合作用，温度则成为主要影响因素；然而，在弱光照条件下，糖类合成速率受到光照强度的限制，增加温度没有明显的作用，甚至促进呼吸作用而减少有机物积累。因此在生产中，如温室栽培管理上，在夜间或阴雨天时必须适当降低温度，以提高糖类物质合成速率。

昼夜温差可以调节植株光合器官的机能，并影响叶绿素的合成、光系统的活性和气体在叶片中的转换等。

喜光蔬菜（如黄瓜）的叶片在白天进行光合作用时产生的糖类物质，需要尽快地运输到根、茎、果实等不同器官中。如果白天温度过低，糖类物质不能完全运输到各个器官，这时夜间温度就尤为重要，在一定的温度条件下，植物仍然会在夜间向上或向下运输糖类物质。但是如果夜间温度低于植物的生长温度，糖类物质会滞留在叶片中，如果这种低温情况持续时间过长，就会降低呼吸速率，从而减少可用于推动运输的有效能量，植物的叶片就会变厚、颜色变深，停止生长。

此外，当日均温为 20℃ 时，非气孔因素对光合作用的限制作用随昼夜温差的增大而下降，叶片糖类物质合成的能力提高；当日均温为 18℃ 时，番茄的叶绿素含量与昼夜温差呈正相关性，即昼夜温差越大，番茄的叶绿素的含量越高。

（二）光照

光照主要通过影响光合作用来影响蔬菜中糖类的合成。光是光合作用的能量来源，是调节气孔运动的主要因素，可以直接影响 CO_2 的供应；光也是叶绿体发育和叶绿素合成的必要条件；光还会影响光合作用碳循环中光调节酶活性。所以光照对蔬菜中糖类物质的合成起到了决定性的作用。

光照对蔬菜中糖类物质合成的影响主要体现在以下三个方面：光照时间、光照强度和光质。

1. 光照时间 光照时间对叶片的光合作用有影响，因此可以调节植物中糖类物质的积累。叶用莴苣糖类物质的积累会随光照时间的延长而增加，全日光照下积累达到最大值（王智勇等，2021）。温室内人工补光能够增加番茄叶片的最大光合速率，叶片可溶性糖含量提高，其中果糖和葡萄糖显著增加（闫文凯，2018）。一定范围内延长光照时间可以促进草莓中糖类的积累，同时可以提高草莓果实中可溶性固形物、维生素 C 等的含量（刘庆等，2015）。

2. 光照强度 光照强度主要通过调节光合作用来影响蔬菜中糖类物质的积累。光照强度决定了光的能量供应量，而植物光合作用只需要一定范围内的能量，光照强度过高或过低都会降低植物的光合作用能力，不利于植物的生长。

在一定范围内，植物糖类物质合成的速率随光强的增加而升高，但当光强超过一定范围后合成速率不再随着光强而增加，这种现象称为光饱和现象（light saturation）。出现光饱和现象的原因很多，主要是因为光合色素和光化学反应在强光下来不及利用过多的光能；另外，CO_2 固定及同化的速度较慢，与光反应的速率不匹配，出现同化力过剩，使色素无法继续吸收光能。光照强度低于光饱和点时，光合速率会随着光强减弱而降低，当光强降低到某一值时，光合作用吸收的 CO_2 量与呼吸作用释放的 CO_2 量达到动态平衡，这时的光照强度则称为光补偿点（light compensation point，LCP）。当植物处于光补偿点时，有机物的形成量等于消耗量，即净光合速率为零，没有光合作用产物的积累，加上夜间的呼吸消耗，还会导致光合产物的不足。

葡萄糖、果糖和蔗糖是甜瓜果实中主要的可溶性糖，其含量和组成对果实品质起重要作用。甜瓜果实发育初期和中期，果实中的糖分积累以葡萄糖和果糖为主，蔗糖快速积累发生在果实发育的中后期。遮阴处理导致甜瓜果肉可溶性总糖、己糖和蔗糖含量显著降低，但对己糖和蔗糖组成比例没有显著影响。遮光使蔗糖开始大量积累的时间推迟，但不同品种果实的糖分积累对光照强度的响应存在差异（任雷等，2010）。

掌握植物光饱和现象和光补偿现象的特性，可以对生产实践给予更好的指导。例如，蔬菜间套种时品种的搭配和选择及设置合理的种植密度等，都要基于植物光合作用对光强的要求。在冬季或早春光照强度低、温室管理中应避免高温，可以降低光补偿点，减少夜间呼吸消耗，因此阴天时应适当给温室降温。大田作物的生长后期，下部叶片的光强往往低于光补偿点，因此，生产上除了注意合理密植和调节肥水管理外，充分整枝、摘除老叶等措施可以改善下部叶片的通风和光照条件，摘除部分光补偿点以下的叶片，有利于促进光合产物的积累。

3. 光质 光质通过影响叶片的光合速率从而对蔬菜的糖类物质积累产生影响。高等植物中叶绿体的光合色素能够将光能转化成化学能，光合色素包括叶绿素 a、叶绿素 b 和类胡萝卜素等，对光谱的吸收区有所不同（龙家焕等，2018）。光谱可通过影响植物的叶片大小及结构、气孔导度、光合碳同化过程等间接影响植物的光形态建成。蓝光能有效促进植物叶片气孔的开张，这种蓝光效应通过提高叶片中的 CO_2 和碳水化合物浓度来促进植物的光合作用。王虹等（2010）发现蓝光和紫光可以诱导黄瓜叶片中抗氧化酶基因的活性上升，而红光则与之相反，抑制了抗氧化酶的活性，所以蓝光和紫光会延缓植株的衰老，而红光则会促进衰老。补充红光可以提高温室内黄瓜叶片的光合速率，促使光合产物向其他器官的运输与分配，从而减少光合产物在光合器官中的积累（王绍辉等，2008）。菜豆在橙光和红光下光合效率最高，蓝紫光其次，绿光最差（王绍辉等，2008）。

（三）水分

水是植物合成糖类物质过程中不可或缺的原料之一，如果没有水，植物也无法合成糖类。但植物在光合作用中用于合成糖类物质的水，仅占植物吸收水分的不到 1%。因此，缺水主要是间接影响合成过程。第一，缺水会降低气孔导度或使气孔关闭，影响植物对 CO_2 的吸收；第二，缺水会影响 PS II 和 PS I 天线色素蛋白复合体及反应中心，减少电子传递和同化力的形成，甚至会破坏类囊体膜结构，降低合成糖类物质的速率；第三，缺水抑制叶片生长，叶片面积变小，光合速率降低。当水分过多时，糖类合成也会受到间接影响，因为水分过多会导致土壤通气和根系发育不良及根系活力下降。

水分胁迫影响植株体内的糖代谢，能够降低果实的干物质含量，增加果实内可溶性糖、有机酸等的含量。研究表明，调亏灌溉可以显著提高加工番茄的可溶性固形物含量、有机酸含量和糖酸比（郑凤杰等，2016）。水分胁迫可以提高葡萄糖和果糖含量。随着水分胁迫程度的提高，淀粉和蔗糖含量逐渐降低。但水分胁迫增加了叶片中光合碳向蔗糖的流动而减少向淀粉流向，促进蔗糖的合成但减少淀粉含量，提高了蔗糖/淀粉的比值。长期水分胁迫能够激活蔗糖合成的关键酶，蔗糖磷酸合酶（SPS）活性升高，导致叶片中蔗糖水平上升而淀粉水平降低。

（四）CO_2

作为光合作用的重要原料，CO_2 的含量对糖类合成的效率有直接影响。植物只有在环境 CO_2 浓度高于补偿点的条件下才能正常生长，并且积累糖类物质。不同植物的 CO_2 饱和点也有很大不同，C_3 植物的 CO_2 饱和点一般比 C_4 植物要高。增加 CO_2 浓度至超过饱和点则会减弱糖类合成的效率，可能是因为过高的 CO_2 浓度会导致气孔关闭，从而阻止 CO_2 向叶内扩散；甚至会导致原生质中毒，抑制正常呼吸。

CO_2 浓度并不是独立影响糖类合成的，CO_2 的最适浓度还取决于光照强度、温度、湿度等条件，当光照增强时，植物能够吸收利用更高浓度的 CO_2，CO_2 饱和点也会随之提高，从而加快糖类物质的合成效率。在良好的光照、温度、肥料和水分供应条件下，CO_2 浓度往往成为光合作用的限制因素。

当温室内 CO_2 浓度增加 3～5 倍时，番茄、黄瓜、萝卜等蔬菜的产量可以提高 25%～49%。而在大田生产过程中，补充蔬菜所需 CO_2 可通过大量施用有机肥料、深施碳酸氢铵、增加土壤微生物的呼吸作用等多种方法。此外，合理的种植密度也有利于通风透光，提高 CO_2 浓度和蔬菜对 CO_2 的利用率。

（五）矿质营养

矿质元素与光合作用有着非常密切的联系，直接或间接地影响蔬菜中糖类物质的积累。Cl、Mn、Ca 直接影响水的光解，Fe、Cu、P 直接影响电子的传递和光合磷酸化过程，N、Mg、Fe、Mn、Zn 等元素则对叶绿素的组成或生物合成过程直接产生影响。K、P、B 影响光合产物运输和转化的过程，K 和 Ca 通过影响气孔开合而控制 CO_2 的进出，间接影响光合作用。

在矿质元素中，磷是影响光合作用的重要元素之一。在缺磷胁迫的早期阶段，同化产物向根系的转运受缺磷信号的诱导而增加，而在后期缺磷非常明显时，阻碍了可溶性碳水化合物的合成和运输。

氮元素作为组成叶绿体的元素之一，其含量高低对光合作用效率有直接影响，从而间接影响糖类物质的含量。当植物缺氮时，体内叶绿素含量减少，光合速率因叶片黄化而减弱，光合产物的数量减少。此外，氮作为蛋白质的合成元素，往往会因氮的缺乏，从而影响各类光合作用酶的含量及活性。

硼元素影响糖类物质合成，主要是因为硼对维持叶片功能起到重要作用。缺硼使叶片表面变形，气孔关闭，叶绿体没有充分发育，这会直接导致光合速率的下降。此外硼还有另外一个重要的生理功能，即促进植物体内糖类的运输和代谢。所以如果硼素缺乏，就会导致光合产物运输受阻，导致糖类物质含量下降。

（六）病虫害

蔬菜生产过程中常常会发生病害和虫害，这种病虫害对于蔬菜糖类物质的合成存在一定影响。一方面，叶片感染病虫害会抑制其糖类物质的合成，如西葫芦叶感染银叶病斑、甘薯叶感染疮痂病等；另一方面，病虫害也可能促进蔬菜合成糖类物质，如散布大蜗牛侵染黄瓜等。

此外，病虫害有时会通过影响气孔导度来间接影响蔬菜的糖类合成。病虫害一般会降低植物的气孔导度。但在不同的发育阶段及不同的危害强度下，植物的响应也会有所差异。例如，在营养生长阶段，高强度的害虫采食使植物气孔导度增加，而低强度的采食则会降低植物气孔导度。同时，病虫害会改变大多数蔬菜植物的色素，进而影响光能吸收和光合作用中电子传递过程，如芥菜感染病毒后，叶片叶绿素含量下降，光合作用降低，影响糖类物质的合成（Guo et al., 2005）。

◈ 第四节 生物学作用

一、生物体结构和物质合成的组成成分

（一）生物体结构的组成成分

一些糖类物质因其具有平坦和伸展的构象且不易溶于水，在生物体内的特殊位置上能够紧密堆砌，彼此具有较强的相互作用力，所以这些糖类物质能够在生物体内充当强韧性的材料。例如，植物细胞壁是纤维素微原纤维和包埋在富含果胶酸性多糖凝胶基质中并以钙离子桥连接的半纤维素的三维空间网络。不同植物的细胞壁构成也有所不同，单子叶植物半纤维素成分为阿拉伯木聚糖，双子叶植物则为木葡聚糖。此外，植物体内的糖类物质还经常与蛋白质、脂类等大分子物质结合，充当细胞膜、细胞器膜的结构成分，如细胞壁中的伸展糖蛋白、叶绿体膜中的甘油糖脂等。

（二）生物体物质合成的碳架和前体

在氨基酸或核苷酸等生物大分子合成过程中，会有糖类物质或它们降解时生成的代谢中间产物作为合成前体物质参与其中。

大部分氨基酸的 R 基团可以来自糖类合成或分解过程的中间产物，在转氨酶的作用下与氨基

连接形成相应的氨基酸。丙氨酸、谷氨酸和天冬氨酸在合成时，会利用柠檬酸循环时的中间产物作为碳骨架。

核苷酸是由磷酸和核苷组成，而核苷则是由碱基和戊糖组成，这里的戊糖指的是 D-核糖和 D-2-脱氧核糖，所以糖类物质是核苷酸合成的必要原料。

糖类物质也可以为某些生物碱、固醇和黄酮苷等物质的合成提供原料。例如，马铃薯中的多种生物碱，它们的分子中有一个糖苷配基，通常叫茄碱。糖类物质在代谢过程中生成的乙酰辅酶 A 是合成固醇的前体，并且蔬菜中的固醇总是同糖结合在一起才能够发挥功能；天然的黄酮类物质常以与糖结合为黄酮苷的状态存在，并且由于糖的种类、数量、连接位置及连接方式不同可以组成各种各样的黄酮苷类。

二、生物体的主要能量来源和贮藏养料

生物体细胞内时刻在进行着各类物质合成和代谢的过程，这些过程需要大量的能量，这些能量来源于糖类物质在氧化分解过程中产生的 ATP。以三羧酸循环为例，如果从葡萄糖分子开始计算，加上糖酵解过程中产生的 ATP，每个葡萄糖分子经氧化共产生相当于 30 分子或者 32 分子 ATP 的能量。

糖类物质除了在生物体内被氧化分解为生物体提供能量外，还会以颗粒的形态作为养料贮存在细胞质中，例如，在甘薯块根中，蔗糖主要被合成为淀粉储存在薄壁细胞内；在马铃薯中，淀粉也作为糖的贮藏形式。

人类若摄入过多糖分，也有一定的副作用。糖类属于高热量食物，如果摄入过量的糖，会转化为糖原，影响脂肪消耗，从而使脂肪堆积引发肥胖。糖尿病患者过量吃糖可能会导致患者体内的血糖升高，出现口渴、恶心、呕吐和腹部不适等症状。残留的糖分会在口腔内发酵，容易腐蚀牙齿，可能会出现龋齿。

三、参与分子和细胞的特异性识别

在生物体内，细胞并不是孤立存在的，细胞间会进行频繁的"交流"，这些交流需要在细胞准确识别的前提下才能够完成。糖类物质在细胞的特异性识别方面起到了重要作用。

细胞之所以能够相互识别利用的是某些具有特定组成成分和结构的寡糖链，通过细胞表面的这些寡糖链，细胞能够高效有序地识别细胞或者分子，从而接收它们所要传递的信息，而这些寡糖链是由糖蛋白或者糖脂和膜蛋白连接所形成的。这些寡糖链会作为一种糖信号分子，参与细胞识别、免疫保护（抗原与抗体）、代谢调控（激素与受体）、形态发生、发育等多种生物过程。例如，许多豆科蔬菜在与根部附近的根瘤菌建立共生关系时，植株必须能够发送和接收相应的信号，才能为根瘤菌提供能量和营养，这种信号就属于糖脂信号。此外，在蔬菜植物中，凝集素作为一类糖蛋白在识别病原体和病虫害方面起重要作用。

第七章

有 机 酸

有机酸包括天然有机酸和合成有机酸，天然有机酸主要是从自然界的植物或农副产品中提取分离得到具有一定生理活性的有机酸，广泛分布在植物的根、叶和果实，特别是果实中；合成有机酸主要通过化学合成法、酶催化法和微生物发酵法等获得。有机酸类物质是构成蔬菜品质的重要成分之一，特别是茄果类、瓜类等蔬菜。茄果类蔬菜是指茄科中以果实为产品的一类蔬菜，主要包括番茄、茄子、辣椒、酸浆（*Physalis alkekengi*）和香瓜茄（*Solanum muricatum*）等，这类蔬菜原产于热带地区，性喜温暖，不耐寒冷。瓜类蔬菜是指葫芦科中以瓠果为产品的一类蔬菜，包括黄瓜、南瓜、西瓜、甜瓜、冬瓜、苦瓜、丝瓜、蛇瓜（*Trichosanthes anguina*）等，多数起源于热带。主要食用茄果类和瓜类蔬菜的营养丰富（二维码表 7-1），对人体健康有益。本章介绍茄果类和瓜类蔬菜中的有机酸类物质。

二维码
表 7-1

◆ 第一节 种 类

有机酸通常是指分子结构中含有羧基（—COOH）的酸性有机化合物，在细胞多种代谢活动中发挥重要作用。植物体中游离的有机酸很少，多数与金属离子或生物碱结合成盐的形式存在，少数与甘油结合成酯或者与高级醇结合成蜡的形式存在。有机酸广泛分布于植物的叶、根、果实和种子等部位。植物体中天然有机酸的含量不高，但其种类非常丰富，化学结构也多种多样。按照化学结构的不同，可以将有机酸分为三大类，分别为脂肪族有机酸、芳香族有机酸和萜类有机酸。

一、脂肪族有机酸

脂肪族有机酸是指分子中带有羧基的脂肪族化合物，按照羧基数量的多少，可以分为一元、二元、多元羧酸，如莽草酸、酒石酸、草酸、苹果酸、柠檬酸、抗坏血酸（又名维生素 C）、反丁烯二酸（又名延胡索酸或富马酸）等（图 7-1）。

不同果蔬中有机酸的种类及含量不同，这种差异也决定了它们具有不同的风味品质（表 7-1）。蔬菜有机酸含量较低，主要有苹果酸、柠檬酸和草酸等。胡萝卜中主要是苹果酸，菠菜中草酸含量较高。不同果实的有机酸组分和含量差异较大，大多数果实以一种或两种有机酸为主，也是影响果实品质的主要有机酸。例如，辣椒中主要含有柠檬酸、苹果酸和奎宁酸，红辣椒中苹果酸含量要比绿辣椒中的含量低，而柠檬酸含量要比绿辣椒高；马铃薯中主要含有谷氨酸；番茄果实中有机酸主要为柠檬酸和苹果酸，还含有微量的草酸、莽草酸、反丁烯二酸、琥珀酸、抗坏血酸、酒石酸等；黄瓜中主要含有琥珀酸、富马酸、苹果酸和柠檬酸；西瓜中主要含有苹果酸、柠檬酸等。根据成熟果实积累有机酸的情况，可以将绝大多数果实分为苹果酸型、柠檬酸型和酒石酸型三大果实类型。苹果酸型果实是指果实成熟时主要有机酸为苹果酸，如苹果、香蕉等；柠檬酸型果实是指果实成熟时主要有机酸是柠檬酸，如番茄、青椒、草莓等；酒石酸型果实相对较少，这一类型的典型代表为葡萄，果实中主要有机酸为酒石酸，其次是苹果酸。

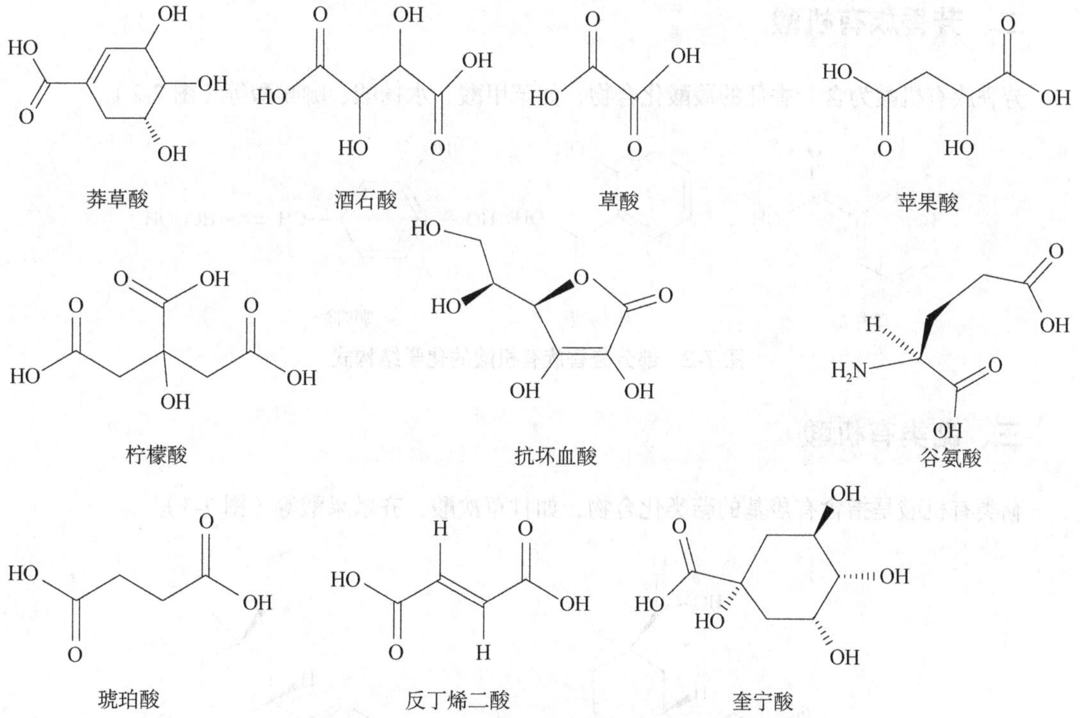

图 7-1　部分脂肪族有机酸的化学结构式

表 7-1　蔬菜中主要的脂肪族有机酸含量　　　　　　　　　　　　（单位：mg/100 g FW）

蔬菜	酒石酸	奎宁酸	苹果酸	莽草酸	柠檬酸	延胡索酸	琥珀酸	草酸	维生素 C
青椒	0.05	26.0	190	0.76	77.0	0.72	0.71	—	138
辣椒	0.06	32.0	83	0.79	789.0	0.10	0.74	—	—
番茄	0.05	2.7	81	0.08	107.0~328.0	0.08	0.11	—	6~23
茄子	—	—	170	—	10.0	—	—	9.5	5
马铃薯	—	—	92	—	520.0	—	—	—	—
生菜	5.40	2.0	575	0.53	118.0	9.00	3.00	—	—
花椰菜	—	—	201	—	20.0	—	—	—	78
四季豆	—	—	177	—	23.0	—	—	20.0~45.0	—
西蓝花	—	—	120	—	210.0	—	—	—	100
荷兰豆	—	—	139	—	142.0	—	—	—	—
羽衣甘蓝	—	—	215	—	220.0	—	—	7.5	105
胡萝卜	—	—	240	—	12.0	—	—	0~60.0	8
韭葱	—	—	—	—	59.0	—	—	0~89.0	26
大黄	—	—	910	—	137.0	—	—	230.0~500.0	—
抱子甘蓝	—	—	200	—	350.0	—	—	6.1	102
红甜菜	—	—	37	—	195.0	—	—	181.0	10
洋葱	—	—	170	—	20.0	—	—	5.5	—
菠菜	—	—	42	—	24.0	—	—	442.0	51

续表

蔬菜	酒石酸	奎宁酸	苹果酸	莽草酸	柠檬酸	延胡索酸	琥珀酸	草酸	维生素C
西瓜	—	—	255	—	370.0	—	20.00	—	—
甜瓜	—	—	20~100	—	0~264.0	—	2.00~13.00	10.0~56.0	10~35
黄瓜	—	—	—	—	—	—	—	—	8
小白菜	36.20	—	832.10	—	29.5	12.70	—	1391.0	—

注："—"为未查到相关数据

二、芳香族有机酸

芳香族有机酸为含芳香环的羧酸化合物，如苯甲酸、水杨酸、咖啡酸等（图7-2）。

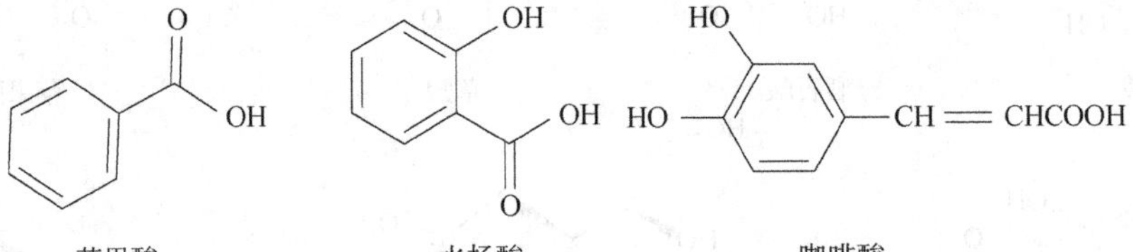

苯甲酸　　　　　　　　水杨酸　　　　　　　　咖啡酸

图 7-2　部分芳香族有机酸的化学结构式

三、萜类有机酸

萜类有机酸是指含有羧基的萜类化合物，如甘草次酸、齐墩果酸等（图7-3）。

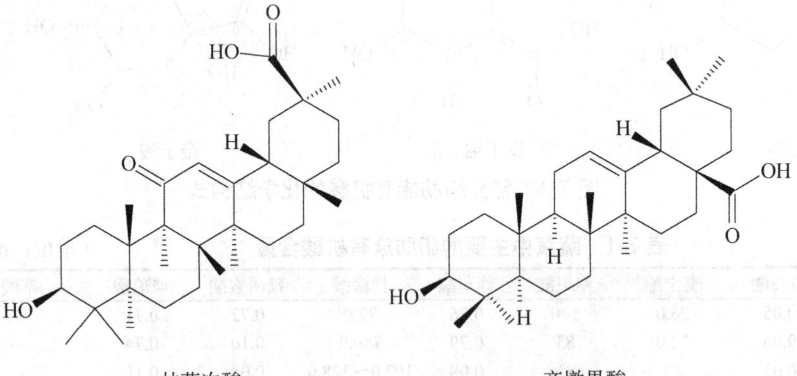

甘草次酸　　　　　　　　　　　齐墩果酸

图 7-3　部分萜类有机酸的化学结构式

◆ 第二节　合成和代谢途径

一、脂肪族有机酸的合成和代谢途径

（一）果实中的柠檬酸和苹果酸

有机酸在细胞中参与多种代谢活动，例如，有机酸是脂肪酸和氨基酸合成代谢途径的组成部分，在三羧酸循环的能量产生中起着重要作用，还参与不依赖光的光合作用和乙醛酸途径。柠檬酸和苹

果酸是蔬菜中的主要有机酸，决定着园艺产品的口感、风味和产品微生物的稳定性。柠檬酸参与碳水化合物、脂类和蛋白质的代谢途径，还可以与抗氧化剂结合、螯合微量金属、抑制酶活性等。苹果酸是评价蔬菜和水果新鲜程度的指标，还和其他有机酸一起作为评价农产品质量常用的参数。

在肉质果实的中果皮细胞中，有多种途径参与苹果酸和柠檬酸的代谢。其中，4 种典型的途径有线粒体中的三羧酸循环、乙醛体中的乙醛酸途径、胞质中的柠檬酸分解代谢、胞质中的苹果酸和草酰乙酸脱羧作用。

柠檬酸、苹果酸和草酸的主要场所是线粒体，因为糖酵解和 TCA 循环的酶都参与有机酸的合成（图 7-4），磷酸烯醇丙酮酸（PEP）在磷酸烯醇丙酮酸羧化酶催化下形成草酰乙酸（OAA）和其他无机盐，OAA 在苹果酸脱氢酶（malate dehydrogenase，MDH）作用下产生苹果酸，OAA 和苹果酸进入 TCA 循环生成柠檬酸和其他代谢产物。OAA 在柠檬酸合酶（citrate synthase，CS）催化作用下与乙酰辅酶 A 结合形成柠檬酸，之后柠檬酸进入细胞质中，在 H^+ 泵主动运输载体的协助下进入液泡中；当柠檬酸在液泡内的积累量达到一定水平后，为了避免液泡被碱化，可以从液泡向细胞质中输出柠檬酸，柠檬酸在细胞质顺乌头酸酶（cyt-ACO）和 Fe^{3+} 的作用下生成异柠檬酸，异柠檬酸不稳定，在异柠檬酸脱氢酶（NADP-IDH）的催化作用下生成 α-酮戊二酸。

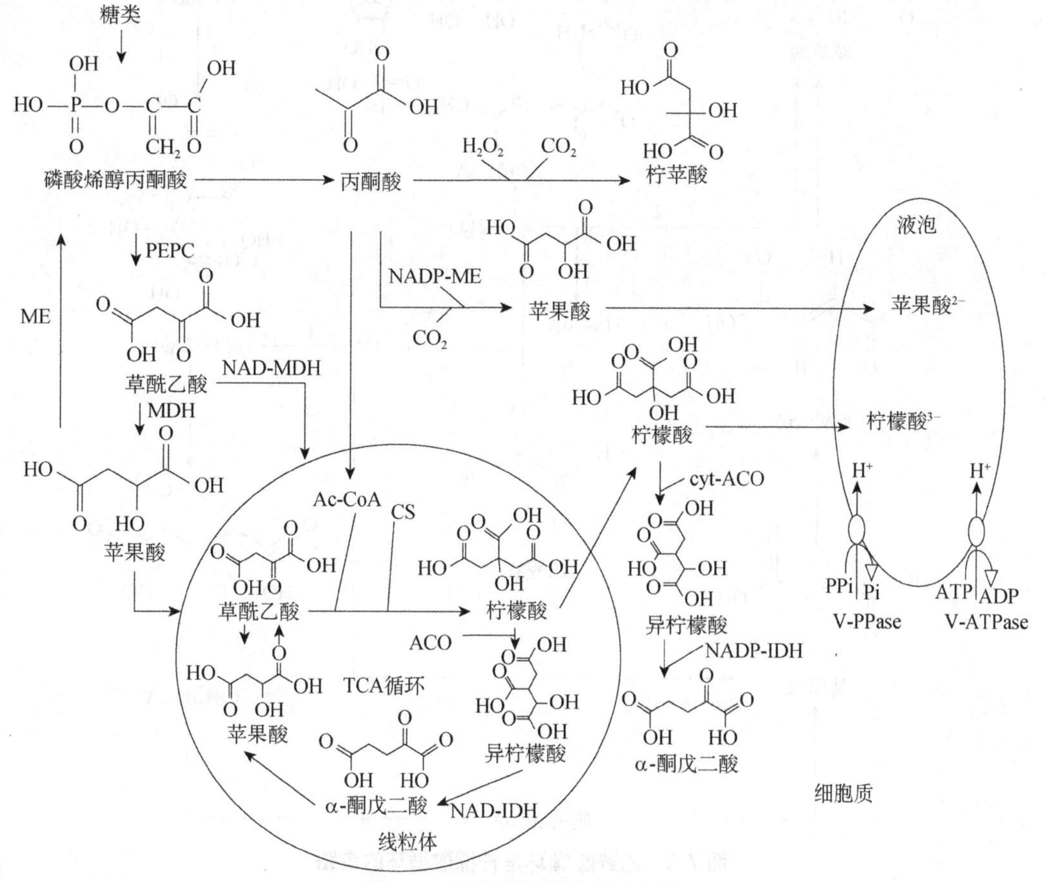

图 7-4 果实有机酸代谢示意图

PEPC. 磷酸烯醇丙酮酸羧化酶；ME. 苹果酸酶；MDH. 苹果酸脱氢酶；CS. 柠檬酸合酶；Ac-CoA.乙酰辅酶 A；ACO.顺乌头酸酶；cyt-ACO. 细胞质顺乌头酸酶；IDH. 异柠檬酸脱氢酶；V-ATPase. 液泡膜 H^+-ATP 酶；V-PPase. H^+-焦磷酸化酶

虽然苹果酸和柠檬酸在肉质水果中的含量是由它们的代谢系统改变的，但是其积累水平很大程度上是由从细胞质到液泡的运输决定的。苹果酸盐和柠檬酸盐穿过液泡膜是通过促进扩散进行的，这个过程是通过多个液泡转运体、离子通道和载体介导的，包括液泡质体二羧酸转运蛋白（tDT），铝活化的苹果酸转运蛋白通道（ALMT）6和ALMT9/Ma1，液泡柠檬酸盐/H⁺同向转运体Cit1。液泡体质子泵如液泡型H⁺-ATP酶（V-ATPase）、液泡型H⁺-焦磷酸化酶（V-PPase）和P-ATP酶（PH1、PH5等）驱动苹果酸盐和柠檬酸盐进入液泡。苹果酸和柠檬酸阴离子在进入酸性液泡时被质子化，在酸性条件下可以有效保持其浓度梯度从而穿过液泡膜持续扩散到液泡中。

　　乙醛酸途径也产生有机酸，乙醛酸途径是柠檬酸循环的一个旁路，涉及两个反应（图7-5）：一是在异柠檬酸裂合酶催化下，异柠檬酸裂解为乙醛酸和琥珀酸；二是在苹果酸合酶的催化下，乙醛酸和乙酰CoA合成苹果酸。

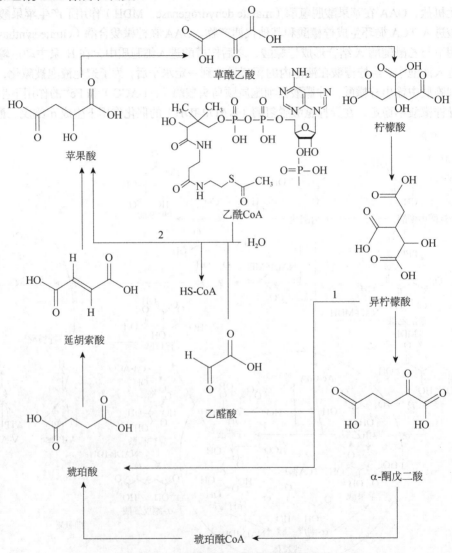

图 7-5　乙醛酸循环是柠檬酸循环的旁路

1. 异柠檬酸裂合酶；2. 苹果酸合酶

（二）草酸

　　草酸又称乙二酸，是生物体的一种代谢产物，广泛分布于动物、植物和真菌体中，在不同生命体中发挥不同的作用。草酸也是植物中常见的代谢物，占植物干质量的 3%～80%，很多植物如菠菜、甜菜、苋菜、马齿苋、芋头、甘薯中草酸的含量都很高。草酸是真菌和宿主相互作用时分泌的，由某些细菌合成。草酸有两个解离常数（pK_a）值，分别为 1.23 和 4.26，是一种强二羧酸。由于草酸有很强的金属螯合电位，在植物和人体中普遍以草酸盐的形式存在。在植物中主要以可溶性和不可溶的草酸盐形式存在，且大部分都位于液泡中，在液泡 pH 条件下，草酸钠和草酸钾是可溶的盐，而草酸钙不可溶。在被子植物中，草酸钙晶体可以以细胞外或细胞内沉积物的形式存在于任何组织或器官中，而在裸子植物中，大多数晶体在细胞壁中形成。不同植物中草酸含量也大不相同，在蔬菜作物中大部分草酸都是以可溶态存在，难溶态的草酸含量比较低。例如，菠菜叶片和叶柄中可溶态草酸含量占草酸总量的 80% 以上，难溶态的草酸含量不到草酸总量的 20%。

在植物中，不同的物种中可能存在不同的草酸合成途径。目前普遍认为植物中草酸的生物合成途径主要有三条，分别为乙醛酸/乙醇酸途径、抗坏血酸途径和草酰乙酸合成途径（图 7-6）。乙醛酸途径即乙醛酸通过乙醇酸氧化酶（GLO）生成草酸，乙醛酸的氧化导致植物在光呼吸和乙醛酸循环过程中草酸的积累；抗坏血酸也是草酸合成的前体物质，可能通过抗坏血酸过氧化酶形

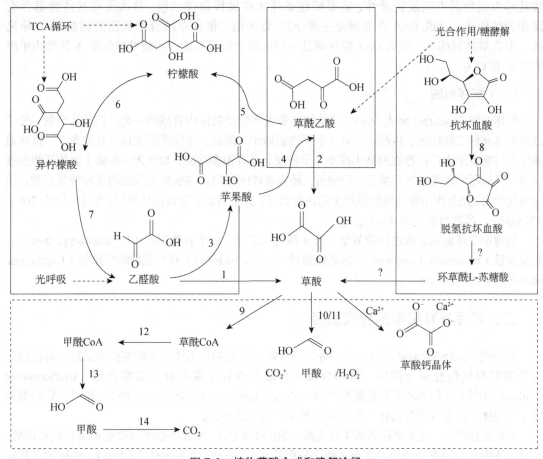

图 7-6 植物草酸合成和降解途径

1. 乙醇酸氧化酶；2. 草酰乙酸裂合酶；3. 苹果酸合酶；4. 苹果酸脱氢酶；5. 柠檬酸合酶；6. 顺乌头酸酶；7. 异柠檬酸裂合酶；8. 抗坏血酸过氧化酶/氧化酶；9. 草酰 CoA 合成酶；10. 草酸脱羧酶；11. 草酸氧化酶；12. 草酰 CoA 脱羧酶；13. 甲酰 CoA 水解酶；14. 甲酰 CoA 脱氢酶。实线方框表示草酸合成途径；虚线方框表示草酸降解途径；虚线箭头表示存在争议的路径

成脱氢抗坏血酸，脱氢抗坏血酸可以进一步氧化生成环草酰 L-苏糖酸，最终水解产生草酸和 L-苏糖酸；还有一条途径是草酰乙酸通过草酰乙酸裂合酶催化形成草酸。草酸的降解主要有 3 种不同的方式，即氧化、脱酸和乙酰化（图 7-6）。草酸在草酸脱羧酶催化作用下生成甲酸和 CO_2，还可以在草酸氧化酶的作用下氧化生成 CO_2 和 H_2O_2；草酸在草酰 CoA 合成酶作用下产生草酰 A，再经过草酰 CoA 脱羧酶作用形成甲酰 CoA，之后经过甲酰 CoA 水解酶水解生成甲酸，甲酸再经甲酰 CoA 脱氢酶最终降解为 CO_2；草酸还可以和植物体内的 Ca^{2+} 形成草酸钙晶体。

在植物中，草酸合成途径的前体物质存在争议，而在植物中其分解主要是由草酸氧化酶和草酰 CoA 合成酶介导的。草酸氧化酶是降解草酸的重要酶类，属于氧化还原酶家族，在许多植物中都有活性，如苋菜、甜菜、玉米、燕麦、水稻和黑麦等，草酸氧化酶除了在作物改良方面的应用外，还成功地应用于人类疾病的诊断、治疗和工业用途。草酸脱羧酶（oxalate decarboxylase，OXDC）最早在担子菌类真菌金针菇中被鉴定，在其他真菌中也很活跃，如曲霉、双孢菇、云芝菇、疣孢菌、胎盘棘球菌和菌核菌。从不同生物纯化的草酸脱羧酶在生化特性上有一些差异，但是有一些共性：首先是 OXDC 催化周转对分子氧的需求；其次它们对草酸盐作为底物具有高度特异性，需要酸性条件才能发挥最佳活性；再次所有这些酶都含有锰作为辅因子。草酰 CoA 合成酶是一种 ATP 依赖酶，催化草酸分解代谢的辅酶 A 依赖途径，形成草酰辅酶 A。草酰 CoA 脱羧酶是一种硫胺素依赖性酶，可将草酸辅酶 A 转化为甲酰辅酶 A 和 CO_2。

（三）抗坏血酸

抗坏血酸（ascorbic acid，AsA）是植物体和大多数动物体内合成的一类己糖类化合物，分子结构中具有烯二醇结构、内酯环，有 2 个手性碳原子，因此，它性质活泼且具有旋光性。抗坏血酸作为植物组织内广泛存在的高丰度小分子物质，具有很多功能，如作为一些酶（如赖氨酸羟基化酶、氨基环丙烷羧基氧化酶等）的辅酶，还直接或间接地参与植物细胞的增殖和伸长过程，清除氧化代谢、光合作用和环境胁迫产生的活性氧等。番茄果实中富含抗坏血酸，含量一般为 200～250 mg/kg，高者可以达到 400 mg/kg。

植物中抗坏血酸合成途径较复杂，有 4 条合成途径：L-半乳糖途径（L-galactose pathway）、肌醇途径（myoinositol pathway）、古洛糖途径（gulose pathway）和半乳糖醛酸途径（L-galactose pathway）（见第四章）。

二、芳香族有机酸的合成途径

水杨酸（salicylic acid，SA）是一种广泛存在于细菌和植物体内的酚类植物激素，对植物的生长发育和抗性有调控作用。植物合成水杨酸的途径主要有异分支酸合酶（isochorismate synthase，ICS）途径和苯丙氨酸氨裂合酶（phenylalanine ammonia-lyase，PAL）途径，它们都起始于叶绿体，以分支酸为前体，涉及多个酶促反应（图 7-7）。

1. ICS 途径　ICS 途径起始于分支酸，经由异分支酸、异分支酸-9-谷氨酸最终合成水杨酸。在拟南芥中参与该途径的酶主要有 3 种，分别是 ICS、avrPphB 易感性 3（PBS3）编码的氨基转移酶和增强型假单胞菌敏感性 1（EPS1）编码的酰基转移酶。

ICS 是以分支酸为底物合成异分支酸，异分支酸经增强型易感病 5（EDS5）转运至细胞质后由 PBS3 催化其与谷氨酸合成异分支酸-9-谷氨酸（IC-9-Glu），IC-9-Glu 自主分解或经 EPS1 催化加速分解最终产生水杨酸。拟南芥基因组编码 ICS 的基因有两个——ICS1 和 ICS2，都定位于叶绿体。PBS3 定位在细胞质中，因此异分支酸合成后需从叶绿体转运到细胞质中才能参与后续 SA 生物合成过程。EDS5 属于多种药物和毒素排出转运蛋白家族，定位于叶绿体膜，它可能在 PBS3 上游发挥作用，负责异分支酸从叶绿体到细胞质的运输。EPS1 是 BAHD（BEAT、AHCT、HCBT 和 DAT）乙酰转移酶家族蛋白，仅存在于十字花科植物中。

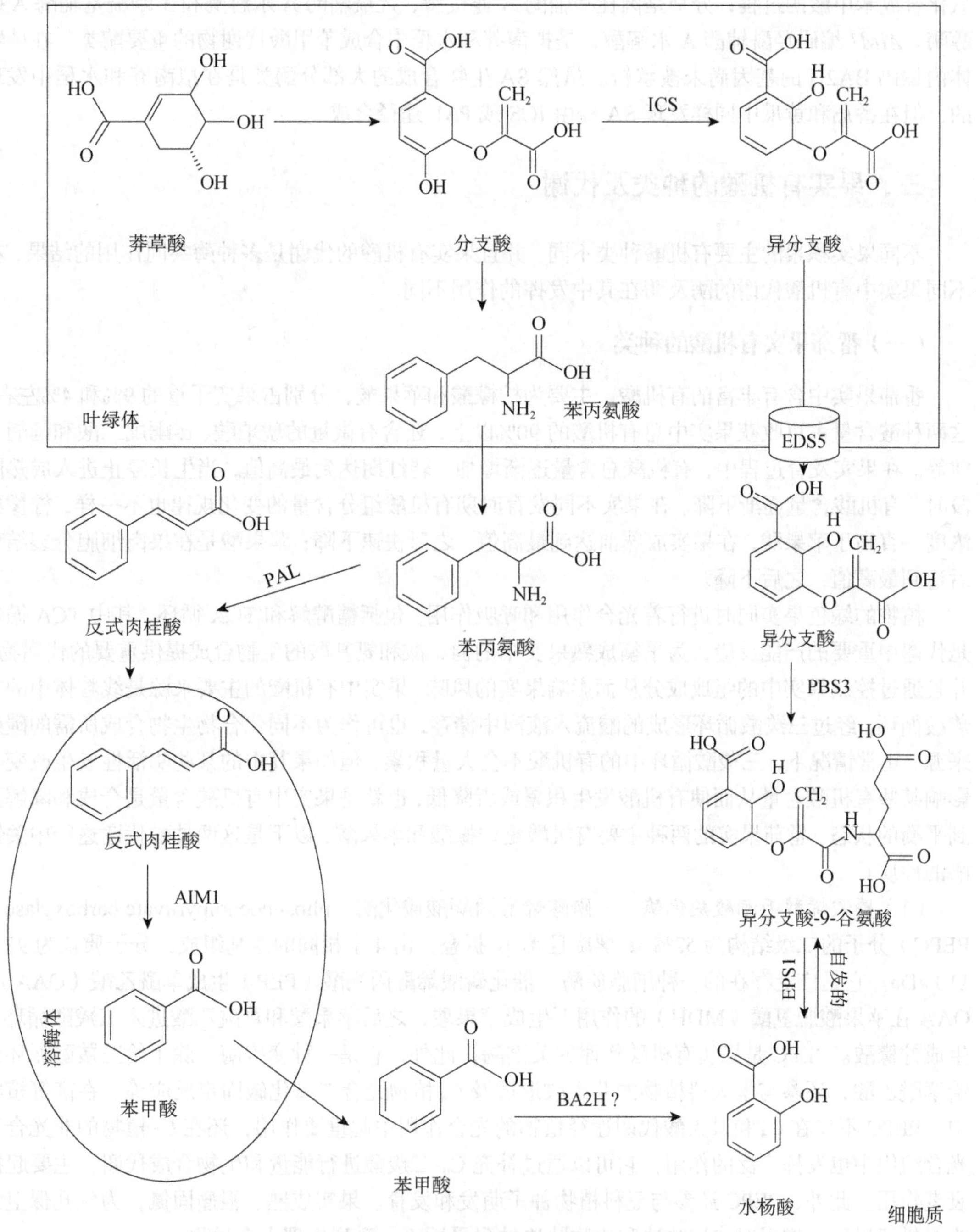

图 7-7　水杨酸合成示意图

AIM1. 非正常花序分生组织；BA2H. 苯甲酸 2-羟化酶

2. PAL 途径 分支酸经催化产生苯丙氨酸，苯丙氨酸进入细胞质后，由苯丙氨酸氨裂合酶（PAL）催化产生反式肉桂酸，反式肉桂酸进入过氧化物酶体后经 β 氧化途径产生苯甲酸，之后苯甲酸转运到细胞质中后由苯甲酸 2-羟化酶（BA2H）羟化产生水杨酸。水稻 PAL 蛋白家族包括 9 个成员，大多数 OsPAL 在水稻中的表达受病原菌和昆虫诱导。有 3 类酶参与反式肉桂酸 β 氧化合成苯甲酸的过程，分别是肉桂酸辅酶 A 连接酶、羟酰辅酶 A 水解酶和 3-酮酰基辅酶 A 硫醇酶。*AIM1* 编码羟酰辅酶 A 水解酶，是拟南芥和水稻中合成苯甲酸代谢物的重要酶类。在植物体内编码 BA2H 的基因尚未被解析。虽然 SA 生物合成的大部分酶类是在拟南芥和水稻中发现的，但在番茄和黄瓜中同样发现 SA 经由 ICS 或 PAL 途径合成。

三、果实有机酸的种类及代谢

不同果实积累的主要有机酸种类不同，并且果实有机酸的代谢是多种酶共同作用的结果，在不同果实中有机酸代谢的酶及酶在其中发挥的作用不同。

（一）番茄果实有机酸的种类

番茄果实中含有丰富的有机酸，主要为柠檬酸和苹果酸，分别占果实干重的 9% 和 4% 左右，这两种酸含量占可收获果实中总有机酸的 90% 以上，还含有微量的琥珀酸、α-酮戊二酸和延胡索酸等。在果实发育过程中，有机酸总含量逐渐增加，转红期达到最高值，当生长停止进入成熟阶段时，有机酸含量逐渐下降。在果实不同发育时期有机酸组分含量的变化规律也不一样，柠檬酸浓度一直高于苹果酸，在果实成熟前达到最高值，之后快速下降；苹果酸是在果肉细胞分裂结束后达到最高值，之后下降。

植物的绿色果实同时进行着光合作用和呼吸作用，包括糖酵解和 TCA 循环，其中 TCA 循环是代谢中重要的产能反应，为平衡成熟果实中的糖、酸和氨基酸的生物合成提供重要的代谢物，并且通过控制果实中的组成成分从而影响果实的风味。果实中有机酸的主要来源是线粒体中的三羧酸循环，经过三羧酸循环形成的酸流入液泡中储存，也可作为不同化合物生物合成所需的碳架来源。正常情况下，三羧酸循环中的有机酸不会大量积累，但如果其中的某些酶活性发生改变会影响某些有机酸含量从而使有机酸发生积累或者降低，也就是果实中有机酸含量是合成和降解达到平衡的状态。番茄果实的两种主要有机酸是柠檬酸和苹果酸，以下是这两种酸代谢途径中关键酶的性质。

（1）**磷酸烯醇丙酮酸羧化酶** 磷酸烯醇丙酮酸羧化酶（phosphoenolpyruvate carboxylase，PEPC）分子的二级结构为 52% α 螺旋且无 β 折叠，由 4 个相同的亚基组成，分子质量为 95～110 kDa。它是广泛存在的一种细胞质酶，催化磷酸烯醇丙酮酸（PEP）生成草酰乙酸（OAA），OAA 在苹果酸脱氢酶（MDH）的作用下生成苹果酸，之后苹果酸和草酰乙酸进入三羧酸循环，生成柠檬酸。PEPC 是果实有机酸代谢的关键酶，此外，它是一种变构酶，除了给三羧酸循环供给草酰乙酸，还参与景天科植物的苹果酸形成及 C_4 植物光合二氧化碳固定反应等。在高等植物中，PEPC 不仅在 C_4 和景天酸代谢途径植物的光合作用中起重要作用，还在 C_3 植物的非光合和光合组织中也发挥广泛的作用，它可以通过补充 C_4-二羧酸进行能量和生物合成代谢，主要起抗衰老作用。此外，PEPC 还参与豆科植物种子萌发和发育、果实成熟、根瘤固氮，为气孔保卫细胞提供苹果酸，增强对渗透胁迫和生物胁迫的耐受性等一系列生理生育过程。

植物有机酸的代谢主要是经细胞的呼吸作用途径，由线粒体的三羧酸循环产生有机酸，再运送到细胞质或者液泡中贮存。当三羧酸循环中的碳架转运到氮同化或者氨基酸的生物合成中时，

PEPC 会为其提供碳架以保证循环的顺利进行。所以，PEPC 除了重新捕获呼吸作用释放的 CO_2，还在补偿以三羧酸循环碳架中起到至关重要的作用。番茄果实中 PEPC 存在两种同工酶，分别是由 *LYCes;Ppc1* 和 *LYCes;Ppc2* 编码，前者在番茄果实和其他器官中都有表达，后者仅在番茄果实细胞分裂期结束到果实成熟时有强烈的表达，体内 PEPC 蛋白含量和酶活性增加，果实内的苹果酸和柠檬酸含量也增加。

变构酶 PEPC 普遍存在于光合生物中，从维管植物到光合细菌（蓝藻），也存在于非光合原生动物和细菌中。研究表明，番茄 *PEPC* 基因分为两个亚家族：植物型（plant type *PEPC*，*PTPC*）和细菌型（bacterial type *PEPC*，*BTPC*）。*BTPC* 亚家族包含一个基因，其余基因分布在 *PTPC* 中。*PTPC* 基因表现出高度保守的基因结构，而 *PTPC* 基因结构与 *BTPC* 不同，其中 *PTPC* 亚家族的基因结构非常简单，平均有 10 个外显子和 9 个内含子，而 *BTPC* 亚家族包含 20 个外显子和 19 个内含子。番茄 *SlPEPC1* 在果实发育的各个阶段表达量都较高，*SlPEPC2* 基因在完全开放的花朵中表达并且在果实发育的各阶段内源水平在递增，*SlPEPC3* 在果实发育的各个阶段都有表达，*SlPEPC4* 在根中有高转录本表达，*SlPEPC5* 在根、叶、花蕾、完全开放的花朵和果实中均有高表达。番茄所有的 *PEPC* 基因的启动子序列包含 12 个顺式作用元件，如 ABA 应答元件、厌氧应答元件、低温应答元件、MYB 结合位点、防御和应激应答元件、乙烯应答元件、茉莉酸应答元件、水杨酸应答元件、热应力应答元件和金属应答元件等。番茄 *PEPC* 基因可能在各种非生物胁迫和激素胁迫中发挥着重要作用。

（2）苹果酸酶和苹果酸脱氢酶 苹果酸代谢主要受苹果酸酶和苹果酸脱氢酶的影响。苹果酸酶（NADP-malic enzyme，NADP-ME）是一种依赖 NADP 的酶，催化苹果酸生成丙酮酸、NADPH 和 CO_2，该种酶广泛存在于线粒体内。苹果酸脱氢酶（malic dehydrogenase，MDH）广泛存在于生物体内，催化苹果酸和草酰乙酸的可逆转换。它由相同或者相似亚基组成二聚体或四聚体，亚基的分子质量为 30～35 kDa，参与细胞的多种生理活动，如线粒体能量代谢及植物的活性氧代谢等。MDH 以 NAD 或 NADH 为辅因子，植物体内同时包括这两种辅因子不同的 MDH。MDH 根据辅酶的不同，可以分为 NAD 依赖性的 MDH（NDA-MDH）和 NADP 依赖性的 MDH（NADP-MDH），氧化草酰乙酸形成苹果酸盐。

（3）柠檬酸合酶 柠檬酸合酶（citrate synthase，CS）催化来自糖酵解或者其他反应的乙酰 CoA 和草酰乙酸形成柠檬酸和辅酶 A，是柠檬酸合成的关键酶，也是三羧酸循环的限速酶之一。CS 特异存在于果实细胞线粒体中，是一种变构酶，受 TCA 循环关键产物 ATP、NADH 和 NADPH 等的反馈调节。

（4）顺乌头酸酶 顺乌头酸酶（aconitase，ACO）是影响三羧酸循环的一种重要酶，柠檬酸本身不易氧化，在 ACO 的作用下，转化为异柠檬酸，包括线粒体 ACO 和细胞质 ACO。随着果实的成熟，细胞质 ACO 的活性在不断增加，分解有机酸，导致果实成熟时有机酸的水平下降。

（5）异柠檬酸脱氢酶 异柠檬酸脱氢酶（isocitrate dehydrogenase，IDH）与果实有机酸的降解密切相关，果实中普遍存在的 IDH 有两种：NAD-异柠檬酸脱氢酶（NAD-IDH）和 NADP-异柠檬酸脱氢酶（NADP-IDH），前者只存在于细胞线粒体中，在三羧酸（TCA）循环中催化异柠檬酸生成 α-酮戊二酸，此外，还参与植物体内的氮代谢、乙醛酸循环等多种生化代谢途径。还具有控制线粒体基因翻译的能力，可以结合到某些线粒体基因转录本的结合蛋白上；后者在细胞的胞质溶胶、叶绿体、过氧化物酶体和线粒体中都有发现，促进柠檬酸的降解。IDH 是三羧酸循环的限速酶，因为三羧酸循环是能量代谢的重要途径，提供的能量远比糖酵解要大得多，它对生物体的许多生命活动起着重要作用，包括糖代谢、脂质、蛋白质和核酸代谢，因此 IDH 的活性对生物体整个生命代谢都有着非常大的影响。

（二）西瓜果实有机酸种类及相关代谢酶活性的变化

西瓜成熟果实中有机酸的主要成分为苹果酸和柠檬酸，同时还有少量的甲酸。也有研究发现西瓜果实中的有机酸主要为苹果酸和酒石酸，还有报道认为酒石酸含量最多，其次是苹果酸。总之，西瓜可以归属为苹果酸积累型果实。

在果实发育前期，西瓜果实有机酸的含量逐渐增加，在成熟前期达到最大，之后有机酸含量降低到一个稳定水平。并且有研究表明：栽培西瓜果实中有机酸主要是苹果酸和柠檬酸，柠檬酸含量很低，在授粉 18 d 内几乎测不出，而后有轻微的回升；野生品种西瓜果实内的有机酸，除了苹果酸和柠檬酸外，还含有一定量的琥珀酸，琥珀酸含量在果实发育过程中逐渐降低，柠檬酸含量则一直处于较低的水平。苹果酸脱氢酶是细胞质中苹果酸合成的重要酶类，主要催化草酰乙酸生成苹果酸；柠檬酸合酶主要参与三羧酸循环。有研究表明栽培西瓜果肉中苹果酸脱氢酶活性在果实发育过程中一直呈现上升的趋势，在授粉后第 34 d 达到高峰，而野生变种西瓜在前期酶活性微有下降，随后又有轻微的上升，总体表现是栽培种果肉中苹果酸脱氢酶活性高于野生种；栽培西瓜果肉中柠檬酸合酶的活性一直呈现上升趋势，在授粉 18 d 后上升缓慢，而野生西瓜果肉中柠檬酸合酶的活性一直保持在较稳定的水平，总体表现也是栽培种果肉中柠檬酸合酶活性高于野生种。

（三）甜瓜果实有机酸种类及相关酶活性变化

甜瓜果实有机酸的主要成分是柠檬酸和苹果酸，大约占总有机酸含量的 75% 和 15%，还含有少量的草酸和琥珀酸。柠檬酸是甜瓜中最主要的有机酸，它在细胞质中合成，合成后转移到果皮液泡细胞中储存起来。

柠檬酸是甜瓜果实中的主要有机酸，在果实发育过程中其含量初期较低，授粉 20 d 后快速上升，25～30 d 达到峰值之后略有下降；草酸含量呈现先下降后上升的趋势；琥珀酸含量在甜瓜果实发育过程中呈现下降趋势；低酸风味的甜瓜总酸含量在早期积累较少，中后期略有上升直至成熟，但变化幅度不大，高酸风味的甜瓜在授粉 0 d 时达到峰值，之后急剧下降，发育中期上升，成熟期略有下降。

在果实发育过程中，柠檬酸合酶活性出现升高趋势；线粒体 ACO 在果实发育过程中呈下降趋势，低酸风味甜瓜的胞质 ACO 呈现先上升后下降的趋势，而高酸风味的甜瓜酶活性变化不大。异柠檬酸脱氢酶活性在低酸风味甜瓜果实发育初期活性较低，成熟期明显上升且高于高酸风味甜瓜。磷酸烯醇丙酮酸羧化酶在甜瓜果实发育过程中波动较大，发育初期，高酸风味甜瓜的 PEPC 活性高于低酸风味甜瓜，成熟后酶活性变化不大。苹果酸脱氢酶活性在果实发育期间缓慢上升。甜瓜糖酸比性状遗传受两对加性—显性—上位性—显性多基因混合遗传模型控制。

（四）番茄和西瓜果实有机酸代谢的分子调控机制

番茄果实中有机酸总含量不仅会影响番茄的风味品质，还会影响芳香物质的挥发，而且较低 pH 能够保证食品安全。番茄果实中的主要有机酸包括柠檬酸、苹果酸和谷氨酸，这些有机酸的组分是受多个基因控制的数量性状。有研究表明随着果实的成熟，苹果酸含量急剧下降，柠檬酸含量呈现先升高后降低的趋势，谷氨酸含量出现急剧增加的趋势。研究发现这几种酸的含量与果实发育的转录过程关系很大，如苹果酸调控果实发育中淀粉的合成、可溶性固形物含量、采后软化和气孔开度等方面。代谢过程中的酶，如磷酸烯醇丙酮酸激酶（PEPCK）参与糖异生反应，NADP-ME 和 PEPC 可能调控有机酸的代谢。研究表明随着果实成熟开始，果实中 *PEPCK* 基因的表达量逐渐升高，而 *NADP-ME1* 基因的表达量逐渐降低。在

PEPCK 干扰植株中发现，该基因表达量的降低会导致柠檬酸和果糖含量的减少、苹果酸和谷氨酸含量的增多，在 *ME* 干扰植株中发现植株中代谢物变化较小。已有研究发现直接调控番茄苹果酸积累的主效位点 *TFM6*，编码 1 个铝激活苹果酸转运蛋白（ALMT），研究发现 WRKY42 可以结合到 *ALMT9* 启动子的 W-box 元件上，从而负调控 *ALMT9* 基因的表达抑制果实中苹果酸的积累。

西瓜成熟果实有机酸总含量较少，主要成分是苹果酸和柠檬酸，还含有少量的甲酸；也有人认为成熟西瓜果实中酒石酸含量最多，其次是苹果酸。到目前为止，对西瓜果实有机酸代谢和调控机理尚未明晰。已有研究发现参与有机酸的代谢过程的基因，有苹果酸脱氢酶基因、苹果酸合酶基因、铝介导的苹果酸转运因子、柠檬酸合酶基因和 ATP 柠檬酸裂合酶基因（Gao et al., 2018）。此外，苹果酸和柠檬酸转运蛋白与苹果酸和柠檬酸高度相关，其基因表达量与西瓜果实中的酸含量显著正相关（Umer et al., 2020）。

◆ 第三节　影响有机酸类物质合成和代谢的因素

有机酸主要来源于果实的呼吸作用，可以参加糖酵解和 TCA 循环并生成其他有机酸，多数有机酸作为 TCA 循环的主要中间产物，在正常条件下不会发生较大改变，一旦参与 TCA 循环的某种酶受外界环境因素，如温度、光照、水分等的影响，或者受栽培措施如灌水、施肥等因素的影响，果实中的有机酸含量就会发生改变。以番茄为例，在番茄果实的形成和发育过程中，酸度逐渐增加，随着果实的成熟酸度逐渐下降，苹果酸和柠檬酸作为决定番茄风味的主要有机酸，在不断产生和代谢，而果实最终有机酸的含量取决于酸的合成、代谢、利用和再分配的平衡，而环境因子可通过影响相关代谢而影响这一平衡，导致果实成熟时品质发生改变。

一、遗传因素

果实有机酸含量是数量性状，遗传方式较为复杂，主要包括两种：一种是中酸高酸对低酸，由 1 个主要等位基因 *D* 控制，低酸为隐性遗传；另一种是大多数品种杂交后代酸度表现出连续变异，说明是由多基因控制的。研究发现番茄最佳风味的形成需要较高的糖度和酸度，低糖高酸会导致果实偏酸，高糖低酸会使果实风味偏淡。柠檬酸和苹果酸是决定番茄风味的两种主要酸类，不同番茄品种中柠檬酸、苹果酸含量存在很大差异。柠檬酸含量的范围为 0.108%~0.382%，变异系数可达到 26.44%，苹果酸含量的范围为 0.026%~0.101%，变异系数较大，可达 42.31%。番茄栽培种中，抗坏血酸（AsA）的含量为 10~40 mg/100 g FW，而在野生种中，AsA 的含量要比栽培种高 3~5 倍。由于 AsA 含量受多个基因组区域的精细调控，番茄种质存在具有巨大的种内多样性，对育种非常重要，这不仅因为可带来高的营养价值，还因为它在植物非生物胁迫中具有非常重要的作用。为此，利用来自现代品种和野生品种杂交的不同群体，可以作为调控番茄果实中 AsA 含量的基因组区域的宝贵资源。有些果实不同品种间不仅有机酸含量上有所不同，并且组分上也有所不同，如栽培西瓜和野生西瓜，栽培品种不含琥珀酸，野生品种含有一定量的琥珀酸。

二、环境因素

（一）温度

番茄属于喜温性蔬菜，生长发育的适宜温度为 12~33℃，其中昼温以 23~28℃、夜温以

15～18℃为宜，但它不耐高温，并对高温敏感。研究表明，樱桃番茄采摘后短时间处于42℃高温环境下，有机酸的含量会随着高温时间的延长发生变化。例如，与处理前相比，丙酮酸和苹果酸的含量在高温1 h后就出现显著下降；柠檬酸的含量随着高温时间延长而出现升高的趋势。番茄果实中的有机酸在果实不同生长发育时期含量有所不同。有研究发现，在番茄花期（定植后14～28 d）和番茄幼果期（定植后42～56 d）进行高温处理（32℃/22℃、35℃/25℃、38℃/28℃、41℃/31℃）后，番茄果实内有机酸含量在果实膨大—转色—成熟期发生了不同的变化。苹果酸含量在成熟期达到最高（0.71 mg/g），且显著高于没有经过处理的番茄；柠檬酸在转色期附近达到最高（1.4 mg/g）；α-酮戊二酸在成熟期达到最高（0.25 mg/g）；花期高温后，酒石酸在成熟期达到最高（0.6 mg/g），果期高温后，酒石酸在膨大期达到最高（0.72 mg/g），且均显著高于没有经过高温处理的番茄；经过花期和果期高温处理后，琥珀酸都是在番茄果实成熟期达到最高（0.6 mg/g），显著高于同一时期没有经过高温处理的番茄；经过花期和果期高温处理的番茄，果实中乙酸含量在成熟期达到最高，分别为0.33 mg/g和0.39 mg/g左右，且均显著高于同一时期没有经过高温处理的番茄。这些有机酸含量的变化可能是由相关代谢酶活性发生变化引起的：植物体内与柠檬酸代谢相关的酶包括柠檬酸合酶（CS）、磷酸烯醇丙酮酸羧化酶（PEPC）、异柠檬酸脱氢酶（IDH）和顺乌头酸酶（cyt-ACO和mit-ACO）；苹果酸代谢相关的酶包括PEPC、苹果酸合酶和苹果酸脱氢酶。花期高温和果期高温后，番茄中苹果酸合酶在果实发育中保持稳定；苹果酸脱氢酶受温度的影响较大，在果实发育过程中逐渐上升，在成熟期达到最高；受高温影响，在番茄果实发育过程中，磷酸烯醇丙酮酸羧化酶的活性先增加后降低，转色期达到最高；柠檬酸合酶受温度影响变化较大，在番茄果实发育过程中表现为转色期>膨大期>成熟期，转色期最高且显著高于没有经过高温处理的番茄；花期高温和果期高温后，异柠檬酸脱氢酶在果实发育过程中表现为成熟期>转色期>膨大期；经高温处理后，cyt-ACO在果实发育过程中表现出成熟期>膨大期>转色期，mit-ACO也表现出类似的变化规律，且在同一发育时期，果期高温处理>花期高温处理>CK。此外，温度调控番茄抗坏血酸合成代谢相关基因的表达，对番茄进行低温处理，发现会诱导 GME 基因的表达；对番茄进行高温处理，发现高温会诱导 MIOX 基因的表达。

（二）光照

番茄是喜光作物，其光饱和点为70 klx。遮光后番茄果实中苹果酸、柠檬酸变化不明显；而抗坏血酸含量受遮光影响，显著降低。说明光照不是影响番茄果实中苹果酸和柠檬酸的主要因素，而是影响抗坏血酸的主要因素之一。也有研究认为光照对番茄抗坏血酸的合成代谢有重要作用，番茄植株经遮光处理会降低叶片和果实中抗坏血酸的含量，也会影响抗坏血酸合成相关基因的表达。在日光温室中从番茄定植后第25天到第一穗果完全成熟时补充LED光照，会降低有机酸含量，且在揭帘前补光5 h效果最好。此外，光质对番茄果实有机酸含量也有影响。番茄开花后50 d的离体果实放在不同白光（对照）、红光、蓝光、黄光和绿光下培养12 d，果实有机酸含量先增加后降低，各种光质条件下的番茄有机酸含量都是在处理后第10天达到最大值，且在最大值时，红光和蓝光处理显著高于对照，绿光处理显著低于对照，黄光处理与对照差异不明显。此外，不同光质处理的维生素C含量变化规律也不同，蓝光有利于番茄果实维生素C的合成，绿光对维生素C的合成有一定抑制作用。不同光质对番茄果实转色期品质有影响，红光和蓝光组合光处理能提高番茄果实糖酸含量，且提高糖酸比。

（三）水分

水分胁迫给作物提供一个适度的干旱逆境来提高果实的品质，可以提高果实的有机酸含量。

随着水分胁迫程度的增加，番茄果实中有机酸含量明显高于均匀灌水条件下的番茄果实，适度水分亏缺会促进番茄果实中有机酸的积累。研究表明，在其他因子处于中间水平时，番茄果实中的有机酸含量会随着灌水量的增加呈现线性减少的趋势；随着施氮量的增加呈现线性增加的趋势，这可能是由于氮肥能提高有机酸代谢关键酶[磷酸烯醇丙酮酸羧化酶（PEPC）]的活性。

（四）土壤

氮素通过影响植物体内的氮代谢对植物的有机酸进行调控。硝态氮（$NO_3^- \text{-N}$）和氨态氮（$NH_4^+ \text{-N}$）是植物从土壤中吸收氮素的两种主要形态。有研究表明，当 NO_3^- 和 NH_4^+ 以一定比例施用时，能显著提高番茄的生长和产量，并且随着 NO_3^- / NH_4^+ 比例的降低，番茄叶片中柠檬酸、苹果酸等有机酸含量显著下降；在果实发育后期，果实中柠檬酸的含量均显著高于苹果酸；在成熟期，氨态氮和硝态氮配施处理下的果实中，柠檬酸和苹果酸含量低于全硝态氮处理。经过不同形态氮处理的果实，所含柠檬酸含量和柠檬酸合酶活性的变化趋势都是呈现单峰型。全硝态氮处理下，线粒体苹果酸脱氢酶（mMDH）基因表达和苹果酸脱氢酶（MDH）的活性与苹果酸含量一致，且 mMDH 基因的表达对 MDH 和苹果酸积累起主要作用。全氨态氮处理的果实所含苹果酸含量和磷酸烯醇丙酮酸羧化酶（PEPC）的活性呈显著正相关。全硝态氮、氨态氮硝态氮配施处理下果实中柠檬酸和苹果酸的含量都与苹果酸脱氢酶的活性呈显著正相关；PEPC1 和 PEPC2 基因表达显著高于全氨态氮处理，与 PEPC 活性、苹果酸和柠檬酸含量的变化一致。硝态氮在进行还原时，产生等当量的 OH^-，导致细胞质中 pH 升高，pH 的升高会促进磷酸烯醇丙酮酸羧化并还原成苹果酸。此外，NO_3^- 还原消耗 NADH，加速糖酵解和线粒体内的三羧酸循环，促进有机酸的合成；而 NH_4^+ 的同化会消耗酮酸，加之较高水平的 NH_4^+ 可能会抑制糖酵解过程中醛缩酶的活性，从而抑制有机酸的合成。氮素同化和果实中有机酸密切相关，如硝态氮植物必然产生苹果酸，而硝态氮和氨态氮同化过程中不可缺少 α-酮戊二酸。此外，增施硝态氮肥可以激发根系吸收硝态氮的能力，并且增加叶片硝酸还原酶和谷氨酰胺合成酶的活性，促进植物体内阳离子的积累，激发草酸的合成从而维持植物体内 pH 的平衡。

土壤中合理的氮磷钾肥及有机肥的配比能促进植物的生长及提高植物的产量和品质，不同的施肥种类对植物生长发育和产量品质的形成影响不同，如硝态氮肥和粒状有机肥在施氮量相同，氮磷钾配比均为 12：4：10 时，黄瓜果实中有机酸含量均比常规施肥（氮磷钾配比为 15：15：15）显著升高。此外，不同施肥量对番茄果实中有机酸含量有显著的影响，适量增加肥料可以提高番茄果实有机酸的含量。在土壤充分灌水的条件下，N、P_2O_5、K_2O 施肥量分别为 360 kg/hm²、144 kg/hm²、504 kg/hm² 时，番茄果实中有机酸含量最高，较对照提高 89.47%；随着施肥量的增加，有机酸含量呈现出开口向下的抛物线形；当施肥量不足时，番茄果实有机酸含量增大趋势较为明显；当施肥量过大时，有机酸含量减少且变化幅度较小。

（五）采摘期及采后处理

果实有机酸的形成要经过一系列生物化学反应，因此不同成熟时期会对果实有机酸的组成和含量有影响。番茄属于呼吸跃变型果实，在自然后熟的过程中，后熟的快慢除受环境条件影响外还受采收时期的影响。有研究表明，番茄在贮藏或货架期内，有机酸含量会逐渐下降，而糖酸比会上升，如果番茄以当地销售为主，货架期应在 10 d 以内，对于果肉耐贮的番茄品种在成熟期采收品质最佳，对于果肉不耐贮的品种在绿熟期或者转色期采收品质最佳；如果以异地销售为主，货架期在 6 d 以上，不耐贮运的品种可以在绿熟期或转色期采收，而耐贮品种可以在转色期或是半熟期采收。柠檬酸在番茄果实发育的各时期均是含量最高的有机酸，并且随着果实发育进程呈现上升趋势，琥珀酸、酒石酸、苹果酸、乙酸、草酸等含量呈现下降趋势。一般认为，番茄在发育早期的幼嫩果实比成熟果实具有更高的 AsA 生物合成能力，以支持细胞分裂和扩张。

采后贮藏条件，如温度、湿度、气调条件会影响有机酸的合成和分解，适当的低温会减缓果实成熟，延长贮藏期。有研究表明采后在 8℃贮藏条件下，番茄果实内的可溶性糖和有机酸含量呈现先升高后降低的趋势，且在第 7 天达到最大值。

◈ 第四节　生物学作用、营养价值及保健功能

一、调节植物代谢

适量的有机酸在代谢中发挥着重要作用，如调节代谢中的 pH，通过平衡可溶和不溶形式的草酸盐调节钙浓度等，还能在一定程度上抑制番茄根系根结线虫的活性。值得注意的是，草酸会导致渗透物质积累、促使气孔开放，从而使白叶枯病病原体更容易通过气孔侵入水稻植株，所以必须谨慎调节组织中草酸的水平，维持植株的健康。此外，草酸是强的螯合剂，易与 Ca^{2+} 螯合，导致细胞壁中 Ca^{2+} 减少，软化细胞壁，从而降低植物的防御能力。过量积累的草酸盐会影响植物的自然生长和自然代谢。人体过多摄入草酸会对健康产生不利影响，如导致肾、神经系统或者冠状动脉相关疾病，所以必须严格监管食物中的草酸盐含量。

二、抗氧化作用

抗坏血酸是人类必需的一种维生素，又称为维生素 C，对人类来说也是一种重要的抗氧化剂和酶的辅因子，还可以防止坏血病和心血管等疾病。但是由于人体中缺乏合成抗坏血酸关键酶（L-古洛糖醛酸-1,4-内酯氧化酶），只能从食物特别是新鲜蔬菜水果中获取它，所以 AsA 成为衡量蔬菜品质的重要指标。抗坏血酸是水溶性抗氧化剂，能清除人体内的自由基，减少氧化应激，有研究认为氧化应激可导致肾小管损伤，促进高草酸尿症患者结石的形成（Ma et al., 2014）。维生素 C 的最大特性就是还原性，可通过还原作用消除有害氧自由基的毒性，其抗氧化作用表现在可以和 O_2^-、HOO^- 和 OH^- 迅速反应生成半脱氢抗坏血酸，清除单线态氧，还原硫自由基，其抗氧化作用依靠可逆的脱氢反应来完成。由于它是供氢体，所以也发挥着间接的抗氧化作用，使被氧化的维生素 E 和巯基恢复成还原型。

三、抗血栓作用

血栓是因血小板异常聚集、纤维蛋白异常增加、凝血与抗凝血系统失衡而在血管内形成的一种固体质块，是造成急性心肌梗死、肺栓塞、动脉粥样硬化和缺血性脑卒中等心脑血管疾病的主要原因。研究发现有机酸由于具有低毒、低副作用等优点，能够降低血栓治疗的风险。具有抗血栓作用的有机酸主要包括酚酸和五环三萜酸两类，其中酚酸包括苯甲酸及其衍生物，如水杨酸、莽草酸、香草酸等，还包括肉桂酸及其衍生物，如咖啡酸、阿魏酸等；五环三萜酸包括齐墩果酸等，还包括柠檬酸、琥珀酸等其他有机酸。

柠檬酸广泛存在于番茄、柠檬等蔬菜和水果中，它的衍生物柠檬酸钠在临床中已应用，有较强的抗凝血作用。柠檬酸钠的抗凝机制主要是螯合血液中的钙离子，阻断凝血级联反应从而达到抗凝的效果。齐墩果酸存在于山楂、木瓜等植物中，它的抗凝血作用主要体现在能显著延长部分凝血酶活时间和凝血酶原时间，并显著降低人血的纤维蛋白聚集率。咖啡酸广泛存在于金银花、小蓟等中草药植物中，它主要通过抑制血小板的聚集来治疗血栓。咖啡酸抑制血小板聚集的机制主要是增加环磷酸腺苷的含量，从而抑制 P-选择素的表达。水杨酸衍生物阿司匹林在临床中应用于抗血栓治疗已有近百年时间，阿司匹林抗血小板凝集的作用主要通过抑制环氧合酶来实现。

四、调节品质

果实的风味不仅取决于糖和酸的绝对含量，还取决于二者的比值即糖酸比。糖是植物果实发育的重要基础，含糖量的多少不仅决定着果实的甜度和风味，还是类胡萝卜素、酸及其他营养成分和芳香物质的基础原料，同时也作为信号物质参与调节植物的多种代谢过程。

番茄果实中糖类的积累是决定品种间差异的重要因素，番茄果实内的糖主要由果糖和葡萄糖构成，而决定果实甜味程度的关键因素是蔗糖浓度，番茄果实内部的蔗糖很少，它主要是由番茄叶片光合作用产生而后运输到果实内部，蔗糖需要降解为单糖参与植物代谢。目前公认的高等植物中蔗糖合成途径主要有两条：蔗糖合酶途径和蔗糖磷酸合酶途径，前者是可逆的，后者不可逆。赤霉素、吲哚乙酸和焦磷酸等能促进蔗糖降解，而 Mg^{2+} 和果糖-1-磷酸会抑制其降解并且促进蔗糖的合成；蔗糖发生不可逆水解反应会生成葡萄糖和果糖。葡萄糖和果糖常会参与糖酵解途径。适合的糖酸比值影响果实的最佳风味，在番茄整个生长发育阶段，糖类物质总量呈现上升趋势而酸类物质的总量逐渐呈现下降趋势，糖酸比值增加。

五、其他有益作用

有机酸可以促进消化腺活动和改善食欲。有机酸的组分种类和构成比例影响果实的酸味和口感。不同的有机酸，它的酸味和持续时间不同，柠檬酸产生酸感迅速但是持续时间短；酒石酸稍有涩感但酸味爽口；苹果酸味有苦涩，呈味速度缓慢但酸味爽口且持续时间较柠檬酸长；延胡索酸的酸味特殊。各种有机酸的酸味强度也不同，以含有一个结晶水的柠檬酸为基准，将其的酸味强度定义成 100，则无水柠檬酸、酒石酸、苹果酸、乳酸（50%）和富马酸的酸味强度分别为 110、130、125、60、165。

有机酸中的维生素 C 参与多种化学反应，首先它参与羟化反应：可以促进胶原蛋白的合成，胶原蛋白中含有较多的羟脯氨酸和少量羟赖氨酸，它们是由胶原蛋白分子中的脯氨酸和赖氨酸羟化而成，维生素 C 可能是这些羟化酶的辅助因素之一；维生素 C 还参与神经介质、激素的生物合成，以及参与合成 5-羟色胺和去甲基肾上腺素的羟化作用；维生素 C 还参与类固醇化合物的羟化，胆固醇转化为胆汁酸的过程必须经过 7-α-羟化作用，维生素 C 参与此过程。维生素 C 还具有氧化还原作用：可以促进抗体的合成，抗体中含有很多由两个半胱氨酸分子联合形成的二硫键，而维生素 C 参与胱氨酸还原成半胱氨酸的过程；维生素 C 还可以解重金属的毒，重金属离子和体内含巯基酶结合而使其失去活性，从而导致中毒，维生素能将谷胱甘肽由氧化型转化成还原型，而还原型的谷胱甘肽可与重金属络合排出体外；此外，维生素 C 还可以促进造血，能将 Fe^{3+} 还原成 Fe^{2+}，而 Fe^{2+} 易于吸收，有利于血红蛋白的形成。

第八章

蛋白质及氨基酸

蛋白质和氨基酸是维系人体健康和活力的重要组分。蔬菜等作物中的植物类蛋白对人们的身体健康有着不可替代的重要营养作用。豆类蔬菜是蛋白质及氨基酸含量高的作物，如大豆（*Glycine max*）、豇豆（*Vigna unguiculata*）、蚕豆（*Vicia faba*）、四棱豆（*Psophocarpus tetragonolobus*）、菜豆（*Phaseolus vulgaris*）等；除豆类外，也有一些蔬菜作物蛋白质及氨基酸含量相对较高，如苋菜（*Amaranthus tricolor*）、地肤（*Kochia scoparia*）、大蒜等。

氨基酸是构成蛋白质的物质基础。自然界中氨基酸可分为非蛋白质氨基酸和蛋白质氨基酸。非蛋白质氨基酸的很大一部分具有毒性，在植物自身防御中起重要作用。构成蛋白质的基本氨基酸有 20 种，蛋白质是由这 20 种 L-α-氨基酸以肽键相连构成的生物大分子。各氨基酸的特征基团 R 基因决定了该氨基酸的类别和性质。可根据 R 基团的性质把这 20 种蛋白质氨基酸分为非极性氨基酸和极性氨基酸两大类；也可从营养学角度将蛋白质氨基酸分为必需氨基酸和非必需氨基酸。蔬菜蛋白质的营养价值主要取决于必需氨基酸的含量。氨基酸侧链基团的差异决定了氨基酸合成代谢的差异。蛋白质的生物合成是许多生物大分子协同参与的复杂过程，遗传因素及温度、光照、水分和矿质营养等外界环境条件均会影响蔬菜作物蛋白质的生物合成。

◆ 第一节　氨基酸的结构及分类

从动物、植物与微生物体内分离得到的氨基酸有上千种，在植物中发现的有 900 多种，动物中有 50 多种，其余的多存在于微生物中。参与蛋白质组成的氨基酸被称为蛋白质氨基酸或基本氨基酸，某些蛋白质中的稀有氨基酸组分是基本氨基酸掺入多肽链后经酶促修饰形成的。基本氨基酸序列构成蛋白质分子的骨架，赋予蛋白质特定的结构形态，使其具有生物活性。不参与蛋白质组成的氨基酸被称为非蛋白质氨基酸。非蛋白质氨基酸在生物体中也具有重要功能，在科研和医药领域有广泛用途。

一、蛋白质氨基酸

（一）基本结构

氨基酸是分子中同时含有氨基和羧基的一类有机化合物，是生物功能大分子蛋白质的基本组成单位，结构通式表示为 $H_2NCH(R)COOH$。构成蛋白质的基本氨基酸具有以下结构特征。

1）构成天然蛋白质的基本氨基酸有 20 种（19 种氨基酸和 1 种亚氨基酸）。除脯氨酸（Pro）及其衍生物外，这些氨基酸在结构上的共同点是与羧基相邻的 α-碳原子（C_α）上都有一个氨基

（图 8-1），因此称为 α-氨基酸。连接在 α-碳上的还有一个氢原子和一个可变的侧链，称 R 基团，各种氨基酸的区别就在于 R 基团的不同。

2）除甘氨酸外，其余氨基酸的 α-碳原子上连接的 4 个基团或原子互不相同，故 α-碳原子为不对称碳原子。这些含有不对称碳原子的氨基酸均具有旋光性，能使平面偏振光的振动平面发生一定程度的偏转。在一定条件下，氨基酸的比旋光度是一定的，所以可用于氨基酸的定性和定量分析。

3）氨基酸存在 L 型和 D 型两种旋光异构体，除甘氨酸因无不对称碳原子而无 L 型或 D 型之分外，其余氨基酸的构型都是 L 型（图 8-2），也就是说天然蛋白质几乎全部选择了 L 型氨基酸。

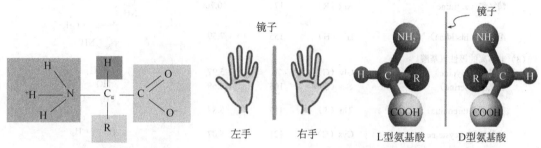

图 8-1　氨基酸的基本结构　　　　图 8-2　氨基酸的两种旋光异构体

4）在色氨酸、苯丙氨酸和酪氨酸分子结构中含有共轭双键系统。它们在近紫外光区有光吸收能力。酪氨酸使蛋白质在 280 nm 波长处有最大光吸收。

（二）基本氨基酸的分类

通常根据 R 基团的性质把 20 种构成天然蛋白质的氨基酸分为非极性氨基酸（疏水氨基酸）和极性氨基酸（亲水氨基酸）两大类，后者又可分为酸性氨基酸、碱性氨基酸和非解离的极性氨基酸（表 8-1）。

表 8-1　蛋白质氨基酸的分类与结构

名称	符号	分子量	等电点（pI）	R 基团结构式
1. 非极性氨基酸（或疏水氨基酸）				
丙氨酸（alanine）	Ala（A）	89	6.01	CH_3-
缬氨酸（valine）*	Val（V）	117	5.97	$CH_3-CH-CH_3$
亮氨酸（leucine）*	Leu（L）	131	5.98	$CH_3-CH-CH_2-$ 　CH_3
异亮氨酸（isoleucine）*	Ile（I）	131	6.02	$CH_3-CH_2-CH-CH_3$
脯氨酸（proline）	Pro（P）	115	6.48	$CH_2-CH-COO^-$
苯丙氨酸（phenylalanine）*	Phe（F）	165	5.48	
色氨酸（tryptophan）*	Trp（W）	204	5.89	
甲硫氨酸（methionine）*	Met（M）	149	5.74	$CH_3-S-CH_2-CH_2-$

续表

名称	符号	分子量	等电点（pI）	R基团结构式
2. 极性氨基酸（或亲水氨基酸）				
（1）酸性氨基酸				
天冬氨酸（aspartate）	Asp（D）	133	2.77	$HOOC-CH_2-$
谷氨酸（glutamate）	Glu（E）	147	3.22	$HOOC-CH_2-CH_2-$
（2）碱性氨基酸				
赖氨酸（lysine）*	Lys（K）	146	9.74	$CH_2-CH_2-CH_2-CH_2-$ NH_2
精氨酸（arginine）*	Arg（R）	174	10.76	$H_2N-C-NH-CH_2-CH_2-CH_2-$ NH
组氨酸（histidine）*	His（H）	155	7.59	CH_2-
（3）非解离的极性氨基酸				
甘氨酸（glycine）	Gly（G）	75	5.97	$H-$
丝氨酸（serine）	Ser（S）	105	5.68	$HO-CH_2-$
苏氨酸（threonine）*	Thr（T）	119	5.87	CH_3-CH- OH
半胱氨酸（cysteine）	Cys（C）	121	5.07	$HS-CH_2-$
酪氨酸（tyrosine）	Tyr（Y）	181	5.66	$HO-\bigcirc-CH_2-$
天冬酰胺（asparagine）	Asn（N）	132	5.41	$H_2N-C-CH_2-$ O
谷氨酰胺（glutamine）	Gln（Q）	146	5.65	$H_2N-C-CH_2-CH_2-$ O

注：*表示必需氨基酸

此外，也可按R基团的结构特点把氨基酸划分为脂肪族氨基酸、芳香族氨基酸和杂环氨基酸。

根据氨基酸与糖和脂肪的关系可将氨基酸分为生糖氨基酸和生糖兼生酮氨基酸。生糖氨基酸经脱氨后生成α-酮酸，后者经一系列反应转变成糖。生糖氨基酸在分解代谢过程中可分解成许多乙酰辅酶A。乙酰辅酶A可用于合成脂肪酸，成为合成脂肪的原料。生糖兼生酮氨基酸分子中的一部分碳原子转变成糖，另一部分转变成脂肪。

从营养学角度还可将蛋白质氨基酸分为必需氨基酸和非必需氨基酸。生物合成氨基酸的能力不同，植物和大部分微生物可以合成构成蛋白质的全部氨基酸，动物不能全部合成自身需要氨基酸，一部分氨基酸必须从食物中获得。凡是动物机体自己不能合成，需从外界获取的氨基酸，称为必需氨基酸；凡是机体能自己合成的氨基酸称为非必需氨基酸。动物必需氨基酸有来自天冬氨酸家族合成途径的赖氨酸（Lys）、甲硫氨酸（Met）和苏氨酸（Thr）；芳香族氨基酸的苯丙氨酸（Phe）和色氨酸（Trp）；以及来自支链氨基酸的缬氨酸（Val）、异亮氨酸（Ile）和亮氨酸（Leu）。组氨酸在动物体内可自身合成，但是，幼龄动物体内组氨酸合成量不能满足机体生长需要；即使是成年动物，若不从食物中补充，体内合成量也不能满足需要，因此有学者也将组氨酸列为必需氨基酸（Galili et al., 2016）。

二、非蛋白质氨基酸

（一）概念及特点

非蛋白质氨基酸（nonprotein amino acid，NPAA）这一概念是相对于组成蛋白质的20种基本氨基酸而言，指除了组成蛋白质的20种基本氨基酸以外的含有氨基和羧基的化合物。非蛋白质氨基酸通常不存于蛋白质中，缺乏专一性tRNA和密码子。这些非蛋白质氨基酸多为蛋白质氨基酸的取代衍生物或类似物，如磷酸化、甲基化、糖苷化、羟化、交联等。除此之外，还包括 D-氨基酸及 β-、γ-或 δ-等其他类型的氨基酸。

天然非蛋白质氨基酸主要存在于植物和微生物中，而在动物中较少发现，大多以游离或小肽的形式存在于生物体的各种组织或细胞中。目前，已在植物中发现 900 多种非蛋白质氨基酸。与其他植物物种相比，豆科植物含有更多种类的非蛋白质氨基酸，而这些豆科植物的种子通常是这些氨基酸最集中的来源（Negi et al.，2021）。

非蛋白质氨基酸种类繁多，结构也各不相同。它们有的按其化学结构命名，但俗名与其结构并无有意义的联系。有的按其来源命名，如来源于刀豆（*Canavalia ensiformis*）的称为刀豆氨酸（canavanine），来源于葱蒜类蔬菜的称为蒜氨酸（alliin），来源于茶（*Camellia sinensis*）的称为茶氨酸（theanine）。也有的按其作用来命名，如降糖氨酸可用于降低患者的血糖水平。

（二）生物合成

非蛋白质氨基酸因结构多样、种类繁多，其合成途径也复杂多样。但一般生物合成途径主要有以下三种方式。

1. 基本氨基酸合成后的修饰　　基本氨基酸在生物体内合成后，经过酶促反应简单修饰而得到许多在蛋白质中不存在的基本氨基酸衍生物。例如，γ-氨基丁酸是 L-谷氨酸在 L-谷氨酸脱羧酶作用下形成的，牛磺酸是半胱氨酸通过氧化脱羧后形成的。大部分植物的非蛋白质氨基酸具有脂肪族结构，虽然它们链的长度一般不超过 6 个碳原子，但是由于侧链有氨基、羧基或羟基的取代，或者由于含有不饱和的丙二烯基、丙烯基和含氨基团（如胍基和腈基）的取代，以及存在着大量的含硫、硒的半胱氨酸、胱氨酸和甲硫氨酸的类似物，因而形成了多种多样的非蛋白质氨基酸。

2. 基本氨基酸代谢中间产物　　有些非蛋白质氨基酸是基本氨基酸在合成代谢和分解代谢过程中产生的代谢中间产物或前体物质。例如，高丝氨酸是合成 L-甲硫氨酸的前体；鸟氨酸和瓜氨酸是合成精氨酸的前体；L-谷氨酸-γ-半醛和 L-天冬氨酸-β-半醛分别是脯氨酸和甲硫氨酸在合成中产生的短暂存在的中间产物。除了合成代谢，基本氨基酸在分解代谢中也可通过脱羧作用产生许多重要的胺类或其他高级同系物。

3. L-氨基酸的消旋　　自然界中天然存在的氨基酸大多为 L-氨基酸，但也有许多生物体中 L-氨基酸和 D-氨基酸均存在。D-氨基酸多数是由 L-氨基酸经消旋酶催化消旋后形成，并随后掺入肽键。

（三）在植物中的作用

非蛋白质氨基酸在化学结构、生理特性和生物学效应方面具有极大的多样性（Negi et al.，2021）。非蛋白质氨基酸结构上的差异导致了大多数非蛋白质氨基酸都有独特的生理活性。一般认为，植物中的非蛋白质氨基酸具有以下三个方面的作用。

1. 植物自身保护的特殊代谢物质　　很大一部分非蛋白质氨基酸具有毒性。有毒氨基酸种类很多，仅在豆科植物中就有 50 多种。它们可以以不同的方式干扰动物、植物及微生物的生长和代谢，这类氨基酸对植物本身来说是有明确意义的，那就是保护自身免受其他物种的侵犯而使本种属能够生存和发展。例如，一些植物中含有对动物有毒的氨基酸，以免遭食草动物及人类的侵害。还有一些植物的种子在萌发时，可产生一种有毒的氨基酸并释放到土壤中，可抑制周围其他不同种植物及微生物的生长。

有毒氨基酸中有许多是作为蛋白质氨基酸的类似物而起作用，可被错误地整合到蛋白质的基本氨基酸位，导致合成的蛋白质无正常功能或功能受损，因而干扰相关的生化途径而产生毒性。

例如，百合科植物中的 2-羧基环丁胺是脯氨酸的类似物，在刀豆属植物中的豆类毒素刀豆氨酸是精氨酸的类似物，银合欢（*Leucaena leucocephala*）中的含羞草氨酸是酪氨酸的类似物。

有一些非蛋白质氨基酸以其他方式产生毒性。例如，3,4-二羟基苯丙氨酸在油麻籽中浓度很高，虽对哺乳动物没有毒性，但对昆虫有很强的毒性，可能是通过影响昆虫表皮硬化中起重要作用的酪氨酸酶活性起作用。西非荔枝果（*Blighia sapida*）在未成熟的果实假皮中有较高浓度（干重 0.1%）的亚甲基环丙基丙氨酸（或称降糖氨酸），哺乳动物食用后，降糖氨酸在体内被降解为 α-亚甲基环丙基乳酸，这种化合物完全阻止了脂肪酸的氧化，使得糖作为唯一的能量来源被大量消耗，导致发生严重的低血糖。然而，专门以含有非蛋白质氨基酸的植物为食的食草昆虫已经对非蛋白质氨基酸产生了生理适应。

2. 作为氨基酸（包括蛋白质氨基酸）和其他含氮物质的中间产物　有一部分非蛋白质氨基酸是重要的代谢物前体或代谢的中间物，在新陈代谢过程中起着重要作用。例如，瓜氨酸和鸟氨酸是尿素循环的重要中间产物，是合成精氨酸的前体；β-丙氨酸是维生素泛酸的前体。甜菜碱、高半胱氨酸、高丝氨酸等都是重要的代谢中间物。

3. 在氮素贮藏和运输中起作用　例如，γ-亚甲基谷氨酸和 γ-亚甲基谷氨酰胺在花生（*Arachis hypogaea*）种子里不存在，但在植株中大量存在，γ-亚甲基谷氨酰胺可占植株全氮的 95%。刀豆氨酸在某些豆科植物中含量很高，如在洋刀豆种子中每 16 g 氮内刀豆氨酸氮可达 10 g 以上。

除上述的几种功能外，非蛋白质氨基酸对食品品质也有重要影响，如茶叶中含有大量的茶氨酸，它与茶叶的品质有关。

◆ 第二节　必需氨基酸的生物合成

植物和微生物能合成所有氨基酸，而动物只能合成非必需氨基酸，必需氨基酸须靠进食获得。蔬菜能够提供人体代谢需要的必需氨基酸，蔬菜中必需氨基酸的合成及含量对人体健康的影响很大。

天然氨基酸合成的最后步骤一般是 α-酮酸经由转氨酶催化生成氨基酸。因此，氨基酸的侧链基团合成途径往往决定了不同氨基酸合成代谢的差异。根据氨基酸合成的碳架来源或者侧链基团的不同，可将氨基酸分为若干族。

一、芳香族氨基酸

芳香族氨基酸包括 L-苯丙氨酸（L-Phe）、L-酪氨酸（L-Tyr）和 L-色氨酸（L-Trp），存在于植物、真菌、细菌等生命体中。在植物中，芳香族氨基酸不仅是蛋白质的基本组分，还是多种天然产物的前体，在植物的生长、发育、繁殖、防御和环境反应中发挥着至关重要的作用。例如，Trp 是生物碱、植物保卫素（phytoalexin）、吲哚硫代葡萄糖苷（indole glucosinolate）和生长素的前体；Tyr 是异喹啉生物碱、甜菜红素和醌的前体。在这三种氨基酸中，由于苯丙氨酸衍生化合物在某些植物物种中可以形成高达 30% 的有机物，因此最高的碳通量通常流向 Phe。Phe 是许多酚类化合物的共同前体，包括黄酮类化合物、缩合单宁、木酚素（lignan）、木质素和苯丙烷/苯环类挥发物。这三种氨基酸都是由莽草酸途径的产物分支酸产生，分支酸也是维生素 K_1 和维生素 B_9 及植物激素水杨酸的前体。

近年来，基于莽草酸途径，以大肠杆菌、谷氨酸棒杆菌、酿酒酵母等微生物为起始菌株，生物合成天然和非天然芳香族化合物及其衍生物取得一定的进展，如"达菲"药物合成前体莽草酸、大宗化学品己二酸前体顺,顺-粘康酸、化妆品活性成分熊果苷等化合物的微生物合成(江晶洁等,2019)。由于动物中芳香族氨基酸合成通路缺失,其合成通路的相关酶也已成为抗菌剂和除草剂的诱人目标。

(一)生物合成

L-苯丙氨酸(L-Phe)、L-酪氨酸(L-Tyr)和L-色氨酸(L-Trp)具有相似性较高的芳香环的疏水侧链结构,结构上的相似性暗示了其合成路线中共享的环烃结构合成途径。芳香族氨基酸的碳架来自磷酸戊糖途径的中间产物赤藓糖-4-磷酸(erythrose-4-phosphate,E4P)和糖酵解的中间产物磷酸烯醇丙酮酸(PEP)。这两者化合后经几步反应生成莽草酸,再由莽草酸生成芳香族氨基酸和其他多种芳香族化合物,称为莽草酸途径(图8-3)。莽草酸途径不仅是芳香族化合物生物合成的主要途径,也是途径中间体3-脱氢莽草酸、莽草酸、分支酸及其衍生物的合成基础,广泛存在于植物和微生物中。

在形成3种芳香族氨基酸前体分支酸的合成途径中,经由3-脱氢奎宁酸合酶(3-dehydroquinate synthase,DHQS)的成环反应是20种天然氨基酸合成途径中绝无仅有的。对于从分支酸开始的苯丙氨酸合成途径中,分支酸变位酶(chorismate mutase/prephenate dehydratase,CM)催化的协同反应在生命体中是一类较为特殊的反应,而以预苯酸(PPA)为反应底物经由不同酶催化产生不同的氨基酸前体也是在氨基酸合成代谢中较为独特的过程。

1. **苯丙氨酸和酪氨酸**　莽草酸途径起始于赤藓糖-4-磷酸(E4P)、磷酸烯醇丙酮酸(PEP),经3-脱氧-α-阿拉伯庚酮糖酸-7-磷酸合酶(DAHPS)催化,羟醛缩合生成3-脱氧-α-阿拉伯庚酮糖酸-7-磷酸,这是决定芳香族氨基酸生物合成产率和产量的关键步骤。3-脱氧-α-阿拉伯庚酮糖酸-7-磷酸是芳香族氨基酸生物合成过程中第一个也是最重要的代谢中间物,其在3-脱氢奎宁酸合酶(DHQS)作用下生成3-脱氢奎宁酸。随后在3-脱氢奎宁酸脱水酶(3-dehydroquinate dehydratase,DHD)作用下生成3-脱氢莽草酸,并在莽草酸脱氢酶(shikimate dehydrogenase,SDH)的作用下还原生成莽草酸。此后,莽草酸在莽草酸激酶(shikimate kinase,SK)作用下生成莽草酸-3-磷酸,再在5-烯醇丙酮酰莽草酸-3-磷酸酯合酶(EPSP synthase)的催化下与磷酸烯醇丙酮酸发生亲核取代反应生成5-烯醇丙酮酰莽草酸-3-磷酸,然后在分支酸合酶(chorismate synthase,CS)的作用下形成分支酸(chorismate,CHA)。分支酸是芳香族氨基酸L-苯丙氨酸、L-酪氨酸、L-色氨酸生物合成途径到各分支途径的分支点。

双功能酶分支酸变位酶/预苯酸脱水酶(CM)是苯丙氨酸和酪氨酸的合成代谢分支途径上的关键酶。分支酸首先在CM的作用下生成预苯酸(prephenate,PPA),预苯酸在预苯酸脱水酶(prephenate dehydratases,PDT)的作用下生成苯丙酮酸,然后在苯丙酮酸氨基转移酶(phenylpyruvate aminotransferase,PPY-AT)的作用下生成苯丙氨酸。预苯酸在预苯酸脱氢酶(prephenate dehydrogenase,PDH)的作用下生成4-羟基苯丙酮酸,而后在4-羟基苯丙酮酸氨基转移酶(HPP-AT)的作用下生成酪氨酸。中间产物阿罗酸分别在阿罗酸脱水酶(ADT)和阿罗酸脱氢酶(ADH)的作用下分别生成苯丙氨酸和酪氨酸(图8-3)。

2. **色氨酸**　色氨酸复杂的侧链结构导致其合成过程的独特性。色氨酸合成途径的前半部分与苯丙氨酸和酪氨酸相同,从分支酸进入色氨酸支路。分支酸在邻氨基苯甲酸合酶(anthranilate synthase,AS)催化下接受谷氨酰胺的氨基,生成邻氨基苯甲酸,然后经磷酸核糖-氨基苯甲酸转移酶(phosphoribosylanthranilate transferase,PAT)、磷酸核糖-氨基苯甲酸异构酶(phosphoribosylanthranilate isomerase,PAI)、吲哚-3-甘油磷酸合酶(indole-3-glycerol phosphate synthase,IGPS)和色氨酸合酶(tryptophan synthase,TS)作用下生成色氨酸(图8-3)。

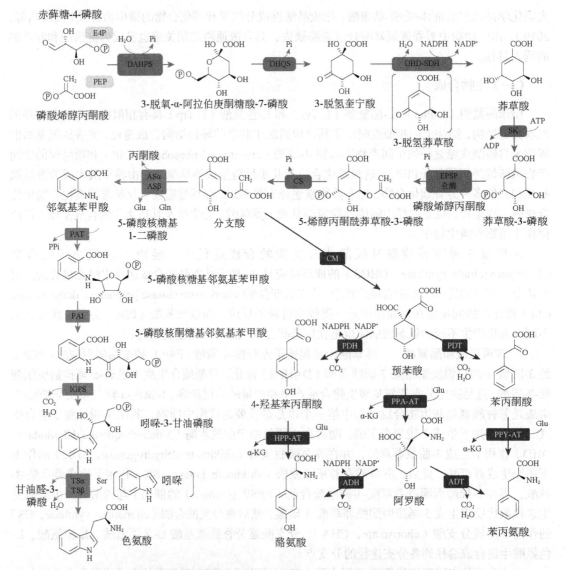

图 8-3　植物体中芳香族氨基酸的合成通路（Maeda and Dudareva，2012）

分支酸通过 6 个酶促反应产生色氨酸，而苯丙氨酸和酪氨酸是通过阿罗酸或苯丙酮酸/4-羟基苯丙酮酸经过 3 个酶促反应产生。DHD 和 SDH 在植物体内形成双功能的 DHD-SDH 酶，而 ASα 和 ASβ 及 TSα 和 TSβ 分别形成非共价 AS 和 TS 酶复合物，括号内 3-脱氢莽草酸和吲哚分别为 DHD-SDH 和 TS 酶催化反应的中间体。Gln. 谷氨酰胺；Glu. 谷氨酸；α-KG. α-酮戊二酸；Pi. 无机磷酸；PPi. 无机二磷酸；Ser. 丝氨酸

（二）芳香族氨基酸生物合成的反馈调节

目前对芳香族氨基酸合成途径的调控机制研究主要来自微生物，对植物体芳香族氨基酸生物合成的调节控制还知之甚少。

通过积累的氨基酸产物反馈抑制其合成通路中相关酶活性，是限制植物体氨基酸含量的主要调控机制之一。已知 3-脱氧-α-阿拉伯庚酮糖酸-7 磷酸合酶（DAHPS）是莽草酸途径中的第一个限速酶，受产物的抑制。双功能分支变位酶（CM）也是调节酶，在大多数植物中，有一个位于质体的同工酶和一个位于胞质的同工酶，前者受到苯丙氨酸和酪氨酸的协同抑制，而后者被酪

氨酸激活（Galili et al., 2016）。邻氨基苯甲酸合酶（AS）是色氨酸合成通路的关键酶，该酶在拟南芥中是一个异四聚体，由两个 α 亚基和两个 β 亚基组成，色氨酸可通过结合到 AS 的 β 亚基上反馈抑制该酶的活性。此外，阿罗酸脱水酶（ADT）和阿罗酸脱氢酶（ADH）可分别将阿罗酸作为底物生成苯丙氨酸和酪氨酸，反过来，产物苯丙氨酸和酪氨酸分别对 ADT 和 ADH 有反馈抑制作用，但酪氨酸可促进 ADT 的活性。

二、L-组氨酸

除了芳香族氨基酸外，L-组氨酸（L-His）的生物合成是消耗能量最多的氨基酸，需要消耗 31~41 分子 ATP，这可能是其在蛋白质活性部位外相对丰度较低的原因。目前关于植物组氨酸生物合成调控及它的分解代谢知之甚少。

（一）概述

L-His 又名 L-α-氨基-β-咪唑基丙酸，是含有咪唑核的碱性氨基酸。L-His 在动物体内具有重要作用，主要包括参与合成蛋白质、调节神经系统、维持细胞 pH 稳定、维护机体健康等。

在 20 种基本氨基酸中，L-His 是唯一一种 pH 近中性的氨基酸，这使 His 既能够接受质子，又能够放出质子，在植物体内能够起到质子传递及缓冲的作用，这种特性使得它可参与一般的酸碱催化，因此，它是许多植物酶活性位点的重要组成部分。此外，它还在金属离子螯合和转运及植物生长和繁殖中发挥作用。

游离的 L-His 作为镍结合配体在许多镍超富集植物中扮演着重要角色。此外，L-His 的生物合成与核苷酸生物合成密切相关，与嘌呤、嘧啶和嘧啶辅助因子 NAD$^+$ 和 NADP$^+$ 的从头合成和补救途径共享前体物质 5-磷酸核糖-1-焦磷酸（PRPP）。L-His 通常也作为 L-色氨酸的合成前体。

（二）生物合成

组氨酸合成过程较复杂，它的碳架主要来自磷酸戊糖途径的中间产物核糖-5-磷酸。另外还有 ATP、谷氨酸和谷氨酰胺的参与。

组氨酸合成首先以 5-磷酸核糖-1-焦磷酸（PRPP）和腺苷三磷酸（ATP）为前体物，在 ATP-磷酸核糖基转移酶（ATP-PRTase）的催化下缩合形成 5-磷酸核糖-ATP（PR-ATP），PR-ATP 在 PR-ATP 焦磷酸水解酶（PRA-PH）作用下水解成 5-磷酸核糖-AMP（PR-AMP），PR-AMP 在 PR-AMP 开环酶（PRA-CH）的作用下打开嘌呤环生成咪唑中间体磷酸核糖亚氨甲基咪唑核苷酸（5'-ProFAR 或 BBMⅡ）。5'-ProFAR 由 BBMⅡ异构酶催化生成磷酸核酮糖亚氨甲基咪唑核苷酸（5'-PRFAR），5'-PRFAR 随后在谷氨酰胺的参与下，经过一系列反应转化为 L-组氨酸（图 8-4）。

三、天冬氨酸衍生氨基酸

L-赖氨酸（L-Lys）、L-甲硫氨酸（L-Met）、L-苏氨酸（L-Thr）和 L-异亮氨酸（L-Ile）是由天冬氨酸通过分支途径合成的，因此通常被称为天冬氨酸衍生氨基酸（aspartate-derived amino acid）。大多数植物、细菌和真菌都有这些氨基酸生物合成所需的酶，而动物体内则没有。因此，天冬氨酸衍生的氨基酸构成了动物 8 种必需氨基酸中的 4 种。异亮氨酸因其疏水脂质链具有分支的甲基基团，与缬氨酸、亮氨酸一起又称为支链氨基酸。

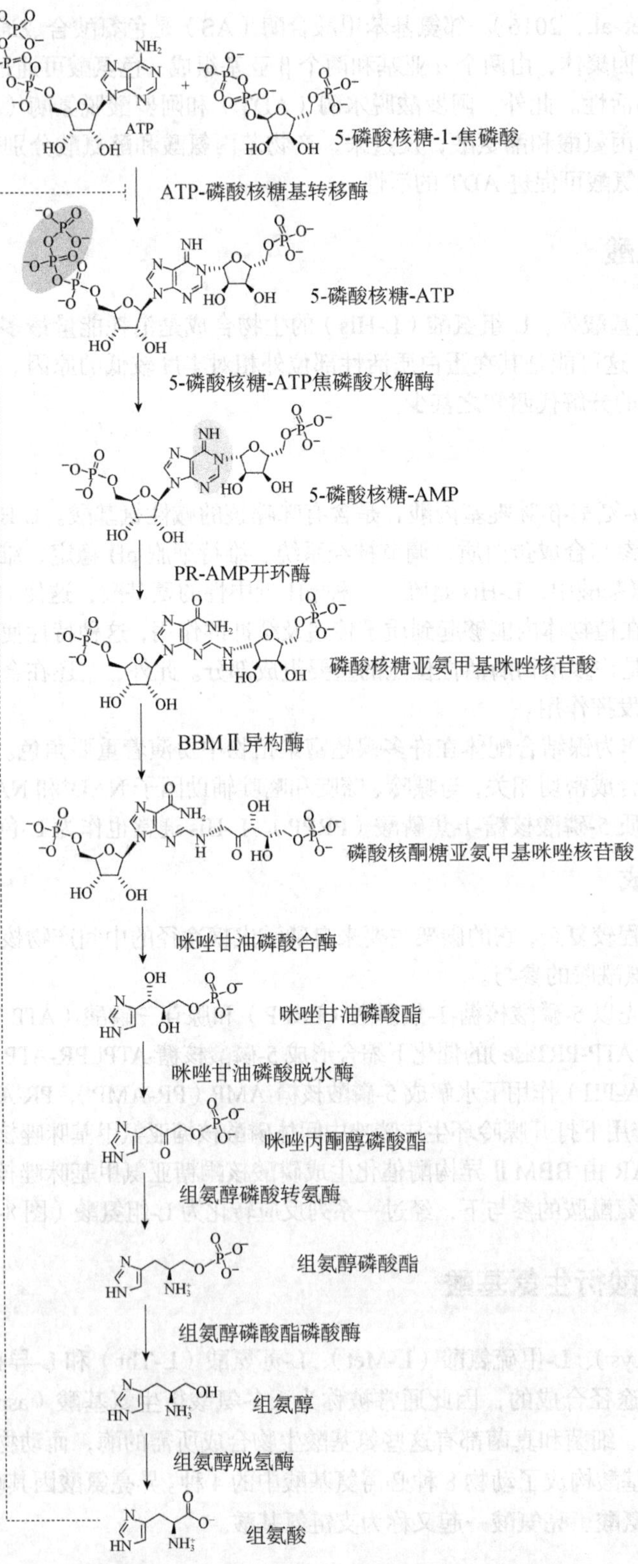

图 8-4　组氨酸在植物、酵母和细菌中的合成途径（Witek et al.，2021）

虚线折线表示反馈抑制

多数大田作物都缺乏天冬氨酸衍生氨基酸的一种或多种氨基酸，如禾谷类作物普遍缺乏 L-Lys 和 L-Thr，马铃薯缺乏 L-Met 和 L-Ile，豆类作物缺乏 L-Met 和 L-Thr。因此，常利用人工合成或发酵来生产这些氨基酸，添加到动物饲料中以改进其营养价值；也可以利用生物技术的手段，通过靶向操纵这些氨基酸生物合成途径，提高作物必需氨基酸的含量。此外，天冬氨酸衍生的氨基酸合成途径也是除草剂开发的有吸引力的靶标。例如，乙酰乳酸合酶（acetolactate synthase，ALS）是控制植物体内合成支链氨基酸包括亮氨酸、异亮氨酸、缬氨酸公共途径的关键酶，是磺酰脲类、咪唑啉酮类等多种高选择性、低毒化学除草剂的作用靶标。

（一）生物合成

1. 赖氨酸　　赖氨酸作为第一限制性必需氨基酸，在蛋白质合成中发挥着重要作用，缺少赖氨酸会使其他氨基酸的利用受阻。在常见的 20 种蛋白质氨基酸中，赖氨酸是唯一有两个不同生物合成途径的氨基酸，包括存在于眼虫（Euglenoids）和真菌的 α-氨基己二酸（α-aminoadipic acid，AAA）途径，以及存在于植物、细菌和藻类中的二氨基庚二酸（diaminopimelic acid，DAP）途径。

以天冬氨酸为起始物，在天冬氨酸激酶（aspartate kinase，Ask）的作用下，将天冬氨酸转化为 L-天冬氨酸磷酸盐，随后 β-天冬氨酸半醛脱氢酶（Asd）以 NADPH 为特异辅因子将天冬氨酸磷酸盐转化为 L-天冬氨酸-β-半醛，进入赖氨酸的 DAP 合成途径。DAP 途径的第一步反应是 L-天冬氨酸-β-半醛和丙酮酸在二氢吡啶二羧酸合酶（DHDPS，*DapA* 基因编码）作用下缩合形成二氢二吡啶二羧酸（DHP），然后在二氢吡啶二羧酸还原酶（*DapB* 基因编码）等一系列酶的催化下生成 L-赖氨酸（图 8-5）。

2. 苏氨酸　　通常，氨基酸具有的性质是在体内受分解转化为碳水化合物系的化合物（乳酸、丙酮酸、丙酸等）后成为葡萄糖或糖原，还具有生成酮体（如乙酰乙酸）的性质。前者被称为葡萄糖生成性或生糖原性，后者被称为生酮性。苏氨酸是为数很少的生糖原的必需氨基酸之一。此外，苏氨酸不参与常见的转氨（基）反应。因脱氨（基）反应的产物 α-丁酮酸经转氨反应不返回苏氨酸，因此不能用此反应由碳水化合物中间代谢产物生成丙氨酸、天冬氨酸、谷氨酸等氨基酸。由天冬氨酸起始合成苏氨酸的途径见图 8-6。

3. 甲硫氨酸　　甲硫氨酸（Met）参与 DNA、蛋白质的合成和蛋白结构的稳定，是精胺、亚精胺和乙烯等的前体，并通过其主要代谢产物 S-腺苷基甲硫氨酸（S-adenosylmethionine，SAM）间接调节各种代谢过程，为脂类、蛋白质、核酸、生物碱类和植物固醇等多种化合物提供甲基。植物组织中甲硫氨酸的从头合成从天冬氨酸开始，由天冬氨酸经过与苏氨酸合成相同的通路，在天冬氨酸激酶（Ask）、β-天冬氨酸半醛脱氢酶（Asd）等一系列酶的催化下形成高丝氨酸和磷酰高丝氨酸（图 8-6），然后进入甲硫氨酸的合成支路。

磷酰高丝氨酸在胱硫醚 γ-合酶（CGS）和胱硫醚 β-裂合酶（CBL）的作用下分别形成胱硫醚和高半胱氨酸，最后高半胱氨酸在甲硫氨酸合酶（MS）的作用下，以四氢叶酸（CH3-THF）作为甲基供体合成 Met（图 8-7）。

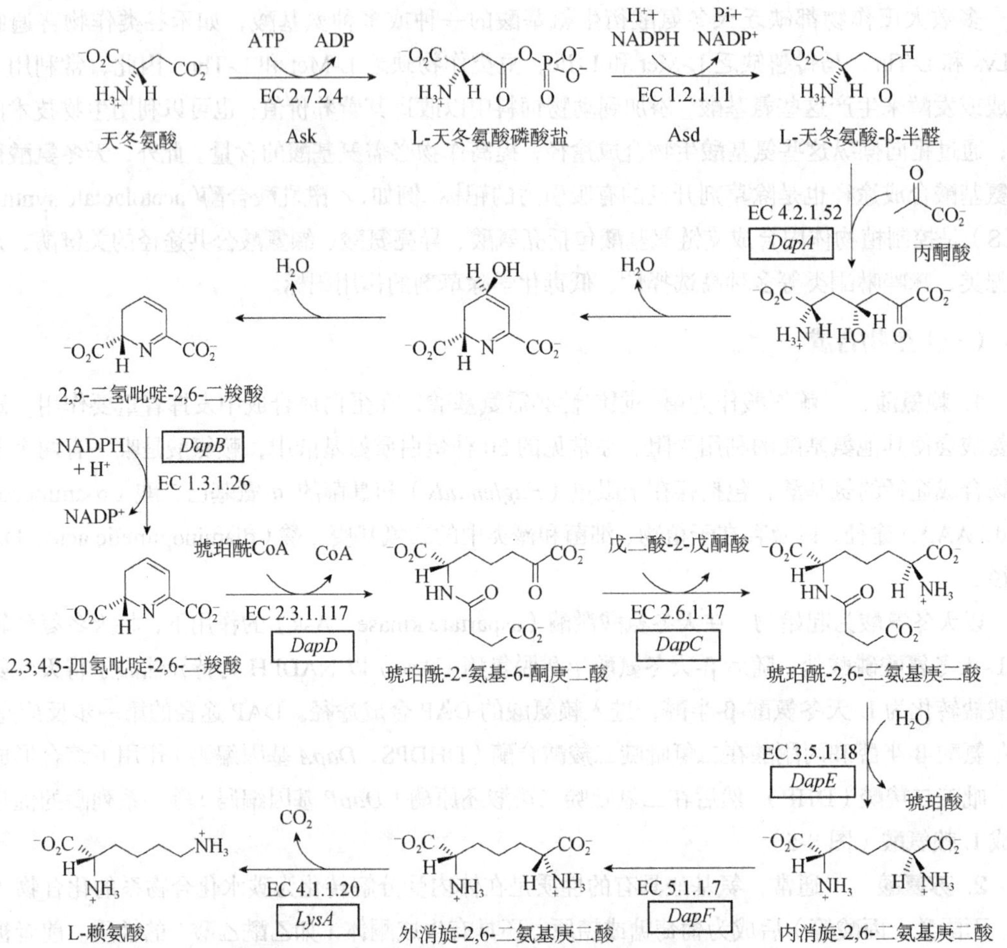

图 8-5   植物体赖氨酸的生物合成途径（DAP 途径）

EC 及其后数字表示酶的系统编号；方框中斜体表示 DAP 途径的编码基因。

DapD. 四氢吡啶二羧酸酰基转移酶；DapC. 琥珀酰氨基庚酮二酸-谷氨酸氨基转氨酶；

DapE. 二氨基庚二酸脱琥珀酰酶；DapF. 二氨基庚二酸差向异构酶；LysA. 二氨基庚二酸脱羧酶

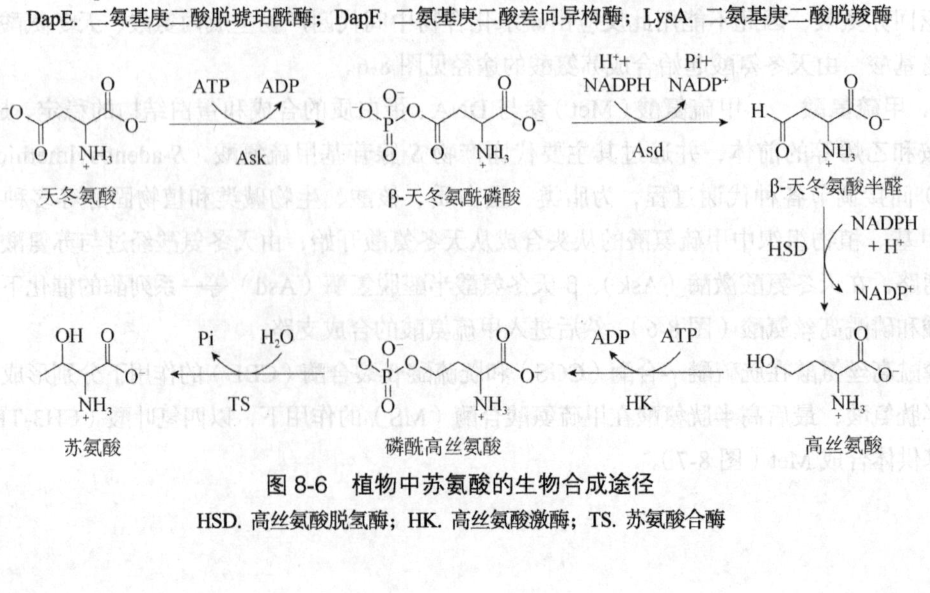

图 8-6   植物中苏氨酸的生物合成途径

HSD. 高丝氨酸脱氢酶；HK. 高丝氨酸激酶；TS. 苏氨酸合酶

（二）天冬氨酸衍生氨基酸生物合成的反馈调节

在天冬氨酸衍生氨基酸的合成通路中，关键酶的活性会影响主代谢流的碳通量大小，进而影响最终产物的合成，因此解除或减弱关键酶的反馈调节或强化其酶活活性能增大碳通量，相应支路氨基酸的积累也将增加。

1. **天冬氨酸激酶**　植物中，天冬氨酸激酶是赖氨酸、苏氨酸和异亮氨酸生物合成途径的第一个关键酶，该酶的活性受到赖氨酸及苏氨酸的协同反馈抑制。若无法生成赖氨酸，碳流将更多地流向苏氨酸，增加终产物异亮氨酸的积累。该酶的基因表达也受光、非生物胁迫和光合作用相关信号的调节。

2. **二氢吡啶二羧酸合酶**　DHDPS 是赖氨酸生物合成途径的第二个关键酶，其受产物赖氨酸的反馈抑制调控。DAP 途径的其他 6 个酶在赖氨酸的合成中似乎并没有发挥重要的调控作用。利用组成型启动子或种子特异性表达启动子将 DapA 基因在大豆等植物上过表达，显示转基因植株籽粒的赖氨酸含量显著积累，但出现籽粒含油量降低、产量急剧下降和发芽率降低等异常表型（Galili et al.，2016）。

3. **高丝氨酸脱氢酶和高丝氨酸激酶**　高丝氨酸脱氢酶是苏氨酸和甲硫氨酸合成通路的关键酶，催化天冬氨酸半醛脱羧生成 L-高丝氨酸，其酶活性受苏氨酸的反馈抑制。

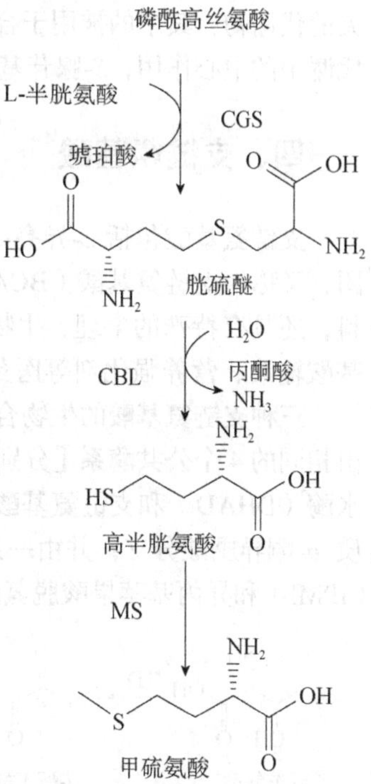

在拟南芥中，高丝氨酸激酶（HK）由一个单基因（At4g35295）

图 8-7　甲硫氨酸的合成途径

编码，该酶不受苏氨酸、异亮氨酸、缬氨酸或腺苷甲硫氨酸的变构抑制。HK 活性的调节不太可能对主代谢流的碳通量大小产生主要影响（Galili et al.，2016）。

4. **苏氨酸合成支路中的相关酶**　色氨酸合酶催化苏氨酸合成的最后一步反应。在植物中，该酶受甲硫氨酸的主要代谢产物 S-腺苷基甲硫氨酸的变构激活，正向调节色氨酸合酶的活性，增加色氨酸合酶与磷酸高丝氨酸亲和力。由于色氨酸合酶位于苏氨酸和甲硫氨酸的生物合成分支点，S-腺苷基甲硫氨酸也可能影响苏氨酸和甲硫氨酸两个分支途径之间的平衡。

苏氨酸的水平不仅受其合成途径关键酶的调控，也受分解代谢通路相关酶的调节。在植物中，存在两种相互竞争的分解代谢途径。一种是通过苏氨酸脱水酶产生异亮氨酸合成所需的中间体 α-酮基丁酸，另一种是通过苏氨酸醛缩酶合成的中间体将苏氨酸转化为甘氨酸和乙醛（Galili et al.，2016）。在拟南芥中，有两个编码苏氨酸醛缩酶的基因 THA1 和 THA2，THA1 突变导致苏氨酸含量显著增加，但 THA2 突变导致胚胎致死。有趣的是，胚胎的致死可能是由于苏氨酸的过量积累，而不是甘氨酸产量的缺乏。

5. **甲硫氨酸合成支路中相关酶**　胱硫醚 γ 合酶（CGS）是甲硫氨酸合成分支通路的第一个关键酶，严格调控甲硫氨酸的水平（Galili et al.，2016）。CGS 过表达会增加甲硫氨酸在植物中的积累。而甲硫氨酸合成通路的另外两种酶——胱硫醚 β 裂合酶（CBL）和甲硫氨酸合酶（MS），对甲硫氨酸含量并没有调控作用（Maeda and Dudareva，2012）。甲硫氨酸的水平还受其分解代谢通路的 S-腺苷基甲硫氨酸合酶和甲硫氨酸 γ 合酶（MGL）的调控。减少 S-腺苷基甲硫氨酸合酶的表达会导致甲硫氨酸水平显著升高（可高达 443 倍）（Binder，2010）；在拟南芥花、种子及马铃薯块茎中，降低甲硫氨酸 γ 合酶的水平会导致甲硫氨酸的含量升高。除了酶和甲硫氨酸以外，其下游产物 S-腺苷基甲硫氨酸也参与甲硫氨酸的合成调控，S-腺苷基甲硫氨酸负向调节胱硫醚 γ 合酶活性。在拟南芥叶片中，50%的甲硫氨酸转化为 S-腺苷基甲硫氨酸及与 S-腺苷基甲硫氨酸相关的代谢物，其余的被用于合成蛋白质（Ranocha et al., 2001）。由于 S-腺苷基甲硫氨酸在植物代谢中的中心作用，S-腺苷基甲硫氨酸含量减少会导致植株产生严重的异常表型。

四、支链氨基酸

支链氨基酸包括 L-异亮氨酸、L-亮氨酸和 L-缬氨酸，因其疏水脂质链都具有分支的甲基基团，又称为支链氨基酸（BCAA）。支链氨基酸作为人体的必需氨基酸，不仅是蛋白质的合成原料，还具有特殊的生理、生物学功能，也可作为生物体能源。目前，支链氨基酸广泛应用于氨基酸输液、营养强化剂等医药行业，以及洗涤剂、除草剂、杀菌剂等领域。

三种支链氨基酸的生物合成途径紧密相连，其中，L-异亮氨酸和 L-缬氨酸经由同一平行途径，由相同的 4 个公共酶系［分别为乙酰羟酸合酶（AHAS）、酮醇酸还原异构酶（KARI）、二羟酸脱水酶（DHAD）和支链氨基酸转氨酶（BCAT）］催化合成；而 L-亮氨酸是从 L-缬氨酸的前体物质 α-酮异戊酸分支，并由一系列特殊的酶［异丙基苹果酸合酶（IPMS）、异丙基苹果酸异构酶（IPMI）和异丙基苹果酸脱氢酶（IPMDH）］催化合成（图 8-8）。

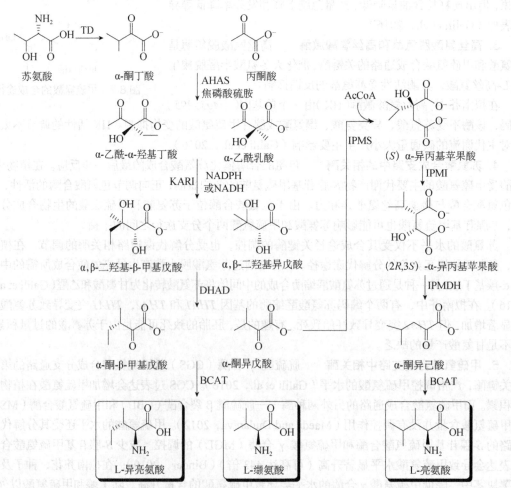

图 8-8 植物中支链氨基酸的合成途径（Liang et al., 2021）

（一）生物合成

1. 异亮氨酸　L-异亮氨酸的碳架来源于苏氨酸。首先苏氨酸在苏氨酸脱氢酶［又称苏氨酸脱氨酶（TD）］的作用下脱水脱氨生成 α-酮丁酸，而 α-酮丁酸是 L-异亮氨酸合成的初始底物。乙酰羟酸合酶（AHAS）与辅因子硫胺素焦磷酸（ThPP）结合，催化 α-酮丁酸与丙酮酸（pyruvate）缩合形成 α-乙酰-α-羟基丁酸，随后在酮醇酸还原异构酶（KARI）催化下发生类似的乙基迁移异构化反应并还原，最终形成 α,β-二羟基-β-甲基戊酸，进而在二羟酸脱水酶（DHAD）作用下将 α,β-二羟基-β-甲基戊酸脱水形成前体物 α-酮-β-甲基戊酸，最终在支链氨基酸转氨酶（BCAT）催化下以谷氨酸为供体形成异亮氨酸。

2. 缬氨酸　L-缬氨酸和 L-异亮氨酸在反应步骤中有乙酰羟酸合酶（AHAS）、酮醇酸还原异构酶（KARI）、二羟酸脱水酶（DHAD）、支链氨基酸转氨酶（BCAT）4 个共用酶催化对应反应（图 8-8）。L-缬氨酸（和亮氨酸）的碳架来自糖酵解生成的丙酮酸。首先，由 AHAS 将两分子的丙酮酸缩合成 α-乙酰乳酸；然后由 KARI 将 α-乙酰乳酸转化成 α,β-二羟基异戊酸；再由 DHAD 将 α,β-二羟基异戊酸脱水形成 α-酮异戊酸；最后，在 BCTA 催化下以谷氨酸为供体将 α-酮异戊酸转化成 L-缬氨酸。

3. 亮氨酸　L-亮氨酸的合成是以葡萄糖经糖酵解途径生成的丙酮酸为直接前体物，合成途径涉及 7 步酶促反应，其特异性合成途径是从异丙基苹果酸合酶（IPMS）反应开始。IPMS 催化 α-酮异戊酸接受乙酰-CoA 的乙酰基形成 α-异丙基苹果酸，然后异丙基苹果酸异构酶（IPMI）催化 α-异丙基苹果酸异构化，生成 β-异丙基苹果酸；随后异丙基苹果酸脱氢酶（IPMDH）以 NAD^+ 和二价金属离子（如 Mg^{2+} 或 Mn^{2+}）或单价金属离子（如 K^+）为辅因子，通过氧化 α-羟基和进一步脱羧，将底物 β-异丙基苹果酸转化为 α-酮异己酸，最后由支链氨基酸转氨酶（BCTA）将 L-谷氨酸的氨基基团转移到 α-酮异己酸的 α-碳原子上，形成 L-亮氨酸。

（二）支链氨基酸生物合成的反馈调节

苏氨酸脱氢酶/脱氨酶（TD）催化 L-异亮氨酸合成的第一步反应，通常控制着苏氨酸向 L-异亮氨酸合成的速率（Binder，2010）。该酶的活性受 L-异亮氨酸的反馈抑制，为典型的终产物反馈抑制类型，终产物合成过量时会抑制其活性，导致异亮氨酸合成终止。

乙酰羟酸合酶（AHAS）也叫作乙酰乳酸合酶，是支链氨基酸合成途径上的第一个共用酶也是关键酶。该酶也是一些除草剂的作用靶标（Galili et al.，2016；Liang et al.，2021）。乙酰羟基酸合酶主要受 L-缬氨酸的反馈抑制和反馈阻遏，同时也受到 L-亮氨酸及 L-异亮氨酸的反馈抑制。

异丙基苹果酸合酶（IPMS）是 BCAA 生物合成的第三种受到反馈调控的酶，该酶是 L-亮氨酸生物合成的限速酶，与支链氨基酸转氨酶（BCAT）争夺共同的中间产物——α-酮异戊酸（Galili et al.，2016）。IPMS 和 BCAT 的活性决定了在 α-酮异戊酸节点生成 L-亮氨酸或 L-缬氨酸的流向。IPMS 受到 L-亮氨酸的反馈抑制和反馈阻遏，但抑制作用的强度在不同物种间似乎有很大差异。

支链氨基酸转氨酶（BCAT）是催化支链氨基酸生物合成的最后一步，是支链氨基酸合成途径中的最后一个共用酶，在氨基酸的合成和相互转化中起至关重要的作用。由于 BCAT 在植物中有多个成员，每个成员在 BCAA 生物合成中所扮演的角色并不清楚。拟南芥种子中，*BCAT2* 在 BCAA 合成中起重要作用；番茄的 *BCAT3* 和 *BCAT4* 在 BCAA 生物合成中起作用，过表达 *BCAT4* 导致 BCAA 水平提高。有趣的是，在一些物种（如甜瓜）中，BCAA 积累限制了 BCAA 衍生挥发物的产生（如 2-甲基丁醇、丁酸丁酯、2-甲基丁酸乙酯），而在另一些物种（如番茄）中则并没有该现象的发生（Galili et al., 2016）。

◆ 第三节 含量及影响因素

蛋白质的生物合成是一个需要许多生物大分子协同参与的复杂生理生化过程，涉及的生物大分子包括启动因子、延伸因子、终止因子、核糖体、mRNA、氨酰合成酶和 tRNA 等。在蔬菜等植物细胞中，蛋白质合成常可发生于 3 个亚细胞区室（细胞质、质体和线粒体），且不同区室中蛋白质的合成过程也不同。细胞质中蛋白质合成是由核基因组转录获得的 mRNA 翻译而成，约占植物细胞合成蛋白质总量的 3/4，合成的蛋白质有 2 万多个；在有光合活性的细胞（如幼嫩的叶肉细胞）中，约 1/5 的蛋白质是在叶绿体中合成，且是利用叶绿体基因组转录的 mRNA 作为翻译模板来合成，涉及 40 余个蛋白质的合成；在线粒体中，合成植物细胞中 2%~5% 的蛋白质，合成蛋白质的数量在不同物种中区别较大。植物蛋白质的合成过程复杂，影响其合成的因素也较多。对蔬菜作物而言，影响其蛋白质合成及其含量的因素可大致归为内因和外因两个方面，即分别是内在的遗传因素和外界的环境因素。

一、蛋白质和氨基酸的含量

二维码
表 8-1

蔬菜种类繁多，含有多种不同类型的蛋白质，蔬菜中的蛋白质含量虽然不高，但仍是日常膳食中不可缺少的蛋白质来源。蔬菜中蛋白质的质量较佳，如菠菜、豌豆苗、豇豆和韭菜等的限制性氨基酸均为含硫氨基酸（Met 和 Cys），而 Lys 的含量则很丰富，通常可与谷类中的蛋白质互相补充。蔬菜中蛋白质种类较多，其蛋白质含量常可用总蛋白的含量来表示。如二维码表 8-1 所示，常见蔬菜中，豆类蔬菜的蛋白质含量最高，黄豆中蛋白质高达 35.0 g/110 g DW，毛豆和发芽豆的蛋白质含量分别为 13.1 g/100 g FW 和 12.4 g/100 g FW，其他豆类蔬菜（豌豆、黄豆芽、豌豆苗等）的蛋白质含量也相对较高；其次为葱蒜类蔬菜中的大蒜和水生蔬菜中的慈姑等，它们的蛋白质含量均在 4.5~5.2 g/100 g FW；瓜类和茄果类蔬菜的蛋白质含量均较低，其中瓜类蔬菜中冬瓜的蛋白质含量最低，仅为 0.3 g/100 g FW；嫩茎、叶和花菜类蔬菜的蛋白质含量较瓜类和茄果类蔬菜稍高，蛋白质含量在 1.3~2.9 g/100 g FW；某些野生蔬菜的蛋白质含量较高，如黄麻叶（4.7 g/100 g FW）和苜蓿（5.0 g/100 g FW）等均远高于市场上的常规果菜类蔬菜和茎叶类蔬菜。

不同种类的蔬菜在氨基酸种类和含量方面差异也较大。鲜豆类蔬菜中，鲜毛豆和豆芽中各种氨基酸含量及总氨基酸含量均明显高于其他豆类蔬菜，且 8 种必需氨基酸含量也较其他豆类蔬菜高。豌豆的各种氨基酸含量也较高，仅次于鲜毛豆和豆芽。豆类蔬菜中，大豆（干黄豆）的蛋白质和各种氨基酸含量均最高，而且蛋白质的氨基酸组成接近人体需要，具有易消化吸收的特点，为优质植物类蛋白。

二、影响蛋白质和氨基酸含量的因素

（一）遗传因素

蔬菜作物蛋白质的合成在不同类型的蔬菜间有所差异，豆类蔬菜、大蒜、食用菌及部分野生蔬菜合成的蛋白质较多，而其他种类的蔬菜蛋白质合成相对较少，尤其是瓜类蔬菜中的冬瓜，其

蛋白质含量仅为 0.3 g/100 g FW。同种蔬菜的不同品种间在蛋白质合成量上也不同。这些不同类型或不同品种的蔬菜在蛋白质合成上的差异，均是由其内在遗传特性不同所致，主要是所涉及的各种蛋白质合成相关基因间的差异。例如，大豆农家地方品种之间蛋白质含量差异明显，在 40%～51% 波动（乐帅等，2021），西蓝花不同品种的可溶性蛋白质含量在 10.28～11.32 mg/g，不同品种间差异显著（于慧等，2021）。

　　豆类蔬菜尤其是大豆蛋白质含量及品质均佳。大豆籽粒蛋白质是人们膳食中植物蛋白质的主要来源，栽培大豆的籽粒蛋白质含量可高达 40% 左右，而野生大豆蛋白含量最高可达 55% 左右。大豆蛋白质含量是受微效多基因控制的数量性状，遗传加性效应和显性效应明显，且有与环境间的互作效应。已定位的大豆籽粒蛋白含量相关的数量性状基因座（quantitative trait loci, QTL）多达 240 余个，广泛分布于大豆的不同染色体上（http://www.soybase.org/）。蛋白质的生物合成主要涉及氨基酸合成、转录、翻译、翻译后修饰和折叠等过程。大豆籽粒发育始粒期至成熟始期的 4 个不同发育时期，豆荚中蛋白质合成的代谢通路涉及精氨酸、缬氨酸、亮氨酸、异亮氨酸、苯丙氨酸、酪氨酸、色氨酸等多种氨基酸的生物合成；核糖体、内质网蛋白质加工和氨酰 tRNA 生物合成等，且磷酸烯醇丙酮酸羧化酶基因、谷氨酰胺合成酶基因、碱性氨基酸转运载体基因、碱性 7S 球蛋白基因和 β-球蛋白基因的持续上调表达与大豆籽粒蛋白质合成关系密切。可见，内在遗传因素是影响蛋白质生物合成的主要因素，其涉及的内在调控基因及相关的生物代谢过程也相当复杂，蛋白质合成过程中任何一个基因位点的变异均可能影响蛋白质的合成及其最终含量。

（二）环境因素

　　蔬菜作物蛋白质的生物合成，除遗传因素影响外，种植条件和环境因素，如温度、光照、水分和气体、矿质营养和栽培措施等也会产生一定影响。

　　1. 温度　　温度对蔬菜生长发育的影响是综合的，既可通过影响光合作用、呼吸作用、蒸腾作用等代谢过程，也可通过影响氨基酸、蛋白质、糖类和脂类等有机物的合成和运输等代谢过程，或通过直接影响土温、气温来影响水肥的吸收和运输等，来影响蔬菜的生长发育。温度适宜条件下，蔬菜作物的同化旺盛，生理代谢协调，生长发育良好，可获得高产优质的产品。当环境温度不适时，蔬菜体内参与生理生化反应的酶系统会因温度过低或过高而受到影响，蛋白质合成等各项代谢活动受阻，进而影响蔬菜的正常生长发育。低温胁迫常导致蔬菜体内的可溶性蛋白质变性，维持正常生理代谢的关键酶的合成及其活性降低，尤其是碳同化途径中的蛋白酶[如核酮糖-1,5-双磷酸羧化酶/加氧酶（Rubisco）和磷酸烯醇丙酮酸羧化激酶（PCK）等] 极易受到低温胁迫的影响（Sharma and Dubey，2019）。高温胁迫常可减弱光合作用，增强呼吸作用，使光合和呼吸过程失调，破坏水分平衡，抑制正常转录翻译，影响蛋白质正常的合成与代谢，使蛋白质凝固变性或水解，引起植物体内调控生理代谢平衡的蛋白酶失活，导致有害代谢产物的积累。短时间的温度胁迫即可引起蔬菜植株体内矿质营养吸收相关蛋白、光合作用相关蛋白（PSⅡ和 Rubisco 等）及热激蛋白（heat-shock protein, HSP）等热胁迫相关蛋白质含量的改变（Sharma and Dubey，2019）。长时间的低温或高温胁迫均会危及蔬菜正常的生长发育。此外，不同温度胁迫在通过阻碍蛋白质合成或使蛋白质凝固变性等引起蛋白质含量变化的同时，常可诱导特异蛋白质的合成，进而提高蔬菜作物对温度胁迫的适应性和抗性。例如，热胁迫诱导的热激蛋白（HSP）等，以及低温诱导的春化蛋白（vernalization protein, VRNP）、冷调节蛋白（cold regulated protein, CORP）、抗冻蛋白（antifreeze protein，AFP）和脱水蛋白（dehydrin，DHN）等。

2. 光照　　光照是蔬菜生长和发育必不可少的环境因子之一，可影响蔬菜的生长发育、光合作用、形态建成、基因表达和蛋白质合成与代谢等生物过程。光照对不同种类蔬菜的蛋白质合成代谢及其含量具有显著调控作用。在红叶生菜中，不同光强和光周期处理可显著影响生菜植株可溶性蛋白质的含量，短光周期下，可溶性蛋白质含量随光照强度的增大而提高；中长光周期下，可溶性蛋白质含量随光强的增加呈现先减后增的趋势；小叶茼蒿中，不同光照强度对可溶性蛋白质的影响有差异，当光照强度为 20%～70% 时，随着光照强度增加，可溶性蛋白质含量呈现增加趋势，而光照强度达到 100% 时，可溶性蛋白质含量反而有所下降；番茄中，果实的可溶性蛋白含量随寡照胁迫持续时间增加而降低；对日光温室冬季栽培的西葫芦而言，补充光照时间 2～3 h，可显著增加果实中可溶性蛋白质含量。光质对蔬菜的蛋白质合成代谢也有调节作用。与白光相比，蓝光可显著提高番茄、豌豆芽苗菜、生菜和芹菜等蔬菜的蛋白质含量；红蓝复合光对芹菜、番茄和菠菜等蔬菜的蛋白质含量也具有显著的提升效果。

3. 水分和气体　　水分是植物进行各项生命活动的基础，在整个生长发育过程中起着重要作用。水分是影响蔬菜作物糖类和蛋白质等各种物质合成的重要因素，对蔬菜产量及品质起决定作用。水不足（干旱）或过多（洪涝）等水分胁迫均会影响蔬菜作物的产量及品质，甚至导致其死亡而绝收。对蔬菜的蛋白质而言，水分胁迫不仅可引起其量的变化，还可诱导其质的差异。水分胁迫下蔬菜作物的蛋白质，一方面会因合成和代谢受抑制等而产生含量的波动；另一方面胁迫会导致相关基因的表达及新的诱导蛋白质合成，如脱水素等胚胎发育晚期丰富蛋白（LEA）、ABA 响应蛋白、蛋白酶、渗透调节物质合成酶和一些生理代谢保护酶等，从而通过调节细胞的渗透压和细胞结构来调整蔬菜体内的各项代谢反应，使蔬菜对水分胁迫产生响应或适应。随着水分胁迫程度的不断加深，辣椒中可溶性蛋白质含量不断降低，在重度胁迫时蛋白质含量最低，而大蒜叶片中可溶性蛋白含量呈先升高后降低的趋势；在大豆不同的生长发育时期，进行适度的控水和干旱胁迫会促进其体内氮的转运，利于提高大豆籽粒蛋白质含量。

水分过多（即洪涝）情况下，蔬菜作物生长的土壤中空气被水取代，到达根部的空气很少，产生氧气不足（缺氧）胁迫。缺氧胁迫时，植物细胞内的氧化磷酸化过程不能再为细胞提供能量，使大多数细胞中的蛋白质合成降低。就蔬菜作物而言，CO_2 是其进行光合作用的主要原料，适宜范围内 CO_2 浓度的升高对提高蔬菜中糖类的含量有明显的促进作用，然而对蛋白质却有着明显的抑制效应。研究表明，除具备固氮能力的豆类蔬菜外，CO_2 浓度增加可显著降低蔬菜中蛋白质含量，不同类型蔬菜下降幅度达 9.5%～17.2%（张璐等，2021）。

4. 矿质营养　　蔬菜等植物必需的营养元素包括 17 种，即碳、氧、氢、氮、磷、钾、钙、镁、硫、铁、锰、硼、锌、铜、钼、氯和镍。其中，需求量相对较大的碳、氧、氢、氮、磷、钾、钙、镁和硫称为大量元素，需求量极微的铁、锰、硼、锌、铜、钼、氯和镍称为微量元素。必需元素中，碳、氧和氢 3 种元素来自水和二氧化碳，常不称为矿质元素，而其他元素均来源于土壤，一般均称为矿质元素。矿质元素是构成蔬菜有机体必不可少的营养元素，是细胞结构物质的组成成分，对机体内氧化还原、渗透平衡、胶体稳定、电荷平衡等多种生理代谢活动过程有重要的调节作用。某种矿质元素不足或缺乏时，会严重影响蔬菜作物的产量和品质。就蔬菜的蛋白质而言，氮、磷、钾、硫、锌和镁等必需元素均对蔬菜蛋白质的合成和代谢有影响。氮是蛋白质、核酸和磷脂等生物大分子的主要成分，缺氮会直接造成蔬菜机体内蛋白质合成受阻；磷是核酸、核蛋白和磷脂的构成组分，也是许多辅酶如 NADP$^+$ 的成分，与细胞内能量代谢、蛋白质合成与代谢关系密切，缺磷时蛋白质合成下降；钾可通过调节氮素代谢相关酶的活性，促进蛋白质和谷胱甘肽的合成，缺钾会使蔬菜体内蛋白质合成减少；硫是半胱氨酸和甲硫氨酸等含硫氨基酸的组分，是蛋白质不可缺少的组分之一，在多肽链间参与形成的二硫化合键对维持蛋白质的生物学功能也有着重要作用，缺硫会抑制含硫氨基酸的合成，进而影响蔬菜蛋白质的合成过程；锌是多种蛋白质合成相关酶的组分，是合成谷氨酸不可缺少的元素，与蛋白质合成代谢关系密切，缺锌也会使蔬菜作物的蛋白质合成受阻；镁在核糖体亚基连接中起着桥接作用，对保障蛋白合成场所核糖体结构的稳定有重要作用，也是蛋白质合成所涉及的氨基酸活化、多肽链启动和延长等过程中的必要元素，缺镁同样会影响蔬菜等植物的蛋白质合成过程。

5. 栽培措施　　合理的栽培措施，可为蔬菜生长发育提供最适宜的温度、光照、水分和养分等环境条件，对保障蔬菜作物的产量和品质具有重要作用。不同栽培措施的实施对蔬菜蛋白质的合成和代谢也有一定的影响。例如，在黄瓜栽培中，滴灌、果实套袋和地面覆盖等栽培措施，均可提升黄瓜果实蛋白质的含量；在辣椒、番茄、黄瓜和茄子的设施栽培中，与单作相比，利用大蒜或青蒜进行间套作，可显著提高设施栽培果菜的可溶性蛋白质含量；有机栽培与常规栽培相比，有机栽培可显著提高大白菜、生菜和黄瓜等蔬菜的蛋白质含量。

◆ 第四节　营养及药用价值

蛋白质是生命的物质基础，是人体不可缺少的结构成分，也是人体健康所需的重要组分，对维持体内各项生理代谢活动和生命进程极其重要。氨基酸作为蛋白质的基本结构单元，在人体的各项生命代谢活动中也发挥着多种作用。人们日常膳食中的肉、蛋和奶等食物为补充身体所需的蛋白质提供了重要保障，然而蔬菜等作物中的植物类蛋白，对我们的身体健康也有着不可替代的重要营养作用，蛋白质含量及氨基酸组成是衡量蔬菜品质优劣的重要营养指标，直接影响着各类蔬菜营养价值的高低。

一、蛋白质及氨基酸的重要作用

蛋白质广泛分布于各器官、组织和细胞之中，维持着体内组织和细胞的正常生长、更新和修复。人体小到细胞，大到各个组织和器官，如毛发、皮肤、肌肉、骨骼、内脏、大脑、血液和神经等，其组成成分均涉及蛋白质。体内的蛋白质数量和种类更是数以万计，约占人体干重的 45%，在脾、肺和横纹肌等组织中蛋白质含量则可达干重的 80%。蛋白质可以说是一切生命的物质基础，没有蛋白质就没有生命。

蛋白质不仅是生物体的重要组成部分，而且更重要的是它以酶或激素等形式调节新陈代谢的过程。细胞的生长和繁殖、代谢物的合成和分解、能量的产生和利用，以及发生的生物化学反应都是在酶蛋白的催化下完成。在酶的作用下，生物细胞才得以合成各种复杂的化合物，也才能使各种大分子物质被分解、吸收和利用。而绝大部分酶的化学本质都是蛋白质，在调节体内各种生理机能方面起着极为重要的作用。除此之外，部分激素（胰岛素和胸腺激素等）、抵御疾病侵袭的各种抗体、各种小分子物质的运输载体（血红蛋白和血浆蛋白等）等都是蛋白质，如血浆蛋白质含量对保持血浆和组织液之间的水分平衡起着重要的调节作用。如果膳食中长期缺乏蛋白质，会使血浆中蛋白质含量降低，血液中的水分便会过多地渗入周围组织，进而导致身体出现营养性水肿。此外，蛋白质对促进体内物质的吸收、转运和贮存，对维持体液的酸碱平衡，以及维持正常视力和机体正常运动功能等也具重要作用。

氨基酸作为蛋白质的基本结构单元，在人体的生命代谢活动中发挥着多种重要的功能。日常食物中含有的蛋白质不能被人体直接吸收，需经消化系统消化水解成氨基酸后才能被机体吸收。氨基酸脱氨后生成的 α-酮酸除了可以转变成糖外，还可以进入分解代谢途径彻底氧化分解成 CO_2 和 H_2O，并释放出可供机体利用的能量。正常情况下，人体一天所需能量的 15% 是由蛋白质氨基酸提供的，其中 1 g 蛋白质在体内氧化分解可产生 4 kcal[①]的热能。糖和脂肪供应不足时，用于氧化供能的氨基酸则更多。生物体内的含氮物质除了蛋白质和氨基酸外，还有嘌呤、嘧啶、胆碱、肌酸及其他一些维生素和激素等，这些物质的合成大多是直接或间接以氨基酸为原料。此外，氨基酸在体液的组成、物质的贮存、转运及解毒等方面也起着十分重要的作用。例如，谷氨酰胺是动物和人体内氮贮存运输和解氨毒的重要形式。甲硫氨酸参与血红蛋白及血清的组成，促进脾、胰和淋巴系统的功能，有助于脂肪的分解；色氨酸可促进胃液和胰液的产生；赖氨酸可促进大脑发育，能促进脂代谢，防止细胞退化，是肝和胆等器官的重要组分；苏氨酸能促进脂肪氧化，对脂代谢有明显作用。

日常膳食中多摄入蔬菜等植物类蛋白质，尤其是豆类蛋白质，可有效降低身体的血脂、减少心血管疾病的发生，同时对缓解青少年的肥胖问题也十分有益；摄入富含大豆蛋白的食物可显著降低胆固醇和血脂含量，减少心血管疾病发生风险。1999 年，美国食物药品监督管理局（FDA）明确提出每日膳食中补充 25 g 黄豆蛋白质可减少心脏病发生风险。膳食中补充豆类蛋白质对肥胖症、2 型糖尿病、骨质疏松等都有一定的改善作用；此外，膳食中多摄入蔬菜等植物类蛋白质，同时减少食用动物类蛋白质，可显著降低携带有结肠癌致病基因的人群的结肠癌发生率（Markova et al.，2007；Hertzler et al.，2020）。Nachvak 等（2019）也发现，膳食中每增加 5 g 大豆蛋白质摄入，可降低 12% 的乳腺癌致死风险。总之，蔬菜中包含植物类蛋白质及各种氨基酸具有重要的营养价值，对维持人们的身体健康具有重要意义，尤其是在心血管疾病、糖尿病、肥胖、骨质疏松和某些癌症的预防和改善方面发挥着积极作用。

氨基酸不仅是维系人体生命活动的重要物质，具有各种生理功能，还对食品的呈味有较大影响。氨基酸依据呈味特征（表 8-2），可大致分为：①鲜味氨基酸，如天冬氨酸、谷氨酸、甘氨酸、赖氨酸、丙氨酸；②甜味氨基酸，如脯氨酸、丝氨酸、苏氨酸、组氨酸；③苦味氨基酸，如精氨酸、缬氨酸、甲硫氨酸、异亮氨酸、亮氨酸、苯丙氨酸等。其中，谷氨酸和天冬氨酸等鲜味氨基酸是鲜味剂中非常重要的呈味氨基酸；苦味氨基酸虽然呈苦味，但能增加厚味，常见于啤酒、咖啡和干酪等食品。氨基酸的呈味特性与其手性结构有一定相关性。D 型氨基酸多呈现甜味，而 L 型氨基酸呈味彼此不同，可呈现甜、苦、酸、鲜和咸 5 种初级味道。氨基酸的侧链疏水性、体积大小也影响其呈味效果。当侧链亲水性强、体积小时，L 型氨基酸呈甜味，如 L-甘氨酸、L-丙氨酸、L-丝氨酸和 L-苏氨酸等，而侧链疏水性强、体积大的 L 型氨基酸更易产生苦味，如 L-亮氨酸、L-异亮氨酸、L-苯丙氨酸和 L-色氨酸等。D 型氨基酸则呈相反趋势，侧链疏水性越强，体积

---

① 1 kcal=4186.8 J

越大，则甜味越强，反之苦味越强。此外，同一种氨基酸在不同酸碱条件下，呈味也有差异。L-天冬氨酸在 pH 3～5 时呈酸味，5≤pH＜6 时呈鲜味，pH≥6 时呈咸味；L-谷氨酸在 pH≥5 时呈鲜味，pH 3～5 时呈酸味；L-赖氨酸在 pH＝4 时呈酸味，4＜pH≤9 时呈苦味或甜味。鉴于各种氨基酸独特的呈味特性，由一种或几种氨基酸组成的增味剂或调味剂（如甜味肽、苦味肽、酸味肽、咸味肽和鲜味肽等）在食品风味改善和提升中发挥着重要作用。

表 8-2　常见氨基酸呈味特征

名称	呈味特点	名称	呈味特点
天冬氨酸	鲜、酸	谷氨酰胺	甜、苦
谷氨酸	鲜、甜、酸	天冬酰胺	甜、酸、苦
甘氨酸	甜、鲜	脯氨酸	甜、苦
苏氨酸	甜、鲜	精氨酸	苦、甜
丙氨酸	甜、鲜	苯丙氨酸	苦
半胱氨酸	甜	酪氨酸	苦
色氨酸	甜、苦	异亮氨酸	苦
缬氨酸	甜、苦	亮氨酸	苦
赖氨酸	鲜	丝氨酸	甜
甲硫氨酸	甜、苦	组氨酸	苦、甜、酸

除具有营养价值外，氨基酸也广泛应用于医药、农业等多个领域。例如，芳香族氨基酸 L-Tyr 可作为营养增强剂，增强白癜风患者的黑色素合成能力，也可作为抗帕金森药物、酚酸类化合物的原材料。L-Trp 常被称为第二必需氨基酸，是动物饲料的重要成分，也是紫色杆菌素、脱氧紫色杆菌素等抗肿瘤药物的合成前体，市场需求量逐年增加。L-Phe 是甜味剂阿斯巴甜的重要组成部分，供减肥人群和糖尿病患者使用。

L-His 也广泛用于生物医药等各个领域，如 L-His 对组织修复及治疗溃疡和胃酸过多等均具有重要的作用，作为添加剂用于治疗过敏、风湿性关节炎及贫血等疾病，作为营养增补剂用于面包等面类制品。

有些非蛋白质氨基酸本身具有药用价值，例如，L-多巴用于缓解帕金森病发抖、僵化及行动缓慢等某些症状；D-青霉胺用于治疗风湿关节炎；D-环丝氨酸具有抗菌作用等。同时，非蛋白质氨基酸也是某些市场销售药物中的重要组分，如 D-苯基甘氨酸和 D-4-羟基苯甘氨酸分别用于半合成广谱抗生素氨苄西林和阿莫西林；抗肿瘤药物泰素（紫杉醇注射液）中含有（2R,3S）-苯基异丝氨酸等。因此，近年来非蛋白质氨基酸的研究已引起人们广泛的重视。

二、蛋白质品质或营养价值评价

不同种类和数量的氨基酸，按不同的排布方式形成结构和功能多样的各种蛋白质，不同蛋白质所具备的营养价值也各异，而决定蛋白质营养价值的主要因素就是蛋白质中必需氨基酸的种类和含量。蛋白质按其营养价值，即含有必需氨基酸种类的多少，可分为完全蛋白质和不完全蛋白质。完全蛋白质含有人体需要的各种必需氨基酸，而不完全蛋白质则缺乏某种或几种必需氨基酸。基于此，各类蔬菜的营养价值除考虑其含有的蛋白质数量外，还应注重其含有的蛋白质的质量，即各类必需氨基酸在蔬菜中的含量。

蛋白质营养价值或蛋白质品质的评判主要考虑两个方面：一方面是蛋白质是否含有所有必需氨基酸及各必需氨基酸的含量；另一方面则是该蛋白质是否容易被人体快速消化和吸收。基于这两方面内容，目前开发了多种用于蛋白质营养价值评价的方法，其中的氨基酸评分方法是 FAO 所推荐和认可的评价方法。针对蛋白质品质评价，早在 1989 年由 FAO 和 WHO 联合召开的专家评议会提出用蛋白质消化率校正的氨基酸评分（protein digestibility corrected amino acid score，PDCAAS）来进行评判。该方法评价蛋白质时，首先，将每克测试蛋白质的必需氨基酸成分与适宜的人体必需氨基酸需要量的参考值（FAO/WHO 提出的 2～5 岁儿童的必需氨基酸模式）比较，得出未校正的氨基酸评分；然后，用该蛋白质的真消化率乘以未校正的氨基酸评分，计算获得校正的氨基酸评分，即该测试蛋白质的 PDCAAS。某种蛋白质的品质通常由该蛋白质中第一限制氨基酸的 PDCAAS 来决定，而第一限制氨基酸是指待测样品蛋白质中所有必需氨基酸含量最低或缺乏最多的一类氨基酸，它会严重影响机体对蛋白质的利用，并且最终决定蛋白质的品质。

计算 PDCAAS 时，任何高于 1.0 的评分均计为 1.0，因为过多的氨基酸不能被身体作为氨基酸来利用。这些多余的氨基酸被脱氢，其氮以尿素的形式排出，其他含碳部分被作为能量利用或转为脂肪或碳水化合物在体内储存。PDCAAS 为 1.0 的蛋白质均能满足人体必需氨基酸需要的高质量蛋白质，而低于 1.0 的低质量蛋白质的必需氨基酸组分不能满足人体需要，其消化率也较低。

$$PDCAAS = （每克测试蛋白质中限制氨基酸的含量/每克参考蛋白质中该氨基酸的含量）\times TD$$

$$真消化率（true\ digestibility，TD）= [摄入氮 - （排泄氮 - F_K）]/摄入氮$$

$$F_K = 代谢氮或内源性粪氮（进食无氮膳时粪便中排出的氮）$$

鉴于 PDCAAS 的评价方法，未考虑食物中抗营养因子（如植酸等）对蛋白质吸收的影响，FAO 在 2013 年对 PDCAAS 进行了优化，并发布新的氨基酸评分方法，即可消化必需氨基酸评分（digestible indispendable amino acid socre，DIAAS）。DIAAS 的计算方式与 PDCAAS 相似，区别在于 DIAAS 中的参考蛋白质模式是基于考虑了人体氨基酸需求的更准确的科学测定数据，以及使用回肠中的氨基酸消化率来对评分进行最终的校正。在 DIAAS 评分系统中，某种蛋白质的 DIAAS 得分越高，表示该蛋白质的营养价值或品质越高，并且取消了测试蛋白质评分最高为 1.0 的限制。可消化必需氨基酸评分的计算公式如下：

$$DIAAS（\%）=（每克测试蛋白质中可消化必需氨基酸含量/$$
$$每克参考蛋白质中该必需氨基酸的含量）\times 100$$

FAO 发布的参考蛋白质中各必需氨基酸含量见表 8-3。

表 8-3　蛋白质中各必需氨基酸含量在不同适龄人群中的推荐参考值（FAO，2013）

适龄人群	各氨基酸参考值/（mg/g）								
	组氨酸	异亮氨酸	亮氨酸	赖氨酸	SAA	AAA	苏氨酸	色氨酸	缬氨酸
6 月龄以下婴儿	21.0	56.0	96.0	69.0	33.0	94.0	44.0	17.0	55.0
6 月龄至 3 岁儿童	20.0	32.0	66.0	57.0	27.0	52.0	31.0	8.5	43.0
3 岁以上儿童、青少年和成人	16.0	30.0	61.0	48.0	23.0	41.0	25.0	6.6	40.0

注：SAA 表示含硫氨基酸，包括甲硫氨酸和半胱氨酸；AAA 表示芳香氨基酸，包括苯丙氨酸和酪氨酸

依据 FAO 发布的 PDCAAS 计算方法，发现大豆中的蛋白质与牛奶和乳清的蛋白质一样，它们的 PDCAAS 均为 1.0。此外，马铃薯和豌豆的 PDCAAS 分别高达 0.9 和 0.8，都是蛋白质营养价值较高的蔬菜作物。FAO 发布的 PDCAAS 和 DIAAS 蛋白质评价方法对特定或单一蛋白质的

品质评价十分精确，当日常膳食中包含多种蛋白质来源时，这种方法针对膳食食物中蛋白质营养价值的衡量就显得不是很重要。谷物蛋白质所缺乏的限制氨基酸常是 Lys，但富含含硫氨基酸 Met 和 Cys；与之相反，豆类蛋白质常富含 Lys，但缺乏含硫氨基酸，日常膳食中同时进食这两种食物，则可满足身体对所有必需氨基酸的需求。豌豆和水稻的混合蛋白质中，当豌豆蛋白质占比达 40%～90%时，该混合蛋白质的 PDCAAS 均为 1.0，即均可达到人体对蛋白质的所有营养需求。此外，PDCAAS 和 DIAAS 的评分方法，常更加关注必需氨基酸对蛋白质营养价值的影响，而忽视其他重要的非必需氨基酸。蔬菜中的蛋白质，虽有某种或某几种必需氨基酸含量不足的情况，但其他极为重要的非必需氨基酸含量常十分充足。例如，黄豆蛋白质中的 Leu 虽不及乳清蛋白质含量高，但其 Arg 和 Gly 含量却分别是乳清蛋白的 3 倍和 2 倍。Arg 对调控人体激素分泌和免疫功能具有重要作用，Gly 则对体内的胶原蛋白合成至关重要，其含量占到胶原蛋白的 1/3。因此，评价膳食食物中蛋白质品质时，这类很重要的非必需氨基酸或半必需氨基酸也应有所考虑。

第九章

淀粉与其他多糖类

淀粉等多糖是碳水化合物中的高分子化合物，是高等植物储备的营养物质。多糖是由醛基和酮基通过糖苷键连接的高分子聚合物，几乎存在于所有生物体中。根据多糖结构的不同，可将其分为匀多糖和杂多糖。由一种单糖单体组成的多糖称为匀多糖，也称同型多糖，如淀粉、糖原、纤维素、菊糖等。由两种以上不同的单糖单体组成的多糖称为杂多糖，也称异型多糖。多糖也和蛋白质及核酸一样有一级结构及空间构象。多糖的一级结构包括主链性质和支链性质。主链性质是指糖基的组成、连接方式及连接顺序；支链性质是指多糖有无分支及分支的类型、位置和长短。淀粉是人体能量必需来源，多糖具有多种生物活性，对人类的健康起着重要作用。

◆ 第一节　淀粉的种类、结构及合成

淀粉是一种独特的葡聚糖生物聚合物，它存在于高等植物、苔藓、蕨类植物和一些微生物中。淀粉是植物利用阳光、水、二氧化碳和土壤养分捕获的重要能量储存形式。高等植物在种子和块茎等储存组织中以颗粒形式合成和储存淀粉，并在叶、根和茎中以短暂形式储存淀粉。淀粉不仅是玉米、小麦、大麦、燕麦、高粱和水稻等谷物的主要成分，也是薯芋类、豆类、莲藕等蔬菜作物的主要营养成分之一。

一、种类

（一）直链淀粉和支链淀粉

葡萄糖残基在淀粉分子中有两种不同的结合形式，因而形成两种结构不同的分子链，一种为直链淀粉（amylose, AM），另一种为支链淀粉（amylopectin, AP）（图9-1）。天然淀粉粒中一般同时含有这两种形式的淀粉分子。AM与AP的比例是淀粉物化性质与功能特性的重要决定因素。

直链淀粉是由 α-D-葡萄糖基通过 α-1,4-糖苷键连接而成，并带有少量 α-1,6-糖苷键分支。在直链淀粉中，α-1,4-糖苷键含量一般高达99%，而 α-1,6-糖苷键含量通常低于1%。天然淀粉一般含有15%~30%的直链淀粉，蜡质淀粉通常含有少量（<1%）直链淀粉，而高直链淀粉则有较高含量（>50%）的直链淀粉。直链淀粉的分子量一般为 $1.3×10^5$~$5×10^5$，具有多分散性，因此常以聚合度（degree of polymerization, DP）描述直链淀粉的链长和分子大小。不同植物来源

的直链淀粉的平均聚合度一般为 710～5100。

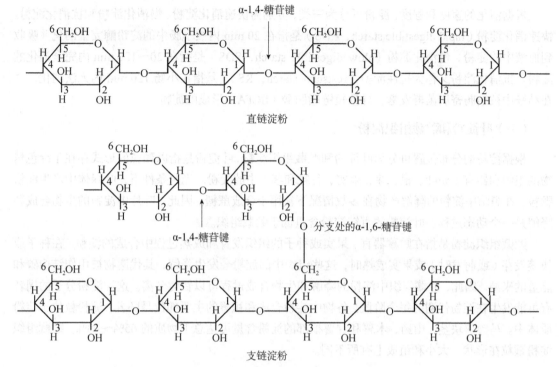

图 9-1　直链淀粉及支链淀粉分子结构

支链淀粉是一个多分支结构的分子，分子量较大，一般由 1300 个以上的葡萄糖残基组成。它是由 α-D-葡萄糖通过 α-1,4-糖苷键连接而成的主链，加上由 α-1,6-糖苷键连接的葡萄糖支链共同构成的多聚体。AP 是分子量为 10^7～10^9 的高度分支的大分子支链淀粉形成的有规则的结构簇。通常用分子中脱水葡萄糖苷元的平均数目来表示链的长度（chain length，CL）。水稻支链淀粉平均聚合度为 8200～12 800，平均链长 19～23，外部平均链长 11.3～15.8，内部平均链长 3.2～5.7。支链淀粉的链通常分为 4 种类型，即 Fa（5≤DP≤12）、Fb1（13≤DP≤24）、Fb2（25≤DP≤36）和 Fb3（37≤DP≤58）。

在大多数植物中，通常含有 15%～35% 的直链淀粉和 65%～85% 的支链淀粉。一些突变株（蜡质突变系）淀粉组成中 AM 或 AP 质量分数分别高达 85% 和 100%。豆类淀粉里直链淀粉大多在 11.6%～88.0%，直链淀粉的含量通常比玉米与薯类高（表 9-1）。

表 9-1　几种典型淀粉中直链淀粉的含量

器官	物种	直链淀粉含量（m/m）/%
种子	玉米（*Zea mays*）	22～30
	甜玉米（*Zea mays* var. *rugosa*）	70
	豌豆（*Pisum sativum*）	26～33
	绿豆（*Vigna radiata*）	23.65～34.08
根和块茎	木薯（*Manihot esculenta*）	18～20
	马铃薯（*Solanum tuberosum*）	17～21
	甘薯（*Dioscorea esculenta*）	20
	芋头（*Colocasia esculenta*）	2.2～40.4
	山药（*Dioscorea opposita*）	3.3～17.3
	莲藕（*Nelumbo nucifera*）	3.6～9.2

（二）抗性淀粉

根据消化的速度和程度，淀粉可分为三类，分别为快速消化淀粉、慢消化淀粉和抗消化淀粉。快速消化淀粉（rapid digestible starch，RDS）是指在 20 min 内被小肠中的淀粉酶完全消化并吸收到血液中的淀粉。慢消化淀粉（slow digestible starch，SDS）是指在 20～120 min 内完全消化的淀粉。抗消化淀粉又称为抗性淀粉（resistant starch，RS），是指在小肠 120 min 内无法消化，并在结肠中被结肠寄居菌群发酵，导致短链脂肪酸（SCFA）形成的淀粉。

（三）叶淀粉和贮藏组织淀粉

根据淀粉的分布位置可分为叶淀粉和贮藏组织淀粉。叶淀粉是指以颗粒的形式存在于绿色植物的组织和器官（如叶、根、芽、果实、谷粒和茎）中的淀粉。光照条件下，叶绿体中产生淀粉颗粒，在黑暗中淀粉的降解产物在多数情况下被用于合成蔗糖。因此，叶片中淀粉的生物合成和降解是一个动态过程。叶淀粉的直链淀粉含量低于贮藏组织。

贮藏组织淀粉是指在贮藏器官、果实或种子的组织发育和成熟过程中合成的淀粉。在种子或块茎发芽（或萌发时）或果实成熟时，这些组织中的淀粉会发生降解，其代谢物被用作结构碳和能量的来源。因此，贮藏组织中淀粉的降解和生物合成过程可以暂时分离。这种淀粉分子的周转有可能发生在淀粉代谢的每个阶段。谷物中淀粉合成和积累的主要部位是胚乳，淀粉粒位于淀粉质体中。马铃薯块茎、山药、木薯和甘薯根部的淀粉含量可达总干物质的 65%～90%。贮藏组织淀粉颗粒在形状、大小和组成上有所不同。

二、结构

（一）淀粉颗粒的一般特征

从不同植物分离得到的淀粉呈特征性的颗粒形态，称为淀粉粒（starch granule）。不同植物种类、不同器官的淀粉粒表现出不同的形状和大小。不同来源淀粉粒的大小相差很大。以颗粒长轴的长度表示，一般为 2～120 μm（表 9-2）。

表 9-2　淀粉粒大小

淀粉来源	大小/μm
小麦小颗粒淀粉	2～3
小麦大颗粒淀粉	22～36
马铃薯淀粉	15～75
美人蕉淀粉	<100
玉米淀粉	5～20
水稻淀粉	3～8
豆类淀粉	10～45
芋头淀粉	亚微米至 2 μm

淀粉颗粒呈球形、椭圆形、圆盘形、多边形、拉长形、肾形和裂片形，直径从亚微米到 100 μm。正常玉米淀粉和糯玉米淀粉颗粒呈球形和多边形。马铃薯淀粉颗粒有椭圆形和球形两种形状。几乎所有的豆科淀粉颗粒上都有一个典型的豆状压痕。小麦、大麦、黑麦和小黑麦的淀粉粒大小呈双峰分布，由圆盘形的 A 颗粒和小球形的 B 颗粒组成。A 颗粒的数量始终少于 B 颗粒，但 A 颗

粒是淀粉的主要质量成分。大米和燕麦淀粉以复合颗粒的形式存在。复合颗粒是指在一个淀粉质体中合成多个颗粒。复合颗粒紧密堆积在一起，形成不规则的多边形。芋头淀粉有亚微米直径的小而扁平的颗粒。

（二）淀粉的层次结构

淀粉具有复杂的结构，可以通过几个层次的组织来描述，从纳米级到毫米级。第一个结构层次是由 α-1,4-糖苷键连接的单个线性淀粉分子分支。单个分支在分支点通过 α-1,6-糖苷键连接在一起，形成具有少量长分支的直链淀粉分子，或具有大量短分支的超支支链淀粉分子，这代表了第二层结构。第三级是由支链淀粉在天然淀粉中形成的双螺旋簇，排列成交替的结晶和非晶态薄片层（第四级）。这些片层累积形成半结晶和非晶态的壳或生长环，构成颗粒（第五级）。

三、合成途径

直链淀粉和支链淀粉是由葡聚糖通过 α-1,4-糖苷键和 α-1,6-糖苷键相互连接而成。淀粉生物合成是一个复杂的过程，涉及多种酶及磷酸化调控，主要包括 ADP-葡萄糖焦磷酸化酶（ADP-glucose pyrophosphorylase，AGPase）、颗粒结合淀粉合酶（granule-bound starch synthase，GBSS）、淀粉合酶（SS）、淀粉分支酶（starch branching enzyme，SBE）和脱支酶（debranching enzyme，DBE）。AGPase 催化腺苷二磷酸葡糖（ADPG）的形成，GBSS 独立完成直链淀粉的生物合成，其余的酶负责支链淀粉的合成。磷酸化促进了 GBSS、SS 和 SBE 活性、蛋白质-蛋白质相互作用和淀粉生物合成。

（一）淀粉的生物合成

1. 淀粉合成的一般通路　淀粉合成主要在植物叶片的叶绿体和贮藏组织的淀粉体中进行。在叶绿体中，白天通过光合作用，将 CO_2 固定为淀粉，作为临时性贮藏物，夜间将淀粉分解，以蔗糖的形式运输到其他组织中。在贮藏器官中蔗糖重新转化为淀粉，淀粉粒作为长期贮藏形式积累在淀粉体中，大部分淀粉粒在种子萌发和幼苗生长时期被分解，为萌发和生长提供所需的能量（图 9-2）。

在叶绿体中，通过卡尔文循环固定 CO_2，形成甘油酸-3-磷酸（3-PGA），然后转化为磷酸丙糖（TP）。磷酸丙糖可以通过丙糖-磷酸易位体转运至胞液中，或在叶绿体中转变成果糖-6-磷酸（F-6-P），先后转变成葡糖-6-磷酸（G-6-P）和葡糖-1-磷酸（G-1-P）。G-6-P 在 ADP-葡萄糖焦磷酸化酶作用下形成腺苷二磷酸葡糖（adenosine diphosphate glucose，ADPG）。所需的 ATP 来自光合电子传递链。ADPG 可以作为淀粉合成的直接前体，一部分在可溶性淀粉合酶（soluble starch synthase，SSS）、淀粉分支酶（starch branching enzyme，SBE）和脱支酶（DBE）作用下合成支链淀粉，另一部分经过颗粒结合淀粉合酶（GBSS）合成直链淀粉。在贮藏器官中，合成淀粉的原料来自叶片中合成的或淀粉降解产生的蔗糖，通过韧皮部长距离运输至贮藏器官。蔗糖在胞液中蔗糖合酶的作用下分解为果糖和 UDPG，继而形成 G-6-P 或 G-1-P。G-6-P 或 G-1-P 可以在 AGPase、SSS、SBE 及 DBE 作用下生成支链淀粉，在颗粒结合淀粉合酶作用下生成直链淀粉（图 9-2）。

光合作用器官和贮藏器官中淀粉生物合成途径的相同之处在于 G-1-P 至淀粉合成步骤和催化反应的酶相同，特别是一些与淀粉合成有关的酶的基本酶学特性相同。在两种器官中，AGPase 都是分子量为 200 000 左右的异源四聚体，活性均受甘油酸-3-磷酸的激活和无机磷酸的抑制。不同之处在于光合作用器官和贮藏器官淀粉生物合成的规律及调控的方式不同。在光合作用器官中，白天合成积累淀粉而夜间降解；在贮藏器官中，淀粉处于不断的合成积累中。在小麦胚乳中，光合初产物是以 G-1-P 的形式进入淀粉体中，而在豌豆的胚、玉米的胚乳、花椰菜的芽、胡椒的果实中则是以 G-6-P 的形式进入淀粉体。

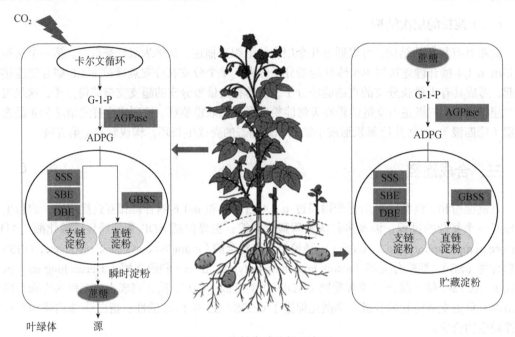

彩图

图 9-2　淀粉合成途径示意图

2. 支链淀粉的合成　　高等植物中淀粉合成的底物是 ADP-葡萄糖。高等植物淀粉合成酶由 5 类基因编码，分别为 *GBSS*（编码颗粒结合淀粉合酶）、*SS I*、*SS II*、*SS III* 和 *SS IV*。GBSS 与淀粉颗粒紧密结合，负责直链淀粉的合成。其他的 SS 亚型（通常被称为可溶性 SS）产生支链。研究表明每个 SS 亚型具有不同性质和不同作用，SS I、SS II 和 SS III 类分别优先延长短链、中链和长链（图 9-3）。

支链淀粉的分支与链延伸同时进行。淀粉分支酶（α-1,4-葡聚糖:α-1,4-葡聚糖-6-葡糖基转移酶）切断已有的 α-1,4-葡聚糖链，并将 6 个或 6 个以上葡萄糖单元的剪切段转移到另一个（或相同）葡聚糖链的糖基残基的 C-6 位置。高等植物的 SBE 分为两类：一类是 I 类，另一类是 II 类。I 类酶比 II 类酶优先转移更长的链。两类 SBE 对支链淀粉的合成有不同的贡献。

SS 和 SBE 的多种特化异构体的进化是决定支链淀粉结构的关键因素，也决定了其合成淀粉而不是糖原的能力。然而，SS 和 SBE 异构体的相对水平在淀粉合成器官之间存在差异。例如，马铃薯块茎中 SS III 约占可溶性淀粉合成酶活性的 80%，豌豆胚中 SS II 约占 60%，而玉米胚乳中 SS I 约占 60%。这些差异可能导致了不同器官和物种淀粉结构的差异。

3. 直链淀粉的合成　　直链淀粉在支链淀粉形成之后开始合成（图 9-4）。目前直链淀粉的合成模型有 3 种：第 1 种模型认为直链淀粉合成的起始物是支链淀粉的一条支链，GBSS I 延伸该支链，并把其推入淀粉粒，在 SBE 或淀粉水解酶的作用下发生断裂；第 2 种模型认为麦芽低聚糖是直链淀粉合成的起始物；第 3 种模型与第 1 种模型的主要内容大致相同，区别在于第 3 种模型认为 GBSS I 包含一个具有水解酶活性的 H 位点，因此 GBSS I 可直接参与直链淀粉链的断裂。

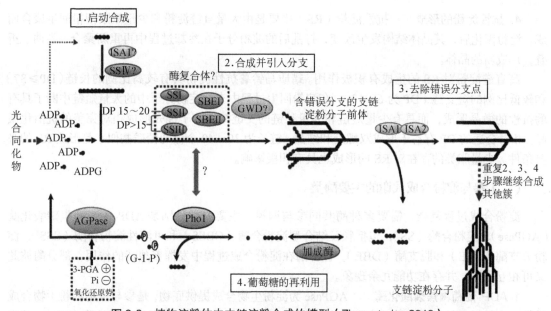

图 9-3　植物淀粉体中支链淀粉合成的模型（Zhao et al.，2013）

ISA. 异淀粉酶；Pho1.淀粉磷酸化酶；GWD. α-葡聚糖水合激酶；DP. 聚合度；⊕正调控因子；⊖负调控因子

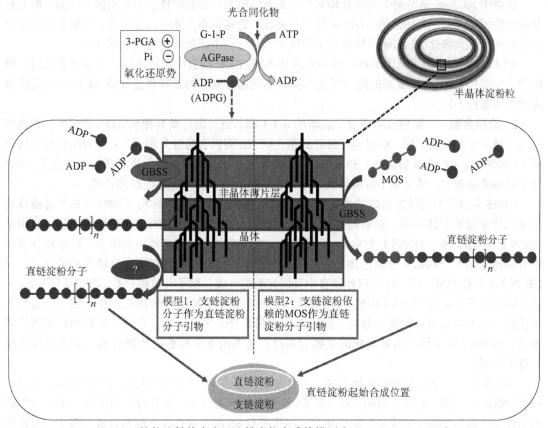

图 9-4　植物淀粉体中直链淀粉生物合成的模型（Zhao et al.，2013）

MOS. 麦芽低聚糖；⊕正调控因子；⊖负调控因子

彩图

4. 抗性淀粉的形成　　抗性淀粉（RS）主要是由大量直链淀粉和少量极限糊精回生聚合而成。淀粉糊化后，其晶体结构发生改变，打乱后的淀粉分子在冷却过程中再重新聚合、卷曲、折叠，形成新的晶体。

高直链淀粉对 RS 的生成有积极作用。蜡质马铃薯抗性淀粉具有较高比例的长链（DP≥37）和较低比例的短支链（DP 为 6～12），在淀粉回生过程中支链淀粉分子中的大量短链中断了具有酶抗性的微晶形成，而具有少量短链和大量长链的支链淀粉分子优先形成相对完美的抗消化微晶。相对合适的 DP 有益于形成双螺旋和结晶，链长为 30～40 个葡萄糖残基似乎是形成 RS 的必要条件。少量脂类的存在对 RS 的形成也具有积极影响。

（二）参与淀粉合成代谢的主要酶类

淀粉合成过程复杂，需要多种酶共同参与调控。主要酶类分别是 ADP-葡萄糖焦磷酸化酶（AGPase）、淀粉合酶（SS），包括颗粒结合型淀粉合酶（GBSS）和可溶性淀粉合酶（SSS）、淀粉分支酶（SBE）和脱支酶（DBE）。各种酶在淀粉合成过程中发挥着独特的作用，部分酶彼此又可相互作用，并存在功能冗余现象。

1. ADP-葡萄糖焦磷酸化酶　　AGPase 为淀粉生物合成提供底物，是参与植物淀粉生物合成的第一个关键调控和限速酶。主要负责催化 G-1-P 和 ATP 转化为 ADPG 和焦磷酸（PPi），其中 ADPG 是胚乳淀粉生物合成的主要底物。

植物中 AGPase 是由两个大亚基和两个小亚基组成的异源四聚体。小亚基保守性高，而大亚基保守性相对较差。有活性的 AGPase 位于谷类胚乳的胞质和质体中。在玉米、水稻和大麦发育中的胚乳中，大部分 AGPase 活性存在于胞质中，只有一小部分活性存在于质体中。

AGPase 亚基由多个基因编码。这些基因在不同的植物器官中表达不同，这意味着在同一植物的不同部位，AGPase 亚基的组成可能不同。不同器官亚基的差异表达导致 AGPase 对变构效应物的敏感性不同。

2. 淀粉合酶　　淀粉合酶通过形成新的 α-1,4-糖苷链，催化葡萄糖从 ADP-葡萄糖转移到直链或支链淀粉的非还原端。根据与淀粉粒的结合状态，淀粉合酶分为两大类：颗粒结合型淀粉合酶（GBSS）和可溶性淀粉合酶（SSS）。GBSS 与淀粉粒结合紧密，它负责直链淀粉的合成。SSS 溶于细胞质基质中，或是呈半溶解半偶联于淀粉粒的状态，参与支链淀粉的合成。

GBSS 是决定直链淀粉合成的关键酶，它可以通过 α-1,4-D-糖苷键将 ADPG 中的葡萄糖残基添加到葡聚糖的非还原端，能够延长葡聚糖的直链。单子叶植物 GBSS 有两种同工酶，分别是 GBSS I 和 GBSS II。GBSS I 由 *waxy* 基因编码，在小麦中位于第 7 号染色体上，在水稻和玉米中分别位于第 6 号和第 9 号染色体上，主要控制种子、胚乳等贮藏器官中直链淀粉的合成，而 GBSS II 主要控制根、茎、叶等营养器官中直链淀粉的合成，双子叶植物只有 GBSS II 单个家族，且功能与单子叶植物 GBSS II 相似。GBSS I 使生长中的葡聚糖链逐渐延长。在添加每个葡萄糖单位后，它不会从葡聚糖链中分离，而是可以与葡聚糖链保持关联，并进一步添加其他葡萄糖单位。GBSS I 除了参与直链淀粉的生物合成外，还参与支链淀粉的生物合成，尤其是形成超长链的合成。

SSS 主要负责支链淀粉的生物合成，存在于质体基质中。目前已明确的 SS 有四类：SS I、SS II、SS III 和 SS IV。有证据表明，每一类 SS 在淀粉的生物合成中都有特定的作用，而每一类 SS 的活性不能被其余的一类或多类完全补充。尽管所有 SS 都普遍存在于淀粉合成细胞中，但这些酶在不同植物种类和组织中具有不同的相对活性。例如，在水稻胚乳发育过程中，SS I 活性高于 SS III，而在马铃薯块茎和豌豆胚中，SS II 和 SS III 活性高于 SS I。

　　SSⅠ主要负责合成支链淀粉的短链，并偏向将最短的支链淀粉链作为底物。SSⅠ产生短的A链和B1链（A链没有侧枝，而B1链携带一条或多条链，不超过一个簇），之后SSⅠ与较长的支链紧密结合，结合于淀粉颗粒中。SSⅡ在谷物胚乳支链淀粉长分支的合成中起着重要作用。SSⅢ负责在簇间合成更长的支链淀粉链。SSⅢ是块茎中主要的可溶性SS，其在玉米和水稻胚乳中含量仅次于SSⅠ。SSⅣ在淀粉生物合成中的作用知之甚少，主要是可能在拟南芥淀粉粒的起始过程中参与产生短分支。植物中存在SSⅣ的两种亚型：SSⅣa和SSⅣb，分别在胚乳和叶片中表达。

　　总的来说，每一类SS似乎在支链淀粉的合成中都发挥着不同的作用：SSⅠ、SSⅡa和SSⅢ分别参与支链淀粉短链、中间链，以及长B1链和B2链的合成。

　　3. 淀粉分支酶　　淀粉分支酶（SBE），又称Q酶。其具有切开α-1,4-糖苷键连接的葡聚糖的功能，也能催化α-1,6-糖苷键的形成，对于支链淀粉的形成有着重要作用。

　　根据氨基酸同源性的不同可将淀粉分支酶分为SBEA家族和SBEB家族。SBE有三种同工酶，分别是SBEⅠ、SBEⅡa和SBEⅡb。SBEⅠ属于SBEB家族，SBEⅡa和SBEⅡb属于SBEA家族。SBEA家族主要负责转移较短的糖链，影响淀粉支链结构。

　　SBE催化α-1,4-D-葡聚糖上的α-1,4-葡糖苷的糖基转移，形成非还原端低聚麦芽糖（MOS）链，然后在不可逆的反应中转移到C-6羟基，导致在α-1,4-葡聚糖内形成α-1,6-糖苷键，从而在淀粉分子上（主要是支链淀粉）上引入新的支链。裂解后的葡聚糖可以转移到受体链上，受体链可以是原葡聚糖链的一部分（链内转移），也可以是相邻葡聚糖链的一部分（链间转移）。SBE添加的新分支点为SS或淀粉磷酸化酶（SP）的葡聚糖延伸反应产生了新的非还原端，说明SBE通过影响其他酶的活性来决定聚合物的结构，并影响α-葡聚糖的合成量。SBE作为单体蛋白具有催化活性，也可以与其他淀粉生物合成酶结合，也可以形成二聚体。

　　4. 脱支酶　　脱支酶（DBE）能够专一性地切开支链淀粉分支点中的α-1,6-糖苷键，切下整个分支结构，形成直链淀粉。在支链淀粉生物合成过程中，其可能在修剪多余的分支方面发挥重要作用。

　　淀粉脱支酶有两种类型，即普鲁兰类型的脱支酶（pullulanase，PUL）和异淀粉酶类型的脱支酶（isoamylase，ISA）。ISA能够去除支链淀粉和植物、动物糖原中的分支链，但是它却不能作用于极限糊精；PUL也称为极限糊精酶（limit dextrinase，LD），以极限糊精和支链淀粉为底物，但不能作用于植物和动物糖原。

　　5. 酶的协调　　上述核心酶在淀粉生物合成中发挥着不同的作用，可能单独或独立发挥作用。然而，淀粉的生物合成更可能是多种酶协同作用的结果。

　　淀粉合酶之间存在蛋白质-蛋白质相互作用。在小麦和玉米胚乳中发现了多酶复合物。这些复合物包含多种酶，包括SS和SBE亚型，以及一些以前未知的酶。除了淀粉合酶外，复合物中还检测到丙酮酸正磷酸盐二激酶和蔗糖合酶等其他蛋白质。这表明不同代谢途径的特定酶与淀粉合酶相互作用，可能具有协调和调节灌浆过程中碳代谢的机制。这些酶之间蛋白质复合物的形成可以提高淀粉生物合成的效率。

（三）淀粉合成的调控机制

　　淀粉合成途径的调控方式表现在多个方面，除受淀粉合成途径关键酶的基因转录水平、翻译水平、酶的别构变化、环境条件和体内代谢物水平等的调控外，还参与淀粉合成的酶以蛋白质复合物方式进行催化。环境因子包括光质、光照强度和温度等，代谢物包括糖、ATP和苹果酸等。总之，淀粉合成是环境响应和发育信号协同作用的复杂过程。

　　1. 转录水平调控　　不同组织中负责淀粉合成的几种酶都受转录水平的调控，如拟南芥叶片、马铃薯块茎、禾谷类胚乳和水稻种子。编码 AGPase 蛋白大亚基的不同基因不仅受转录水平的调节，而且 AGPase 的表达受内源碳和环境营养状态等变化的影响，糖能促进其基因的表达，而磷和硝酸盐降低其表达。另外，编码 AGPase、SS、SBE 和 DBE 的基因的表达都表现组织和发育阶段的特异性。

一些转录因子对淀粉合成过程中多种酶基因的表达都具有调节作用，如具有亮氨酸拉链结构的转录因子 OsbZIP58，是水稻胚乳淀粉合成的关键调节因子。另外，WRKY 的转录因子 SUSIBA2 可能参与了源和库之间的交流和蔗糖介导的淀粉合成的调控。乙烯受体 ETRC 和 AP2/EREBP 家族的转录因子也可能参与了淀粉合成的转录调控。

2. 代谢物的别构调节　　虽然参与淀粉代谢的基因存在转录调控，但转录水平的变化往往不反映在相应蛋白质水平或酶活性的变化上。许多淀粉代谢酶的活性是由效应分子调节的，这些效应分子通常是代谢中间体。

AGPase 的变构调节是淀粉代谢物调节的典型例子。AGPase 活性通常被甘油酸-3-磷酸激活，而被 Pi 抑制。因此，通过增加甘油醛-3-磷酸/Pi 值激活 AGPase，可以调节淀粉合成速率，以响应叶片中光合作用和蔗糖合成之间平衡的变化，以及块茎中蔗糖分解和呼吸之间平衡的变化。AGPase 对这些变构效应的相对敏感性似乎取决于组织和亚细胞定位。

3. 翻译水平调控　　淀粉合成过程中关键酶的活性发挥与蛋白质的翻译后修饰密不可分，主要包括翻译后的氧化还原和可逆的磷酸化修饰。例如，AGPase 蛋白翻译后可被硫氧还蛋白（thioredoxin，Trx）的 f 和 m 异构体还原为有活性的 AGPB-单体，而还原型 AGPase 增加了对底物的亲和力及激活剂 3-PGA 的敏感性。另外，参与淀粉降解过程的其他多种酶也受氧化还原调节。

蛋白质的可逆磷酸化修饰是淀粉合成的另一种翻译后调控方式。参与淀粉合成的几种酶（包括 SS 和 SBE）的异构体均受磷酸化调节。在拟南芥叶片中，磷酸葡糖异构酶（phosphoglucose isomerase）、磷酸葡糖变位酶（phosphoglucomutase，PGM）、AGPase 的大亚基和小亚基及 SSⅢ 可能也受可逆磷酸化修饰。

4. 蛋白复合体参与淀粉的合成　　参与淀粉合成的蛋白质可以以复合体的形式存在，如小麦、玉米中的 SS 和 SBE 的特异性异构体形成了异源复合物。复合体的形成可能具有协调不同 SS 和 SBE 异构体作用于共同的支链淀粉底物的功能，从而有助于提高形成淀粉多聚体结构的效率。马铃薯 DBE 是通过形成多聚体酶来协同作用，将分支链中的 α-1,6-糖苷键水解，对淀粉粒的起始形成具有重要作用。另外，丙酮酸磷酸双激酶（pyruvate phosphate dikinase，PPDK）和蔗糖合酶也是以复合物形式存在。

5. 糖信号调控　　糖水平和光信号的变化共同参与淀粉合成的调控。参与淀粉代谢相关酶的转录水平调控可能涉及淀粉代谢对碳和光周期信号变化的长期适应。当光合速率随着光照强度和光质、日照时间或非生物胁迫变化时，或当生长发育使碳利用速率变化时，植物经历着碳供应的波动，会通过积累和重新调动淀粉作为碳库来减缓碳平衡的变化。白天蔗糖水平增加能激活叶片中 AGPase 活性，进而促进淀粉合成。不仅 AGPase 活化依赖蔗糖调节，淀粉合成途径的其他酶和转运蛋白的表达也受糖水平的协调。在非光合组织中，如马铃薯块茎淀粉合成受叶片提供的蔗糖所调节。如果有更多可以利用的碳，淀粉的合成将被特别地激活，使得更多的蔗糖合成淀粉。

一些信号分子也参与糖介导的淀粉合成调控，如糖信号分子海藻糖-6-磷酸（trehalose-6-phosphate，Tre-6-P）、高度保守的 SNF1-相关蛋白激酶（SnFK1）介导了 AGPase 的氧化还原激活。另外，NADP-NTRC 系统对非光合组织 AGPase 氧化还原和淀粉合成也很重要。

6. 线粒体代谢物的调控　　线粒体的代谢活动也参与调节淀粉的生物合成。在非光合组织中，线粒体的呼吸作用为淀粉的合成提供能量，可利用的 ATP 与 AGPase 和淀粉的合成之间存在密切的关系，增加 ATP 的水平能增加 AGPase 的还原型活性状态。另外，线粒体苹果酸的代谢变化可能也参与质体淀粉的合成，如马铃薯块茎中苹果酸酶活性降低，引起 AGPase 活化和淀粉积累。

7. 激素的调控　　在淀粉代谢过程中，赤霉素（gibberellin，GA）主要通过转录因子 GAMyb 调控 Ramy1A 来实现淀粉降解，但它也会调控淀粉合成中关键转录因子 SERF1 和 RPBF 的表达从而促进水稻胚乳中淀粉的积累。ABA 可以显著增强水稻细胞中糖诱导的 AGPL1（ApL3）。玉米转录因子 ZmEREB156 可以介导淀粉合成过程中 ABA 和蔗糖的调控。ABA 诱导玉米胚乳中 ZmSSI mRNA 的积累。

种子中淀粉的合成主要受叶片来源的 ABA 的调控。水稻叶片中的 ABA 直接激活水稻颖果中大部分 SSRG 和多个中枢转录因子的表达。缺陷型籽粒灌浆 1（DG1）是谷物中一种功能保守的多药物和有毒化合物挤压转运蛋白，通过操纵叶片到颖果的 ABA 长距离运输来调控籽粒灌浆。

8. 环境因子的调控

（1）光照　　叶片在白天合成淀粉，在晚间将其降解。淀粉的合成和降解是对光信号的应答反应，主要是通过别构调节和氧化还原调节的密切相互作用来共同调控 AGPase 的活性，达到光照条件下启动淀粉合成、黑暗条件下关闭淀粉合成的目的。一方面，AGPase 的别构调节作用与质体中 3-PGA 和 Pi 的浓度密切相关；另一方面，叶片中 AGPase 的翻译后氧化还原修饰依赖光的信号，光照使得 AGPase 很快成为有活性的还原型，而黑暗条件使得 AGPase 完全失活。

另外，AGPase 依赖光的还原激活依赖光合作用的电子传递引起铁氧还蛋白（ferredoxin，Fdx）的还原，硫氧还蛋白还原酶（ferredoxin:thioredoxin reductase，FTR）将还原力传递给 Trx 的 f 和 m，接着再由它们通过调节二硫键的形成来激活目标酶。淀粉的合成和卡尔文循环都是被还原型的 Trxf 激活，产生对光的应答反应。

（2）温度　　温度是淀粉合成的关键决定因素。降低温度，尤其是夜间温度有利于淀粉的积累。

高温显著下调 SSRG 的表达，诱导 α-淀粉酶编码基因表达，导致垩白颗粒和淀粉积累缺陷。高温破坏了 AGPase 异四聚体的稳定性，显著降低了 ADPG 的合成。

高温抑制 GBSSI 和 AC 积累，导致稻米品质较差。其中一种机制是高温诱导 OsbZIP58 的选择性剪接，从而降低 *Wx* 基因的转录。高温通过 OsMADS7 抑制 AC 积累，降低颖花育性。Wxb 的转录后调控是维持高温下 AC 稳定的重要机制。高温还可通过增加 DG1 的表达，导致 ABA 向颖果的运输增加，从而改变了 SSRG 的表达。

◆ 第二节　其他多糖的结构及合成

植物多糖可分为两类：第一类是植物体内储存能量的物质，如淀粉；第二类是构建植物组织的细胞壁多糖。

一、果聚糖

果聚糖是以果糖为基础的低聚碳水化合物，是一组天然高度异质性的重要贮藏碳水化合物。大约15%的被子植物（主要分布在菊科、禾本科和百合科）以果聚糖作为主要的碳水化合物储存。植物中的果聚糖类型（寡聚或聚合分子）及特定类型果聚糖的存在因物种而异，也与植物的环境条件和发育阶段有关（表9-3）。

表9-3　不同蔬菜中的果聚糖含量（Singh and Singh, 2010；Verma et al., 2021）

蔬菜	部位	含量/（g/100 g FW）
菊科（Asteraceae）[a]		
菊苣（*Cichorium intybus*）	根	11～20
菊芋（*Helianthus tuberosus*）	块茎	12～20
菜蓟（*Cynara scolymus*）	花蕾	2～7
婆罗门参（*Tragopogon porrifolius*）	根	20～22
牛蒡（*Arctium lappa*）	根	3.5～4.0
蒲公英（*Taraxacum officinale*）	叶	12～15
毛叶蒲公英（*Taraxacum javanicum*）	根	5.77
菊薯（雪莲果）（*Smallanthus sonchifolius*）	根	3～19
苦苣菜（*Sonchus oleraceus*）	主茎	0.75
百合科（Liliaceae）[a]		
南欧蒜（*Allium ampeloprasum*）	假茎	6.2
大蒜（*Allium sativum*）	鳞茎	14～23
洋葱（红皮和白皮）（*Allium cepa*）	鳞茎	5～9
大葱（*Allium fistulosum*）	鳞茎	8～9
天门冬科（Asparagaceae）[a]		
芦笋（*Asparagus officinalis*）	根	2～3
旋花科（Convolvulaceae）[b]		
甘薯（*Ipomoea batatas*）	块根	0.10（红）
		0.24（黄）
藜科（Chenopodiaceae）[b]		
甜菜（*Beta vulgaris*）	根	0.62
姜科（Zingiberaceae）[b]		
距花山姜（*Alpinia calcarata*）	根状茎	0.87
芦荟科（Aloaceae）[b]		
芦荟（*Aloe vera*）	叶	0.51

a. 菊糖型果聚糖；b. 未明确类型的果聚糖

根据目前的定义，果聚糖是含有至少两个相邻果糖单位的低聚物或多糖。一个葡萄糖分子可能存在，但是非必需。与淀粉相比，果聚糖在植物体内是可溶的，而在体外不溶或部分可溶。根据来源（植物源、细菌或真菌）、链的组成分（全果糖或大部分果糖）、链结构（β-2,1 和 β-2,6）、聚合度（DP）、结构（线性，分支或循环）及食品系统中的功能性，果聚糖可划分为多种类型。

（一）化学和结构组成

植物中果聚糖的分布因种类而异，目前分为 5 种：菊糖（1-蔗果三糖，1-kestose）、菊糖新生系列（inulin neoseries）、levan 型果聚糖（6-蔗果三糖，6-kestose）、levan 型果聚糖新生系列（levan neoseries）及 graminan 型和龙舌兰型（agave）果聚糖。

1. 菊糖 菊糖主要是 β-2,1-果糖基果糖（蔗糖中的果糖）为糖苷键连接而成，其聚合度在 2～70（图 9-5）。植物菊糖分子呈直链线性，支链度很小，只有 1%～2%，直链菊糖晶体由个单体螺旋对称形成假六边形。

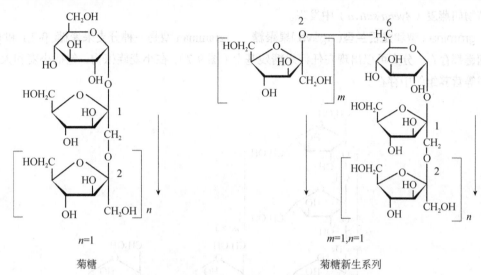

$n=1$ 　　　　　　　　　 $m=1,n=1$

菊糖 　　　　　　　　　　　 菊糖新生系列

图 9-5 菊糖和菊糖新生系列果聚糖的分子结构

菊糖在菊科植物如菊苣（*Cichorium intybus*）、菊芋（*Helianthus tuberosus*）、菜蓟（*Cynara scolymus*）和百合科植物中大量积累。

2. 菊糖新生系列 菊糖新生系列由线性 β-2,1 键连接的果糖基单元连接到蔗糖葡萄糖部分的 C-1 和 C-6 位而成，即在葡萄糖分子两端形成果糖链的果聚糖多聚体（图 9-5）。最小的线型菊糖型果聚糖新生系列分子是由一个果糖基连接到蔗糖分子中葡糖基的 C-6 形成的新蔗果三糖，其葡糖基两端组分均是果糖。

菊糖型果聚糖新生系列多在百合科植物如芦笋、洋葱、芦苇等中存在。

3. levan 型果聚糖 levan 型果聚糖以 6-蔗果三糖为基本单位，通过 β-2,6 键连接 1 个或多个果糖而成，又叫左旋果聚糖（图 9-6）。最小的 levan 型果聚糖是 6-蔗果三糖。

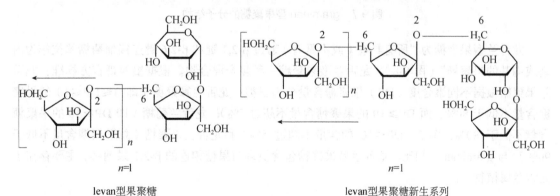

$n=1$ 　　　　　　　　　　 $n=1$

levan型果聚糖 　　　　　　　　 levan型果聚糖新生系列

图 9-6 levan 型和 levan 型果聚糖新生系列的分子结构

levan 型果聚糖存在于一些禾本科植物中，如小麦（*Triticum aestivum*）和大麦（*Hordeum vulgare*），以及温带牧草如鸭茅（*Dactylis glomerata*）和多年生黑麦草（*Lolium perenne*）。

4. levan 型果聚糖新生系列 levan 型果聚糖新生系列是由 β-2,1 键和 β-2,6 键连接果糖基单元连接到蔗糖分子两端而形成的多聚体，又叫左旋果聚糖新生系列（图 9-6）。这类果聚糖仅在少数植物如燕麦（*Avena sativa*）中发现。

5. graminan 型和龙舌兰型(agave)果聚糖 graminan 型是一种分支果聚糖。β-2,1 和 β-2,6 型果糖键都存在，分支可以出现在任何果糖残基上（图 9-7）。在小麦族植物，包括小麦和大麦的叶和根等营养组织中存在。

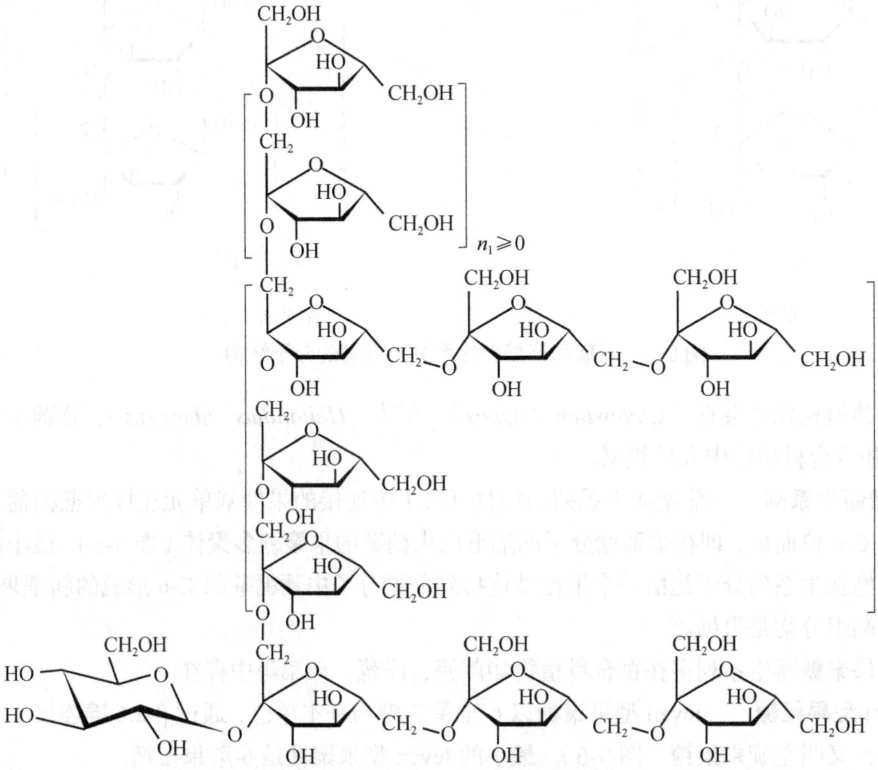

图 9-7　graminan 型果聚糖的分子结构

龙舌兰型果聚糖为"所有具有（或不具有）通过 β-2,1 键和 β-2,6 键连接葡萄糖单位作为内基或端基的果聚糖"（图 9-8）。龙舌兰型果聚糖一种复合混合物。根据墨西哥官方标准：龙舌兰果聚糖根据不同聚合度（DP）果聚糖含量分为三类：龙舌兰寡聚糖（即 $3 \leqslant DP \leqslant 10$ 的果聚糖含量不低于 80%、而 $DP \geqslant 10$ 的果聚糖含量不超过 5%）；龙舌兰菊糖（即 $DP \geqslant 10$ 的果聚糖含量不低于 80%、而 $3 \leqslant DP \leqslant 10$ 的含量不超过 5%）和龙舌兰果聚糖（总果聚糖含量不低于 90%）。与 graminan 型相比，龙舌兰型果聚糖包含更多与果糖相连的 β-2,1-果糖链，主要存在于龙舌兰属植物中。

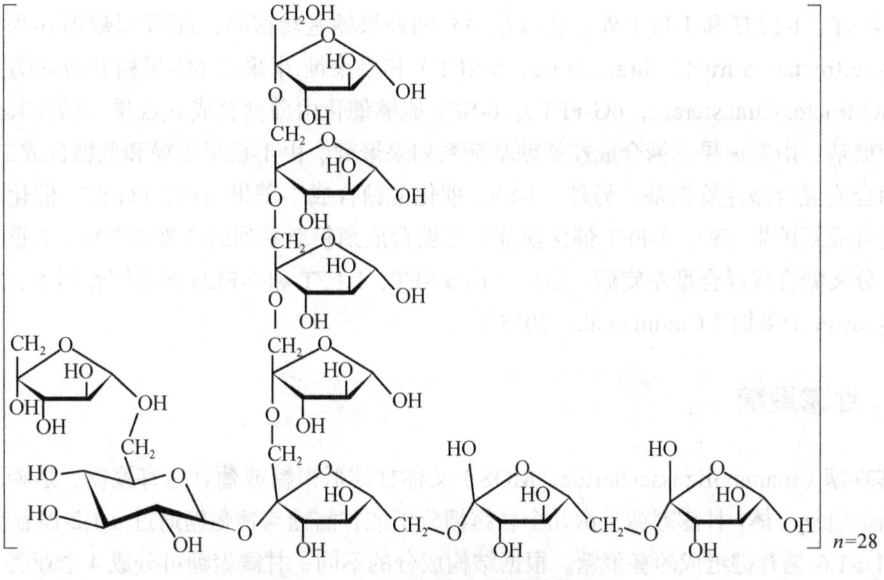

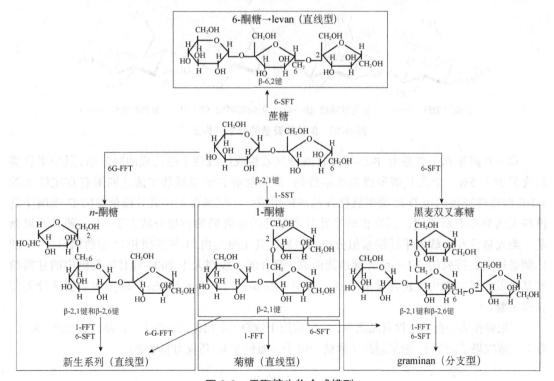

图 9-8　龙舌兰型果聚糖的分子结构

（二）合成途径

果聚糖的合成从蔗糖转化为 1-酮酯开始。酮酯被果糖基转移酶用来合成更长和/或更复杂的果糖。植物中果聚糖的合成由三种不同类型的酶催化：蔗糖:蔗糖 1-果糖基转移酶（sucrose:sucrose 1-fructosyltransferase，1-SST）、果聚糖:果聚糖 1-果糖基转移酶（fructan:fructan 1-fructosyltransferase，1-FFT）和 1-果聚糖外切水解酶（1-fructan exohydrolase，1-FEH）（图 9-9）。

图 9-9　果聚糖生物合成模型

除 1-SST、1-FEH 和 1-FFT 外，还涉及另外两种果糖基转移酶：蔗糖:果聚糖 6-果糖基转移酶（sucrose:fructan 6-fructosyltransferase，6-SFT）和果聚糖:果聚糖 6G-果糖基转移酶（fructan:fructan 6G-fructosyltransferase，6G-FFT）。6-SFT 能够催化由蔗糖合成 6-蔗果三糖及其延伸到更高的左旋糖基、由新蔗果三糖合成左旋糖基新系列果聚糖、由 1-蔗果三糖和蔗糖合成二叉糖基、由二叉糖合成混合型左旋糖基。另外，1-SST 催化蔗糖合成 1-蔗果三糖，6G-FFT 催化 1-蔗果三糖和蔗糖合成新蔗果三糖，1-FFT 催化新蔗果三糖合成菊粉新系列的高级果聚糖、1-蔗果三糖合成菊粉、分叉糖合成混合型左旋糖。最后，在 6-SFT、1-FFT 和 1-FEH 的协同作用下，分叉糖也可以产生 levan 型果糖（Cimini et al.，2015）。

二、甘露聚糖

甘露寡糖（mannooligosaccharide，MOS）又称甘露低聚糖或葡甘露寡聚糖，是磷酸化的葡甘露聚糖蛋白复合体。甘露寡糖是由几个甘露糖分子或甘露糖与葡萄糖通过 α-1,2-糖苷键、α-1,3-糖苷键和 α-1,6-糖苷键组成的寡聚糖。根据结构成分的不同，甘露聚糖可分成 4 个亚类：均一甘露聚糖、半乳甘露聚糖、葡甘露聚糖及半乳葡甘露聚糖。这 4 种甘露聚糖均存在由甘露糖或甘露糖与葡萄糖共同组成的 β-1,4-糖苷键连接的主链结构。另外，α-1,6-糖苷键连接的半乳糖侧链也可以取代至甘露聚糖主链上（图 9-10）。

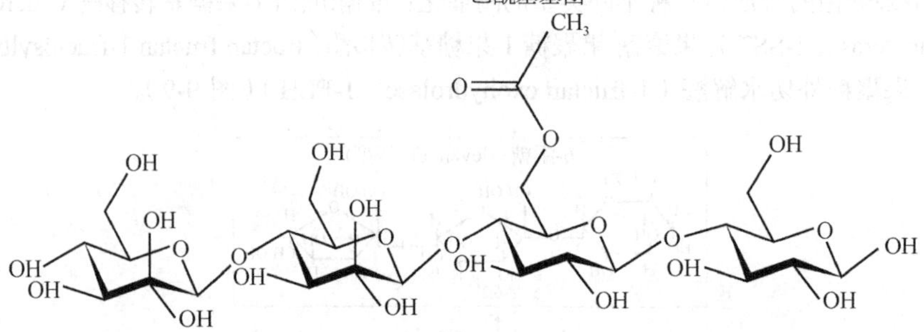

图 9-10　β-甘露聚糖的分子结构式

均一甘露聚糖主要是由 β-D-吡喃甘露糖残基组成的线性主链构成的同多糖，其中半乳糖的含量少于 5%。半乳甘露聚糖由水溶性的 β-D-吡喃甘露糖残基主链连同附着在主链上的 α-1,6-糖苷键连接的 α-D-吡喃半乳糖残基侧链组成。不同来源的半乳甘露聚糖的 D-吡喃半乳糖单元的分布有所不同，而真正的半乳甘露聚糖的半乳糖的质量分数大于 5%。葡甘露聚糖是一类大量存在于软木半纤维素组分中的多糖，其主链是由 D-甘露糖和 D-葡萄糖以 3∶1 的比例通过随机排列的 β-1,4-糖苷键连接而成，聚合度一般都大于 200。葡甘露聚糖中的甘露糖残基可以提供多糖中支链连接的节点。魔芋（Amorphophallus konjac）块茎的主要成分为葡甘露聚糖。

低聚糖作为一种功能性食品组分，广泛应用于饮料、牛奶制品、益生元产品，如甜点（果冻、布丁、冰冻果子露等）、糖果制品（冰糖、饼干、面包等）、巧克力和糖等。

◆ 第三节　淀粉及其他多糖的营养价值与不利效应

淀粉以不同形态的颗粒状广泛存在于谷物、豆类、块茎类等蔬菜植物的种子、根、块茎、叶片和果实中，是食物中人体所需热能的主要来源。

果聚糖作为一种贮藏性碳水化合物，其功能与淀粉和蔗糖一样。如果碳水化合物的生产超过需求，就以果聚糖的形式贮存起来；如果需要能量和碳源，果聚糖就被降解，提供碳源和能量。

淀粉和果聚糖的营养价值表现在多个方面，但过量食用多聚糖也会对人体产生不利影响。

一、营养价值

（一）促进矿物质吸收

肠道菌群在结肠中发酵产生短链脂肪酸或其他有机酸，可以降低肠道 pH，增强金属离子的溶解度，使大量金属离子通过被动扩散的方式进入肠道细胞。通过离子交换系统，抗性淀粉、菊糖或果聚糖发酵产生的短链脂肪酸可使肠道上皮细胞的增殖速度加快，肠壁增大，吸收无机盐的表面积增大，可促进矿物元素（钙、镁、锌、铁等）的吸收。此外，果聚糖和低聚糖还可通过改变维生素 D 受体的作用，改善细胞内活性钙的转运。

（二）刺激免疫系统

果聚糖和低聚糖具有免疫调节作用。通过刺激免疫细胞成熟、分化和增殖，改善宿主机体平衡，达到恢复和提高宿主细胞对淋巴因子、激素及其他生理活性因子的反应性。主要表现在对杀伤性巨噬细胞、辅助免疫 T 细胞、自然杀伤（NK）细胞的激活和增进 T 细胞的分化等方面。

果聚糖和低聚糖通过改变胃肠道中的乳酸菌浓度间接刺激免疫系统，保护机体免受病原体侵害，还可保护机体受肿瘤侵袭。甘露聚糖肽治疗慢性萎缩性胃炎的作用机制可能是通过免疫调节作用，抑制体液免疫，增强细胞免疫，从而逆转和改善胃黏膜损伤。

（三）控制体重增加

抗性淀粉、菊糖和甘露聚糖不能被人体的酶消化，不提供养分，且具有吸水性强、黏度大、膨胀率高的特点，进入胃中吸收胃液后可膨胀 20～100 倍，产生饱腹感。在胃部会吸水膨胀后形成高黏度胶体，延长由胃进入小肠的时间，摄入后不易产生饥饿感，同时在小肠内能够与蛋白质、脂肪等形成复合物，从而抑制人体吸收蛋白质和脂肪，有润肠通便功效，无须刻意节食，便能达到均衡饮食，从而实现减肥的效果。

（四）影响脂质代谢

抗性淀粉、菊糖和甘露聚糖对生物体内的葡萄糖和胰岛素水平具有调节作用，有利于维持葡萄糖和脂质的体内平衡。

抗性淀粉、菊糖和甘露聚糖具有吸收慢的代谢特点，可明显降低空腹和餐后血糖，增加胰岛素敏感性，起到控制糖尿病病情的作用。还可降低人体血液中的胆固醇和甘油三酯含量，主要有三种途径：①减少机体对脂肪的吸收，促进存储在机体内脂肪的利用；②促进胆汁酸随着粪便排出体外，使得胆固醇不断转换成胆汁酸，减少机体胆固醇含量；③通过减少脂肪生成而抑制甘油三酯合成，并通过结肠发酵促进短链脂肪酸（丙酸）的产生。乙酸盐和丙酸盐被结肠黏膜吸收并进入肝，乙酸盐作为胆固醇合成的底物，而丙酸盐通过干扰参与胆固醇和甘油三酯合成的酶来阻碍脂肪生成。

（五）降低胃肠疾病的风险

抗性淀粉、菊糖或果聚糖可表现出益生元的作用。通过促进肠道微生物平衡而对宿主有益的活微生物称为益生菌。益生元是指通过增强一种或多种结肠细菌的活性和生长而对宿主有益的不可消化的食物成分。肠道细菌一般可分为 3 类：①乳酸杆菌（*Lactobacillus*）和双歧杆菌（*Bifidobacterium*）；②可能的致病菌，如梭状芽孢杆菌（*Clostridium*）；③共生细菌，如拟杆菌（*Bacteroides*）。

通常情况下，含有大量乳酸菌和双歧杆菌的肠道菌群对健康有益。大肠微生物环境对维持身体健康有重要作用，一旦失衡就会导致疾病。抗性淀粉、菊糖或果聚糖可以改善胃肠道的微生物环境，促进有益微生物如双歧杆菌等生长，降低肠内毒素浓度，预防慢性肠道炎症，改善葡萄糖耐量和减轻炎症反应。

抗性淀粉、菊糖或果聚糖不被小肠吸收，但可增加粪便体积，减少粪便传输时间，对于便秘、肛门直肠疾病等症状有良好的预防效果。此外，随着粪便体积的增加，可将肠道中有毒物质稀释以防疾病的发生。

（六）其他活性功能

菊糖对人体健康的益处还表现在其抗氧化能力。菊糖当作食品添加剂使用时，因为其自身的抗氧化能力，可以降低食品的氧化速度，延长食品保质期。菊糖对羟基自由基、DPPH 自由基、超氧阴离子自由基及烷基自由基的清除率最高可达 92%，与维生素 C 的抗氧化能力相近。

二、不利效应

过量食用大量多糖类物质或抗性淀粉可能会对胃肠功能产生一些负面影响。例如，过度食用多糖类物质容易造成消化系统紊乱，胃肠蠕动受到影响，表现为腹部胀满、疼痛、消化不良、肠绞痛和水样便等，严重时会诱发胆囊炎等疾病。

第十章

膳 食 纤 维

膳食纤维是一种公认的功能性食材，被列为"第七大营养素"，具有促进肠道蠕动、排便等功效，被称作"肠道清道夫"。膳食纤维具有控制心血管疾病、调节血糖、预防结肠癌、控制体重、维持肠道健康、预防便秘等多种保健功效，对人类健康十分有益。蔬菜中含有丰富的膳食纤维，是人们日常生活中补充膳食纤维的主要食物来源。菠菜、甘蓝、芹菜、西蓝花、黄花菜、秋葵、辣椒、南瓜、竹笋（*Dendrocalcmus latiflorus*）、莲藕（*Nelumbo nucifera*）、山药、香菇（*Lentinula edodes*）、牛肝菌（*Boletus bainiugan*）等蔬菜中膳食纤维的含量较高。

◆ 第一节 定义、分类及结构

一、定义

"膳食纤维"（dietary fiber，DF）一词最早是 1953 年由英国医生 Hisley 提出，最初是指能抵抗哺乳动物细胞分泌的内切酶的植物成分，包括纤维素、半纤维素和木质素等植物细胞壁成分。人们随着对膳食纤维认知的深入，提出低聚果糖、菊粉、抗性淀粉等可以作为新的膳食纤维组分。2009 年国际食品法典委员会（Codex Alimentarius Commission，CAC）将膳食纤维定义为具有 10 个或 10 个以上单体链节的碳水化合物，不能被人体小肠中的酶水解，并且是可以通过物理法、酶法或化学法从天然食物原料中提取的、可食用的、对人体生理健康有益的碳水化合物。现在，膳食纤维主要是指一类不易被人体本身所具有的内源酶消化且不易被人体吸收的物质，主要由可食性植物细胞壁残余物（纤维素、半纤维素、木质素）及与之缔合的相关物质组成的化合物。

二、分类

膳食纤维来源广泛，结构复杂。根据结构特征的不同，可以分为线性分子和非线性分子。根据溶解度的不同，可以分为可溶性膳食纤维（soluble dietary fiber，SDF）和不可溶性膳食纤维（insoluble dietary fiber，IDF），统称为总膳食纤维（TDF）。SDF 是一种能溶于水但不能被人体的酶消化水解的膳食纤维。SDF 主要来源于植物和真菌，如果胶、瓜尔多胶、葡聚糖、从藻类提取的海藻酸盐及从真菌提取的活性多糖等。IDF 是不能溶于水且不被人体消化的膳食纤维，主要分布于细胞壁上，与其他物质结合来维持细胞的形态，其主要包括木质素、纤维素、部分半纤维素等。按照来源，膳食纤维可分为植物膳食纤维、动物膳食纤维及合成膳食纤维。其中，植物膳食纤维是人们膳食纤维的主要来源，包括蔬菜膳食纤维、水果膳食纤维、谷物膳食纤维和藻类膳食纤维等。其中谷物中的纤维以纤维素和半纤维素为主,水果和蔬菜中的纤维则以果胶为主。藻类膳食纤维主要由细胞壁多糖、纤维素和半纤维素等构成。以葡聚糖为代表的合成类膳食纤维,具有优良的品质改良作用,如颗粒悬浮、控制黏度、利于膨胀、奶油口感、热处理稳定性等,在冷饮、糕点等食品中应用广泛。不同来源的膳食纤维基本组成成分相似,但化学本质相差较大,如分子量、分子糖苷链、聚合度、支链结构等。

植物膳食纤维主要由植物细胞壁中的碳水化合物聚合物(非淀粉多糖)组成,主要包括纤维素、半纤维素和果胶,以及植物或藻类来源的多糖,如树胶、黏胶和菊糖等。部分碳水化合物在通过小肠时不被吸收,但能在大肠中发酵,这些类似的不易消化的碳水化合物也是膳食纤维,如抗性淀粉、改性纤维素、低聚果糖、低聚半乳糖和聚葡萄糖等。木质素和次生代谢物也属于膳食纤维,包括蜡、角质、皂苷、多酚、植酸盐和植物甾醇等,这些次生代谢物主要从多糖和低聚糖中提取得到。

三、组成与结构

(一)纤维素

纤维素(cellulose)是植物细胞壁的主要成分,占细胞壁含量的40%~50%。纤维素是一种不可溶性膳食纤维,大约50%的纤维素可在结肠中发酵,并发生部分消化。

纤维素是一种由吡喃式 D-葡萄糖通过 β-1,4-O-糖苷键连接而成的同多糖,化学式为 $(C_6H_{10}O_5)_n$,其中 n 表示分子链中所连接的葡萄糖单元的数目,称为聚合度。纤维素分子中相邻的两个葡萄糖单元以二次螺旋轴维系,其重复单元是纤维素二糖,一级结构如图 10-1 所示。植物中纤维素一般以微纤丝(microfibril)形式存在,每条微纤丝的横截面平均有 36 条 β-1,4-葡聚糖链,每条葡聚糖链由几千到上万个单糖分子组成。葡聚糖链之间则通过分子内、分子间的氢键及范德瓦耳斯力的相互作用形成结晶结构。纤维素微纤丝的排列方式不同,分有序排列和无序排列。一般认为,初生壁的微纤丝呈不规则网状排列,而次生壁上的纤维素纤丝聚集体排列比较有序。

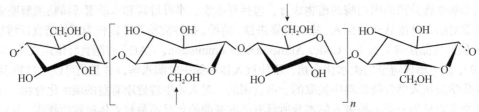

图 10-1　纤维素 β-1,4-葡聚糖链的结构式
括号中的区域表示链中的基本重复单元纤维二糖,葡聚糖链由二次螺旋轴维系

(二)半纤维素

半纤维素(hemicellulose)是由两种以上单糖以多种连接方式构成的带支链的杂多糖。半纤维素的单糖主要包括五碳糖(如木糖、阿拉伯糖、鼠李糖、岩藻糖)和六碳糖(如半乳糖、甘露糖和葡萄糖),还有些半纤维素含有半乳糖醛酸和葡糖醛酸等酸性糖。半纤维素是细胞壁的主要组成成分之一,也是重要的木质纤维生物质(约占 30%)。

半纤维素具有多种类型,且在不同类型的蔬菜细胞及细胞壁中半纤维素的含量和结构也各不相同。目前已知的半纤维素包括木葡聚糖(XyG)、木聚糖(Xyl)、甘露聚糖(MN)和混合连接葡聚糖(MLG)。β-1,3-1,4-葡聚糖只存在于禾本科植物和其他少数植物中。此外,阿拉伯木聚糖是小麦、大麦、牧草等草本植物的主要半纤维素类型。

1. **木葡聚糖** XyG 是双子叶植物和裸子植物初生细胞壁中含量最多的半纤维素，是由 D-吡喃葡萄糖残基以 β-1,4-糖苷键相连构成主链的杂多糖，其中 75% 的葡萄糖残基在 O-6 处可被 α-D-吡喃木糖残基取代。主链上的葡萄糖残基和侧链上的木糖残基以特定的连接方式在特定位置被各种糖残基取代。XyG 取代基的类型和连接方式因植物种类、组织器官类型和发育阶段而异。由于取代基及其连接方式的多样性，一种基于单字母编码的命名法被开发出来，以简化对侧链的描述。在标准命名法中分别用不同的单个字母代码来命名和区分不同类型的 XyG，如字母 G 代表主链上的葡萄糖残基未被其他糖或非糖基团取代，X 代表葡萄糖残基 O-6 位被 α-D-吡喃木糖基团取代，L 代表木糖残基的 O-2 位被半乳糖基团取代，F 代表半乳糖残基的 O-2 位被岩藻糖基团取代。XyG 可能含有 *O*-乙酰基取代基，发生乙酰化。被乙酰基团修饰的葡萄糖残基或其他糖残基，可以在相应字母处加下划线表示。例如，双子叶植物典型的 XXXG 型木葡聚糖和禾本科植物 XXGG$_n$ 型木葡聚糖结构如图 10-2 所示。

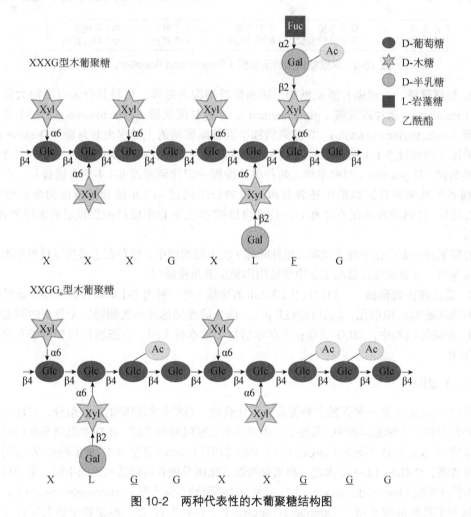

图 10-2 两种代表性的木葡聚糖结构图

彩图

2. **木聚糖** 木聚糖是结构多样的一类植物细胞壁多糖，包含一个由 β-1,4-糖苷键连接木糖残基的主链结构（图 10-3）。根据主链上取代基团的不同，木聚糖通常可分为含葡糖醛酸（glucuronic acid，GlcA）和甲基化的葡糖醛酸（methyl glucuronic acid，MeGlcA）的葡糖醛酸木聚糖（glucuronoxylan，GX）、阿拉伯糖木聚糖（arabinoxylan，AX），以及少量由酸性和中性糖组合的葡糖醛酸阿拉伯糖木聚糖（glucuronarabinoxylan，GAX）。其中，葡糖醛酸木聚糖是双子叶植物和被子植物次生细胞壁的主要半纤维素，阿拉伯糖木聚糖和葡糖醛酸阿拉伯糖木聚糖是草本植物初生细胞壁和次生细胞壁中最主要的半纤维素。在双子叶植物和裸子植物 GX 结构的还原端含有一个单独的四糖序列（图 10-3）。木聚糖是双子叶植物次生壁中半纤维素的主要成分，占次生壁的 20%～30%。

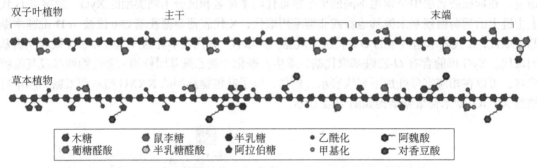

图 10-3　木聚糖的结构示意图（Rennie and Scheller，2014）

3. 甘露聚糖　　根据甘露聚糖的主链和侧链结构的差异，可将其分为以下四大类：甘露聚糖（mannan）、葡甘露聚糖（glucomannan）、半乳甘露聚糖（galactomannan）和半乳葡萄甘露聚糖（galactoglucomannan）。甘露聚糖和半乳甘露聚糖的主链仅由甘露糖（D-mannose）组成，单体之间通过 β-1,4-糖苷键连接，而葡甘露聚糖和半乳葡萄甘露聚糖的主链中则含有甘露糖和葡萄糖（D-glucose）两种单体，两种单体按照一定比例通过 β-1,4-糖苷键连接。在半乳甘露聚糖和半乳葡萄甘露聚糖中还含有由半乳糖分子通过 α-1,6-糖苷键连接构成的侧链（图 10-4），此外，甘露糖残基在 O-2 和 O-3 位置可以被 O-乙酰化形成结构更稳定的多糖聚合物（图 10-4）。

甘露聚糖主要存在于裸子植物（如针叶林）次生细胞壁中，也存在于某些豆科类草本植物的胚乳细胞中。甘露聚糖在食品工业中常被用作稳定剂和胶凝剂。

4. 混合连接葡聚糖　　MLG（β-1,3-1,4-葡聚糖）是一种由 β-1,4-糖苷键连接形成纤维三糖基和纤维四糖基结构单元，然后再通过 β-1,3-糖苷键连接形成的无侧链、无分支的同聚物（图 10-5）。在高等植物中，MLG 只存在于草本植物（禾本科）中，在细胞伸长和种子发育中具有重要作用。

（三）果胶

果胶（pectin）是一种天然多糖类高分子化合物，是植物细胞壁的重要组分，广泛存在于高等植物的细胞壁和细胞间隙中。果胶是一类富含半乳糖醛酸的多糖，由 D-半乳糖醛酸（D-Gal A）、L-鼠李糖（L-Rha）、D-半乳糖（D-Gal）和 L-阿拉伯糖（L-Ara）等至少 17 种单糖组成，其中 D-Gal A 含量最高，D-Gal 和 L-Ara 次之。根据单糖组成比例及糖苷键链结构性的不同，果胶可分为同型聚半乳糖醛酸（homogalacturonan，HG）、聚鼠李半乳糖醛酸 I 型（rhamnogalacturonan I，RG- I）和聚鼠李半乳糖醛酸 II 型（rhamnogalacturonan II，RG- II），在一些植物中还发现有芹菜聚半乳糖醛酸（apiogalacturonan，AGA）结构域和木聚半乳糖醛酸（xylogalacturonan，XGA）结构域。

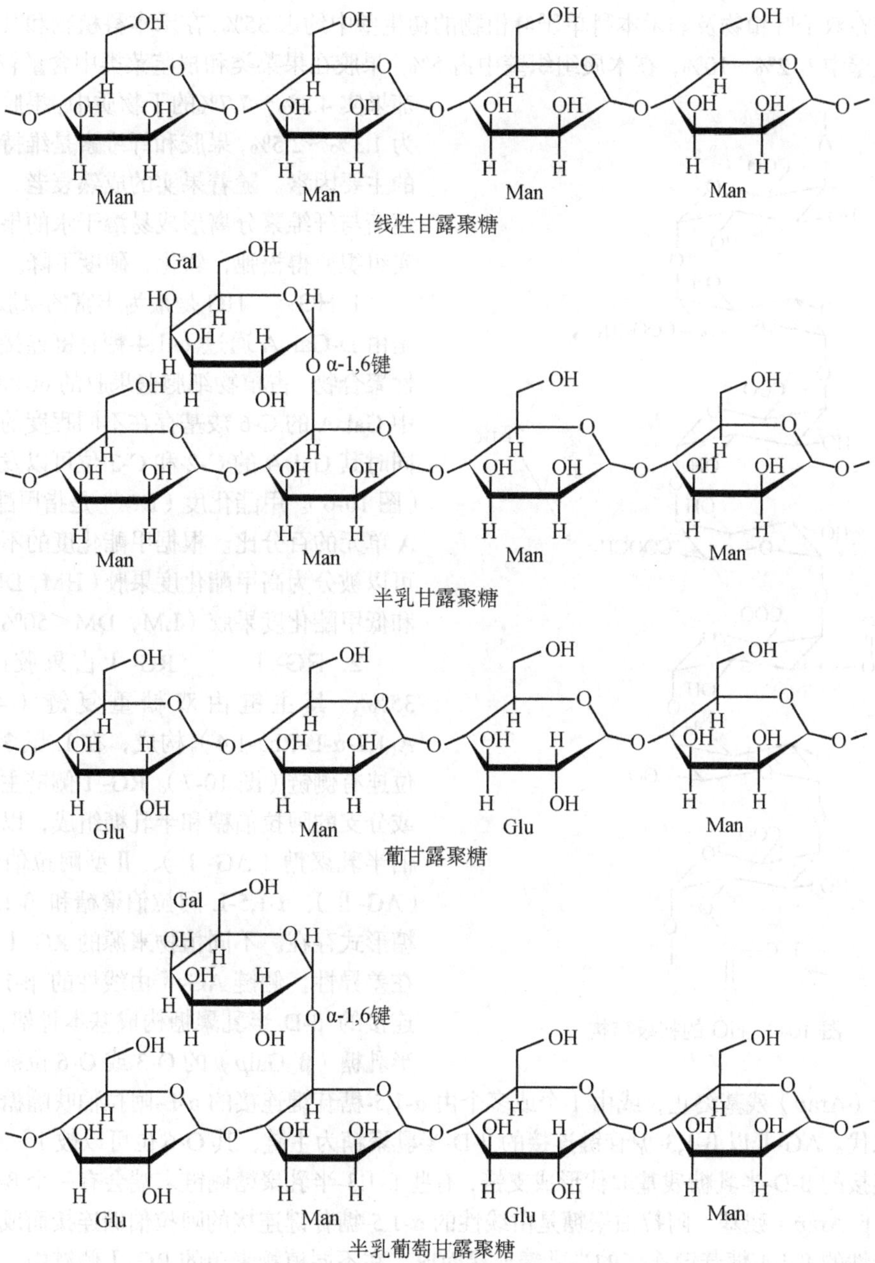

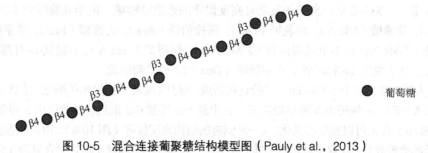

线性甘露聚糖

半乳甘露聚糖

葡甘露聚糖

半乳葡萄甘露聚糖

图 10-4　甘露聚糖结构示意图（Andrezza，2013）

● 葡萄糖

图 10-5　混合连接葡聚糖结构模型图（Pauly et al.，2013）

果胶在双子叶植物及非禾本科单子叶植物的初生壁中约占35%，在禾本科植物和其他菊科植物的初生壁中占2%～10%，在木质组织壁中占5%。果胶在果菜类和根茎菜类中含量较高，如番茄果实4.3%～7.7%的干物质中，果胶物质含量为1.3%～2.5%，果胶和纤维素是维持果实硬度的主要因素。随着果实的成熟衰老，果胶物质逐渐与纤维素分离形成易溶于水的果胶，使果实组织变得松弛，软化，硬度下降。

1. HG　HG是最为丰富的果胶类型，它是由D-Gal A通过α-1,4-糖苷键连接而成的线性聚合物，占植物细胞壁果胶的60%以上。HG中Gal A的C-6羧基存在不同程度的甲酯化，同时其Gal A的C-2和C-3位可以发生乙酰化（图10-6）。甲酯化度（DM）是指甲酯化的Gal A单元的百分比。根据甲酯化度的不同，果胶可以被分为高甲酯化度果胶（HM，DM＞50%）和低甲酯化度果胶（LM，DM＜50%）。

2. RG-Ⅰ　RG-Ⅰ占果胶的20%～35%，其主链由双糖重复链（4-α-D-Gal A-1,2-α-L-Rha-1,4）$_n$构成，在L-鼠李糖的O-4位连有侧链（图10-7）。RG-Ⅰ侧链主要由线性或分支的阿拉伯糖和半乳糖组成，以Ⅰ型阿拉伯半乳聚糖（AG-Ⅰ）、Ⅱ型阿拉伯半乳聚糖（AG-Ⅱ）、α-1,5-L-阿拉伯聚糖和β-1,4-半乳聚糖形式存在。不同植物来源的RG-Ⅰ的侧链存在差异性。侧链AG-Ⅰ由线性的β-1,4-糖苷键连接的β-D-半乳糖构成基本骨架，在β-D-半乳糖（β Galp）的O-3或O-6位被单个阿拉

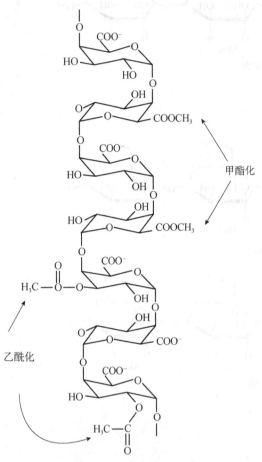

图10-6　HG的初级结构

伯呲喃糖（Arap）残基终止，或由1个或多个由α-1,5-糖苷键连接的α-L-阿拉伯呋喃糖（α Araf）短侧链取代。AG-Ⅱ以β-1,3-糖苷键连接的β-D-半乳聚糖为主链，其O-6位可以被1～3个β-1,6-糖苷键连接的β-D-半乳糖残基取代形成支链，有些β-1,3-半乳聚糖侧链末端会有一个β-L-阿拉伯呲喃糖（β Arap）残基。阿拉伯聚糖是由线性的α-1,5-糖苷键连接的阿拉伯糖连接而成，半乳聚糖是由线性的β-1,4-糖苷键连接的半乳糖连接而成。在不同植物来源的RG-Ⅰ侧链中，可能还连有α-L-岩藻糖、β-D-葡糖醛酸和阿魏酸和香豆酸。

3. RG-Ⅱ　RG-Ⅱ是一类结构复杂且高度保守的果胶结构域，由半乳糖醛酸（Gal A）、鼠李糖（Rha）、葡糖酸（Glc A）、半乳糖（Gal）、阿拉伯糖（Ara）、岩藻糖（Fuc）、芹菜糖（Api）、2-甲基木糖（2-Me-Xyl）、2-甲基岩藻糖（2-Me-Fuc）、槭树酸（Ace A）、3-脱氧-D-甘露型-2-辛酮糖酸（Kdo）及3-脱氧-D-来苏型-2-庚酮糖酸（Dha）12种单糖组成。

RG-Ⅱ主链由至少8个α-1,4-Gal A共价连接形成，部分Gal A可以发生甲酯化，主链上连有6个寡糖侧链（A～F）。A侧链由8种单糖组成，其中的Fuc可被Gal取代，B侧链由5种单糖组成，2-Me-Fuc和Ace A上可以发生乙酰化，C～F侧链的结构高度保守（图10-8）。RG-Ⅱ是植物细胞壁中含量较低的果胶成分，在双子叶植物、单子叶植物、禾本科植物和裸子植物中含量为0.5%～8.0%。

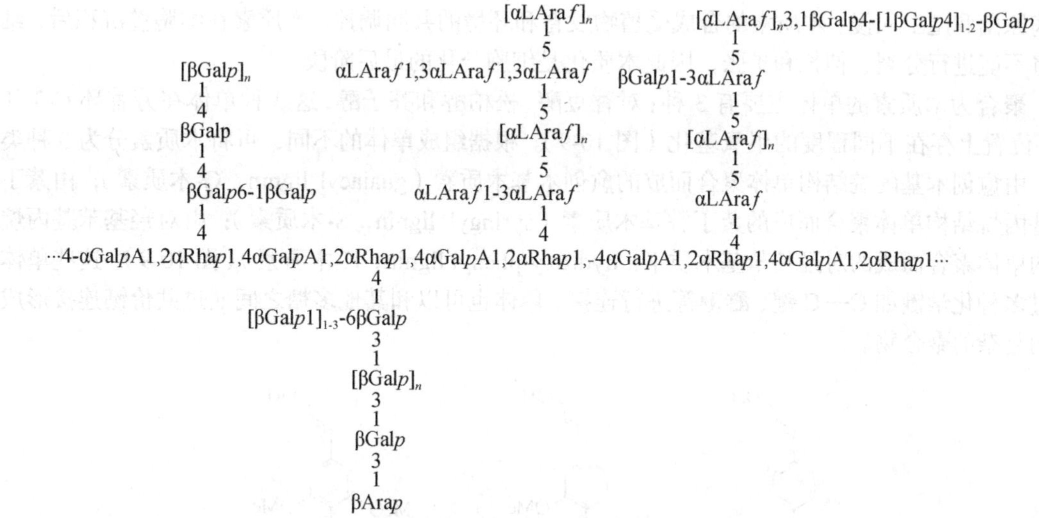

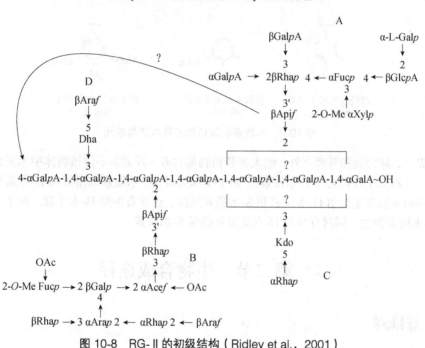

图 10-7　RG-Ⅰ的骨架和代表性侧链结构

α GalpA. α-D-半乳糖醛酸；α Rhap. α-L-鼠李糖

图 10-8　RG-Ⅱ的初级结构（Ridley et al., 2001）

4. AGA 与 XGA 结构域　　AGA 存在于浮萍科和海草科等水生植物的细胞壁中，其芹菜糖残基通过 O-2 和 O-3 位与同聚半乳糖醛酸相连。XGA 在海草、豌豆、苹果、拟南芥及大豆等多种植物中存在，其 HG 被木糖残基取代，且木糖的 O-2 位存在其他的木糖分支。

（四）木质素

木质素（lignin）是由多个苯丙烷单体组合而成的一种复杂酚类天然高分子聚合物，占细胞壁物质含量的 20%～30%。木质素主要为植物生长提供机械支撑，使植物可以进行长距离的水分运输。木质素填充在纤维素及其他细胞壁成分构建的网格内，可以使细胞壁变得更坚韧，能够抵御病原菌和昆虫入侵。木质素的合成受植物发育和环境的共同调控，木质素在细胞壁沉积后，细胞将不能进行分裂、伸长和扩张，因此木质化是细胞分化的最后阶段。

聚合为木质素的单体主要有 3 种：对香豆醇、松柏醇和芥子醇，这 3 种单体在芳香环 C-3 和 C-5 位置上存在不同程度的甲氧基化（图 10-9）。根据组成单体的不同，可将木质素分为 3 种类型：由愈创木基丙烷结构单体聚合而成的愈创木基木质素（guaiacyl lignin，G-木质素）；由紫丁香基丙烷结构单体聚合而成的紫丁香基木质素（syringyl lignin，S-木质素）；由对羟基苯基丙烷结构单体聚合而成的对羟基苯基木质素（hydroxy-phenyl lignin，H-木质素）（图 10-9）。这些单体通过多种化学键如 C—C 键、醚键等进行连接，单体也可以和其他多糖之间通过共价键连接形成结构复杂的聚合物。

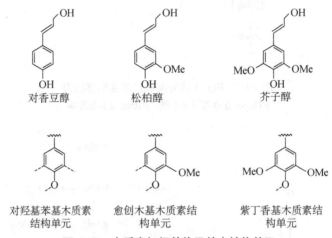

图 10-9　木质素初级前体及基本结构单元

自然界中，除菌类和苔藓之外，绝大多数植物都含有木质素。不同植物体中木质素的种类和含量不同。一般双子叶植物中的木质素主要由 G-木质素、S-木质素和微量的 H-木质素组成。单子叶植物中的木质素主要由 G-木质素和 S-木质素组成，还含有少量 H-木质素。裸子植物的木质素则以 G-木质素为主，同时有少量 H-木质素和微量 S-木质素。

◆ 第二节　生物合成途径

一、纤维素

（一）纤维素的合成过程

细胞质膜的纤维素合酶（cellulose synthase，CesA）复合体（CSC）是合成纤维素的"工厂"。CesA 蛋白是一类糖基转移酶（glycosyltransferase，GT），能够催化尿苷二磷酸葡糖（UDP-Glc）合成葡聚糖链。CSC 是由 6 个亚单位组成的玫瑰花状（rosette）结构。每个亚单位由 6 个 CesA 蛋白组成，这样一个复合体就可以合成由 36 条糖链组成的微纤丝。研究表明，CSC 不仅具有合酶的功能，而且也可能具有将葡萄糖链运输到细胞质表面的功能，完整的玫瑰花环复合体在细胞膜上运动，是合成晶体化纤维素所必需的。玫瑰花环末端复合体（terminal complex）是进行纤维素生物合成的场所，UDP-Glc 是纤维素合成的直接底物。纤维素的生物合成主要包括 UDP-Glc 的产生和纤维素微纤丝的形成。蔗糖合酶（sucrose synthase，SuSy）能够催化 UDP 和蔗糖生成 UDP-Glc 和果糖，生成的 UDP-Glc 在 CesA 的催化作用下合成葡聚糖链。而果糖经磷酸化作用、异构作用和变位作用形成葡糖-1-磷酸，最终在 UDP-葡萄糖焦磷酸化酶的作用下也能转化为 UDP-Glc（图 10-10）。CesA 以 UDP-Glc 为底物，催化合成 β-1,4-糖苷键连接的葡聚糖链。β-1,4-内切葡聚糖酶 KOR、几丁质酶样蛋白 CTL、糖基磷脂酰肌醇锚定蛋白 COB 进一步组装葡聚糖链。葡聚糖链通过链间氢键和范德瓦耳斯力进一步聚集形成高结晶度的纤维素微纤丝，最终聚合为纤维素分子。纤维素合酶复合体在高尔基体中装配，通过分泌泡转运并结合在细胞膜上。

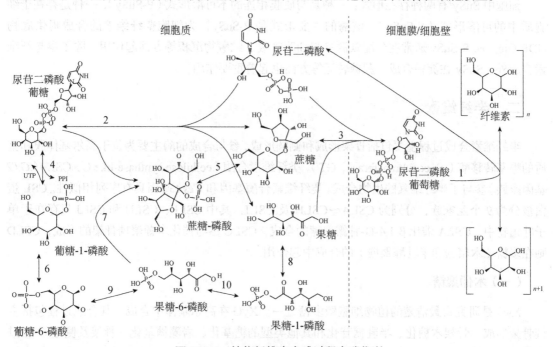

图 10-10 植物纤维素合成过程中碳代谢

细胞内存在两种蔗糖合酶，催化形成两种形式的 UDP-Glc。1. 纤维素合酶；2. 可溶性蔗糖合酶；3. 膜结合态蔗糖合酶；4. UDP-葡萄糖焦磷酸化酶；5. 蔗糖-磷酸磷酸酶；6. 葡萄糖磷酸变位酶；7. 蔗糖-磷酸合酶；8. 果糖激酶；9. 葡糖-6-磷酸异构酶；10. 果糖磷酸变位酶

（二）与纤维素合成相关的主要酶及基因

1. 纤维素合酶基因（CesA） 纤维素合酶属于糖基转移酶（GT2）超家族，CesA 基因编码的蛋白质有着相似的结构，含有 8 个跨膜结构域，2 个在 N 端，6 个在 C 端。N 端有 1 个锌指结构域，负责 CesA 蛋白的二聚化。和锌指结构域相邻的是序列的高变区 I（HVR I）。在两个跨膜结构域之间是酶的中央结构域，被一个蛋白质序列高变区 II（HVR II）分成两部分，高变区 II 两边各有一个保守基序，DxD 和 QxxRW，它们的功能主要是与底物的结合与催化相关。除了蛋白质序列高变区 II 外，中央结构域在不同 CesA 蛋白之间非常保守。

CesA 蛋白是一个多基因家族，家族成员长度在 985～1088 个氨基酸，序列同源性 53%～98%。例如，拟南芥中有 10 个 CesA 基因，黄秋葵有 9 个 CesA 基因，黄瓜有 35 个 CesA 基因。

除了 CesA 蛋白外，植物中还存在大量的类纤维素合酶蛋白（cellulose synthase-like enzyme，CSL），序列上与 CesA 部分同源，主要参与各种 β-聚糖链的合成。

2. 纤维素酶基因（Kor） Korrigan 基因（Kor）编码的 β-1,4-葡聚糖酶是一种内切葡聚糖酶。它编辑、监视葡聚糖链转变为微纤丝,切开有缺陷的葡聚糖链,与纤维素合成中糖苷链延伸的终止有关。*Kor* 基因位于细胞膜上。

3. 蔗糖合酶基因（*SuSy*） 蔗糖合酶（sucrose synthase,SuSy）是另一个参与纤维素合成的关键酶。UDP-Glc 是纤维素合成最直接的底物,但纤维素合成可能并不直接依赖胞质中游离的 UDP-Glc 库,而是利用细胞中 SuSy 催化降解蔗糖产生的 UDP-Glc,因此蔗糖才是细胞壁纤维素合成的起始底物。

细胞中 SuSy 有两种存在形式:一种是与质膜相连的不可溶形式（P-SuSy）,一种是存在于细胞质中的可溶形式（S-SuSy）。该酶的主要形式是 P-SuSy,为细胞壁纤维素的合成提供底物 UDP-Glc。而 S-SuSy 通常在分配碳源参与细胞呼吸、贮藏物沉积等方面起作用。除了参与纤维素合成外,SuSy 在淀粉合成、蔗糖转运等方面也起着重要作用。

二、半纤维素

半纤维素合成过程主要包括骨架形成和侧链形成,参与合成的酶主要为位于高尔基体膜和基质的糖基转移酶（glycosyltransferase,GT）。类纤维素合酶（cellulose synthase-like C,CSL）（*GT2* 基因家族）参与了半纤维素的生物合成。类纤维素合酶基因和 *CesA* 基因具有序列相似性。CSL 蛋白被分为 9 个亚家族,分别为 CSLA～CSLH 及 CSLJ,其中 CSLF、CSLH 和 CSLJ 只存在于单子叶植物中。CSLA 催化 β-1,4-D-甘露聚糖的合成,CSLC 参与催化木葡聚糖骨架的形成,CSLD 则在多糖（木聚糖和半乳醛聚糖）的合成中起作用。

（一）木葡聚糖

XyG 是研究得最清楚的植物细胞壁多糖之一。XyG 在高尔基体中合成,其合成过程包括主链骨架形成、骨架木糖化、半乳糖苷化和其他类型的糖基化、岩藻糖基化、骨架及侧链 *O*-乙酰化等过程（图 10-11）。

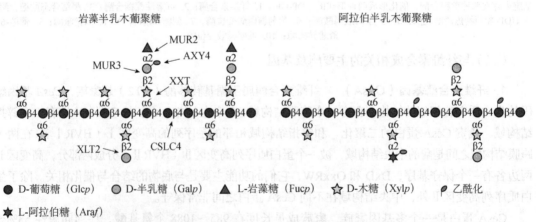

图 10-11 植物代表性木葡聚糖结构模型及参与其合成的酶（Pauly et al.,2013）

XyG 主链骨架由特异的葡聚糖合成酶——β-1,4-葡聚糖合酶（β-1,4-glucan synthase,GS）催化形成,该酶由 *GT2* 基因家族的纤维素合酶类似 C（cellulose synthase-like C）基因家族的基因编码。

所有 XyG 葡聚糖主链都含有木糖基取代基。XyG 特异木糖基转移酶（XyG:xylosyl

transferase，XXT）负责将 UDP-木糖添加到主链葡萄糖残基 O-6 位上。目前已发现 GT34 家族的 XT1 和 XT2 参与了 α-1,6-木糖基的转移。

大多数 XyG 木糖残基在 GT47 家族的一些酶的作用下进一步被其他糖基取代，其中最常见的是 D-半乳糖。UDP-半乳糖在 β-半乳糖基转移酶（β-galactosyl transferase，β-GAL）的作用下掺入 XyG。此外，木糖残基的 O-2 位也可能被其他糖残基修饰，如番茄 XyG 特异阿拉伯呋喃糖基转移酶（SlXST1 和 SlXST2）能够在木糖残基的 O-2 位添加糖基。

XyG 的半乳糖残基通常会被岩藻糖基进一步取代，参与该过程的有 XyG 特异岩藻糖基转移酶（XyG:fucosyl transferases 1，FUT1），负责将 GDP-岩藻糖添加到半乳糖基或半乳糖醛酸基上。

XyG 的乙酰化主要发生在岩藻半乳木葡聚糖主链的葡萄糖残基及阿拉伯半乳木葡糖型侧链的半乳糖残基上。植物共有 3 个蛋白质家族参与 XyG 的乙酰化，即 TBL、AXY9 和 RWA。RWA 是乙酰基供体转运蛋白，AXY9 蛋白能够催化产生乙酰化中间体。TBL 蛋白是多糖特异性的乙酰基转移酶。

（二）木聚糖

与其他半纤维素的合成不同，类纤维素合酶在木聚糖的主链形成中不发挥作用，而一些其他 GT 酶参与了木聚糖骨架的延伸。木聚糖是在高尔基体中合成，其合成底物主要是细胞质中的尿苷二磷酸木糖（UDP-Xyl），催化其合成的酶主要有木糖合成酶、葡糖醛酸转移酶、木糖基转移酶、阿拉伯糖基转移酶、葡糖醛酸甲基转移酶和乙酰转移酶等。首先，IRX9（GT43 家族）、IRX14（GT43 家族）、IRX10（GT47 家族）编码的木糖基转移酶催化木聚糖主链的形成，木聚糖的葡萄糖醛酸、甲基-葡糖醛酸和阿拉伯糖侧链分别在葡糖醛酸转移酶、葡糖醛酸甲基转移酶和阿拉伯糖基转移酶的催化下合成到木聚糖主链中。木聚糖还原端寡聚四糖链主要是在 IRX7/FRA8（F8H）、IRX8/GAUT12 和 PARVUS/GATL1 三组糖基转移酶的催化下合成（图 10-12）。

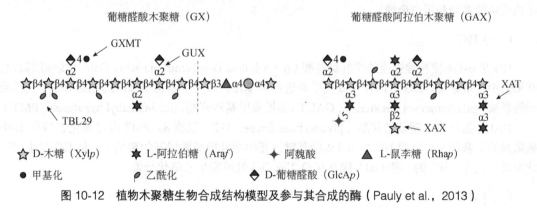

图 10-12 植物木聚糖生物合成结构模型及参与其合成的酶（Pauly et al.，2013）

（三）甘露聚糖

与所有细胞壁多糖的合成一样，甘露聚糖是由活化的核苷酸糖合成的，合成单体有鸟苷二磷酸甘露糖（GDP-甘露糖）、鸟苷二磷酸葡萄糖（GDP-葡萄糖）和尿苷二磷酸半乳糖（UDP-半乳糖）。这些核苷酸糖由甘露聚糖合成酶、葡甘露聚糖合成酶、半乳糖基转移酶等催化进行特异性连接，形成多糖聚合物（图 10-13）。研究表明，CSLA 家族的糖基转移酶 CSLA9 参与了甘露聚糖骨架的合成，CSLD 家族的蛋白也参与了甘露聚糖的合成。GT34 家族的蛋白参与了甘露聚糖中半乳糖的转移。

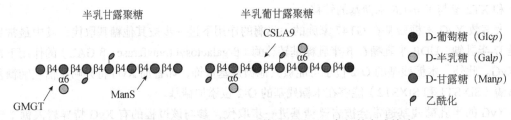

图 10-13　植物代表性甘露聚糖结构模型及参与其合成的酶

（四）混合连接葡聚糖的生物合成

混合连接葡聚糖（mixed-linkage glucan，MLG）特异存在于草本植物中，高尔基体中的 *CSLF* 和 *CSLH* 亚家族基因参与了 MLG 的生物合成，但具体机制尚不明确。

三、果胶

果胶在高尔基体中合成和修饰，然后通过共价键相互连接形成果胶网络。果胶的合成需要多种酶参与，包括糖基转移酶、甲基转移酶和乙酰转移酶等至少 67 种不同的转移酶。果胶合成模型的传统观点是连续的糖基转移酶（GT）模型，认为相关的转移酶独立且有序地引发并延长果胶多糖。以 HG 和 RG-1 为例，具体为一系列 GT 的相继作用生成了越来越复杂的果胶结构，它们顺势移动时将糖从核苷酸糖底物中连续地添加到正在延长的聚合物链上。另一种观点是区域合成模型，不同的果胶结构模块（如 HG 和 RG-1）通过相应 GT 的连续作用独立合成并延长。寡糖基转移酶（OT）的作用会将 HG 模块整体转移到另一个 HG 或 RG-1 模块上，以形成正在延伸的果胶多糖，甚至可能转移到蛋白聚糖上。所产生的果胶聚合物随后将通过分泌囊泡以动力作用辅助的方式转运至细胞壁，然后以嵌入的方式存在于细胞壁中。这种机制能够合成具有多种果胶结构模块的多糖和蛋白聚糖。

（一）HG

HG 是 α-1,4-糖苷键连接的半乳糖醛酸（α-1,4-linked D-galacturonic acid，GalA）线性同聚物，在果胶中含量最高。HG 可以在 C-6 羧基处进行甲基化，参与甲基化修饰的酶包括 HG 半乳糖醛酸转移酶（galacturonosyl transferase，GAUT）和果胶甲基转移酶（pectin methyl transferase，PMT）。

GAUT 蛋白属于糖基转移酶（glycosyltransferase，GT）家族 8。PMT 通过催化 *S*-腺苷-L-甲硫氨酸的甲基转移到果胶 HG 中 α-1,4-糖苷键连接的半乳糖醛酸残基的羧基上，使 HG 发生甲基化修饰。此外，HG 的一些 GalA 残基在 O-2 或 O-3 处可发生乙酰化修饰。

（二）RG-I

RG-Ⅰ与 HG 和 RG-Ⅱ不同，它的主链由双糖重复链 $[4\text{-}\alpha\text{-D-GalA-1,2-}\alpha\text{-L-Rha-1,4}]_n$ 组成。RG-Ⅰ主链中的大部分或全部 GalA 在 O-2 或 O-3 处被乙酰化修饰，大多数鼠李糖（Rha）残基可在 O-4 处被线性或支链寡糖或多糖取代。RG-Ⅰ侧链包括 β-1,4-半乳聚糖、阿拉伯聚糖或阿拉伯半乳聚糖等。RG-Ⅰ生物合成过程中，其主链和侧链合成所需酶不尽相同，主链合成需要半乳糖醛酸转移酶（galacturonosyl transferase，GalAT）和鼠李糖基转移酶（rhamnosyl transferase，RhaT）参与，而侧链合成需要半乳糖基转移酶（galactosyltransferase，GalT）和阿拉伯糖基转移酶

（arabinosyl transferase，AraT）参与。

（三）RG-Ⅱ

目前，对 RG-Ⅱ生物合成的研究较少，已确定参与 RG-Ⅱ生物合成的酶有鼠李半乳糖醛酸木糖基转移酶 1-4（rhamno galacturonan xylosyl transferase，RGXT1-4），它们属于 GT77 的 B 亚群，具有 α-1,3-木糖基转移酶活性，能将 UDP-Xyl 转移到岩藻糖（fucose，Fuc）上。

四、木质素

木质素的生物合成途径可分为 3 步。第一步是植物通过光合作用的初级产物在一系列酶的催化作用下，经过莽草酸途径后转化为芳香族氨基酸。第二步是将第一步形成的芳香族氨基酸经过脱氨基、羟基化与甲基化等步骤合成羟基肉桂酸类化合物（HCA）及羟基肉桂酸酯酰辅酶 A 类化合物（HCA-CoA）的过程，称为类苯丙烷途径。该途径生成 3 种木质素单体（香豆醇、松柏醇和芥子醇），该步骤为木质素生物合成的特异途径。最后木质素单体在过氧化物酶（peroxidase）或漆酶（laccase）的作用下进一步氧化聚合，生成 3 种主要的木质素类型——对羟基苯基木质素（H）、紫丁香基木质素（S）和愈创木基木质素（G）（见本书第十三章）。

◆ 第三节 含量及影响因素

一、膳食纤维含量

蔬菜是人体膳食纤维的主要来源之一，几乎所有蔬菜中都含有膳食纤维，但不同种类之间有较大差异（表 10-1）。蔬菜中不溶性膳食纤维的含量均高于可溶性膳食纤维的含量。可溶性膳食纤维含量以胡萝卜中最高，不溶性膳食纤维的含量以莲藕中最高。总膳食纤维的含量以莲藕最高，南瓜和胡萝卜次之。黄瓜、冬瓜、番茄、白菜等蔬菜的可溶性膳食纤维、不溶性膳食纤维、总膳食纤维含量较低。

表 10-1 常见蔬菜的膳食纤维含量（杨志才等，2016） （单位：% FW）

蔬菜	可溶性膳食纤维（SDF）	不溶性膳食纤维（IDF）	总膳食纤维（TDF）
白菜	0.06	0.66	0.72
白萝卜	0.52	0.93	1.45
冬瓜	0.05	0.53	0.58
胡萝卜	0.96	1.24	2.20
黄瓜	0.04	0.23	0.27
豇豆	0.52	1.51	2.03
韭菜	0.59	0.96	1.55
莲藕	0.45	2.86	3.31
南瓜	0.75	1.63	2.38
茄子	0.86	1.26	2.12
芹菜	0.37	0.85	1.22
番茄	0.05	0.32	0.37
洋葱	0.64	0.81	1.45

二、影响因素

膳食纤维的合成与积累是一个复杂的过程，是环境因素和遗传因素共同作用的结果。膳食纤维中纤维素、半纤维素、果胶及非碳水化合物类木质素是细胞壁的主要组分。作为植物与外界环境接触的第一道防线，当遭受各种环境胁迫时，细胞壁组分、含量和结构会发生改变，通过改变细胞壁的机械特性来响应胁迫。环境因素如土壤水分、温度、光照、矿质营养等，生物因素如细菌、病毒、真菌或线虫侵染等都会影响细胞壁代谢，此外，外源施用植物生长调节剂也会影响细胞壁代谢，从而影响膳食纤维含量。

（一）遗传因素

遗传是蔬菜膳食纤维含量和组分的主要影响因素，因此不同种类蔬菜膳食纤维含量存在较大差异（表10-1）。例如，根茎类蔬菜（如莲藕、萝卜）膳食纤维含量较高；瓜类蔬菜中南瓜膳食纤维含量较高，而西瓜、甜瓜、黄瓜含量较少。同一种蔬菜的不同品种之间膳食纤维含量也存在差异。研究表明，不同基因型不结球白菜膳食纤维含量存在显著差异，总膳食纤维含量在28.1%～39.0%（岳翔，2009）。蔬菜不同发育阶段膳食纤维组分和含量也存在差异。随着成熟度的增加，番茄果实中 TDF、IDF 含量减少，而 SDF 含量则显著上升直至完熟期（徐峥嵘等，2020）。

（二）环境因素

1. 水分 水分是影响蔬菜膳食纤维含量的重要环境因子，干旱和水涝都会影响膳食纤维的合成。水分亏缺时，胡萝卜肉质根中可溶性固形物、纤维素和半纤维素含量显著增加，食用品质降低，而不结球白菜总膳食纤维的含量在水分过多或过少的情况下都会降低（岳翔，2009）。干旱会调控纤维素合成相关基因上调表达，促进纤维素合成。例如，水分亏缺会诱导棉花蔗糖合成酶（SuSy）和葡萄糖焦磷酸化酶（UGPase）基因上调表达，UDP-Glc 含量升高，纤维素合成增加。木质素代谢是植物响应逆境胁迫的重要途径，干旱可以促进木质素合成，使植物细胞木质化，以增强次生细胞壁的强度。肉桂酰辅酶 A 还原酶（CCR）基因是木质素生物合成过程中的第 1 个关键酶，能够将羟基肉桂酸还原生成肉桂醛。干旱可以促进玉米根系中 CCR 基因的表达，从而抑制玉米根系细胞壁的延伸和根系生长，以加快根系适应干旱环境（吴蓓等，2016）。

水涝影响蔬菜膳食纤维的含量，如白菜膳食纤维和粗灰分含量随土壤含水量增加呈显著降低趋势。在水涝胁迫下，植物根系和下胚轴受抑制，细胞壁代谢受到影响，表现为细胞壁变薄、多糖降解、果胶含量降低、木葡聚糖含量降低、外质体 pH 增加等。水涝胁迫抑制木质素生物合成酶基因，包括 PAL、反式肉桂酸 4-羟化酶（C4H）、4-香豆酸辅酶 A 连接酶（4CL）、阿魏酸 5-羟化酶（F5H）、咖啡酸 O-甲基转移酶（COMT）的表达。

2. 温度 温度能够影响植物细胞壁多糖的合成与代谢，从而影响膳食纤维的含量。高温胁迫会诱导植物机体产生保护性反应，称为热激反应（heat shock response, HSR）。在热激反应过程中，植物细胞壁多糖组分及相关蛋白活性的改变在应对热胁迫中发挥了重要作用。纤维素合成酶（CesA）、蔗糖合酶（SuSy）、KOR 等是纤维素生物合成中的关键酶，纤维素酶（CE）是水解纤维素的复合酶类。不结球白菜的 CesA、SuSy、KOR 酶活性在高温早期活性提高，CE 酶活性降低，利于纤维素积累；随着高温胁迫时间延长，CesA、SuSy、KOR 酶活性降低，CE 酶活性升高又促进了纤维素分解（朱红芳等，2022）。高温会促进木质素的合成，如黄瓜幼苗经高温诱导后，PAL 和 POD 酶活性增加，叶片中木质素含量增加（石延霞等，2007）。

果胶在植物应对低温胁迫中发挥着关键作用，低温胁迫往往伴随着同型半乳糖醛酸（HG）、木半乳糖醛酸和 RG-Ⅰ型果胶的增加。低温胁迫中半纤维素含量也会增加。此外，冷胁迫能够诱导木葡聚糖内糖基转移酶（OsXET9）和纤维素酶（包括纤维素合酶 PME3 和 UDP-D-木糖-4-异构酶 MUR4 等）基因，以及木质素合成相关基因（如 *CAD*、*PAL*、*CCR*、*COMT* 和 *CCoAOMT*）表达，从而增强细胞壁的韧度和细胞对机械应力的抵抗力，防止冷冻伤害和细胞解体。

3. **光照** 光照过强或太弱均会影响蔬菜中膳食纤维的合成，如强光条件下可提高芹菜叶柄内纤维素含量，而适度的遮阴有利于芹菜叶柄内半纤维素含量的积累。在 $100\sim500$ $\mu mol/(m^2 \cdot s)$ 的光强下，白菜叶片中膳食纤维含量随着光照强度的增加呈上升趋势，但细胞壁果胶含量则随光照强度增加呈先升高后降低趋势，400 $\mu mol/(m^2 \cdot s)$ 光照条件下果胶含量最高（陈子义等，2021）。

光质对蔬菜作物生长发育、形态建成、品质形成等方面均有显著影响。光质可通过调节纤维素酶活性来改变纤维素的含量，其中蓝光可提高纤维素酶活性，红光可降低纤维素酶活性。例如，红光可提高韭菜粗纤维含量，红蓝混合光次之，蓝光最低。

UVB 辐射后，黄瓜子叶细胞壁中木质素含量增加，保护植物少受 UVB 伤害。UVB 辐射能够诱导葡萄叶片木质素合成基因 *PAL*、*C4H*、*4CL* 和 *CCoAOMT* 的表达上调，细胞壁木质化加重。UVC 照射可以推迟番茄、芒果、甜瓜和草莓果实的软化，这可能与 UVC 照射降低了细胞壁降解相关酶活性有关，如果胶甲酯酶、多聚半乳糖醛酸酶、纤维素酶、木聚糖酶、半乳糖苷酶和蛋白酶。

4. **矿质营养** 矿质营养是蔬菜产量和品质形成的关键因素之一，而氮、磷、钾作为植物营养的三要素，在植物生长发育及代谢过程中具有决定性的作用。氮的形态和施用量会影响植物生长发育和碳水化合物的合成，如小白菜和甘蓝中的粗纤维含量随施氮量增加呈降低趋势。芹菜生长过程中施用硝态氮会使植株生长缓慢，纤维素增多，品质降低。研究表明，纤维素合成相关酶（如蔗糖合酶和 β-1,3-葡聚糖酶）活性和基因表达受氮含量和形态的调控。氮含量过高或过低都会降低两种酶活性。甜菜蔗糖合酶的活性在氨态氮下的活性高于硝态氮。少量的磷肥有利于纤维素、木质素和果胶的合成，如大豆茎秆中纤维素和木质素含量随施磷量的增加均呈现先增加后降低的趋势。施用钾肥能够缩短植物节间长度，增加节间粗度，提高茎秆纤维素和木质素含量，提高蔬菜作物的抗倒伏能力。施用钾肥能够提高番茄叶片和根系苯丙氨酸氨裂合酶（PAL）、多酚氧化酶（PPO）、过氧化物酶（POD）活性，促进总酚、类黄酮和木质素合成（王千等，2012）。

（三）生物因素

植物细胞壁是阻止病原体侵入的第一道结构屏障。植物在受病原体胁迫时，细胞壁的结构和组分变化是一种早期的防御反应，这种变化往往伴随胼胝质、富含羟脯氨酸糖蛋白和木质素的合成。植物和病原体相互作用中，植物细胞壁木质化是一种常见现象。例如，白粉病菌（*Podosphaera xanthii*）会使甜瓜表皮细胞壁木质化；野油菜黄单胞菌（*Xanthomonas campestris* pv. *campestris*，Xcc）导致木薯韧皮部迅速木质化、木栓化和胼胝质沉积，木质部填充果胶和类木质素；黑腐病菌（*Xanthomonas campestris* pv. *campestris*）也会引起甘蓝细胞壁木质素含量增高。植物细胞壁木质化主要从几方面提高对病原体的抗性：增强细胞壁的机械强度；限制病原体分泌的酶、毒素向植物体内扩散；限制病原体摄取植物体内水分和营养物质。另外，到目前为止还没有发现能完全降解木质素的酶，因而木质化增强了寄主细胞抗酶溶解作用。

POD、COMT、PAL 和 CAD 是木质素合成关键酶，这些酶在木质素合成和植物抗病反应中起重要作用。例如，小麦接种根腐病菌（*Cochliobolus sativus*）后，CAD 和 POD 的活性增加，细胞壁出现木质化现象。霜霉病菌（*Peronospora parasitica*）侵染提高日本萝卜 PAL 活性，加快细胞壁的木质化。

（四）植物生长调节剂

植物激素生长素（auxin，IAA）、乙烯、赤霉素（gibberellin，GA）、油菜素甾醇（brassinosteroid，BR）及茉莉酸（jasmonic acid，JA）等调控细胞壁合成相关酶类如 CESA、EXP、XET/XTH 的表达，进而调控细胞壁扩展和细胞壁生长。

BR 可以通过影响 *CesA* 基因表达来调节次生壁的合成。叶面喷施 2,4-菜籽固醇内酯，胡萝卜叶柄中赤霉素含量增加了 1.77 倍，纤维素含量增加了 1.14 倍。

萘乙酸（NAA）能够增加大白菜根和内叶组织细胞壁的总糖含量。其中根细胞壁果胶和半纤维素增加明显，而纤维素增加不显著。内叶组织细胞壁果胶增加不明显，半纤维素含量增加显著。生长素对纤维素生物合成相关基因的表达有诱导作用，如 *GhCesA1*、*GhCesA2*、*GhKOR* 和 *GhCTL1* 基因。低浓度生长素能够促进植物细胞的伸长生长，对纤维素合成没有直接影响。

外源施用 GA_3 能够抑制 PAL、C4H 和 POD 活性，降低竹笋木质素含量和硬度，延缓竹笋木质化。GA_3 处理能够降低采后绿芦笋中木质素的含量及采后豌豆苗中粗纤维含量。

甘蓝贮藏过程中采用 JA 处理能够增加总酚、类黄酮及木质素等次生代谢产物的含量。在细胞壁损伤后，JA 和 ROS（活性氧）通过反馈调节调控木质素的合成。

乙烯对纤维素合成有促进作用。

◆ 第四节 生理作用与保健功能

膳食纤维摄入过多或过少均不利于人类的健康。粗杂粮、蔬菜和水果是膳食纤维良好的食物来源。WHO 建议成人每人每日总膳食纤维摄入量为 27～40 g，且不溶性膳食纤维与可溶性膳食纤维比例为 3∶1。美国 FDA 推荐每人每日摄入量为 20～35 g，其中不溶性膳食纤维占 70%～75%；我国营养学会建议成人每日的膳食纤维摄入量为 25～35 g。

一、生理作用

膳食纤维是由单糖分子构成的大分子，组成和结构决定了其具有持水、持油和吸附能力等理化特性。

（一）水合特性

膳食纤维分子结构中含有很多亲水基团，这些基团可以吸收数倍自身质量的水分，使膳食纤维表现出极强的吸水性、持水性和吸水膨胀性。

水合特性是衡量膳食纤维功能质量的重要指标。膳食纤维颗粒粒径的不同会影响膳食纤维的水合特性。在一定粒径范围内（550～1127μm），随着膳食纤维粒径减小，膳食纤维亲水基团暴露，比表面积增大，持水力、保水力和膨胀力均增强。如果膳食纤维粒径进一步减小（390～550μm），对水分的吸附能力降低，导致维持水力、保水力和膨胀力降低。膳食纤维进入肠道后，暴露的亲水基团会与水分结合膨胀，表现出吸水性与溶胀性。水合后的膳食纤维可增加食糜黏度，减缓胃排空，增加饱腹感，从而减少进食。同时，水合特性使膳食纤维在通过动物肠道的过程中吸收水分，加快肠道消化及蠕动速度，缩短食物残渣在体内的停留时间，减少便秘发生。

与不溶性膳食纤维相比，可溶性膳食纤维在降低血压和血脂、改善血糖、调整机体胃肠功能等方面更具优势。

（二）吸附作用

膳食纤维所含的表面活性基团有吸附螯合作用，可螯合胆固醇和胆汁酸及吸附肠道内有毒物质等。膳食纤维能够与脂质形成纤维-乳糜微粒复合体，阻碍脂质的乳化与扩散，抑制机体对食糜中脂质和胆固醇的吸收和利用，最终使得血液中胆固醇含量降低；膳食纤维还可通过减缓胃排空速率、形成物理屏障来阻碍肠道上皮细胞对食糜中葡萄糖和脂质的吸收；膳食纤维可以在胃肠道消化过程中通过吸附作用促进胆汁酸的排泄及抑制胆汁酸在肠道的吸收，从而阻止胆汁酸诱导的上皮细胞及其 DNA 的损伤。此外，膳食纤维可吸附肠道内的一些有毒物质（如重金属离子 Pb^{2+}、Hg^{2+}、Cd^{2+}等），使其随粪便排出。

（三）阳离子交换作用

阳离子交换能力是膳食纤维的一种重要物理特性，反映了膳食纤维表面结合金属离子的能力。膳食纤维结构中含有一些重要的侧链基团，主要包括木质素的酚基、果胶、半纤维素中的弱糖醛酸及葡糖醛酸木聚糖的羧基，整体呈现一个弱酸性阳离子交换树脂的作用，可与阳离子进行可逆交换。阳离子交换能力高的膳食纤维通过形成阻碍脂质扩散或吸收的纤维-微胶粒复合体，导致脂质扩散减慢，进而阻碍脂质的乳化，使得脂质和胆固醇不能被机体有效地吸收和利用，最终导致血液中胆固醇含量降低。

（四）与肠道微生物的作用

肠道菌群是寄居在肠道内的微生物群。人体肠道菌群的组成除受宿主遗传基因型的影响外，后天生活方式是影响肠道菌群组成和代谢的主要因素。许多慢性疾病，如肥胖、糖尿病、高血压、冠心病等都与肠道菌群的结构失调有关。膳食纤维具有改善肠道菌群结构，促进肠道中有益菌增殖、保护肠屏障等功能，对慢性疾病有预防作用。膳食纤维中的非淀粉性多糖（如戊糖、小麦 β-葡聚糖、亚麻籽胶、葫芦巴胶）进入肠道，能够促进有益菌——双歧杆菌的生长繁殖，从而改善人体肠道中微生物菌群结构，增加菌群多样性，有利于代谢平衡。膳食纤维经肠道菌群酵解后，主要的代谢产物是短链脂肪酸，包括乙酸盐、丙酸盐、丁酸盐等，能为宿主肠壁细胞提供能量来源，也可通过门静脉转运至外周循环，使机体内环境趋于平衡，有利于防治疾病。例如，胡萝卜、芹菜等蔬菜中含有丰富的水溶性膳食纤维，能够促进肠道内双歧杆菌等有益菌的增殖，保持肠道菌群动态平衡。根茎类蔬菜中含有一些不溶性膳食纤维，可以作为肠道菌群的能源物质，对于菌群生长定植有重要作用，可以降低肠道疾病的发生率。

（五）抗氧化作用

膳食纤维中含有黄酮和多酚类物质，具有清除自由基的能力，在预防心脑血管疾病方面有特殊疗效。研究表明，膳食纤维对羟自由基（·OH）、超氧阴离子自由基（·O_2^-）、烷自由基（R·）、DPPH 自由基均有一定的清除作用。

二、保健功能

随着人们生活水平大幅提高，饮食日趋精细，近年来一些"富贵病"如糖尿病、心血管病、肥胖、肠道癌、便秘等越来越普遍，这也使得以前被认为是没有营养价值的粗纤维成为营养学家、流行病学家及食品科学家关注的热点。从化学成分上看膳食纤维似乎没有很强的生理功能，但现代科学研究和流行病学调查发现，膳食纤维对维持人体健康具有不可或缺的作用。

（一）降血糖

膳食纤维能够增加胃内容物的黏度，延长胃排空时间、延长食物通过小肠的运输时间、降低淀粉消化和葡萄糖吸收速率，从而改变血糖浓度。另外，由于膳食纤维的吸附作用，部分葡萄糖被膳食纤维吸附，降低了消化道中葡萄糖的浓度，延缓了葡萄糖的扩散速率。此外，膳食纤维还能改善末梢神经组织对胰岛素的需求量，以减少胰岛素的分泌，从而达到调节糖尿病患者血糖水平的作用。

（二）控制体重

膳食纤维具有很强的吸水膨胀能力，随食物进入消化道后能够迅速吸水膨胀形成高黏度的凝胶状态，体积增大，容易产生饱腹感，使人减少进食量。同时，凝胶状的膳食纤维能将食物包裹起来，降低胃蛋白酶、淀粉酶及脂肪酶对食物中蛋白质、淀粉和脂肪的消化，减少了人体对营养物质的吸收，起到了控制体重的作用。

（三）预防癌症

膳食纤维被肠道细菌分解和发酵后产生乙酸、丙酸、丁酸等多种短链脂肪酸，短链脂肪酸能够通过排毒、消炎，调节肠道菌群和脂代谢等途径抑制肿瘤细胞的生长、增殖，控制致癌基因的表达，如结肠癌、小肠癌、口腔癌、前列腺癌和乳腺癌等（宁建红等，2019）。

（四）降血脂

在脂质代谢过程中，膳食纤维可以抑制胆固醇、胆酸钠、甘油三酯、低密度脂蛋白的吸收，降低血脂含量，还可以吸附部分油脂及脂肪代谢产物，将其排出体外，减少人体的吸收量，预防高血脂、胆结石等疾病的发生。膳食纤维还可以通过降低体内脂肪酶的活性达到降血脂的作用。

（五）防治便秘

便秘会使大量有毒物质在大肠中聚集，严重时会导致痔疮、肠梗阻等一系列肠道疾病，严重影响生活质量。膳食纤维的持水性使食物残渣在大肠中还保持一定的含水量，使粪便柔软湿润，易于排出。同时，膳食纤维还可以刺激肠壁，加速胃肠蠕动，使粪便快速排出体外。

第十一章

特色品质成分

除了一般蔬菜具有的对人体有益的营养物质之外，有些蔬菜还含有一些特殊的品质成分。这些特殊成分的存在，使蔬菜具有特色风味，能够吸引不同消费群体，如葱蒜类蔬菜的辛辣味、辣椒的辣味、瓜类的苦味、芸薹属蔬菜的芥辣味等。

◆ 第一节　大蒜素类物质

葱蒜类蔬菜主要有大蒜、洋葱、大葱、小葱（*Allium schoenoprasum*）、分葱（*A. ascalonicum*）、韭葱（*A. porrum*）、韭菜（*A. tuberosum*）、薤头（*A. chinense*）等，属百合科葱属，原产于西亚和中亚一带，世界各国均有分布。葱蒜类蔬菜都含有特殊的风味物质，这些物质具有抗菌消炎、提高机体免疫力、预防和治疗心血管疾病、预防肿瘤等多方面的功能。

葱蒜类蔬菜含有一些具有明显药理学活性的功能成分，可分为两大类：一类是挥发性化合物，包括硫代亚磺酸酯类和脂溶性有机硫化物等含硫化合物，是葱蒜类蔬菜的特殊风味物质；另一类是非挥发性化合物，主要包括水溶性有机硫化物（主要有 S-烃基-L-半胱氨酸等）、类固醇皂苷、类黄酮类、酚类及有机硒、有机锗、果聚糖等。

一、风味物质种类及合成途径

（一）种类

风味化合物是葱蒜类蔬菜植物中的特殊成分，为有机硫化物，也是主要的生物活性成分。葱蒜类蔬菜的有机硫化物多达 30 多种，半胱氨酸和谷胱甘肽衍生物是主要的有机硫化物之一，占植物干重的 1%~5%。其中新鲜大蒜中大蒜素含量约为 0.4%，占有机硫化物总量的 70% 左右。

葱蒜类蔬菜的风味物质主要为挥发性的含硫化合物，包括硫代亚磺酸酯类（图 11-1）和脂溶性有机硫化物等含硫化合物（图 11-2）。

硫代亚磺酸酯类主要有二烯丙基硫代亚磺酸酯（大蒜素，allicin）、1-烯丙基丙烯基硫代亚磺酸酯、1-丙烯基烯丙基硫代亚磺酸酯、甲基烯丙基硫代亚磺酸酯、烯丙基甲基硫代亚磺酸酯等。硫代亚磺酸酯类不稳定，能够进一步重新排列形成其他有机硫化物。

脂溶性有机硫化物按含硫原子数目分为一硫化物、二硫化物、三硫化物、四硫化物。一硫化物主要包括二烯丙基硫醚、烯丙基甲基硫醚、二甲基硫醚；二硫化物主要包括二烯丙基二硫化物、烯丙基甲基二硫化物、二甲基二硫化物、二丙基二硫化物、丙基甲基二硫化物、*E,Z*-阿霍烯、2-乙烯基-4H-1,3-二噻烯、3-乙烯基-4H-1,2-二噻烯和3-乙烯基-6H-1,2-二噻烯；三硫化物主要包括二烯丙基三硫化物、烯丙基甲基三硫化物、二甲基三硫化物；四硫化物主要包括二烯丙基四硫化物、烯丙基甲基四硫化物。

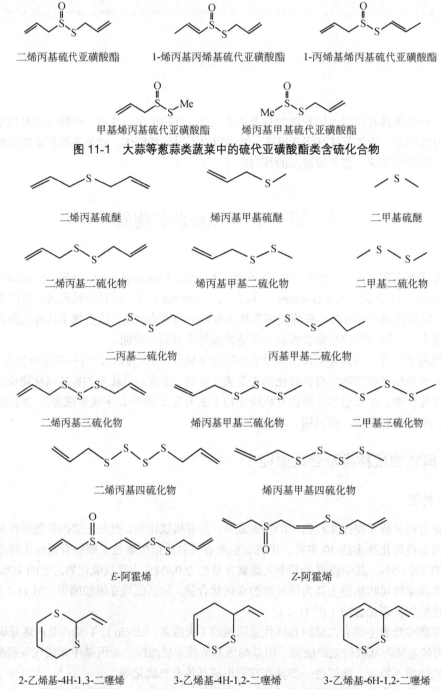

图 11-1　大蒜等葱蒜类蔬菜中的硫代亚磺酸酯类含硫化合物

图 11-2　大蒜等葱蒜类蔬菜中的主要脂溶性有机硫化物

在天然大蒜中，大蒜素、二烯丙基硫醚、二烯丙基二硫化物、二烯丙基三硫化物、阿霍烯等有机硫化物含量较高。

（二）合成途径

1. 大蒜素的合成　　葱蒜类植物中最初的含硫物质是 γ-谷氨酰-L-半胱氨酸，可通过不同途径合成风味物质——大蒜素类物质。葱蒜类蔬菜鳞茎的成熟膨大细胞中液泡占很大体积。在自然完整状态下，蒜氨酸酶（allinase）和风味前体物质——S-烃基半胱氨酸亚砜（CSO）分别独立稳定地存在于细胞中的液泡和细胞质中，所以完整大蒜并不产生刺激性气味。当大蒜受到物理破碎后，细胞膜破裂，细胞质中的 CSO（主要是蒜氨酸）被液泡中的蒜氨酸酶催化分解成 2-烯丙基次磺酸和氨基丙酮酸，而 2-烯丙基次磺酸很不稳定，易发生聚合反应生成具有强烈辛辣味的挥发性物质——硫代亚磺酸酯类（主要是大蒜素）。大蒜素又会迅速降解为挥发性的含硫化合物（二烯丙基硫醚、二烯丙基二硫化物、二烯丙基三硫化物、阿霍烯、乙烯基二噻烯等）（图 11-3）。例如，3 分子的大蒜素结合产生 2 分子的阿霍烯；大蒜素分解成 2 种环状的同分异构化合物，即 2-乙烯基-4H-1,3-二噻烯和 3-乙烯基-4H-1,3-二噻烯。

2. 不同风味物质的合成　　蒜氨酸形成不同挥发性的含硫化合物与所处的溶剂类型有关，在油和非极性有机溶剂中，易形成阿霍烯、乙烯基二噻烯等，而在水和乙醇中会形成二烯丙基二硫化物、二烯丙基三硫化物等（图 11-4）。

3. 大蒜素类物质合成的关键酶——蒜氨酸酶　　蒜氨酸酶是大蒜素合成的关键酶，又称烷基半胱氨酸亚砜酶、C-S 裂合酶等。在蒜氨酸酶催化作用下，CSO 类物质（蒜氨酸等）经裂解后形成大蒜素等风味物质。蒜氨酸酶有多种底物，S-甲基、S-乙基、S-丙基、S-丁基和 S-烯丙基半胱氨酸亚砜均可作为该酶的底物，其中蒜氨酸是天然底物。在完整的细胞内，蒜氨酸酶和底物是分隔存在的，蒜氨酸酶存在于液泡中，而蒜氨酸等亚砜类化合物存在于细胞质中。细胞损伤时，蒜氨酸酶就会和蒜氨酸等底物相遇，发生反应，产生包括大蒜素在内的含硫化合物及丙酮酸和氨。

蒜氨酸酶一般由约包含 2200 个核苷酸的 mRNA 翻译而成。蒜氨酸酶是由两个相同亚基构成的糖蛋白，糖链上有葡萄糖和甘露糖。大蒜蒜氨酸酶含 448 个氨基酸，洋葱蒜氨酸酶含 445 个氨基酸。蒜氨酸酶每个亚基的分子量约为 50 kDa。每一个亚基有 3 个结构域：中心和 C 端含有 C-S 裂合酶及氨基转移酶的典型折叠结构，中心区域是典型的 1 类 5'-磷酸吡哆醛依赖酶；N 端有不同于其他 C-S 裂合酶和氨基转移酶的类似 EGF 区域，利于半胱氨酸残基之间形成二硫化物。蒜氨酸酶有二聚体、三聚体、四聚体等形式。例如，大蒜蒜氨酸酶为二聚体，而洋葱的为单体、三聚体、四聚体、六聚体，韭葱的是三聚体，而韭菜的可能只有单体。

自然条件下洋葱蒜氨酸酶促反应的平均 K_m 值为 9.4 mmol/L，大蒜的则为 5.7 mmol/L，催化不同底物时 K_m 差异较大。两种酶促反应的最适 pH 和等电点也有差别。大蒜的最适 pH 为 6.5，洋葱为 8.5；两者的等电点则分别为 6.0 和 8.0。

蒜氨酸酶均为糖蛋白。在成熟的大蒜蒜氨酸酶蛋白氨基酸序列的第 59、186、231 和 368 位有 4 个公认的糖基化位点，连接 N-糖苷键。而洋葱的糖基化位点则在第 308 位上。不同糖蛋白中各糖的成分及其含量不同，洋葱和大蒜蒜氨酸酶的碳水化合物量（包括单糖、己糖和甲基戊糖）分别为 4.6% 和 5.5%。大蒜中葡萄糖含量是洋葱含量的 3 倍多，而洋葱中甘露糖的含量则几乎是大蒜中的 2 倍。不同蒜氨酸酶的氨基酸成分、含量和所占比例也有一定的差异。大蒜蒜氨酸酶与洋葱蒜氨酸酶的 N 端氨基酸序列差别很大，同源性很低。

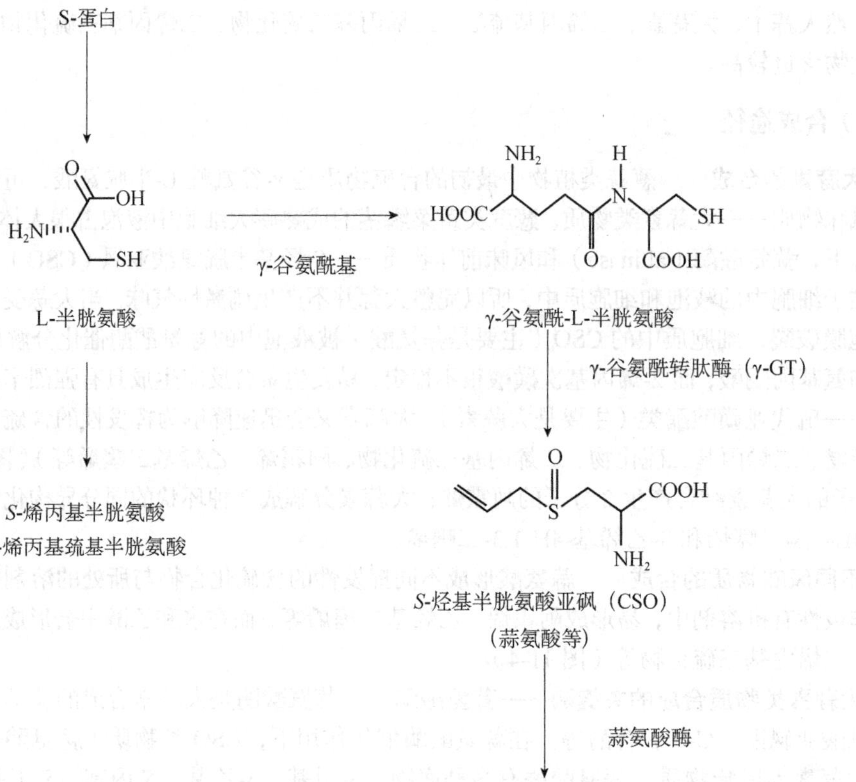

图 11-3 大蒜等葱蒜类蔬菜有机硫化合物的合成途径

不同葱蒜类植物蒜氨酸酶的编码基因有较高的同源性，属于同一类基因家族。但不同的蒜氨酸酶在物理、化学及酶动力学特性上有一定的差异。洋葱蒜氨酸酶更利于水解 S-丙烯基-L-半胱氨酸亚砜（PeCSO，异蒜氨酸），而不是 S-甲基半胱氨酸亚砜（MCSO，甲基蒜氨酸）或 S-丙基-L-半胱氨酸亚砜（PCSO），所以 PeCSO 对洋葱的风味贡献更大些，而大蒜蒜氨酸酶更易于水解 ACSO 和 MCSO。

蒜氨酸酶催化 ACSO 的可能机制如图 11-5。反应产物亚氨基丙酸和烯丙基次磺酸的化学性质不稳定，亚氨基丙酸会迅速分解为丙酮酸和氨，而烯丙基次磺酸会形成大蒜素等。

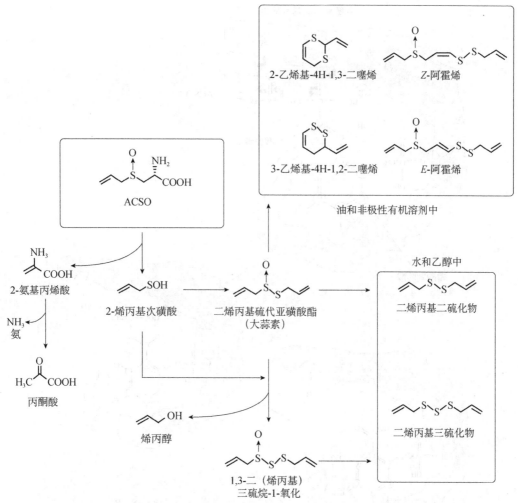

图 11-4 S-烯丙基-L-半胱氨酸亚砜（ACSO）在不同溶剂中形成挥发性化合物的过程

　　蒜氨酸酶活性受到很多因素的影响，如温度、pH、辅酶因子及其配置位点、金属离子等。不同植物种类来源的蒜氨酸酶、同一种酶对不同的底物的活性都有差异。此外，植物组织或器官所处状态都会影响酶的活性。

　　温度对蒜氨酸酶活性的影响非常大。离体条件下，大蒜中蒜氨酸酶的活性在36℃左右最高，42℃以上活性逐渐降低。对不同底物的反应来说，蒜氨酸酶的热稳定性略有差异，60℃以下，蒜氨酸的降解和二丙烯基硫代亚磺酯的产率变化不大，但甲基硫代亚磺酸酯的产率降低。洋葱经低温处理后，风味物质和致泪性物质都会减少，这与酶活性降低有关。低温对该酶的破坏主要发生在缓冻和解冻过程中，由于缓冻过程中水结冰，酶和盐浓缩导致酶周围环境的 pH 和离子力变小，使寡聚蛋白分离，酶结构发生变化而丧失活性。冰晶还破坏酶蛋白分子表面疏水域周围水分子的有序排列，相互作用发生凝聚，酶因而变性失活。

　　蒜氨酸酶的活性对 pH 较敏感，保持活性所需的 pH 为 6.5 左右，pH<3.6 时，活性几乎完全丧失。同一种蒜氨酸酶对不同的底物所表现的活性差异很大，可能有以下原因：一是反应产物硫代亚磺酸酯、丙酮酸等的 pH 稳定性决定了酶促反应进行的程度，不同的产物组合有不同的稳定pH；二是酶活性位点配置对不同的底物产生不同的影响，从而导致不同底物间表现出不同的酶活性。另外，蒜氨酸酶对不同的底物存在不同的同工酶形式。

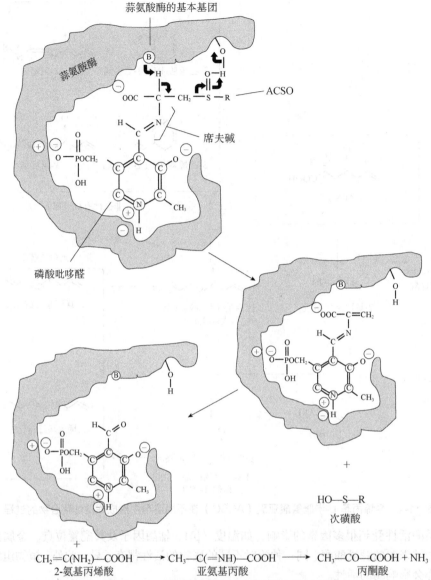

图 11-5　蒜氨酸酶催化 ACSO 的可能机制

5′-磷酸吡哆醛为蒜氨酸酶的辅因子，其在酶上的位置也是酶的活性位点。丙酮酸与 5′-磷酸吡哆醛具有相当的结合力。另外，底物水平与产物丙酮酸之间存在非化学计量关系，丙酮酸量的增加落后于底物水平的减少。挥发性硫化物的最大生成量与丙酮酸生成量之间的比值也不一致。向反应的体系中添加 5′-磷酸吡哆醛缓冲液可提高某些底物的水解程度。例如，在洋葱新鲜组织浸出液中添加 5′-磷酸吡哆醛，PCSO 的水解率可从 50% 提高至 80%，MCSO 的水解率可从 20% 提高至 70%。因此，丙酮酸可能是酶促反应的重要抑制因子，其可能的机理为：反应开始后，生成的丙酮酸会与蒜氨酸酶活性位点处的 5′-磷酸吡哆醛结合，导致酶活性降低；体系中添加 5′-磷酸吡哆醛后，可迅速结合生成的丙酮酸，保护活性位点或充实失去 5′-磷酸吡哆醛的活性位点，并有可能把已经结合丙酮酸的活性位点解放出来，恢复酶的活性。

不同金属离子对蒜氨酸酶的活性影响不同。Ca^{2+}、Mg^{2+}、Zn^{2+}、Fe^{2+} 等为此酶的激活剂，能在不同程度上提高蒜氨酸酶的活性，其中以 Fe^{2+} 的效果最为明显，而 Cu^{2+} 则为抑制剂。另外，羟氨硫酸盐和鱼藤酮对蒜氨酸酶活性有强烈的抑制作用。

植物的不同发育阶段，蒜氨酸酶也有不同的活性表现。从播种到发芽期，大蒜鳞茎中蒜氨酸酶活性就已存在。种蒜鳞茎在营养消耗而降解过程中，蒜氨酸酶含量水平几乎是恒定的，甚至在母体鳞茎变软、结构破坏的最后阶段，蒜氨酸酶仍有相当的含量。幼苗生长期，幼叶中蒜氨酸酶合成和积累活跃，叶片迅速扩展时，蒜氨酸酶的积累与合成速度变慢，叶片充分长大时的蒜氨酸酶含量水平达最高，叶片衰老时蒜氨酸酶水平逐渐下降，鳞茎形成期蒜氨酸酶含量丰富，但浓度变化却不大。休眠期的鳞茎中也有较高水平的蒜氨酸酶合成。

此外，鳞茎和根系中的蒜氨酸酶之间存在差异，分为鳞茎蒜氨酸酶和根系蒜氨酸酶。前者存在于葱属植物的鳞茎和叶中，后者主要存在于根中。根系蒜氨酸酶当前仅在洋葱等少数几种植物中发现。洋葱根系蒜氨酸酶分成Ⅰ和Ⅱ两种亚型，它们的亚基分子量与鳞茎蒜氨酸酶相差不大，约为 50 kDa，但不同于洋葱鳞茎蒜氨酸酶多聚体形式的是，洋葱根系蒜氨酸酶为单体形式。

（三）洋葱中致泪成分的合成

洋葱在自然生长的环境里，为了保护本身不受昆虫等动物咬食的威胁，演化出一种独特的防御机制。当受到机械伤害（如切、剥等）时，它所含的蒜氨酸酶会开始作用，蒜氨酸酶催化 *S*-丙烯基-L-半胱氨酸亚砜（PeCSO）后，在催泪因子合成酶作用下将洋葱中的蒜氨酸转化成为具有催泪效果的顺式丙硫醛-*S*-氧化物（SPSO）。由于大蒜中没有催泪因子合成酶的存在，所以大蒜破碎时没有使人流泪现象的发生（图 11-6）。

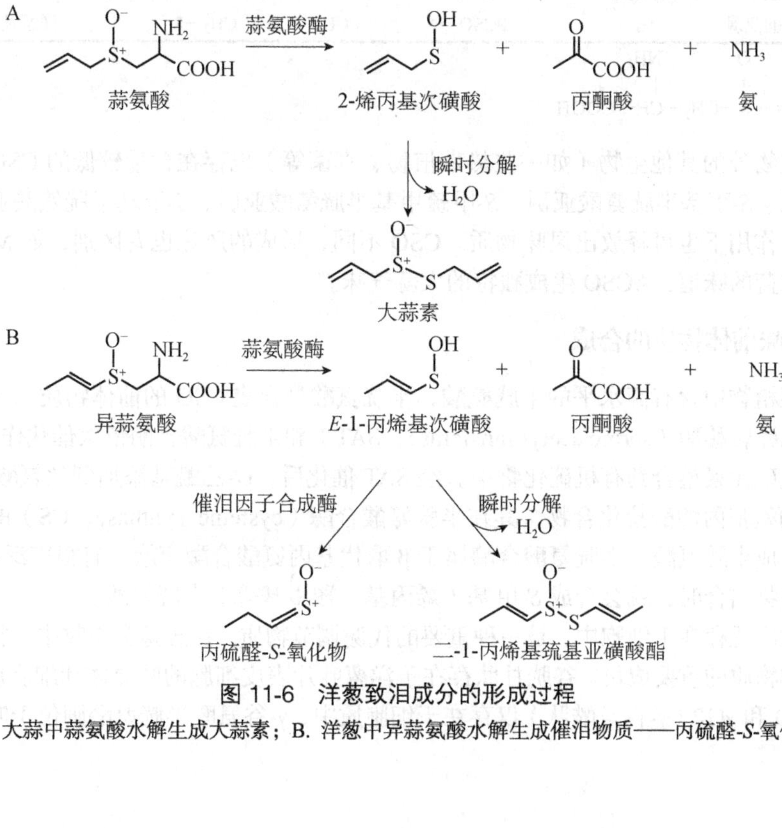

图 11-6 洋葱致泪成分的形成过程
A. 大蒜中蒜氨酸水解生成大蒜素；B. 洋葱中异蒜氨酸水解生成催泪物质——丙硫醛-*S*-氧化物

二、风味前体物质及其合成途径

(一)风味前体物质种类

葱蒜类蔬菜植物独特的辛辣气味——风味物质是在蒜氨酸酶等酶类催化下,由蒜氨酸类物质——S-烃基半胱氨酸亚砜(CSO)合成的。在自然条件下,蒜氨酸类物质性质稳定、无味,被称为风味前体物质。CSO在植物受到损伤后与蒜氨酸酶反应,生成易挥发、具有刺激性气味的含硫化合物——大蒜素类物质。

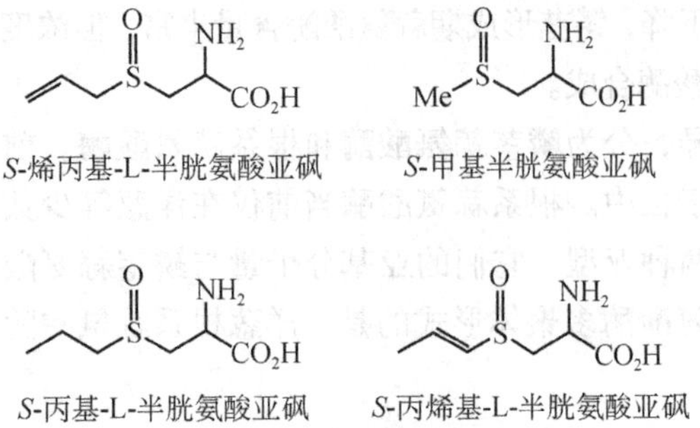

目前发现的葱蒜类蔬菜中风味前体物质共有4种,即S-烯丙基-L-半胱氨酸亚砜(ACSO,蒜氨酸)、S-甲基半胱氨酸亚砜(MCSO,甲基蒜氨酸)、S-丙基-L-半胱氨酸亚砜(PCSO)和S-丙烯基-L-半胱氨酸亚砜(PeCSO,异蒜氨酸)(图11-7)。大蒜中ACSO含量最高,约占CSO总量的85%。ACSO是最早在大蒜中报道的主要风味前体物质(表11-1)。

S-烯丙基-L-半胱氨酸亚砜　　　S-甲基半胱氨酸亚砜

S-丙基-L-半胱氨酸亚砜　　　S-丙烯基-L-半胱氨酸亚砜

图11-7　大蒜等葱蒜类蔬菜的风味前体物质

表 11-1　葱蒜类蔬菜的主要风味前体物质及主要存在植物

名称	缩写	结构式	存在植物
S-烯丙基-L-半胱氨酸亚砜(蒜氨酸)	ACSO	$CH_2 = CH—CH_2—R$	大蒜
S-丙烯基-L-半胱氨酸亚砜(异蒜氨酸)	PeCSO	$CH_3—CH = CH—R$	洋葱
S-甲基-L-半胱氨酸亚砜(甲基蒜氨酸)	MCSO	$CH_3—R$	葱属、芸薹属
S-丙基-L-半胱氨酸亚砜	PCSO	$CH_3—CH_2—CH_2—R$	洋葱及其他葱属

注:表中 $R = —S—CH_2—CH—COOH$ (带有 O 和 NH_2 取代基)

除葱属植物外的其他生物(如一些热带植物、真菌等)也存在含量较低的CSO,如S-乙基半胱氨酸亚砜、S-丁基半胱氨酸亚砜、S-甲巯甲基半胱氨酸亚砜、S-苄基半胱氨酸亚砜等。它们在蒜氨酸酶的作用下也可释放出风味物质。CSO不同,形成的风味也有区别,如MCSO降解后发出洋葱或甘蓝的味道,ACSO生成独特的大蒜气味。

(二)风味前体物质的合成

葱属蔬菜植物中含有高水平的半胱氨酸,半胱氨酸是合成CSO的前体物质。半胱氨酸合成是在丝氨酸乙酰转移酶(serine acetyltransferase,SAT)和半胱氨酸合酶依次催化作用下完成的,该过程把无机硫元素整合到有机硫化物中。经SAT催化后,O-乙酰基添加到丝氨酸中,生成O-乙酰丝氨酸的氨基丙烯酸盐化合物,其在半胱氨酸合酶(cysteine synthase,CS)的作用下与硫化物反应,生成半胱氨酸。半胱氨酸合酶属于β取代基丙氨酸合酶家族,有很广泛的作用底物。当与合适的底物结合时,就会合成S-甲基(烯丙基、羧甲基等)半胱氨酸。

谷胱甘肽广泛存在于细胞中,是一种重要的代谢调节物质。在葱蒜类作物中,谷胱甘肽也是合成风味前体物质的重要成员。谷胱甘肽存在于洋葱叶片表皮细胞的叶绿体和细胞质中,而风味前体物质CSO和γGP(γ-谷氨酰肽)仅存在于细胞质中,γ-谷氨酰半胱氨酸则位于叶绿体中。参与 CSO 合成的一些酶类也有不同的分布，如负责谷胱甘肽合成的 γ-谷氨酰半胱氨酸合酶存在于叶绿体，而 γ-谷氨酰转肽酶则存在于细胞质，极少部分分布于过氧化体。

在洋葱鳞茎形成之前，叶片含有大量的 CSO［PeCSO（为主）、MCSO 和 PCSO］。鳞茎开始形成时，CSO 从叶片向基部运输，鳞茎形成后 PeCSO 和 MCSO 含量降低了 90%，只有 PCSO 保持较高水平。随着鳞茎的成熟，外部衰老鳞片 CSO 含量降低，而内部鳞片的 PCSO 含量会增加。鳞茎茎盘也含有大量的 CSO，其可能是鳞片之间风味前体物质的移动路径。

鳞茎在 0～0.5℃下贮藏 6 个月，CSO 在内部鳞片，以及鳞茎顶部和底部的含量增加并高于外层鳞片。

1. 烃基的形成　　烃基是 CSO 合成中不可缺少的基团。在 CSO 合成过程中，甲基丙烯酸与半胱氨酸反应，生成 S-2-羧基丙烯半胱氨酸，为 ACSO、PeCSO 和 PCSO 合成提供了烃基基团。CSO 的所有烃基侧链（甲基除外）都来自 S-2-羧丙基类物质。

在葱蒜类蔬菜中，缬氨酸可以通过一系列催化步骤转化为甲基丙烯酰 CoA，进一步转化为甲基丙烯酸，经脱羧和还原反应，生成各种烃基（图 11-8）。该反应的中间产物甲基丙烯酰 CoA 可与来自半胱氨酸或谷胱甘肽的游离硫醇发生反应，形成 S-烃基（烯丙基或羧丙基等）半胱氨酸（图 11-9）。烯丙基也可能来自植物次生代谢物——硫代葡萄糖苷。

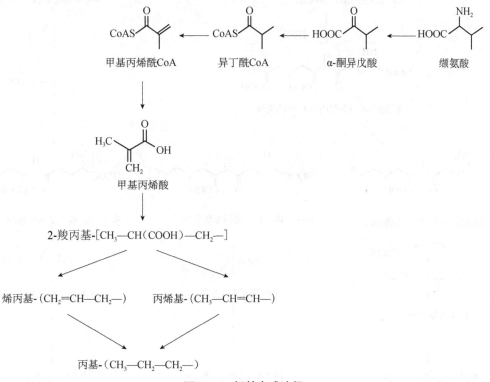

图 11-8　烃基合成途径

在洋葱中，S-2-羧丙基半胱氨酸能迅速脱羧转变成 PeCSO。在半胱氨酸合酶的作用下，通过合成反应把 S 添加到 O-乙酰丝氨酸形成半胱氨酸，半胱氨酸可进一步烃基化。S-烃基半胱氨酸氧化后会形成相应的硫氧化物。

半胱氨酸可能是 PeCSO 的直接来源。^{14}C-丝氨酸和 ^{14}C-半胱氨酸饲喂洋葱叶片可全部参与 PeCSO 和 MCSO 的合成。向洋葱的根部添加丝氨酸、2-丙烯硫醇或乙硫醇，可产生洋葱自身并不合成的 ACSO 和 *S*-乙基 CSO。因此 CSO 的合成还受其他多种因素影响。

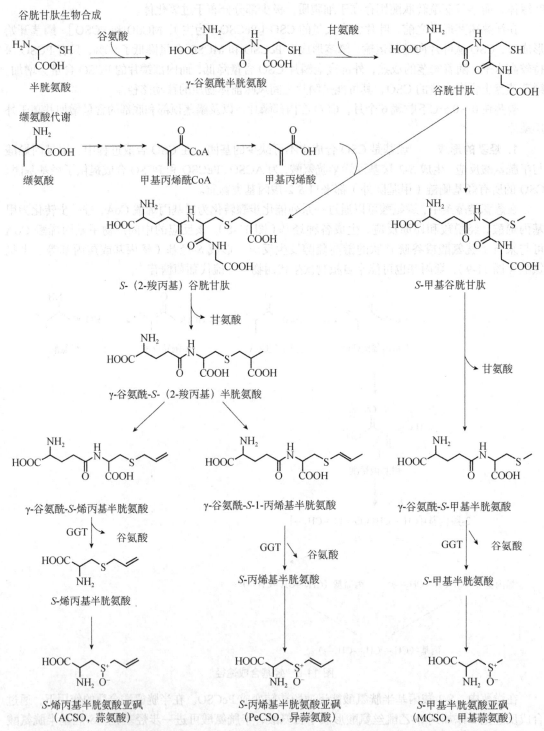

图 11-9　风味前体物质 *S*-烃基半胱氨酸亚砜的可能合成途径（Yoshimoto and Saito，2019）

S-烃基半胱氨酸在 *S*-加氧酶的作用下氧化生成相应的亚砜类物质。洋葱叶组织中的 *S*-甲基半胱氨酸、*S*-乙基半胱氨酸、*S*-丙基半胱氨酸、*S*-丙烯基半胱氨酸等都可被氧化成亚砜类物质。洋

葱鳞茎、大葱组织中，可把 S-烯丙基半胱氨酸转化成 ACSO，这可能与参与氧化的酶的立体专一性有关，因为洋葱本身并不合成 ACSO。

2. 风味前体物质的合成途径　S-烃基 CSO 合成途径可能有两种。一是谷胱甘肽中的半胱氨酸被烃基化，然后经过一系列步骤，形成 S-烃基 CSO（图 11-9），此过程同时伴随谷胱甘肽的降解。另一途径是直接把半胱氨酸烃基化或 O-乙酰丝氨酸硫烷化，然后氧化生成 S-烃基半胱氨酸，最后合成 S-烃基 CSO。但两种合成途径在不同组织和发育阶段中所起的作用仍不清楚。

γ-谷氨酰转移酶（gamma-glutamyltransferase，GGT）又称 γ-谷氨酰转肽酶，是催化 γ-谷氨酰基转移的一种酶，主要参与生物体内谷胱甘肽的代谢。葱蒜类蔬菜中的 GGT 催化 γ-谷氨酰-S-烃基半胱氨酸去除 γ-谷氨酰基团后转化为 S-烃基半胱氨酸。大蒜中已发现三种 GGT（GGT1、GGT2 和 GGT3），GGT3 除参加蒜氨酸合成外，可能还参与大蒜低温贮藏期间异蒜氨酸的合成。

在 S-烃基半胱氨酸亚砜形成过程中，需把 S-烃基半胱氨酸的 S 氧化。黄素单加氧酶（flavin-containing monooxygenase，FMO）可能催化了 S 氧化反应，以 FAD 为辅基、NADPH 为辅因子。该酶具有广泛的底物立体专一性，需要 S 构型的 S 原子，R 构型的 S 原子一般不能反应。该酶也参与脂肪族硫代葡萄糖苷侧链的修饰反应。

参与的酶主要有谷氨酰转移酶、谷胱甘肽-S-转移酶等。γGP 是烃基半胱氨酸亚砜的合成前体物质，在合成烃基半胱氨酸亚砜过程中需要谷氨酰转移酶催化 γ-谷氨酰胺基从 γGP 转移到其他多肽或氨基酸中。γ-谷氨酰胺转移酶的活性在 pH≥8.0 时快速增高。该酶的 K_m 在以谷氨酰衍生物为底物时为 0.4～2.0 mmol/L，在以谷胱甘肽为底物时为 5 mmol/L。其作用底物有 γ-谷氨酰甲基半胱氨酸、γ-谷氨酰丙烯基半胱氨酸、2-羧基谷胱甘肽和 γ-谷氨酰丙烯基半胱氨酸亚砜。

谷胱甘肽-S-转移酶位于植物细胞质和微体中，特性的差异与其在细胞内的存在区间有关。该酶的表达在植物生长、细胞分裂和衰老时显著不同。该酶被认为与谷胱甘肽和甲基、2-羧丙基或甲基丙烯酸盐基团结合有关，也与之后的谷胱甘肽半体的降解有关。该酶与其他酶一起与谷胱甘肽结合还可增加自身水溶性，发挥去毒作用。

（三）影响风味前体物质合成的因素

影响葱蒜类蔬菜特殊风味物质形成的因素很多，其中最主要的是基因型（品种），通过选择不同品种，可以在不同土壤和气候条件下获得高品质产品。栽培措施，尤其是灌溉和施肥，不但对满足植物对营养和水分需求很关键，而且影响收获产品——鳞茎等的化学成分和品质。

1. 遗传　葱蒜类蔬菜的大蒜素类物质等化学成分受到基因型的显著影响，因此必须选择适合不同气候条件和不同市场需求的品种以获得最佳品质。

不同品种（基因型）大蒜的化学成分含量差异很大，如 CSO 等，这种差异可能是由大蒜在不同地区栽培时适应不同环境条件导致的。大蒜素类物质的变化与品种选育、形态特征（如鳞茎颜色）、品种起源也有一定关系，但主要受遗传背景的影响。

不同品种还原 SO_4^{2-} 的能力有差异，因此形成风味物质的量也不同；不同品种在合成风味前体物质途径中积累 S 的能力也不同，一般较辣品种的合成风味前体物质的能力强于微辣品种。另外，不同品种蒜氨酸酶的活性也有差异，一般辣的品种的蒜氨酸酶活性是微辣品种的 2～3 倍。

大蒜蒜瓣颜色可能与其化学成分有关，通常紫色品种的风味物质和维生素 C 含量显著高于白色品种，而白色品种的总酚类化合物和黄酮类物质含量要高于紫色品种。

CSO 在葱蒜类蔬菜组织的合成并不局限于特定的组织或细胞，但未分化细胞中次生代谢物含量远远低于完整植株。此外，改变生长条件可显著增加次生代谢物的合成。

不同葱蒜类蔬菜在组织培养过程中合成 CSO 的途径也不同：未分化、无色的洋葱和大蒜愈伤组织中 CSO 含量不及鳞茎的 10%，并且几乎都是 MCSO；洋葱愈伤组织中 PeCSO 的合成非常少，而未分化的大蒜愈伤组织含有少量的 ACSO 和 PCSO；细香葱愈伤组织中存在少量的 PCSO 和 PeCSO；当愈伤组织在光条件下再分化形成绿芽或根后，就恢复合成全部 CSO 的能力。

2. 生长条件　　植物生长条件可能显著影响葱蒜类蔬菜的化学成分，因此选择栽培环境对葱蒜类产品品质形成很重要。蒜氨酸及果聚糖含量也受到栽培环境的影响。

温度影响洋葱的生长发育。当温度低于 10℃时，鳞茎膨大停止，温度在 38℃时，膨大速率达到最大。洋葱中的挥发性硫化物随着温度升高而增加，当温度从 10℃提高到 30℃，硫的利用效率增加，鳞茎辣味加倍。也就是说，在此温度范围内，洋葱的辣味随温度升高而增加。

生长环境的湿度也影响鳞茎辣味程度。与灌溉良好和多雨环境条件相比，通常干旱环境条件下生长的鳞茎挥发性硫化物含量较高，辣味增加。干旱条件下鳞茎较小，可能使风味物质浓度增加。洋葱水分利用和硫肥吸收之间的相关性很弱：水分利用主要受每日太阳辐照差异的影响，但硫肥吸收不受影响。

当鳞茎开始形成且植株进入收获阶段时，蒜氨酸及其合成前体物质从叶片中转运并贮存在鳞茎中。因此推迟收获是提高蒜氨酸含量的途径，且对提高收获鳞茎的生物活性物质有利。

二维码
表 11-1

3. 硫和氮的影响　　施肥是葱蒜类蔬菜高产优质的基础。硫和氮元素在 CSO 合成过程中具有重要的调控作用。硫是构成葱属植物风味成分的重要元素，参与风味物质的合成过程。植物生长早期对硫的吸收和同化是风味物质形成的基础。硫肥施用和 CSO 含量呈正相关，会显著增加 CSO 的含量和风味强度，硫利用效率高其风味就比较浓（二维码表 11-1）。氮肥是植株生长的重要元素之一，施氮肥是获得高产的重要措施，同时也提高风味物质含量。硫的代谢与氮的代谢密切相关，如半胱氨酸的合成需要硫和氮同时参与。氮肥并不能直接提高有机硫化物含量，但氮可能会影响硫的吸收进而影响 CSO 的合成及其他含硫同化物含量。

尽管把无机硫同化为有机硫化合物对植物生长发育很重要，但植物中的大部分硫是以硫酸盐的形式保留在细胞液泡中。当硫缺乏时，植物组织中所有硫化物的浓度下降，此时硫酸盐作为硫源供应植物组织。洋葱鳞茎中硫酸盐占总硫的 41%～48%，微辣品种中硫酸盐水平更高（硫以有机化合物形式存在的更少）。在硫缺乏供应条件下，近 95% 的鳞茎总硫量为 ACSO 及其肽产物。

硫肥施用对有机硫积累和代谢有重要影响。在高硫肥条件下，洋葱中 PeCSO 在风味前体物质的浓度最高，但当硫肥下降到接近缺乏水平时，MCSO 积累增加并成为最主要的风味前体物质。PCSO 通常是洋葱中含量最低的风味前体物质，硫肥达到缺乏水平时，其浓度会超过 PeCSO。低硫供应条件下含硫化合物水平下降，如 ACSO 及其肽产物、谷胱甘肽，可以促进与硫吸收和同化有关的酶的基因表达和活性。因此，低硫条件下有机硫化物的代谢更有效。在土壤低硫（0.05 mmol/L）水平下，近 95% 的鳞茎总硫参与风味前体物质代谢途径，但当硫水平提高时，2-丙羧基谷胱甘肽和 γ-谷氨酰丙烯基半胱氨酸亚砜开始积累。在土壤高硫（1.55 mmol/L）水平下，不到 40% 的鳞茎总硫参与风味前体物质代谢途径，其余的硫可能存在于风味前体物合成期间的其他中间产物或其他有机硫化合物中。因此，CSO 含量与土壤含硫量并不成正比。

硫（硫酸盐）直接影响含硫风味前体物质的合成，因此对鳞茎辣味和品质有最大的影响。通过调节硫酸盐供应可改变辣味水平，但饱和硫供应并不能继续增加辣味，因此在不缺硫的田间增施硫肥并不能提高辣味水平。在大多数田间，土壤均有足够的硫酸盐或通过施肥获得，为了获得真正微辣的洋葱，需要限制硫酸盐供应，土壤和水中的硫酸盐浓度不应超过 50 mg/kg。硫是植物正常生长的必需元素，所以以生产微辣洋葱而限制硫酸盐供应会导致鳞茎产量下降。

硫肥也影响洋葱中糖和可溶性固形物的含量。在高硫条件下，有些品种的糖和可溶性固形物含量上升，有些品种的则下降；另外，在低硫条件下，有些品种，特别是微辣品种的糖和可溶性固形物含量上升。

硫肥用量对植物体内硫元素分配也有很大影响。与低硫含量的土壤相比，生长于高硫含量土壤中的植物在鳞茎膨大期的硫元素更多地保留在叶片中。随着鳞茎不断膨大，高硫和低硫条件下植株叶片总硫量的差异会加大。鳞茎成熟时，随着叶片衰老和干枯，低硫条件下植株叶片硫含量可以降为零。随着硫肥的增加，鳞茎中以硫酸盐形式贮藏的硫量会从接近10%提高到50%左右。而且越辣的品种，硫酸盐积累的比例越低，可能是更多的硫参与到风味前体物质的形成和代谢中。也就是说，微辣的品种吸收的硫更多地以硫酸盐的形式贮藏起来，而没有参与形成CSO。

不同品种洋葱风味物质含量对硫肥的反应不同。硫肥供应对一些品种的影响较大，对另一些品种影响很小。

氮肥会通过影响硫的吸收而影响CSO及其他含硫同化物的合成。一般而言，大蒜中的大蒜素含量和硫肥施用呈正相关。实际上，大量施用氮肥（20 kg/亩[①]）会导致大蒜辣味增加，过多施用氮肥有时不利于有机硫化物积累。但氮肥施用和有机硫化物增加之间的关系取决于品种，有些品种会增加，有些品种不会增加。氮肥用量和有机硫化物含量提高除了与品种（基因型）有关，也受环境因素（光照、温度、碳水化合物含量）的重要影响。

在水培条件下，外界氮量低（0.01 mg/L NH$_4$NO$_3$）时，洋葱表现出明显的缺氮症状，叶发黄、鳞茎小且N、S、CSO、γGP含量很低，无论硫供应如何，MSCO、PCSO和γGP均保持较低水平。当硫含量缺乏时，PeCSO含量在缺氮时比氮含量充足时还要高，且MCSO含量一直高于PeCSO。这表明氮对MCSO合成的影响比硫大。硫对PeCSO和γGP合成的不同影响表明PeCSO和γGP的合成有不同的调控途径。

在水培条件下（硫含量0.25 g/L），随着氮含量（0.02～0.14 g/L NH$_4$NO$_3$）增加，洋葱鳞茎中有机硫含量不断上升，无机硫含量变化不大。当环境中氮含量达到80 mg/L时，有机硫含量下降。其中γ-谷氨酰丙烯基半胱氨酸亚砜含量受氮影响较大，当外界氮含量达到80 mg/L时，其含量增加大约10倍，之后随氮含量增加而大幅度下降。PCSO几乎不受氮增加影响，但MCSO随外界氮含量的增加而增加。PeCSO随氮含量增加而缓慢增加，当氮含量超过80 mg/L后，其含量稍有下降。氮含量较低时（0.020～0.056 g/L），PeCSO是洋葱的主要CSO；氮含量高于80 mg/L时，MCSO为主要CSO。氮对三种CSO含量的不同影响可能与其对γGP含量的调控有关。

三、大蒜素类物质的生物活性

（一）保护心血管

高胆固醇和高血压是心血管疾病的高风险因素。大蒜素等风味物质可以调节血压、抑制总胆固醇合成和活性氧（ROS）产生，因此对心血管健康有促进作用。含硫化合物对心血管的有益作用可能与其形成H$_2$S有关，因为H$_2$S作为血管细胞信号分子在心肌缺血和急性心肌梗死时具有血管平滑肌松弛、收缩压降低的功能，从而保护心脏（闫淼等，2010）。

（二）预防癌症

研究表明，大蒜素类物质对一些癌症（如前列腺癌、肺癌、乳腺癌、口腔癌、胃癌）具有预防作用。大蒜素的抗癌作用与H$_2$S有关，其预防癌症的主要机制如下（闫淼等，2010）。

1. 压制致癌物质活性　大蒜中的烯丙基硫化物能够抑制一些致癌物质（如亚硝胺）产生，

---

① 1亩≈666.7 m^2

也可以通过阻碍 DNA 烷（烃）化（癌症形成的基础）而减少亚硝胺的致癌风险。

2. 压制细胞生长和增殖 主要通过诱导细胞周期停滞、细胞自噬来实现。

3. 诱导细胞凋亡 在不同的癌细胞中可通过不同途径诱导细胞凋亡相关基因的表达，如干扰丝裂原活化蛋白激酶（mitogen-activated protein kinase，MAPK）中的 p38 MAPK 和 c-Jun 氨基端激酶（c-Jun N-terminal kinase，JNK），诱导 ROS 产生，促进细胞色素 c 产生，与生物活性巯基（GSH、半胱氨酸等）反应等途径。

4. 抑制癌细胞侵袭和转移 通过减少 c-Jun 蛋白、磷酸化蛋白激酶 B、硫化波形蛋白等途径发挥作用。

5. 压制血管形成 血管生成对肿瘤组织生长有促进作用，通过抑制形成新的血管可限制癌症发展。

（三）抗炎活性

炎症被认为是很多慢性病（包括癌症）的诱发因子。炎症发生被很多促炎症途径激发，如 NF-κB 和 Nrf 2 途径。转录因子 NF-κB 可以调控 100 多种参与炎症发生过程的基因的表达，而大蒜素类物质可以通过抑制肿瘤坏死因子-α（tumor necrosis factor-α，TNF-α）、白细胞介素（IL-1β、IL-6）等的表达来抑制转录因子 NF-κB 的活化，减轻炎症的相关症状；或者通过抑制环氧合酶-2（cyclooxygenase，COX-2）、脂氧合酶（lipoxygenase，LOX）和诱导型 NO 合酶（inducible nitric oxide synthase，iNOS）基因的表达达到抗炎效果（因为这些酶控制人体低密度脂蛋白的氧化，促进炎症发生，会进一步导致心血管系统伤害和动脉粥样硬化的发生）。

（四）抗微生物活性

大蒜素类物质具有广泛的抗微生物活性，如细菌（革兰氏阳性和阴性菌）、真菌、病毒等。例如，大蒜素等可抗绿脓杆菌（*Pseudomonas aeruginosa*）、金黄色葡萄球菌（*Staphylococcus aureus*）、大肠杆菌（*Escherichia coli*）、黏质沙雷菌（*Serratia marcescens*）、链球菌（*Streptococcus* sp.）、蚀牙乳杆菌（*Lactobacillus odontolyticus*）、伤寒沙门菌（*Salmonella typhi*）、中间普氏菌（*Prevotella intermedia*）等细菌，还对一些真菌和酵母有抗性，如假丝酵母（*Candida* sp.）、隐球酵母（*Cryptococcus* sp.）、毛癣菌（*Trichophyton* sp.）、表皮癣菌（*Epidermophyton* sp.）、小孢子癣菌（*Microsporum* sp.）、寄生曲霉（*Aspergillus parasiticus*）、黑曲霉（*A. niger*）、黄曲霉（*A. flavus*）、烟曲霉（*A. fumigates*）等。

（五）对糖尿病的影响

糖尿病是一种以高血糖为特征的代谢性疾病。高血糖则是由胰岛素分泌或其生物功能受损引起。长期的高血糖会引起一系列人体组织和器官功能障碍。高血糖利于大量产生 ROS，导致细胞色素 c 介导的含半胱氨酸的胱天蛋白酶-3（caspase-3）活化及心肌细胞凋亡。大蒜素可以减弱氮氧化物的活性及 ROS 产生，因此可以预防胰岛素抵抗。

（六）其他作用

除了上述生物活性外，大蒜在增强体力、促进胃液分泌、增进食欲、改善皮肤血液循环、安定人紧张情绪、缓解工作压力、解毒（重金属中毒）、保肝、健脑等方面均有作用。

尽管大蒜素对人体健康有益，但长期食用葱蒜类蔬菜可能会产生一些不良症状。例如，引起呼吸和身体上带有难闻的蒜味；空腹大量食用葱蒜类蔬菜可能会产生很多不良反应，如易动火、影响视力、胃肠不适（烧灼感和腹泻）、胀气和肠道菌群失调等副作用；生吃或直接接触新鲜切碎的大蒜会使一些皮肤敏感的人产生接触性皮炎、灼伤、水泡等；在种植或加工过程中长期接触大蒜粉末的人，甚至有患支气管哮喘疾病的危险。

此外，大蒜素类物质可使血液中的红细胞、血红蛋白减少，从而引起贫血症，对肝炎患者的治疗和康复极为不利。有肾、心等疾病的患者在治疗期间，也应禁食大蒜素。大蒜有较强的杀伤力，在杀死肠内致病菌的同时，也会把肠内的有益菌杀死，引起维生素 B_2 缺乏症，易患口角炎、舌炎、口唇炎等皮肤病。发生非细菌性的肠炎、腹泻时，不宜生吃大蒜，因为肠道局部黏膜组织有炎症，肠壁本身血管扩张、充血、肿胀、通透性增加，机体组织大量蛋白质和钾、钠、钙、氯等电解质及液体渗入肠腔，大量液体刺激肠道，使肠蠕动加快，因而出现腹痛、腹泻等症状。

◆ 第二节　辣椒素类物质

一、辣椒辣味与辣椒素类物质

茄科辣椒属（*Capsicum*）植物为一年或有限多年生草本，其中一年生辣椒栽培最广，品种最多。辣椒属起源于南美洲，目前在全世界广泛栽培，不仅作为蔬菜食用，也是重要的调味品。辣椒依据形态、大小、颜色、辣味程度、营养价值的不同分为很多种类，在 30 多个已知的种类中，最有价值的 5 个栽培种为：辣椒（*Capsicum annuum*，也称为一年生辣椒）、小米辣椒（*C. frutescens*）、风铃辣椒（*C. baccatum*）、绒毛辣椒（*C. pubescens*）和中华辣椒（*C. chinense*）。栽培辣椒果实颜色非常丰富，世界各地共有 400 多种颜色各异的辣椒。

辣椒果实的最显著特点是辣味，这种令人印象深刻的辣味是由一类生物碱——辣椒素类物质（capsaicinoid）导致的。辣椒素类物质在辣椒果实中的含量在不同辣椒变种中的差异显著，通常以史高维尔热单位（Scoville heat unit，SHU）来衡量。纯辣椒素的 SHU 值在 1500 万～1600 万。辣椒有辣与不辣之分，依据辣椒果实辣味程度的不同，分为非常辣、很辣、中辣、微辣及不辣的变种及品种，如'朝天椒''簇生椒''灯笼椒'等。最辣的辣椒品种'Habanero'，其 SHU 值在 10 万～30 万，而甜椒品种'Pimiento'的 SHU 值在 0～700，分级为不辣。几类辣椒的 SHU 值和辣度分级如表 11-2 所示。

表 11-2　几类辣椒的 SHU 值和辣度分级

SHU 值	辣度分级	辣椒类型
>80 000	非常辣	'Habanero' 品种 （100 000～300 000 SHU）
25 000～75 000	很辣	智利 'Piquin' 品种 （30 000～50 000 SHU）
3 000～25 000	中辣	'Serrnao' 品种 （5 000～15 000 SHU）
700～3 000	微辣	'Anaheim' 品种 （500～1 000 SHU）
0～700	不辣	'Pimiento' 品种（0～700SHU）

二、辣椒素类物质的种类

辣椒素类次生代谢物化合物只在辣椒属植物中特异产生。辣椒素类物质为酰胺类化合物。

辣椒素（capsaicin）为主要的辣椒素类物质，化学名称为 *N*-香草基-8-甲基-6-壬烯酰胺，分子式为 $C_{18}H_{27}NO_3$。辣椒素为无色结晶，不溶于水，可溶于乙醇和油中。目前已在辣椒果实中发现 20 多种辣椒素类物质，它们都是由 $C_8 \sim C_{13}$ 支链脂肪酸和香草胺合成的酰胺类化合物，其主要差异在于脂肪侧链的长度、是否存在双键、分支点和相对辣度的不同。其中辣椒素和二氢辣椒素是最主要的，占辣椒素类物质总量的 80%～90%，其他辣椒素类物质的数量低于 20%。除了辣椒素和二氢辣椒素外，辣椒果实中的降辣椒素（norcapsaicin）、降二氢辣椒素（nordihydrocapsaicin）、高辣椒素（homocapsaicin）和高二氢辣椒素（homodihydrocapsaicin）也都是常见辣椒素类物质（图 11-10）。辣椒的辣味主要由辣椒素和二氢辣椒素决定，但其他辣椒素类物质也对不同风味的辣味有贡献。不同栽培种，甚至同一栽培种的不同品种辣椒素类物质含量及组成差异很大，其中中华辣椒是最辣的种类之一（表 11-3）。辣椒素类物质含量高的品种可达 1%，含量低的仅为0.01%，甜椒含量几乎为零。辣椒素类物质含量及组成还受栽培环境因子的影响。

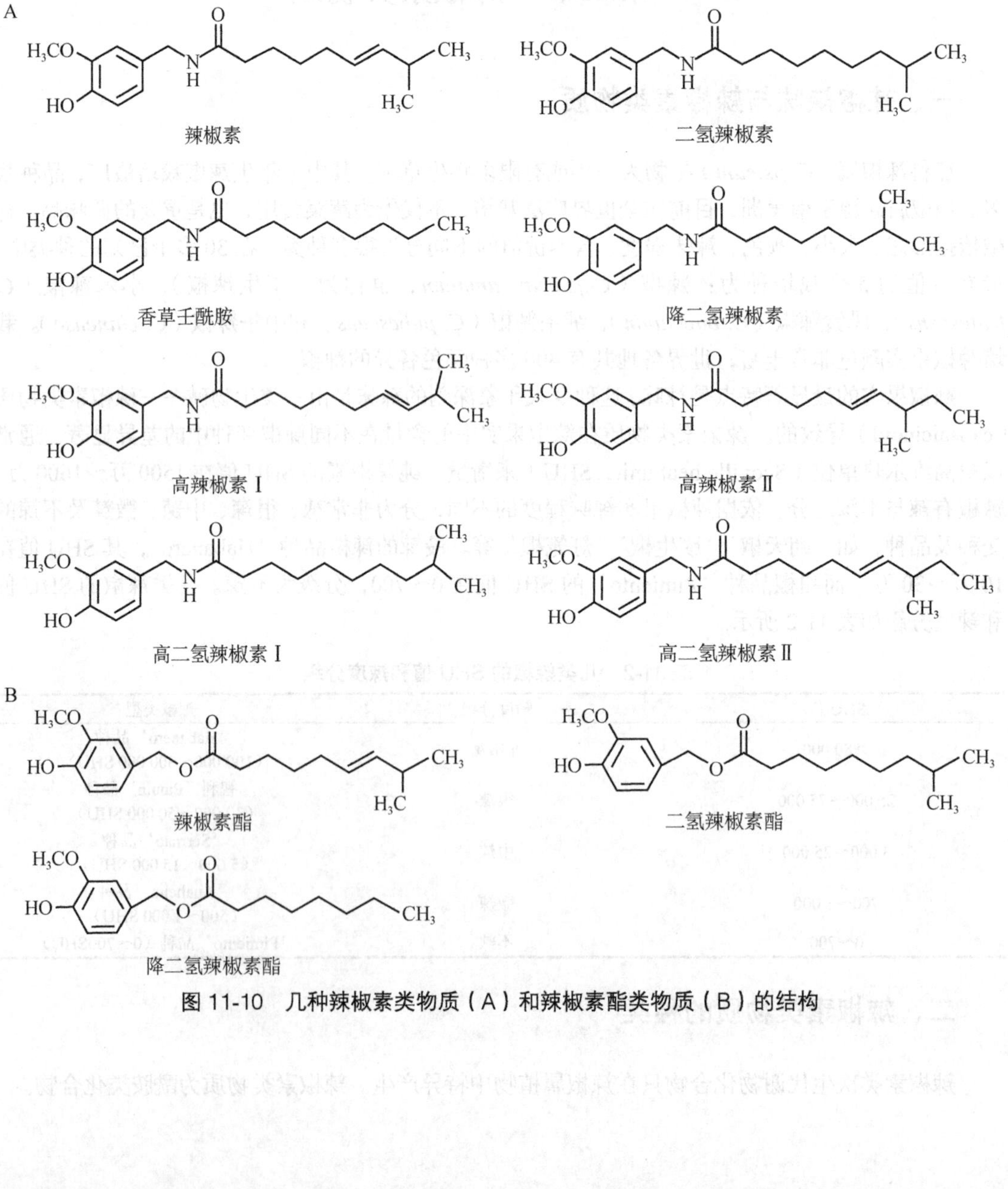

图 11-10　几种辣椒素类物质（A）和辣椒素酯类物质（B）的结构

表 11-3　5 种不同辣椒种类中辣椒素类物质含量

（改自 de Sá Mendes and Branco de Andrade Gonçalves，2020）

辣椒素类物质	辣椒种类	最高含量（mg/kg DW）
辣椒素	中华辣椒	8175.0
	辣椒	2495.0
	风铃辣椒	1770.0
	小米辣椒	917.0
	绒毛辣椒	158.4
二氢辣椒素	中华辣椒	4273.0
	辣椒	1016.0
	风铃辣椒	730.0
	小米辣椒	351.0
	绒毛辣椒	514.4
降二氢辣椒素	中华辣椒	340.0
	辣椒	180.0
	风铃辣椒	110.0
	小米辣椒	66.0
	绒毛辣椒	68.2

此外，广义上的辣椒素类物质还包括存在于微辣的辣椒（*C. annuum*）或稍辣的辣椒（*C. chinense*）中的没有辣味的辣椒素类似物——辣椒素酯类物质（capsinoid），如辣椒素酯（capsiate）。辣椒素酯类物质和辣椒素类物质具有相似的生物学功能和化学结构。大多数具有辣味的辣椒品种也产生微量的辣椒素酯类物质，其辣味的分子基础是连接香草基环和酰基链的酰胺键（图 11-10 和图 11-11）。

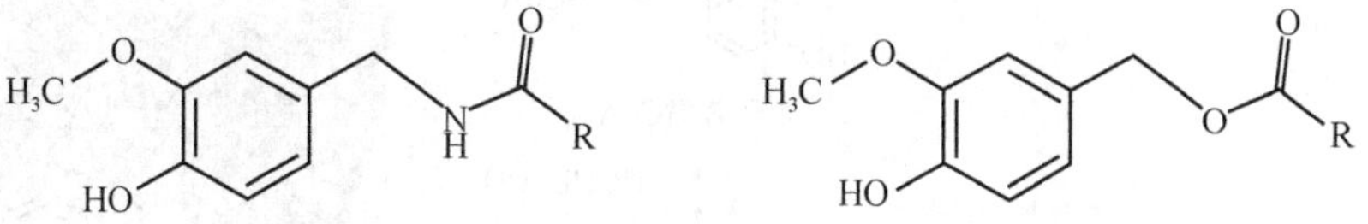

图 11-11　辣椒素类物质和辣椒素酯类物质的基本结构

三、辣椒素类物质的生物合成途径

辣椒素类物质的生物合成主要由苯丙氨酸到香草胺的苯丙烷途径和从缬氨酸到 $C_8 \sim C_{13}$ 支链脂肪酸的合成途径两部分组成。在辣椒素合成酶（CS）的作用下，香草胺和支链脂肪酸发生缩合反应形成辣椒素类物质（图 11-12）。辣椒素合成酶是辣椒素合成的关键酶。

芳香族氨基酸苯丙氨酸经肉桂酸、对香豆酸、咖啡酸、阿魏酸、香草醛，最后转变成香草胺。而支链脂肪酸部分则是由缬氨酸经 α-酮异戊烯、异丁酰 CoA、脂肪酸合成循环、8-甲基-6-壬烯酸、8-甲基-6-壬烯酰 CoA 产生。

实际上，苯丙烷途径中的代谢产物也是蛋白质、生物碱、类黄酮及木质素的合成前体。因此辣椒素的生物合成与其他生物合成途径竞争共同的前体。可见，辣椒素的生物合成是一个复杂的过程，涉及多种代谢物和酶的参与。

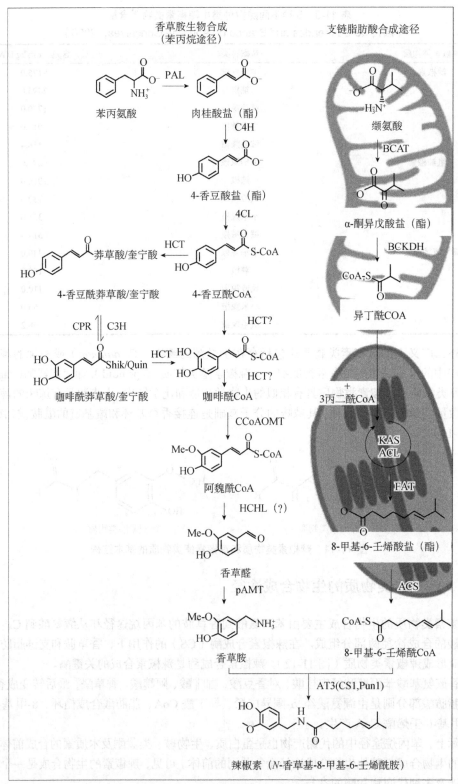

图 11-12 辣椒素生物合成途径

CPR. 细胞色素 P450 还原酶；HCHL. 羟基肉桂酰 CoA 水合酶/裂解酶

（一）香草胺合成——苯丙烷途径

苯丙氨酸是辣椒素类物质生物合成的初级前体物质。苯丙氨酸氨裂合酶（PAL）是苯丙素类物质代谢过程中的关键酶，也是辣椒素生物合成中苯丙烷途径的第一个酶。PAL 位于辣椒果实胎座表皮细胞的液泡膜上，其酶蛋白分子质量为 22 万～33 万 Da，全酶由 4 个相同亚基组成四聚体，催化苯丙氨酸解氨基生成肉桂酸盐（酯）。肉桂酸 4-羟化酶（cinnamate 4-hydroxylase，C4H）是苯丙烷途径中的第二个酶。在该酶的作用下，肉桂酸盐（酯）对位被羟基取代生成 4-香豆酸盐（酯）。该酶位于辣椒果实液泡部位。PAL、C4H 和 4-香豆酰 CoA 连接酶（4-coumaroyl-CoA ligase，4CL）催化的连续反应是调控植物酚类代谢的常见生物合成途径，被称为苯丙烷途径的中心。在 4CL 作用下，4-香豆酸盐（酯）形成 4-香豆酰 CoA，4-香豆酰 CoA 在羟基肉桂酰基转移酶（hydroxycinnamoyl transferase，HCT）催化下形成 4-香豆酰莽草酸/奎宁酸，然后在香豆酰莽草酸/奎宁酸 3-羟化酶（coumaroyl shikimate/quinate 3-hydroxylase，C3H）催化下生成咖啡酰莽草酸/奎宁酸，再在 HCT 催化下形成咖啡酰 CoA。咖啡酰 CoA 3-O-甲基转移酶（CCoAOMT，COMT）催化咖啡酰 CoA 甲基化为阿魏酰 CoA，接着阿魏酸 CoA 经羟基肉桂酰 CoA 水合酶/裂合酶（HCHC）β 氧化形成香草醛。香草醛在假定的氨基转移酶（pAMT）或香兰基氨基转移酶（vAMT）作用下合成香草胺（图 11-13）。

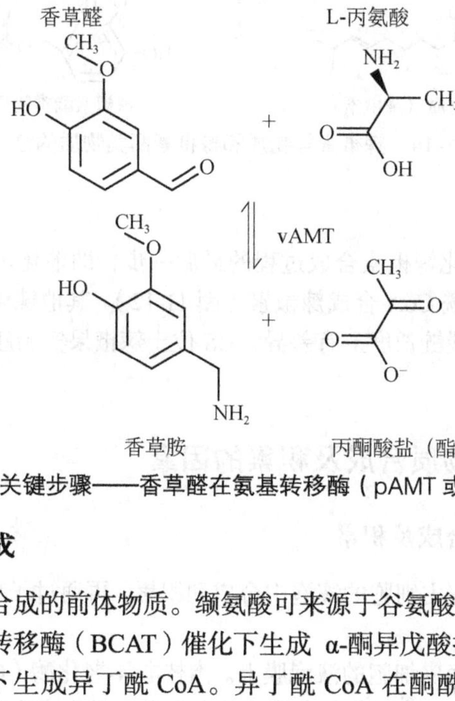

图 11-13　合成辣椒素的关键步骤——香草醛在氨基转移酶（pAMT 或 vAMT）作用下合成香草胺

（二）支链脂肪酸合成

缬氨酸是支链脂肪酸合成的前体物质。缬氨酸可来源于谷氨酸（谷氨酰胺）。

缬氨酸在支链氨基酸转移酶（BCAT）催化下生成 α-酮异戊酸盐。α-酮异戊酸盐在支链酮酸脱氢酶（BCKDH）作用下生成异丁酰 CoA。异丁酰 CoA 在酮酰基 ACP 合酶（ketoacyl-ACP synthase，KAS）和酰基载体蛋白（acyl carrier protein，ACL）作用下，与 3 个丙二酰 CoA 发生缩合、还原、脱氢等酶促反应，然后，酰基-ACP 硫酯酶（acyl-ACP thioesterase，FAT）催化脂肪酸合成循环终止，并催化酰基 ACP 的去除、生成 8-甲基-6-壬烯酸盐（酯）。最后在酰基 CoA 合成酶（acyl-CoA synthetase，ACS）催化下形成 8-甲基-6-壬烯酰 CoA。香草胺和 8-甲基-6-壬烯酰 CoA 在酰基转移酶（AT3）[辣椒素合成酶（Pun1），CS1]催化下生成辣椒素。

正常情况下，辣椒在具有正常功能 Pun1 基因时可合成辣椒素类物质和辣椒素酯类物质。当 pAMT 基因突变时（pAMT 基因 1291 bp 处插入了 1 个胸腺嘧啶），会抑制香草醛形成香草胺，而分流形成香草醇，然后和脂肪酸形成辣椒素酯类物质（图 11-14）。

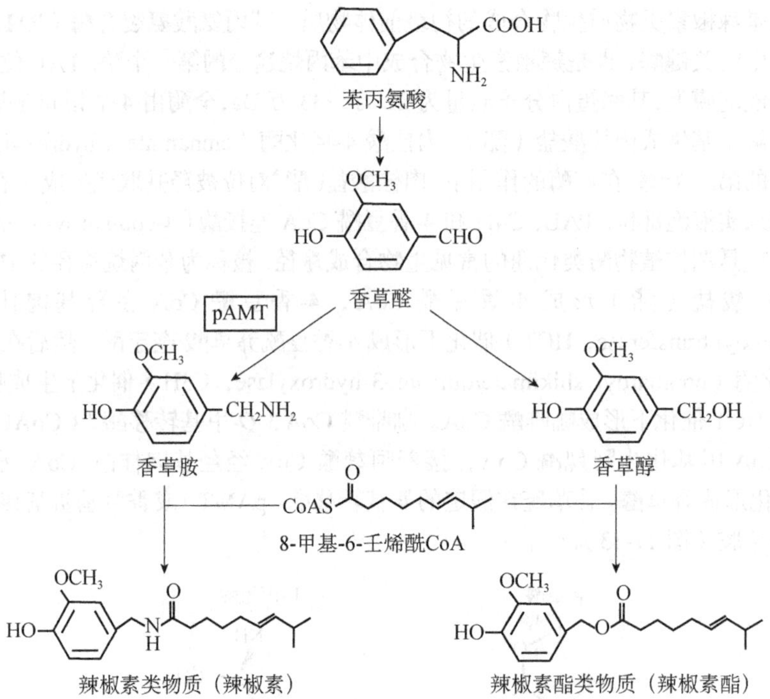

图 11-14　辣椒素类物质和辣椒素酯类物质的合成

（三）辣椒素的合成

辣椒素合成酶（CS）催化辣椒素合成过程的最后一步，即催化苯丙烷途径的香草胺与支链脂肪酸途径的 8-甲基-6-壬烯酰 CoA 合成辣椒素（图 11-12）。其他辣椒素类物质的合成过程和辣椒素类似，仅是支链脂肪酸碳链长度上有差异。CS 位于辣椒果实胎座表皮细胞的液泡膜上，分子质量为 38 kDa。

四、影响辣椒素类物质合成及积累的因素

（一）辣椒素类物质的合成及积累

辣椒素主要在果实胎座表皮细胞的液泡中合成和积累，再通过子房膜（壁）运输到果肉表皮细胞的液泡中积累起来。

PAL 位于辣椒果实胎座表皮细胞的液泡膜上。肉桂酸 4-羟化酶（C4H）是苯丙烷途径的第二个酶，位于辣椒果实液泡部位。辣椒素合成酶是辣椒素类物质合成途径的关键酶，位于果实胎座表皮细胞的液泡膜上。

在质体中，由莽草酸途径合成苯丙氨酸，由丙酮酸盐（酯）合成 8-甲基-6-壬烯酸，然后苯丙氨酸和 8-甲基-6-壬烯酸转入细胞质中，进一步合成辣椒素（图 11-15）。

辣椒素类物质主要在果实胎座和隔膜上的腺体细胞中合成并积累，少部分通过子房隔膜运输到果肉表皮细胞的液泡中积累。因此，辣椒素在果实中的分布也不均匀，其中胎座中含量最高，果肉次之，种子中含量最少（表 11-4）。

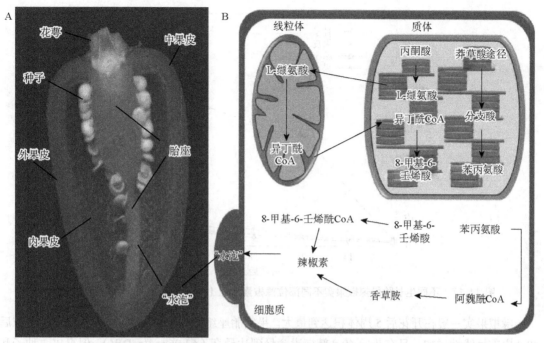

彩图

图 11-15 辣椒素生物合成示意图（Naves et al., 2019）

A. 辣椒果实切面；B. 辣椒素类物质主要合成步骤的亚细胞定位示意图

表 11-4 不同辣椒品种中辣椒素类物质在整个果实及果实不同部位的含量（Tanaka et al., 2017）

品种	含量/（mg/g DW）			
	整果	胎座组织	果皮	种子
FA	ND	ND	ND	ND
TK	3.2 ± 0.43ab	19.2 ± 6.11a	0.1 ± 0.04a	0.1 ± 0.06a
HB	13.2 ± 1.17bc	77.4 ± 1.59b	3.7 ± 1.04a	2.7 ± 0.35b
MY	23.1 ± 3.71c	47.6 ± 13.03ab	29.0 ± 5.22b	1.9 ± 0.29b

注：'Trinidad Moruga Scorpion Yellow'（MY）和 'Red Habanero'（HB）为辣味的中华辣椒品种（*C. chinense*）；辣味品种 'Takanotsume'（TK）和不辣品种 'Fushimi-amanaga'（FA）为辣椒（*C. annuum*）。同一列的不同小写字母表示差异极显著，ND 表示未测到

　　实际上，显微观察显示辣味品种胎座隔膜表皮的腺体细胞含有大量的"水泡"，且辣椒素含量与"水泡"变化趋势一致。不辣品种的测定中则没有发现"水泡"（图 11-16）。果实中的辣椒素类物质含量在果实发育期间呈动态变化（图 11-17）。其含量受果实个体发育进程的影响。

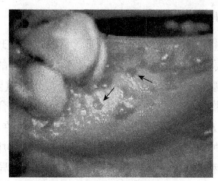

彩图

图 11-16 辣椒素在胎座组织表面"水泡"中积累

胎座（5×）和种子的体视图，箭头所指为"水泡"

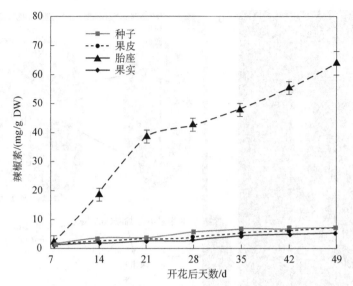

图 11-17　不同生长阶段辣椒果实不同部位辣椒素含量（Pandhair and Sharma，2008）

辣椒果实一般在开花后 5 周体积达到最大。果实胎座组织中辣椒素含量（印度品种）在花后 49 d 之前呈线性增加，且在花后 49 d 辣椒素含量到达最高（63.96 mg/g DW），但果皮、种子和整个果实中增加较少。果皮辣椒素含量次之（7.12 mg/g DW），种子较低（5.06 mg/g DW）。胎座组织中辣椒素含量是果实含量的 10 倍左右（图 11-17）。

辣椒果实中辣椒素类物质含量在果实发育的早中期不断提高，但红熟后期会大幅下降。辣椒素类物质含量下降被认为是酶降解或光氧化分解导致的。果实发育后期总辣椒素含量降低可能与过氧化物酶（POD）的作用有关，POD 可以降解辣椒素类物质并将其转化为其他次生物质。

不同坐果位置果实的辣椒素类物质含量也有差异，从下面开始的第 2 节位的果实比其他节位的果实一般要辣些，辣味随着果实节位的上移而线性降低。低节位果实辣味较高可能与早期结果数较少，果实之间营养物质的竞争较小有关。但坐果位置与辣椒素类物质含量的关系也与品种有关，有些品种不同节位的果实辣味差别不大或基本没有差别。

除了果实之外，辣椒素类物质在辣椒植株的其他营养器官（如茎和叶片中）也有存在。叶片、茎等营养器官中的辣椒素类物质被认为来自果实。

（二）影响辣椒素合成和积累的因素

辣椒的辛辣味是一种质量性状，但辣椒素类物质含量的遗传表现具有数量性状特征。辣椒素类物质的合成与积累除了主要受遗传基因控制外，还受到多种因子的调控。生长阶段、成熟时期、栽培环境（水分、光照、土壤养分等）对辣椒素类物质合成均有重要影响。

1. **基因型**　辣椒素类物质的合成受显性基因 *Pun1*（辣椒素合成酶基因）的控制，它是辣椒素类物质的决定基因。*Pun1* 基因在不同的无辣味辣椒品种中存在不同的缺失位点。

辣椒素类物质的积累与种类密切相关，在辣椒属的 5 个栽培种中，辣椒素类物质含量有显著差异（表 11-3）。此外，同一种类不同品种的辣椒素类物质含量差异也很大。甜椒果实中几乎不含辣椒素类物质（表 11-5）。

表 11-5 几个辣椒品种的辣椒素类物质含量

种类	辣椒素类物质含量/（μg/g FW）
小米辣椒（*C. frutescens* 'Bhut jolokia'）	62 581
中华辣椒（*C. chinense* 'Habanero'）	2 260
小米辣椒（*C. frutescens* 'Thai'）	1 332
辣椒（*C. annuum* 'Serrano'）	76
辣椒（*C. annuum* 'Jalapeno'）	75
辣椒（*C. annuum* 'Green bell'）	0

不同品种间辣椒素含量和积累能力有差异，如辣椒品种 HB 和 MY 果实发育期间的辣椒素类物质含量不同（图 11-18）。HB 果实中辣椒素类物质含量在第二阶段（未成熟绿果）和第三阶段（成熟绿果）之间不断增加。当果实成熟变红时，果实中辣椒素类物质含量达到 18.4 mg/g DW，而 MY 的辣椒素类物质含量可达 26.7 mg/g DW。两个品种种子中辣椒素类物质含量在果实发育过程中略有增加。HB 果皮中辣椒素类物质含量在第三阶段达 1.8 mg/g DW，但胎座中的含量比果皮中高 10 倍左右。而 MY 果皮中辣椒素类物质含量在第三阶段大幅度增加，达到 23.2 mg/g DW，和胎座中的水平相当（图 11-18）。

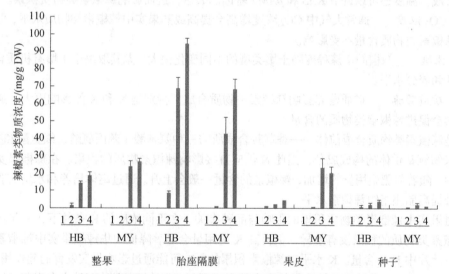

图 11-18 辣椒素类物质在果实和果实不同部位的积累（Tanaka et al., 2017）
1. 花后 5 d；2. 花后 20 d；3. 花后 30 d；4. 花后 40 d，果实已变色

转录因子可以调节辣椒素类物质合成过程中多种合成酶的协同表达。例如，ERF（ethylene response factor）转录因子家族的基因 *Erf* 和 *Jerf* 在辣椒果实发育早期表达并与辣椒辛辣程度相关，Jerf 转录因子与 *Pun1* 互作较强，而 Erf 与 *Pun1* 的互作较弱。另外，*CaMYB31* 和 *C4H*、*COMT*、*KAS*、*pAMT*、*AT3* 的表达与果实中辣椒素和二氢辣椒素的含量呈正相关。

2. 生长环境　　环境条件对辣椒素类物质的合成有很大影响，这种影响较为复杂，有时完全不同。不同基因型（种类或品种）辣椒素类物质含量对特定环境条件的反应存在明显差异。

（1）光照　　光照强度对辣椒素类物质的合成和积累有重要影响。大多数情况下，光照对辣椒果实中的辣椒素类物质积累有促进作用，降低光照强度会使辣椒素物质含量下降。光照还可促进已收获的未成熟果实中的辣椒素类物质合成。但促进辣椒素物质的合成并不是光照越强越好。辣椒最适合的光照强度约为 1400 μmol/（m²·s）。但自然栽培条件下，高强光照有时会减少辣椒素类物质合成，50%～80%自然光最有利于辣椒素的积累，如夏季温室条件下，中等光强比强光更利于辣椒素类物质的合成。不同品种之间辣椒素类物质合成需要的光照强度存在较大差异。另外，光质对辣椒素类物质的合成也有影响，蓝光比荧光、红光或红/蓝光更利于辣椒素的合成。

光照促进辣椒素类物质的积累，与光照能够促进 CS（AT3）酶活性及 *CS*（*AT3*）、*KAS*、*pAMT*、*CaMYB31* 基因的表达，不利于 *POD* 基因（POD 酶可降解辣椒素）的表达有关。

（2）温度   辣椒植株生长的最适温度在 25～30℃，温度变化会影响辣椒素类物质的合成和积累。一般而言，高温（30～35℃）利于辣椒素物质的积累，如微辣的辣椒品种（*C. annuum*）在 30℃下的辣椒素含量比 24℃下的高。

不同变种和品种辣椒的辣椒素积累对温度的反应差异很大。有些品种要求较高的温度以利于辣椒素积累，而另一些品种辣椒素的积累在高温下反而不利。

高夜温对辣椒素含量的影响比白天温度的影响更大。夜温 25℃下辣椒素迅速增多，而夜温低于 15℃的辣椒素含量较低。

温度对辣椒素合成的影响可能与呼吸作用有关，呼吸可以改变光合同化产物的消耗和同化物在植物生长和辣椒素类物质合成之间的分配。高温对 *CS* 基因表达有促进作用，因此促进辣椒素类物质合成。温度还可以调节 *KAS* 和 *pAMT* 基因的表达，进而影响辣椒素类物质积累。

（3）CO_2 浓度   通常大气中 CO_2 浓度增高会提高成熟果实中辣椒素类物质水平，但未成熟果实中辣椒素类物质含量不受影响。

（4）土壤   辣椒的辛辣程度随土壤类型的不同变化很大，尤其取决于土壤有机质含量、微生物活性和养分水平。

（5）矿质营养   矿质营养影响辣椒素类物质合成，特别是 N 和 K 的影响更大。通常增施矿质元素会促进辣椒素类物质的含量。

N 是辣椒素类物质合成前体——香草胺合成所需三种氨基酸（苯丙氨酸、缬氨酸和亮氨酸）及其他未知氨基供体的构成成分，因此 N 供应直接影响辣椒素物质的积累。在辣椒果实发育成熟过程中，随着氮肥施用量的增加，辣椒素的含量一般会上升。通过离体培养和水培实验也表明硝态氮会提高胎座组织辣椒素水平。

K 对果实中辣椒素类物质积累的影响与品种有关。在不同浓度的 K 条件下，一年生辣椒果实中辣椒素类物质的积累没有差异，但提高 K 施用量会显著降低中华辣椒果实中辣椒素类物质的积累及叶片中 N 的含量。K 水平对辣椒素积累的影响可能通过影响果实发育而起作用。

（6）水分   水分胁迫对植物生长和产量形成不利。在辣椒栽培中，缺水会引起不同的生理和生态干扰，如游离态氨基酸成分变化、光合色素下降、酶活性下降等，导致生长停滞。一般情况下，缺水胁迫会降低辣椒产量，但提高辣椒素类物质积累。水分胁迫条件下，辣椒果实变小，但胎座组织受影响很小，因此果实胎座组织的比例增大，辣椒素类物质的产量较高。

水分胁迫促进辣椒素含量增高的效果与品种有关。干旱可以提高辣椒素合成相关酶的活性（如苯丙氨酸解氨酶、肉桂酸 4-羟化酶、辣椒素合成酶），并减弱过氧化物酶活性。

大气和土壤湿度状况影响辣椒自然群体中不同辣味程度基因型的分布，通常湿度增加，辣味品种增多，因此辣椒素类物质积累在干旱和水分过多条件下均增加。以不同水分处理辣椒植株（*C. annuum*），发现正常供水和太多或太少水分供应植株的辣椒素和二氢辣椒素积累方式相似，且太多或太少水分供应均可促进辣椒素和二氢辣椒素的合成（图 11-19）。花后 14 d 辣椒素类物质开始积累，然后缓慢增加，第 28 天左右辣椒素含量达到最大值，而二氢辣椒素在第 21 天含量最高，花后 35 d 辣椒素类物质含量显著下降。

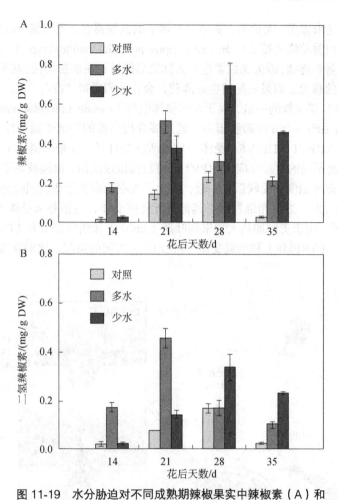

图 11-19　水分胁迫对不同成熟期辣椒果实中辣椒素（A）和
二氢辣椒素（B）含量的影响（Estrada et al.，1999）

植株 6 叶幼苗盆栽在含有珍珠岩和有机质混合基质中，放置于 25℃/18℃（白天/夜晚）温室中。
对照. 每天浇水 13 min；多水. 每天浇水 20 min；少水. 每天浇水 5 min

（7）海拔　　尽管不同品种之间存在差异，但通常果实中辣椒素类物质的含量是随海拔增加
而大幅度提高。对同一品种来说，不同地区和海拔栽培时辣椒素类物质的含量有差异，但也有在
不同的环境下辣椒素类物质含量表现稳定的品种。

（8）植物激素　　植物激素对辣椒素类物质合成有直接影响。水杨酸（SA）可以促进辣椒
素类物质及中间产物的产生，而茉莉酸（JA）依浓度和处理时间的不同表现为诱导或抑制的效果，
通常与 SA 的效果相反。SA 可以显著促进 *KAS* 和 *pAMT* 基因的表达，诱导辣椒素类物质积累，
同样地，GA_3 和 IAA 处理也可以显著诱导 *KAS* 和 *pAMT* 基因表达。

ERF 转录因子家族基因 *Erf* 和 *Jerf* 在辣椒果实发育早期表达并能够影响辣椒素类物质的合
成，这些转录因子可以调控 *Pun1* 基因表达。

五、人体感受辣味的分子机制

除了辣椒之外，葱、姜、蒜、胡椒等也有辣味。人体并不像感知酸甜苦咸那样通过味蕾来感

知辣，而是通过神经来感受。无论是舌头还是身体上的其他器官，当细胞中的受体蛋白——瞬时感受器电位通道蛋白香草醛亚型1（transient receptor potential vanilloid type 1，TRPV1）结合辣味物质后即可感知热量和疼痛，因为辣椒素进入人体之后能够加快能量消耗，甚至会导致体温升高，因此有一种"热"的感觉。而另一些植物如薄荷，会让人们觉得"冷"。

　　TRPV1是TRPV亚家族的一员，属于瞬时受体电位（transient receptor potential，TRP）通道家族。*TRPV1*基因编码一个6次跨膜蛋白，通道展现出高度的钙离子通透性。TRPV亚家族有6个成员，分别为TRPV1～TRPV6。受体一旦激活就会打开，让带电离子（如Ca^{2+}和Na^+）流入细胞，进一步引起不同的生理反应。TRPV1既可被辣椒素激活，也能被高于42℃的温度激活。这一发现首次将痛觉和温度感受联系在一起，揭示了人吃辣椒为什么会同时感到"辣"和"热"的分子机制（图11-20）。之后相继发现了其他温度感应受体，包括芥末受体TRPA1、百里香等香料受体TRPA3等。由于美国加州大学朱利叶斯（Julius）和帕塔普蒂安（Patapoutian）在发现温度受体（热、冷）（TRPM8）和触觉受体（PIEZO1）方面的贡献，他们获得了2021年诺贝尔生理学或医学奖。

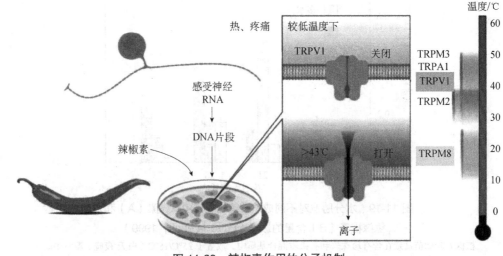

图11-20　辣椒素作用的分子机制

　　在哺乳动物中，热觉受体不但能被较高温度激活，也会对辣椒素产生反应，但鸟类的热觉受体无法被辣椒素激活，所以鸟类感觉不到辣味。

　　如何缓解辣椒素给人带来痛感和热感呢？首先，可以破坏辣椒素与TRPV1受体间的结合，如饮用油脂高的食物或饮料（牛奶、豆奶、奶油冰激凌等），溶解结合于受体上的辣椒素。其次，干扰大脑对辣的感受过程，如食用蔗糖。蔗糖可以干扰大脑对辣刺激作用的意识，另外，糖会促使大脑释放镇痛物质，进而缓解辣的痛感。

　　辣椒素还可抑制疼痛感受。当TRPV1离子通道被持续激活时，Ca^{2+}等阳离子会不断进入细胞，而过多的Ca^{2+}可产生细胞毒性，细胞出于自身保护便会反馈性地关闭TRPV1通道，减少痛觉信号的产生，由此抑制疼痛感受。这也为疼痛等疾病的治疗开辟了新的潜在途径。

六、辣椒素类物质的生理功能

　　辣椒既可作为蔬菜食用，又具有医疗价值，其中的辣椒素起了重要作用。辣椒素可以刺激胃液分泌，增强胃肠蠕动，从而利于消化、改善食欲。辣椒素对人体健康的影响表现在其具有预防和改善心血管疾病、调节糖脂代谢、抗肿瘤、抗炎和抗衰老等多种生理作用。

（一）对脂代谢及心血管的作用

肥胖是目前全球普遍存在的健康问题。肥胖会增加心脏病、糖尿病、关节炎和高血压的患病风险。脂肪组织在调节脂代谢方面发挥重要作用，参与机体能量平衡和脂代谢调节。脂肪组织可以把能量以脂肪的形式贮存起来，或者氧化脂肪而释放能量。其中棕色脂肪组织（BAT）是一种功能特化为产热的组织，低温时动物通过激活棕色脂肪组织和促进白色脂肪棕色化的方式消耗能量，增加产热以维持体温。在老年人和肥胖人体内，BAT 代谢活性降低。辣椒素可促进 BAT 特有的产热解偶联蛋白 1（uncoupling protein 1，UCP1）及白色脂肪组织（white adipose tissue，WAT）中骨形态发生蛋白（bone morphogenetic protein，BMP）-8b 基因的表达水平，从而促进脂肪氧化分解。此外，辣椒素可通过促进 *sirtuin-1*（长寿基因）的表达及活性，以及蛋白激酶 Ⅱ 和 AMP 活化蛋白激酶（AMP-activated protein kinase，AMPK）的磷酸化，引起 WAT "棕色化"。

肝是人体脂代谢的场所，也是维持胆固醇动态平衡的主要器官。辣椒素与肝微粒体蛋白质的结合可影响肝中各种代谢酶的活性。例如，辣椒素可显著降低 β-羟基-β-甲戊二酸单酰 CoA 还原酶（HMG-CoA 还原酶）、肉碱棕榈酰转移酶 1（CPT1）和脂肪酸转位酶（FAT/CD36）水平，提高脂肪分解速率，还可以显著降低 3-磷酸甘油脱氢酶（GDPH）的活性及脂肪细胞中甘油三酯含量。

辣椒素类物质可以显著降低血浆总胆固醇、非高密度脂蛋白胆固醇和三酰甘油水平，但对高密度脂蛋白胆固醇水平没有任何影响。辣椒素可有效提高肝中 7α-胆固醇羟化酶（CYP7A1）的活性（胆固醇合成胆汁酸的第一限速酶），促进胆固醇向胆汁酸转化，降低肝和血浆中胆固醇浓度；可通过降低樟脑醇/胆固醇比例来减少对胆固醇的吸收；通过干扰环氧合酶 COX-2，促进依赖于内皮细胞的松弛作用，但不利于依赖于内皮细胞的紧缩作用。

辣椒素可促进脂质氧化代谢，增加脂代谢产热的活性，从而减少体脂含量、控制体重，改善肥胖症患者的体重指数（body mass index，BMI）。辣椒素调节脂代谢主要与激活 TRPV1 有关。TRPV1 被激活后可通过提高细胞间 Ca^{2+} 浓度来刺激交感神经系统、促进脂代谢。

辣椒素可特异性作用于心和血管活动的 TRPV1 通道，引起细胞内的 Ca^{2+}、Na^+ 浓度升高，并激活 AMPK 信号通路，从而使细胞内膜去极化，从而抑制血管平滑肌细胞（VSMC）的增殖和迁移，改善高血压导致的血管重构，延缓高血压的发生与发展。辣椒素还可增加血管内皮细胞蛋白激酶 A 磷酸化和内皮型一氧化氮合成酶（eNOS）磷酸化，促进血管内皮细胞产生更多的一氧化氮（NO），NO 作为信号分子可以介导血管平滑肌舒张，从而起到血管舒张和降压作用。

（二）防癌抗癌活性

大量动物或体外实验结果表明辣椒素能够诱导不同癌细胞的细胞凋亡，并抑制多种癌症的发生（周欣悦等，2022）。例如，通过降低细胞周期有关蛋白的表达，促进细胞周期停滞、压制胞外信号调节激酶（extracellular signal-regulated kinases，ERK）活化、降低桩蛋白（paxillin）和黏着斑激酶（focal adhesion kinase，FAK）的磷酸化，抑制癌细胞增殖及细胞迁移。但辣椒素对人体的抗癌效果还有待研究和证实。

（三）抗糖尿病活性

辣椒素可显著降低空腹血糖/胰岛素和甘油三酯浓度，同时降低巨噬细胞侵入及炎性细胞因子（inflammatory adipocytokine）基因的表达（如单核巨噬细胞趋化蛋白-1、白介素-6）。此外，还可提高脂联素（adiponectin）基因及其受体 AdipoR2 的表达，活化 AMPK。使用辣椒素，可对大鼠的胰岛素分泌和葡萄糖代谢有促进作用。

（四）抗炎作用

炎症是机体对于刺激的一种防御反应。炎症是许多复杂疾病，如自身免疫病、代谢综合征、神经退行性疾病、心血管疾病和癌症发展的关键因素。

炎症过程的中心环节是血管反应，长期的炎症则会导致组织器官的损伤，如动脉粥样硬化就是一种慢性血管炎症。研究发现，辣椒素具有抗炎作用，其抗炎作用可能有多种机制：与降低线粒体氧化水平、减少 ROS 产生有关；通过抑制机体炎症反应的重要因子——转录因子 NF-κB 的活化，降低炎症发生；可能与 MAPK 途径激活有关。

（五）抗氧化及衰老

辣椒素具有抗氧化活性。通过抵抗细胞氧化应激，维持不饱和脂肪酸和总胆固醇的水平，减少脂肪酸共轭二烯氢过氧化物和 7-酮基胆固醇（7-ketocholesterol，7-KC）的含量，从而保护细胞免受氧化损伤。

还原型谷胱甘肽（GSH）能帮助保持正常的免疫系统功能，并具有抗氧化、延缓衰老作用。辣椒素可以调节血红细胞中还原型谷胱甘肽/氧化型谷胱甘肽的值，改善谷氨酸诱导的对神经的伤害效果，降低 ROS 产生和神经细胞凋亡。

（六）对微生物的影响

辣椒素对一些病原菌如铜绿假单胞菌（*Pesudomaonas aeruginosa*）、肺炎克雷伯菌（*Klebsilla pneumonae*）、金黄色葡萄球菌（*Staphylococcus aureus*）和白假丝酵母菌（*Candida albicans*）有明显抗性。

辣椒素会影响肠道微生物（细菌）的数量和菌群分布。肠道微生物影响肠道胆汁酸的代谢过程，从而影响肠道胆固醇和脂肪吸收。肠道益生菌群可将肠道内的蛋白质残渣发酵，减少致癌物质——氨态氮的数量，有利于肠道健康（周欣悦等，2022）。

（七）不利作用

尽管辣椒素有许多对机体有益的作用，但要注意的是，过量食用辣椒素可能对身体有害，引起局部刺激、呼吸问题。辣椒素可刺激黏膜引起喷嚏、鼻出血、咳嗽、黏液分泌、流泪、支气管收缩、呼吸困难等症状。大剂量食用辣椒素可引起传入神经 C 纤维变性。辣椒素作用于皮肤外周神经末梢，会产生灼痛感，并引起局部区域充血，甚至神经源性炎症反应。辣椒素还可使部分体积较小的神经元细胞死亡，使动物永久性痛觉丧失。

◆ 第三节　葫　芦　素

葫芦科（Cucurbitaceae）大多为一年生藤本植物，它们中的一些植物被作为蔬菜栽培已有几千年的历史。例如，南瓜属的南瓜（中国南瓜）、笋瓜（印度南瓜）、西葫芦（美洲南瓜），甜瓜属的黄瓜、甜瓜，西瓜属的西瓜，冬瓜属的冬瓜，丝瓜属的丝瓜，葫芦属的葫芦（*Lagenaria siceraria*），苦瓜属的苦瓜，栝楼属的蛇瓜等。

瓜类蔬菜中的黄瓜、西瓜、甜瓜、西葫芦和南瓜分布于世界各地，类型和品种多，栽培面积大，经济价值高。冬瓜、丝瓜、苦瓜、葫芦、佛手瓜等主要分布于亚洲各地和南美洲部分地区，是该地区的重要蔬菜。西瓜、甜瓜食用成熟果，冬瓜、南瓜、笋瓜以食用成熟果为主，嫩果也可供食。其他瓜类主要食用嫩果。苦瓜因具有特殊苦味而得名，受到许多消费者欢迎。实际上，许多野生的瓜类蔬菜的果实都是有苦的，甚至不堪食用。即使是一些栽培的瓜类，时常还会有苦味果实的产生，如苦瓜、黄瓜、甜瓜、葫芦、西瓜、南瓜、丝瓜等。这种瓜类果实苦味主要是由葫芦素类物质引起。葫芦素（cucurbitacin）主要分布于葫芦科植物中，也叫苦味素，在十字花科、玄参科、秋海棠科、杜英科、四数木科等高等植物中也有存在。葫芦素具有高毒性，有消炎、护肝等功能，也被用作抗风湿和泻药。

一、结构及种类

葫芦素是一类四环三萜化合物，其基本结构是葫芦烷核骨架（图 11-21）。葫芦素的种类很多，目前已发现 100 多种。葫芦素骨架上通常有 30 个碳原子，不同位置有不同的氧取代基，这是导致葫芦素多样性的主要因素。根据葫芦烷碳骨架氧化程度和氧化位置的不同，葫芦素可分为葫芦素 A~T 等一系列结构相似的化合物（图 11-22），而这些葫芦素又通过异构化、脱氧和二氢化形成了许多其他衍生物。

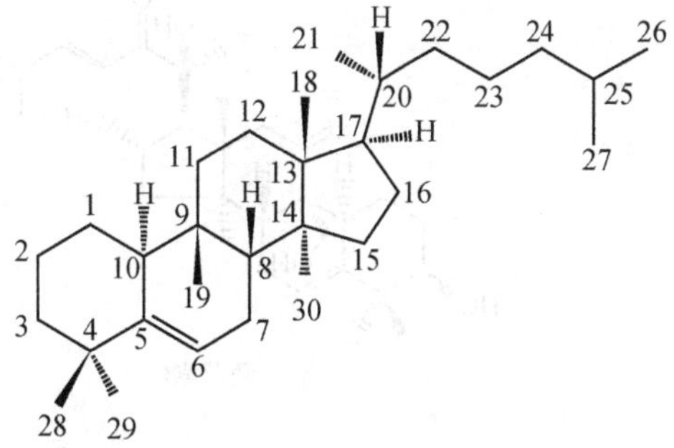

从结构上看，主要有葫芦素 A、B、C、D、E 和 I，其中葫芦素 B、D 和 E 在葫芦科植物中普遍存在，自然界中尤以葫芦素 B 最为常见。一般认为葫芦素 B 和

图 11-21　葫芦素的基本结构

E 是原始的葫芦素类型，其他结构的葫芦素是植物生长发育到成熟的过程中由葫芦素 B 或 E 在酶促反应下形成的。葫芦素 B 是黄瓜属、葫芦属植物的特征化合物，能通过代谢过程形成葫芦素 A、C、D、F、G 和 H；葫芦素 E 是西瓜属植物的特征化合物，能够代谢形成葫芦素 I、J、K 和 L；西葫芦属植物含有葫芦素 B 和 E 两种特征化合物。

引起甜瓜、笋瓜和丝瓜苦味的主要是葫芦素 B，引起黄瓜苦味的主要是葫芦素 C，引起西瓜、西葫芦苦味的主要是葫芦素 E。葫芦科植物的苦味与葫芦素的含量成正比。

二、生物合成及影响因素

（一）生物合成途径

植物中葫芦素的生物合成途径起始于甲羟戊酸途径，即以乙酰辅酶 A 为原料合成异戊烯焦磷酸（IPP）和二甲基烯丙焦磷酸（DMAPP）的代谢途径。该途径的产物是类固醇、类萜等生物分子的合成前体。IPP 及异构化的 DMAPP，在一系列催化酶[主要包括法尼基焦磷酸合酶、角鲨烯合成酶（squalene synthetase，SQS）和角鲨烯单加氧酶或环氧化酶（squalene epoxidase，SQE）]作用下形成 2,3-氧化角鲨烯（图 11-23），2,3-氧化角鲨烯在氧化角鲨烯环化酶（oxidosqualene cyclase，OSC）作用下形成葫芦二烯醇（图 11-24），最后葫芦二烯醇在细胞色素 P450 酶的作用下形成葫芦素（图

11-25）。细胞色素 P450（cytochrome P450，CYP450）的氧化主要包括氧化、羟基化、去饱和和环氧基团等，为进一步通过糖基转移酶和酰基转移酶（acyltransferase，ACT）等的修饰提供了条件。在植物体中，2,3-氧化角鲨烯的船式或椅式构象变化可形成其他三萜化合物衍生物（图 11-24）。在葫芦素合成过程中，结构相似的葫芦素之间容易发生转换，如在甜瓜中葫芦素 D 在酰基转移酶的作用下转变为葫芦素 B，西瓜中葫芦素 I 在酰基转移酶的作用下转变为葫芦素 E（图 11-25）。

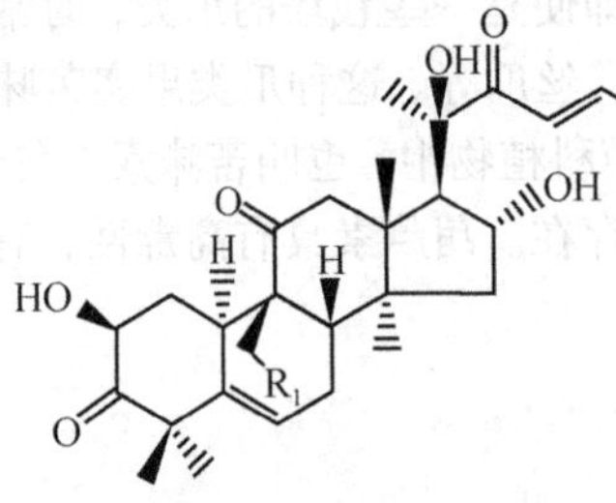

葫芦素A　　R₁ = OH, R₂ = Ac
葫芦素B　　R₁ = H, R₂ = Ac
葫芦素D　　R₁ = R₂ = H

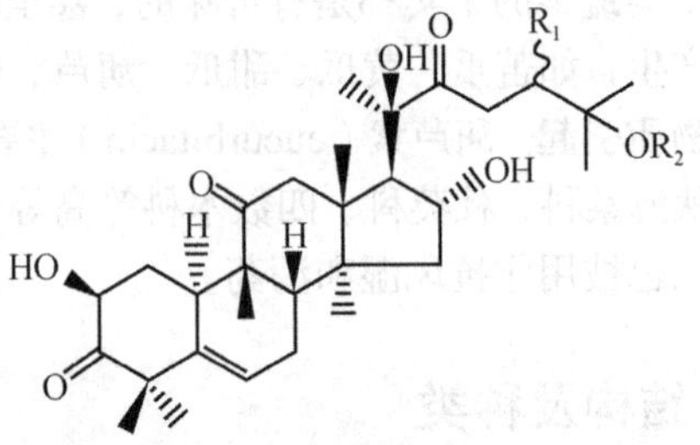

葫芦素G　　R₁ = OH, R₂ = H
二氢葫芦素B　R₁ = H, R₂ = Ac
葫芦素R　　R₁ = R₂ = H

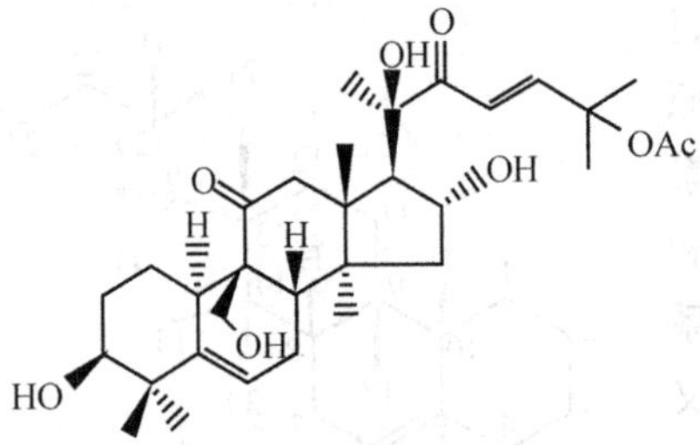

葫芦素C

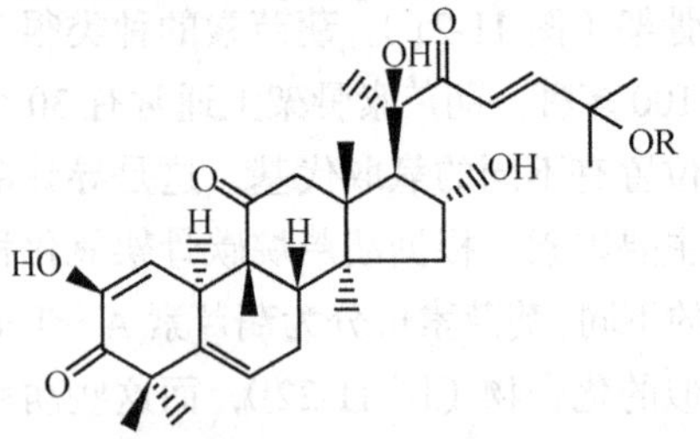

葫芦素E　　R = Ac
葫芦素I　　R = H

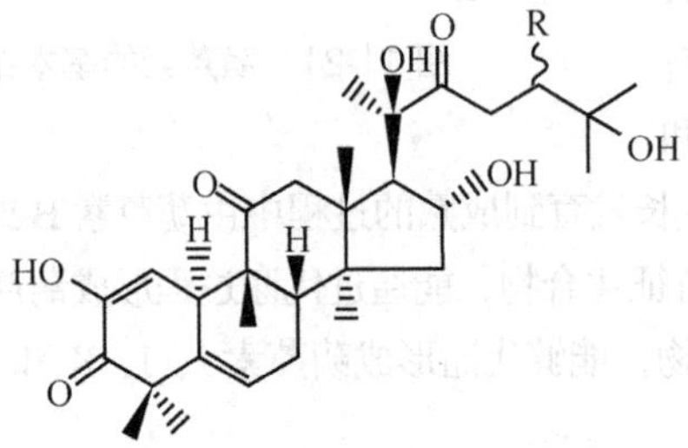

葫芦素J　　R = OH
葫芦素L　　R = H

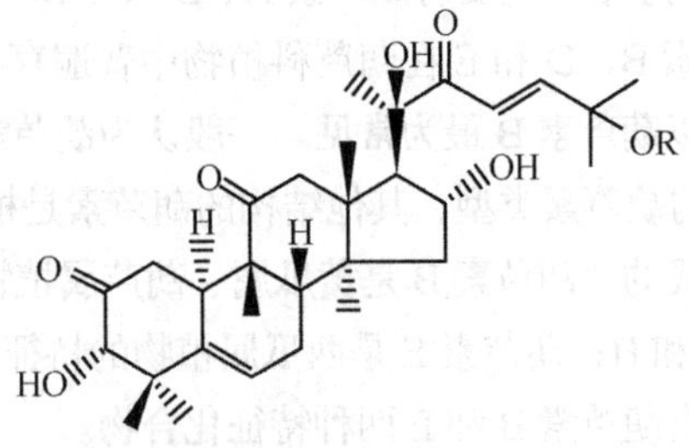

异葫芦素B　　R = Ac
异葫芦素D　　R = H

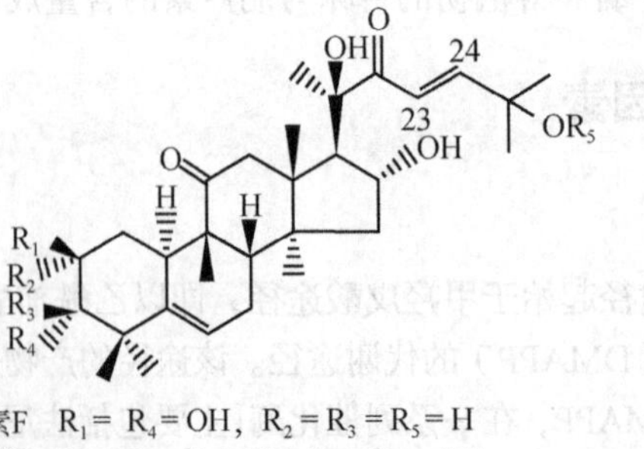

葫芦素F　　R₁ = R₄ = OH, R₂ = R₃ = R₅ = H
葫芦素O　　R₁ = R₃ = R₅ = H, R₂ = R₄ = OH
葫芦素P　　R₁ = R₃ = OH, R₂ = R₄ = R₅ = H
葫芦素Q　　R₁ = R₃ = H, R₂ = R₄ = OH, R₅ = CH₃CO

图 11-22　主要类型葫芦素的结构

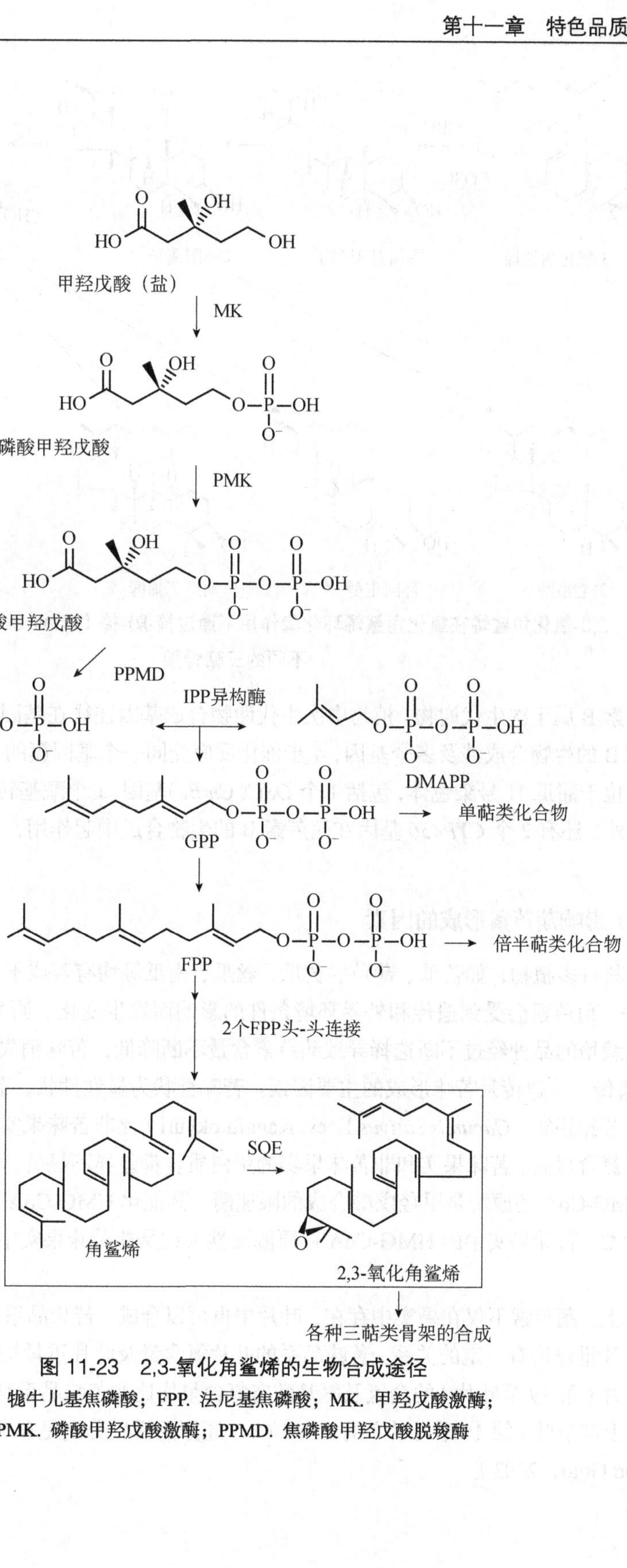

图 11-23 2,3-氧化角鲨烯的生物合成途径

GPP. 牻牛儿基焦磷酸；FPP. 法尼基焦磷酸；MK. 甲羟戊酸激酶；
PMK. 磷酸甲羟戊酸激酶；PPMD. 焦磷酸甲羟戊酸脱羧酶

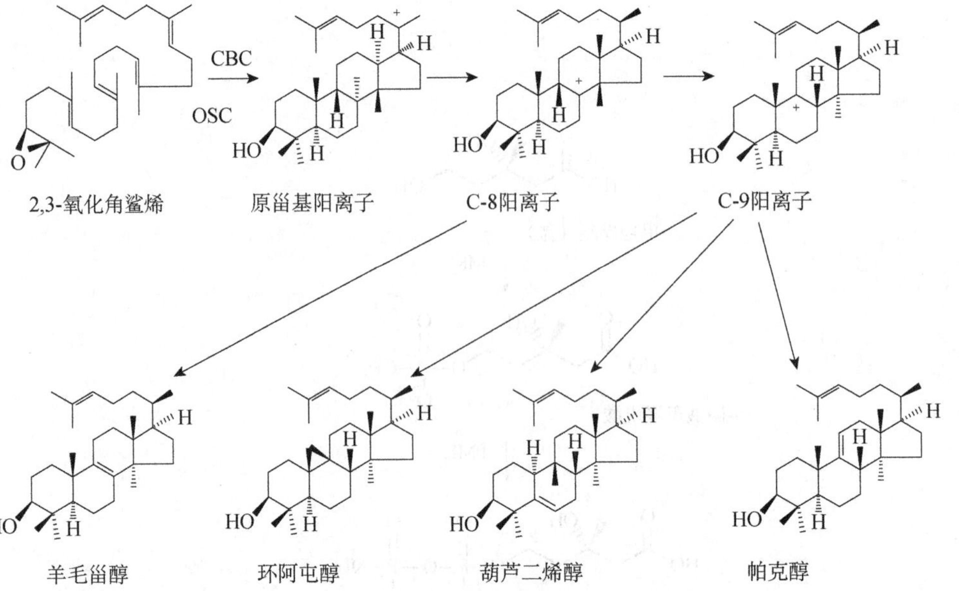

图 11-24　2,3-氧化角鲨烯在氧化角鲨烯环化酶作用下通过椅-船-椅（chair-boat-chair，CBC）构象生成不同的三萜骨架

葫芦素 B 属于次生代谢物，植物中次生代谢物合成基因往往在基因组上成簇分布。已知甜瓜中葫芦素 B 的生物合成涉及多个基因，4 步催化反应受同一个基因簇的调控。葫芦素 B 合成相关的基因簇位于甜瓜 11 号染色体，包括 1 个 *OSC*（*CmBi*）基因、1 个酰基转移酶基因和 4 个 *CYP450* 基因，此外，还有 2 个 *CYP450* 基因在葫芦素 B 的生物合成中起作用，上述基因在甜瓜各组织中共表达。

（二）影响葫芦素形成的因素

葫芦科许多植物，如苦瓜、葫芦、黄瓜、丝瓜、南瓜等均有苦或不苦的果实。这些果实的苦味物质——葫芦素会受到遗传和外界环境条件的影响而发生变化。野生葫芦科植物大多具有苦味，人工栽培的品种经过不断选择导致葫芦素含量不断降低，苦味消失。

1. 遗传　遗传是苦味形成的主要因素。苦味性状为显性性状，葫芦素由显性基因控制。

黄瓜苦味果实（*Cucumis sativus* L. cv. Kagafutokyuri）比非苦味果实（常规栽培种）中的总氮和氨基酸氮含量高。苦味果实和非苦味果实的蛋白质含量差异不显著，但苦味果实中蛋白质含量较高。HMG-CoA 还原酶是甲羟戊酸合成的限速酶，其催化 HMG-CoA 转化为甲羟戊酸，然后合成葫芦素 C。苦味果实中的 HMG-CoA 还原酶活性大约是非苦味果实中的 5 倍（Kano and Goto，2003）。

实际上，葫芦素不仅在果实中存在，叶片中也可以合成。苦味品系苦味果实的产生和叶片氮含量及叶片重量均有一定的关系。苦味品系的叶片氮含量及叶片重量均高于非苦味品系。苦味品系上部叶片（第 19 节叶片）的全氮及氨基酸态氮含量均比非苦味品系高。苦味品系下部（第 2 节叶片）和上部节叶（第 19 节叶片）的 HMG-CoA 还原酶活性分别是非苦味品系的 2.9 倍和 1.6 倍（Kano and Goto，2003）。

苦味品系的叶片重量与其根系发达有关，叶片越重说明植株吸收养分更活跃。叶片中葫芦素的含量与叶位有关，下位节的叶片苦味较弱，上位节的叶片苦味较强，即叶片的叶位越高葫芦素含量越高。

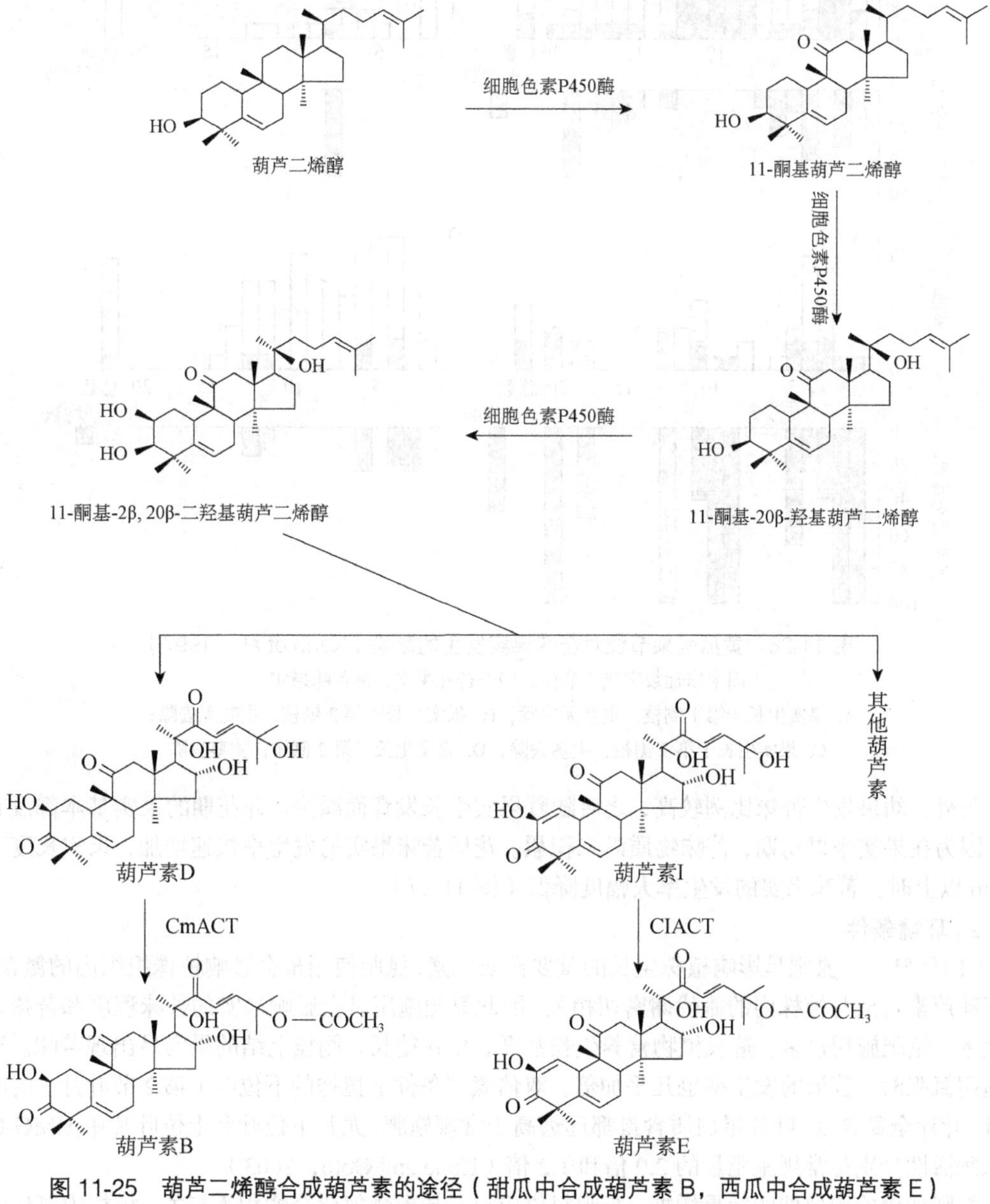

图 11-25　葫芦二烯醇合成葫芦素的途径（甜瓜中合成葫芦素 B，西瓜中合成葫芦素 E）

（绘自 Zhou et al., 2016）

常规栽培的黄瓜品种无论是否去除主茎，第 1 侧枝果实产生苦味的概率均更大（图 11-26）。此外，苦味也与植株年龄和果实大小有关。植株早期所结果实产生苦味的机会要大于生长后期所结的果实，这可能是因为生长早期植株的代谢更加活跃，葫芦素 C 的生物合成能力更强。

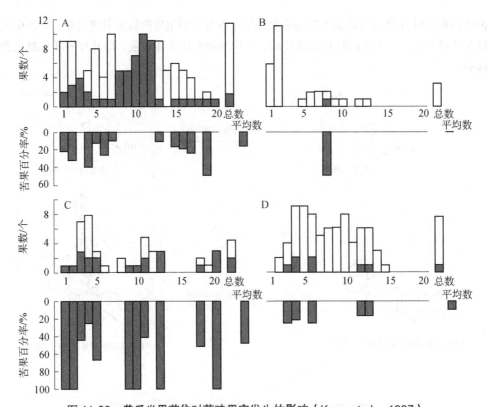

图 11-26　黄瓜坐果节位对苦味果实发生的影响（Kano et al., 1997）

图中横轴数字代表节位。□非苦味果实；■苦味果实。

A. 果实生长于第 1 侧枝，主茎无去除；B. 果实生长于第 2 侧枝，主茎无去除；
C. 果实生长于第 1 侧枝，主茎去除；D. 果实生长于第 2 侧枝，主茎去除

　　另外，幼果发生苦味比例较高，之后随着果实生长发育而减少。开花期的果实基本都没有苦味，因为在果实坐果初期，苦味物质尚未积累。花后苦味果实的发生率快速增加，果实长度达到 25 cm 以上时，苦味果实的发生率大幅度降低（图 11-27）。

2. 环境条件

（1）氮肥　　氮肥是影响植株生长的重要矿质元素，氮肥使用量会影响植株组织内的氮含量。由于葫芦素合成与植株内的氮代谢密切相关，因此氮肥施用量会影响果实的苦味程度和苦味果实发生率。氮肥施用过多，造成植物营养生长活跃，植株徒长，侧枝上结的果实易出现苦味。当加倍施用氮肥时，苦果的发生率也几乎加倍。双倍氮肥条件下植株的下位叶（第 2 节叶片）的叶片重量、叶片全氮含量、叶片蛋白质含量都远远高于常规施肥，尤其下位叶和上位叶片中 HMG-CoA 还原酶活性分别是常规施肥量的 2.0 倍和 1.2 倍（Kano and Goto，2003）。

　　氮肥加倍施用植株的叶重增加，与肥料供应过量导致含氮化合物积累有关。植株内氮代谢活跃，促进了蛋白质合成，增强了 HMG-CoA 还原酶的活性，引发果实内葫芦素 C 的快速合成，最终导致苦果的发生率提高。

（2）温度　　环境温度过高或过低，都不利于植株和果实生长，还会导致苦味果实发生的机会增加。当果实生长在低温、弱光照的环境条件下，特别是连续阴天，黄瓜的根系或活动受到损伤和障碍时，吸收的水分和养分减少，果实生长缓慢，往往在根系和下部节位果实中葫芦素的浓度会提高。其中低温，尤其是夜间气温骤降对苦果的发生率影响非常大。

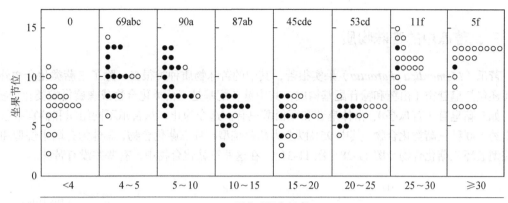

图 11-27　黄瓜果实大小与苦味发生的关系（Kano et al.，1997）

○非苦味果实；●苦味果实；最上一行数字表示苦味果实发生率（%），不同字母表示差异显著（5%水平）

　　对生长于加热（平均最低气温高于 13.8℃）和不加热（最低气温在整个生长期都几乎低于 12℃）环境条件下的黄瓜植株而言，不加热温室的苦果发生率比加热温室高得多。由于温度低，叶片的生长会受到较低的空气温度抑制，低温条件下的植株叶片重量比相对高温条件下的要小，但叶片中总氮和氨基酸氮、蛋白质含量、HMG-CoA 还原酶活性均高于相对高温条件下（表 11-6）。低温条件下，叶片中含氮化合物含量增加是通过抑制叶片生长而实现的。除低温外，高温也会导致苦果发生。因此冬季和春季栽培的黄瓜进入春末高温期后，由于植株根系衰老或土壤湿度过大，根系吸收能力减弱，果实生长慢，葫芦素浓度也会提高，利于形成苦味果实。

表 11-6　温度对黄瓜苦果发生、叶片生长及叶片氮化合物含量和
HMG-CoA 还原酶活性的影响（Kano and Goto，2003）

处理	苦果发生率/%	叶重/g		总氮/%		氨基酸氮/（mg/g DW）		蛋白质/（mg/g DW）		HMG-CoA 还原酶/[mmol/（min·mg 蛋白质）]	
		第2节叶片	第19节叶片	第2节叶片	第19节叶片	第2节叶片	第19节叶片	第2节叶片	第19节叶片	第2节叶片	第19节叶片
加热	0	9.0	18.7	2.6	3.4	1.5	2.2	7.5	15.9	226.0	271.0
非加热	36.4	6.4	8.9	2.9	4.4	2.0	3.5	14.6	30.2	230.3	1060.3
显著性	/	ns	***	ns	**	ns	**	*	*	ns	ns

注：植株种植于早春季节。加热时温室平均最低气温高于 13.8℃；非加热时温室最低气温在整个生长期都几乎低于 12℃；ns 表示无差异显著；*表示 $P<0.1$，显著性差异；**表示 $P<0.05$，显著差异；***表示 $P<0.01$，极显著差异

　　（3）水分　　就栽培管理而言，水分缺乏，特别是长时间干旱缺水，果汁中液泡浓度高，葫芦素相对含量也高，会造成果实变苦。

　　针对瓜类果实产生苦味的现象，生产上要采取相应的防止措施。首先要选用不易出现苦味的品种。在田间栽培方面，应当加强温度的管理，苗期及结瓜初期温度控制在 14℃以上，结瓜后期控制在 30℃以下。注意勤灌水，避免水分亏缺，早期控水要适度，不可过度控水。同时，要保证各种矿质元素的合理供应，施肥时掌握氮磷钾配比，确保植株健壮生长，避免氮肥过多。

三、苦瓜中的苦味物质

苦瓜（*Momordica charantia*）果实很苦，其中的苦味物质种类很多，除了三萜类化合物外，主要还包括皂苷类（由糖和糖苷配基构成，其中糖苷配基是三萜类化合物或螺旋甾烷类化合物）等，如三萜皂苷（苦瓜亭）、甾体皂苷和豆甾醇皂苷。迄今为止，从苦瓜不同组织和器官中已分离出约 100 种三萜类化合物，其中 95% 以上为葫芦烷型四环三萜化合物，其他为齐墩果烷型和乌苏烷型五环三萜化合物（图 11-28～图 11-31）。在这些三萜化合物中，有些并没有苦味。

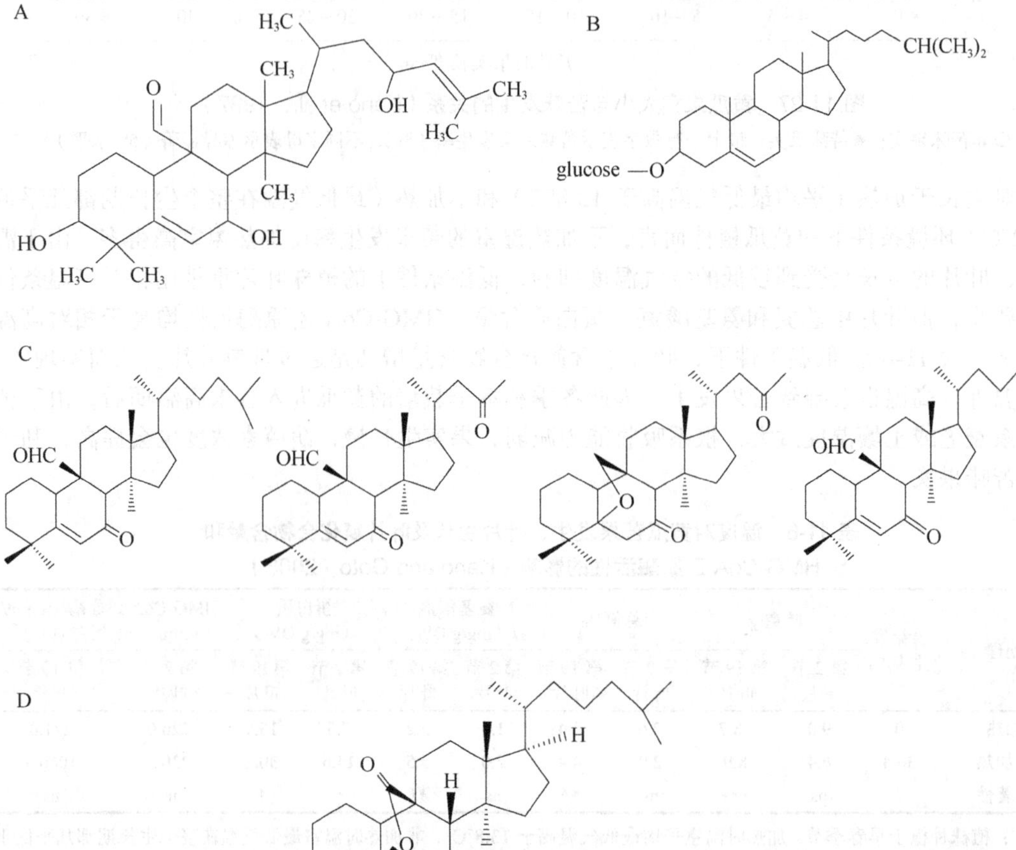

图 11-28　苦瓜中主要的葫芦烷型四环三萜化合物
A. 苦瓜素；B. 苦瓜亭，glucose 表示葡萄糖；C. kuguacin；D. karavilagenin

苦瓜的苦味主要是葫芦烷型四环三萜类化合物。常见的葫芦素是一种葫芦科植株组织中典型的葫芦烷型四环三萜类化合物，但苦瓜中并不含有常见的葫芦素 A～E。苦瓜中常见的葫芦烷型四环三萜化合物，已经发现的有苦瓜素（momordicin）、苦瓜亭（charantin）、kuguacin（A～S）及 karavilagenin（A～E）等。

苦瓜中已分离的葫芦烷型四环三萜化合物，按其化学结构骨架可分为三种亚型：普通葫芦烷型（Ⅰ）、C5,19-半缩醛葫芦烷型（Ⅱ）和降葫芦烷型（Ⅲ）（图 11-29）。其中，Ⅰ 类骨架的主要特征结构和普通葫芦烷型相似，只是取代基不同。其 C-5、C-23 处常存在双键。Ⅱ 类骨架的主要特征是在 C-5 和 C-19 之间由环氧基连接，形成半缩醛，且一般情况下在 C-6、C-23 处存在双键，该类结构目前只在苦瓜属植物中发现。Ⅲ型通常会在以上两种类型的基础上缺失一个或几个碳原子，分子的总碳原子数少于 30 个。与其他绝大多数葫芦素化学结构相比，苦瓜的葫芦烷型四环三萜化合物在 C-11 处没有发生氧化。

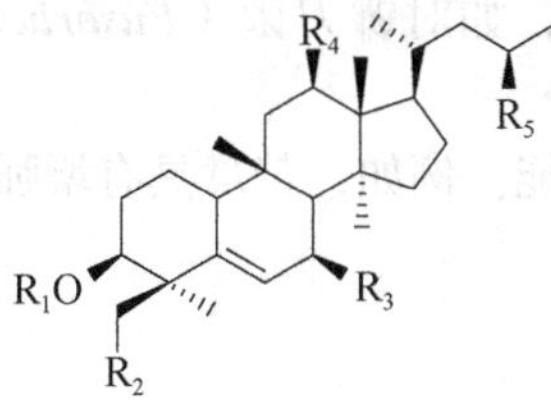

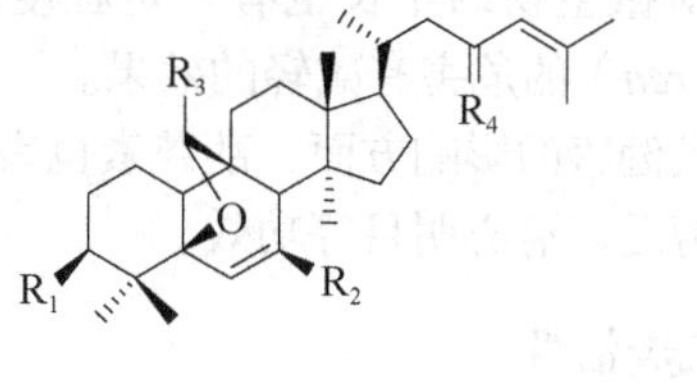

图 11-29　苦瓜属植物中葫芦烷型四环三萜化合物的三种基本骨架（Sun et al.，2021）

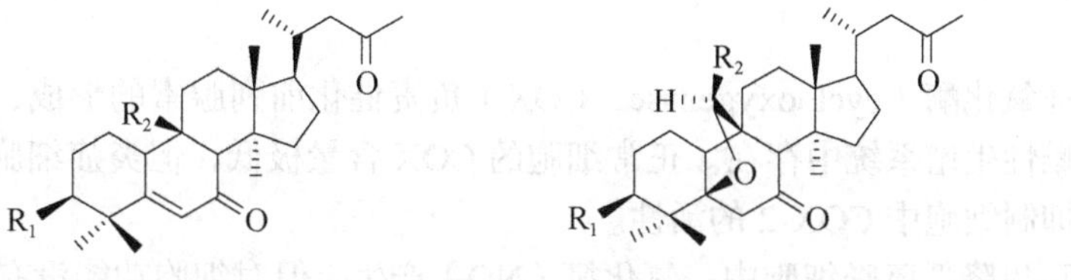

R_n 表示不同的取代基

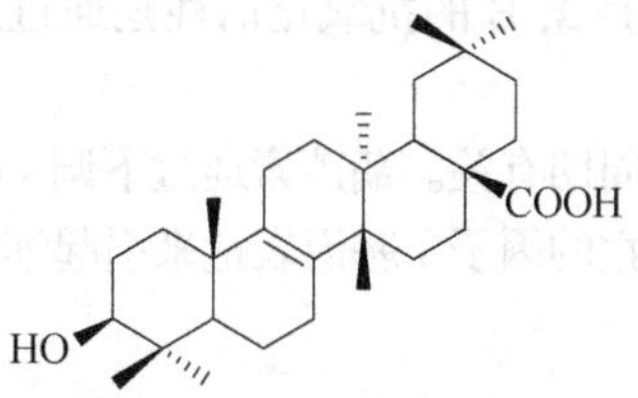

图 11-30　苦瓜中的齐墩果烷型五环三萜化合物的基本骨架

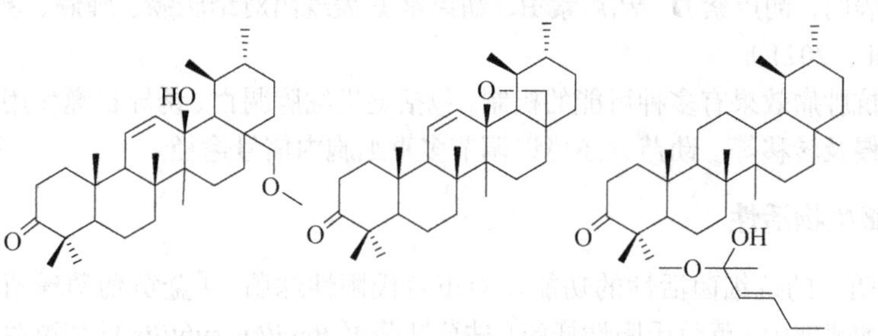

图 11-31　苦瓜中的乌苏烷型五环三萜化合物的基本骨架

四、生物学功能

葫芦素是迄今分离到的最苦的植物次生代谢物，即使稀释到 1 μg/L 人类也能分辨出其的苦味。痕量葫芦素还能引起人们舌和嘴唇几乎麻痹的反应。但随着对其药理学研究的深入，发现其具有细胞毒性、抗癌活性、抗炎活性和保肝作用等功能（Sun et al.，2021）。

葫芦素对哺乳动物具有毒性，含有葫芦素的葫芦科植物的叶片和果实不适合人类和其他植食性动物食用，因此葫芦素对哺乳动物取食葫芦科植物具有防御作用。

葫芦素对许多植食性昆虫有抑制取食和毒害作用，其苦味会造成昆虫不适。据不完全统计，葫芦素对豌豆蚜（*Acyrthosiphon pisum*）、甜菜夜蛾（*Spodoptera exigua*）、美洲斑潜蝇（*Liriomyza sativae*）、欧洲玉米螟（*Ostrinia nubilalis*）、菜粉蝶（*Pieris rapae*）、小菜蛾（*Plutella xylostella*）等害虫的取食、生长发育和产卵具有较强的抑制作用。但是，葫芦素却对另一些其协同进化的昆虫（如萤叶甲、守瓜和植食性瓢虫）的取食具有刺激作用。

葫芦素对微生物的生长也有一定程度的抑制作用，如对镰刀菌（*Fusarium* sp.）、灰霉菌（*Botrytis cinerea*）的危害有减轻的效果。

在对人类健康的影响方面，葫芦素也表现出多种功能。例如，苦瓜具有增强食欲、助消化、除热邪、解劳乏、清心明目等功效。

（一）抗炎活性

研究发现葫芦素有明显的减轻炎症效果，尤其是葫芦素 B 和葫芦素 E。葫芦素的抗炎活性有多种机制。

人体中的环氧化酶（cyclooxygenase，COX）负责催化前列腺素的形成，主要在胃、肾、中枢神经系统和雌性生殖系统中存在。正常细胞的 COX 含量极低，但炎症细胞的量会大幅增加。葫芦素能明显抑制细胞中 COX-2 的活性。

葫芦素 E 可以降低巨噬细胞中一氧化氮（NO）产生，但对细胞功能没有影响。NO 是免疫、心血管和神经反应的第二信使。高浓度 NO 可以增强 COX-2 活性。

葫芦素还可以清除 ROS 和活性氮（reactive nitrogen species，RNS）。而这些自由基与炎症、细胞伤害及炎症信号释放有关。葫芦素 B 的抗氧化活性是通过提高 GSH 含量和 CAT 活性及降低脂质过氧化实现。

葫芦素的抗炎效果还与其细胞周期有关。葫芦素通过下调 *survivin*（一种凋亡蛋白的抑制因子）基因表达、促进 *caspase 3*（介导凋亡的因子）基因表达来引起细胞周期停滞，减少炎症的发生发展。

（二）抗肿瘤效果

体外实验表明，葫芦素 D、葫芦素 B、葫芦素 E 表现出对结肠癌、肺癌、乳腺癌等癌细胞的抗性（Sun et al.，2021）。

葫芦素的抗肿瘤效果有多种可能的机制，包括促进细胞凋亡、诱导自噬作用、细胞周期停滞、抑制癌细胞入侵及转移等。葫芦素还可以调节多重细胞内信号途径。

（三）抗微生物活性

葫芦素有明显的抗细菌活性的功能。对革兰氏阳性球菌 ［金黄葡萄球菌（*Staphylococcus aureus*）、表皮葡萄球菌、革兰氏阳性杆菌（枯草杆菌）（*Bacillus subtilis*）］和革兰氏阴性杆菌 ［大肠杆菌（*E. coli*）、绿脓杆菌（*P. aeruginosa*）、痢疾杆菌（*Shigella flexneri*）、肺炎杆菌（*Klebsiella peneumoniae*）、阴沟杆菌（*Enterobacter cloacae*）和伤寒杆菌（*Typhoid bacillus*）等］都具有抗菌作用。其抗菌机制主要是与抑制细胞壁合成有关。

葫芦素对 EB 病毒（Epstein-Barr virus）、人类免疫缺陷病毒（human immunodeficiency virus，HIV）、乙肝病毒等有一定的抗性。

（四）对生殖系统的影响

一些葫芦素表现出避孕效果，如抑制受精卵着床。葫芦素还能抑制精子运动和活力，不利于受精过程完成。

|第十二章|
硫代葡萄糖苷

硫代葡萄糖苷（glucosinolate）简称硫苷，是一类富含氮硫的阴离子亲水性植物次生代谢物。硫苷最早是在研究芥菜种子特殊风味时被发现，所以又称芥子油苷，目前已经分离鉴定出 200 余种，主要存在于十字花科（Brassicaceae）和白花菜科（Capparaceae）植物中，尤其是十字花科芸薹属蔬菜，如甘蓝、花椰菜（*Brassica oleracea* var. *botrytis*）、西蓝花、芥菜（*Brassica juncea*）、大白菜（*Brassica pekinensis*）、小白菜等。

硫苷可被植物细胞中的黑芥子酶水解。在完整的植物组织中，硫苷和黑芥子酶被物理分隔，但当植物受到机械伤害或被食草动物取食时，硫苷与黑芥子酶发生接触，之后被快速降解产生异硫氰酸酯、硫氰酸酯、腈和环硫腈等多种水解产物。硫苷的水解产物在植物防御中具重要作用，植物在受到逆境胁迫时会增加硫苷的合成以提高自身的抗逆能力。硫苷也可被人体肠道细菌水解，部分硫苷的水解产物对人体健康有益，如萝卜硫苷的水解产物萝卜硫素具有预防肿瘤和心脑血管疾病等作用。

◆ 第一节　结构及类型

一、基本结构

硫苷的核心结构一般由一个 β-D-硫葡萄糖（β-d-thioglucose）残基、一个磺酸肟（sulfonated oxime）基团和一个由氨基酸衍生而来的侧链 R 基团组成（图 12-1）。其侧链 R 基团合成前体主要来源于甲硫氨酸、色氨酸、苯丙氨酸、丙氨酸、亮氨酸、异亮氨酸、酪氨酸和缬氨酸 8 种氨基酸。

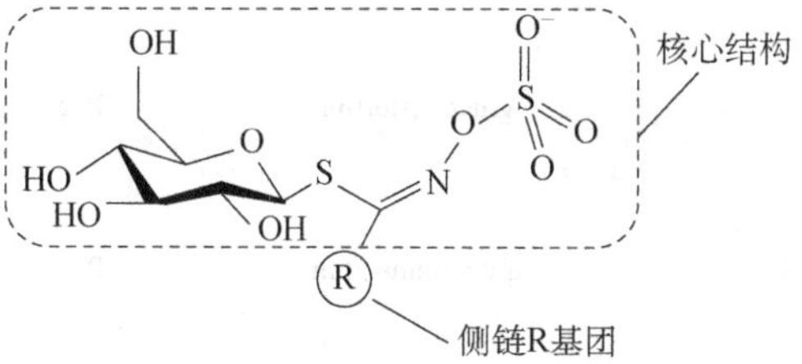

图 12-1　硫代葡萄糖苷的基本结构

二、主要类型

　　硫苷种类很多，一般可根据侧链 R 基团的不同分为脂肪族硫苷（aliphatic glucosinolate）、芳香族硫苷（aromatic glucosinolate）和吲哚族硫苷（indole glucosinolate）。其中，脂肪族硫苷中的侧链 R 基团主要源自甲硫氨酸，也有的源于缬氨酸、亮氨酸、异亮氨酸和丙氨酸；芳香族硫苷的侧链 R 基团主要源自苯丙氨酸，也有的源于酪氨酸；吲哚族硫苷的侧链 R 基团主要源自色氨酸。部分硫苷种类及其结构式如表 12-1 所示。

表 12-1　部分硫苷种类及其结构式

分类	名称	常用英文名	侧链 R 基团来源氨基酸	结构
脂肪族硫苷	4-甲基亚磺酰-3-丁烯基硫苷	glucoraphenin	Met	
	4-甲基亚磺酰丁基硫苷（萝卜硫苷）	glucoraphanin	Met	
	3-甲基亚磺酰丙基硫苷	glucoiberin	Met	
	5-甲基亚磺酰戊基硫苷	glucoalyssin	Met	
	4-甲硫基丁基硫苷（芝麻菜苷）	glucoerucin	Met	
	5-甲硫基戊基硫苷	glucoberteroin	Met	
	3-甲硫基丙基硫苷	glucoiberverin	Met	
	4-甲硫基-3-丁烯基硫苷	glucoraphasatin	Met	
	白花菜苷	glucocapparin	Ala	
	3-丁烯基硫苷	gluconapin	Met	
	2-羟基-3-丁烯基硫苷	progoitrin	Met	
	4-戊烯基硫苷	glucobrassicanapin	Met	
	2-丙烯基硫苷（黑芥子苷）	sinigrin	Met	
	2-羟基-4-戊烯基硫苷	gluconapoleiferin	Met	
芳香族硫苷	4-羟基苄基硫苷（白芥子苷）	sinalbin, glucosinalbin	Phe/Tyr	
	2-苯乙基硫苷	gluconasturtiin	Phe	
	3-甲氧基苄基硫苷	glucolimnanthin	Phe	
	苯甲基硫苷（金莲葡糖硫苷）	glucotropaeolin	Phe	

续表

分类	名称	常用英文名	侧链 R 基团 来源氨基酸	结构
芳香族硫苷	3-羟基苄基硫苷	glucolepigramin	Phe	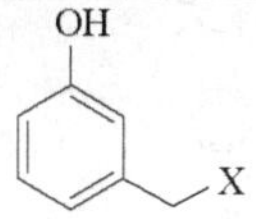
	4-甲氧基苄基硫苷	glucoaubrietin	Phe/Tyr	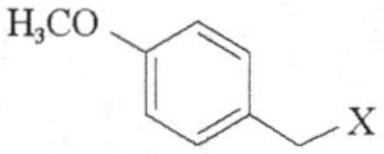
	2-羟基苯乙基硫苷	glucobarbarin	Phe	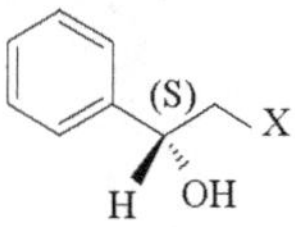
吲哚族硫苷	吲哚-3-甲基硫苷	glucobrassicin （glucobrassin）	Trp	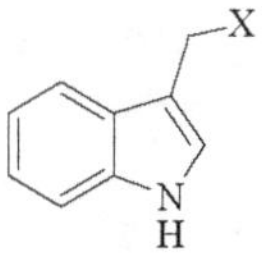
	1-甲氧基-3-吲哚甲基硫苷	neoglucobrassicin	Trp	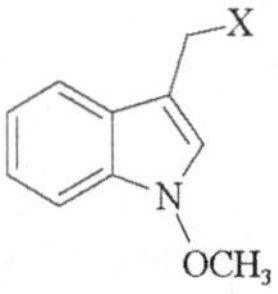
	4-羟基-3-吲哚甲基硫苷	4-hydroxy-glucobrassicin	Trp	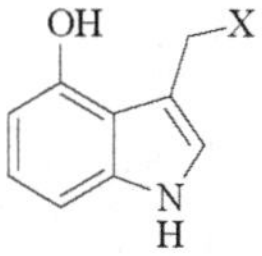
	4-甲氧基-3-吲哚甲基硫苷	4-methoxy-glucobrassicin	Trp	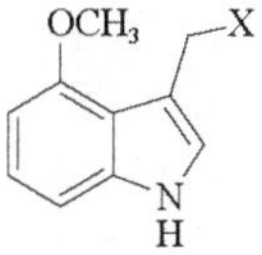

注：X 为硫苷核心结构

◆ 第二节　合成及代谢途径

一、合成途径

硫苷的生物合成过程主要包括氨基酸侧链延长、核心结构形成和侧链的次级修饰三个阶段（图 12-2）。

第一阶段：氨基酸侧链延长。氨基酸脱氨形成的 2-含氧酸和乙酰辅酶 A 缩合成 2-苹果酸衍生物，2-苹果酸衍生物发生异构化和氧化脱羧形成延长的氨基酸。形成的相应氨基酸可进入硫苷合成的第二阶段，也可以继续循环形成更长的链，每一轮循环净增一个碳原子。此阶段主要涉及的合成相关基因有 *BCAT*、*MAM* 等基因家族。

第二阶段：核心结构形成。侧链延长或未经延长的氨基酸首先被催化形成乙醛肟，乙醛肟被氧化后逐步生成 *S*-烷基硫代氧肟，*S*-烷基硫代氧肟经 C-S 裂解、糖基化和硫酸化形成硫苷核心结构。核心结构的形成主要涉及的合成相关基因有 *CYP79* 和 *CYP83* 基因家族。

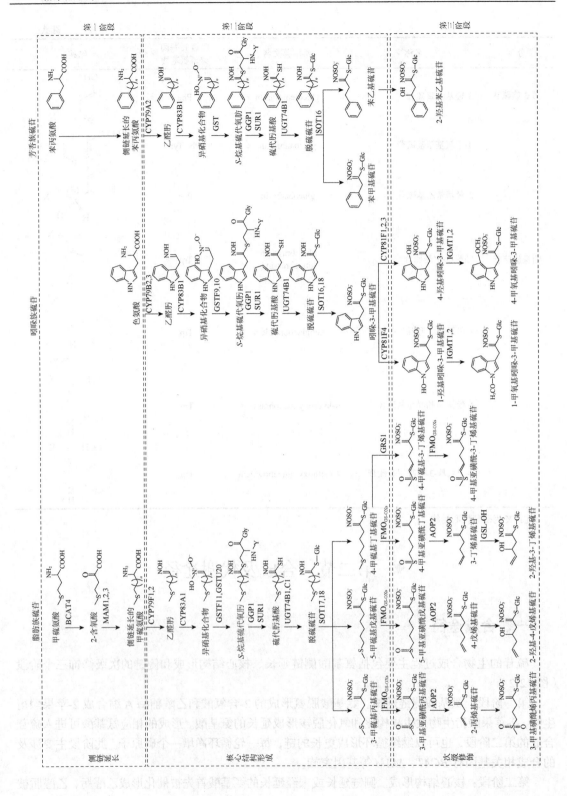

第三阶段：侧链的次级修饰。硫苷核心结构形成后，在侧链和葡萄糖部分可发生次级修饰，包括氧化、羟基化、甲氧基化等。侧链修饰丰富了硫苷种类，且与硫苷水解产物和活性有密切关系。FMO_{GS-OX}和AOP基因家族及$CYP81F$和$IGMT$基因家族分别参与脂肪族和吲哚族硫苷的侧链修饰。目前，有关芳香族硫苷的侧链修饰过程及其涉及的基因还不清楚。

二、代谢途径

硫苷可在黑芥子酶等作用下发生降解，形成一系列的水解产物，许多硫苷的水解产物具有较强的生物活性。黑芥子酶首先催化硫苷形成葡萄糖和不稳定的糖苷配基。糖苷配基随后依据其结构、pH、Fe^{2+}浓度和表皮特异硫蛋白（epithiospecifier protein，ESP）重排形成不同的产物，包括异硫氰酸酯（isothiocyanate）、腈（nitrile）、环硫腈（epithionitrile）和硫氰酸酯（thiocyanate）。图 12-3 为 3-丁烯基硫苷在黑芥子酶作用下的水解示意图。

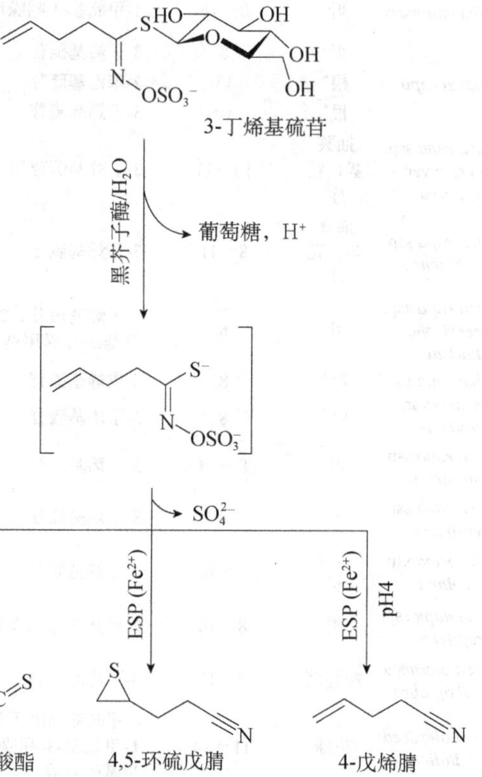

图 12-3　3-丁烯基硫苷在黑芥子酶作用下的水解示意图（Klopsch et al.，2018）

图 12-2　十字花科植物中硫代葡萄糖苷的生物合成途径（Zhu et al.，2023）
BCAT4. 支链氨基酸转氨酶 4；MAM1,2,3. 甲硫烷基苹果酸异构酶 1,2,3；CYP79F1,2. 细胞色素 P450 同族物 CYP79F1,2；CYP79B2,3. 细胞色素 P450 同族物 CYP79B2,3；CYP79A2. 细胞色素 P450 同族物 CYP79A2；CYP83A1,B1. 细胞色素 P450 同族物 CYP83A1,B1；GSTF9,10,11. 谷胱甘肽硫转移酶 F9,10,11；GSTU20. 谷胱甘肽硫转移酶 TAU20；GGP1. γ-谷氨酰多肽合成酶 1；SUR1. C-S 裂合酶 1；UGT74B1,C1. 葡糖基转移酶 74B1,C1；SOT16,17,18. 脱硫硫苷磺基转移酶 16,17,18；FMO_{GS-OXS}. 黄素单加氧酶；AOP2. 2-含氧戊二酸双加氧酶 2；CYP81F1,2,3,4. 细胞色素 P450 同族物 CYP81F1,2,3,4；IGMT1,2. 吲哚硫苷甲基转移酶 1,2；GRS1. GRH 合酶；GSL-OH. 2-酮戊二酸依赖性双加氧酶

◆ 第三节　含量及影响因素

一、含量

硫苷主要存在于十字花科蔬菜中，在植株的根、茎、叶和种子中均有分布（表12-2）。

表12-2　常见十字花科蔬菜中硫苷的分布及含量（Zhu et al., 2023）

蔬菜	拉丁名	部位	检出硫苷种类	主要硫苷组分	总硫苷含量
大白菜	*Brassica pekinensis*	叶	8~16	4-甲氧基-3-吲哚甲基硫苷、吲哚-3-甲基硫苷、1-甲氧基-3-吲哚甲基硫苷和2-羟基-3-丁烯基硫苷等	2~9 µmol/g DW
小白菜	*Brassica chinensis*	叶	8~16	1-甲氧基-3-吲哚甲基硫苷和3-丁烯基硫苷等	357~9476 µg/g DW
芜菁	*Brassica rapa*	叶	8	3-丁烯基硫苷	3.6 µmol/g FW
		根*	13	2-苯乙基硫苷	54 µmol/g DW
		根*	10	3-丁烯基硫苷	1.3 mg/g FW
紫菜薹	*Brassica rapa* ssp. *chinensis* var. *purpurea*	抽薹茎、花序	10~11	3-丁烯基硫苷和4-戊烯基硫苷等	0.5~0.7 mg/g FW
菜心	*Brassica rapa* ssp. *parachinensis*	抽薹茎、花序	8~11	3-丁烯基硫苷	3 µmol/g FW
薹菜	*Brassica rapa* ssp. *chinensis* var. *tai-tsai*	叶	8	3-丁烯基硫苷、2-羟基-3-丁烯基硫苷和1-甲氧基-3-吲哚甲基硫苷等	0.3~1.7 µmol/g FW
乌塌菜	*Brassica rapa* ssp. *chinensis* var. *rosularis*	叶*	8	4-戊烯基硫苷	6.7 µmol/g DW
		叶*	8	3-丁烯基硫苷	0.2 µmol/g FW
水菜	*Brassica rapa* ssp. *nipposinica*	叶	8~14	3-丁烯基硫苷	10~16 µmol/g DW
小松菜	*Brassica rapa* ssp. *perviridis*	叶	8	3-丁烯基硫苷	0.9 µmol/g FW
黄籽沙逊	*Brassica rapa* ssp. *tricolaris*	叶、种子	8~10	3-丁烯基硫苷	48~54 µmol/g DW
芜菁甘蓝	*Brassica napu* ssp. *rapifera*	根	8~10	2-羟基-3-丁烯基硫苷	10~11 µmol/g DW
芥蓝	*Brassica oleracea* var. *alboglabra*	抽薹茎	9~13	3-丁烯基硫苷	0.3~3.2 µmol/g FW
西蓝花	*Brassica oleracea* var. *italica*	花球	11~14	4-甲基亚磺酰丁基硫苷、吲哚-3-甲基硫苷、1-甲氧基-3-吲哚甲基硫苷和4-羟基-3-吲哚甲基硫苷等	0.5~58.0 µmol/g DW
甘蓝	*Brassica oleracea*	叶	9~14	3-甲基亚磺酰丙基硫苷、吲哚-3-甲基硫苷和4-甲氧基-3-吲哚甲基硫苷等	4~24 µmol/g DW
花椰菜	*Brassica oleracea* var. *botrytis*	花球	9~14	吲哚-3-甲基硫苷、1-甲氧基-3-吲哚甲基硫苷和2-苯乙基硫苷等	0.3~5.0 µmol/g FW
羽衣甘蓝	*Brassica oleracea* var. *acephala*	叶	5~10	吲哚-3-甲基硫苷、3-丁烯基硫苷、4-甲基亚磺酰丁基硫苷	0~2 mg/g FW
球茎甘蓝（苤蓝）	*Brassica oleracea* var. *gongylodes*	茎	7~11	3-甲硫基丙基硫苷、4-甲硫基丁基硫苷和5-甲硫基戊基硫苷等	11~19 µmol/g DW
茎用芥菜	*Brassica juncea* var. *tumida*	茎*	8	2-丙烯基硫苷	15 µmol/g DW
		茎*	7	2-丙烯基硫苷	6.5 µmol/g FW
根用芥菜	*Brassica juncea* var. *megarrhiza*	根	16	2-丙烯基硫苷	35 µmol/g DW

续表

作物	拉丁名	部位	检出硫苷种类	主要硫苷组分	总硫苷含量
叶用芥菜	*Brassica juncea* var. *multiceps*	叶	13	2-丙烯基硫苷	11 μmol/g DW
白萝卜	*Raphanus sativus* var. *longipinnatus*	根	7~14	4-甲硫基-3-丁烯基硫苷	11~13 μmol/g DW
豆瓣菜	*Nasturtium officinale*	叶、茎	10~19	2-苯乙基硫苷	10 538~14 012 μg/g DW
芝麻菜	*Eruca sativa*	叶、茎	19	4-巯基丁基硫苷	8747 μg/g DW
辣根	*Armoracia rusticana*	根、叶	5~8	2-丙烯基硫苷	70~97 μmol/g DW

*同一部位的两组数据来自不同的参考文献，品种、栽培方式和取样时间都有影响

二、影响因素

影响蔬菜作物硫苷组成和含量的因素较多，主要包括遗传因素、环境因子和采后处理等。

（一）遗传因素

遗传是决定十字花科蔬菜中硫苷组分和含量的主要因素。研究表明，属间、种间及品种间硫苷组分和含量存在差异，不同发育阶段及部位间的硫苷组分和含量也不同。虽然栽培方式、外界环境条件及检测方法对含量存在一些影响，但总体来说，甘蓝类蔬菜和芥菜类蔬菜中的总硫苷含量较高，而白菜类蔬菜中的总硫苷含量较低；不同部位间的硫苷含量从高到低依次为种子＞根＞花＞茎叶；不同生长阶段的硫苷含量随着植株成熟逐渐降低（Zhu et al.，2023）。

（二）环境因子

影响植株中硫苷组分及含量的环境因子大致可分为生物因子和非生物因子两类，前者主要包括食草动物（主要为昆虫）取食、病原菌感染等因素；后者主要包括温度、光照、水分、矿质元素及气体环境等因子（饶帅琦等，2020）。

1. 生物因子 取食十字花科蔬菜的昆虫可分为专食性昆虫和杂食性昆虫。在与十字花科蔬菜长期协同进化过程中，专食性昆虫逐渐产生了应对硫苷防御的机制，故硫苷对专食性昆虫具有一定的引诱作用；但对杂食性昆虫而言，硫苷及其降解产物可以抑制其生长或造成其死亡。不过，无论是专食性昆虫还是杂食性昆虫，它们的取食行为均可影响十字花科植物中硫苷的含量。CYP家族等硫苷合成基因的表达量和硫苷含量在蚜虫取食后均有上升；水杨酸和茉莉酸等信号在植株被昆虫咀嚼后也会被迅速激活，它们也将影响硫苷的合成和调控。此外，菌根真菌的侵染提高了西蓝花根和叶中吲哚族硫苷的含量。

2. 非生物因子 光照强度、光周期和光质均可影响植株体内硫苷的含量。例如，增加光照可提高植物中大部分硫苷基因的表达；长光周期可以促进脂肪族硫苷合成；覆盖蓝色地膜或在蓝光下生长可促进植株硫苷合成，连续红光处理及短期紫外照射也分别增加了拟南芥幼苗和西蓝花中的总硫苷含量。

外界环境温度和水分供给可对植株硫苷含量产生影响。短期高温和低温均有利于西蓝花中硫苷的积累。目前有关水分对硫苷影响的研究主要集中于干旱胁迫方面，大部分研究结果显示硫苷含量在植株受到干旱胁迫时明显增加。

硫苷是一种富含氮硫的次生代谢物，其合成受到氮和硫供应的影响。通常，硫肥的施用可以促进硫苷含量的积累，缺硫则导致硫苷含量降低（何超超等，2018）。在一定范围内增施氮肥可

提高植株硫苷的含量，但当氮肥施用过多时，硫苷的单位含量反而可能因为"稀释效应"而降低。氮硫比例也会影响硫苷的含量，过高不利于硫苷含量的积累。钾、硒等元素也会影响硫苷的含量。例如，缺钾可导致拟南芥吲哚族硫苷含量的增加；较高浓度硒肥可能通过影响硫元素的吸收从而导致硫苷含量的降低。

空气中的 SO_2 或 H_2S 也可作为硫源被植株所吸收利用，因此也会对硫苷的含量产生影响。尤其是在土壤中硫元素比较缺乏的情况下，用 SO_2 或 H_2S 进行处理后，植株中硫苷含量增加。

（三）采后处理

不同的贮藏条件和烹饪方法会对植株产生不同程度的破坏，影响组织细胞的完整性，引起硫苷水解，从而降低硫苷含量（Jones et al., 2006）。一般认为，低温和较高湿度有利于蔬菜的贮藏，如家用冰箱（4~8℃）能较好地保持蔬菜中的硫苷含量。此外，水煮和过长时间的烫漂可导致蔬菜植株细胞被破坏，发生酶降解和热降解，造成蔬菜中硫苷含量降低（Baenas et al., 2019），而蒸、炒和微波相较而言可更好地保持蔬菜中的硫苷含量。

◆ 第四节　生物学功能

硫苷在植物防御体系中具有重要作用，与植物的逆境响应密切相关。硫苷及其分解产物是萝卜、芥菜和甘蓝等十字花科蔬菜辛辣风味的主要来源之一。硫苷及其分解产物具有抗肿瘤、抗炎、抗氧化和预防心血管疾病等功能，对人体健康具有重要作用。硫苷还可作为生物抑菌剂使用。

一、逆境响应

硫苷是十字花科植物应对环境胁迫的重要次生代谢物，参与了对干旱、盐害、极端温度等逆境的响应过程。大多数植物植株体内硫苷在干旱环境下呈现上升的趋势，干旱胁迫下硫苷的增加可通过促进气孔关闭增强植物耐旱性。盐胁迫下，大多数植株体内的硫苷含量也会增加，但当受到高度盐胁迫时，硫苷含量反而会降低。这是由于当盐胁迫程度在植物耐受范围内的，硫苷可参与渗透调节以维持水分平衡，增强植物防御反应；但当盐胁迫程度超过植物耐受程度的，植株的硫苷合成会受到不利影响，致使其含量降低。与盐胁迫类似，高温可促进硫苷在植株体内的积累，但极端高温会抑制其合成，且不同作物的耐受性不同。高温下硫苷含量的增加不仅可以增强植物耐热性，其水解产物异硫氰酸酯亦可进一步使其耐热性增加。

二、风味物质

十字花科蔬菜独特的苦味和辛辣味大多与硫苷及其水解产物异硫氰酸酯（ITC）有关（Bell et al., 2018）。例如，芜菁、甘蓝、芥菜等蔬菜的苦味被认为与 2-丙烯基硫苷（sinigrin，SIN）、3-丁烯基硫苷（gluconapin，GNP）、2-羟基-3-丁烯基硫苷（progoitrin，PRO）、吲哚-3-甲基硫苷（glucobrassicin，GBS）和 1-甲氧基-3-吲哚甲基硫苷（neoglucobrassicin，NGBS）等分解产物有关（Wieczorek et al., 2018）。

2-丙烯基硫苷水解产生的异硫氰酸酯对芸薹属蔬菜辛辣味的形成有重要作用。2-丙烯基硫苷是多种芥菜类蔬菜的主要硫苷组分，且所占比例与其辛辣味的程度相关联，即 2-丙烯基硫苷的比例越高，植株所产生的辛辣味越浓（Sun et al.，2019）。4-甲硫基-3-丁烯基硫苷（glucoraphasatin，GRH）的异硫氰酸酯水解产物 raphasatin 是萝卜独特风味的主要成分。白菜类蔬菜的风味则主要与 3-丁烯基硫苷（GNP）、4-戊烯基硫苷（glucobrassicanapin，GBN）和 2-苯乙基硫苷（gluconasturtiin，GNS）的水解产物有关（Zhu et al.，2023）。

三、对人体健康的有益作用

（一）抗肿瘤作用

流行病学研究发现，食用花椰菜、西蓝花、大白菜、小白菜和甘蓝等芸薹属蔬菜可预防结肠癌、乳腺癌、胃癌等多种恶性肿瘤的发生，这与硫苷的水解产物有关，尤其是萝卜硫素（sulforaphane，SFN）、吲哚-3-甲醇（indole-3-carbinol）、异硫氰酸苄酯（benzyl isothiocyanate，BITC）和苯乙基异硫氰酸酯（phenethylisothiocyanate，PEITC）等。它们分别是 4-甲基亚磺酰丁基硫苷（glucoraphanin，GRA）、吲哚-3-甲基硫苷（GBS）、苯甲基硫苷（glucotropaeolin，GTP）和 2-苯乙基硫苷（GNS）等硫苷的水解产物，可通过抑制 I 相酶活性、诱导脱毒 II 相酶活性，阻止癌细胞扩增，引起癌细胞程序性死亡，起到阻断剂和抑制剂的作用（Wu et al.，2022）。

（二）抗炎作用

萝卜硫素、苯乙基异硫氰酸酯等硫苷的异硫氰酸酯水解产物还有抗炎等作用。例如，异硫氰酸酯可抑制环氧合酶-2 以防止炎性前列腺素的产生；异硫氰酸酯可下调血管内皮生长因子（vascular endothlial growth factor，VEGF），萝卜硫素可抑制内皮细胞对 VEGF 的响应；一些异硫氰酸酯还可通过调控 NF-κB 及其下游信号起到抗炎作用（Bischoff，2019）。

（三）抗氧化和抑菌作用

异硫氰酸酯可通过诱导 II 相酶活性和提高谷胱甘肽水平等来提高细胞抵御活性氧的能力；萝卜硫素和苯乙基异硫氰酸酯分别对幽门螺杆菌（*Helicobacter pylori*）、金黄色葡萄球菌（*Staphylococcus aureus*）和蜡状芽孢杆菌（*Bacillus cereus*）等有抑制作用（Zhu et al.，2023）。

此外，部分硫苷水解产物也会对人体产生不利影响，如腈类水解产物可能导致肝和肾的功能紊乱（Bischoff，2019）。

四、生物熏蒸剂

生物熏蒸是指以生物物质为材料进行土壤熏蒸，通过释放其中的生物灭杀物质达到消灭土传病虫害的作用。研究证明，十字花科作物植株对土传病原菌、杂草和昆虫具有生物熏蒸效果，尤其是对线虫和真菌，主要机制包括直接毒性及杀菌作用和干扰病原菌毒力因子的产生（Zhu et al.，2023），其中，芥菜类蔬菜因其 2-丙烯基硫苷含量较高而被广泛应用。

第十三章

多　酚　类

　　酚类化合物广泛存在于植物组织中。酚类化合物功能多样，可以影响植物花、果实的颜色（如花色素、橙皮素等），或是构成次生壁的成分（如木质素等），或有特殊的味道（如芸香苷、肉桂酸等）。目前为止，已从植物中发现 8000 多种酚类化合物，但对其分类还没有统一标准。最常见的有 4 种分类方法：一是分为黄酮类和非黄酮类；二是按照苯环数目；三是按照碳原子的构成和排列的 C 骨架（如 C6、C6-C1、C6-C3-C6 等）；四是按照基本的化学结构（如苯环、羟基、单双键、共价键等数目）。

　　酚类化合物有简单酚和多酚（polyphenol）。多酚存在于许多高等植物叶片和果实中，是一大类重要的次生代谢物，也是食物颜色和风味的构成成分之一。在化学结构上，多酚的种类繁多、结构复杂，但均含有带一个或多个羟基基团的苯环结构。多酚是植物适应环境的保护物质。对人类而言，多酚对减少心血管疾病、糖尿病、肥胖症等多种疾病的发生有重要作用。由于苯环的存在，酚类化合物可表现出芳香风味，但通常表现为苦味和涩味（表 13-1），这种味道差异高度依赖于其在植物组织中的浓度及其分子聚合度，这也会影响消费者的接受程度。

表 13-1　一些酚类化合物的风味和颜色

种类	风味	颜色
羟基苯甲酸	苦	白色
原儿茶酸	涩	浅棕色
香草酸	涩	浅黄色
香草醛（香兰素）	甜	白色
丁香酸	苦	米白色
芥子酸	甜中有苦	白色
阿魏酸	涩	浅黄色
肉桂酸	肉桂味	白色
白藜芦醇	苦	白色
儿茶素（儿茶酸）	苦	白色
表儿茶素	苦、涩	白色
大豆黄素（大豆黄酮）	苦	淡黄色
新橙皮苷（新橘皮苷）	甜中有苦	黄白色
柑橘黄酮	苦	白色
槲皮素	苦	黄色
柚皮苷	苦	白色
天竺葵素	较涩	橘红色
矢车菊素	涩	红色

种类	风味	颜色
芍药素	涩	玫瑰红色
飞燕草素	涩	蓝紫色
矮牵牛素	涩	蓝紫色
锦葵素	涩	紫色

◆ 第一节 结构及分类

按照碳原子的构成及其排列的 C 骨架（如 C6、C6-C1、C6-C3-C6 等），特别是多酚单体的羟基数量和结构，Harborne 和 Simmonds（1964）把多酚类化合物分为酚酸类、黄酮类、二苯乙烯类（芪类）、单宁类、木质素类等，至今仍被广泛使用（表 13-2）。目前，对其结构和功能研究较多的多酚主要为酚酸类和黄酮类。

表 13-2 食物中酚类化合物的分类

类型	结构	举例
简单酚类	C6	
羟基苯甲酸类	C6-C1	
酚醛类	C6-C1	
苯乙酮类和苯乙酸类	C6-C2	
苯乙醇类	C6-C2	
肉桂酸类（肉桂酸醛、醇、酯类）	C6-C3	
香豆素类和色原酮类	C6-C3	

类型	结构	举例
二苯甲酮类和氧杂蒽酮类	C6-C1-C6	
芪类（二苯乙烯类）	C6-C2-C6	
蒽醌类	C6-C2-C6	
查耳酮类	C6-C3-C6	
呋喃酮类	C6-C3-C6	
黄酮类	C6-C3-C6	
花青素类	C15（C6-C3-C6）	
甜菜红素类（甜菜花青素类）	C18	
木酚素类、木酚素二聚体、木酚素低聚体	(C6-C3)$_2$	
木质素	(C6-C3)$_n$	聚合单元

续表

类型	结构	举例
单宁	(C6-C3-C6)$_n$	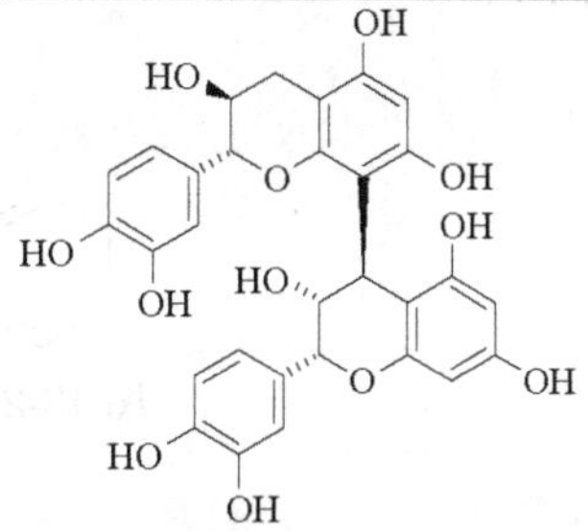

一、酚酸类

酚酸类通常含有一个羧基。蔬菜和水果中的酚酸通常以结合态形式存在，如酰胺、酯，尤其是糖苷。结合态酚酸可被酸、碱和酶水解，但有少数酚酸以游离态形式存在。酚酸类在食物中广泛存在，特别是谷物、草本植物、蔬菜、豆类、果实、含油种子及饮料中。

羟基苯甲酸类（如丁香酸、没食子酸、龙胆酸、香草酸）和羟基肉桂酸类（如阿魏酸、咖啡酸、对香豆酸、芥子酸）是两类主要的酚酸。羟基苯甲酸类和羟基肉桂酸类衍生物分别具有 C6-C1 和 C6-C3 骨架（图 13-1）。

羟基苯甲酸类

对羟基苯甲酸　$R_1=R_2=R_3=H$
2,4-二羟基苯甲酸　$R_1=R_3=H, R_2=OH$
没食子酸　$R_1=R_3=OH, R_2=H$
原儿茶酸　$R_1=R_2=H, R_3=OH$
香草酸　$R_1=OCH_3, R_2=R_3=H$
丁香酸　$R_1=R_3=OCH_3, R_2=H$

羟基肉桂酸类

O-香豆酸　$R_1=R_2=R_3=H, R_4=OH$
对香豆酸　$R_1=R_3=R_4=H, R_2=OH$
咖啡酸　$R_1=R_2=OH, R_3=R_4=H$
阿魏酸　$R_1=OCH_3, R_2=OH, R_3=R_4=H$
芥子酸　$R_1=R_3=OCH_3, R_2=OH, R_4=H$

图 13-1　酚酸类化合物的基本结构

羟基苯甲酸类在植物组织中的含量通常很低，但有些深色果实的含量高一些（<100 mg/kg FW），如红色果实、洋葱、黑萝卜（*Raphanus sativus* var. *niger*）等。此外，树莓、草莓、黑莓、芒果等果实中的可水解单宁也是由羟基苯甲酸类构成的。羟基肉桂酸类在植物组织中比羟基苯甲酸类更普遍。果实中的咖啡酸（游离态和结合态酯类）是含量最多的，占总羟基肉桂酸类含量的75%～100%。红酒中含有羟基肉桂酸酯类——酒石酸香豆酯。谷物籽粒中，阿魏酸是含量最多的羟基肉桂酸类物质。香料、浆果、柑橘和蔬菜中还含有芥子酸。

二、黄酮类

黄酮类通常由 3 个碳原子和 1 个氧原子构成的氧化杂环（C 环）连接两个苯环（A、B）构成（图 13-2）。根据 C-3 键结构的氧化程度和 B 环的连接位置等特点，黄酮类化合物可分为不同类型（详见第十四章）。

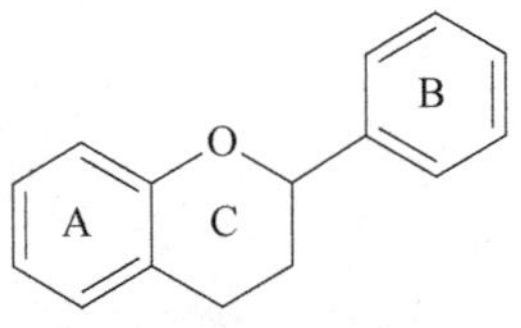

图 13-2　黄酮类的基本结构

三、芪类

芪类是非黄酮类的多酚化合物，基本结构骨架是 1,2-二苯乙烯（图 13-3）。葡萄及葡萄酒中存在天然芪类化合物。

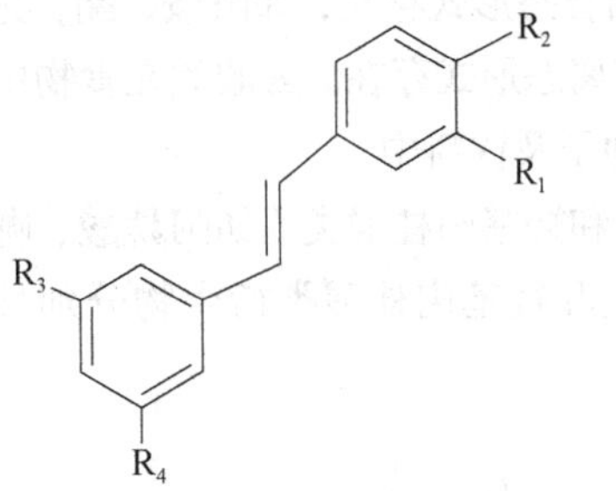

trans-白藜芦醇　　R_1=H, R_2=R_3=R_4=OH

trans-白藜芦醇吡喃葡萄糖苷　　R_1=H, R_2=R_4=OH, R_3= *O*-β-D-吡喃葡萄糖苷

银松素（赤松素）　　R_1=R_2=H, R_3=R_4=OH

白皮杉醇　　R_1=R_2=R_3=R_4=H

银松素单甲醚　　R_1=R_2=H, R_3=OCH$_3$, R_4=OH

trans-紫檀芪　　R_1=H, R_2=OH, R_3=R_4=OCH$_3$

辛辣素　　R_1=R_2=R_4=OH, R_3=*O*-β-D-吡喃葡萄糖苷

大黄苷　　R_1=R_4=OH, R_2=OCH$_3$, R_3=*O*-β-D-吡喃葡萄糖苷

图 13-3　芪类的骨架结构

四、木酚素

木酚素（木脂素）是由 C—C 键连接的两个苯丙烷构成的二酚化合物（图 13-4），主要存在于植物的木质部和树脂中。只有苯丙烷的 C8—C8′键相连才被认为是木酚素。根据碳骨架、环化方式及氧结合到骨架的方式，可把木酚素分为 8 个亚族，即呋喃类、双四氢呋喃类（furofuran）、二苄基丁烷类、二苄基丁内酯类（dibenzylbutyrolactone）、二苯环辛烯类（dibenzocyclooctadiene）、二苄基丁内醇类（dibenzylbutyrolactol）、芳基四氢萘类（aryltetralin）和芳基萘类（arylnaphthalene）（图 13-5）。二异落叶松脂酚、罗汉松树脂酚及它们的合成前体是食物中常见的木酚素。由多个木酚素单元聚合而成的化合物为木质素。

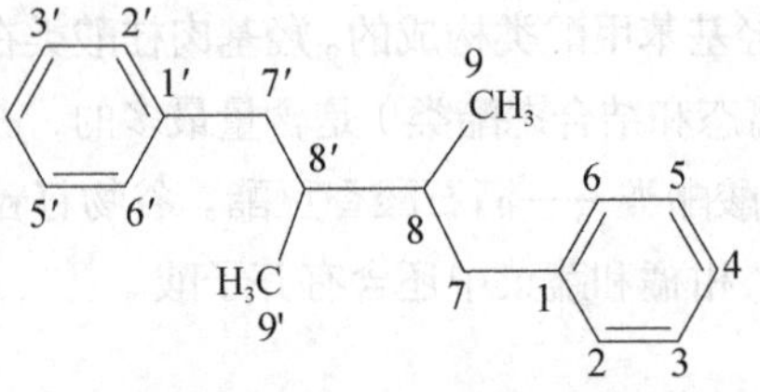

图 13-4　木酚素的骨架

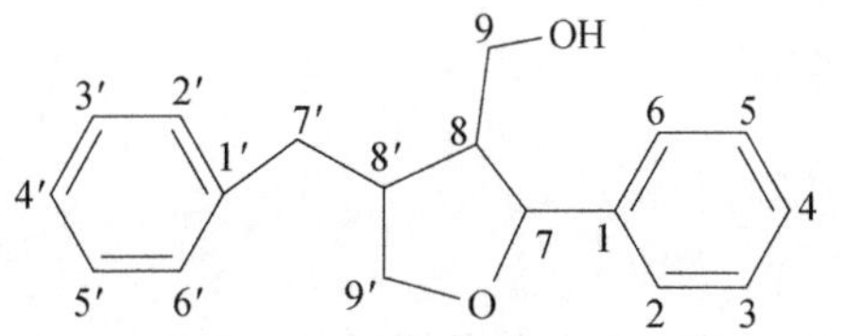

呋喃类

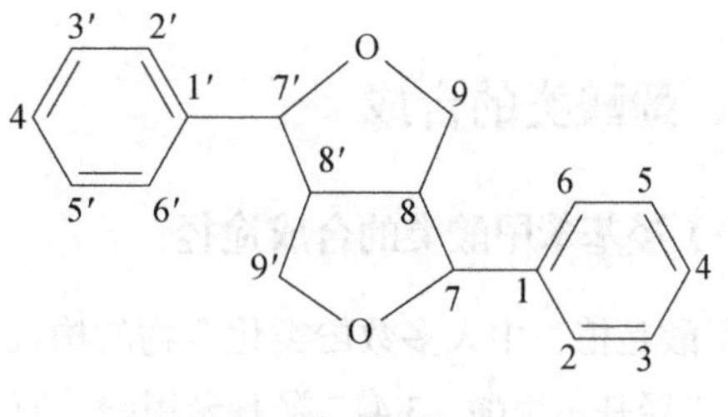

双四氢呋喃类

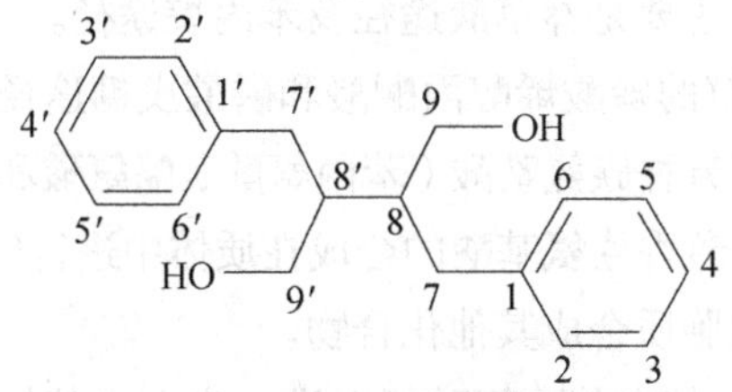

二苄基丁烷类

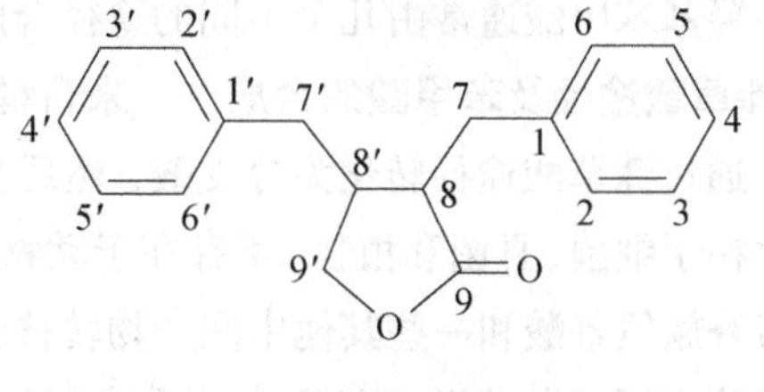

二苄基丁内酯类

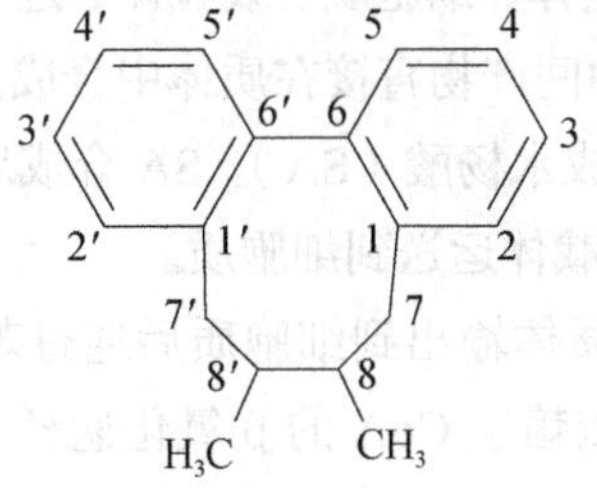

二苯环辛烯类

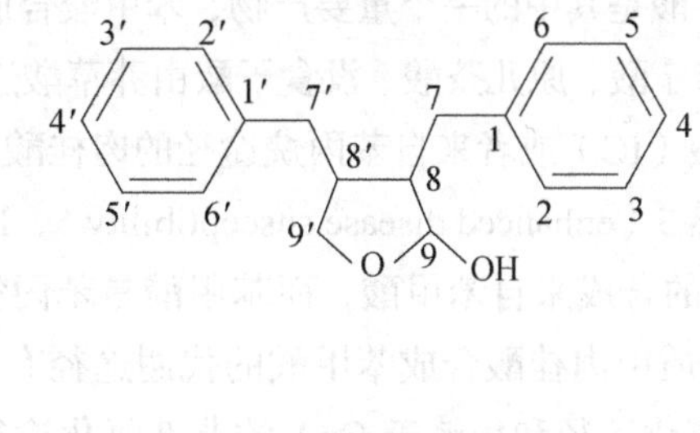

二苄基丁内醇类

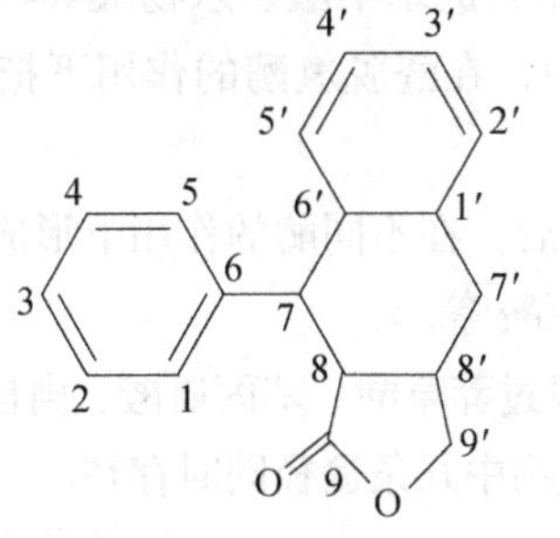

芳基四氢萘类

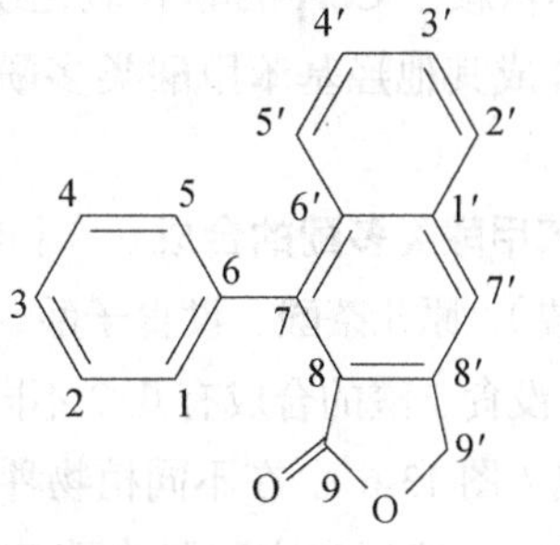

芳基萘类

图 13-5　通用的木酚素骨架

◈ 第二节　合成途径

　　植物中酚类化合物的合成主要有两个基本途径：莽草酸途径和丙二酸途径。植物中多酚的合成以莽草酸途径为主，而微生物（真菌和细菌）主要通过丙二酸途径合成。花青素和黄酮类也属于多酚类物质，它们的合成途径可参见有关章节。

一、酚酸类的合成

（一）羟基苯甲酸类的合成途径

苯甲酸是植物中大多数酚类化合物的构成单元。其中 2-羟基苯甲酸（水杨酸）、4-羟基苯甲酸、2,3-二羟基苯甲酸、3,4-二羟基苯甲酸（原儿茶酸）、3,4,5-三羟基苯甲酸（没食子酸）存在较为普遍。羟基苯甲酸通常由几个不同的途径合成，主要是莽草酸途径及苯丙烷途径。

1. 莽草酸途径及苯甲酸的合成　来自糖酵解的磷酸烯醇丙酮酸和磷酸戊糖途径的赤藓糖-4-磷酸，通过莽草酸途径转化为分支酸，然后合成芳香族氨基酸（苯丙氨酸、酪氨酸和色氨酸）。该途径存在于细菌、真菌和植物，不存在于动物中。芳香族氨基酸的合成在质体中进行（图 13-6）。之后，芳香族氨基酸和一些其他中间产物转移到细胞质合成其他化合物。

在质体中通过莽草酸途径合成芳香族氨基酸，其中苯丙氨酸可以进一步合成其他酚类化合物。苯甲酸是其中的一个重要产物，苯甲酸合成可在质体、细胞质、线粒体、过氧化物酶体中进行。而奎宁酸、原儿茶酸、没食子酸由莽草酸途径的中间产物直接在质体中合成。莽草酸途径的异分支酸（IC）或者来自苯丙烷途径的肉桂酸可以合成水杨酸（SA）。SA 合成后，通过强化的病害敏感 5（enhanced disease susceptibility 5，EDS5）载体运送到细胞质。

SA 的合成来自苯甲酸，而苯甲酸是苯丙氨酸从质体输出到细胞质后通过苯丙烷途径合成的。细胞质中肉桂酸合成苯甲酸的代谢途径有三条：依赖于 CoA 的 β 氧化途径、不依赖于 CoA 的非 β 氧化途径和依赖于 CoA 的非 β 氧化途径。依赖于 CoA 的 β 氧化途径在过氧化物酶体合成苯甲酸；不依赖于 CoA 的非 β 氧化途径在细胞质中合成苯甲酸、水杨酸等物质。其中水杨酸可进一步合成其他羟基苯甲酸类多酚。在线粒体中，在醛脱氢酶的作用下把苯甲醛转化为苯甲酸。

2. 羟基苯甲酸类多酚的合成　植物合成苯甲酸后，在不同酶的作用下形成对羟基苯甲酸（4-羟基苯甲酸）、原儿茶酸、没食子酸、水杨酸和绿原酸等。

实际上，没食子酸的合成有几个不同路径，可以通过莽草酸、苯丙氨酸、肉桂酸、香豆酸及其他酚酸合成（图 13-6）。在不同植物种类或同一种植物中几条途径同时存在。

在质体中，3-脱氢奎宁酸脱水酶/莽草酸脱氢酶（DHQD/SDH）参与了没食子酸的形成。3-脱氢莽草酸在 5-脱氢莽草酸脱氢酶和 NADH 作用下，可以合成原儿茶酸和没食子酸。奎宁酸可以进一步合成绿原酸，也可以形成没食子酸（图 13-6）。没食子酸可以形成鞣花酸（图 13-7），原儿茶酸还可由苯甲酸和肉桂酸合成。

苯丙氨酸可以进一步合成其他酚类化合物，如肉桂酸、香豆酸、咖啡酸、阿魏酸、5-羟基阿魏酸、芥子酸和丁香酸。肉桂酸可转化为苯甲酸，进一步形成香草酸（图 13-7）。

（二）羟基肉桂酸类的合成途径

莽草酸途径合成芳香氨基酸——色氨酸、酪氨酸和苯丙氨酸。苯丙氨酸可以合成许多简单酚类化合物，其中苯丙氨酸和酪氨酸通过苯丙烷途径还可以合成苯丙烷类多酚化合物。

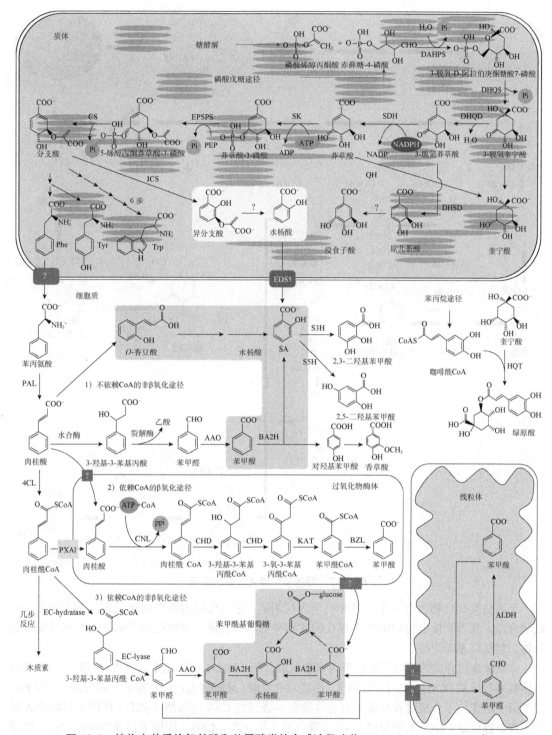

图 13-6　植物中芳香族氨基酸和苯甲酸类的合成途径（仿 Marchiosi et al.，2020）

DAHPS. 3-脱氧-D-阿拉伯庚酮糖酸 7-磷酸合酶；DHQS. 3-脱氢奎宁酸合酶；DHQD/SDH. 3-脱氢奎宁酸脱水酶/莽草酸脱氢酶；DHSD. 3-脱氢莽草酸脱水酶；SK. 莽草酸激酶；EPSPS. 5-烯醇丙酮莽草酸-3-磷酸合酶；CS. 分支酸合酶；Tyr. 酪氨酸；Trp. 色氨酸；ICS. 异分支酸合酶；HQT. 羟基肉桂酰 CoA 奎宁酸:羟基肉桂酰转移酶；S3H. 水杨酸 3-羟化酶；S5H. 水杨酸 5-羟化酶；CNL. 肉桂酰 CoA 连接酶；PAL. 苯丙氨酸氨裂解酶；4CL. 4-肉桂酰 CoA 连接酶；CHD. 肉桂酰 CoA 水合酶/肉桂酰 CoA 脱水酶；KAT. 3-酮脂酰 CoA 硫解酶；BZL. 苯甲酰 CoA 连接酶；EC-hydratase. 烯酰 CoA 水合酶；EC-lyase. 烯酰 CoA 裂合酶；AAO. 醛氧化酶；BA2H. 苯甲酸 2-羟化酶；ALDH. 醛脱氢酶；glucose. 葡萄糖

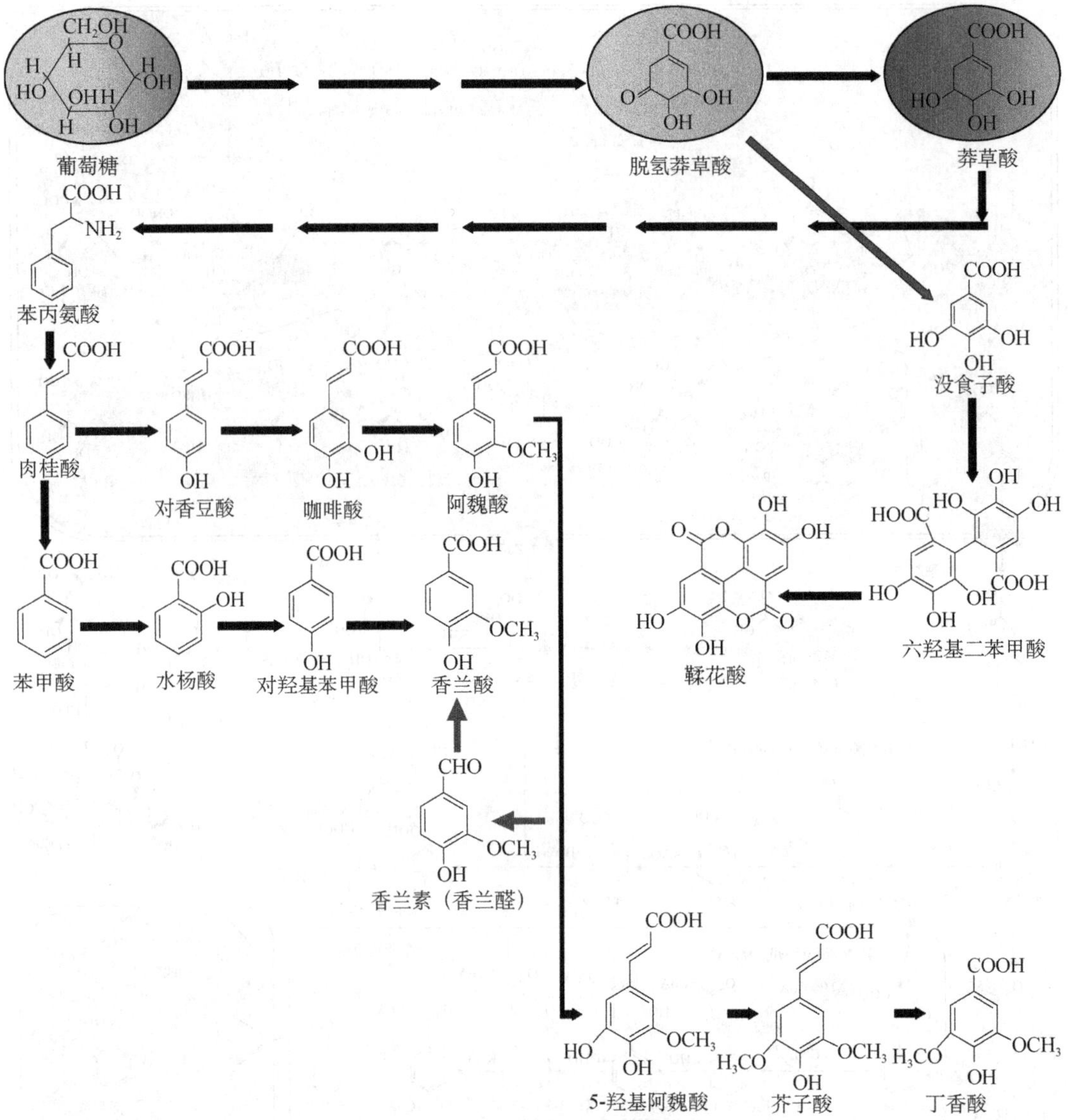

图 13-7 羟基苯甲酸类多酚的合成

苯丙烷类化合物含有一个苯基和一个丙烷侧链，它们可以由莽草酸途径中的苯丙氨酸和酪氨酸合成，或者直接由植物组织中存在的这两种氨基酸合成。苯丙烷途径的产物有多种酚类化合物，包括羟基苯甲酸。

莽草酸途径合成的苯丙氨酸在苯丙氨酸氨裂合酶（PAL）的作用下转化为肉桂酸，进一步在肉桂酸 4-羟化酶（C4H）作用下羟基化，形成对香豆酸。酪氨酸也可以在酪氨酸解氨酶（一种 PAL 同工酶）的作用下合成对香豆酸。对香豆酸在 4-香豆酰 CoA 连接酶（4CL）作用下与辅酶 A 结合形成对香豆酰 CoA。对香豆酰 CoA 在香豆酸 3-羟化酶（C3H）作用下形成咖啡酰 CoA。咖啡酰 CoA 在不同酶的作用下能够形成咖啡酸、阿魏酸、芥子酰 CoA 等（图 13-8）。

二、酚醛（香兰素）的合成

酚醛类化合物广泛存在于生物体中，特别是微生物中。其中的香兰素（香草醛）、香草酸及其衍生物是非常重要的酚类风味物质。香兰素是由莽草酸途径和苯丙烷途径合成的。苯丙氨酸通过莽草酸途径可以直接由阿魏酸在香兰素合酶（VAN）作用下通过加氢反应和反羟醛缩合反应这两步反应合成香兰素。香兰素也可由 4-香豆酰 CoA 合成（图 13-9）。

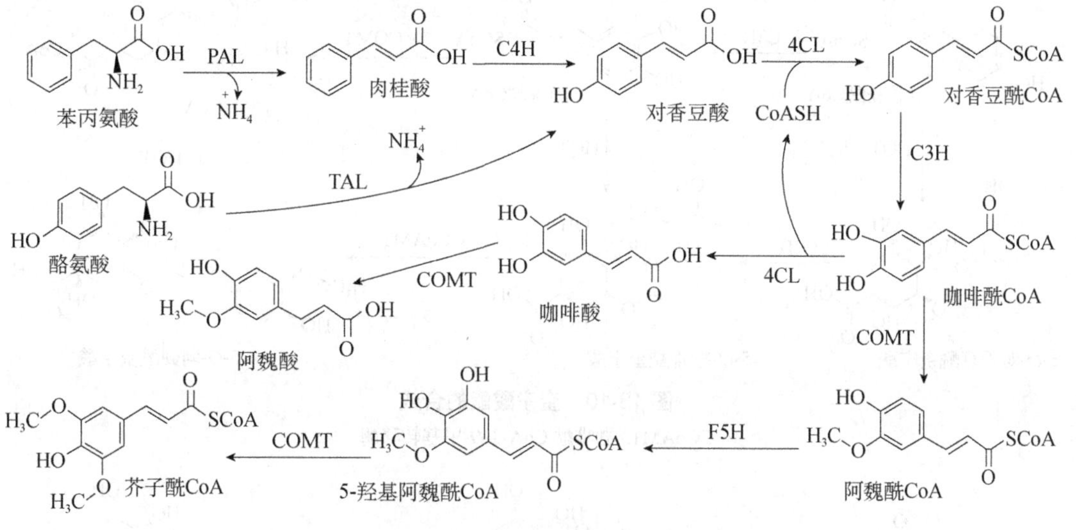

图 13-8　苯丙烷途径及其产物

COMT. 咖啡酰 CoA 甲基转移酶/5-羟基阿魏酸甲基转移酶；
F5H. 阿魏酸 5-羟化酶；PAL. 苯丙氨酸氨裂合酶；TAL. 酪氨酸氨裂合酶

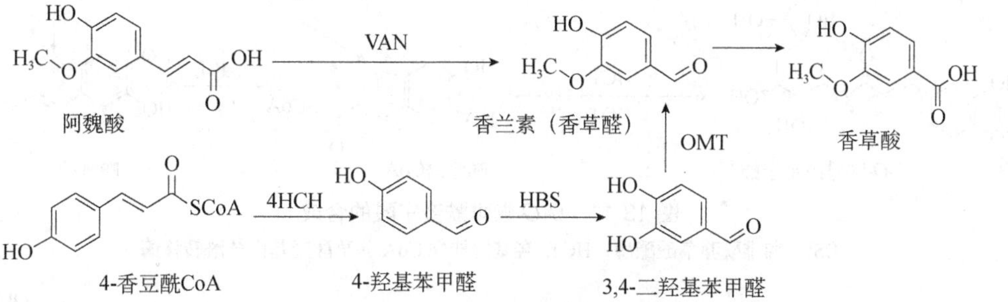

图 13-9　香兰素和香草酸的合成

4HCH. 4-羟基肉桂酰 CoA 水合酶/裂合酶；HBS. 羟基苯甲醛合酶；OMT. O-甲基转移酶

三、酚酸酯的合成

羟基肉桂酸酯是一大类由羟基肉桂酸类物质，以及奎宁酸组成的酚类化合物，如绿原酸。广义的绿原酸实际上是由奎宁酸差向异构体、奎宁酸甲酯、烃基奎宁酸、脱氧奎宁酸、2-羟基奎宁酸和莽草酸及其差向异构体组成。此外，其他类似化合物，如羟基苯甲酸酯、羟基苯乙酸酯等也包括其中。

奎宁酸酯通过苯丙烷途径合成（图 13-10）。其中 5-O-咖啡酰奎宁酸（5-绿原酸）在植物中的含量最为丰富。某些植物种类（如蔷薇科和十字花科）却含有较高的 3-绿原酸（5-绿原酸的异构体）。在菜蓟（*Cynara scolymus*）、柳枝稷草（*Panicum virgatum*）和菊苣（*Cichorium intybus*）中，合成酰基奎宁酸还可以通过莽草酸分支途径进行（图 13-11）。在甘薯（*Dioscorea esculenta*）中，

5-*O*-咖啡酰奎宁酸（5-绿原酸）还存在另外一个合成途径，即肉桂酸在 UDP-葡萄糖:肉桂酸葡糖基转移酶的作用下形成 1-*O*-肉桂酰葡萄糖，进一步转化为 5-*O*-咖啡酰奎宁酸，甚至 3,5-二咖啡酰奎宁酸（图 13-12）。

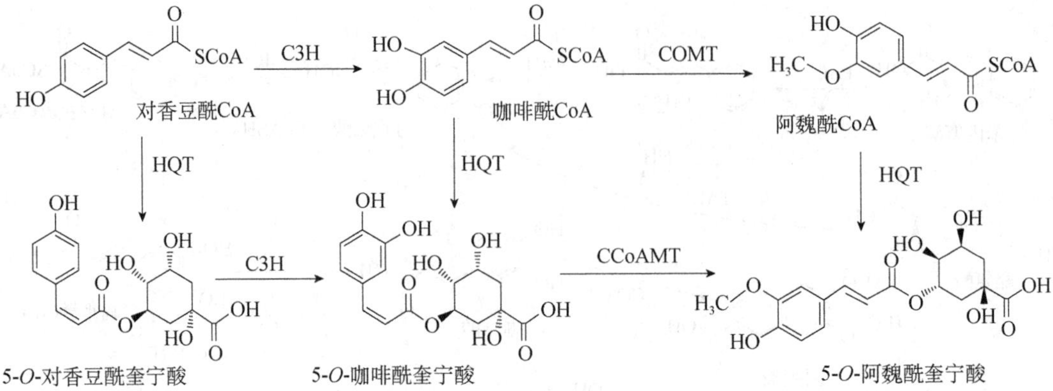

图 13-10　奎宁酸酯的合成

CCoAMT. 咖啡酰 CoA-3-*O*-甲基转移酶

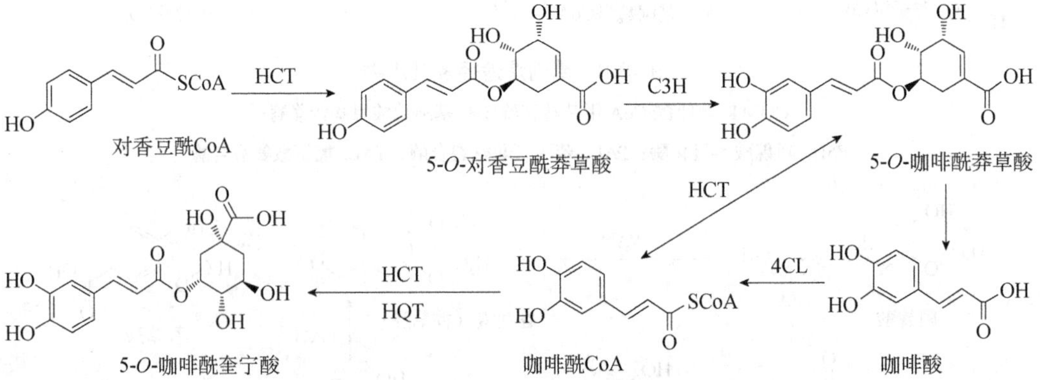

图 13-11　5-*O*-咖啡酰奎宁酸的合成

CSE. 咖啡酰莽草酸酯酶；HCT. 羟基肉桂酰 CoA:莽草酸羟基肉桂酰转移酶

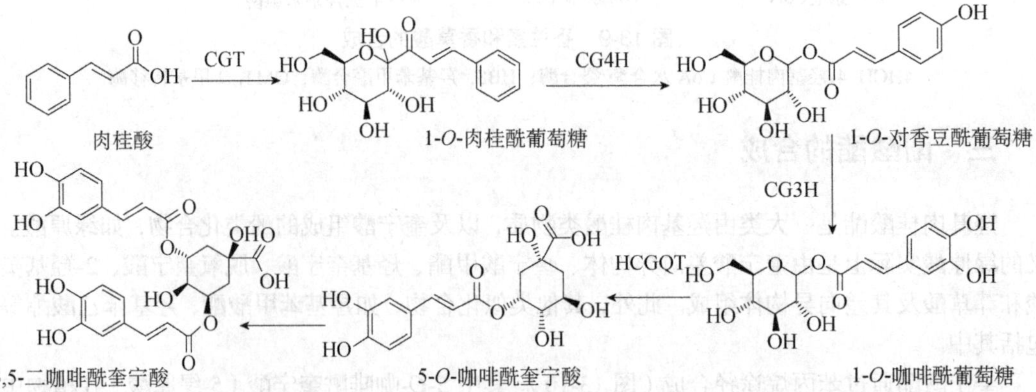

图 13-12　甘薯中 5-*O*-咖啡酰奎宁酸的合成

CGT. UDP-葡萄糖:肉桂酸葡糖基转移酶；CG4H. 肉桂酰葡萄糖-4′-羟化酶；CG3H. 对香豆酰葡萄糖 3′-羟化酶；HCGQT. 羟基肉桂酰葡萄糖:奎宁酸羟基肉桂酰转移酶

四、香豆素类的合成

香豆素，也称 1,2-苯并吡喃酮类、邻氧萘酮，包括一大类植物中普遍存在的次生代谢物。存在于黑香豆（*Dipteryx odorata*）、香蛇鞭菊（*Liatris odoratissima*）、野香荚兰（*Vanilla planifolia*）、兰花（*Cymbidium* ssp.）、柑橘（*Citrus* ssp.）等植物中。香豆素合酶（coumarin synthase，COSY）是香豆素合成的关键酶。香豆素类物质的合成通过苯丙烷途径进行（图 13-13）。

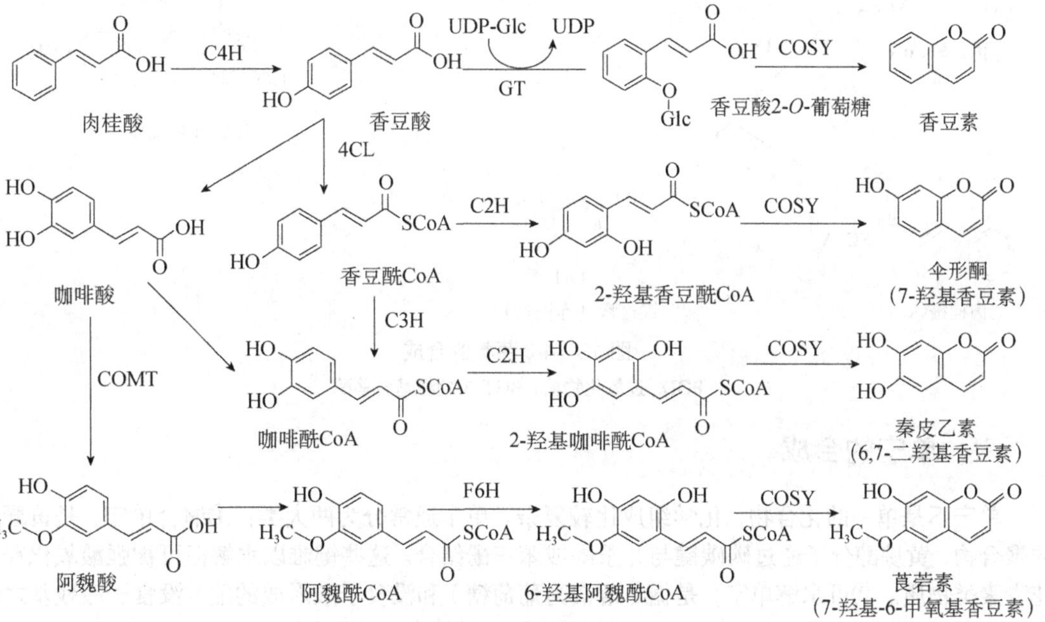

图 13-13　香豆素类物质的合成

C2H. 对香豆酰 CoA 2-羟化酶；F6H. 阿魏酰-CoA-6-羟化酶；GT. 葡糖基转移酶

五、芪类的合成

芪类的合成是由苯丙烷途径中的香豆酰 CoA 与丙二酰 CoA 在芪合酶（stilbene synthase，STS）的作用下缩合而成。STS 属于聚酮合酶超级家族成员，它可以通过一步反应生成芪类植保素，如白藜芦醇、银松素（图 13-14）。STS 通常以单聚体（40～45 kDa）形式存在，也有同型二聚体。STS 与查耳酮合酶（chalcone synthase，CHS，是合成类黄酮环的关键酶）功能相近。STS 和 CHS 利用同样的底物催化一样的酶缩合反应，但闭环反应却十分不同，因此形成明显不同的两种产物，分别为简单芪类和查耳酮（C6-C3-C6 途径中的第一个 C_{15} 中间产物）（见第十四章）。两种酶先催化底物与丙二酰 CoA 进行三次连续缩合反应，然后经闭环反应形成丁烯酮。之后，由于电子效应而不是立体效应导致 STS 和 CHS 的竞争环化特异反应，STS 的羟醛"开关"决定了其形成芪类化合物的环折叠类型。

STS 和 CHS 在同一位置均含有单个必需半胱氨酸残基（Cys_{164}），它可能代表活性位点。在STS 中，仅把一个组氨酸残基（接近活性位点位置）取代为谷氨酰胺就决定了底物的特异性：该位置如果是组氨酸-谷氨酰胺就形成白藜芦醇，如果是谷氨酰胺-组氨酸则形成银松素。

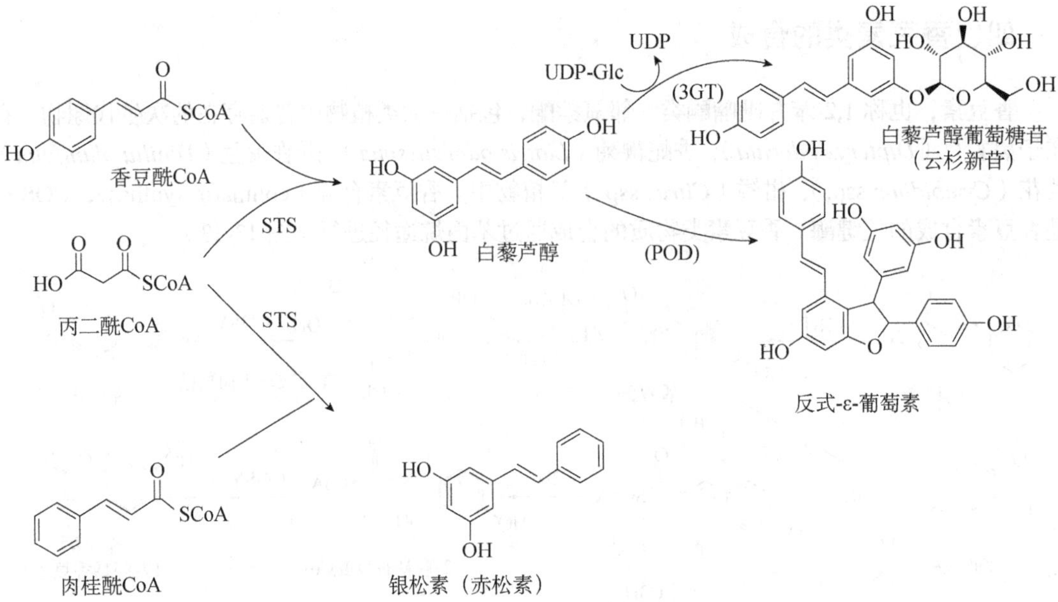

图 13-14　芪类的合成
POD. 过氧化物酶；3GT. 3-葡糖基转移酶

六、单宁的合成

单宁不是单一的化合物，化学组成比较复杂。单宁通常分为两大类：①缩合单宁，是黄酮类的聚合物，黄烷醇分子通过碳碳键与儿茶酚或苯三酚结合。这些键难以水解但可被强酸氧化释放花青素类物质。②可水解单宁，是糖（通常为葡萄糖）和没食子酸形成的酯。没食子酸残基之间可以广泛交叉连接形成多聚体。由于酯键的存在，这类单宁可被水解。

可水解单宁由糖和没食子酸结合而形成。在葡萄糖基转移酶的作用下，葡萄糖转移到没食子酸，形成 1-O-没食子酰-β-D-葡萄糖（葡萄糖没食子鞣苷）。葡糖基转移酶还与草莓和山莓中的鞣花酸和鞣花单宁的合成有关。

没食子酰基转移酶除了参与转移反应，还有缩合反应功能。在没食子酰基转移酶作用下，2 分子的 1-O-没食子酰-β-D-葡萄糖缩合形成 1,6-二没食子酰葡萄糖。之后，通过不断添加 1-O-没食子酰-β-D-葡萄糖，可形成 1,2,6-三没食子酰葡萄糖、1,2,3,6-四没食子酰葡萄糖、1,2,3,4,6-五没食子酰葡萄糖等。

鞣花单宁是橡木中的主要单宁。葡萄酒在橡木桶贮存过程中，橡木的鞣花单宁溶解后进入葡萄酒中，它对葡萄酒的香气、口感和颜色产生一定的影响。鞣花单宁来源于 1,2,3,4,6-五没食子酰葡萄糖的相邻没食子酰基团脱氢后形成的特里马素（丁香鞣质）（tellimagrandin Ⅱ），进一步水解产生 3,4,5,3′,4′,5′-六羟基联苯甲酸，再通过失水和内酯化形成鞣花酸（图 13-15）。

七、木酚素（木脂素）的合成

植物的木酚素为二酚化合物，多数以二聚体形式存在，也有少数三聚体和四聚体。由于木酚素结构的多样化，其合成途径也很复杂。

植物细胞壁中木酚素合成开始于苯丙烷途径中的阿魏酰 CoA，先转化为松柏醛和松柏醇（木质素单体），两个松柏醇通过偶联反应形成（＋）-松脂酚。（＋）-松脂酚为木酚素的核心前体物质。（＋）-松脂酚然后在薄荷烯醇/芝麻素合酶（一种细胞色素 P450 单加氧酶）作用下通过顺序氧化形成两个甲二氧桥，转化为薄荷烯醇和（＋）-芝麻素。（＋）-芝麻素可转化为芝麻素酚和芝麻林素（图 13-16）。

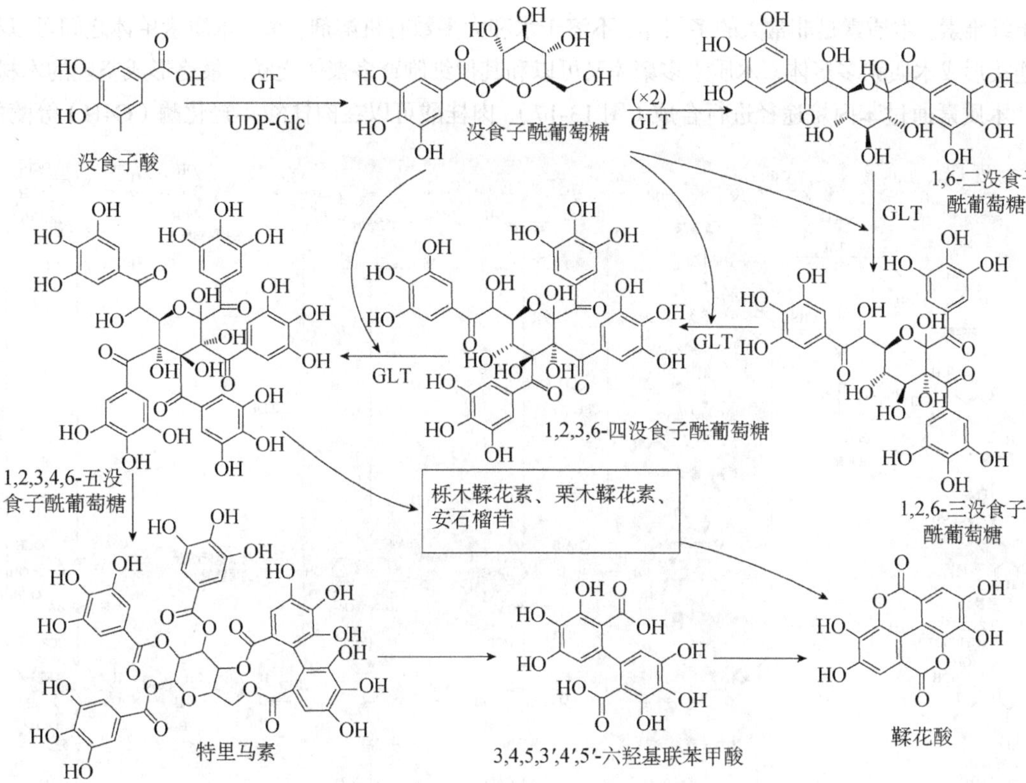

图 13-15 可水解单宁的合成

GLT. 没食子酰基转移酶

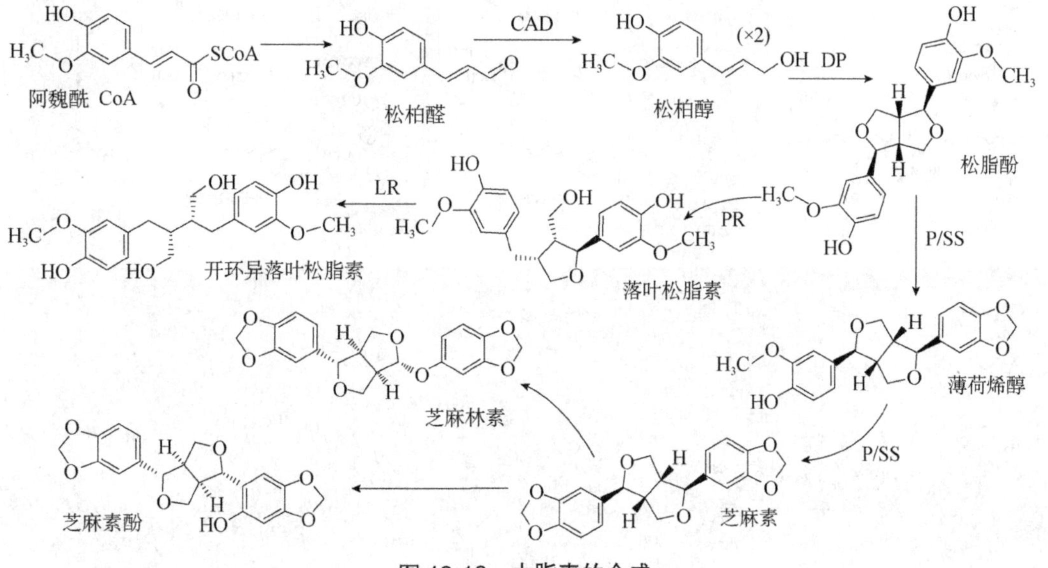

图 13-16 木脂素的合成

CAD. 松柏醇脱氢酶；DP. Dirigent 蛋白；PR. 松脂酚还原酶；LR. 落叶松脂素还原酶；P/SS. 薄荷烯醇/芝麻素合酶

八、木质素的合成

木质素存在于细胞壁，特别是木质部管状分子的次生壁。自然界中木质素的含量非常丰富，仅次于纤维素。木质素是非常大的多聚体，不溶于水和大多数有机溶剂。每个木质素单体之间可以相互连接形成木质素多聚体，木质素多聚体又可以和其他细胞壁多聚体交联，最终形成坚硬的木材。

木质素通过苯丙烷途径进行合成（图 13-17）。肉桂酸可以在肉桂酸 4-羟化酶（C4H）等酶的

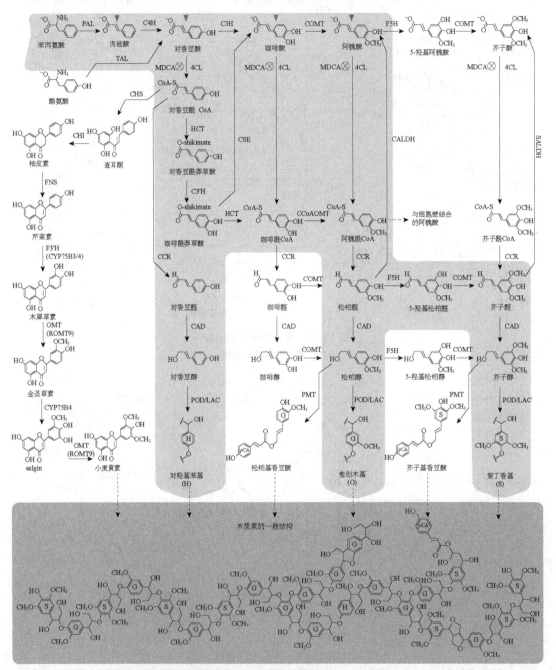

图 13-17　苯丙烷途径合成羟基肉桂酸类多酚化合物及木质素形成（Marchiosi et al.，2020）

MDCA. 3,4-（亚甲二氧）肉桂酸；C3H. 对香豆酰莽草酸/奎宁酸 3-羟化酶；CCR. 肉桂酰 CoA 还原酶；CALDH. 松柏醛脱氢酶；SALDH. 芥子醛脱氢酶；CAD. 肉桂醇脱氢酶；PMT. 对香豆酰 CoA:木质素单体转移酶；POD. 过氧化物酶；LAC. 漆酶；CHS. 查耳酮合成酶；CHI. 查耳酮异构酶；FNS. 黄酮合酶 II；F3'H. 类黄酮 3'单加氧酶；OMT（ROMT9）. 3'-O-甲基转移酶，3',5'-O-甲基转移酶；CYP75B4. 金圣草素 5'-羟化酶；shikimate. 莽草酸

作用下依次形成香豆酸、咖啡酸、阿魏酸及芥子酸，再在 4-香豆酸 CoA 连接酶（4CL）的作用下分别与辅酶 A 结合，然后进一步转化成木质素单体——对香豆醇、松柏醇和芥子醇。在木质素单体中，松柏醇的含量最多，其次为芥子醇，对香豆醇的含量很少。

在草本植物中，对肉桂酸也可由酪氨酸氨裂合酶催化酪氨酸形成。这一步骤绕过了 C4H 酶的反应。C4H 酶是细胞色素 P450 单加氧酶，也与对香豆酰莽草酸/奎宁酸 3-羟化酶一起构成多酶复合体。

在形成木质素单体过程中，松柏醛经过两个明显不同的途径：还原为松柏醇或者转化为芥子醇。在过氧化物酶（POD）或漆酶（LAC）作用下通过氧化香豆醇、松柏醇和芥子醇的聚合物（或木质素单体聚合物）形成对羟基苯基（H）、愈创木基（G）和紫丁香基（S）单体木质素单元（图 13-17）。

除了合成木质素，苯丙烷途径还可合成游离和简单酚酸，如对香豆酸、咖啡酸、阿魏酸和芥子酸。阿魏酸和芥子酸由松柏醛和芥子醛分别在松柏醛脱氢酶和芥子醛脱氢酶作用下氧化形成。C4H 酶催化 t-肉桂酸形成对香豆酸，对香豆酸水解后形成咖啡酸。咖啡酰莽草酸在酯酶作用下水解后也形成咖啡酸。此外，以对香豆酰 CoA 为前体，可以合成小麦黄素（3′,5′-二甲氧黄酮）——一种单子叶植物木质素的类黄酮单体。

◆ 第三节　含量及影响因素

一、含量

蔬菜中含有丰富的酚类化合物（二维码表 13-1）。蔬菜中的酚类化合物包括酚酸类、黄酮类、花青素类、单宁类和木酚素类等。以酚酸类为例，在蔬菜组织中，它们大多以游离态形式（>60%）存在，也有少部分以结合态存在。蔬菜中的西蓝花、菠菜、洋葱、红辣椒、胡萝卜、甘蓝、马铃薯、莴苣、芹菜、黄瓜等含有大量的酚类化合物。

二维码
表 13-1

在蔬菜作物中，不同种类和品种蔬菜的多酚类化合物的含量差异很大，含有的多酚化合物的类型也有差异。例如，芸薹属蔬菜以种类多样（白菜、西蓝花、花椰菜、抱子甘蓝、羽衣甘蓝等）、风味独特而闻名，它们含有多种多酚类化合物。西蓝花中黄酮类和酚酸类含量较高，还含有阿魏酸衍生物。胡萝卜中含有绿原酸、咖啡酸、阿魏酸等酚类化合物。花青素也是蔬菜中的酚类化合物。一些紫色的蔬菜，如紫色甘蓝、紫色生菜、紫色小白菜、红色根甜菜、紫色红薯、紫色胡萝卜、洋葱、茄子、紫色菊苣等都含有大量的花青素。

不同类型蔬菜产品中的酚酸类化合物含量也有差异。一般来说，豆类和花菜类蔬菜酚酸类含量较高，叶菜类含量中等，果菜类、茎菜类和根菜类的含量较低（图 13-18）。

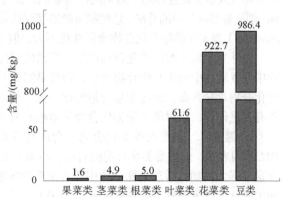

图 13-18　不同类型蔬菜中酚酸类化合物的含量
（Song et al., 2020）

二、影响因素

蔬菜中酚类化合物的合成受到遗传的控制，也受环境影响。

（一）遗传发育

植物种类是多酚类化合物含量的决定因素，不同基因型（品种）之间的含量也有较大差异。在同一种类或品种中，不同的植物器官、组织及采收时期不同，酚类化合物含量也不同，这种差异依赖于合成相关基因的时空表达，如表达部位（细胞、组织、器官等）、表达时间（发育阶段）。

影响多酚合成途径的因素除了合成基因的表达，也涉及转录后翻译、蛋白质活性及代谢产物形成数量。植物发育阶段对多酚含量有直接的影响，果实不同成熟期的酚类化合物含量差异很大，如辣椒（*Capsicum annuum*）果实成熟期间，红色果实中的酚类化合物含量显著高于完全发育的绿色果实。蓝莓（*Vaccinium corymbosum*）果实从绿色转为蓝色期间，阿魏酸和儿茶素的含量下降，同时槲皮素、杨梅黄酮和花青素含量提高。茶（*Camellia sinensis*）和蓍草（*Achillea millefolium*）的酚类化合物积累也依赖于发育阶段，并且具有器官特异性。茶树幼叶中的大多数酚类化合物含量较高，但原花青素仅存在于根，而奎宁酸只特异性地产生于茎。蓍草的*PAL*和*CHS*基因表达也具有组织和发育阶段依赖性，它们在花中的表达水平比在叶片中高一些，而且幼叶中的表达水平高于成熟叶片。

激素对植物酚类化合物合成也有调节作用。葡萄（*Vitis vinifera*）果实的颜色主要由花青素构成，而乙烯和 ABA 可以促进花青素合成。

（二）环境条件

环境条件是影响蔬菜植物中多酚化合物含量的重要因素。

1. **光照**　　光照对多酚含量有显著影响。红光和蓝光可以促进多酚的形成。高 UVB 条件下，植物为了适应 UVB 会产生大量多酚。

番茄叶片中的黄酮醇含量在强光照比弱光照 [200 µmol/（m²·s）PAR[①] 和 100 µmol/（m²·s）PAR] 条件下增高，同时 PAL 酶活性也增强（Løvdal et al., 2010），*CHS2*、*4CL* 基因表达水平提高。在强光照条件下，球茎甘蓝花青素含量增加，叶用莴苣（*Lactuca sativa*）叶片中的总酚、总黄酮类化合物、总酚酸含量均上升。

光质也影响植物中酚类化合物含量。通常蓝光促进植物组织中酚类化合物的积累。红光对酚类化合物合成也有促进作用。对不同植物来说，促进酚类化合物合成的最优蓝光/红光比值不同。例如，樱桃番茄叶片中的总酚、总黄酮类的浓度受蓝光促进。在不同光质条件下，黑果越橘（*Vaccinium myrtillus*）果实中的酚类化合物含量变化不大，但蓝光、红光和远红光处理可以提高花青素含量。

紫外光照射影响酚类化合物产生。广谱的紫外光（包括 UVA 和 UVB）会刺激茄子、番茄叶片中及罗勒茎中的酚类化合物含量。葡萄果实受 UV 辐照后，其中可溶性酚酸含量下降，黄酮醇类化合物含量升高，而花青素含量变化不大。低剂量 UVB 照射对西蓝花芽中总的酚类化合物积累有促进作用，但对单个酚类化合物的影响有所不同（有些增加，有些减少）。

2. **温度**　　温度对酚类化合物的合成有重要影响，通常较低的温度利于 PAL 活性提高及*PAL*基因表达，促进酚类化合物的合成。高温（尤其是大大超过生长所需温度时）导致植物多酚含量下降。例如，番茄植株叶片中花青素和咖啡酸衍生物的含量在 12℃条件下含量较高，而在 30℃条件下含量下降（Løvdal et al., 2010）。

---

① PAR 表示光合有效辐射

低温对酚类化合物积累的效果与低温时间的长短有关系，如罗勒植株酚类化合物在低温（4℃和10℃）处理12 h和24 h时含量要高于处理48 h的植株（Rezaie et al.，2020）。

3. 水分 适当干旱也有提高植物组织中多酚含量的作用。例如，较长时间干旱会引起欧蓍（*Achillea pachycephala*）和苋菜（*Amaranthus tricolor*）多酚和黄酮类化合物含量增高，但短期干旱反而导致酚类化合物合成酶基因表达水平下调，酚类化合物含量下降。干旱胁迫也可引起罗勒苯丙素合成途径中的肉桂酸4-羟化酶（C4H）和4-香豆酰CoA连接酶（4CL）基因的表达下调。

4. 矿质元素 施肥，尤其是氮肥、磷肥和钾肥对蔬菜中的多酚含量有直接影响。氮肥是酚类化合物合成前体——苯丙氨酸的成分之一，氮还影响植物的光合过程及有关调节酶的活性。通常，基于碳的次生代谢产物（如萜类、多酚类等仅含有C、H、O的物质）的含量与可利用氮的量负相关。因此，氮肥施用会降低蔬菜中多酚化合物含量。例如，缺氮通常可以促进番茄叶片中黄酮类化合物和咖啡酸衍生物的积累（Løvdal et al.，2010），同时PAL活性和*PAL*基因表达量也增加，但氮肥对果实中酚类化合物含量影响不明显。

磷肥和钾肥对多酚含量的影响极小。有时较高的氮肥结合较低的磷肥或钾肥会促进酚类化合物合成。硫肥对蔬菜中多酚含量的影响也有一定的促进作用。

盐分胁迫对酚类化合物合成有促进作用，如苋菜、大麦在NaCl胁迫下酚类化合物含量增高。

重金属元素通过提高酚类化合物合成酶（如PAL、查耳酮合酶、莽草酸脱氢酶、肉桂醇脱氢酶）基因的表达及一些酶（PAL、SKDH、G6PDH和CADH）活性促进植物酚类化合物积累，而植物酚类化合物含量增加利于缓解重金属对植物的胁迫效应（Sharma et al.，2019）。

5. 加工 蔬菜和水果中多酚化合物的含量及可利用性受加工技术影响。

加热（水煮、煎炒、蒸、烘焙、烤等）对多酚的影响与使用的方法有关。水煮对多酚的破坏作用最大，可能与多酚溶解于水有关，而蒸和煎炒则可保留大量多酚。短时间的微波处理（10 min）对多酚的破坏最小。

冷藏包括低温冷藏（−1～8℃）和速冻。研究发现，速冻（<−20℃）对多酚的含量几乎没有影响。

罐头加工也会降低多酚的含量。因为加工过程需要加热，另外，也有多酚释放到基质中。蔬菜的贮藏时间越长，多酚的含量下降越显著。

干燥对蔬菜的多酚也有不利影响。温度越高，对多酚的丢失越有利。冰冻干燥可最大限度地使多酚少受影响。

发酵可以提高豆类（豌豆、蚕豆、菜豆、大豆等）中的多酚含量，其中结合态多酚可以转化为游离态多酚，利于人体吸收。

机械加工包括去皮和研磨。蔬菜和水果（如柑橘、苹果、香蕉、油桃等）皮中含有大量多酚，因此去皮对多酚含量有一定损失。而洋葱的第一层和第二层皮含有90%的槲皮素。带皮葡萄制作的葡萄酒的多酚含量比不带皮的高。研磨、切割等对发育的植物组织是一种伤害，但可以诱导植物组织中*PAL*基因的表达，从而促进酚类化合物积累。例如，把胡萝卜切割成不同程度的碎片，可溶性酚类化合物显著增加，主要是诱导其中的绿原酸和3,5-二咖啡酰奎宁酸的合成。

◆ 第四节 生物活性及保健功能

一、在植物生长发育中的功能

多酚在植物体内有许多重要的生物学作用，如细胞壁的结构成分（许多简单酚酸，如羟基肉桂酸）、抵御食草动物和病原菌攻击、作为信号分子等。

简单酚酸是生态系统中最普通和重要的化感物质，在植物生态互作中发挥作用，可以促进或抑制相邻植物的生长，或通过作用于微生物（促进共生细菌、真菌，抑制病原菌等）影响植物生长。例如，原儿茶酸、香豆酸调节豆科植物-根瘤菌共生体的建立、黄酮类物质参与植物-微生物互作等。

酚酸可以影响质膜对矿质营养和水分的吸收，参与线粒体和叶绿体中的电子传递反应（抑制电子传递和 ATP 合成）及木质素合成。酚酸还阻碍植物吸收水分、影响激素代谢（如 IAA、SA、ABA）、调节细胞氧化胁迫。一些酚酸（如苯丙素化合物）则具有抗氧化活性，可以防止由于化学反应和 UV 辐射产生的自由基对细胞结构的伤害。许多酚类化合物能够吸收阳光中的紫外光，起到保护细胞的作用。例如，花青素是一类具有防御作用的化合物，实际上它还可以吸收不同波长的可见光，植物借此化合物使花果呈现不同颜色并吸引植物授粉和散播的介质，如昆虫、鸟类等。

二、对人体健康的作用

多酚类物质具有预防退行性疾病的作用。多酚的抗氧化作用可以阻碍低密度脂蛋白氧化，以预防内皮损伤引起动脉粥样硬化。多酚对心血管疾病、骨质疏松症、神经退行性疾病、癌症和糖尿病有一定疗效，还有抗炎、抗微生物、抗过敏、抗血栓形成、保护肝的作用。

（一）预防心血管疾病

心血管疾病（中风和冠心病等）是影响人类寿命的严重疾病之一，其发生和发展受遗传和环境因素影响。高血压、内皮功能障碍、动脉硬化、血脂异常、炎症与氧化应激失衡和血糖异常等内因，以及日常活动、吸烟、饱和脂肪酸摄入量等因素均可影响该类疾病的发生。食用高多酚食物（蔬菜、水果、茶、可可等）可以降低心血管疾病发病率。黄酮类和花青素等均可预防心血管疾病发生风险，其中大豆和可可中的黄酮类最为有效。

血液流变性降低、血脂浓度增高、血小板功能异常是诱发心脑血管疾病的重要原因。多酚类化合物对心血管疾病的保护作用主要在改变脂代谢，使总胆固醇和甘油三酯含量显著降低，高密度脂蛋白升高，降低低密度脂蛋白胆固醇氧化，延缓动脉粥样硬化病变，降低血压。

多酚的抗氧化作用主要表现为对心血管的保护特性，因为血压降低可以改善内皮组织的功能，并且通过减少低密度脂蛋白的氧化和降低炎症反应而抑制血小板聚集，有助于防止冠心病、中风等常见的心脑血管疾病的发生。

多酚还能够改善一氧化氮合酶的活性及含量，对心血管疾病有益。多酚可以调节皮层依赖的松弛作用。

（二）减少癌症发生率

大量研究和流行病调查表明大量食用含有多酚的水果和蔬菜可以显著减少罹患多种癌症的风险（Guo et al.，2005）。

癌症的发生与细胞生长和代谢失控有关，因此抑制癌细胞增殖是预防癌症的关键。多酚类物质（如羟基苯甲酸等）及其衍生物在预防和治疗癌症方面起着至关重要的作用。多酚通过多种机制表现抗癌活性，抗氧化和抗炎是其预防癌症和控制肿瘤发展的重要机制。多酚可与矿物质、活性代谢物、致癌物、诱变剂互作，调节参与细胞周期进程调控的关键蛋白的活性，影响许多癌症相关基因的表达。

除此之外，多酚还可通过刺激细胞凋亡和自噬，调节细胞信号级联，抑制癌细胞增殖。例如，通过改善谷胱甘肽过氧化物酶（glutathione peroxidase，GSH-Px）、过氧化氢酶（catalase，CAT）、NADPH、醌氧化还原酶（quinone oxidoreductase）、谷胱甘肽硫转移酶（glutathione-S-transferase，GST）和 P450 酶的活性，降低致癌物的致癌作用，调节癌细胞增殖信号通路的活性。

（三）抵抗肥胖和糖尿病的活性

肥胖是糖尿病的主要危险因素，糖尿病的发生率随肥胖程度的增加而增加，慢性高血糖引起的代谢综合征也直接导致心血管疾病，极易引起动脉粥样硬化。多酚及其代谢产物能够调节脂肪组织发育、减少肥胖发生。多酚还可以抑制消化酶活性、延缓胃排空率、减少饥饿感，通过产生热量促进能量的消耗，增加粪便脂质的排泄，提高肝功能、减少葡萄糖吸收、降低血清胆固醇水平。此外，多酚通过抑制 COX-2 可以预防肥胖引起的代谢障碍。

代谢性疾病（如糖尿病）是氧化胁迫失调的一种疾病，与自由基形成和代谢不平衡有关。当活性氧（ROS）对器官的损害不能被抗氧化剂中和时，会导致炎症和一些代谢疾病的发生。酚类化合物可以通过不同机制降低糖尿病发生的风险。酚类化合物，特别是酚酸具有较高的抗氧化潜力，它们可以阻碍自由基的活性，有利于细胞抵御来自血糖诱导的毒害和氧化胁迫，保护胰细胞因受葡萄糖浓度增加而引起的氧化损害；酚酸可以提高胰岛 β 细胞中葡萄糖转运蛋白 GLUT2 受体基因的表达和胰岛素受体活性，从而提高细胞对葡萄糖的摄取，增加肌肉和其他脂肪组织中的葡萄糖，表现抗糖尿病特性；酚类化合物能够维持胰岛 β 细胞分泌胰岛素，并且提高周边组织胰岛素的敏感性，预防胰岛分泌功能枯竭；酚酸还可以抑制肠道酶——α-淀粉酶和 α-葡萄糖苷酶等的活性，降低碳水化合物转化为葡萄糖的速率。

大豆异黄酮可以改善胰腺的胰岛素分泌和外周组织的胰岛素敏感性。表儿茶素可提高高血压患者的胰岛素水平，降低血糖指数。

（四）抗氧化作用

氧化胁迫是引起退行性疾病（肥胖症、神经退化疾病等）发生的主要因素之一。ROS 对蛋白质的氧化修饰与许多疾病的发展及进展有关。这些被修饰的蛋白质不能被修复，会阻碍细胞正常代谢活动和调节途径。细胞对氧化应激的反应表现为炎症，炎症持续时间和强度也与氧化应激有关，并利于癌症发展。例如，暴露于紫外辐射条件下可引起皮肤晒伤、DNA 损伤及相应的组织降解，可能诱发皮肤衰老，甚至皮肤癌。

多酚（酚酸、黄酮等）作为抗氧化剂，可以直接中和在 DNA 附近产生的促进突变的活性氧自由基，还可以通过诱导抗氧化酶防御系统间接表现抗氧化活性。多酚可提高血清对氧磷酶（paraoxonase，PON）（一种与 HDL 相关的酯酶，可减少脂质过氧化）的活性，对脂质过氧化具有保护作用。脂质过氧化的最终产物对细胞的生存能力不利。血浆脂质过氧化是动脉粥样硬化形成的一个病因，因此多酚的抗氧化作用也可能与心血管疾病的预防有关。

多酚具有还原性，可改善结肠细胞的氧化还原状态，降低应激指数（抗氧化酶和谷胱甘肽），可使结肠癌发生率降低。多酚可使胃黏膜中 GSH、过氧化氢酶、谷胱甘肽过氧化物酶（GSH-Px）和超氧化物歧化酶（SOD）水平升高，提高细胞的抗氧化状态。

多酚的抗氧化作用在于苯酚基，苯酚基提供氢原子，氢原子的电子与自由基所带的电子组成一对，生成稳定的物质，从而表现出抗氧化能力。因此，多酚可被用作强抗氧化剂来预防氧化损伤，减少炎症。酚类的抗氧化能力还与苯环上羟基的数目有关。羟基的数量与其抗氧化活性呈正相关，多酚作为自由基清除剂，能够通过有效阻止自由基链式反应，消除自由基获得电子的能力，避免新的自由基形成。苯环上的取代基会影响其本身结构的稳定性，进而影响捕获自由基的能力，当取代基为吸电子基团时，抗氧化活性相对减弱，取代基为供电子基团时，抗氧化活性增强。对抗氧化能力的大小为—NH_2＞—OCH_3＞—CH_3，而且与—COOH 相比，—CH_2COOH 和—$CH=CHCOOH$ 的抗氧化能力增强。游离态、糖苷键合态、酯键合态酚类的抗氧化活性存在差异，通常游离态的抗氧化活性较强。

（五）对肠道及肠道微生物的作用

肠道是人体吸收消化所摄入大部分营养物质的最大器官。人体肠道微生物数量高达 100 万亿，是人体体细胞数量的 10 倍，它们与人体相互依存，构成肠道的微生态系统，调节人体健康状况。人体肠道菌群的组成主要以厚壁菌门（Firmicutes）、拟杆菌门（Bacteroidetes）、变形菌门（Proteobacteria）、放线菌门（Actinobacteria）、疣微菌门（Verrucomicrobia）和梭杆菌门（Fusobacteria）等为主，其中厚壁菌门和拟杆菌门在健康的成年人肠道中占比 90%以上。肠道微生物群的组成受到年龄、性别、地域、种族及宿主基因型等共同影响，也受到饮食、疾病和药物的影响，其中饮食摄入的影响占主导地位，经常食用富含碳水化合物食物的人群，肠道中的主要细菌是普氏菌属，而食用富含动物蛋白和饱和脂肪较多的人群体内主要是拟杆菌属。

肠道菌群中如双歧杆菌和乳酸菌，属于对人体健康起积极作用的有益菌，作为抗氧化剂调节代谢过程中的氧化应激反应，可以有效抑制大肠内氨、粪臭素及胺类致癌物等的形成，增加有机酸的生成，降低结肠及粪便 pH，抑制病原菌生长。

肠道微生物群与肠道细胞、黏膜屏障共同构成肠道微环境，且保持平衡状态，任何一方受到影响，都将破坏肠道菌群平衡，危害人体健康。肠道菌群失调同人体多种疾病相关，由于肠道菌群的组成受很多因素影响，如膳食、生活习惯等，这些因素也是肥胖、糖尿病、心血管疾病等的致病因素，也与高血压和非酒精性脂肪肝病等相关。

肥胖形成与减肥过程均与肠道菌群密切相关。肥胖人群的肿瘤坏死因子-α（tumor necrosis factor-α，TNF-α）、可溶性肿瘤坏死因子受体 1（soluble tumor necrosis factor receptor 1，sTNFR1）、sTNFR2 和 IL-6 的水平高于正常人群。肥胖人员拟杆菌属/普氏菌属（*Bacteroides/Prevotella*）的值较低。

肠道微生物群异常、肠黏膜屏障渗漏和肠道免疫反应的改变及相互作用与 I 型糖尿病等疾病发生有关。I 型糖尿病人群的与免疫相关的梭状芽孢杆菌（*Clostridium*）、拟杆菌属和韦荣氏球菌属（*Veillonella*）的数量增加，而厚壁菌（*Firmicute* ssp.）、梭状芽孢杆菌、乳酸杆菌（*Lactobacillus*）、双歧杆菌属（*Bifidobacterium*）、同型产乙酸菌/直肠真杆菌（*Blautia coccoides/Eubacterium rectale*）的值和普雷沃菌属的数量均减少。

植物多酚代谢与吸收需要肠道微生物群的参与，同时，多酚代谢产物也对肠道微生物群产生影响。多酚可以通过重塑肠道菌群来增强宿主与微生物之间的相互作用以达到减少疾病发生的效果。植物多酚可以通过增加各种有益细菌种类的丰度和微生物群多样性，减少致病菌的数量，抑制肠道失调，改善肠道屏障功能和能量消耗。同时，肠道菌群中的有益菌能发挥益生元的作用，促进多酚在肠道中的代谢，加速肠道对多酚及其他营养物质的吸收。这些改善最终有助于减少炎症反应及代谢性疾病（糖尿病、肥胖等）与相关并发症发生。

多酚类物质能够螯合肠腔中的铁，对高铁症患者有利，但对易缺铁的人群不利，如孕妇、婴儿和儿童。多酚类物质可以提高连接蛋白的产量，提高其完整性，防止膳食抗原、微生物和其他毒素转移到人体系统导致疾病发生。

除此之外，多酚及其代谢物通过细胞反应调节肠道免疫反应。丁酸在许多生物中能够调节细胞凋亡并抑制肿瘤发展。多酚可以促进后肠中丁酸盐的产生，利于肠道有益微生物生长，如乳酸杆菌和双歧杆菌浓度，不利于对 pH 降低耐受性较差的病原体的生长；丁酸也通过调节炎症信号通路的活化和增强肠道屏障的完整性来发挥抗炎作用。丁酸盐对病原菌的抑制最终导致肠腔中氨的生成减少，因为病原体释放的酶参与氨的生成。肠腔中较高的氨水平通过影响细胞凋亡而易引起肿瘤形成。

（六）抗微生物（细菌和病毒）活性

酚酸具有抗微生物活性。酚酸的抗微生物活性取决于其化学结构，特别是苯环上饱和链的长度、位置及取代基数目，如酚酸甲酯和酚酸丁酯的抗微生物活性比酚酸要高。增加烷基链长度可以大大提高其活性，如低聚酚酸比起单聚体活性高。羟基苯甲酸和羟基肉桂酸具有不同的抗微生物活性，取决于结构中的—OH 和—OCH$_3$ 数量。

和其他弱酸一样，羟基苯甲酸以扩散的方式通过微生物细胞膜，未解离的酸分子与微生物细胞膜的脂质双分子层和脂多糖界面进行相互作用，膜蛋白与磷脂比例发生改变，导致膜结构重组，降低了微生物的致病能力。而在相互作用的过程中，多酚的羟基作为一价阳离子的穿膜载体，将 H$^+$ 带入细胞质并将 K$^+$ 运出，K$^+$ 在外流过程中消耗能量，影响了细胞膜的物质运输及细胞膜的通透性和稳定性，造成细胞内物质外泄和细胞死亡。所以，酚酸的 pK_a 和亲脂性决定了其与微生物细胞膜的结合能力及相应的抗微生物能力。pH 也有重要影响，因为其影响—COOH、苯环取代基（—OH 和—OCH$_3$）及侧链的饱和度。酚酸的抗微生物活性与 pH 的改变成反比。

|第十四章|

黄 酮 类

黄酮类化合物（flavonoid）又称类黄酮、维生素 P，常与维生素 C 伴存，因多呈黄色而称类黄酮，属于植物多酚类物质家族。黄酮类化合物在植物中含量相当丰富（0.5%～1.5%），具有较强的抗氧化、保护 DNA、抑制低密度脂蛋白（low-density lipoprotein，LDL）氧化和肿瘤细胞生长等作用。黄酮类化合物是一组在结构和性质上不同的多酚化合物，广泛存在于水果、蔬菜、豆类和茶叶等许多食源性植物中，使植物的叶、花、果实呈现蓝、紫、橙等不同颜色。例如，浆果中的花青素、柑橘类中的黄烷酮、水果和蔬菜中的黄醇（如槲皮素配糖物）、绿茶和水果中的表儿茶素（黄烷醇单体）和原花青素（黄烷醇寡聚体）。除各种植物和水果外，黄酮类化合物还存在于种子、坚果、谷物及药用植物和饮料（如葡萄酒、啤酒等）中。

◆ 第一节　结构和种类

一、基本结构

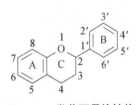

图 14-1　类黄酮母核结构

黄酮类化合物是一类以 2-苯基色原酮为母核的化合物，是由两个苯环（A 环与 B 环）通过中央三碳链相互连接而成的一系列 C6-C3-C6 三元环化合物（图 14-1），即两个苯环通过 3 个碳原子结合而成，其中 C-3 部分可以是脂链，或与 C-6 部分形成六元或五元氧杂环结构。天然类黄酮分子结构修饰方式主要有甲基化、羟基化、酰基化和糖苷化，植物中糖苷化修饰最为普遍，最常见的糖苷化位点是 C-3，其次是 C-7。

二、分类

由于糖苷的种类、数量、连接位置和方式的不同，组成的类黄酮苷形式多样。葡萄糖是最常见的糖基，半乳糖、鼠李糖、木糖、阿拉伯糖和葡糖醛酸次之，甘露糖、果糖和半乳糖醛酸较少（Beatriz et al.，2009）。同时，糖苷化位置在不同的化合物中也不一样，根据 C 环的化学性质、以分子中酚羟基的数目和位置及取代基种类为依据，在每个类别中，又以 A 环和 B 环上取代基（尤其是羟基）的数目和位置及烷化和/或糖苷化程度区别各个化合物。例如，黄酮和黄烷酮的 C-7 位，黄酮醇和黄烷-3-醇的 C-3 位和 C-7 位，花青素的 C-3 位和 C-5 位羟基更易发生糖苷化修饰。目前已发现黄酮类化合物单体 8000 余种，其中已鉴定的植物自然黄酮类化合物 5000 余种，而且其数量还在不断增加（表 14-1）。

黄酮类化合物主要种类有黄酮（flavone）、黄酮醇（flavonol）、黄烷醇（flavanol）、黄烷酮

（flavanone）、异黄酮（isoflavone）、花青素（anthocyanidin）、查耳酮（chalcone）、儿茶素（catechin）、二氢黄酮醇（dihydroflavonol）、3-羟基黄烷（3-hydroxyflaranone）和花色素（anthocyanidin），有人也将花青素苷（anthocyanin）归为类黄酮。类黄酮在不同植物种类中存在各异，如黄烷酮和黄酮醇常存在于同一种植物中（如柑橘），而黄酮和黄酮醇、黄烷酮和花青素苷往往不同时存在。

表 14-1 黄酮类化合物的分类及特点

分类	特点	代表化合物	结构式
黄酮与黄酮醇	黄酮：C-3 位无含氧取代；A 环的 C-5 和 C-7 位同时含有—OH；B 环常在 C-4′位有—OH 和—OCH₃，C-3′位有时也有—OH 和—OCH₃ 黄酮醇：C-3 位上连有—OH 或其他含氧基团	黄酮：黄芩素、黄芩苷 黄酮醇：槲皮素、芦丁	黄酮 黄酮醇
二氢黄酮与二氢黄酮醇	与相应的黄酮和黄酮醇并存 C 环 C-2 和 C-3 双键被氧化饱和	二氢黄酮：陈皮素、甘草苷 二氢黄酮醇：水飞蓟宾、异水飞蓟素	二氢黄酮 二氢黄酮醇
异黄酮与二氢异黄酮	异黄酮：B 环位置连接不同 二氢异黄酮：异黄酮类 C-2 和 C-3 双键被还原成单键	异黄酮：大豆黄素、葛根素 二氢异黄酮：鱼藤酮	异黄酮 二氢异黄酮
查耳酮与二氢查耳酮	C 环未成环；二者互为同分异构体；二者体内共存；二者转变发生颜色变化	查耳酮：异甘草素、补骨脂乙素 二氢查耳酮：根皮苷	查耳酮 二氢查耳酮
花色素与黄烷醇	花色素：C 环无羧基；以离子状态存在；色原烯衍生物；广泛存在于各个组织部位 黄烷醇：脱去 C-4 位羧基原子后的二氢黄酮醇类化合物	花色素：飞燕草素、矢车菊素 黄烷醇：儿茶素、原花青素	花色素 黄烷醇
橙酮类	C 环含氧五元环；较少见	金鱼草素	橙酮类母体
其他黄酮类	高异黄酮类：3-苄基色原酮的衍生物 双苯吡酮类：母核是由苯环和色原酮骈合而成	高异黄酮、β-倒捻子素	高异黄酮 双苯吡酮的基本骨架

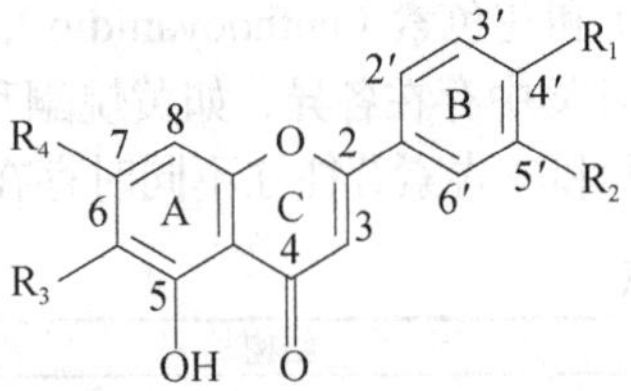

芹菜苷配基　R_1=OH,R_2=H,R_3=H,R_4=OH;
毛地黄黄酮　R_1=OH,R_2=OH,R_3=H,R_4=OH

图 14-2　黄酮结构

（一）黄酮

黄酮主要以糖苷形式存在，主要结构特点是 C-3 上未连接基团，C-7 部分连接羟基。黄酮在唇形科、爵床科、玄参科、菊科中分布最广，比较常见的有木犀草素（也叫毛地黄黄酮）（luteolin）和芹菜素（apigenin）（图 14-2）。

（二）黄酮醇

黄酮醇是类黄酮中分布最广的亚组，它与黄酮之间的区别在于 C-3 上连接的基团为羟基（图 14-3）。不与糖部分结合的黄酮醇称为苷元形式，而带有糖部分的黄酮醇称为黄酮醇苷，最常见的是以 O-糖苷的形式出现。黄酮醇的 O-糖苷主要来源于水果和蔬菜，特别是浆果、洋葱和芸薹属蔬菜。

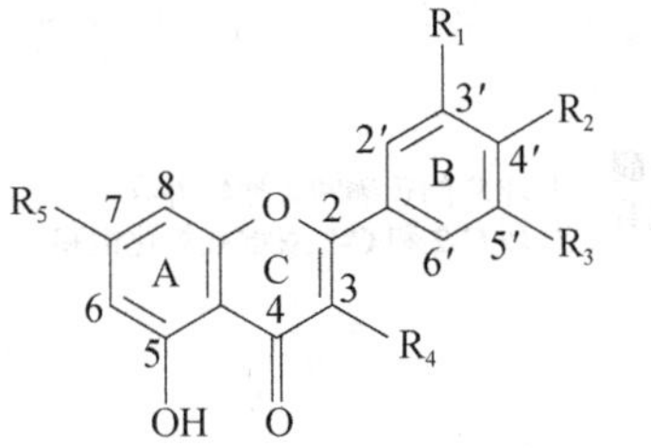

黄酮醇的种类按照 B 环 C-3′部位的 R_1 基团、C-5′ 部位的 R_3 基团区分，主要包括山柰酚（山柰黄素）（kaempferol）、槲皮素（quercetin）、杨梅黄酮（myricetin）。槲皮素的 O-糖苷元（包括半乳糖、葡萄糖、鼠李糖、阿拉伯糖、木糖）主要来源于甘蓝、羽衣甘蓝（*Brassica oleracea* cv. *acephala*）、花椰菜（*Brassica oleracea* var. *botrytis*）和苹果（*Malus pumila*），山柰酚的 O-糖苷元主要来源于荞麦（*Fagopyrum esculentum*）、茶（*Camellia sinensis*）和

槲皮素　R_1=OH,R_2=OH,R_3=H,R_4=OH,R_5=OH
山柰黄素　R_1=H,R_2=OH,R_3=H,R_4=OH,R_5=OH
杨梅黄酮　R_1=OH,R_2=OH,R_3=OH,R_4=OH,R_5=OH

图 14-3　黄酮醇结构

红酒。黄酮醇是无色的，但在植物体内，可以通过与花青素共同作用来显色，同时黄酮醇也是一些植物花粉管萌发所必需的化合物。

（三）黄烷醇

黄烷醇主要结构特点是 C-3 与 C-7 部分均连接羟基（图 14-4）。主要存在于含鞣质的木本植物中，比较常见的有黄烷-3-醇和黄烷-4-醇。

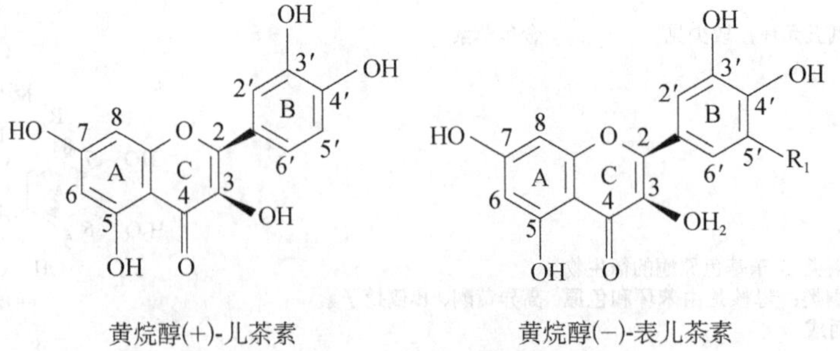

黄烷醇(+)-儿茶素　　　　　黄烷醇(−)-表儿茶素

图 14-4　黄烷醇结构

黄烷-3-醇的衍生物也称为儿茶素类，主要存在于茶、葡萄酒、苹果及其加工品中。茶中儿茶素含量多少与其是否发酵有关，未发酵的绿茶中儿茶素含量最高，其次为半发酵的乌龙茶，全发酵的红茶中含量最少。绿茶中儿茶素有以下四种形式：表没食子儿茶素没食子酸酯（epigallocatechin gallate，EGCG）、表儿茶素（epicatechin，EC）、表没食子儿茶素（epigallocatechin，EGC）、表儿茶素没食子酸酯（epicatechin gallate，ECG）。儿茶素的稳定性与 pH 关系很大，pH 大于 8 时儿茶素很快被分解，pH 在 4～8 时，pH 越低则儿茶素稳定性越高。EGCG 和 EGC 在小肠的中性或碱性环境中不稳定，仅能被部分吸收。

（四）黄烷酮

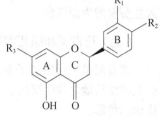

黄烷酮的结构特点是 C-7 位通常被双糖糖基化，其甲氧基衍生物和羟基衍生物（特别是在 C-3,5,7,3′,4′位置上）统称为黄烷酮类（图 14-5）。主要有柚皮素（naringenin）、圣草素（eriodictyol）和五羟基双氢黄酮（pentahydroxy flavanone）。黄烷酮一般以单糖苷或双糖苷形式存在于柑橘中。

图 14-5　黄烷酮结构
R₁=R₂=OH，R₃=H

（五）异黄酮

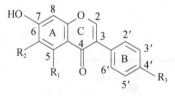

图 14-6　异黄酮结构
R₁=R₂=OH，R₃=H

异黄酮与类黄酮的结构相似，不同之处在于异黄酮的 B 苯环由原先的连接在 C-2 位置转移到了 C-3 位置（图 14-6）。异黄酮是一种植物激素，具有 2-苯基色酮结构，大豆苷（daidzin）和染料木黄酮（genistein）是其主要的配基。

异黄酮主要存在于豆类［尤其是大豆（*Glycine max*）］及其制品（如大豆蛋白、大豆粉、分离大豆蛋白）中，但大豆油中并不含有异黄酮，在发酵的大豆制品中异黄酮主要以游离苷元形式存在，非发酵制品中以异黄酮葡萄糖苷形式存在（Campos，2021）。大豆异黄酮共有 13 种同分异构体，包括 3 种不含糖基及 9 种含有糖基的类黄酮。不含糖基的有大豆黄素、染料木素、黄豆黄素；包含糖基的有大豆苷、染料木苷、黄豆黄素苷、6-*O*-乙酰大豆苷、6-*O*-乙酰染料木苷、6-*O*-乙酰黄豆黄素苷、6-*O*-丙二酸单酰大豆苷、6-*O*-丙二酸单酰染料木苷、6-*O*-丙二酸单酰黄豆黄素苷。

（六）花青素苷

花青素苷的结构特点是 C-3′、C-5′位置连接了不同的基团。花青素苷是花青素与单糖结合形成的糖苷，又称花青素苷，按照 C-3′、C-5′位置连接不同的基团主要分为以下 6 种形式：矢车菊素（cyanidin）、飞燕草素（delphinidin）、锦葵素（malvidin）、天竺葵素（pelargonidin）、矮牵牛素（petunidin）、芍药素（peonidin）（图 14-7）。

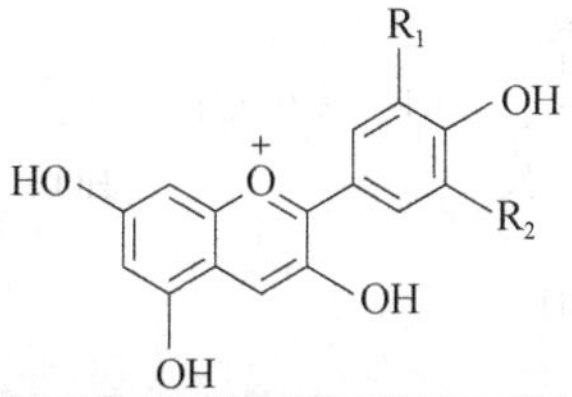

化合物名称	R₁	R₂
矢车菊素	H	OH
飞燕草素	OH	OH
锦葵素	OCH₃	OCH₃
天竺葵素	H	H
矮牵牛素	OCH₃	OH
芍药素	OCH₃	H

图 14-7　花青素苷结构

花青素苷是最重要的天然水溶性色素之一，主要存在于植物根和叶的表皮及叶肉细胞的液泡中。花青素苷广泛存在于水果、蔬菜、花卉中，且因植物的种类、发育时期及生长部位不同而颜色各异，呈现亮橙黄、桃红、猩红、红、紫红、紫等多种颜色。例如，草莓成熟果实的花青素苷含有天竺葵素，因此呈红色；含不同糖苷的石榴汁颜色不同，含有飞燕草素的呈现紫色，而含有天竺葵素的为猩红色。

（七）花青素和原花青素

花青素是一类以离子形式存在的色原烯衍生物（图14-8）。当液泡中的pH变化时，花青素的化学结构随之发生变化，表现出不同的颜色，使花、果、叶呈现出漂亮的红色、紫色、橙色等绚丽的色彩。

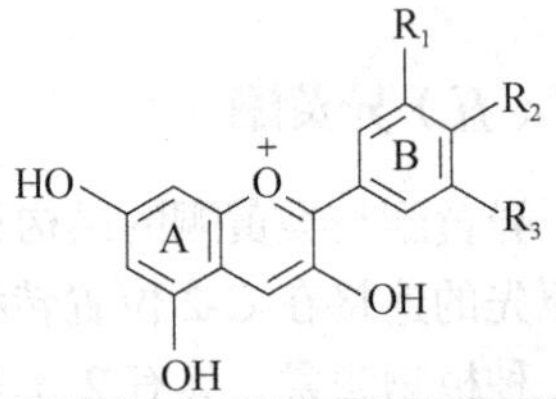

花青素种类	R$_1$	R$_3$	R$_2$
飞燕草素	OH	OH	OH
矢车菊素	H	OH	OH
天竺葵素	H	H	OH
芍药素	OCH3	H	OH
矮牵牛素	OCH3	OH	OH
锦葵素	OCH3	OCH3	OH

图 14-8　花青素的基本结构

原花青素（PA）又称缩合单宁（condensed tannin，CT），是一类植物中广泛积累的水溶性多酚次生代谢物，以PA单体、寡聚物或多聚物的形式存在，在许多植物的不同器官（根、茎、叶、花、果实）和组织中均有分布，也是植物呈色色素之一（图14-9）。在自然界中，大部分的原花青素由儿茶素和表儿茶素构成，一般呈现红棕色。根据聚合程度的不同，原花青素分为可溶性原花青素和不可溶性原花青素，其中聚合状态为低聚、二聚或三聚的原花青素为可溶性原花青素，而聚合状态为四聚或更高聚合状态的原花青素为不可溶性原花青素。

表叶黄酮 R$_1$=H,R$_2$=H　　　　阿夫儿茶精 R$_1$=H,R$_2$=H
表儿茶素 R$_1$=OH,R$_2$=H　　　　儿茶素 R$_1$=OH,R$_2$=H
表没食子儿茶素 R$_1$=OH,R$_2$=OH　　没食子儿茶素 R$_1$=OH,R$_2$=OH

图 14-9　原花青素基本结构

第二节　合成及代谢途径

植物的代谢分为初级代谢和次级代谢，初级代谢是植物生长过程必需的，而次级代谢是植物生长发育到一定阶段合成的非必需代谢物，通常限制于特定的组织、器官中。次级代谢途径有多条，而从碳流的角度来说，苯丙氨酸代谢途径是植物次生代谢最重要的途径之一。苯丙氨酸代谢主要包括两个重要的代谢途径：苯丙烷代谢途径和类黄酮的合成代谢途径。因此，类黄酮的合成和代谢是植物次级代谢中最重要的途径。

一、生物合成途径和关键酶

黄酮类化合物的生物合成首先通过苯丙烷途径将苯丙氨酸（phenylalanine，Phe）转化为香豆酰 CoA，香豆酰 CoA 再进入黄酮合成途径与 3 分子丙二酰 CoA 结合生成查耳酮，最后生成二氢黄酮类化合物。二氢黄酮是其他黄酮类化合物的主要前体物质，通过不同的分支合成途径，分别生成不同类型的黄酮类化合物（图 14-10）。

PAL 是苯丙烷途径中的第 1 个关键酶，催化 L-苯丙氨酸非氧化性脱氨生成反式肉桂酸。PAL 基因的表达包括内部和外部因素调节。内部调节有发育调节、PAL 调节因子和钝化因子 [PAL 内源性抑制物质（PAL-inhibitor，PAL-I）] 调节及末端产物调节。外部因素包括各种类型的机械损伤、低温、光（白光、红光、蓝光、紫外光）、病原菌感染、昆虫取食和毒素处理等都能够诱导该酶基因的表达。植物激素乙烯、生长素（IAA）、细胞分裂素也能够诱导植物 PAL 基因的表达。

4CL 是苯丙氨酸途径中的关键性限速酶，能催化香豆酸和肉桂酸分别形成香豆酰 CoA 和肉桂酰 CoA，也是苯丙烷类化合物生物代谢总途径中的最后一个酶，催化 4-香豆酸及其羟基和甲羟基衍生物生成各自活性形式的硫酯酰 CoA。植物中存在大量 4CL 基因，这些 4CL 基因以小的基因家族的形式存在，其表达主要受发育调控和环境因子诱导（各种伤害、紫外光辐射、病原菌侵染等）。

C4H 是细胞色素单加氧酶超家族的成员之一，它是苯丙烷途径中继苯丙氨酸解氨酶之后的第二个关键酶，催化反式肉桂酸转变为羟基肉桂酸对香豆酸。C4H 基因对园艺作物的抗性、生长发育、品质等具有重要调控作用。C4H 与 4CL、PAL 表达存在明显的相关性。紫外光、真菌诱导子和伤害都能强烈地诱导 PAL、C4H 和 4CL 基因 mRNA 的瞬时积累。

CHS 是黄酮类化合物合成途径中的第一个限速酶。CHS 催化香豆酰辅酶 A 与丙二酰 CoA 形成二氢黄酮类化合物，主要包括柚皮素查耳酮或松属素查耳酮。

CHI 是黄酮类化合物代谢途径中的第二个关键酶，能够瞬间催化柚皮素查耳酮和松属素查耳酮形成二氢黄酮（包括柚皮素和松属素）。

FNS 是从二氢黄酮合成黄酮类化合物的重要酶。FNS 有 FNS Ⅰ 和 FNS Ⅱ 两种。FNS Ⅰ 催化柚皮素形成芹菜素，FNS Ⅱ 是细胞色素 P450 单氧化酶，催化圣草素形成毛地黄黄酮。

IFS 是催化柚皮素生成异黄酮类化合物关键酶，包括大豆黄素、染料木异黄酮等。

F3H 是二氢黄酮类化合物生成二氢黄酮醇类化合物（包括二氢槲皮素和二氢山柰酚等）关键的酶。F3H 也是合成黄烷酮和花色素等重要中间产物的关键酶，是控制黄酮合成与花青素苷积累的分流节点和整个类黄酮代谢途径的中枢。

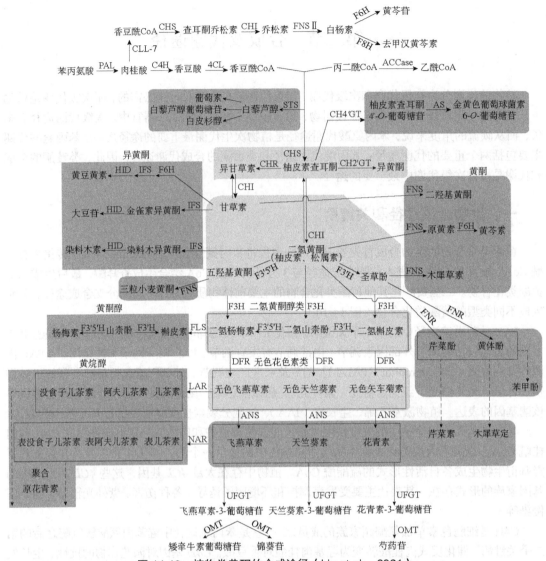

图 14-10　植物类黄酮的合成途径（Liu et al., 2021）

植物中的类黄酮生物合成途径包含 8 个分支（深灰色框）和 4 种重要的中间代谢物（浅灰色框）。
4CL. 4-香豆酰 CoA 连接酶；ACCase. 乙酰辅酶 a 羧化酶；ANS. 花青素合酶；AS. 金鱼草素合酶；C4H. 肉桂酸 4-羟化酶；CH2'GT. 查耳酮-2'-O-葡糖基转移酶；CH4'GT. 查耳酮-4'-O-葡糖基转移酶；CHI. 查耳酮异构酶；CHR. 查耳酮还原酶；CHS. 查耳酮合酶；CLL-7. 肉桂酸 CoA 连接酶；DFR. 二氢黄酮醇 4-还原酶；F3H. 黄烷酮 3-羟化酶；F3'H. 类黄酮 3'-羟化酶；F3'5'H. 类黄酮 3',5'-羟化酶；F6H. 类黄酮素 6-羟化酶；F8H. 类黄酮素 8-羟化酶；FNR. 黄烷酮 4-还原酶；FNS. 黄酮合酶；FLS. 黄酮醇合酶；HID. 2-羟基异黄烷酮脱水酶；IFS. 异黄酮合酶；LAR. 无色花青素还原酶；OMT. O-甲基转移酶；PAL. 苯丙氨酸解氨酶；STS. 芪合酶；UFGT. 类黄酮糖基转移酶

　　F3'H 和 F3'5'H 催化柚皮素形成圣草素和五羟基黄酮，同时 F3'H 和 F3'5'H 以二氢山柰酚为底物，形成二氢槲皮素、二氢杨梅素等二氢黄酮醇。

　　FLS 首先还原二氢黄酮醇类化合物形成槲皮素、山柰酚、杨梅素等黄酮醇，尤其在植物种皮中以槲皮素的积累为主。其次在其他酶的作用下二氢黄酮醇类化合物形成花色素，之后又在 FLS 作用下去饱和形成黄酮醇类化合物。因此，FLS 是黄酮类化合物合成途径与儿茶素合成途径的桥梁。

DFR 是花青素和鞣质合成途径中的关键酶。DFR 主要将二氢黄酮醇类化合物还原形成无色花色素类化合物，如无色矢车菊素、无色天竺葵素（leucopelargonidin）和无色花青素（leucocyanidin）。

LAR 是参与原花青素生物合成的一个关键酶，能转化无色花青素（原花青素）为儿茶酚、表儿茶素、白矢车菊素等黄烷醇类化合物。

ANS 还原无色花青素成为天竺葵色素、矢车菊素和飞燕草素等花青素，这些花青素在糖苷转移酶（flavonoid 3-O-glucosyl transferase，FGD）的作用下，生成花青素苷。

OMT 催化黄酮类化合物形成多种黄酮类衍生物。植物组织内多数黄酮与糖结合，以黄酮苷的形式存在，OMT 通过对黄酮类化合物进行糖基化修饰可以增加产物的稳定性及溶解性。

二、黄酮代谢物质的转运

类黄酮合成的酶类以多酶复合体的形式存在于细胞质中，并合成类黄酮代谢产物。类黄酮代谢产物在细胞中积累的位置各有不同，表明细胞内存在类黄酮代谢产物的转运机制。目前，类黄酮主要有三种转运类型：质子依赖型转运体；ABC 型转运体；MATE 型转运体。

（一）质子依赖型转运体

液泡吸收类黄酮物质必须依赖细胞质和液泡之间质子梯度提供能量，而该质子梯度的形成必须依赖液泡膜上质子泵的作用。拟南芥中与类黄酮物质转运相关的质子泵为 AHA10 基因。

（二）ABC 型转运体

黄酮代谢物质转运途径主要是通过位于细胞质的谷胱甘肽硫转移酶（GST）和位于液泡膜上的多药耐药抗性相关蛋白（MRP）共同完成的。类黄酮物质如花青素苷在细胞质合成后，GST 催化谷胱甘肽（GSH）和花青素苷共价结合，形成谷胱甘肽硫复合物，然后通过液泡上依赖 ATP 而不依赖质子梯度功能的转运体进行转运，也就是 ABC 型转运体，又称为多药耐药相关蛋白（MRP）。拟南芥中 GST 蛋白为 AtTT19，能将花青素苷转运至液泡膜，它既能参与花青素的转运又能参与原花青素的转运。而拟南芥 ABC 转运体总共可分为 13 个亚家族，如 AtMRP1 蛋白和 AtMRP2 蛋白能催化很多底物，是一个通用的转运体。

（三）MATE 型转运体

MATE 家族蛋白位于液泡膜上，负责多药和有毒化合物的排出，其介导的类黄酮跨膜转运是依赖于 H^+/Na^+ 的逆向转运机制。ATP 存在时，液泡膜上的 MATE 转运蛋白利用膜两侧的 H^+/Na^+ 浓度梯度作为推动力，将类黄酮化合物向液泡内转运，同时将质子泵出液泡外。MATE 转运蛋白是一类跨膜转运蛋白，功能保守。拟南芥中有 56 个基因编码 MATE 型的转运体，其中 AtTT12 蛋白有 12 个跨膜片段，位于液泡膜上，在胚珠和萌发的种子中特异表达，控制着种子内种皮细胞的液泡吸收类黄酮物质。

由于 MATE 利用膜两侧的 H^+/Na^+ 梯度作为驱动力完成底物的跨膜运输，故它们的功能和活性也依赖于不同类型的 H^+-ATPase 提供，并保持液泡膜两侧的 H^+ 浓度梯度，因此，H^+-ATPase 也在类黄酮转运中起着重要作用。P 型的 H^+-ATPase 提供并保持细胞质膜两侧的

H^+浓度梯度，而 V 型 H^+-ATPase 或液泡焦磷酸酶（V-PPase）质子泵提供并保持液泡膜两侧的 H^+浓度梯度。

◆ 第三节　含量及影响因素

一、黄酮类化合物的含量

蔬菜中主要存在 5 种形式的黄酮类化合物：山柰酚、槲皮素、杨梅黄酮、芹菜素、毛地黄黄酮。后两种属于黄酮，前三种属于黄酮醇。近年来，仍不断有一些新的类黄酮成分被发现。

不同蔬菜种类中类黄酮的含量存在差异（表 14-2）。黄酮类化合物含量较高的蔬菜种类为百合科葱属蔬菜、十字花科蔬菜和绿叶菜类蔬菜。葱蒜类蔬菜所含黄酮类化合物主要是槲皮素和山柰黄素，而大蒜主要含有杨梅黄酮。黄酮类化合物含量由高到低依次为大葱、野韭、大蒜、洋葱、韭葱。十字花科蔬菜所含类黄酮也主要是槲皮素和山柰黄素。绿叶菜类中以欧芹类黄酮含量较高。

表 14-2　不同蔬菜中类黄酮的种类及含量　　（单位：mg/1000 g FW）

蔬菜种类	异鼠李素	花青素	山柰黄素	槲皮素	杨梅黄酮	芹菜素	毛地黄黄酮
葱蒜类							
洋葱	50.1±6.9	0.0	6.5±1.0	203.0±7.8	0.3±0.1	0.1	0.2±0.1
韭葱	—	—	26.7±4.9	0.9±0.6	2.2±2.2	0.0	0.0
大葱	—	—	249.5±90.1	106.8±26.9	0.0	0.0	391.0±0.05
野韭	—	—	171.1±62.3	160.0±0.03	0.0	0.0	0.0
大蒜	—	—	2.6	17.4	16.1	217.0±0.02	0.0
十字花科							
西蓝花	—	0.0	78.4±6	32.6±0.2	0.6±0.5	0.0	8.0±1.7
花椰菜	—	—	3.6±1.4	5.4±3.8	0.0	0.3±0.3	0.9±0.4
甘蓝	—	2098.3±749.5	0.0	3.6±0.5	2.0±0.9	0.6±0.5	1.0±0.5
羽衣甘蓝	—	—	268.0±55.6	225.8±29.4	0.0	0.0	0.0
大白菜	—	—	1.0	0.1	0.3	0.1	0.2
其他							
红叶莴苣	—	31.4±10.8	0.2	76.1±18.0	0.0	0.0	9.5±3.6
芹菜	0.0	0.0	2.2	3.9±3.5	0.0	28.5±5.6	10.5±2.3
欧芹	435.0±285.0	—	133.3±70.6	551.5±298.2	7.0	0.0	0.0
番茄	—	0.0	0.9±0.2	5.8±0.1	1.3±0.3	0.0	0.0
黄瓜	0.0	—	1.3±0.8	0.4±0.3	0.0	0.0	0.0
马铃薯	—	—	8.0±7.7	7.0±2.9	0.0	0.0	0.0
辣椒	—	0.0	22.1±3.2	24.8	2.2±2.2	0.0	47.1±7.5
胡萝卜	—	0.0	2.4±1.7	2.1±1.7	0.4±0.4	0.0	1.1±1.1
菠菜	—	—	63.8±44.3	39.7±23.7	3.5±3.4	0.0	7.4±6.6

注：—表示无数据

二、黄酮类化合物含量的调控

黄酮类化合物的代谢受到多种因素的调控，主要为生物和环境两大类因素。在植物细胞中，转录水平上对生物合成相关基因进行调控是调节次生代谢物的主要机制。类黄酮代谢途径的调控主要集中在转录水平上，但也有少数转录后控制。双子叶植物中参与类黄酮代谢的酶分为两部分：一部分是早期合成基因（early biosynthesis gene，EBG），另一部分是晚期合成基因（late biosynthesis gene，LBG）。而类黄酮代谢途径中的各种调控因子有的能控制早期合成基因的转录，也有些是专一地在各个分支路径上起调控作用（图 14-11）。

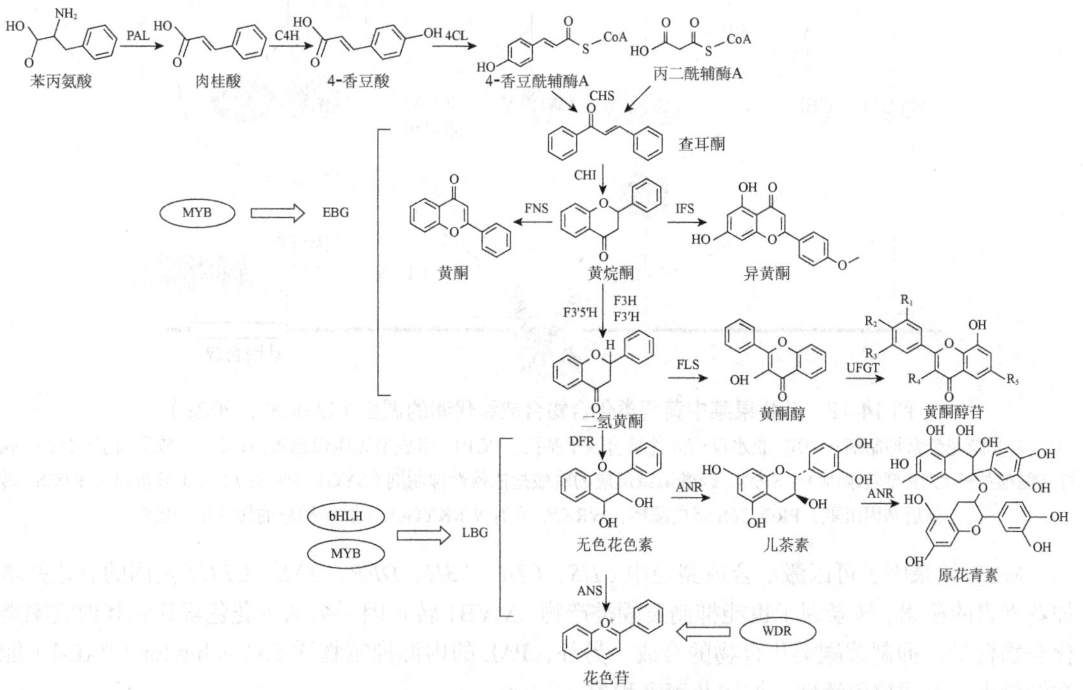

图 14-11　黄酮类化合物合成代谢途径

MYB. 禽成髓细胞瘤病毒原癌基因的同源物；bHLH. 碱性螺旋-环-螺旋蛋白；WDR. β-转导素重复

（一）生物因子对黄酮类化合物代谢的调控

1. 转录因子调控　　转录因子（transcription factor）是帮助 RNA 聚合结合到启动子上的一种蛋白质因子，能够保证目的基因在特定的时间与空间表达。转录因子通过与结构基因启动子中相应的顺式作用元件相互作用，激活或抑制苯丙烷代谢途径的一个或多个基因的表达，从而对黄酮类化合物进行调控。参与该途径调控的转录因子主要有三类：MYB 类转录因子、bHLH 类转录因子和 WD40 类转录因子，且这三类蛋白常常以 MYB-bHLH-WD40（MBW）复合体的形式来发挥调控作用（图 14-12）。

（1）MYB 类转录因子　　MYB 类转录因子有 PAP1、PAP2、MYB11、MYB12、MYB13、MYB113、MYB114、TT2、MYBL2、CPC 等，与类黄酮化合物尤其是花青素合成调控相关的转录因子主要为 MYB 转录因子。

植物中 MYB 转录因子的 N 端含有保守 DNA 结合区域（MYB 结构域），每个 MYB 结构域约由 52 个氨基酸构成。在 MYB 蛋白中含有 1～3 个串联的、不完全重复的 MYB 结构域（R1、R2 和 R3），这些保守的氨基酸可以使 MYB 蛋白折叠成螺旋-转角-螺旋（HTH）的形式参与 DNA 大沟的相互作用。主要包括 R1-MYB、R2R3-MYB 和 R1R2R3-MYB 三类转录因子。MYB 转录因子决定 MBW 复合体结合的特异性和被激活的基因，是复合体的核心成员，能促进 PA 的生物合成。与花青素相关的 MYB 转录因子通常包含 R2 和 R3 两个基序（R2R3-MYB），含有特异的 DNA 序列识别区和启动子结合区。强光能诱导花青素合成相关的 MYB 转录因子 PAP1、PAP2 表达。

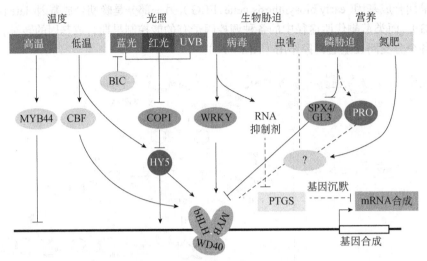

图 14-12　茄科果菜中黄酮类化合物合成和代谢的调控（Li et al.，2022）

BIC. 蓝光隐花色素抑制剂；CBF. 脱水反应元件结合因子基因；COP1. 组成型光质形态蛋白；GL3. 转录因子；HY5. 碱性亮氨酸拉链 bZIP 型转录因子；SPX4. 磷酸饥饿反应的磷酸盐依赖性抑制剂（SYG1 / Pho81 / XPR1 域蛋白）；PTGS. 转录后基因沉默；PRO. 26S 蛋白酶体；WRKY. 含有 WRKYGQK7 肽结构域的转录因子蛋白

MYB 转录因子可以激活合成路径中 *CHS*、*CHI*、*F3H*、*DFR*、*ANS*、*UFGT* 基因的表达并增加花青素的积累。转录因子也能抑制黄酮类产物。MYB1 转录因子会减少花色素苷和其他黄酮类化合物含量，抑制黄酮类化合物的合成。另外，PAL 的内源抑制物质 PAL-inhibitor（PAL-I）能在转录水平上调控酶活性，抑制花青素积累。

（2）bHLH 类转录因子　　bHLH 家族蛋白是另一类与植物花青素生物合成调控密切相关的调节因子，这类转录因子都有一个螺旋-环-螺旋结构区域。不同物种中的花青素合成相关 bHLH 转录因子均可以结合到序列特异的 DNA 上，且高度同源。bHLH 类转录因子有 TT8、GL3、EGL3 等，另外金鱼草中的 Delila，紫苏中的 MYC-F3G1 和 MYCRP 等都属于 bHLH 类转录因子，通过调控花青素合成途径的结构基因表达从而积累花青素。

bHLH 蛋白和 MYB 类转录因子共同作用从而激活花青素合成途径关键酶基因的表达，诱导花瓣中积累大量花青素而呈现紫红色。

（3）WD40 类转录因子　　WD40 重复蛋白是一类结构保守的 β 螺旋蛋白家族，核心区域由 40 个氨基酸残基组成，通过介导蛋白质之间的相互作用影响细胞的基本活动。TTG1 和 TTG2 主要包括 WD40 类转录因子，共同调控花青素结构基因的表达。WD40 蛋白与 MYB 转录因子、bHLH 转录因子形成 MBW 复合体来协同调控类黄酮化合物尤其是花青素的合成。

2. 微 RNA 对类黄酮途径的调控　　成熟的微 RNA（microRNA，miRNA）是一组 20～24 个核苷酸长度的非编码小 RNA，在植物生长发育、代谢途径和逆境反应中发挥重要功能。通过转录后水平上抑制其相应的靶标基因，miRNA 可以参与调控花青素合成。

参与花青素合成途径的 miRNA 包括 miR828、miR858、miR156 等。miR828、miR858 通过抑制 *MYB75*、*MYB90* 和 *MYB113* 的表达抑制花青素的积累。miR156 通过调控靶基因 *SPL9*，破坏 MBW 复合物的稳定性，抑制花青素积累，并直接阻止花青素生物合成基因的表达。

miRNA 一般通过两种途径调控 PA 的生物合成：①直接靶向 PA 生物合成结构基因转录的 mRNA，从而负调控 PA 生物合成；②通过靶向其他调控基因（如转录因子）的 mRNA。例如，拟南芥 miR156 通过靶向 *AtSPL9* 基因间接调控 *ANS*、*F3'H* 和 *DFR* 基因的表达，AtSPL9 能够与 MBW 复合体中 MYB 蛋白的 PAP1 相互作用，与 bHLH 竞争性地结合 MYB/PAP1，AtSPL9 通过破坏 MBW 转录激活复合物的稳定性调控 PA 的生物合成。

3. **微生物诱导**　微生物能促使植物体内合成有关的信号分子，诱导黄酮类化合物合成途径中关键酶的基因转录和表达，如 *PAL* 基因。

4. **受体蛋白调控**　蓝光和紫外光促进黄酮类化合物的光受体蛋白表达，从而促进关键基因——*CHS* 基因表达。光受体包括 CRY1、CRY2 及向光素 1（phototropin 1，NPH1）蛋白。光作用于光受体蛋白后，受体蛋白通过一系列变化引起质膜电子流向膜内传递和流动，影响质膜的电位势，诱导 *CHS* 的基因表达。

（二）环境因子对黄酮类化合物代谢的调控

环境因子，如季节变化、辐射强度、营养状况、微生物侵害、机械损伤及植物种间竞争等，都会对植物体内次生代谢物的代谢及分布产生很大影响。环境因子可以诱导转录因子的表达，进而调控黄酮类化合物代谢途径结构基因的表达，当植物细胞中积累黄酮类化合物如花青素后，环境因子又可以影响其稳定性。不同环境条件下花色或叶色的改变主要是由于花青素的合成受到环境因子的调节。

1. **光照**　光照能够强烈影响植物的初生代谢，同时也是影响植物细胞生长及次生代谢物积累的重要环境因子之一。光通过信号转导途径，将信号一步步传递到下游来影响转录因子表达水平或调节因子蛋白的稳定性，进而调控结构基因表达，最终影响植物中黄酮类化合物如花青素的累积。

光照强度会促进花青素的积累，还会影响花青素的稳定性。另外，光质也对黄酮类化合物有影响。红光不利于花色素苷的合成，而蓝光有助于花色素苷的合成。UVB 辐射可以显著促进次生代谢物的合成，导致植物生长发育、生产能力的改变，而类黄酮是 UVB 的滤除器，吸收 UVB 并清除 ROS。因此，紫外光是促进花青素生物合成的有效因子。紫外光中的 UVA 特异地诱导花青素积累，基因 *PAL*、*CHS*、*F3H*、*DFR*、*ANS* 的表达量都随照射时间的延长而明显升高。UVB 也可以诱导基因 *CHS*、*F3H* 和 *DFR* 的表达升高，进而促进花青素的合成。除此之外，蓝光可以通过隐花色素 1（CRY1）诱导 CHS 的表达，促进花青素的积累（图 14-12）。

2. **温度**　温度是控制类黄酮化合物代谢途径中花青素代谢的另一个重要因素。低温能增加 PAL 的活性，诱导 *MYB2* 和 *TT8*（transparent testa 8）基因表达，从而激活花青素基因的表达，促进花青素的合成。高温可以降低转录因子 TT8、TTG1（tansparent testa glabra 1）和 EGL3（enhancer of glabra 3）的表达，从而抑制花青素合成（图 14-12）。温度还影响花青素的稳定性和花青素的合成过程。高温时花青素合成的速率明显降低，而花青素降解的速率却会提高。在 30~40℃时花青素的稳定性最高，50℃以上降解速度明显增加。

3. **矿质元素**　磷缺乏时，番茄（*Lycopersicon esculentum*）叶中芦丁含量增加 13 倍。硫元素会降低芸薹（*Brassica campestris*）中黄酮类化合物的含量。特定的营养元素提高局部组织或器官中黄酮类化合物含量，同时降低植物初生代谢及生物量，从而影响黄酮类化合物的总量。Fe^{2+}、Fe^{3+}、Cu^{2+} 影响花青素的稳定性，而 Mg^{2+} 对花青素起到护色增色的作用，Ca^{2+}、Na^+、Al^{3+} 对花青素的稳定性影响较小。

4. **诱导子**　诱导子是细胞培养生产次生代谢物的主要调控手段之一。一氧化氮作为一种生物活性分子，在植物体内具有抗氧化的作用。诱导子还包括植物生长调节剂，如 1-萘乙酸（1-NAA）、2,4-二氯苯氧乙酸（2,4-D）、6-糠基氨基嘌呤或激动素（KT）、乙烯利（ETH）、6-苄氨基嘌呤（6-BA）等，它们会影响黄酮类化合物的合成。

5. 植物激素　　植物激素可通过影响植物体内的核酸、蛋白质和酶等物质对植物生长发育、代谢及衰老等多种生理过程进行调控，在不同发育阶段，对不同的植物组织或器官外源施加植物激素会增加或者抑制类黄酮的积累。

ABA 是一种具有倍半萜结构的植物激素，具有促进芽休眠、叶脱落和抑制细胞生长等生理功能。ABA 可促进类黄酮代谢，外源喷施适量浓度的 ABA 能增加植物中黄酮类化合物的含量。

GA 是一类属于双萜化合物的植物激素。外源 GA 促进黄酮类化合物合成，但 GA 浓度过高也会抑制黄酮类化合物合成。

外源施加茉莉酸甲酯激发了植物防御基因的表达，提高次生代谢物的含量，诱导植物进行化学防御。MeJA 还可提高或维持植物体内黄酮类化合物含量。

水杨酸为一种脂溶性有机酸，也是医学上的解热镇痛药物，外源施加适宜浓度的水杨酸可促进植物体内黄酮类化合物代谢积累。

外源施菜籽固醇内酯能促进黄酮类化合物代谢合成，促进瓜果蔬菜等作物生长，并改善作物品质、果实着色。

褪黑素是一种吲哚类衍生物，最早从动物脑松果体分离得到。褪黑素可调控植物黄酮类化合物合成和代谢。

6. 其他环境因子　　盐胁迫是促进植物体内黄酮类化合物积累的有效方法之一，植物能够通过调控不同种类的基因和转录组因子，特别是黄酮类化合物的生物合成，提高其对土壤盐度胁迫的耐受能力。

糖和干旱可以诱导植物体内黄酮类化合物花青素的合成。蔗糖可以特异地诱导转录因子 *MYB75/PAP1*、*DFR* 和 *F3H* 基因的表达，进而诱导花青素的合成。干旱能促进花青素合成途径基因 *F3H*、*DFR*、*UFGT*、*GST* 表达量，从而促进黄酮类化合物花青素积累。

◆ 第四节　营养及生物学功能

黄酮类化合物不能通过人体自行合成，只能从食物中摄取，而且摄入后在体内代谢也很快。类黄酮广泛分布于水果、蔬菜、谷物、根茎、树皮、花卉、茶叶和红酒中。豆类（尤其是大豆）、柑橘、樱桃、葡萄、木瓜、哈密瓜、李子、苹果、番茄、黄瓜、花椰菜、洋葱、咖啡、可可、果酒（尤其红葡萄酒）、啤酒（黑啤酒中含有数百种类黄酮）、巧克力、食醋等食物含有丰富的黄酮类化合物。另外，不少中药也含有大量的类黄酮，如槐米、黄芪、葛根、陈皮、枳实、银杏叶、山楂、菊花、野菊花、淫羊藿、射干等。通常而言，同一种类植物的颜色越深，类黄酮含量也越多。

黄酮类化合物对植物本身具有多种功能，其不仅作为植物组织红色、蓝色及紫色花青素的各种色素，而且作为植物-微生物间的信号物质、植物着色物质、植物保卫素等，也发挥着重要作用。黄酮类化合物对人体健康也有诸多功能，如膳食类黄酮和 *O*-糖苷具有软化血管、抗氧化、降血脂、神经保护及消除体内自由基等作用（表 14-3）。

表 14-3　黄酮类化合物及其对慢性病的抗性（Kamiloglu et al.，2021）

成分	慢性病种类	潜在抗病作用
漆黄素	癫痫、食物过敏、急性肺损伤、酒精性肝病、心脏肥大、缺血性心脏病、神经毒性、沮丧、急性胰腺炎、特应性皮炎、青光眼、高血糖、老化、增生性瘢痕	通过抑制氧化应激抗癫痫、减少胰腺炎和胰腺炎相关的肺损伤、特应性皮炎的潜在治疗剂、改善视觉、改善糖尿病高血糖、抗增生性瘢痕化合物、减轻异丙肾上腺素诱导的心脏缺血性损伤、降低甲基汞的毒性作用
高良姜素	增生性瘢痕	新型抗增生性瘢痕化合物
金丝桃苷	慢性疾病骨质疏松症、慢性肝纤维化	有效预防骨质疏松症，潜在地抗纤维化和保护肝
异槲皮素	糖尿病、缺血性脑卒中	异槲皮素调节 Nrf2 相关因子，针对脑损伤具有神经保护作用
异槲皮苷	肝损伤、2 型糖尿病	保护肝免受对乙酰氨基酚（acetaminophen，APAP）引起的损伤，剂量依赖性方式显著抑制餐后血糖变化
山奈酚	心肌缺血、再灌注损伤	抗氧化活性和抑制磷酸化肝糖合成酶激酶 3 活性，保护心脏
螺苷	Ⅰ型过敏	防止过敏反应
曲克芦丁	肝糖异生、肝癌	降低高脂饮食诱导的肝糖异生增强，通过调节肝功能酶、外源酶对肝癌产生显著的治疗作用
淫羊藿苷	帕金森病、骨感染、沮丧、缺血性脑卒中、急性肾损伤	对多巴胺能神经元具有神经保护，增强骨修复，对皮质酮诱导的抑郁和代谢功能障碍具有保护作用，对缺血性脑卒中具有神经保护作用，防止肾损伤
杨梅苷	肝损伤	具有保肝活性
槲皮素	类风湿关节炎/肝损伤	降低关节炎炎症的严重程度，保护关节免于退化，减轻氧化应激和炎症，表现出对全氟辛酸诱导的肝损伤的潜在保护作用
杨梅素	缺血性脑卒中	减轻脑损伤和神经功能缺损
莫林	精神分裂症	具有抗精神病的活性

注：以上均为动物试验结果

一、在人体健康中的功能

新鲜的蔬菜和水果五颜六色、惹人喜爱，其中就有类黄酮化合物的作用。类黄酮不仅给众多植物提供了绚丽的外衣，使人赏心悦目，胃口大开，更重要的是还有独特的保健功效。

（一）抗氧化及清除自由基作用

自由基是引起癌症、衰老、心血管病等退行性疾病的重要原因。氧化作用在需氧生物的代谢中是一个重要的组成部分，氧在电子传递链中作为最终电子受体，当有未成对电子传递时，即产生自由基。以氧为中心的自由基即活性氧包括超氧阴离子（$\cdot O_2^-$）、过氧化氢自由基（$ROO\cdot$）、羟基自由基（$\cdot OH$）等。活性氧会攻击细胞膜上的脂类、细胞蛋白、糖、DNA，引起氧化反应，致使细胞膜损害、蛋白被修饰、DNA 损伤。

由于人体内源保护机制的不完备及环境致病因素的影响，需要食物中的抗氧化剂来帮助清除氧化损伤的积累效应。这些抗氧化剂包括维生素 C、维生素 E、维生素 A 和类胡萝卜素等，除此之外，植物多酚也是一类重要的抗氧化剂，包括苯酚、酚酸、类黄酮、单宁酸等。

类黄酮抗氧化能力与其结构之间存在相互关系。尽管它们的结构特征很相似，但即使结构上出现很小的修饰，它们的生物学和生化性质也会随之改变，如 B 环上的儿茶酚基团的甲基化，C 环上 2,3 不饱和键与 4-oxo 基团的结合及含有能结合过渡金属离子的基团。此外，酚羟基的数目、取代基的有无和性质及在环上的位置都会影响它们在体内外作为酶活性调节剂或作为抗氧化剂、细胞毒素、抗突变剂的功能。

（二）对人类体质的影响

1. 强壮骨骼　研究表明，类黄酮可用于骨质疏松等骨病的防治。类黄酮能调整涉及骨骼代谢的内分泌激素，使前列腺素、甲状腺素及维生素 D 等浓度变化，向着有利于骨骼发育的方向发展，强化骨密度与骨质量。另外，还能提高甲状腺对雌激素的敏感性，使甲状腺 C 细胞分泌降钙素的作用加强，最终抑制骨质再吸收而治疗骨质疏松。类黄酮还能抑制饮食中缺钙和维生素 D 引起的骨密度和骨钙含量的降低。

2. **缓解更年期症状**　女性进入更年期后，往往内分泌改变，导致自主神经功能紊乱，出现头晕眼花、颜面潮热、心慌胸闷、性情急躁、容易激动、忧郁多疑、失眠多梦、性功能减退等一系列症状，其症结在于卵巢功能减退，雌激素分泌减少。类黄酮具有雌激素样的作用，可有效补充雌激素的不足，减轻更年期症状，因此享有"植物雌激素"的美誉。

3. **护肝作用**　生物类黄酮抑制肝脂质过氧化产物，减轻肝损伤对谷胱甘肽的消耗，保护肝细胞结构的完整性，防止转氨酶升高。阻止肝微粒体自由基形成等，达到护肝目的。

4. **抑菌抗病毒**　类黄酮对人体免疫系统有明显的增强作用，如沙棘总黄酮（TFH）能增加 T 细胞指数、胸腺指数、脾特异玫瑰花环形成细胞（SRFC），从而提高机体的免疫功能。银杏叶黄酮、槲皮素、桑色素、山柰酚等类黄酮有直接抑菌和抗病毒能力，有助于减少人类感染传染病的机会。Kievitone（一种异黄酮化合物）在极低浓度时就对致病革兰氏阳性菌，如白喉杆菌（*Corynebacterium diphtheriae*）、金黄色葡萄球菌（*Staphylococcus aureus*）和溶血性链球菌（*Streptococcus haemolyticus*）有较强的抑制作用，作用机理可能在于其内在的细胞毒作用。另外，由于类黄酮具有广泛的阻止植株真菌孢子发芽的功能，所以也用于人类对抗真菌病原治疗，也可以用于艾滋病之类的免疫缺陷病毒病的防治。

5. **增强机体的非特异免疫功能**　TFH 能增加 T 细胞百分率、胸腺指数、脾特异玫瑰花环形成细胞，能拮抗环磷酰胺引起的 SRFC 减少，并且在低浓度时促进淋巴细胞转化，高浓度时抑制淋巴细胞转化，从而提高机体的免疫功能。

6. **调节内分泌系统**　糖尿病患者一方面因胰岛分泌胰岛素失调引起血糖升高，另一方面高血糖又引起多元醇代谢通路异常亢进导致糖尿病并发症。类黄酮可促进胰岛 B 细胞恢复、降低血糖和血清胆固醇、改善糖耐量、对抗肾上腺素的升血糖作用，同时它还能够抑制醛糖还原酶，因此可以治疗糖尿病及其并发症。

7. **调节心血管系统**　类黄酮具有扩张血管的作用，能改善心血管平滑肌的收缩舒张功能，对抗心肌缺血，提高机体在常压与低压下的耐缺氧能力，对抗各种因子造成的心律失常，可用于治疗心律失常等症。类黄酮还可以显著延长缺氧性心律失常时间，提高室颤阈值，减慢心率，减弱心肌收缩力，延长房室交界区的激动传导时间，适度延长左房功能不应期，从而防治心律失常。

除此之外，类黄酮还具有止咳、祛痰、镇痛、泻下、解痉等作用，在临床上多作为防治与毛细血管脆性和渗透性有关疾病的补充药物。

二、作为细胞信号分子参与人体代谢反应

类黄酮除了具有抗氧化活性，还可能存在一些非抗氧化功能的机制，如结合受体、调节基因表达等，参与细胞信号途径作用，进而调控人体代谢变化。

槲皮素与两种在神经元凋亡中起重要作用的神经元，即有丝分裂原激活蛋白激酶及蛋白激酶 B（AKT/PKB）信号途径存在相互作用。槲皮素诱导 AKT/PKB 和细胞外信号调节激酶（ERK）的磷酸化，并且导致 B 淋巴细胞瘤 2 基因相关的细胞死亡激动剂（BAD）的磷酸化和胱天蛋白酶-3（caspase-3）的活化。表明槲皮素及其代谢物能通过抑制 AKT/PKB 和 ERK，从而抑制神经元生存信号使神经元死亡（Bucar et al.，2021）。

|第十五章|
食用菌品质

食用菌是能形成大型肉质或胶质子实体或菌核类组织，并能供人们食用的大型真菌。食用菌味道鲜美，富含人体所需的多种营养素。随着医疗价值的发现，一些食用菌又被归类为功能性食品，具有预防人类疾病的作用。现代药理学研究证明，多种食用菌中含有多糖、三萜类化合物等生理活性物质，具有抗炎、降血压、降血糖等医疗价值，因此被誉为"有机、营养、保健的绿色食品"。目前自然界大型可食用真菌已有2000多种，中国有食用菌近1000种，其中能够人工栽培的有100多种，商业化栽培的有40多种。我国已成为食用菌生产大国。据统计，我国食用菌总产量约占世界总产量的80%以上。

◈ 第一节　食用菌种类

食用菌大部分属于担子菌门（Basidomycota），极少部分属于子囊菌门（Ascomycota）。

在担子菌中，主要栽培的食用菌分布在伞菌亚门中的伞菌纲（Agaricomycetes）、花耳纲（Dacrymycetes）和银耳纲（Tremellomycetes）。伞菌纲以形成蘑菇形状的子实体为主要特征。其中常见的有：双孢蘑菇（*Agaricus bisporus*）、毛头鬼伞（*Coprinus comatus*，又名鸡腿菇）、香菇（*Lentinu edodes*）、糙皮侧耳（*Pleurotus ostreatus*，又名平菇）、草菇（*Volvariella volvacea*）、秀珍菇（*Pleurotus geesteranus*）、刺芹侧耳（*Pleurotus eryngii*，又名杏鲍菇）、虎奶菇（*Pleurotus tuber-regium*）、金针菇（*Flammulina velutiper*）、蜜环菌（*Armillaria mellea*）、光帽鳞伞（*Pholiota nameko*，又名滑菇）、皱环球盖菇（*Stropharia rugosoannulata*，又名大球盖）、金顶侧耳（*Pleurotus citrinopileatus*，又名榆黄蘑）、大肥菇（*Agaricus bitorquis*，又名双层环伞菌）、柱状田头菇（*Agrocybe aegerita*，又名茶树菇）、多脂鳞伞（*Pholiota adiposa*）、裂褶菌（*Schizophyllum commune*，又名白参）、盖囊侧耳（*Pleurotus cystidiosus*，又名鲍鱼菇）、黄绿蜜环菌（*Armillaria luteo-virens*，又名黄蘑菇）、口蘑（*Tricholoma gambosum*，又名白蘑菇）、白黄侧耳（*P. cornucopiae*，又名姬菇）等。另外，还有松乳菇（*Lactarius deliciosus*）、猴头菇（*Hericium erinaceus*）、牛肝菌（*Boletus edulis*，又名牛腿菇）、竹荪（*Dictyophora indusiata*）、鸡油菌（*Cantharellus cibarius*）、大杯香菇（*Lentinus giganteus*，又名猪肚菌）、猪苓（*Polyporus umbellatus*）、灵芝（*Ganoderma lucidum*）、云芝（*Coriolus versicolor*）、茯苓（*Poria cocos*）、黑木耳（*Auricularia auricula*）、毛木耳（*A. polytricha*）、杜氏花耳（*Dacrymyces duii*）、金耳（*Tremella aurantialba*）、银耳（*T. fuciformis*）、血耳（*T. sanguinea*）等。

子囊菌中的常见食用菌有：可食羊肚菌（*Morchella esculenta*）、梯棱羊肚菌（*M. importuna*）、六妹羊肚菌（*M. sextelata*）、尖顶羊肚菌（*M. conica*）、黑孢块菌（*T. melanosporum*）、夏块菌（*T. aestivum*）、白块菌（*T. magnatum*），其中，黑孢块菌和白块菌最著名，其香味独特，经济价值极高。此外，还有冬虫夏草（*Ophiocordyceps sinensis*）和蛹虫草。

◆ 第二节 营养成分

食用菌因其具有高蛋白、高氨基酸、高风味物质、低脂肪、低胆固醇的"三高二低"营养特征，已经成为除动物性食材和植物性食材外的另一优质食品。

食用菌的化学组成可分为水分和干物质两大部分。新鲜食用菌的含水量较高，一般为70%～90%，不同种类和不同栽培条件下的食用菌子实体含水量不同。水分含量是影响食用菌新鲜度、口感风味和贮藏保鲜时间的重要指标之一。

食用菌的营养成分包括蛋白质与氨基酸、碳水化合物、矿质元素、维生素、脂肪等成分。例如，干蘑菇含有大约22%蛋白质（包括大部分必需氨基酸），约5%脂肪［主要以亚油酸（人体不能合成的必需脂肪酸）的形式存在］，约63%碳水化合物（含纤维），约10%作为灰分的矿物质（包括磷、钾、钙、铁等），以及多种维生素［如硫胺素（维生素B_1）、核黄素（维生素B_2）、烟酸、生物素和维生素C、维生素A等］。有些食用菌含有大量的β-胡萝卜素和麦角甾醇。

一、碳水化合物

碳水化合物是食用菌最主要的成分，总含量占干重的35%～70%，不同物种之间也有差异（表15-1）。碳水化合物主要以糖蛋白或多糖形式存在于食用菌中，少量为膳食纤维，其中，几丁质、半纤维素和果胶物质是食用菌子实体的结构多糖。一般来说，木耳和银耳的糖类含量（60%～70%）要稍高于普通伞菌类（35%～50%）。

食用菌中两种主要的营养性糖类是甘露醇和海藻糖，可经水解生成葡萄糖被吸收利用。甘露醇有助于子实体的生长和结构的坚固。野生食用菌甘露醇含量在11.00～43.34 g/100 g DW，而栽培食用菌中的双孢蘑菇甘露醇含量最高（64.15 g/100 g DW），香菇含量较低（49.51 g/100 g DW）。海藻糖在缘纹丝膜菌（*Cortinarius praestans*）中含量最高（60 g/100 g DW）。除甘露醇和海藻糖外，食用菌中也存在蔗糖、果糖、甘露糖和阿拉伯糖等糖类。

食用菌细胞壁由纤维、半纤维素、几丁质和多糖等组成，是膳食纤维的来源。不同种类的食用菌膳食纤维含量不同，一般为干重的29%～55%，而黑木耳可达35%～70%，平菇为25%～50%。野生食用菌中膳食纤维含量分别占干物质中可溶性和非可溶性纤维的4.2%～9.2%和22.4%～31.2%。

食用菌膳食纤维成分中，几丁质含量较低，而β-葡聚糖的含量可以很高。β-葡聚糖被认为能够增强免疫系统，预防和治疗几种常见疾病。几丁质能够帮助胃肠蠕动，预防便秘。膳食纤维能够吸附血液中多余的胆固醇并经肠道排出体外，有益于身体健康。

表 15-1　一些常见食用菌种类的成分（Cheung，2013）　　　（单位：% DW）

名称	蛋白质	脂肪	碳水化合物	纤维	灰分
双孢蘑菇 （Agaricus bisporus）	23.9～34.8	1.7～8.0	51.3～62.5	8.0～10.4	7.7～12.0
木耳 （Auricularia auricula）	8.1	1.5	81.0	6.9	9.4
牛肝菌 （Boletus edulis）	29.7	3.1	51.7	8.0	5.3
鸡油菌 （Cantharellus cibarius）	21.5	5.0	64.9	11.2	8.6
灰树花 （Grifola frondosa）	21.1	3.1	58.8	10.1	7.0
猴头菇 （Hericium erinaceus）	22.3	3.5	57.0	7.8	9.4
香菇 （Lentinus edodes）	13.4～17.5	4.9～8.0	67.5～78.0	7.3～8.0	3.7～7.0
平菇 （Pleurotus ostreatus）	10.5～30.4	1.6～2.2	57.6～81.8	7.5～8.7	6.1～9.8
银耳 （Tremella fuciformis）	4.6	0.2	94.8	1.4	0.4
松茸 （Tricholoma matsutake）	16.1	4.3	70.1	4.5	5.0
黑孢块菌 （Tuber melanosporum）	23.3	2.2	66.2	27.9	8.3
草菇 （Volvariella volvacea）	30.1	6.4	50.9	11.9	12.6

二、蛋白质和氨基酸

食用菌中含有占干重 13%～46% 的蛋白质，其含量远高于水果、蔬菜和粮食类。其中，双孢蘑菇蛋白质含量最高，其次为姬松茸、蓝黄红菇、富角喇叭菇、秀珍菇、香菇、平菇、紫蜡蘑。相较而言，杏鲍菇、孔马鞍菌和桃红牛肝菌的蛋白质含量很低。

食用菌中常见的蛋白质和多肽有核糖体失活蛋白质（ribosome inactivating protein，RIP）、凝集素、漆酶、真菌免疫调节蛋白（fungal immunomodulatory protein，FIP）、糖蛋白和核糖核酸酶。在这些蛋白质中，凝集素和糖蛋白有细胞凝集特性，它们能与细胞表面的碳水化合物结合。生物活性蛋白 RIP 属于酶类，它们能够通过去除 rRNA 中的一个或多个腺苷使核糖体失活，也有助于抑制 HIV-1 逆转录酶活性和真菌增殖。

食用菌不仅蛋白质含量高，而且组成蛋白质的氨基酸种类齐全，是人体必需氨基酸的理想来源，含有所有必需氨基酸和少量非必需氨基酸。据对我国云南省 13 种野生食用菌的氨基酸测定，发现绝大多数种类都含有 20 种氨基酸，其中小白蚁伞（Termitomyces microcarpus）和浅橙黄鹅膏菌（Amanita hemibapha）中必需氨基酸含量最高（Sun et al.，2017）。

食用菌因其强烈的鲜味而受到消费者喜爱，其美味主要是由于氨基酸和其他小分子的存在，主要是呈味氨基酸（见第八章）。食用菌中的氨基酸主要是丙氨酸、谷氨酸、谷氨酰胺和天冬氨酸，而苯丙氨酸和色氨酸通常含量较低，但不同种类食用菌中的氨基酸含量差异较大。例如，褐环乳牛肝菌（Suillus luteus）和鸡油菌中分别含有大量的天冬氨酸和谷氨酸，增加了它们的鲜味。相反，贝利尼乳牛肝菌、点柄乳牛肝菌和肝色牛排菌则含有丰富的缬氨酸，使得这些种类的苦味增强，不易被消费者所接受。

三、脂类与脂肪酸

食用菌中的脂质含量较少，脂肪含量平均为 4%，且以不饱和脂肪酸如亚油酸、油酸为主，其中，双孢蘑菇、香菇、平菇中的不饱和脂肪酸含量较高，平菇的脂肪酸中有 70%以上是以亚油酸为主的不饱和脂肪酸。不饱和脂肪酸能显著降低血脂和胆固醇、预防心血管系统疾病。食用菌还含有植物甾醇，尤其是麦角甾醇。凤尾菇、平菇的麦角甾醇含量超过大多数菇类。

四、矿质元素

食用菌能积累矿质元素，其浓度比农作物中要高得多。食用菌中通常含有人体必需的常量矿质元素（如 Na、K、Ca、Mg、P 等）及微量矿质元素（如 Mn、Fe、Zn、Cu、Se 等）。

不同种类食用菌所含的矿质元素种类和含量也有所不同。木耳中铁含量尤为丰富，金针菇含有锌，羊角地花孔菌含有丰富的硒元素。草菇的矿物质含量占干子实体重的 13.8%，在目前商业性栽培的菇类中含量最高。巨大口蘑（*Tricholoma giganteum*）和黏盖草菇（*Volvariella gloiocephala*）中的 K 含量为 1.300～46.926 g/kg DW。枝柄韧伞（*Lentinus cladopus*）和酒红球盖菇（*Stropharia rugosoannulata*）中的 P 含量为 1.005～7.290 g/kg DW，而 Mg、Cu、Mn、Fe 和 Zn 的含量分别为 0.088～2.289 g/kg DW、0.002～0.088 g/kg DW、0.0003～0.1040 g/kg DW、0.0002～6.7620 g/kg DW 和 0.094～0.118 g/kg DW。

在常量矿质元素中，钠和钾在维持动物细胞和间质液之间的渗透平衡中起着重要作用。磷是核酸的重要组成部分，对骨骼和牙齿的形成及酸碱平衡至关重要。含磷化合物在细胞结构（维持细胞膜完整性和核酸）、细胞代谢（生成 ATP）、亚细胞过程（通过关键酶蛋白磷酸化的细胞信号传导）、酸碱平衡（尿缓冲）和骨矿化等方面具有重要作用。钙在循环系统、细胞外液、肌肉和其他组织中对介导血管收缩和血管扩张、肌肉功能、神经传递、细胞内信号转导和激素分泌至关重要。作为钙的储存库和来源，骨组织在骨骼重塑过程中能够满足这些重要的代谢需求。镁是一些酶的重要辅助因子，在许多代谢途径中不可缺少。

在微量矿质元素中，铜是一些金属酶的组成部分，是人体血红蛋白合成与代谢生长催化中所必需的。铁是生物化学过程中必不可少的金属元素。血红素是主要含亚铁或铁态的物质，存在于血红蛋白、肌红蛋白和细胞色素中。血红蛋白是哺乳动物红细胞中主要的携氧色素，参与细胞的代谢循环，并激活产生能的氧化酶，也是 DNA、RNA、胶原蛋白、抗体合成等所必需的。锌是一种重要的金属元素，是多种酶的组成部分。硒是谷胱甘肽过氧化物和硫氧还原酶等抗氧化酶的重要组成部分，具有免疫调节和抗增殖特性。

五、维生素

食用菌中含有丰富的维生素，如维生素 A、维生素 B_1、维生素 B_2、维生素 B_3、泛酸（维生素 B_5）、维生素 B_6（吡哆醇）、维生素 B_{12}（氰钴胺素）、维生素 C、生物素（维生素 H）、叶酸（维生素 B_9）、胡萝卜素、维生素 D、维生素 E 等。维生素对视觉保护、生长发育、促进皮肤健康、清除自由基、抗衰老、增强机体免疫力等都有着重要作用。食用菌种类不同所含维生素种类和含量也不同，通常食用菌中维生素 B_1 和维生素 B_2 含量较高。一般来说，胶质菌的胡萝卜素、维生素 E 含量高于肉质菌，而肉质菌中的草菇、香菇维生素总量高于胶质菌。

香菇中含有维生素 B_6、维生素 B_{12}、少量的叶酸和维生素 C；红平菇的维生素 E 含量高达 701.16 mg/100 g DW；金针菇除含有维生素 B_6、维生素 B_{12}、叶酸、维生素 C 外，还含有维生素 E；

牛肝菌中维生素 C 含量高达 136.74 mg/100 g DW；草菇中维生素含量是橙子的 4～6 倍；偏药用食用菌如灵芝、猴头、茯苓等，含有多种 B 族维生素和较高的维生素 E。除维生素 C 外，平菇的其他维生素含量都高于一般蔬菜，能很大程度上满足人们对核黄素和叶酸的日常需求。

◆ 第三节　影响品质的因素

食用菌的生长发育和品质形成受内外双重因素控制。因为食用菌绝大多数是腐生菌，不含有叶绿素，因此不能进行光合作用，必须完全依赖于培养料中的营养物质来进行生长发育。因此，为了提高食用菌的产量和品质，选择营养丰富且配比合适的培养基质至关重要。碳源、氮源、碳氮比（C/N）、矿质元素、维生素、生长因子、栽培基质是影响食用菌生长发育和品质形成的内在因子，而温度、空气湿度、子实体原基形成和发育需求的光照和气体成分（氧气和二氧化碳的浓度）、基质 pH 和水分是外在影响因子。

一、营养元素及栽培基质

（一）碳源

含有碳元素且能被微生物生长繁殖所利用的一类营养物质统称为碳源。食用菌可以利用几乎所有从单糖到纤维素等各种糖类，如葡萄糖、果糖、蔗糖、麦芽糖、半乳糖、纤维素、半纤维素、木质素、糊精、淀粉、有机酸及某些醇类等。碳源在食用菌的结构组成和生长发育中具有重要的价值，它不仅是食用菌细胞的主要结构物质，是构成糖类、蛋白质、脂肪和核酸等细胞关键组分的基本骨架，而且还可以通过碳源的氧化反应释放能量，用于生长发育和各个生命活动。

在培养料制备时要充分考虑碳源的含量和种类。自然界中存在的碳源种类很多，而食用菌生长发育只能吸收利用有机碳。食用菌细胞膜可主动吸收葡萄糖、果糖、甘露糖、乳糖等单糖。这些糖类不经转化直接参与细胞代谢，是食用菌的速效碳。对于蔗糖、麦芽糖、海藻糖等双糖，部分食用菌可直接吸收这些糖类，有些食用菌则需要经过酶解将这些双糖转化为单糖才能吸收利用。食用菌不能直接吸收利用淀粉、纤维素、半纤维素、木质素等多糖，必须先将其酶解为单糖或双糖方可被吸收利用，是食用菌生长的长效碳。

纤维素是食用菌生长发育需要的最主要碳源。纤维素是由葡萄糖组成的大分子多糖，是植物细胞壁的主要成分，也是自然界中分布最广、含量最多的一种多糖。有些真菌可以以纤维素为碳源，其菌丝能向细胞外分泌纤维素酶，从而分解纤维素；有些真菌不能以纤维素为碳源，因为其无法分泌纤维素酶或虽有分泌但数量很少。

木质素是仅次于纤维素的第二丰富的天然有机物。在禾本科植物茎秆中木质素含量为 10%～17%，在成熟木材中木质素含量为 20%～30%。木质素很难被生物分解，只能被少部分真菌利用。目前已知大多数木腐真菌分解纤维素和木质素的能力最强。木质素一般不能单独被利用，往往在可利用的糖类如纤维素、纤维二糖、葡萄糖存在的情况下才能被降解。食用菌通过产生木质素酶（包括过氧化物酶、漆酶等）降解木质素及多环芳烃等有机化合物。木质素虽然不能作为主要的碳源和能源，但木质素的降解对于纤维素和其他物质的降解利用是有利的、必需的。在木质素、纤维素被分解后，木材中的淀粉、脂类、蛋白质就比较容易被利用。据报道，如果在食用菌的培养基中添加一定量的木质素成分，会增加酚氧化酶的含量，并大大促进胞内外酚氧化酶的生成。

（二）氮源

氮是食用菌的第二大营养需求，是一些化合物的不可或缺的构成元素，包括氨基酸、蛋白质、嘌呤、嘧啶、核酸、氨基葡萄糖、几丁质及各种维生素等。食用菌生长发育过程中所需要的氮源有两大类，即有机氮和无机氮。有机氮又可分为简单的有机氮（氨基酸、多肽、尿素）、复杂的有机氮（蛋白质）；无机氮主要是硝态氮、氨态氮。

食用菌对氮的吸收表现为优先利用有机氮。食用菌可以不经转化直接吸收利用氨基酸、多肽、尿素等简单有机氮。蛋白质等复杂的有机氮必须经过胞外酶分解为多肽，进而转化成为小分子有机氮（尿素、氨基酸等）才能被吸收利用。

在无有机氮源的情况下，大多数食用菌也可以利用氨态氮和硝态氮等无机氮。一般来说，硝态氮和亚硝态氮是难以利用的氮源，而氨态氮更易被吸收利用。如果在培养料中只有无机氮而没有有机氮，则菌丝生长非常缓慢，子实体分化困难，甚至不出菇。这是由于菌丝不能以无机氮为原料合成其生长必需的全部氨基酸。

在食用菌生产中常用的氮源有大豆饼、花生饼、油菜籽饼、棉籽饼、麦麸、米糠、牛粪、马粪、鸡粪等天然有机物。大多数食用菌可用尿素作氮源。尿素在脲酶的作用下分解成 NH_3 和 CO_2。栽培食用菌时，如果需要添加尿素作为氮源，其浓度应控制在 0.1%～0.2%，超量添加可对菌丝产生毒害作用。这是因为尿素在受热高温下易分解放出氨和异氰酸，致使培养基的 pH 升高，以及菌丝氨中毒，从而影响食用菌菌丝的生长。所以，尿素不宜用于熟料栽培。在无机氮中，相对于硝酸盐而言，真菌通常优先利用铵盐。这是因为铵盐中的氮原子与细胞有机成分中的氮原子处于同等水平，因此氨态氮的同化不需要氧化还原，而 NO_3^- 需经过硝酸还原酶和亚硝酸还原酶的作用还原为 NH_4^+ 才能被利用。研究发现，木腐菌利用氨态氮比利用酰胺和硝态氮更好；香菇以氯化铵、硝酸铵和乙酰胺为氮源时菌丝生长很好，而以硝酸钾和硝酸钠为氮源时菌丝不生长。

（三）碳氮比

碳氮比是影响食用菌生长的重要因素。为了获得高的食用菌产量，必须控制基质中的碳氮比。不同菌种对栽培基质中碳氮比的要求不同。例如，不同种的侧耳要求（45～60）:1 的碳氮比，双孢蘑菇和大肥菇（*A. bitorquis*）的最适碳氮比为 19:1，姬松茸（*A. subrufescens*）为 27:1。香菇、灵芝和草菇的最佳碳氮比分别为（30～35）:1、（70～80）:1 和（40～60）:1。此外，添加盐、石膏和石灰石也促进蘑菇的菌丝生长和子实体产生（Suwannarach et al.，2022）。

（四）矿质元素

食用菌生长需要矿质元素。磷、镁、硫、钙、铁、钾、铜、锌、锰和钴等矿质元素常被用于菌丝生长的培养基中。然而，基质的化学组成不仅影响食用菌的产量，也影响子实体对各种有毒元素和营养元素积累的水平。其中，杏鲍菇能积累镉（Cd），大杯伞（*Clitocybe maxima*）能浓缩和积累 Al 和 Ni，灵芝能积累 Pb，而金针菇积累 Hg。

食用菌还可能含有有毒金属和类金属（如砷）。受污染地区生长的野生食用菌或在受污染基质上栽培的食用菌可能会含有有毒元素（如 Ag、As、Cd、Hg、Ni 和 Pb）。

（五）维生素和生长因子

维生素是维持食用菌生长发育所必需的一类小分子有机化合物，主要作为辅酶参与酶的组成和机体代谢。对食用菌生长影响最大的是 B 族维生素、维生素 H 和维生素 P。维生素 B_1（硫胺素）、维生素 B_2（核黄素）、维生素 B_5（泛酸）、维生素 B_6（吡哆醇）、维生素 H（生物素或维生

素 B_7）等是构成各种酶的基本成分。在食用菌栽培中，培养料中仅有碳源、氮源、矿质营养是不够的，必须含有一定量的维生素。食用菌生产中常用马铃薯、麸皮、米糠、玉米面、麦芽、酵母膏等原料制作培养基，维生素基本能够满足食用菌的需要，通常可不必另外添加。由于大多数维生素具有高温不耐性，当温度超过 120℃时就会分解而失效，因此培养料灭菌切忌过度高温或高温时间过长。此外，还有许多化合物在低浓度时能够影响真菌的生长和发育，包括某些脂肪酸类、植物激素、某些挥发性物质，如吲哚乙酸、α-萘乙酸、秋水仙素、赤霉素、乙烯利、三十烷醇、核苷酸、碱基等。

（六）栽培基质

栽培基质对食用菌的化学特性、功能特性和感官特性都有影响。栽培基质直接影响提供食用菌生长发育所需的矿质元素含量和种类。食用菌能生长在木质纤维素基质上，通过产生几种木质纤维素酶，如纤维素酶（内切-β-1,4-葡聚糖酶、外切-β-1,4-葡聚糖酶和葡萄糖苷酶）、半纤维素（内切-β-1,4-木聚糖酶、β-木糖苷酶、α-L-阿拉伯糠醛苷酶和甘露聚糖酶）和木质素降解酶（木质素过氧化物酶、锰过氧化物酶、漆酶和多用途过氧化物酶）来降解基质，使木质纤维素转化为可溶性糖作为营养被吸收利用。大多数农业收获废弃物含有木质纤维素，它们可被用于食用菌栽培。植物种类及其栽培基质组成的不同直接影响食用菌生产的品质和产量。一些栽培的食用菌种类，如黑木耳、香菇和侧耳菇，可以利用非堆集发酵的无菌基质栽培，包括棉花种子废物、水稻秸秆、小麦秸秆、锯末、甘蔗残渣、植物茎秆和玉米秸秆等。而另一些种类，如伞菌种类，被分类为次生降解者，它们专门生长在部分降解、富含腐殖质的基质上。因此，伞菌属种栽培基质必须通过好氧固态发酵（堆集发酵）来制备，以提供具有富含腐殖质复合物的碳、氮源。一些食用菌需要土壤有机质或覆盖层刺激子实体的形成，如伞菌属和羊肚菌属的一些种。

食用菌可以在多种基质上生长，但基质利用率和生长情况取决于食用菌的种类。草菇需要高纤维素、低木质素含量的基质。稻草是一种广泛应用于草菇菌株的基质，稻秆和麦麸复合培养基可获得最大生物效率。栽培侧耳属种的基质主要有硬木锯末、稻秆、麦秆、玉米芯和棉籽壳。麦草是一种广泛应用于伞菌属种的基本栽培基质。然而，不同的食用菌种对基质利用的生物效率不同，如茶树菇对山毛榉锯末、小麦秸秆利用的效率分别是 38.3%和 61.4%；杏鲍菇对苎麻茎秆、红麻茎秆、芦苇茎秆、棉籽壳、小麦秸秆、水稻秸秆、玉米芯、甘蔗渣和锯末利用效率分别是 51.0%、52.4%、36.8%、45.2%、48.2%、45.9%、51.8%、41.3%和 35.5%；香菇对水稻秸秆、小麦秸秆、大麦秸秆、甘蔗渣和甘蔗叶利用效率分别是 48.7%、66.0%、64.1%～88.6%、130.2%～133.4%和 82.7%～97.8%；灵芝对燕麦秆、桃花心木锯末、羯布罗香锯末和柚木锯末利用效率分别是 2.3%、4.3%～7.6%、3.6%～6.8%和 0（Suwannarach et al., 2022）。

另外，食用菌栽培基质要保存在干燥的条件下，有利于降低污染物（如木霉菌或曲霉菌）对食用菌菌丝定植的影响。

二、环境因子

食用菌生长受到基质周围环境因子的影响，如温度、湿度、光照和气体成分、基质 pH 和水分等。这些因子显著影响食用菌的品质和产量。

（一）温度

温度是影响食用菌生长的最关键的因素，它通过影响食用菌菌丝体的生长速度影响子实体的形成和发育，从而影响食用菌的产量和品质。不同种类、同一种类不同品种甚至同一品种不同生长阶段的食用菌，其生长发育所需的温度也有所不同。在一定温度范围内，食用菌的生长速度随着温度的升高而成对数增长，而超过最适温度后，随着温度的升高生长速度反会急剧下降。食用菌菌丝体较耐低温，在0℃以下通常不会死亡，当遇到适宜温度时，又会重新生长。但食用菌一般都不耐高温。

大多数食用菌的营养生长适宜温度比较接近，而不同种类的生殖生长温度差别较大。一般而言，食用菌菌丝适宜生长温度高于子实体形成的适宜温度2～5℃。根据食用菌子实体形成对温度要求的不同，可将其分为高温型、中温型和低温型三大类。高温型食用菌如灵芝、草菇、鲍鱼菇等，其子实体形成适宜温度在25℃以上；中温型食用菌如木耳、香菇、平菇等，其子实体形成的适宜温度为15～25℃；低温型食用菌如滑菇、金针菇等，其子实体形成适宜温度低于15℃。

温度影响食用菌产量、营养成分含量及外观品质。例如，佛罗里达侧耳（*Pleurotus florida*）栽培在较低温度（10～15℃）下，其菌盖呈浅褐色，但在20～25℃时变为苍白到浅黄色。与此相似，凤尾菇（*P. sajor-caju*）栽培在15～19℃时，子实体的颜色是白色到暗白色，干物质含量高，但在25～30℃时变为浅棕色到深棕色，干物质含量很低（Upadhyay，2011）。

（二）湿度

在子实体发育期间，相对湿度在不同食用菌种间是可变的，通常是在80%～95%。环境相对湿度影响食用菌的产量、大小和品质。如果相对湿度较低，食用菌的生长不良。为了维持环境相对湿度，每天喷2～3次水，而在潮湿的情况下，喷水1次即可。

（三）光照

光照影响食用菌的营养生长、生殖生长、生物代谢及其品质。根据子实体形成时期对光线的要求，一般可以将食用菌分为喜光型、厌光型和中间型三种类型。例如，香菇、草菇、滑菇等食用菌，在完全黑暗条件下不形成子实体；金针菇、侧耳、灵芝等食用菌在无光环境中虽能形成子实体，但菇体畸形，常只长菌柄，不长菌盖，不产生孢子，这类食用菌属于喜光型，其子实体只有在散射光的刺激下，才能较好地生长发育。厌光型食用菌在整个生活周期中都不需要光的刺激，有了光线，子实体不能形成或发育不良，如双孢蘑菇、茯苓等，这类食用菌可以在完全黑暗的条件下完成生活史。中间型食用菌对光线反应不敏感，无论有无散射光，其子实体都能够正常生长发育，如黄伞等。光照强度不仅影响食用菌的形态特征，包括菌盖的大小、菌柄长度、菌盖大小，还影响其化学成分，如在完全无光照的情况下，平菇不会形成菌盖，而是形成一个珊瑚状的菌柄（Oei and Nieuwenhuijzen，2005）。平菇生长在200 lx光照下核黄素含量更高，但随着光照强度的降低，硫胺素含量下降（Zawadzka et al.，2022）。而对蛹虫草（*Cordyceps militaris*）而言，在1750 lx光照强度下，子实体产量和生物活性最高。

光质也影响子实体的发育。与荧光灯相比较，蓝光光照和白光发光二极管（LED）光照不仅可以使平菇获得更高产量，而麦角硫因含量也最高。使用宽光谱（100～800 nm）的紫外灯以高强度脉冲的形式进行照射，可在短时间内将麦角甾醇转化为维生素D_2，提高食用菌中维生素D_2的含量（Koyyalamudi et al.，2011）。

（四）气体成分

食用菌都是好气性的。基质内的O_2和CO_2浓度是影响食用菌菌丝体生长的重要环境因子。O_2不但影响菌丝对于养分的吸收，还会影响液体菌种的质量及菌丝体的生长。食用菌的不同种类及同种的不同品种,对 O_2 含量和 CO_2 适宜浓度要求不同。食用菌在不同生长阶段对空气中 CO_2 的浓度反应也不同。一般情况下,菌丝生长阶段都能耐较高浓度的 CO_2,对 O_2 的需要量较少。在子实体分化时期和生长发育阶段,由于机体代谢活动增强需要更多能量,所以呼吸作用也随之加强,其需 O_2 量也明显增加,对 CO_2 的耐力也相应降低。

在食用菌栽培过程中,当 O_2 不足,CO_2 浓度过高时,对子实体的生长发育产生不利影响。CO_2 浓度太高会抑制子实体原基的形成,且抑制子实体菌盖扩展,刺激菌柄伸长,菌丝退化,从而抑制子实体的正常发育。例如,灵芝在空气中 CO_2 浓度达 0.1%时,其子实体不形成菌盖,CO_2 浓度达到 10%时,子实体没有任何组织分化;双孢蘑菇在菌丝体生长阶段 CO_2 浓度为 2%时菌丝生长显著减慢,CO_2 浓度达 10%时菌丝生长量只有正常条件下的 40%,只有在 CO_2 浓度为 0.6%~0.7%才能获得较好的产量。而子实体生长阶段 CO_2 浓度应为 0.03%~0.10%,当 CO_2 浓度达 1%以上时,菇盖小,菌柄长,早开伞,菇体严重畸形或死菇。因此,为了防止空气中 CO_2 浓度过高,避免食用菌子实体生长发育受阻,菇房应加强通风换气,不断补充新鲜空气,排除 CO_2 等有害气体。平菇是著名的能耐较高浓度 CO_2 的食用菌,当空气中的 CO_2 浓度达 20%~30%时平菇菌丝仍能生长并维持较高的生长量。

(五)基质 pH 和水分

pH 会影响细胞内酶的活性及酶促反应的速度,是影响食用菌生长的因素之一。不同种类的食用菌菌丝体生长所需要的 pH 不同,大多数食用菌喜偏酸性环境。通常菌丝生长在 pH 4~7、子实体发育在 pH 3.5~5 较为适宜。大部分食用菌在 pH 大于 7 时生长受阻,大于 8 时生长停止。

水分影响食用菌对基质中的营养物质吸收和利用,也影响菌丝体中营养物质从菌丝体运输到子实体及代谢产物的分泌。因此,基质水分是影响食用菌栽培的主要因素之一。基质中的水分含量过高会导致菌丝有氧呼吸困难,使子实体不能发育。相反,水分含量过低可能会导致子实体死亡,只有含水量适当时才能形成子实体。一般适合食用菌菌丝生长的培养料含水量在 60%左右。

◆ 第四节　特殊功能成分及保健功能

食用菌中含有许多化合物(生物碱、凝集素、脂类、肽聚糖、酚类、多糖、糖蛋白/多肽、类固醇、萜类等),它们具有广泛的生物活性。

一、特殊功能成分

多糖是食用菌中最著名的代谢产物,这些多糖有不同的组成。β-D-葡聚糖是食用菌中的一种多糖,大多数 β-葡聚糖主要以 β-1,3-糖苷键和 β-1,6-糖苷键连接,具有免疫调节和抗肿瘤作用,能刺激某些细胞因子的产生,还能与巨噬细胞和其他白细胞表面的某些受体结合。海藻糖可改善肠道微生态环境,加强胃肠道吸收功能,增强机体免疫力。与许多现有的化疗药物不同,真菌多糖的毒副作用较小。

不同种类食用菌能产生不同性质的多糖,如香菇中的香菇多糖(lentinan)(图 15-1),变色栓菌(*Trametes versicolor*)的云芝多糖,裂褶菌(*Schizophyllum commune*)的裂褶菌多糖(schizophyllan),以及洛巴伊口蘑(*Tricholoma laboyense*,金福菇)的糖蛋白复合体等。

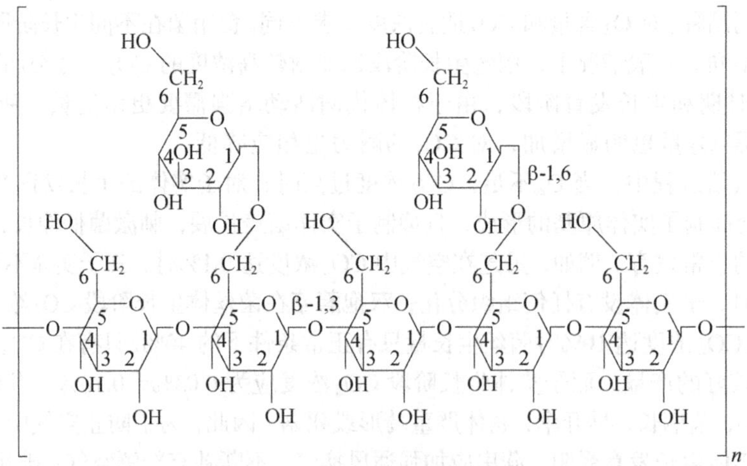

图 15-1 香菇多糖的化学结构

萜类化合物是许多食用菌产生的一类重要的天然生物活性代谢物，其中二萜、三萜和倍半萜是典型代表。萜类化合物具有抗感染和抗炎活性。三萜具有广泛的抗增殖、抗转移和抗血管生成活性。灵芝中的三萜化合物是结构上高度氧化的羊毛脂甾烷（lanostane）。从灵芝的子实体和菌丝中已分离到约 80 种萜类化合物，其中包括灵芝酸（ganoderic acid）衍生物，其中一些表现出对肝癌细胞的毒性，抗组胺释放活性，对血管紧张素转换酶的抑制活性，对肝的保护作用，对法尼基蛋白转移酶的抑制作用等功能。胶皱孔菌（*Merulius tremellusus*）产生的倍半萜烯醛具有较高的抗真菌活性。同样，蒜叶小皮伞（*Marasmius alliaceus*）产生的不饱和倍半萜抑制癌细胞中核酸的合成。*Lentinellus omphalodes* 中产生的香菇酸对革兰氏阳性和阴性菌，如枯草杆菌和产气肠杆菌均有较强的抑菌活性，并能显著抑制癌细胞中 DNA、RNA 和蛋白质的合成。发光杯伞（*Clitocybe illudens*）中提取的萜类化合物，即 Illudin-M 和 Illudin-S，对鸡疟原虫（*Plasmodium gallinaceum*）非常有效。

类固醇包括饮食中的脂肪胆固醇、性激素雌二醇和睾酮，以及消炎药地塞米松。最近，从茶树菇（*Agrocybe aegerita*）中分离出了具有抗氧化活性的甾醇。

食用菌还含有用于治疗的代谢物，包括核苷、生物碱、类黄酮、皂苷、单宁、蒽醌和酚等。虫草素是第一个被分离出的核苷抗生素，它能抑制枯草杆菌、鸟结核杆菌和艾氏腹水瘤细胞，并对人口腔表皮样癌细胞（KB 细胞）有细胞毒性作用。

生物碱可调节 Na^+ 活性，诱导免疫原性细胞死亡。生物碱可用于治疗许多致命的人类疾病，如艾滋病、癌症和肺病。生物碱对血管生成有抑制作用，因此可抑制癌细胞生长。类黄酮可能有助于给抗氧化应激引起的疾病提供保护，与其他抗氧化维生素和酶协作有助于人体的整体抗氧化防御系统。皂苷（saponin）通过阻塞细胞外液的流入而抑制 Na^+ 外流，激活心肌中的 Na^+-Ca^{2+} 逆向转运。多酚是一类多样化的生物化合物，其中包括类黄酮、酚酸、醌类、维生素 E（生育酚）和单宁等。真菌酚类衍生物主要以其抗癌、抗炎、抗氧化和抗诱变作用而著名。灰树花（*G. frondosa*）和草菇（*V. volvacea*）中含有多酚类化合物，如类黄酮、抗坏血酸、β-胡萝卜素和番茄红素等。裂褶菌（*S. commune*）存在具有镇痛作用的 5 种酚酸（香草酸、对羟基苯甲酸、邻羟基苯甲酸、3-羟基-5-甲基苯甲酸和对羟基苯甲酸）。盾尖鸡𡎼菌（*T. clypeatus*）和草菇含有 β-葡聚糖和类黄酮等抗氧化活性的化合物。

二、保健功能

食用菌多糖通过激活巨噬细胞、激活淋巴细胞、促进干扰素（IFN）生成、促进生成白细胞介素（IL）这4种方式来激活机体免疫系统，从而达到增强人体免疫功能的目的。食用菌的抗癌作用主要来自多糖。香菇多糖为β-葡聚糖，已经被一些国家批准用作癌症治疗的临床药物。其他还有平菇多糖、灵芝多糖、茯苓多糖、木耳多糖等也被广泛研究和应用。

食用菌具有健胃保肝的作用。猴头菇是最为知名的健胃食用菌，可防止胃溃疡面扩大，同时促进胃肠损伤黏膜修复。银耳多糖能抑制胃酸分泌从而保护胃黏膜和抑制胃蛋白酶活力进而达到抗溃疡作用。香菇多糖能降低化学性肝损伤引起的血清丙氨酸氨基转移酶（ALT）升高，促进肝糖原合成，明显恢复肝损伤引起的肝糖原含量降低。冬虫夏草多糖被证实能有效治疗肝病，尤其是肝纤维化疾病，并且已有多种虫草单方或复方制剂作为保健草药品进行销售。云芝多糖在治疗乙型肝炎中发挥作用，促进清除血清病毒抗原，抑制肝内病毒复制，并减轻肝细胞免疫损伤。杨黄多糖具有减轻中毒后肝细胞的病理变化、促进肝细胞再生作用。猪苓多糖对乙型病毒性肝炎有效。茯苓中含有护肝解毒的层孔酸、茯苓酸等。灵芝能减轻动物肝损伤以达到明显的保肝作用。

不同类型的食用菌对不同的细菌和病毒的抗性不同。例如，灵芝的主要活性成分对金黄色葡萄球菌、大肠杆菌、产气杆菌、肠炎杆菌、枯草杆菌具有明显的抑制作用。冬虫夏草中的虫草素对金黄色葡萄球菌、蜡状芽孢杆菌、变形杆菌、巨大芽孢杆菌、北京棒状杆菌和霉菌中的绿色木霉、黄曲霉有明显的抑菌作用。杏鲍菇多糖可抑制白色链球菌和产气杆菌的生长。此外，马勃也有不同程度的体外抑菌作用。

很多食用菌被证实对高血脂、高血压、高血糖有不同程度的预防与调节作用。银耳多糖能抑制肠道对脂类的吸收，对高脂血症动物有降血脂作用。黑木耳能促进体内胆固醇的分解转化，抑制血栓形成和血小板凝集。羊肚菌多糖具有降血脂功能，同时对高脂血症的发生有一定的预防作用。云芝多糖能有效抑制动脉粥样硬化斑块的形成和发展，也对四氧嘧啶所致血糖升高有预防作用。灵芝制剂具有降血脂作用、降低全血黏度和血浆黏度，改善心脑血管血液流动。草菇具有降血压和降低胆固醇的作用。黑木耳能促进核酸、蛋白质的生物合成及增强免疫作用，可抗衰老和防治多种老年性疾病。双孢蘑菇可以清除DPPH自由基并提高抗氧化能力。银耳对红细胞有抗氧化作用。桑黄胞内多糖可通过增强机体抗氧化防御系统的功能，减轻代谢产生的自由基可能引发的对细胞DNA的损伤，发挥抗突变作用。蛹虫草具有明显抗衰老作用，对抑制老年性痴呆的有效率达37.14%，明显优于维生素E，同时具有抗氧化作用。

食用菌具有止血凝血作用。复方马勃液（由马勃、大黄组成）可显著减少家兔胃黏膜创伤性溃疡出血量和缩短出血时间。临床上马勃和其他中药材结合治疗吐血、外伤手术止血、鼻血、呼吸道出血疗效显著。毛木耳多糖可延长血栓形成时间，缩短血栓长度，具有明显抗凝血作用。

杏鲍菇、口蘑、海鲜菇、平菇、香菇等糖蛋白均能改善肾细胞受到的毒性。猪苓乙酸乙酯浸膏能抑制尿草酸钙晶体的形成，明显降低血清尿素氮和肌酐的浓度，对肾功能具有明显的保护作用。银耳和木耳具有一定的镇咳祛痰平喘作用。灵芝能改善过敏性哮喘、慢性支气管炎。脱皮马勃能不同程度地延长豚鼠咳嗽潜伏期，起到止咳作用。

|第十六章|

采后处理与品质

蔬菜品质除了受采前遗传因素、栽培措施、生长环境等因素影响外,还受采后处理因素影响。蔬菜属于鲜活农产品,采后脱离了水分和养分的供给,但仍然进行呼吸代谢,消耗营养物质来维持生命活动。采后贮藏环境中温度、湿度、气体、光照及微生物等非生物和生物因子都对采后蔬菜品质有显著影响。此外,采后加工如发酵技术、烹饪方式等对蔬菜品质也有直接影响。

◆ 第一节 采后品质特性

蔬菜采后品质由其颜色、质地、风味和营养共同组成。根据蔬菜品质化学成分功能不同可分为色泽品质、质地品质、风味品质和营养品质(表 16-1)。这些物质是人体健康不可缺少的,在贮藏加工过程中会发生质和量的变化,从而引起蔬菜品质的改变,对蔬菜贮藏寿命、加工特性产生直接影响。

表 16-1　蔬菜品质及其化学物质组成

品质物质	化学组成	赋予品质特性
色泽品质	叶绿素	绿色
	类胡萝卜素	黄色、橙色
	花青素	红色、紫色、蓝色
	类黄酮	白色、黄色
质地品质	水	脆度
	果胶类物质	硬度、致密度
	纤维素、半纤维素	粗糙度、细嫩度
风味品质	糖	甜味
	酸	酸味
	糖苷	苦味
	单宁	涩味
	辣味物质(如辣椒素)	辣味
	氨基酸、核苷酸、肽	鲜味
	挥发性物质	香气
营养品质	维生素类	重要
	矿物质类	重要
	糖类	一般
	蛋白质	次要
	脂肪	次要

一、色泽品质

色泽是构成蔬菜产品品质的重要因素，直接反映蔬菜产品的新鲜度、成熟度及品质变化，是蔬菜品质评价的重要指标，也是消费者选择购买蔬菜时最重要的感官指标。构成蔬菜色泽的色素类物质种类很多，主要包括叶绿素（chlorophyll）、类胡萝卜素（carotenoid）、花青素（anthocyan）和类黄酮（flavonoid）四大类（见第三章）。这几种色素单独或同时存在于蔬菜中，它们或呈现或被遮掩，共同构成每种蔬菜所独有的色泽。随着蔬菜生长发育时期、贮藏环境、加工方式不同，这些色素的种类和含量也随之发生转变，从而导致蔬菜色泽品质的改变。

（一）叶绿素

蔬菜的绿色是由叶绿素引起的。叶绿素性质不稳定，易受光照、氧气、温度、pH、金属离子及叶绿素酶等内外界因素影响。叶绿素用酸处理时，其分子中的镁被 2 个氢原子取代，生成褐色或褐绿色的脱镁叶绿素，加热可促进该反应的进行，进一步生成暗褐色的焦脱镁叶绿素，从而失去原有的绿色。叶绿素在弱碱溶液中较为稳定，若加热则两个酯键断裂，水解为叶绿醇、甲醇和不溶性的叶绿酸，叶绿酸呈鲜绿色，较稳定。当碱液浓度高时，可生成绿色的叶绿酸钠（或钾）。叶绿酸中的镁还可被铜或铁取代，生成不溶于水、呈鲜绿色的铜（或铁）代叶绿酸。在叶绿素分解酶的作用下，叶绿素分解为绿色的叶绿酸甲酯和叶绿醇，此时若用碱溶液处理，则叶绿酸甲酯水解为叶绿酸盐和甲醇。

（二）类胡萝卜素

类胡萝卜素种类很多，广泛分布在蔬菜产品中，其颜色常常表现为红、橙、黄。类胡萝卜素按结构和溶解性不同可分为胡萝卜素类和叶黄素类。胡萝卜素常常与叶黄素、叶绿素同时存在，在胡萝卜、南瓜、番茄、辣椒等蔬菜中含量较高，呈现橙黄色、红色、橙红色等色泽。在蔬菜成熟过程中叶绿素逐渐分解，胡萝卜素的颜色逐渐显现，番茄、辣椒等蔬菜成熟前表现为绿色，成熟后表现为橙黄色就是叶绿素分解、胡萝卜素呈现的结果。

（三）花青素

花青素又称花色素，是一类非常不稳定的水溶性色素。自然界中的花青素通常是与葡萄糖、半乳糖、鼠李糖、木糖及阿拉伯糖等结合，以糖苷的形式存在于蔬菜组织表皮的细胞液中，使蔬菜呈现红、蓝、紫等色泽。各种花青素的颜色可随 pH 变化而变化，因为在不同的 pH 下花青素的结构发生了变化。只有当花青素与 Ca、Mg、Mn、Fe、Al 等金属结合成蓝色的络合物时，才变得稳定而不受 pH 的影响。

（四）类黄酮

类黄酮是蔬菜产品中呈无色或黄色的一类水溶性色素，通常以游离或糖苷形式存在于蔬菜的茎、叶、花、果实等组织的细胞液中，也属"酚类色素"，但比花青素稳定。类黄酮与碱液（pH 11～12）作用，生成苯基苯乙烯酮即查耳酮型结构的物质，呈黄色、橙色及褐色，在酸性条件下，查耳酮又可恢复到原来的结构从而导致颜色消失。

二、风味品质

蔬菜因独特的风味备受人们青睐,不同的蔬菜所含的风味物质种类和数量各不相同,构成了具有酸、甜、苦、辣、鲜、香等风味各异的蔬菜产品。

(一)甜味物质

蔬菜中的甜味物质主要是糖及其衍生物糖醇,一些氨基酸、胺类等非糖物质也具甜味,但不是重要的甜味来源。与蔬菜甜味关系密切的是一些单糖、二糖及糖醇,有的多糖类物质经过水解可产生单糖或二糖,从而增加产品的甜味(见第六章)。蔗糖、果糖、葡萄糖是蔬菜中主要的糖类物质,直接影响蔬菜的风味、口感和营养水平。还有甘露糖、半乳糖、木糖、核糖,以及山梨醇、甘露醇和木糖醇等。不同种类和品种的蔬菜糖分组成和含量有差异,同种类蔬菜在不同生长发育阶段糖分的种类、含量和比例也会发生很大变化。蔬菜的甜味不仅与糖的含量有关,还与糖的种类有关,不同种类的糖甜味差异较大,假定蔗糖的甜度为100,其他种类糖的相对甜度见表 16-2。蔬菜的甜味除了取决于糖的种类和含量外,还受有机酸、单宁等物质含量的影响。在评定风味时常用糖酸比值(糖/酸)来表示,糖酸比值越高,甜味越浓,反之则酸味增强,比值适宜则甜酸适度(表 16-3),糖酸比是衡量蔬菜品质的重要指标之一,也是判断某些蔬菜成熟度、采收期的重要参考指标。

表 16-2　几种糖的相对甜度

糖种类	相对甜度
蔗糖	100
果糖	173
葡萄糖	74
木糖	40
半乳糖	32
麦芽糖	32

表 16-3　蔬菜糖、酸含量及糖酸比与风味的关系

风味	糖含量/(g/100 g FW)	酸含量/(g/100 g FW)	糖酸比
甜	10	0.01~0.25	100.0~40.0
酸甜	10	0.25~0.35	40.0~28.6
微酸	10	0.35~0.45	28.6~22.2
酸	10	0.45~0.60	22.2~16.7
强酸	10	0.60~0.85	16.7~11.8

(二)酸味物质

蔬菜中的酸味主要来自一些有机酸如柠檬酸、苹果酸、酒石酸、草酸、琥珀酸、α-酮戊二酸和延胡索酸等,这些有机酸大多具有爽快的酸味,对产品风味影响很大。不同的蔬菜所含有机酸种类、数量及其存在形式不同(见第七章)。和水果相比,蔬菜中的酸含量相对较少,除番茄等少量蔬菜外,大部分蔬菜都不具备酸味。有些蔬菜如菠菜、苋菜、茭白等含有较多的草酸,由于草酸刺激、腐蚀人体消化道内的黏膜,还能与人体内钙离子结合形成不溶性草酸钙沉淀,降低人体对钙的吸收利用,因此一次不宜食用太多。

蔬菜的酸味不仅取决于酸的绝对含量,还与酸根的种类、解离度、缓冲物质的有无、糖含量、

pH 等因素有关。柠檬酸表现出酸味的最低浓度为 115 mg/kg，苹果酸为 107 mg/kg，酒石酸为 75 mg/kg，可见酒石酸所呈现的酸味需要的浓度最低，苹果酸次之，柠檬酸最高。酸的 pH 越低酸味越浓，而缓冲物的存在可以改变 pH，从而改变酸味的强弱。通常幼嫩蔬菜组织含酸量较高，随着发育与成熟，含酸量降低。采后贮运过程中，有机酸如琥珀酸、α-酮戊二酸等可以直接作为呼吸底物参与三羧酸循环逐渐被消耗而降低，含酸量下降，而且贮藏温度越高有机酸消耗也越多，造成糖酸比增高，因此蔬菜（水果则更明显）贮藏一段时间后会变甜，风味变淡，食用品质和耐贮性也降低。

（三）涩味物质

蔬菜的涩味主要来自单宁类物质（见第十三章）。单宁属于多酚类高分子聚合物，具有苦涩收敛味。根据单体间的连接方式与其化学性质的不同，可将单宁物质分为两大类，即可水解单宁与缩合单宁。可水解单宁也称为焦性没食子酸类单宁，其单体间通过酯键连接，它们在稀酸、酶、煮沸等条件下水解为单体。缩合单宁又称为儿茶酚类单宁，它们是通过单体芳香环上 C—C 键连接而成的高分子聚合物，当与稀酸共热时，进一步缩合成高分子无定形物质，蔬菜中绝大部分单宁都属此类，当其含量达到 0.25% 时会有明显的涩味感，达到 1%～2% 时就会有强烈的涩味。随着蔬菜的成熟，可水溶性单宁含量下降，涩味减弱，甚至消失。一般成熟蔬菜组织中单宁含量较低，与糖和酸的比例适当时能表现酸甜爽口的风味。蔬菜采后受到机械伤害或贮藏后期衰老时，单宁类物质在多酚氧化酶的作用下发生不同程度的氧化褐变，影响蔬菜产品色泽品质。因此，在采收前后应尽量避免机械伤害，延缓衰老，防止褐变，保持品质，延长蔬菜贮藏寿命。除了单宁类物质外，儿茶素、无色花青素及一些羟基酚酸也具有涩味。

（四）苦味物质

苦味是基本味感中味感阈值最小的一种，也是最敏感的一种味觉。单纯的苦味令人难以接受，但当苦味物质与酸、甜或其他味感物质恰当组合时，就会赋予蔬菜产品特定的风味。蔬菜中的主要苦味成分是一些糖苷类物质。由于糖苷配基类型不同，组成的糖苷性质也差别很大。蔬菜中的苦味物质组成不同，性质也各异，有的有毒，有的具有特殊疗效。例如，对葫芦科蔬菜而言，葫芦素是主要的苦味物质（见第十一章）。

1. 苦杏仁苷 苦杏仁苷是苦杏仁素（氰苯甲醇）与龙胆二糖所形成的苷，具有强烈的苦味，在医学上具有镇咳作用，多存在于果实的种子中。苦杏仁苷本身无毒，但生食桃仁、杏仁过多会引起中毒，原因是同时摄入的苦杏仁酶使苦杏仁苷水解为两分子葡萄糖、一分子苯甲醛和一分子氢氰酸（HCN）（图 16-1），其中氢氰酸有剧毒。因此，在食用苦杏仁、银杏等产品时，应进行热水煮制或加酸煮制等预处理，去除氢氰酸。

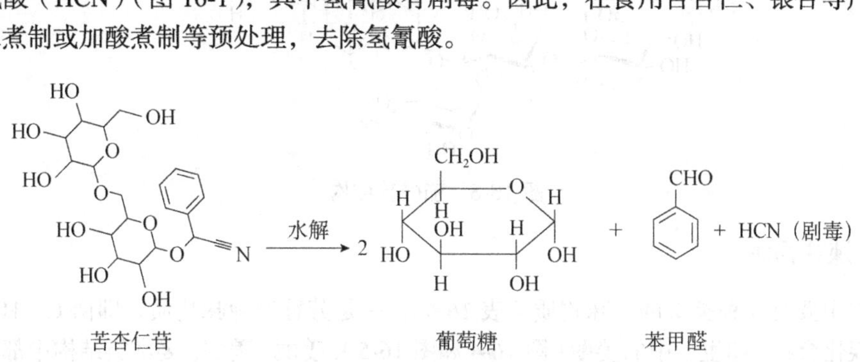

图 16-1 苦杏仁苷水解

2. 黑芥子苷 黑芥子苷本身呈苦味，普遍存在于十字花科蔬菜（如萝卜、芥菜、辣根、油菜等）中，为十字花科蔬菜苦味的主要来源。黑芥子苷在黑芥子酶的作用下发生不可逆水解反应，生成具特殊辣味和香气的芥子油，芥子油成分主要包括异硫代氰酸盐、硫代氰酸盐、腈类、环硫腈、唑烷-2-硫酮等活性物质（图16-2），苦味消失，蔬菜的腌制过程中会发生这种变化。萝卜在食用时呈现的辛辣味、芥末的刺鼻辛辣味都是黑芥子苷水解产生的芥子油所致。十字花科蔬菜的黑芥子酶本身是一种糖蛋白，通常以同工酶的形式存在，主要由 *MA*、*MB* 和 *MC* 三种基因编码，其分子质量为 65～75 kDa，其活性除了受温度、光照、压力及 pH 等因素影响外，还与蔬菜种类与发育阶段有关。

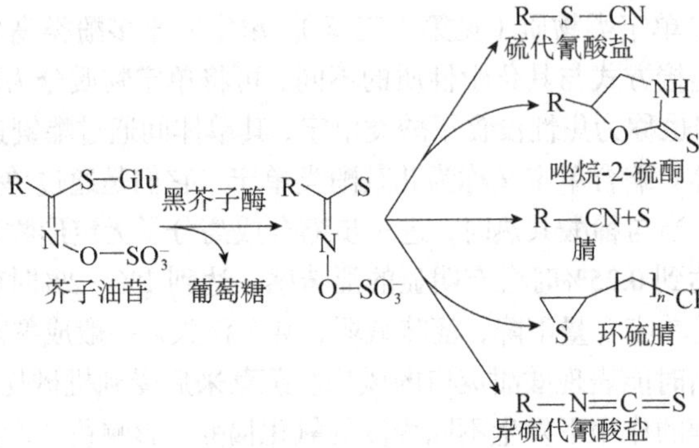

图 16-2　黑芥子苷水解

3. 茄碱苷 茄碱苷（龙葵苷）主要存在于茄科植物中，是一种糖苷生物碱毒素，1820 年首次在欧洲黑茄 [龙葵（*Solanum nigrum*）] 的浆果中被分离出来。主要由 β-D-葡萄糖、D-半乳糖和 L-鼠李糖组成的茄三糖与茄啶相连组成（图16-3）。茄碱苷不溶于水，毒性很强，对红细胞有强烈的溶解作用，即使在加热的情况下也不易被破坏。一般含量超过 0.01% 就会感受到明显的苦味，超过 0.02% 可使人食用后中毒。茄碱苷在番茄和茄子中含量相对较低，而在马铃薯块茎中含量较高，主要集中在薯皮和萌发的芽眼部位。成熟马铃薯中茄碱苷含量仅为 0.005%～0.010%，而当马铃薯块茎受到日光照射，表皮呈现淡绿色时，茄碱苷含量显著增加，其含量可由 0.006% 增加至 0.024%，故发绿或发芽的马铃薯应将皮部或芽眼去除后方能食用。

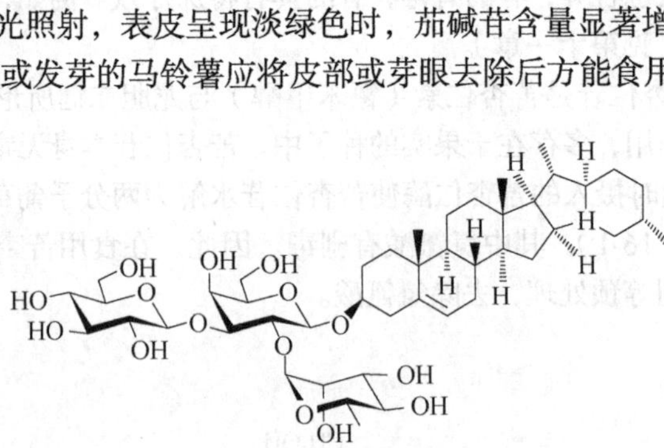

图 16-3　茄碱苷结构

（五）辣味物质

蔬菜中主要有 4 种类型的辣味物质（表16-4），一是芳香型辣味物质，即由 C、H、O 所组成的芳香族化合物，如生姜中的姜酚（图16-4 和图16-5）、姜酮、姜醇。姜酚类结构中都有 C-3 羰基和 C-5 羟基，使得姜酚的化学性质极不稳定，在酸性条件下，C-4 的活泼氢极易与 C-5 的羟基一起脱水形成姜烯酚，在加热或碱性条件下，C-4 和 C-5 间的碳碳键断裂形成姜酮和相应的醛。姜酚在姜中的量较少，稳定性差，提取分离难度大。二是无臭性辣味物质，由 C、H、O、N 组成，如辣椒素（见第十一章）、花椒素和异胡碱等。三是有强烈刺激性辣味物质和催泪物质，分子中含有 S，其辛辣成分为硫化物和异硫氰酸酯类，它们在完整的蔬菜器官中以母体的形式存在，气味不明显，当蔬菜组织受到伤害或破损时，母体在酶的作用下生成具有强烈刺激性气味物质，如大蒜中的蒜氨酸（见第十一章）。四是具有刺激性辣味的异硫氰酸酯类物质，同葡萄糖结合成糖苷（芥子苷）。芥子苷本身不具辣味，当蔬菜组织破碎后，芥子苷在芥子酶的作用下分解为葡萄糖和芥子油，芥子油是异硫氰酸烯丙酯及其类似物的总称，有刺激性辣味（图 16-6）（见第十二章）。

表 16-4　蔬菜中的辣味物质

科属	蔬菜种类	辣味成分
姜科姜属	生姜	姜辣素类
茄科辣椒属	辣椒	辣椒素类
百合科葱属	大蒜、葱	硫化物、大蒜素类
十字花科	芥菜、辣根	异硫氰酸酯类

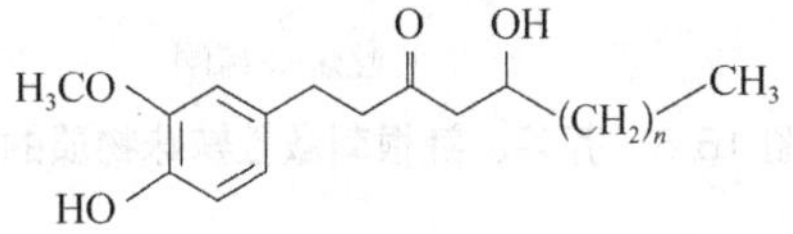

6-姜酚	n=4
8-姜酚	n=6
10-姜酚	n=8
12-姜酚	n=10

1-(3'-甲氧基-4'-羟基苯)-7-(4'-羟基苯)-5-羟基-3-庚酮	R_1=H,R_2=H,R_3=H
1-(3',5'-甲氧基-4-羟基苯)-7-(3',5'-二甲氧基-4'-羟基苯)-5-羟基-3-庚酮	R_1=OCH$_3$,R_2=OCH$_3$,R_3=OCH$_3$
1-(3'-甲氧基-4'-羟基苯)-7-(3',5'-二甲氧基-4-羟基苯)-5-羟基-3-庚酮	R_1=H,R_2=OCH$_3$,R_3=OCH$_3$
1-(3'-甲氧基-4'-羟基苯)-7-(3'-甲氧基-4'-羟基苯)-5-羟基-3-庚酮	R_1=H,R_2=OCH$_3$,R_3=H

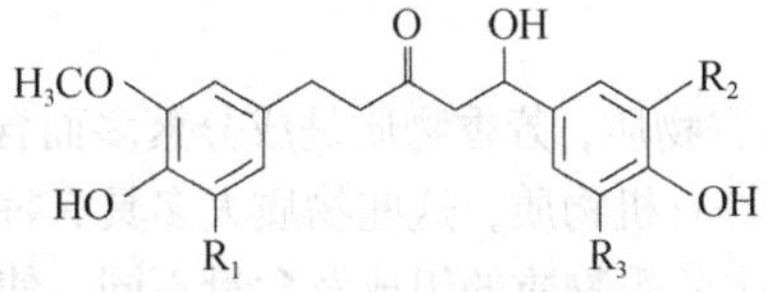

图 16-4　单芳环（A）和双芳环（B）姜酚结构

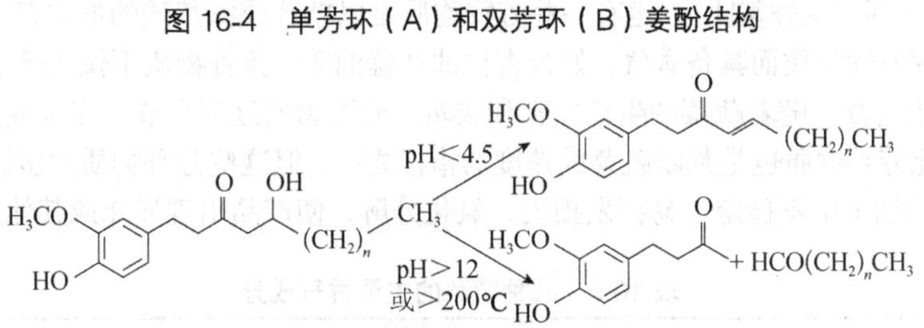

图 16-5　姜酚的酸碱反应（姜程曦等，2015）

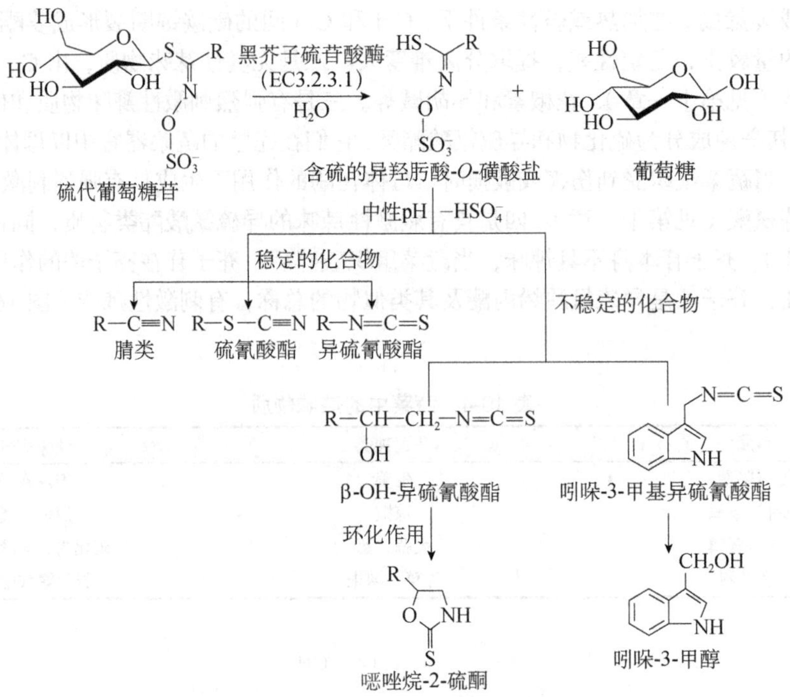

图 16-6 芥菜、辣根刺激性辣味物质的形成

（六）鲜味物质

蔬菜的鲜味物质主要来自氨基酸、核苷酸、酰胺、肽和有机酸等含氮物质，其中尤以 L-谷氨酸、L-天冬氨酸、L-谷氨酰胺和 L-天冬酰胺最为重要，其对蔬菜及其制品的风味重要影响。

（七）香味物质

蔬菜香味来源于其中的芳香物质，芳香物质是成分繁多而含量极微的油状挥发性混合物，主要包括醇、酯、醛、酮、萜类等有机物质，这些物质大多具有挥发性和芳香气味，因此也称精油（essential oil）。不同蔬菜组织中芳香物质的组成及含量不同，使其表现出各自特有的香味。和水果相比，蔬菜中挥发性香味物质含量较低，主要是一些含硫化合物（葱、蒜类蔬菜辛辣气味）和一些高级醇、醛、酯等（表 16-5）。它们的分子中大都包含如羟基（—OH）、羧基（—COOH）、醛基（—CHO）、羰基（$\diagup$C$=$O）、醚（R—O—R）、酯（—COOR）、苯基（—C_6H_5）、酰胺基（—$CONH_2$）等"发香基团"，也有一些芳香物质是以糖苷或氨基酸的形式存在，在酶的作用下分解，产生挥发性物质而具备香气，如苦杏仁油和蒜油等。芳香物质不仅能赋予蔬菜及其制品香气，还能刺激食欲。随着蔬菜的生长发育和成熟，芳香物质逐渐合成，完全成熟时含量最高，香味最浓，因此芳香物质也是判断蔬菜成熟度的指标之一。但这些芳香物质大多属于易氧化和热敏物质，在贮运加工中不稳定，易挥发损失，氧化分解，使产品出现异味或其他风味。

表 16-5 几种蔬菜的主要香气成分

蔬菜种类	香气主体成分	气味
葱蒜类	烯丙基硫化物	辛辣味、香辛味
萝卜	甲硫醇、异硫氰酸烯丙酯	刺激气味
花椒	天竺葵醇、香茅醇	香辛味

续表

蔬菜种类	香气主体成分	气味
蘑菇	辛烯丙-1-醇	清香气味
黄瓜	壬二烯-2,6-醇、壬烯-2-醛、2-己烯醛	清香气味
叶菜类	丙基硫醚烯-3-醇（叶醇）	清香气味

三、质地品质

蔬菜质地品质主要描述为脆、绵、硬、软、柔嫩、粗糙、致密、疏松等。蔬菜质地取决于组织结构，而组织结构又与化学成分密切相关。因此，蔬菜质地主要与蔬菜中水分、果胶、纤维素、半纤维素等化学物质相关。在蔬菜生长发育、成熟衰老、贮藏保鲜过程中，质地会发生很大变化，这种变化既可作为判断蔬菜成熟度、确定采收期的依据，又会影响蔬菜的食用品质及贮藏加工特性。

（一）水分

水分是蔬菜中含量最高的化学物质，蔬菜含水量一般在75%～95%，少数蔬菜如黄瓜、番茄、西瓜的含水量高达96%甚至98%。水分影响蔬菜的新鲜度和脆度，与蔬菜质地密切相关。高含水量赋予蔬菜细胞膨压大、组织饱满挺拔、色泽鲜亮、口感脆嫩的质地品质，但高含水量也会导致蔬菜采后生理代谢旺盛，物质消耗迅速，同时给微生物、酶的活动提供有利条件，使得蔬菜采后容易腐烂变质，耐贮性降低。

蔬菜采后，随着贮藏时间的延长会发生不同程度的失水，表现萎蔫、变软、新鲜度下降，质地品质和商品价值降低。因此，在进行蔬菜采后贮藏保鲜时需要考虑水分含量的变化，既要采用高湿贮藏环境、薄膜包装等措施防止蔬菜失水，又要结合低温、气调、防腐等保鲜措施降低蔬菜呼吸衰老，抑制病原微生物的侵害。

（二）果胶

果胶存在于蔬菜细胞的初生壁和中胶层，以原果胶、果胶和果胶酸三种形式存在。果胶的形态和含量不同赋予蔬菜不同的质地。原果胶是可溶性果胶与纤维素缩合而成的高分子化合物，大量存在于未成熟蔬菜细胞壁的中胶层中，不溶于水，在细胞间层与蛋白质和钙、镁等形成蛋白质-果胶-阳离子黏合剂，起连接细胞的作用，赋予未成熟的蔬菜组织较大的强度和致密度。

在稀酸或酶的作用下，原果胶可逐步降解为可溶性果胶和果胶酸，并进一步变成小分子的糖（图16-7）。果胶的主要成分是半乳糖醛酸甲酯及少量半乳糖醛酸通过1,4-糖苷键连接而成的长链高分子化合物，能溶于水，成熟的蔬菜向过熟期变化时，在果胶酶的作用下，果胶分解为甲醇和果胶酸。果胶酸则是由半乳糖醛酸通过1,4-糖苷键连接而成的长链高分子化合物，无黏结性，相邻细胞失去黏结性，组织就变得松软无力，弹性消失，使蔬菜质地呈软烂状态。所以果胶物质从原果胶→果胶→果胶酸的转变，是造成蔬菜硬度质地下降的主要原因。硬度质地是影响蔬菜贮运性能的重要因素，同时也是评价贮藏特性的重要参考指标。

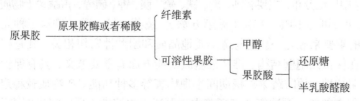

图 16-7　原果胶降解

（三）纤维素、半纤维素

纤维素、半纤维素是植物的骨架物质，是构成细胞壁的主要成分，起支持作用。它们的含量与存在状态决定着细胞壁的弹性和可塑性，也是决定蔬菜质地、口感品质的重要物质（见第十章）。

纤维素是由葡萄糖分子通过 β-1,4-糖苷键连接而成的直链多糖，主要存在于细胞壁中，具有保持细胞形状、维持组织形态的作用。其形态坚硬、无还原性、不溶于水，经酶水解可生成纤维二糖，在浓酸下加热可分解成葡萄糖。幼嫩蔬菜组织细胞壁中多为水合纤维素，质地柔韧脆嫩，食用口感细嫩。蔬菜组织老熟过程中纤维素会与半纤维素、木质素、角质、栓质等形成复合纤维素，组织变得坚硬粗糙，质地坚硬，食用品质下降。半纤维素是由木糖、阿拉伯糖、甘露糖、葡萄糖等多种五碳糖和六碳糖组成的大分子物质，它们不稳定，在蔬菜中可分解为单体，如刚采收的香蕉中半纤维素含量为 8%～10%，但成熟的香蕉果肉中半纤维素含量仅为 1% 左右，所以半纤维素在植物体内既有类似纤维素的支持功能，也有类似淀粉的贮存功能。就蔬菜加工而言，选用纤维素、半纤维素含量较低的加工原料生产的产品口感更为细腻。

四、营养品质

（一）维生素类

维生素是维持人体正常生理机能不可缺少的一类微量有机物质，它们大多以辅酶或者辅因子的形式参与生理代谢（见第四章）。大多数维生素必须在植物体内合成，所以蔬菜等园艺产品是人体获得维生素的主要来源，人体所需 57% 的维生素 A、98% 左右的维生素 C 都来源于果蔬。在蔬菜贮运、加工过程中，各种维生素尤其是维生素 C 变化最为明显，其在维生素 C 氧化酶的作用下氧化脱氢成为还原型脱氢抗坏血酸，并进一步氧化成为无生理活性的二酮古洛糖酸（图16-8），导致维生素 C 含量下降。浆果类含大量的维生素 C 氧化酶，在 20℃ 条件下贮藏 1～2 d，维生素 C 可损失 30%～40%。低温、低氧环境有效防止果蔬贮藏过程中维生素 C 的氧化降解。

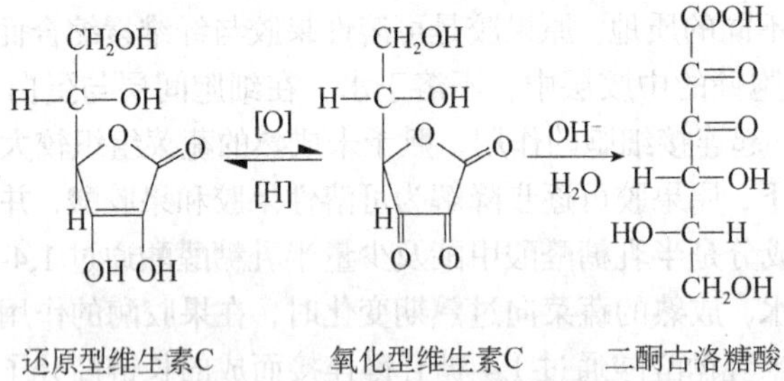

还原型维生素C　　　氧化型维生素C　　　二酮古洛糖酸

图 16-8　维生素 C 氧化分解

（二）矿物质

矿物质在蔬菜中广泛分布，主要有钙、磷、铁、硫、镁、钾、碘等，占蔬菜干物质重量的 1%～5%，尤其在叶菜中的含量可达 10%～15%（见第五章）。蔬菜中钙、磷、铁这三种元素含量较高，是人体钙、磷、铁的重要来源之一。钙与蔬菜质地品质和耐贮性密切相关，其是植物细胞壁和细胞膜的结构物质，在保持细胞壁结构、维持细胞膜功能方面有重要意义，具有保护细胞膜结构不易被破坏、提高蔬菜抗性、预防蔬菜贮藏期间生理病害等多种功能。矿物质较稳定，在蔬菜贮藏加工中不易损失，但在热烫、漂洗等加工环节中，可通过水溶性物质的浸出而流失。

（三）淀粉

淀粉作为一种贮藏物质主要存在于蔬菜果实、根茎等部位（见第九章）。淀粉的变化与蔬菜风味有关，随着蔬菜组织的成熟和后熟，淀粉在淀粉酶的作用下转化为糖，提高糖酸比，增加产品风味。蔬菜淀粉含量及其采后变化直接关系到蔬菜品质与贮运特性，富含淀粉的蔬菜如莲藕、山药、芋头、马铃薯等，淀粉含量越高，品质与加工性能也越好，但对于青豆、菜豆、甜玉米等以幼嫩器官为鲜食的蔬菜，淀粉含量增加则意味着食用品质的下降。

◆ 第二节　采后贮藏过程中的品质变化

一、色泽

（一）叶绿素降解

蔬菜的绿色品质特征主要是由于组织中叶绿素的存在。褪绿变黄是采后蔬菜尤其是绿色蔬菜品质下降的主要症状，也是限制其流通、贮运与销售的主要因素。在正常发育的蔬菜中，叶绿素的合成速度大于分解速度，当蔬菜进入成熟期尤其是采收以后，由于脱离了水分和养分供给，叶绿素合成停止，在采后贮藏期间，随着贮运时间的延长和贮运环境因子的变化，叶绿素会发生降解，蔬菜组织绿色褪去。

叶绿素降解过程早期发生在叶绿体中，最终代谢产物——非荧光叶绿素代谢物（NCC）存在于液泡内（见第三章）。在叶绿素代谢降解过程中，脱镁叶绿酸 a 加氧酶（PaO）是叶绿素褪绿的关键酶，其氧化打开脱镁叶绿酸 a 卟啉环，生成不稳定的红色叶绿素代谢产物（RCC）。PaO 位于衰老组织叶绿体内膜上，其基因表达与组织衰老密切相关，在叶片衰老或受到机械伤害时，*PaO* 基因表达水平上调且在衰老后期达到高峰。抑制 PaO 活性则将导致脱镁叶绿酸 a 的累积和叶绿素降解的延缓，而 *PaO* 编码基因的缺失则会产生滞绿突变体。

贮藏温度对采后蔬菜叶绿素降解引起的色泽变化有显著影响，高温会诱导叶菜类蔬菜叶片黄化，低温则会造成蔬菜发生冷害引起色泽变化。例如，蕹菜（*Ipomoea aquatica*）在 5℃和 10℃贮藏温度下叶绿素保持较好，而在 15℃下叶绿素降解速度增加，0℃则诱发冷害，叶绿素分解加快。同样，西蓝花（*Brassica oleracea* var. *italica*）采后色泽品质也显著受贮藏温度影响，0～5℃为维持采后西蓝花色泽品质推荐的适宜贮藏温度。此外，西蓝花叶绿素降解也与贮藏湿度有关，在贮藏温度为（4±0.5）℃条件下，和普通冷库（RH 70%～75%）中相比，高湿冷库（RH 95%～98%）有效降低叶绿素降解。气体成分如乙烯对蔬菜采后叶绿素降解也有显著的促进作用。

光照也影响蔬菜采后贮藏期间颜色变化。光照对部分蔬菜采后贮藏期间叶绿素变化的影响如表 16-6 所示，光照可以有效地减缓叶绿素分解速率，维持叶绿素含量。这可能是由于光照条件下，绿色蔬菜组织在贮藏初期仍然进行短期的光合作用，合成一定量的叶绿素，从而补充因贮藏衰老而降解的叶绿素；同时，光照会不同程度地抑制与叶绿素分解有关酶类的活性，减缓叶绿素分解。此外，无论在光照还是黑暗条件下，叶绿素 b 下降速率都比叶绿素 a 快，主要是由于在叶绿素降解过程中，叶绿素 b 首先转化成叶绿素 a，从而导致叶绿素 a 下降速度较叶绿素 b 缓慢。

表 16-6　光照对部分蔬菜采后贮藏期间叶绿素含量的影响（詹丽娟和李颖，2016）

蔬菜种类	光源类型	光照强度/[μmol/(m²·s)]	贮藏时间/d	叶绿素变化
甘蓝	荧光	24.0	7	光照保持不变，黑暗下降32.5%
蕹菜	红光	5.0	4	光照比黑暗高93.3%
叶用莴苣	荧光	30.0	7	光照比黑暗保持较多的叶绿素
芫荽	红光	5.0	4	光照比黑暗高76.8%
芹菜	荧光	24.0	8	光照比黑暗叶绿素a、b分别高47%和48%
芥蓝	荧光	21.8	10	光照下降速率显著低于黑暗
芦笋	红光	2.0	10	光照处理一直高于黑暗对照

（二）酶促褐变

酶促褐变（enzymatic browning）是采后蔬菜常见的色泽品质劣变症状。酶促褐变指在有氧的条件下，多酚氧化酶（PPO）催化底物酚类物质形成氧化产物醌及其聚合物的反应过程。酚类物质是蔬菜组织中一类重要的次生代谢产物，在完整的细胞中作为呼吸传递物质，酚与醌之间保持氧化还原的动态平衡，但当蔬菜组织采后受到机械伤害后，其细胞结构的完整性和区室遭到破坏，在有氧环境下，PPO催化氧化底物酚类形成醌类，导致醌类的积累及进一步氧化聚合成黑褐色物质——黑色素（图16-9和图16-10）。酶促褐变极大地影响了蔬菜色泽品质，从而降低消费者的接受度。据估计，热带和亚热带水果和蔬菜超过50%的采后损失是酶促褐变造成的。

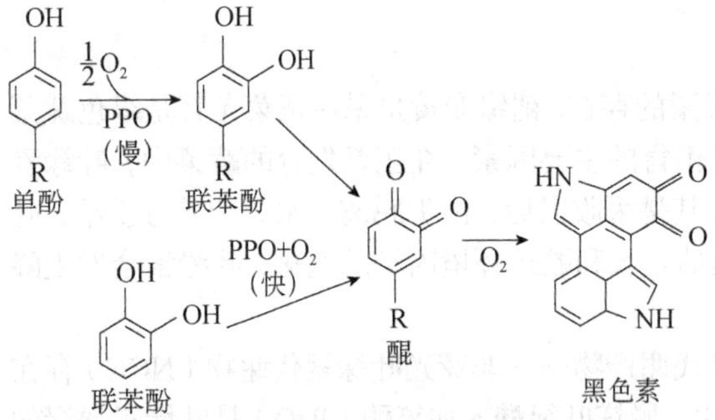

图 16-9　酶促褐产生途径

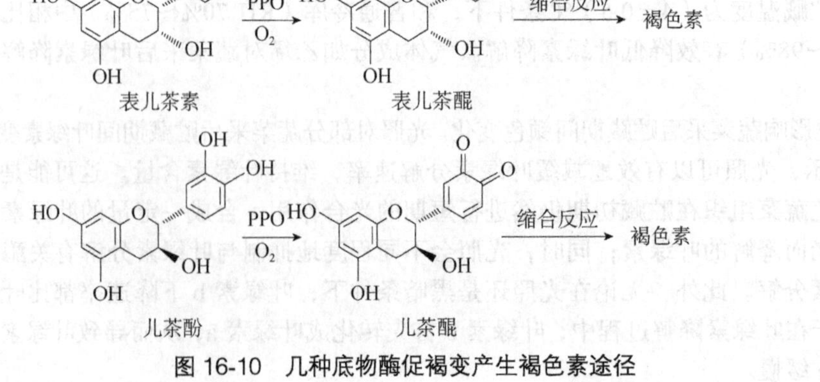

图 16-10　几种底物酶促褐变产生褐色素途径

　　蔬菜采后酶促褐变受贮藏温度、气体、机械伤害等多种因素的影响。一般情况下，低温贮藏可有效降低呼吸代谢作用和抑制酶活性，从而减轻酶促褐变。高温贮藏诱导酶活性，加速酶促褐变。大部分蔬菜 PPO 活性适宜温度为 20～40℃，升高贮藏温度会诱导 PPO 活性，但过高的温度会导致 PPO 钝化、失活。在实际生产中利用这一特性在蔬菜加工贮藏前对其进行热激处理，减轻因 PPO 氧化造成的品质劣变。调节贮藏环境中气体成分如降低 O_2 同时提高 CO_2 含量有利于控制酶促褐变发生，常用的适合大部分园艺产品保鲜的气体组合条件为 2%～5% O_2 和 3%～5% CO_2。但不同园艺产品对低 O_2 和高 CO_2 的忍受能力和生理反应不同，因此应根据不同蔬菜产品对 O_2 和 CO_2 的忍受能力选择适宜的气体浓度比例，避免产生低 O_2 和高 CO_2 伤害。同时，气调要与低温配合协同使用，增加保鲜效果。一般来说，具有明显呼吸高峰的果实对气调贮藏应答反应较好，而叶菜类产品对气调贮藏应答反应较差。此外，机械伤害和贮藏时间对蔬菜采后褐变也有显著影响。例如，新鲜完整莲藕和莲藕切片在 7℃贮藏条件下，随着贮藏时间延长，酶促褐变逐渐增加，特别是莲藕切片 7 d 后表面已经发生严重褐变，失去商品价值（图 16-11）。和完整莲藕相比，莲藕切片的褐变指数和多酚氧化酶活性在贮藏期间显著升高（图 16-12）。

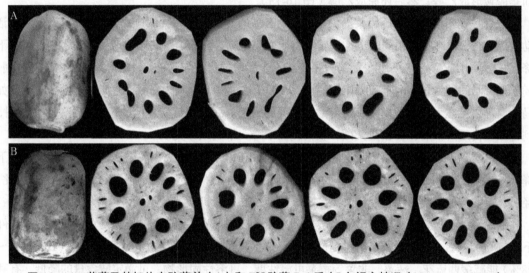

彩图

图 16-11　莲藕及其切片在贮藏前（A）和 7℃贮藏 7 d 后（B）褐变情况（Hu et al., 2014）

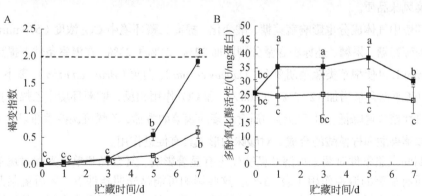

图 16-12　莲藕（□）及其切片（■）贮藏期间褐变指数（A）和 PPO 活性（B）变化（Hu et al., 2014）
不同小写字母表示在 $P<0.05$ 水平差异显著

二、风味品质

（一）糖、酸变化

新鲜蔬菜含水量高，采后同化作用基本停止，但呼吸作用旺盛，呼吸作用引起糖/酸比发生变化，影响蔬菜风味品质。蔬菜组织呼吸作用是在一系列酶的参与下，把复杂的有机物（主要是糖和有机酸）逐步分解成简单的物质，同时释放能量的生物氧化过程。蔬菜呼吸途径有多种，按照有无氧气参与可分为有氧呼吸和无氧呼吸，有氧呼吸是在氧气的参与下，将复杂的有机物（糖、淀粉、有机酸及其他物质）逐步分解成简单无机物（二氧化碳和水）并释放能量的过程。以葡萄糖作为直接底物时，分解 1 mol 葡萄糖可释放 2817.8 kJ 能量，其中 46% 以生物能（38 个 ATP）贮藏起来，为其他生命代谢活动提供能量，剩余的以热能的形式释放出来；无氧呼吸是在无氧气的参与下，将复杂的有机物进行分解的过程，该过程中糖酵解产生的丙酮酸不再进入三羧酸循环，而是脱羧形成乙醛，然后还原成乙醇（图 16-13）。

尽管呼吸作用能为采后蔬菜提供生理活动必需的能量和中间代谢产物，维持蔬菜产品生命活动有序进行，但呼吸作用同时也加快营养物质尤其是糖、酸的消耗，导致产品品质劣变，风味下降，失去食用价值。一般来说，淀粉含量少或不含淀粉的蔬菜如番茄、黄瓜等果实采后贮藏期间，随着贮藏时间的延长，由于呼吸作用消耗，含糖量逐渐降低，风味变淡。而淀粉含量高的蔬菜如马铃薯等果实在采后贮藏期间，随着贮藏时间的延长，淀粉水解，含糖量暂时增加，果实变甜，到达最佳食用阶段后，含糖量又因呼吸消耗而下降，果实风味变淡。

有机酸含量通常在蔬菜产品发育成熟后含量最高，随着组织成熟和采后贮藏期的延长逐渐下降，在果蔬贮藏期间，有机酸常常作为呼吸基质被消耗降解，其降解的速率较可溶性糖快。因此，经过长期贮藏的果蔬组织糖酸比升高，贮藏温度越高，有机酸消耗越快，糖酸比也越高。

低温有助于保持蔬菜糖、酸及营养物质含量（表 16-7）。例如，山药、菜心在低温贮藏条件下更有利于多糖、低聚糖及可溶性糖的积累，维持较高的可溶性糖含量。高湿环境（RH 90%~98%）能减缓西蓝花、菠菜、韭菜等蔬菜可溶性糖、可溶性固形物、可滴定酸含量的降低，有利于维持蔬菜风味品质。

贮藏环境中气体成分也影响蔬菜糖、酸变化。提高贮藏环境中 CO_2 浓度（550 mmol/L）可使马铃薯中的葡萄糖、果糖、还原糖含量分别增加 22%、21% 和 23%。在温室条件下提高 CO_2 浓度至 1000 mmol/L 可使根菜类蔬菜胡萝卜（*Daucus carota*）、白菜（*Brassica rapa*）、萝卜（*Raphanus sativus*）中还原糖含量增加 12.55%~22.60%。和 CO_2 作用相反，贮藏环境中乙烯气体使蔬菜贮藏期间可溶性糖含量降低。对于酸性物质含量多的蔬菜如番茄，乙烯可调控番茄果实成熟过程中酸味物质如苹果酸和柠檬酸的合成，对酸味的形成具有促进作用。

贮藏期间光照条件对蔬菜可溶性糖变化也有显著影响。复合光和单色光都对蔬菜采后可溶性糖类物质有显著的调控作用（表 16-8）。这些影响可能是光照条件下，采后蔬菜尤其是绿叶蔬菜在一定时间内继续进行光合作用，合成糖类物质，补充由于呼吸作用消耗的可溶性糖；而黑暗条件下由于其不能进行光合作用，呼吸作用消耗的糖类得不到补充，从而导致可溶性糖含量下降。

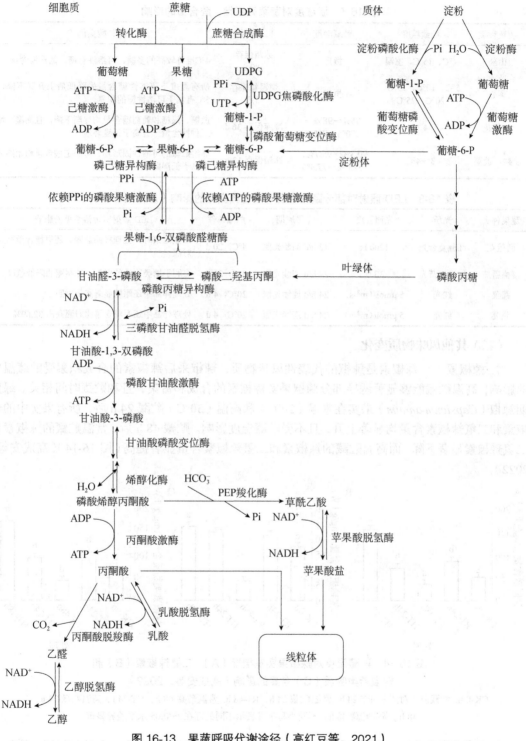

图 16-13　果蔬呼吸代谢途径（高红豆等，2021）

表 16-7　温湿度对蔬菜采后糖、酸含量的影响

蔬菜种类	贮藏温度	贮藏湿度	贮藏时间	糖、酸变化
山药	4℃、15℃、室温	恒定	冰箱保存 180 d	4℃维持较高的多糖、可溶性总糖、低聚糖含量
菜心	5℃、10℃、15℃、 20℃、25℃	恒定	恒温箱保存 5 d	所有温度下可溶性糖含量先降低后上升又下降， 5℃有利于可溶性糖的积累
西蓝花	4℃	95%～98%、 70%～75%	冷库保存 36 d	蔗糖、果糖和葡萄糖含量均逐渐下降，且高湿环境 三种糖含量一直高于低湿环境
韭菜、菠菜	3～4℃	90.3%～95.7%、 52.0%～77.3%	冰箱保存 12 d	高湿贮藏的可溶性固形物、可滴定酸含量均始终显 著高于低湿贮藏

表 16-8　LED 照射对部分蔬菜采后可溶性糖变化的影响（詹丽娟等，2018）

蔬菜种类	光质	光照强度	光照周期	贮藏条件	LED 照射对可溶性糖的影响
西蓝花	红蓝复合光	1200 lx	12 h/d 间断光照	4℃，20 d	贮藏结束时，处理样品总糖、还原糖含量高于 对照
樱桃番茄	红光、蓝光	30 lx	24 h/d 连续光照	4℃，20 d	有利于糖类物质的保持，减缓糖的降低速度
蕹菜	红光	5 μmol/(m²·s)	24 h/d 连续光照	20℃，4 d	处理样品中还原糖显著高于对照
芫荽	红光	5 μmol/(m²·s)	24 h/d 连续光照	20℃，4 d	处理样品中还原糖含量比对照高出 32.69%

（二）其他风味物质变化

1. 辣椒素　　辣椒素是辣椒的代表性风味物质，辣椒采后辣椒素的合成积累受贮藏温度的影响，高温贮藏能够显著诱导部分辣椒果实辣椒素的合成和富集，且和贮藏时间相关。绿熟期辣椒（*Capsicum annum*）果实在常温（20℃）和高温（30℃）贮藏 24 h 后，所有果实中的辣椒素和二氢辣椒素含量均显著上升，且不受贮藏温度影响。贮藏 48 h 后，常温贮藏的辣椒素和二氢辣椒素显著下降，而高温贮藏的辣椒素和二氢辣椒素含量显著提高（图 16-14）（高成安等，2022）。

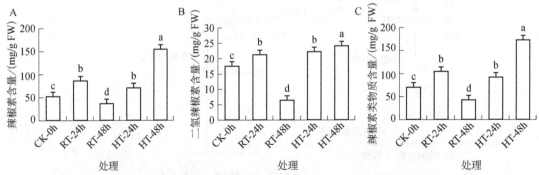

图 16-14　贮藏温度对辣椒果实辣椒素（A）、二氢辣椒素（B）和
辣椒素类物质（C）含量的影响（高成安等，2022）

CK-0 h. 贮藏前（对照）；RT-24 h. 常温贮藏 24 h；RT-48 h. 常温贮藏 48 h；HT-24 h. 高温贮藏 24 h；
HT-48 h. 高温贮藏 48 h。不同小写字母表示不同处理在 $P<0.05$ 水平差异显著

2. 硫代葡萄糖苷　　硫代葡萄糖苷（芥子油苷）是十字花科蔬菜营养品质和风味品质的重要构成因子。硫代葡萄糖苷降解是在其水解酶——黑芥子酶催化作用下完成的。目前认为，生物体内硫代葡萄糖苷降解最广泛的方式是依赖于黑芥子酶的硫代葡萄糖苷-黑芥子酶系统，在完整植物组织中，硫代葡萄糖苷定位于细胞的液泡中，相对而言较为稳定，而黑芥子酶则存在于细胞

质中并与硫苷之间存在天然物理隔离。但当组织和细胞受到损伤时，黑芥子酶就会从中释放出来，并很快将硫代葡萄糖苷水解。硫苷分子硫代部位首先被水解失去一个葡萄糖，形成一个不稳定中间体，然后进一步水解为异硫氰酸盐、腈、异硫氰腈和硫氰酸盐等刺激性风味物质。降解产物不仅与硫苷侧链结构、蛋白配体［如表皮特异硫蛋白（ESP）、腈特异蛋白（NSP）等］、辅基（如铁离子）有关，也与反应条件如 pH 有关。

采后不同处理贮藏方法如冷藏、气调、薄膜包装处理对硫代葡萄糖苷的代谢都有显著影响。低温贮藏能够显著延缓脂肪族硫代葡萄糖苷含量的下降，维持蔬菜风味品质。此外，吲哚族硫代葡萄糖苷对贮存温度的响应较为复杂。采后贮藏气调环境也影响蔬菜中硫代葡萄糖苷含量。光照对采后蔬菜硫代葡萄糖苷含量也有显著影响，芥蓝芽菜贮藏在 25℃条件下，红光处理可提高其硫代葡萄糖苷含量。

三、质地品质

（一）失水

蔬菜产品含水量较高，一般可达 90%～95%，由于大量水分的存在，蔬菜表面光亮富有弹性，组织坚挺脆嫩。然而，当蔬菜采收以后，呼吸作用和蒸腾作用造成水分散失，当蔬菜水分散失 5%～10%时，就表现为形态萎蔫，失去外观饱满、新鲜和脆嫩的质地品质。

影响蔬菜产品采后水分散失的主要因素有蔬菜产品自身特性和贮藏因子。蔬菜自身特性包括表面积比、表面组织结构、细胞的持水力等。表面积比越大，水分蒸腾作用越强，失水越快。叶菜类蔬菜失水速度最快，果菜次之，根茎类蔬菜最弱。表面组织结构也影响蔬菜采后水分散失。蔬菜组织的水分散失主要通过皮孔与气孔，贮藏环境因子如光照、温湿度对气孔的开闭有显著影响，从而影响组织内水分散失。蔬菜细胞的持水力对水分散失也有显著影响。细胞内可溶性固形物浓度越高，细胞的渗透压越高，对水的保持能力越强，细胞越不易散失水分。此外，蔬菜成熟度对组织水分散失也有显著影响。幼嫩蔬菜表面保护组织没有完全形成，干物质含量少，所以蒸腾失水快，随着蔬菜的生长发育，表面保护组织角质层逐渐变得充实，蒸腾强度相对降低，采后失水率降低。

贮藏因子包括温度、湿度、气流、光照等对蔬菜失水都有显著影响。一般情况下，贮藏温度越高，蔬菜组织蒸腾作用越强，失水越快，失重失鲜率也越高，因此蔬菜采收后应尽快放置在低温环境下预冷，降低其呼吸作用和失水萎蔫。对大多数蔬菜而言，低温贮藏时，应保持较高的湿度，一般低温冷藏库的相对湿度应控制在 90%～95%，而在常温或高温贮藏时，为了避免高湿诱导腐烂，可以适当降低环境湿度至 80%～90%，如洋葱、大蒜、南瓜、冬瓜等对贮藏湿度要求低的产品，可控制湿度在 65%～75%即可。生产中应根据蔬菜产品特性、贮藏温度及是否使用包装材料等情况来确定贮藏的湿度条件。贮藏环境中空气流速也是影响蔬菜产品失水和质地品质的重要因素，空气流速可以改变空气的绝对湿度，将潮湿的空气带走，带来吸湿能力更强的空气，从而降低环境的相对湿度，使产品处于一个较低的相对湿度环境中。在一定的时间内，空气流速越快，产品水分损失越大，产品质地品质越低。因此，为了降低蔬菜采后失水失鲜，可以通过对贮藏环境进行洒水、喷雾等方法增加相对湿度，减少水分蒸发，还可以根据蔬菜产品特点选择合适的包装材料，减少蔬菜表面水分散失，对于果菜类产品，可以进行打蜡或涂膜保水。

光照对蔬菜产品失水失重也有显著影响（表 16-9），采后光照促进蔬菜贮藏期间失水，降低质地品质。这是由于光照可刺激果蔬组织表面气孔开放，减小气孔阻力，促进组织内水分和气体扩散。同时光照还使蔬菜产品体温增高，提高产品组织内水蒸气压，加大产品与环境空气中的水蒸气压差，加速蒸腾速率，从而增加水分散失。此外，光照对采后蔬菜失水的影响还与蔬菜种类有关。在实际生产中应结合蔬菜种类及其对光照应答反应，选择匹配的光照处理条件，减少蔬菜贮藏期间水分散失，维持质地品质。

表 16-9　光照对部分蔬菜采后失重率的影响（詹丽娟和李颖，2016）

蔬菜种类	光源类型	光照强度/ [μmol/ (m²·s)]	光照周期	贮藏时间/d	鲜重损失率/%	
					光照处理	黑暗对照
花椰菜	荧光	24.0	连续光照	7	1.80	1.40
萝卜（嫩叶）	荧光	30.0	连续光照	16	7.60	1.00
西蓝花	荧光	24.0	连续光照	7	1.80	1.10
羽衣甘蓝	荧光	21.8	连续光照	10	1.80	3.90
芹菜	荧光	24.0	连续光照	8	1.43	0.85
生菜	荧光	30.0	连续光照	7	1.74	1.05
蕹菜	LED 红光	5.0	连续光照	4	1.00	2.20
番茄	LED 白光	75.0	连续光照	12	失重率是对照组的 34.0%	
黄瓜	LED 白光	75.0	连续光照	12	失重率是对照组的 84.5%	
'上海青'青菜	LED 红光	517.0*	连续光照	12	失重率小于对照	
西芹	LED 红蓝复合光	10.0	连续光照	12	无显著影响	
芦笋	LED 红光	2.0	连续光照	21	无显著影响	
芫荽	LED 红光	5.0	连续光照	4	无显著影响	

*该数值单位为 lx

（二）变软

蔬菜采后贮藏期间由于发生失水、导致形态萎蔫、组织变软，质地品质下降。组织软化是从细胞壁物质的降解和果胶-纤维素-半纤维素结构的破坏开始的，而此过程主要与多种细胞壁降解酶有关。蔬菜细胞壁物质主要包括果胶、纤维素和半纤维素物质，此外，还有一些结构蛋白、酶类及矿物质等。

果胶主要位于细胞壁中胶层，少量存在于初生壁。果胶降解引起的细胞离散是果蔬组织变软的主要原因。随着果蔬成熟和衰老，原果胶去脂化、去聚化和溶解性都增加，降解成可溶性果胶和果胶酸（图 16-7），此时中胶层和初生壁分解，细胞间的连接作用减弱，细胞结构破坏，表现为组织萎蔫和质地变软。低温冷藏可以降低果胶的溶解性。纤维素和半纤维素分布在初生壁和次生壁中，二者相互连接，与微纤丝一起构成网状结构，能保持细胞形状和伸缩性，起到支撑作用。在蔬菜采后成熟和衰老过程中，随着纤维素和可溶性半纤维素含量不断下降，果蔬组织变软萎蔫，硬度下降。

蔬菜组织软化是非常复杂的过程，在细胞软化、细胞壁物质降解的过程中，多种细胞壁降解酶协同调控该过程的代谢。这些酶类主要包括多聚半乳糖醛酸酶（PG）、果胶酯酶（PE）、纤维素酶（CE）、β-半乳糖苷酶（β-Gal）等。在不同品种甚至同一品种蔬菜变软过程中，这些降解酶的主要作用存在差异和时序性，且在软化的不同阶段参与调控的酶也不相同。

PG 是果蔬成熟软化过程中重要的细胞壁水解酶，可水解多聚半乳糖醛酸，破坏细胞壁结构，使果实变软。在果蔬组织成熟过程中，PG 的调控在转录水平上进行，PG mRNA 随着果蔬组织的成熟大幅增加，并在此后过程中继续累积。生产中利用转基因技术得到反义 PG 番茄，可推迟果实采后成熟与软化，延长果实贮藏保鲜期，减少因采后迅速过熟和腐烂造成的损失。在加工中，由于果胶水解受到抑制，有利于提高加工产品如番茄酱的果胶含量和出品率。PE 也是细胞壁降解酶，能从细胞壁的果胶中去除甲基基团，具体来说就是作用于半乳糖醛酸残基中的 C-6 酯化基团来参与果胶物质的脱甲基化反应，从而促进高酯化的果胶转化为去酯化的果胶酸，为 PG 提供作用底物。CE 是一类复合酶，在成熟果蔬组织中含量丰富，可降解羧甲基纤维素、木葡聚糖和具有葡聚糖结构的物质。随着果实组织成熟软化，CE 活性不断上升。β-Gal 主要降解果胶和半纤维素，同时对糖蛋白和糖脂也有降解作用，β-Gal 在不同果蔬组织中参与成熟软化的时期也不相同。在果实中，β-Gal 酶活性上升早于 PG，是果实发生软化早期的关键酶，在完熟后达到最高值。

四、营养品质

（一）维生素 C

维生素 C 是蔬菜及其制品中重要的营养素，也是人体必需但又无法自我合成的营养元素，其广泛存在于新鲜的果蔬中。然而维生素 C 极不稳定，在热、氧、光条件下均易降解，维生素 C 在有氧和无氧条件下均能进行降解，在有氧条件下受热，发生脱水和脱羧反应，形成糠醛、乙二醛、甘油醛等（图 16-15）。在无氧条件下受热降解，降解主要产物是糠醛（图 16-16）。

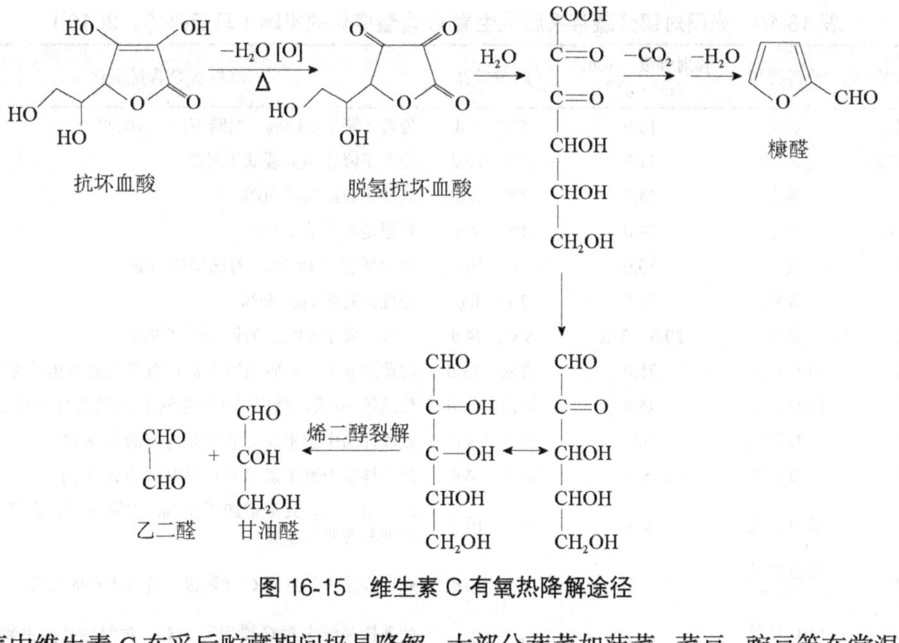

图 16-15 维生素 C 有氧热降解途径

蔬菜中维生素 C 在采后贮藏期间极易降解，大部分蔬菜如菠菜、菜豆、豌豆等在常温（20℃）下贮藏 1~2 d 后，维生素 C 就降低 30%~40%，而低温贮藏可以减缓维生素 C 含量的下降。一般而言，随着贮藏时间延长和蔬菜组织衰老，维生素 C 含量迅速下降。光照对采后蔬菜中维生素 C 含量具有显著的调控作用，无论是 LED 光照还是荧光照射均能增加部分蔬菜采后贮藏期间组织内维生素 C 含量（表 16-10）。

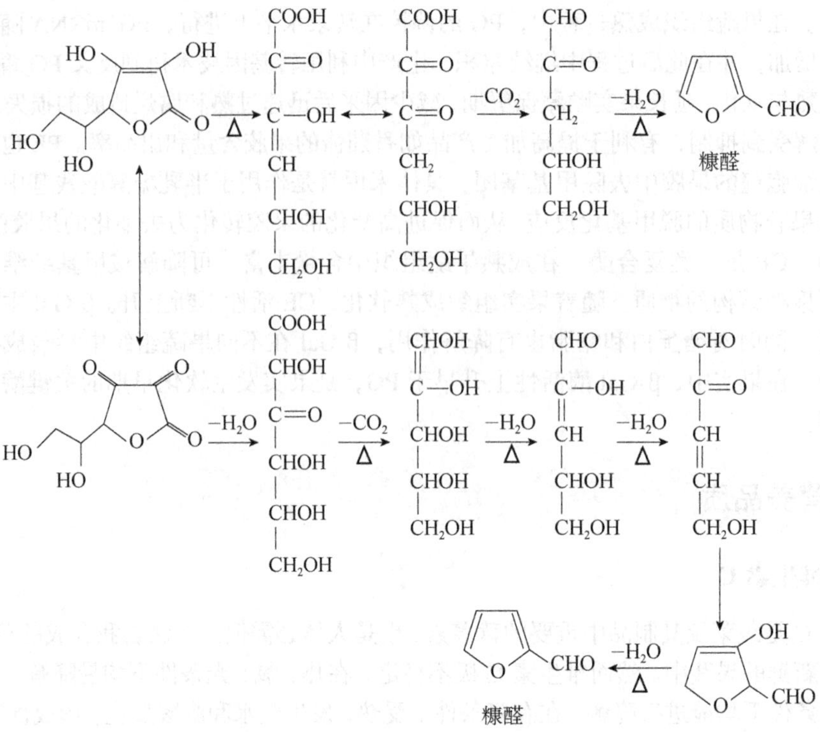

图 16-16 维生素 C 无氧热降解途径

表 16-10 光照对部分蔬菜采后维生素 C 含量变化的影响（马亚丹等，2019）

蔬菜种类	光源类型	辐射强度/[μmol/(m²·s)]	贮藏条件	维生素 C 含量变化
生菜	荧光	15.0	5℃，7 d	处理下降了 33.4%，黑暗下降了 40.3%
羽衣甘蓝	荧光	21.8	1℃，10 d	处理下降速率显著低于对照
花椰菜	荧光	24.0	7℃，5 d	处理比对照高出 30%
西蓝花	荧光	24.0	4℃，7 d	处理是对照的 1.2 倍
萝卜（嫩叶）	荧光	30.0	5℃，16 d	处理增加了 18.3%，对照保持不变
芹菜	荧光	24.0	7℃，8 d	处理比对照高出 46%
菠菜	荧光	20.0～25.0	8℃，24 d	处理下降了 44%，对照下降了 90%
番茄	LED 白光	75.0	常温，12 d	贮藏第 6 天，对照组维生素 C 含量为处理组的 84.02%
黄瓜	LED 白光	75.0	常温，12 d	贮藏第 10 天，处理果实维生素 C 含量是对照的 1.06 倍
蕹菜	LED 红光	5.0	20℃，4 d	处理样品中维生素 C 含量是对照的 2.38 倍
苋菜	LED 红光	5.0	20℃，4 d	处理样品中维生素 C 含量是对照的 2.31 倍
芦笋	LED 红光	2.0	5℃，10 d	贮藏第 6 天，处理增加了 55%，对照下降，贮藏第 10 天，处理和对照无差异
西蓝花	LED 红蓝复合光	2.4	4℃，50 d	处理样品中维生素 C 含量极显著高于对照处理
西芹	LED 红蓝复合光	10.0	4℃，12 d	处理样品维生素 C 损失率 21%，对照样品维生素 C 损失率 39%
西蓝花	LED 红绿复合光	2.4	4℃，50 d	处理样品中维生素 C 含量显著高于对照处理
西蓝花	LED 白蓝复合光	20.0	5℃，42 d	贮藏末期，处理样品中还原型维生素 C 含量显著高于对照

（二）矿物质

蔬菜含有人体必需的各种矿物质，含量为干重的 1%～5%。矿物质对蔬菜质地和采后贮藏效果有显著影响，如 Ca 在蔬菜贮藏期间具有保持细胞壁结构、提高蔬菜本身抗性、预防贮藏期间生理病害等重要作用。含 Ca 量高的果蔬组织，硬度大，致密性好，在贮藏过程中软化进度慢、耐贮藏。一般来说，矿物质在蔬菜采后贮藏和加工过程中比较稳定，不易流失，其损失往往是在清洗、烫漂等工艺过程中伴随水溶性物质的浸出而流失，其损失的比例与矿物质的溶解度、绝对含量有关。在速冻蔬菜的加工贮藏过程中，矿质元素含量高的蔬菜速冻后损失量大，含量低的损失量小，冷冻贮藏时间对蔬菜的矿物质营养没有明显影响。

◆ 第三节　腌制发酵过程中的品质变化

蔬菜腌制是人类对蔬菜加工保藏的一种古老方法，历史悠久。经过长期的生产实践，我国广大劳动人民在蔬菜腌制加工上积累了丰富的经验，并结合现代加工设备和生产工艺，创造出大量的风味独特的名特产品，如涪陵榨菜、扬州酱菜、北京八宝菜等，畅销国内外。在众多酱腌菜品种中，榨菜的产量最高，约占总产量的 1/3。

一、色泽品质形成

（一）原料中的天然色素

蔬菜中含有叶绿素、花青素、类胡萝卜素和类黄酮等天然色素物质，这些色素为蔬菜腌制发酵后的色泽形成提供了底物，在进一步的发酵过程中，随着加工工艺及发酵环境因子（微生物、酸、酶、热、水分、光照、氧气、金属离子等）的变化，蔬菜中的结合态色素通过一系列反应生成其他有色或无色物质，使发酵蔬菜呈现不同的色泽（表 16-11）。

表 16-11　蔬菜色素物质在发酵加工过程中的变化（杨姗等，2022）

主要色素物质	蔬菜原料	发酵过程中的变化
叶绿素	芥菜	酸性条件下，叶绿素转化成脱镁叶绿素，由绿色转为橄榄绿
	西蓝花	低 pH 下发酵，叶绿素降解为脱镁叶绿素，变成橄榄绿
	橄榄	加酸加热下，叶绿素降解变成棕色
	黄瓜	酸性发酵，叶绿素降解为脱镁叶绿酸和脱镁叶绿素，变成橄榄黄色
	甘蓝	厌氧发酵，叶绿素降解，绿色褪色
	竹笋	低 pH 下，叶绿素降解，绿色褪色
类胡萝卜素	胡萝卜	加酸使 β-胡萝卜素降解，红色褪色
	南瓜	热烫处理导致类胡萝卜素降解，黄色褪色、变黑
	红辣椒	发酵过程中胡萝卜素被乳酸菌降解，红色变浅
	番茄	乳酸菌发酵番茄，类胡萝卜含量增加，红色加深
花青素	紫薯	高 pH、高温下，花青素降解，变成棕色
	红萝卜	高浓度盐促进花色苷降解形成聚合色素，颜色变浅、变暗
	红甘蓝	高温下花青素降解，颜色变浅
	甜菜	加压和热处理后，甜菜素被降解，红色褪色、变暗
类黄酮	大蒜	发酵过程中总黄酮含量增加，变褐
	苦瓜	乳酸菌发酵提高总黄酮含量，绿度降低
	芫根	盐脱水过程中黄酮被氧化

（二）酪氨酸氧化

蔬菜腌制发酵品在其发酵后熟期中，由蛋白质水解所生成的酪氨酸在微生物或原料组织中所含的酪氨酸酶的作用下，经过一系列的氧化作用，最后生成一种深黄褐色或黑褐色的黑色素（图16-17），原料中酪氨酸酶活性越强，褐色越深。但该反应是极为缓慢而复杂的氧化过程，因为蔬菜腌制品装坛后，一般都压得十分紧实，缺少氧气，此反应中氧的来源主要是戊糖还原为丙二醛时所放出的氧，使产品逐渐变褐、变黑。

对于深色的酱菜类制品来说，褐变形成的色泽正是这类产品的正常颜色，如果褐变反应在腌制过程中进行的速度过于缓慢或者被抑制，则产品的颜色就会变淡、变浅，不具备该产品应有的色泽，从而降低该产品的色泽品质和商品价值。因此对于酱菜类制品，在腌制过程中需要根据褐变反应的条件和影响因素，尽量创造有利于褐变发生的条件，从而获得良好色泽品质的产品。

对于有些腌制品来说，褐变往往是降低其产品色泽品质的主要原因，因此在腌制加工这类产品时，需要采取合理有效的措施抑制褐变反应的进行，防止产品色泽变褐、变暗。抑制褐变常采取的措施主要有抑制氧化酶活性和隔氧。引起酶促褐变的氧化酶一般在 pH 6～7 时活性最高，降低介质 pH 可以有效抑制氧化酶活性，因此要在腌制过程中保证乳酸发酵正常进行，产生大量乳酸，降低介质中 pH；隔离氧气，减少产品与氧气（空气）接触的机会也能有效控制褐变发生，如在腌制过程中将原料/产品压紧、密封或者浸泡在卤液中使之与空气隔绝，在产品贮运销售时采用真空包装、充氮包装的措施，都是降氧隔氧的有效措施。此外，采用化学试剂如 SO_2 或亚硫酸盐作为氧化酶的抑制剂和羰基化合物的加层物，以降低羰氨反应的底物浓度，也能抑制褐变发生，而且具有防腐作用。但该抑制剂会产生一定的副作用，如对原料的色素物质如花青素具有漂白作用，使用浓度过高会影响产品风味品质，易造成残留量过高等，因此在使用该抑制剂时一定要按照国家标准严格控制使用范围和使用量。

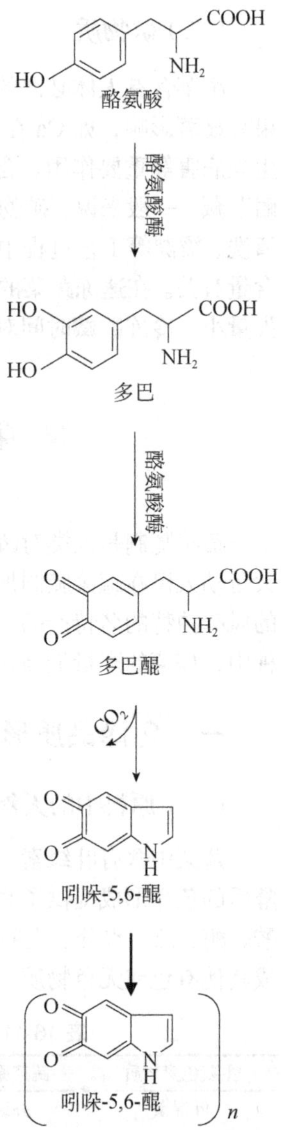

图 16-17　腌制品黑色素形成途径

（三）美拉德反应

蔬菜原料中的蛋白质水解生成的氨基酸与还原糖发生美拉德反应（Maillard reaction），生成黑色物质，这种黑色物质不但色深，而且具有香气，也是腌制发酵蔬菜风味和滋味的主要产生过程。一般来说，腌制品装坛后熟时间越长，温度越高，则色泽越深，香味越浓。例如，四川南充冬菜装坛后经 3 年后熟，结合夏季晒坛，其成品冬菜色泽乌黑而有光泽，香气浓郁而醇正，滋味鲜美而回甜，组织结实脆嫩。

（四）吸附辅料色素

蔬菜细胞吸附腌制辅料中的色素而改变了原来的色泽。蔬菜经腌制后，细胞膜透性增强，在外界辅料溶液浓度大于细胞内溶液浓度的情况下，通过扩散作用，蔬菜细胞吸附辅料中的色素，导致产品具有类似辅料的色泽，产品色泽质量和颜色深浅与辅料有密切关系。常用的辅料有各种酱和酱油类、姜黄、辣椒等，如酱菜吸附了酱的色泽而变为棕黄色，榨菜用辣椒染成红色等。如果要加速产品色泽形成，可以采取增加辅料色素成分的浓度、加大原料与辅料接触面积、适当提高温度、降低介质黏度、减小辅料颗粒粒径等措施。此外，为了防止原料着色不均匀，造成产品"花色"，要在腌制过程中经常进行翻动，这也是保证产品色泽均一的技术关键。

二、风味品质形成

（一）风味物质种类

独特风味是发酵蔬菜产品品质的核心和灵魂。在发酵这一复杂而缓慢过程中，蔬菜中原有糖类、蛋白质、氨基酸等营养物质在微生物发酵、酶催化及非酶作用下，转化成为异于原料本身的一系列挥发性和非挥发性风味物质（表 16-12）。

表 16-12　发酵蔬菜主要风味物质及风味特征（黄玉立等，2021）

风味物质		风味特征
挥发性物质	酯类	芳香、果香、奶酪香、甜酒味、硫黄味、辛辣味
	醛类	麦芽糖味、杏仁味、黄瓜味
	酮类	杏仁味、辛辣味、奶油香味等
	酚类	丁香、烟熏味、粪便味等
	醇类	醇味、涩味、硫黄味、大蒜味、卷心菜味、"绿色"味
	酸类	奶酪香、辛辣味、汗味
	含硫化合物类	植物油味、大蒜味、鸡蛋味、奶油味、硫黄味等
非挥发性物质	糖类	甜味
	氨基酸类	酸味、甜味、苦味、鲜味
	有机酸类	酸味、苦味、辛辣味等

挥发性风味物质种类较多，主要包含酯类、醛类、酮类、酚类、醇类及含硫化合物等，这些物质都是发酵蔬菜独特气味的主要贡献者。例如，发酵蔬菜"酸香"气味的主要贡献者是挥发性的乙酸及乙酸乙酯，四川酸菜特别的"绿色"气味主要由含硫化合物、异硫氰酸酯和硫氰酸酯等酯类化合物提供，而 1-戊烯-3-醇、己醇和 1-辛烯-3-醇等醇类化合物也能够提供"绿色"的气味，但这两类物质呈现的"绿色"气味在感官上具有明显差异，前者呈现的是具有辛辣风味的"绿色"气味，而后者则是具有清新感的"绿色"气味。

非挥发性风味物质主要包括糖类、氨基酸、有机酸等，它们是发酵蔬菜滋味的主要物质基础。发酵蔬菜中糖的种类和含量与原料类型密切相关，主要包括果糖、蔗糖、葡萄糖、甘露糖等，糖类是发酵蔬菜甜味的主要来源，也是乳酸发酵的底物，在乳酸菌的作用下，糖类可以发酵生成乳酸、乙酸、琥珀酸、乙醇、甘露醇等重要风味成分。这些物质本身或者相互作用的产物都是发酵蔬菜风味成分的重要来源。生产上对于糖含量较低的蔬菜原料，在发酵时往往添加外源糖以促进乳酸发酵。氨基酸在发酵蔬菜中种类丰富，如榨菜中含有 17 种氨基酸，其中谷氨酸占 31%，天冬氨酸占 11%。氨基酸不仅直接影响发酵蔬菜滋味，还可以作为风味前体物质与其他化合物进一步发生反应产生特殊的风味物质，进而影响蔬菜发酵过程中色、香、味的形成，如氨基酸与醇类发生酯化反应，产生具有香气的酯类物质，与还原糖发生美拉德反应，生成多种黑褐色的风味物质。有机酸类是发酵蔬菜酸味的主要来源，包括乳酸、乙酸、丙酸、琥珀酸、短链脂肪酸等有机酸类，其中乙酸和乳酸是发酵蔬菜中最为主要的有机酸，不同种类和比例的有机酸赋予发酵蔬菜中不同的酸感，如乳酸酸感柔和，乙酸酸感刺激，高乳酸比例赋予发酵蔬菜产品酸味柔和，高乙酸比例则不仅使产品具有更强刺激性的酸感，甚至会产生腐臭类的酸感。正常情况下，发酵蔬菜产品乙酸含量在 0.2%～0.4%可以增进产品品质，过多乙酸则会降低产品品质和风味，如榨菜中如果乙酸含量超过 0.5%则表示产品已经酸败，品质下降。

（二）风味物质形成

1. 原料自身风味物质　　蔬菜原料是发酵蔬菜最终风味的贡献者之一，不同蔬菜原料含有不同种类的芳香物质，其制作的发酵蔬菜风味差异也较大（表 16-13），如发酵萝卜和大蒜因含有硫化物，呈现出刺激性辛辣香气，而发酵麻竹笋因含有芳樟醇类呈现出清新香气。要获得风味良好、特色突出的发酵蔬菜产品，一般选取固形物含量高（如榨菜原料要求可溶性固形物含量在 5%以上），特别是蛋白质和氨基酸含量高、水分含量低的蔬菜原料。而对于特征风味显著的蔬菜，则应选择特征风味物质含量适度的蔬菜原料。例如，对于十字花科蔬菜如大白菜、小白菜、芥菜、甘蓝、萝卜等，通常选择芥子油苷含量适中的原料制作发酵蔬菜，因为芥子油苷含量过高会产生过强的芥辣味而影响产品风味，含量过低则发酵产品不能形成突出的特征风味。有些原料中呈香物质或前体只有在风味酶或热的作用下经水解或裂解才能产生香味。例如，芦笋的香味前体物质二甲基-β-硫代丙酸在风味酶的作用下裂解，生成具有芳香气味的二甲基硫和丙烯酸，赋予发酵芦笋特有的香气。蔬菜中的醇类物质如芳樟醇等多以结合态的形式存在，但经过发酵加工后，这些结合态风味物质被水解释放，也能散发出清香。

表 16-13　不同蔬菜原料发酵制品主要风味物质（黄玉立等，2021）

发酵蔬菜类型	主要风味物质
酸菜	醇类和酯类
发酵笋	胺类和醇类
发酵豇豆	醇类和烯烃类
发酵萝卜	醛类和含硫化合物类
发酵辣椒	醇类和酯类
发酵大头菜	醇类、酯类和醛类
发酵大蒜	醇类、乙酸、柠檬酸、富马酸酯类和含硫化合物类
发酵麻竹笋	4-甲基苯酚、2-戊基呋喃、己醛、4-羟基苯甲醛、芳樟醇等

　　对于含有较高辛辣物质的蔬菜，在腌制发酵前期，这些辛辣物质没有被分解时，其对产品风味的影响是不利的，但在腌制过程中，蔬菜组织大量脱水，这些产生辛辣气味的物质也随之流出，从而降低原料的辛辣味。由于这些辛辣物质一般多为挥发性物质，因此腌制过程中经常"倒缸"，将有利于这些异味成分的散失，提高后期成熟腌制品风味。

2. 微生物发酵产生的风味物质　　在蔬菜腌制过程中，正常发酵作用是以乳酸菌发酵为主，轻度的乙醇发酵和轻微的乙酸发酵为辅的发酵，生成乳酸、乙醇和乙酸等物质，既对腌制品起防腐作用，又与产品的风味、品质密切相关。不同的乳酸菌发酵产物不同，按照发酵产物的种类，乳酸发酵可分为同型乳酸发酵和异型乳酸发酵（图 16-18）。同型乳酸发酵只产生乳酸，乳酸菌可将 80%以上葡萄糖转化为乳酸，体系迅速变酸，pH 快速降低。而异型乳酸发酵根据乳酸菌种类不同，其终产物不仅有乳酸，还会生成甲酸、丙酸、丁酸、琥珀酸、高级醇和氨等风味物质，有时还有微量的甲烷和硫化氢气体，这些发酵产物本身或产物间相互作用产生特定的风味物质。例如，乳酸菌在丙酮酸脱氢酶、丙酮酸脱羧酶的作用下形成乙酰辅酶 A 及活性乙醛，二者随即结合形成双乙酰（丁二酮），而双乙酰在乙偶姻脱氢酶的催化下形成乙偶姻（3-羟基-2-丁酮），该反应是可逆的，乙偶姻也可进一步反应生成 2,3-丁二醇（图 16-19）。产生的乙偶姻是一种重要的香味物质，具有奶制品香，并带有脂肪的油腻气息，但是只有当其微量存在时才具有良好的风味，当超过一定量时，它的风味就会令人难以接受。乙二酰和乙偶姻的形成期主要在发酵后期，对发酵制品风味有重要的贡献作用。

$$C_6H_{12}O_6 \xrightarrow{\text{同型乳酸发酵}} 2CH_3CHOHCOOH$$

$$C_6H_{12}O_6 \xrightarrow{\text{异型乳酸发酵}} CH_3CHOHCOOH+CH_3CH_2OH+CO_2$$

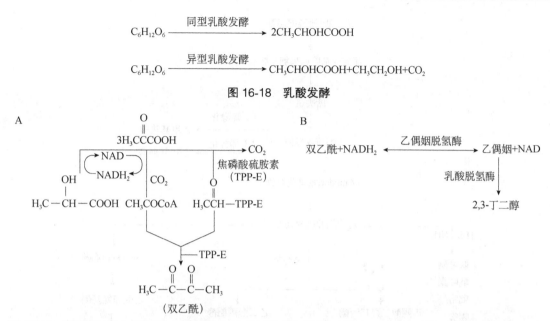

图 16-18　乳酸发酵

图 16-19　双乙酰（A）及 2,3-丁二醇（B）形成过程（徐娟娣和刘东红，2012；赵大云和丁霄霖，2001）

3. 蛋白质水解产生的风味物质　在腌制过程和后熟期间，蔬菜中的蛋白质在微生物和蔬菜自身所含的蛋白酶的作用下逐步水解为氨基酸，这一变化是蔬菜在腌制过程中非常重要的生化变化，也是腌菜制品产生特定色泽、香气、滋味的主要来源，如榨菜在腌制前其氨基酸含量为 1.2 g/100 g（按干基计算）左右，而发酵成熟的榨菜中氨基酸含量为 1.8～1.9 g/100 g。在腌制蔬菜中发现的氨基酸已达 30 多种，每种风味各异（见第八章），其中丙氨酸具有令人愉快的香气、天冬氨酸和谷氨酸具有鲜味、甘氨酸具有甜味，这些氨基酸对蔬菜腌制品的风味影响较大，特别是谷氨酸和天冬氨酸与钠离子结合后产生谷氨酸钠（味精），使腌制品味道更为鲜美。而且氨基酸含量越丰富，则腌制品鲜味、甜味和香味越浓。

发酵作用和蛋白质水解作用分别产生的有机酸和氨基酸都会同乙醇等醇类物质发生酯化反应，生成乳酸乙酯、乙酸乙酯、氨基丙酸乙酯等，有的酯类因含量较多成为产品的主体香气物质，有的酯类虽然含量不高，甚至相当微量，但由于其具有与众不同的香型，或其香气阈值很低，也会赋予产品独特的风味。如果在发酵过程中，主体香气物质没有形成或含量较低，就不能形成该产品特定的风味。

4. 发酵产物间反应所形成的风味物质　蔬菜发酵生产的产物除了自身具有一定的风味外，产物与产物间也发生各种反应，生成更多更复杂的风味物质，赋予腌制蔬菜更丰富的风味。例如，氨基酸（氨基化合物）与还原糖类（羧基化合物）在常温和高温条件下都能发生反应（美拉德反应），并生成各种风味物质（图 16-20），该反应中氨基酸的类型是决定产物风味的主要因素。不同的氨基酸通过 Strecker 降解产生的不同特殊醛类（也叫 Strecker 醛类）（图 16-21，表 16-14），这些 Strecker 醛类是造成产品不同风味的重要物质之一，也是进一步反应的中间体。例如，半胱氨酸参与 Strecker 反应产生硫氢基乙醛和 α-氨基酮，当反应的中间体为半胱氨酸反应时，可分解产生硫化氢、氨和乙醛，这些物质都是形成强香味化合物十分重要的活性中间体；甲硫氨酸的 Strecker 反应是含硫中间体的另一个重要来源，反应中产生甲硫氨醛、甲硫醇和 2-丙烯醛（图 16-22）。

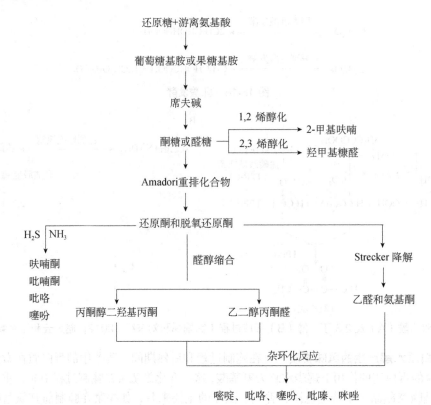

图 16-20　美拉德反应形成的各种风味物质

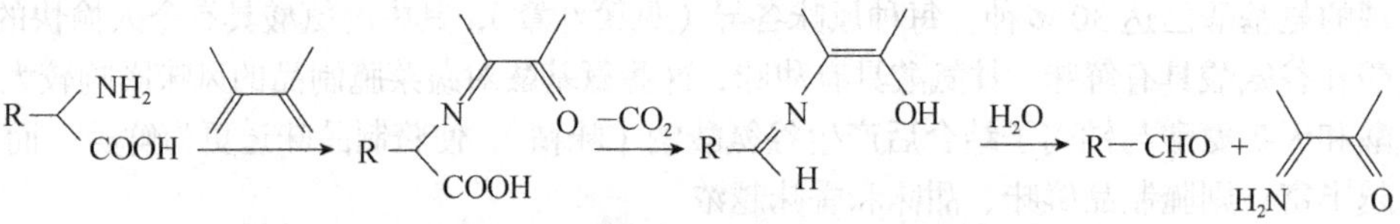

图 16-21　氨基酸的 Strecker 降解反应

表 16-14　氨基酸 Strecker 降解形成的醛

氨基酸类型	醛
丙氨酸	乙醛
缬氨酸	异丁醛
亮氨酸	3-甲基丁醛
异亮氨酸	甲基丁醛
苯丙氨酸	苯乙醛
甲硫氨酸	甲硫醛

三、营养品质形成

（一）糖/酸变化

　　蔬菜在腌制发酵过程中，由于乳酸菌的发酵分解作用，其含糖量大大降低，而有机酸含量则明显增加。例如，甘蓝在发酵过程中总糖和还原糖含量随时间的延长而趋于下降。然而也有报道小白菜在发酵后果糖、葡萄糖和蔗糖的含量均增加，而麦芽糖含量降低。对于非发酵性腌制品，其含酸量变化不明显，含糖量降低，因为部分糖向盐液中扩散，但对于酱菜和糖醋制品，含糖量因外源糖添加而增加。

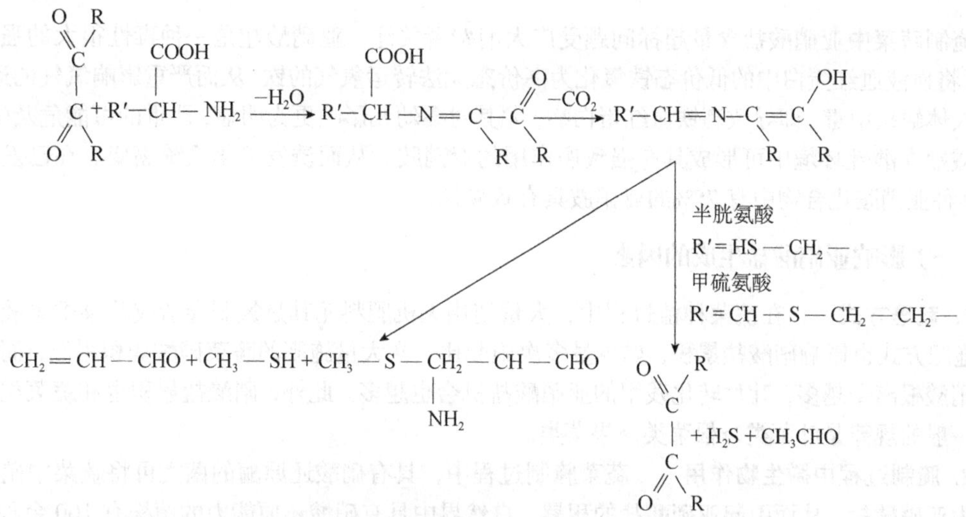

图 16-22　半胱氨酸和甲硫氨酸的 Strecker 降解反应

（二）维生素 C 变化

维生素 C 在酸性环境中较稳定，如果在腌制过程中加盐量较少，生成乳酸较多，维生素 C 损失就少。一般来说，乳酸发酵制品中维生素 C 含量高于非发酵腌制品。此外，维生素 C 的稳定性与蔬菜腌制品贮藏保存的状态也有关系，如果腌制品暴露在空气中，维生素 C 就会被迅速氧化破坏。腌制品冻结贮藏后再解冻也会造成维生素 C 的大量损失。其他维生素如维生素 B_1、维生素 B_2、尼克酸、胡萝卜素等含量变化不大。

（三）含水量变化

相对于新鲜蔬菜原料而言，水分含量在湿态腌制品如酸黄瓜、酸白菜等中没有明显改变，但干态或半干态发酵制品如冬菜、萝卜干中，含水量明显降低。冬菜含水量一般在 46%，腌萝卜干为 51%。非发酵腌制品含水量一般为 70%～80%。

（四）含氮物质变化

发酵蔬菜腌制品在腌制发酵过程中，含氮物质一方面被微生物分解消耗，另一方面部分含氮物质渗入发酵液中，导致含氮物质下降。非发酵蔬菜腌制品含氮物质也因腌制渗出而减少。但对于酱制类蔬菜制品，由于酱内蛋白质渗入蔬菜组织，制品蛋白质含量增加，含氮物质也提高。

（五）抗氧化特性变化

发酵加工对蔬菜抗氧化物质和抗氧化活性也有显著影响。发酵过程能有效保留蔬菜的天然生物活性化合物和抗氧化能力。例如，豇豆经过传统泡制过程后，豇豆提取物中总酚和黄酮含量及总抗氧化能力最高。剁辣椒在发酵过程中总抗氧化能力呈现不断增加的趋势，总酚和总黄酮含量也呈现一定上升趋势，酚酸类物质如没食子酸的含量不断增加，而绿原酸和原儿茶酸在发酵过程中均呈现不断下降的趋势，黄酮类物质芦丁含量最高且处于持续上升的状态，槲皮素和木犀草素的含量最低并伴随发酵持续下降，辣椒素类物质在发酵过程中呈现上升趋势。

四、亚硝酸盐的生成及控制

腌制蔬菜中亚硝酸盐含量超标问题受广大消费者关注，亚硝酸盐是一种毒性很大的强氧化剂，可将血液血红蛋白中的低价态铁氧化为高价态无法转运氧气的铁，从而严重影响氧气的运载，造成人体缺氧中毒，即导致高铁血红蛋白症，尤其对婴幼儿影响更为明显，严重的可能危及生命。亚硝酸盐在酸性环境中可形成具有强致癌作用的亚硝胺，从而诱发消化系统癌变。在已发现的120多种亚硝胺化合物中有75%的亚硝胺具有致癌性。

（一）影响亚硝酸盐生成的因素

1. 栽培方式　在蔬菜种植过程中，大量使用无机肥料尤其是氮肥会造成蔬菜中硝酸盐累积；施肥方式也影响硝酸盐累积，如少量多次施肥比一次大量施肥的蔬菜硝酸盐积累低，而叶面施用硝酸根离子越多，叶片转化残留的亚硝酸盐机会也越多。此外，硝酸盐累积也和蔬菜类型有关，一般的规律是叶菜类＞根菜类＞果菜类。

2. 腌制过程中微生物作用　蔬菜腌制过程中，具有硝酸还原酶的菌类可将蔬菜中硝酸盐还原为亚硝酸盐，从而引起亚硝酸盐的积累。自然界中具有硝酸还原能力的菌株有100余种，如金黄色葡萄球菌、芽孢杆菌、白喉棒状杆菌、放线杆菌、大肠杆菌、酵母菌和霉菌等。这些菌类大多附着在蔬菜原料上，采用传统的自然发酵腌制蔬菜主要是利用蔬菜本身携带的乳酸菌进行发酵，在带入乳酸菌的同时也将这些具有硝酸还原能力的有害菌类带入，在腌制发酵初期，乳酸菌尚处于繁殖阶段，酸性环境尚未形成，这些具有很强还原能力的菌株生长繁殖，分泌硝酸还原酶，将硝酸盐还原为亚硝酸盐。在腌制发酵中后期，一些耐酸、耐盐、厌氧的有害菌也会继续促进硝酸盐还原为亚硝酸盐。

3. 发酵方式　采用乳酸菌接种发酵比传统自然发酵更利于降低产品亚硝酸盐含量，因为乳酸菌接种发酵pH下降更快，其pH在一天内可迅速降低到4.5以下，并且能一直维持低水平状态。在高酸度环境中，发酵过程产生的亚硝酸盐量较小，而且没有明显的峰出现。

4. 食盐浓度　蔬菜在腌制发酵尤其是传统方法发酵初期产生乳酸较少，食盐浓度在此阶段发挥了主要抑菌作用。高浓度食盐存在时，形成的高渗透压环境可以抑制各种杂菌的生长，虽然亚硝酸盐的生成速度较慢，出现亚硝酸盐高峰（亚硝峰）的时间较晚，但峰值较高，最终产品的亚硝酸盐含量较高；在食盐浓度较低的情况下，食盐的抑菌作用不明显，容易导致杂菌生长，亚硝酸盐的生成速度较快，亚硝峰出现较早，但是峰值相对较低，最终产品的亚硝酸盐含量也比较低，但容易导致产品风味不佳或酸度过高，因此蔬菜腌制过程中食盐的添加量不但影响产品风味，还影响亚硝酸盐含量。

5. 发酵温度和时间　不同的腌制发酵温度会导致产品中亚硝酸盐含量不同。腌制发酵温度较高时，乳酸菌迅速发酵产生大量乳酸，抑制硝酸还原菌的活性，减少亚硝酸盐的生成，而且在酸性环境下，已生成的亚硝酸盐也会分解一部分，因此亚硝酸盐含量较低；但如果腌制温度过高，易引起丁酸发酵，从而产生难闻的气味，造成产品风味不佳。在低温环境下，乳酸菌缓慢生长导致发酵产酸速度变慢，硝酸还原菌繁殖引起亚硝酸盐积累，导致产品亚硝酸盐含量升高。

腌制时间也是影响腌制品中亚硝酸盐含量的重要因素。一般来说，发酵前期，亚硝酸盐含量一直在上升，在7～14 d内含量达到最高，出现了亚硝峰；之后随着发酵继续进行，发酵液酸性继续增加，亚硝酸盐会在酸性环境中分解而降低，其含量开始下降，20～30 d后基本消失。如果腌制时间太短，由于发酵前期产生的亚硝酸盐没有进一步分解，此时食用对健康危害较大；若腌制时间太长，又易引起过度发酵而口感太酸。因此，制作腌制品时，合理控制腌制时间非常重要。

（二）控制亚硝酸盐生成的措施

1. 原料预处理　　制作腌菜时，应选用新鲜成熟的蔬菜为原料，去掉腐烂变质的部分，减少腐败菌和原料中亚硝胺的带入，而且原料在腌制前要洗净、晾干。白菜腌制前在室外晾晒 24 h，其硝酸盐和亚硝酸盐的含量分别降为原来的 15.1% 和 0.5%，晾晒 3 d 后二者残留更少。原料和容器清洗用水、腌制用水必须符合国家饮用水标准，所用容器和用具前期要进行杀菌消毒。

2. 乳酸菌纯种发酵　　大多数乳酸菌都不具备细胞色素氧化酶系统，因此不能使硝酸盐还原成为亚硝酸盐。人工接种乳酸菌纯种发酵在发酵初期乳酸菌占据主导地位，抑制有害菌生长，加快发酵速度，缩短发酵周期，降低亚硝酸盐生成。

3. 控制腌制条件　　为降低产品的亚硝酸盐含量，充分发挥乳酸菌自身优势，一般控制发酵初期温度较高，中期温度稍低，从而使前期乳酸菌处于高活性状态，快速发酵产酸，高酸性环境能加速亚硝酸盐的分解，还有助于缩短蔬菜腌制周期。一般情况下，腌制 30 d 后蔬菜中亚硝酸盐存在量极少，因此从安全角度考虑，建议蔬菜腌制一定周期后再食用，避开亚硝酸盐产生高峰。此外，食盐添加量太高或太低都会影响亚硝酸盐生成，传统的蔬菜腌制所采用的食盐质量分数在 5%～10%。

4. 添加辅料抑制亚硝酸盐的生成　　研究表明，将适量的大葱汁添加到腌制液中，可有效减少亚硝酸盐的积累，这归因于大葱汁中有机硫化物的巯基与亚硝酸盐结合，生成亚硝酸酯。大蒜中大蒜素分子的活性基团——硫醚基能穿透硝酸还原酶细菌的细胞膜，进入细胞质内，破坏其新陈代谢，从而有效抑制了硝酸还原酶细菌的生长和繁殖，因此在腌制液中加入适量的大蒜汁也能减少亚硝酸盐的累积。在腌制蔬菜时加入维生素 C，不仅可使亚硝酸盐的产生量变为原来的 25%，还能预防酸菜产生霉菌，同时抑制酸败，减少异味的产生，对于家庭腌制或酸菜制造厂家都是降低亚硝酸盐含量的较好方式。但维生素 C 加入量要适当，以防影响酸菜的口味，一般添加量为 400 mg/kg 新鲜蔬菜。此外，应采取适当的措施如适量加酸、加糖、加防腐剂、提高发酵初期温度、制造厌氧环境等改变腌制初期的发酵环境因子，均可减少亚硝酸盐含量。

◆ 第四节　烹饪加工过程中的品质变化

我国烹饪技术历史悠久，手法丰富多样，主要有蒸、煮、炒、炸、微波等。不同的烹饪方式对蔬菜感官品质和营养品质影响差异很大，根据蔬菜原料类型，运用合理、健康的烹饪技术，不仅保证烹饪后食物的色、香、味俱全，更重要的是确保食物的营养价值和安全性。

一、感官品质

（一）颜色

烹饪会明显影响蔬菜颜色变化。绿色蔬菜在烹饪加热过程中，部分叶绿素便从叶绿体中分离出来，游离于蔬菜组织中，使其看起来更加碧绿。此时如果遇到弱酸性环境，叶绿素就会变成脱镁叶绿素，菜品颜色就由绿色变成暗橄榄褐色。如果遇到强酸性环境，叶绿素植醇基就会脱落，生成脱镁叶绿素，菜品颜色就由绿色转变成褐色。花青素在烹饪时会因环境 pH、温度的变化呈现不同的颜色，某些蔬菜会因为花青素分解由原来的鲜艳颜色变成红褐色。

（二）质地

烹饪加热可使蔬菜组织中部分半纤维素变成可溶性状态，果胶也变成可溶性果胶，从而破坏细胞壁结构，而细胞壁结构的破坏导致细胞膨压降低或消失，细胞失水而发生质壁分离，细胞膜破裂，细胞内和间隙中的气体及其他物质渗透到细胞外热介质中，导致蔬菜体积变小，组织变软，组织硬度降低。例如芹菜经过漂烫、蒸、微波、油炒不同方法烹饪后，膳食纤维含量有所下降，硬度降低、脆性减弱。

二、营养品质

（一）维生素类

蔬菜在烹饪过程中，原料的洗涤、切分、预处理与加热烹饪等都会造成维生素不同程度的损失，如在洗涤、焯水过程中，原料中的部分水溶性维生素就会溶于水中而损失。原料受伤/切面表面积越大、水流速越快、水量越多、水温越高，则维生素的损失就越严重。但高温瞬时沸水烫漂可以降低维生素损失，因为沸水溶解氧极低，而且瞬时高温可以灭活氧化酶。真空油炸由于隔绝了氧气，降低维生素氧化降解，所以对维生素的保存效果较好。和煮制相比，蒸制和油煎由于避免了与水接触，有利于保存水溶性维生素。

β-胡萝卜素是维生素 A 的前体，烹饪方式对其影响因蔬菜质地不同而不同，对于质地较硬的蔬菜，漂烫和煮制对 β-胡萝卜素的影响较小，如胡萝卜和南瓜烫漂 2 min 后，β-胡萝卜素损失率仅约为 5%。

（二）多酚类

植物多酚受温度影响可发生热解反应（图 16-23）。温度低于 200℃时，茶多酚的热失重基本源于所含自由水和结合水的蒸发；热解反应起于 200℃附近，取决于其侧链结构的稳定性；在 200~350℃发生剧烈热分解反应，生成以 H_2O 和 CO_2 为主的气相产物；在 350~800℃，茶多酚基本结构苯环上残留的侧链断裂放缓，热解反应变得缓慢而持久，产生的自由基进一步重组或挥发，残留物结构向愈加稳定的稠环芳烃结构转变。

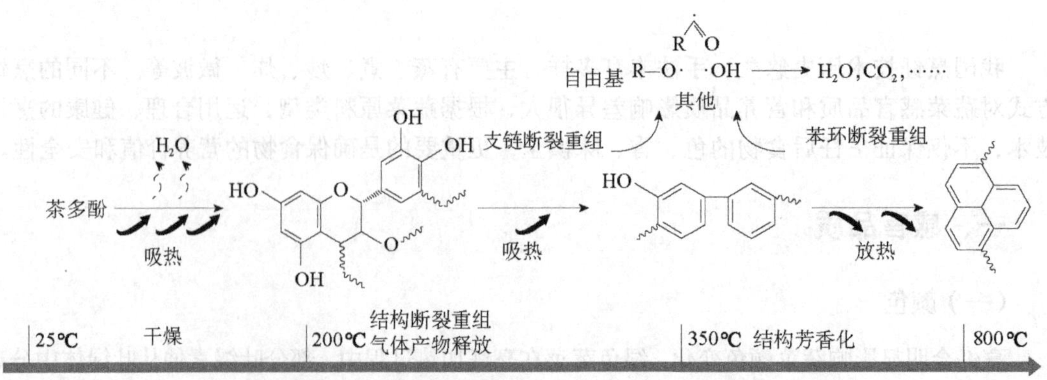

图 16-23　不同温度段茶多酚热解反应示意图（姚奉奇等，2017）

蔬菜经过高温烹饪后，多酚类物质因烹饪方式和烹饪时间不同变化也不相同。焯制后的蔬菜中多酚类物质含量下降较多，叶菜如荠菜的多酚保留率为72.01%；而蒸制和油炒的蔬菜中多酚类物质的含量略微下降，保存率为81.01%～94.29%。蔬菜在180℃下随着炒制时间增加，总酚含量呈先增后减趋势，这种现象可能是由于较短时间高温炒制使组织软化，细胞释放游离多酚，含量增加，但长时间高温炒制会导致酚类在油介质下发生降解、转化、金属螯合等反应，其含量降低。

（三）黄酮类

烹饪过程中的高温、油炒可能会导致黄酮类物质的分解或结合转化，从而使黄酮类物质含量发生变化。蔬菜经大火炒制和蒸制后，由于高温作用使得细胞膜被破坏，细胞内的黄酮类物质更易溶出，黄酮类物质的含量增多，黄酮含量与烹饪时间在一定范围内呈正相关关系。

（四）芥子油苷

汽蒸、微波、煎炸烹饪方法对西蓝花、洋白菜、花椰菜、包心菜等芸薹属蔬菜芥子油苷含量无显著影响。而沸水漂烫、水煮却显著降低芥子油苷含量，降低的芥子油苷大多存在于漂烫水中。因此，避免蔬菜的烫漂和水煮更有利于芥子油苷等营养物质的保留。

参 考 文 献

安华明，陈力耕，樊卫国，等. 2004. 高等植物中维生素 C 的功能、合成及代谢研究进展. 植物学通报，21（5）：608-617.

车旭升，吕剑，冯致，等. 2020. 不同灌水下限及氮素形态配比对西兰花干物质分配、产量及品质的影响. 华北农学报，35（5）：149-158.

陈皓炜，陈梦娇，王雅慧，等. 2021. 盐胁迫下胡萝卜肉质根中木质素响应机理研究. 园艺学报，48（1）：153-161.

陈子义，赵硕，章竞瑾，等. 2021. 光照强度对普通白菜生长特性及膳食纤维含量的影响. 上海农业学报，37（6）：10-15.

程龙军，郭得平. 2001. 葱蒜类作物中的蒜氨酸酶. 植物生理学通讯，37（5）：471-474.

戴玉成，周丽伟，杨祝良，等. 2010. 中国食用菌名录. 菌物学报，29（1）：1-21.

高成安，毛奇，万红建，等. 2022. 不同贮藏温度对绿熟期辣椒果实品质的影响. 中国生态农业学报，30（2）：226-235.

高红豆，胡文忠，管玉格，等. 2021. 采后果蔬呼吸代谢途径及其调控研究进展. 包装工程，42（15）：30-38.

何超超，祝彪，杨静，等. 2018. 硫苷生物合成过程中硫来源的研究进展. 浙江农林大学学报，35：167-173.

黄丽华. 2005. 火焰原子吸收法测定樱桃番茄中的微量元素. 广东微量元素科学，12（8）：51-53.

黄年来，林志彬，陈国良，等. 2010. 中国食药用菌学. 上海：上海科学技术文献出版社.

黄玉立，赵楠，黄庆，等. 2021. 发酵蔬菜风味物质形成机制及影响因素研究进展. 食品与发酵工业，47（24）：279-285.

姜程曦，林良义，宋娇，等. 2015. 姜中姜酚和姜醇的研究进展. 中草药，46（16）：2499-2504.

江晶洁，刘涛，林双君. 2019. 基于莽草酸途径微生物合成芳香族化合物及其衍生物的研究进展. 生命科学，31（5）：430-448.

李合生，王学奎. 2019. 现代植物生理学. 4 版. 北京：高等教育出版社.

李梦雪，夏富娴，杨光映，等. 2019. 果实糖代谢中激素调控研究进展. 云南大学学报（自然科学版），41（4）：819-831.

李睿. 2008. 我国 66 种蔬菜矿质营养成分的综合评价. 广东微量元素科学，15（9）：8-16.

李润儒，朱月林，高垣美智子，等. 2015. 根区温度对水培生菜生长和矿质元素含量的影响. 上海农业学报，31（3）：48-52.

李彦娇，高媛，王磊，等. 2021. 三烯生育酚研究进展. 生物技术进展，11（6）：668-675.

梁志乐，汪宽鸿，杨静，等. 2022. 硫代葡萄糖苷在十字花科植物应对非生物胁迫中的作用. 园艺学报，49（1）：200-220.

凌文华，郭红辉，王冬亮. 2014. 膳食花色苷与健康. 北京：科学出版社.

刘程，蒋大程，宋晓旭，等. 2020. 叶绿素家族成员的结构差异与生物合成. 植物生理学报，56（3）：

356-366.

刘庆，连海峰，刘世琦，等.2015. 不同光质 LED 光源对草莓光合特性、产量及品质的影响. 应用生态学报，26（6）：1743-1750.

柳国强，谢爱方，林多，等.2016. 盐胁迫对叶用莴苣生长与品质的影响. 北方园艺，（21）：20-23.

龙家焕，浦敏，黄志午，等.2018. 光谱调控植物生长发育的研究进展. 照明工程学报，29（4）：8-16.

陆景陵.1994. 植物营养学. 北京：北京农业大学出版社.

马亚丹，张翠翠，李林杰，等.2019. 荧光和发光二极管辐射技术调控果蔬采后抗氧化活性及其机制研究进展. 食品科学，40（5）：276-281.

宁建红，张杰，李霞.2019. 膳食纤维的生理功能、制备方法和改性技术的研究进展. 中国食物与营养，25（1）：43-45.

裴颖.2013. 泡菜腌制中亚硝酸盐的变化及控制方法. 黑龙江科技信息，（30）：102.

饶帅琦，陈晓琪，杨静，等.2020. 环境因子对硫代葡萄糖苷影响的研究进展. 植物生理学报，56（9）：1765-1772.

任雷，胡晓辉，杨振超，等.2010. 光照强度对厚皮甜瓜糖分积累与蔗糖代谢相关酶的影响. 西北农林科技大学学报：自然科学版，38（6）：120-126.

石晓艳.2009. 甜菜根中蔗糖运输的生理机制研究. 哈尔滨：东北农业大学硕士学位论文.

石延霞，李宝聚，刘学敏.2007. 高温诱导黄瓜抗霜霉病机理. 应用生态学报，（2）：389-394.

隋利，易家宁，王康才，等.2018. 不同氮素形态及其配比对盐胁迫下紫苏生理特性的影响. 生态学杂志，37（11）：3277-3283.

孙中兴，魏德强，杨梅，等.2018. 植物硫胺素的生物合成及功能. 植物生理学报，54（12）：1791-1796.

汪俏梅.2021. 园艺产品营养与功能学. 北京：化学工业出版社.

王峰，王秀杰，赵胜男，等.2022. 光对园艺植物花青素生物合成的调控作用. 中国农业科学，53（23）：4904-4917.

王峰，闫家榕，陈雪玉，等.2019. 光调控植物叶绿素生物合成的研究进展. 园艺学报，46（5）：975-994.

王宏达，孙萍，李晓丹，等.2022. 西兰花热风干燥特性及品质研究. 食品安全质量检测学报，13（1）：182-189.

王虹，姜玉萍，师恺，等.2010. 光质对黄瓜叶片衰老与抗氧化酶系统的影响. 中国农业科学，43（3）：529-534.

王千，依艳丽，张淑香.2012. 不同钾肥对番茄幼苗酚类物质代谢作用的影响. 植物营养与肥料学报，18（3）：706-716.

王绍辉，孔云，程继鸿，等.2008. 补充单色光对日光温室黄瓜光合特性及光合产物分配的影响. 农业工程学报，（9）：203-206.

王小菁.2019. 植物生理学.8 版. 北京：高等教育出版社.

王智勇，唐贝贝，王久兴.2021. 不同光照时间对叶用莴苣产量及品质的影响. 农业工程技术，41（25）：66-69.

王紫璇，李佳佳，于旭东，等.2021. 高等植物类胡萝卜素生物合成研究进展. 分子植物育种，19（8）：2627-2637.

吴蓓，李梦瑶，王广龙，等.2016. 芹菜肉桂酰辅酶 A 还原酶基因的克隆与表达分析. 南京农业大学学报，39（6）：907-914.

徐娟娣，刘东红.2012. 腌制蔬菜风味物质组成及其形成机理研究进展. 食品工业科技，33（11）：414-417.

徐青，王代波，刘国华，等.2020. 花青素稳定性影响因素及改善方法研究进展. 食品研究与开发，41：218-224.

徐峥嵘，李佳，马正，等.2020. 不同品种番茄果实膳食纤维含量动态变化. 江西农业，（8）：92-94.

许大全，高伟，阮军.2015. 光质对植物生长发育的影响. 植物生理学报，51（8）：1217-1234.

许真，严永哲，卢钢，等. 2007. 葱属蔬菜植物风味前体物质的合成途径及调节机制. 细胞生物学杂志，29（4）：508-512.

闫淼，徐真，徐蝉，等. 2010. 大蒜功能成分研究进展. 食品科学，5：312-318.

闫文凯. 2008. 日光温室人工补光对番茄光合作用及生长的影响. 北京：中国农业科学院硕士学位论文.

杨景丽，孙鸿，宋浩. 2020. 维生素E生物合成的相关进展. 科学通报，65（35）：4037-4046.

杨姗，王卫，赵楠，等. 2022. 发酵蔬菜色泽形成机制及影响因素研究进展. 食品科学，43（23）：269-276.

杨月欣. 2018. 中国食物成分表标准版. 6版. 北京：北京大学医学出版社.

杨月欣，王光亚，潘兴昌. 2009. 中国食物成分表. 2版. 北京：北京大学医学出版社.

杨志才，王玲玲，刑薇薇，等. 2016. 三维滤袋技术法测定多种蔬菜中膳食纤维含量. 园艺与种苗，10：57-59.

姚奉奇，陶骏骏，王海晖，等. 2017. 茶多酚热解特性及其反应机理研究. 林产化学与工业，37（5）：19-27.

于慧，王婷婷，张谱，等. 2021. 不同青花菜品种形态和品质性状比较. 中国农学通报，37（13）：49-55.

乐帅，廖洋，何冰冰，等. 2021. 58份大豆种质资源蛋白质及脂肪含量分析. 江汉大学学报（自然科学版），49（4）：33-39.

岳翔，侯瑞贤，李晓峰，等. 2010. 土壤水分对不结球白菜膳食纤维含量及理化特性的影响. 上海农业学报，26（3）：13-16.

岳翔. 2009. 不结球白菜膳食纤维含量分析及理化特性研究. 南京：南京农业大学硕士学位论文.

查凌雁，张玉彬，李宗耕，等. 2019. LED红蓝光连续光照及其光强对生菜生长及矿质元素吸收的影响. 光谱学与光谱分析，39（8）：2474-2480.

詹丽娟，李颖. 2016. 光照技术在果蔬采后贮藏保鲜中的应用. 食品与发酵工业，42（8）：268-272，278.

詹丽娟，马亚丹，张翠翠. 2018. 发光二极管（LED）照射调控果蔬采后贮藏保鲜研究进展. 食品与发酵工业，44（4）：264-269，278.

张璐，张伟，陈新平. 2021. 气候变化对蔬菜品质的影响及其机制. 中国生态农业学报，29（12）：2034-2045.

赵大云，丁霄霖. 2001. 雪里蕻腌菜风味物质的研究. 食品与机械，2：22-24.

郑凤杰，杨培岭，任树梅，等. 2016. 河套灌区调亏畦灌对加工番茄生长发育、产量和果实品质的影响. 中国农业大学学报，21（5）：83-90.

郑玲，刘爽，丁永娟，等. 2018. 蜜本南瓜不同器官营养品质分析. 中国果菜，38（4）：12-15.

周成波，刘文科，邵明杰，等. 2021. 不同光强的LED白光与红蓝光对生菜生长及营养元素含量的影响. 中国农业科技导报，23（12）：76-83.

朱红芳，高璐，何小艳，等. 2022. 高温和淹水胁迫对不结球白菜纤维素相关酶活性的影响. 分子植物育种，20（15）：5107-5114.

Alvarez M E, Savouré A, Szabados L. 2021. Proline metabolism as regulatory hub. Trends in Plant Science, 27（1）：39-55.

Andrezza F D C. 2013. Fungal Enzymes. Boca Raton: CRC Press.

Ansari R A, Mahmood I. 2019. Plant Health Under Biotic Stress（Vol 1：Organic Strategies）. Singapore：Springer Nature Singapore Pte Ltd.

Asensi-Fabado M A, Munné-Bosch S. 2010. Vitamins in plants：occurrence，biosynthesis and antioxidant function. Trends in Plant Science, 15（10）：582-592.

Atmodjo M A, Hao Z, Mohnen D. 2013. Evolving views of pectin biosynthesis. Annual Review of Plant Biology, 64（1）：747-779.

Babujee L, Wurtz V, Ma C, et al. 2010. The proteome map of spinach leaf peroxisomes indicates partial compartmentalization of phylloquinone（vitamin K_1）biosynthesis in plant peroxisomes. Journal of Experimental

Botany, 61（5）: 1441-1453.

Baenas N, Marhuenda J, García-Viguera C, et al. 2019. Influence of cooking methods on glucosinolates and isothiocyanates content in novel Cruciferous foods. Foods, 8: 257.

Baenasa N, Belovićb M, Ilicb N, et al. 2019. Industrial use of pepper(Capsicum annum L.)derived products: technological benefits and biological advantages. Food Chemistry, 274: 872-885.

Ball S G, Morell M K. 2003. From bacterial glycogen to starch: understanding the biogenesis of the plant starch granule. Annual Review of Plant Biology, 54（1）: 207-233.

Ball S G, van de Wal M H B J, Visser R G F. 1998. Progress in understanding the biosynthesis of amylose. Trends in Plant Science, 3（12）: 462-467.

Beatriz A G, Berrueta L A, Sergio G L, et al. 2009. A general analytical strategy for the characterization of phenolic compounds in fruit juices by high-performance liquid chromatography with diode array detection coupled to electrospray ionization and triple quadrupole mass spectrometry. Journal of Chromatography A, 1216（28）: 5398-5415.

Beckles D M. 2012. Factors affecting the postharvest soluble solids and sugar content of tomato（ Solanum lycopersicum L. ）fruit. Postharvest Biology and Technology, 63（1）: 129-140.

Bell L, Oloyede O O, Lignou S, et al. 2018. Taste and flavor perceptions of glucosinolates, isothiocyanates, and related compounds. Molecular Nutrition & Food Research, 62: e1700990.

Beroft E. 2015. Fine Structure of Amylopectin. Tokyo: Springer.

Bertoft E, Annor G A, Shen X, et al. 2016. Small differences in amylopectin fine structure may explain large functional differences of starch. Carbohydrate Polymers, 140: 113-121.

Binder S. 2010. Branched-chain amino acid metabolism in Arabidopsis thaliana. Arabidopsis Book, 8: e0137.

Bischoff K. 2019. Nutraceuticals in Veterinary Medicine. Berlin: Springer.

Blažević I, Montaut S, Burčul F, et al. 2020. Glucosinolate structural diversity, identification, chemical synthesis and metabolism in plants. Phytochemistry, 169: 112100.

Boerjan W, Ralph J, Baucher M. 2003. Lignin biosynthesis. Annual Review of Plant Biology, 54: 519-546.

Bojarczuk A, Skąpska S, Khaneghah A M, et al. 2022. Health benefits of resistant starch: a review of the literature. Journal of Functional Foods, 93: 105094.

Boubakri H, Gargouri M, Mliki A, et al. 2016. Vitamins for enhancing plant resistance. Planta, 244（3）: 529-543.

Boudet A M, Grima-Pettenati J. 1996. Lignin genetic engineering. Molecular Breeding, 2（1）: 25-39.

Brouwer C, Prins K, Kay M, et al. 1988. Irrigation water management: irrigation methods. Training Manual, 9: 5-7.

Bucar F, Xiao J, Ochensberger S. 2021. Flavonoid C-glycosides in diets//Handbook of Dietary Phytochemicals. Berlin: Springer: 117-153.

Caffall K H, Mohnen D. 2009. The structure, function, and biosynthesis of plant cell wall pectic polysaccharides. Carbohydrate Research, 344（14）: 1879-1900.

Campos M G. 2021. Soy Isoflavones// Handbook of Dietary Phytochemicals. Berlin: Springer: 205-241.

Chen T, Zhang Z, Li B, et al. 2021. Molecular basis for optimizing sugar metabolism and transport during fruit development. Biotech, 2（3）: 330-340.

Cheung P C K. 2013. Mini-review on edible mushrooms as source of dietary fiber: preparation and health benefits. Food Science & Human Wellness, 2（3-4）: 162-166.

Christian H, Jiugeng C, Nathalie V. 2013. Encyclopedia of Metalloproteins. New York: Springer.

Cimini S, Locato V, Vergauwen R, et al. 2015. Fructan biosynthesis and degradation as part of plant metabolism controlling sugar fluxes during durum wheat. Frontiers in Plant Science, 6: 89.

de Bang T C, Husted S, Laursen K H, et al. 2021. The molecular-physiological functions of mineral macronutrients and their consequences for deficiency symptoms in plants. New Phytologist, 229 (5): 2446-2469.

de Sá Mendes N, Branco de Andrade Goncalves É C. 2020. The role of bioactive components found in peppers. Trends in Food Science & Technology, 99: 229-243.

Demidchik V, Shabala S, Isayenkov S, et al. 2018. Calcium transport across plant membranes: mechanisms and functions. New Phytologist, 220 (1): 49-69.

Doblin M S, Kurek I, Jacob-Wilk D, et al. 2003. Cellulose biosynthesis in plants: from genes to rosettes. Plant and Cell Physiology, 43 (12): 1407-1420.

Espinosa-Andrews H, Urías-Silvas J E, Morales-Hernández N. 2021. The role of agave fructans in health and food applications: a review. Trends in Food Science & Technology, 114: 585-598.

Estrada B, Pomar F, Díaz J, et al. 1999. Pungency level in fruits of the Padrón pepper with different water supply. Scientia Horticulturae, 81: 385-396.

Food and Agricultural Organization of the United Nations. 2013. Dietary protein quality evaluation in human nutrition. FAO Food and Nutrition Paper, 92: 1-66.

Galili G, Amir R, Fernie A R. 2016. The regulation of essential amino acid synthesis and accumulation in plants. Annu Rev Plant Biol, 67: 153-178.

Gao L, Zhao S J, Lu X Q, et al. 2018. Comparative transcriptome analysis analysis reveals key genes potentially related to soluble sugar and organic acid accumulation in watermelon. PLoS ONE, 13 (1): e0190096.

Geigenberger P. 2011. Regulation of starch biosynthesis in response to a fluctuating environment. Plant Physiology, 155: 1566-1577.

Gorelova V, Bastien O, de Clerck O, et al. 2019. Evolution of folate biosynthesis and metabolism across algae and land plant lineages. Scientific Reports, 9 (1): 5731.

Gross J, Cho W K, Lezhneva L, et al. 2006. A plant locus essential for phylloquinone (vitamin K$_1$) biosynthesis originated from a fusion of four eubacterial genes. Journal of Biological Chemistry, 281 (25): 17189-17196.

Guo D P, Guo Y P, Zhao J P, et al. 2005. Photosynthetic rate and chlorophyll fluorescence in leaves of stem mustard (*Brassica juncea* var. *tsatsai*) after turnip mosaic virus infection. Plant Science, 168 (1): 57-63.

Hayes M, Ferruzzi M G. 2020. Update on the bioavailability and chemopreventative mechanisms of dietary chlorophyll derivatives. Nutrition Research, 81: 19-37.

He M, Dijkstra F A. 2014. Drought effect on plant nitrogen and phosphorus: a meta-analysis. New Phytologist, 204: 924-931.

Hertzler SR, Lieblein-Boff JC, Weiler M, et al. 2020. Plant proteins: assessing their nutritional quality and effects on health and physical function. Nutrients, 12 (12): 3704.

Ho L C, White P J. 2005. A cellular hypothesis for the induction of blossom-end rot in tomato fruit. Annals of Botany, 95: 571-581.

Hu J, Yang L, Wu W, et al. 2014. Slicing increases antioxidant capacity of fresh-cut lotus root (*Nelumbo nucifera* G.) slices by accumulating total phenols. International Journal of Food Science & Technology, 49 (11): 2418-2424.

Jeong J, Guerinot M L. 2009. Homing in on iron homeostasis in plants. Trends in Plant Science, 14 (5): 280-285.

Jones R B, Faragher J D, Winkler S. 2006. A review of the influence of postharvest treatments on quality and glucosinolate content in broccoli (*Brassica oleracea* var. *italica*) heads. Postharvest Biology and Technology, 41: 1-8.

Kamiloglu S, Tomas M, Capanoglu E. 2021. Dietary Flavonols and *O*-Glycosides// Handbook of Dietary

Phytochemicals. Berlin: Springer: 57-96.

Kano Y, Goto H. 2003. Relationship between the occurrence of bitter fruit in cucumber (*Cucumis sativus* L.) and the contents of total nitrogen, amino acid nitrogen, protein and HMG-CoA reductase activity. Scientia Horticulturae, 98: 1-8.

Kano Y, Yamabe M, Isimoto K, et al. 1999. The occurrence of bitterness in the leaf and fruit of cucumber (*Cucumis sativus* L. cv. Kagafutokyuri)in relation to their nitrogen levels. Journal of Japan Society of Horticultural Sciences, 68: 391-396.

Kano Y, Yamabe M, Ishimoto K. 1997. The occurrence of bitter cucumber (*Cucumis sativus* L. cv. Kagafutokyuri) in relation to pruning, fruit size, plant age, leaf nitrogen content and rootstock. Journal of Japan Society of Horticultural Sciences, 66: 321-329.

Kaur H, Manna M, Thakur T, et al. 2021. Imperative role of sugar signaling and transport during drought stress responses in plants. Physiologia Plantarum, 171 (4): 833-848.

Kim H U, Oostende C V, Basset G J C, et al. 2008. The AAE14 gene encodes the *Arabidopsis* o-succinylbenzoyl-CoA ligase that is essential for phylloquinone synthesis and photosystem- I function. The Plant Journal, 54 (2): 272-283.

Klopsch R, Witzel K, Artemyeva A. et al. 2018. Genotypic variation of glucosinolates and their breakdown products in leaves of *Brassica rapa*. Journal of Agricultural and Food Chemistry, 66 (22): 5481-5490.

Kong J M, Chia L S, Goh N K, et al. 2003. Analysis and biological activities of anthocyanins. Phytochemistry, 64: 923-933.

Koyyalamudi S R, Jeong S C, Pang G, et al. 2011. Concentration of vitamin D_2 in white button mushrooms (*Agaricus bisporus*) exposed to pulsed UV light. Journal of Food Composition and Analysis, 24 (7): 976-979.

Kyriacou M C, Rouphael Y. 2018. Towards a new definition of quality for fresh fruits and vegetables. Scientia Horticulturae, 234: 463-469.

Li C, Powell P O, Gilbert R G. 2017. Recent progress toward understanding the role of starch biosynthetic enzymes in the cereal endosperm. Amylase, 1: 59-74.

Li S, He Y, Li L, et al. 2022. New insights on the regulation of anthocyanin biosynthesis in purple *Solanaceous* fruit vegetables. Scientia Horticulturae, 297: 110917.

Li W, Wang Y, Zhang Y, et al. 2020. Impacts of drought stress on the morphology, physiology, and sugar content of Lanzhou lily (*Lilium davidii* var. *unicolor*) . Acta Physiologiae Plantarum, 42 (8): 127.

Li Y, Yang C, Ahmad H, et al. 2021. Benefiting others and self: production of vitamins in plants. Journal of Integrative Plant Biology, 63 (1): 210-227.

Liang Y F, Long Z X, Zhang Y J, et al. 2021. The chemical mechanisms of the enzymes in the branched-chain amino acids biosynthetic pathway and their applications. Biochimie, 184: 72-87.

Lima G P P, Vianello F. 2013. Food Quality, Safety and Technology. Vienna: Springer-Verlag Wien.

Liu W, Feng Y, Yu S, et al. 2021. The flavonoid biosynthesis network in plants. International Journal of Molecular Sciences, 22: 12824.

Løvdal T, Olsen K M, Slimestad R, et al. 2010. Synergetic effects of nitrogen depletion, temperature, and light on the content of phenolic compounds and gene expression in leaves of tomato. Phytochemistry, 71 (5-6): 605-613.

Luan M, Tang R J, Tang Y, et al. 2016. Transport and homeostasis of potassium and phosphate: limiting factors for sustainable crop production. Journal of Experimental Botany, 68 (12): 3091-3105.

Ma M C, Chen Y S, Huang H S. 2014. Erythrocyte oxidative stress in patients with calcium oxalate stones correlates with stone size and renal tubular damage. Urology, 83 (2): 510-517.

Maeda H, Dudareva N. 2012. The shikimate pathway and aromatic amino acid biosynthesis in plants. Annu

Rev Plant Biol, 63: 73-105.

Marchiosi R, dos Santos W D, Constantin R P, et al. 2020. Biosynthesis and metabolic actions of simple phenolic acids in plants. Phytochemistry Reviews, 19: 865-906.

Markova M, Pivovarova O, Hornemann S, et al. 2017. Isocaloric diets high in animal or plant protein reduce liver fat and inflammation in individuals with type 2 diabetes. Gastroenterology, 152 (3): 571-585.

Muñoz P, Munné-Bosch S. 2019. Vitamin E in plants: biosynthesis, transport, and function. Trends in Plant Science, 24 (11): 1040-1051.

Nachvak S M, Moradi S, Anjom-Shoae J, et al. 2019. Soy, soy isoflavones, and protein intake in relation to mortality from all causes, cancers, and cardiovascular diseases: asystematic review and dose-response meta-analysis of prospective cohort studies. Journal of the Academy of Nutrition and Dietetics, 119 (9): 1483-1500.

Naves E R, Silva L Á, Sulpice R, et al. 2019. Capsaicinoids: pungency beyond *Capsicum*. Trends in Plant Science, 24: 109-120.

Negi V S, Pal A, Borthakur D. 2021. Biochemistry of plants *N*-heterocyclic non-protein amino acids. Amino Acids, 53: 801-812.

Nguyen V P T, Stewart J, Lopez M, et al. 2020. Glucosinolates: natural occurrence, biosynthesis, accessibility, isolation, structures, and biological activities. Molecules, 25 (19): 4537.

Ochoa-Villarreal M, Aispuro-Hernández E, Vargas-Arispuro I, et al. 2012. Plant cell wall polymers: function, structure and biological activity of their derivatives. Polymerization Intech, 12: 63.

Oei P, Nieuwenhuijzen B V. 2005. Small-Scale Mushroom Cultivation: Oyster, Shiitake and Wood Ear Mushrooms. Wageningen: Agromisa Foundation and CTA.

Pandhair V, Sharma S. 2008. Accumulation of capsaicin in seed, pericarp and placenta of *Capsicum annuum* L. fruit. Journal of Plant Biochemistry and Biotechnology, 17: 23-27.

Pauly M, Gille S, Liu L, et al. 2013. Hemicellulose biosynthesis. Planta, 238 (4): 627-642.

Polko J, Kieber J J. 2019. The regulation of cellulose biosynthesis in plants. The Plant Cell, 31 (2): 282-296.

Qiu N W, Jiang D C, Wang X S, et al. 2019. Advances in the members and biosynthesis of chlorophyll family. Photosynthetica, 57 (4): 974-984.

Raigón M D, Prohens J, Muñoz-Falcón J E, et al. 2008. Comparison of eggplant landraces and commercial varieties for fruit content of phenolics, minerals, dry matter and protein. Journal of Food Composition and Analysis, 21 (5): 370-376.

Randle W M, Lancaster J E, Shaw M L, et al. 1995. Quantifying onion flavor compounds responding to sulfur fertility-sulfur increases levels of alk (en) yl cysteine sulfoxides and biosynthetic intermediates. Journal of American Society for Horticultural Science, 120: 1075-1081.

Ranocha P, McNeil S D, Ziemak M J, et al. 2001. The *S*-methylmethionine cycle in angiosperms: ubiquity, antiquity and activity. Plant J, 25: 275-284.

Rawat N, Singla-Pareek S L, Pareek A. 2021. Membrane dynamics during individual and combined abiotic stresses in plants and tools to study the same. Physiologia Plantarum, 171 (4): 653-676.

Rennie E A, Scheller H V. 2014. Xylan biosynthesis. Current Opinion in Biotechnology, 26: 100-107.

Reumann S. 2013. Biosynthesis of vitamin K$_1$ (phylloquinone) by plant peroxisomes and its integration into signaling molecule synthesis pathways // Peroxisomes and Their Key Role in Cellular Signaling and Metabolism. Dordrecht: Springer Netherlands: 213-229.

Rezaie R, Mandoulakani B A, Fattahi M. 2020. Cold stress changes antioxidant defense system, phenylpropanoid contents and expression of genes involved in their biosynthesis in *Ocimum basilicum* L. Scientific Reports, 10 (1): 1-10.

Ridley B L, Neill M A, Mohnen D. 2001. Pectins: structure, biosynthesis, and oligogalacturonide-related signaling. Phytochemistry, 57（6）: 929-967.

Roje S. 2007. Vitamin B biosynthesis in plants. Phytochemistry, 68（14）: 1904-1921.

Sharma A, Shahzad B, Rehman A, et al. 2019. Response of phenylpropanoid pathway and the role of polyphenols in plants under abiotic stress. Molecules, 24（13）: 2452.

Sharma P, Dubey R S. 2019. Handbook of Plant and Crop Stress. 4th ed. Boca Raton: CRC Press.

Singh R S, Singh R P. 2010. Fructooligosaccharides from inulin as prebiotics. Food Technology and Biotechnology, 48（4）, 435-450.

Somerville C, Bauer S, Brininstool G, et al. 2004. Toward a systems approach to understanding plant cell walls. Science, 306（5705）: 2206-2211.

Song H, Zhang L, Wu L, et al. 2020. Phenolic acid profiles of common food and estimated natural intake with different structures and forms in five regions of China. Food Chemistry, 321: 126675.

Sun B, Tian Y X, Chen Q, et al. 2019. Variations in the glucosinolates of the individual edible parts of three stem mustards（Brassica juncea）. Royal Society Open Science, 6: 182054.

Sun L, Liu Q, Bao C, et al. 2017. Comparison of free total amino acid compositions and their functional classifications in 13 wild edible mushrooms. Molecules, 22（3）: 350.

Sun L, Zhang X, Dong L, et al. 2021. The triterpenoids of the bitter gourd（Momordica charantia）and their pharmacological activities: a review. Journal of Food Composition Analysis, 96: 103726.

Suwannarach N, Kumla J, Zhao Y, et al. 2022. Impact of cultivation substrate and microbial community on improving mushroom productivity: a review. Biology, 11: 569.

Szefer P, Grembecka M. 2007. Chemical and Functional Properties of Food Components Series. Boca Raton: CRC Press.

Tanaka A, Tanaka R. 2019. The biochemistry, physiology, and evolution of the chlorophyll cycle. Advances in Botanical Research, 90: 183-212.

Tanaka Y, Hosokawa M, Miwa T, et al. 2010. Novel loss-of-function putative aminotransferase alleles cause biosynthesis of Capsinoids, nonpungent capsaicinoid analogues, in mildly pungent chili peppers（Capsicum chinense）. Journal of Agriculture and Food Chemistry, 58: 11762-11767.

Tanaka Y, Nakashima F, Kirii E, et al. 2017. Difference in capsaicinoid biosynthesis gene expression in the pericarp reveals elevation of capsaicinoid contents in chili peppers（Capsicum chinense）. Plant Cell Reports, 36: 267-279.

Tang R J, Luan S. 2017. Regulation of calcium and magnesium homeostasis in plants: from transporters to signaling network. Current Opinion in Plant Biology, 1（39）: 97-105.

Tetlow I J, Emes M J. 2014. A review of starch-branching enzymes and their role in amylopectin biosynthesis. IUBMB Life, 66: 546-558.

Thompson J F, Mitchell F G, Rumsay T R. 2008. Commercial cooling of fruits, vegetables, and flowers. Oakland: UCANR Publications.

Uarrota V G, Maraschin M, Bairros Â F M, et al. 2021. Factors affecting the capsaicinoid profile of hot peppers and biological activity of their non-pungent analogs（capsinoids）present in sweet peppers. Critical Review of Food Science and Nutrition, 61（4）: 649-665.

Umer M J, Safdar L B, Gebremeskel H, et al. 2020. Identification of key gene networks controlling organic acid and sugar metabolism during watermelon fruit development by integrating metabolic phenotypes and gene expression profiles. Horticulture Research, 7: 193.

Upadhyay R C. 2011. Mushrooms Cultiration, Marketing and Consumption. New Delhi: Directorate of Mushroom Research.

Verma D K，Patel A R，Thakur M，et al. 2021. A review of the composition and toxicology of fructans，and their applications in foods and health. Journal of Food Composition and Analysis，99：103884.

Vu V V，Marletta M A. 2016. Starch-degrading polysaccharide monooxygenases. Cellular and Molecular Life Sciences，73：2809-2819.

Wang Y，Chen Y F，Wu W H. 2021. Potassium and phosphorus transport and signaling in plants. Journal of Integrative Plant Biology，63（1）：34-52.

Widhalm J R，Ducluzeau A L，Buller N E，et al. 2012. Phylloquinone（vitamin K₁）biosynthesis in plants：two peroxisomal thioesterases of lactobacillales origin hydrolyze 1,4-dihydroxy-2-naphthoyl-coa. The Plant Journal，71（2）：205-215.

Wieczorek M N，Walczak M，Skrzypczak-Zielinska M，et al. 2018. Bitter taste of *Brassica* vegetables：the role of genetic factors，receptors，isothiocyanates，glucosinolates，and flavor context. Critical Review of Food Science and Nutrition，58：3130-3140.

Witek W，Sliwiak J，Ruszkowski M. 2021. Structural and mechanistic insights into the bifunctional HISN2 enzyme catalyzing the second and third steps of histidine biosynthesis in plants. Scientific Reports，11：9647.

Wu J，Cui S，Liu J，et al. 2022. The recent advances of glucosinolates and their metabolites：metabolism，physiological functions and potential application strategies. Critical Review of Food Science and Nutrition，62：1-18.

Wu X，Huang H，Childs H，et al. 2021. Glucosinolates in Brassica vegetables：characterization and factors that influence distribution，content，and intake. Annual Review of Food Science and Technology，12：485-511.

Yadav B，Jogawat A，Lal S K，et al. 2021. Plant mineral transport systems and the potential for crop improvement. Planta，253（2）：1-30.

Yoshimoto N，Saito K. 2019. *S*-alk(en)ylcysteine sulfoxides in the genus *Allium*：proposed biosynthesis，chemical conversion，and bioactivities. Journal of Experimental Botany，70（16）：4123-4137.

Zawadzka A，Janczewska A，Kobus-Cisowska J，et al. 2022. The effect of light conditions on the content of selected active ingredients in anatomical parts of the oyster mushroom（*Pleurotus ostreatus* L.）. PLoS ONE，17（1）：e0262279.

Zeeman S C，Kossmann J，Smith A M. 2010. Starch：its metabolism，evolution，and biotechnological modification in plants. Annual Review of Plant Biology，61：209-234.

Zeeman S C，Smith S M，Smith A M. 2002. The priming of amylose synthesis in *Arabidopsis* leaves. Plant Physiology，128（3）：1069-1076.

Zepka L Q，Jacob-Lopes E，Roca M. 2019. Catabolism and bioactive properties of chlorophyls. Current Opinion in Food Science，26：94-100.

Zhao S，Yang J，Zhou W，et al. 2013. Starch biosynthesis and the key enzymes of root and tuber plants. Botanical Research，2：24-33.

Zheng X，Gong M，Zhang Q，et al. 2022. Metabolism and regulation of ascorbic acid in fruits. Plants，11（12）：1602.

Zhou Y，Ma Y，Zeng J，et al. 2016. Convergence and divergence of bitterness biosynthesis and regulation in Cucurbitaceae. Nature Plants，2：16183.

Zhu B，Liang Z，Zang Y，et al. 2023. Diversity of glucosinolates among common Brassicaceae vegetables in China. Horticultural Plant Journal，9（3）：365-380.

Zou L，Li H，Ouyang B，et al. 2006. Cloning and mapping of genes involved in tomato ascorbic acid biosynthesis and metabolism. Plant Science，170：120-127.